MEMOIRES

POUR SERVIR
A L'HISTOIRE
DES
INSECTES.

Par M. DE REAUMUR, de l'Académie Royale des Sciences, de la Societé Royale de Londres, & des Académies de Petersbourg & de l'Institut de Bologne, Commandeur & Intendant de l'Ordre royal & militaire de Saint Louis.

TOME CINQUIEME.

Suite de l'Histoire des Mouches à deux aîles, & l'Histoire de plusieurs Mouches à quatre aîles, sçavoir, des Mouches à scies, des Cigales, & des Abeilles.

A PARIS,
DE L'IMPRIMERIE ROYALE.

M. DCCXL.

TABLE
DES MÉMOIRES
CONTENUS DANS CE VOLUME.

ERRATA.

TOME IV. PRÉFACE.

PAge xv. *lignes 2 & 3*, toute chenille doit avoir été papillon, *lisés*, tout papillon doit avoir été chenille.

TOME V.

PAge 70, *lignes 15 & 23*, pharinx, *lisés*; larinx. Page 161, ligne 32, reste de circonférence, *lisés*, reste de la circonférence.

PRÉFACE,

PRÉFACE,

*Où l'on donne une idée générale des Mémoires contenus
dans ce Volume.*

DES obſervations ſur les mouches à deux aîles, qui
n'ont pû entrer dans le quatriéme Volume, ſont
rapportées dans les deux premiers Mémoires de celui-ci.
L'hiſtoire des Couſins par laquelle le Volume précédent
finit, nous a fait connoître d'avance les mouches appellées tipules; elle nous a appris que nous n'avons rien à
en craindre, quoique leur extérieur ſoit très-ſemblable à
celui des couſins, elles n'ont point de trompe, ni aucun
autre inſtrument capable d'agir ſur nous. Le premier Mémoire de ce Volume eſt deſtiné à nous inſtruire plus à
fond de ce qui les regarde; il en fait connoître d'un très-
grand nombre d'eſpéces différentes qui ont toutes de
commun d'avoir un corps long, & d'être montées ſur de
longues jambes. Quelques-unes qu'on trouve ſur-tout
dans les prairies pendant l'Automne, ſurpaſſent beaucoup les couſins en grandeur; elles ſont ſi haut montées,
qu'elles ſemblent l'être ſur des échaſſes. Leurs longues
jambes leur ſervent auſſi à paſſer ſur les herbes, comme
les échaſſes ſervent aux habitants des pays inondés &
marécageux, pour marcher dans l'eau & dans la bouë.
Toutes les Tipules des eſpéces que je connois, ont été
des vers ſans jambes, & à tête écailleuſe, mais qui ont des
particularités propres ſouvent à faire diſtinguer les uns
des autres, ceux qui doivent ſe transformer en tipules
qui différent ſpécifiquement. Ces vers ſont de nature

différente, & naissent avec des goûts fort différents. Il
y en a qui vivent sous terre, & de terre. Une terre ordinaire, telle que celle de nos champs, de nos prairies, de
nos jardins, convient pour loger les uns & les nourrir;
d'autres se tiennent dans une sorte de terreau qui se
trouve au fond de ces trous formés par la pourriture
dans des troncs d'arbres; d'autres vivent sur des plantes
ou dans des plantes; d'autres enfin, prennent leur accroissement sous l'eau. Quelque part où ils l'ayent pris,
dès qu'ils n'ont plus à croître, ils se métamorphosent
en nymphes ou en crisalides, & deviennent ensuite des
mouches. Les vers de la plus grande des espéces de tipules de ce pays, sont de ceux qui vivent sous terre, qui
s'y changent en nymphes dépourvûes de jambes propres
à marcher; mais qui, avec les picquants dont leurs anneaux sont hérissés, sçavent se pousser en haut, percer la
terre & s'élever un peu au-dessus de sa surface. C'est
alors que la mouche tire ses parties de leurs fourreaux, &
qu'elle prend bientôt l'essor. Par la suite, on voit avec
plaisir les fémelles semer leurs œufs en terre; elles ont
l'adresse de marcher en tenant leur corps droit : il se termine par une pointe écailleuse, qui est pour la tipule, ce
qu'est un plantoir pour un jardinier. Elle pique cette pointe
successivement en différents endroits. Chaque trou reçoit
un ou plusieurs œufs. Parmi les vers tipules qui vivent
sur les plantes, il y en a des espéces qui ne connoissent
d'autre nourriture que celle que la substance des champignons leur fournit. Il est ordinaire à beaucoup de champignons de différentes espéces, qui ont un peu vieilli sur
pied, de fourmiller de vers, qui, pour la plûpart, deviennent des tipules. J'en ai observé qui s'arrêtent sur l'extérieur d'un agaric du chêne : ils sont remarquables en ce
que leur tête a soin de rendre unis & lisses au possible les

endroits fur lefquels le corps doit paffer ; elle les enduit
d'une matiére vifqueufe qui fe féche dans l'inftant, & qui
a tout le luifant de cés traces que les limaçons & les limaces laiffent fur les murs. Toutes les fois qu'il fe veut
repofer, il fe fait un lit d'une pareille matiére. Enfin, de
cette même liqueur gluante, il fe conftruit une coque
qui femble être de mouffe telle que celle du favon.

Un ver que je ne connoiffois pas encore lorfque ce
premier Mémoire a été imprimé, eft de ceux qui aiment
les truffes qui fe pourriffent ; je l'ai trouvé dans quelques-
unes que M. le Marquis de Gouvernet m'avoit envoyées,
parce qu'il les fçavoit dans le mauvais état où j'aimois à
en avoir. Ce ver, dis-je, fe fert comme le précédent,
d'une liqueur vifqueufe pour fe préparer un chemin ;
mais il pouffe l'induftrie & la délicateffe plus loin. Il
marche toûjours dans un tuyau de cette matiére ; à
mefure qu'il avance, qu'il veut aller plus loin, il pro-
longe ce tuyau ; de le prolonger, eft pour lui l'ouvrage
d'un inftant. On ne croiroit pas que ce tuyau fait d'une
matiére qui a fi peu de confiftance, & auffi mince qu'on
puiffe l'imaginer, car on ne diftingue pas mieux les parties de l'infecte lorfqu'il eft à découvert, que lorfqu'il eft
dans le tuyau ; on ne croiroit pas, dis-je, que ce tuyau
eût tant de folidité. La portion que le corps vient de
quitter en allant en avant, s'affaiffe & devient une lame
plate ; quand le ver va à reculons, cette lame reprend la
forme cylindrique. Enfin, ce tuyau cylindrique fe laiffe
élargir autant qu'il eft néceffaire, quand le ver veut fe retourner dedans. Je n'ai pas eu la mouche dans laquelle
fe transforme ce ver ; mais l'analogie veut que nous la
croyions une tipule.

Je n'aurois pas manqué auffi de donner place dans le
Mémoire dont il s'agit actuellement, à une autre tipule,

fi je l'euffe connuë affés tôt ; ce n'eft pas qu'elle ait rien
de remarquable dans fa figure, elle eft même affés petite.
Mais il eft curieux de fçavoir que le ver d'où elle vient,
fe nourrit dans les fleurs du bouillon blanc ; qu'il fait devenir ces fleurs monftrueufes; qu'il produit dans leur ftructure un changement pareil à celui que produit dans les
fleurs du Camedris, une efpéce de punaife dont il a été
parlé dans le dernier Mémoire du Tome III. Enfin, ce ver
tipule empêche la fleur du bouillon blanc de s'ouvrir; elle
lui fait une boîte dans laquelle il refte renfermé, lorfqu'il
a pris la forme de crifalide, & jufques à ce qu'il en forte
fous celle de mouche. C'eft à M. Bernard de Juffieu
que j'ai dû les fleurs monftrueufes du bouillon blanc,
qui m'ont mis en état de faire des obfervations fur ces
tipules, comme je lui ai dû les fleurs monftrueufes du
Camedris.

Mais il n'eft nulle part auffi aifé de voir des vers tipules,
que dans les eaux qui croupiffent. Les bacquets qui ont été
tenus pleins d'eau pendant quelques femaines, ont leurs
parois & leur fond remplis de flocons terreux qui font les
habitations que fe font faites des vers rouges qui doivent
devenir des tipules. Le même bacquet qui avoit des milliers de ces vers, eft plein par la fuite des nymphes dans
lefquelles ils fe font transformés, dont le corcelet eft orné
de chaque côté de belles & finguliéres pennaches; ces nymphes fe métamorphofent à la furface de l'eau, comme
les nymphes des coufins: elles deviennent des tipules,
dont la tête a des plumets qui le difputent en beauté
à ceux des nymphes. Dans les eaux croupies, on trouve
des vers blancs qui fe tiennent dans des efpéces de glai-
res, & qui deviennent auffi des tipules. D'autres tipules
doivent leur origine à des vers d'une tranfparence qui ne
le céde gueres à celle de l'eau dans laquelle ils fe tiennent.

Ils font encore finguliers par un grand crochèt formé de deux crochets femblables appliqués l'un contre l'autre, qu'ils portent en devant de la tête. Enfin, tant de petites mouches fans trompe, que nous prenons fouvent pour des coufins, & qu'on voit voler par nuées en l'air, qui y ont des mouvements de vibration de haut en bas, font ordinairement des tipules, dont celles de différentes efpéces doivent leur origine à différentes efpéces de vers.

Ce qu'il nous reftoit d'obfervations à rapporter fur les mouches à deux aîles, fe trouve dans le fecond Mémoire; nous y faifons d'abord connoître l'origine de celles qui ont été appellées mouches de Saint Marc, & qui paroiffent vers le temps de la fête de ce Saint. Les vers qui donnent la plus connuë & la plus commune des efpéces de ces mouches, prennent leur accroiffement fous terre; s'ils avoient des jambes, ils reffembleroient à des chenilles veluës; c'eft fous terre qu'ils fe métamorphofent en nymphes. Les mouches qui fortent de ces nymphes, n'ont rien de fort particulier à nous offrir. Le mâle qui, felon la regle ordinaire, eft plus petit que la fémelle, a cependant une tête beaucoup plus groffe que la tête de celle-ci. Ce n'eft que pour ne pas laiffer ignorer d'où viennent certaines mouches extrémement petites & très-communes, que nous parlons dans ce même Mémoire, des vers qui fe nourriffent de miel, de compôtes qui commencent à fe gâter, de lie de vin, de marc de raifin, & de toute matiére fucrée qui s'eft aigrie. Nous y parlons auffi de quelques efpéces de mouches qui viennent de vers qui aiment les truffes. Mais nous y traitons plus volontiers de vers dont nous euffions dû faire mention dans le quatriéme Volume, auxquels la nature a affigné un lieu bien fingulier pour prendre leur accroiffement. Dans le fond

de la bouche du cerf, à chaque côté du larinx, il y a
deux bourſes charnuës qui ſemblent n'avoir été faites que
pour élever les vers dont nous voulons parler, ou ſans
leſquelles au moins ils ne pourroient croître. Les cerfs
n'ont pas de ces vers en toute ſaiſon : le temps qui précéde, & celui qui ſuit de près la chûte du bois, ſont
ceux où il leur eſt plus ordinaire d'en avoir. C'eſt apparemment ce qui a fait imaginer aux Chaſſeurs, que ces
vers étoient les agents que la nature employoit pour faire
tomber ce grand bois ſi ſolidement aſſujetti. Ils ont cru,
& ils croyent encore, qu'ils quittent de concert le lieu
de leur naiſſance, pour ſe rendre à la meule ou baſe des
perches ou du merrein, & pour la ronger. Nous avons
Tom. IV. dit ailleurs * que d'autres vers, ceux qui ſont élever des
tumeurs ſur le corps de ce grand animal, ont encore
été chargés de cet ouvrage, & nous avons fait voir alors
qu'ils y ſont peu propres, & qu'auſſi n'y ſongent-ils pas.
Nous tâchons de détromper dans ce ſecond Mémoire,
ceux qui croiroient les vers de la gorge du cerf plus capables que ceux des tumeurs, de venir à bout d'un pareil
travail, parce qu'ils ſont munis d'eſpéces de dents en crochets, qui manquent aux autres. Nous faiſons voir que ces
crochets qui ne ſont pas plus durs que la corne du cerf,
ne peuvent agir qu'en piochant ; que, fuſſent-ils plus
durs, il leur faudroit un temps plus long peut-être que
celui de la vie du cerf, pour creuſer juſques au centre une
maſſe ſi groſſe & ſi dure. Mais cette fauſſe & prétendue
merveille eſt remplacée par beaucoup d'autres très-réelles
& très-véritables. Ces vers doivent leur origine à une
mouche qui ſçait, ou ſemble ſçavoir, que pour perpetuer
ſon eſpéce, elle doit entrer dans les narines du cerf, cheminer tout le long de ſon nés, ſe rendre auprès de ſon
goſier ; que là ſe trouvent deux cavités charnuës, deſtinées

à loger & à nourrir les vers auxquels elle se prépare à
donner naissance; que ces vers parvenus à une grosseur
assés considérable, sçauront qu'ils doivent abandonner
leur cavité charnuë; que pour sortir du gosier du cerf,
ils sçauront trouver la même route que leur mere a sçu
suivre pour y arriver.

Malgré les deux Mémoires précédents, & ceux qui
remplissent la plus grande partie du quatriéme Volume,
je laisse encore l'histoire des mouches à deux aîles, grossiérement ébauchée. Je suis persuadé que j'ai obmis bien
des généralités que j'aurois dû y faire entrer, & une infinité de détails curieux. Je commence pourtant dans le
troisiéme Mémoire de ce Volume-ci, à traiter des mouches à quatre aîles. J'y en fais connoître un genre qui
est très-bien caractérisé par l'instrument singulier qu'on
trouve aux fémelles, & aux seules fémelles de toutes ses
espéces. J'appelle ces mouches des mouches à scies. Elles
en ont deux dentelées comme les nôtres, & qui ont des
perfections que nous n'avons pas imaginé de donner à
celles dont nous nous servons; aussi nos ouvriers ne doivent-ils aucunement être comparés avec le maître qui a
inventé & executé ces scies, qui ne sont pas seulement
admirables par leur extrême petitesse. Les mouches qui
en sont pourvûes, viennent de ces vers que nous avons
nommés fausses chenilles, parce que leur forme est telle
qu'elle les a fait prendre pour de véritables chenilles par
de sçavants Naturalistes. Ils ont des jambes, & en ont au
moins deux de plus que les chenilles qui en sont les mieux
fournies, que celles qui en ont seize. Le nombre des espéces de ces fausses chenilles est très-grand, la plûpart
sont rases; quelques-unes pourtant ont le corps tout hé-
rissé d'épines d'une figure singuliére, faites en T ou en Y.
Les différentes espéces nous en offrent de toutes couleurs,

& de couleurs différemment combinées, foit par rayes, foit par taches. Ce qui eft plus fingulier, c'eft que quelques-unes font vétues tout-à-fait différemment dans différents temps de leur vie. De muer eft pour elles changer d'habits; il y en a que la derniére muë rend méconnoiffables. La fauffe chenille qui jufques-là avoit été rayée ou tachetée de jaune & de noir, ou de quelque autre couleur, après avoir quitté fa vieille peau, eft entiérement blancheâtre. Ce qui eft encore plus remarquable, & plus propre à faire méconnoître quelques fauffes chenilles, c'eft que celles qui jufque-là avoient eu le corps couvert d'épines, ou de tubercules chargés de poils, prennent une derniére peau qui eft abfolument rafe. Entre ces fauffes chenilles, il y en a plufieurs qui fe font remarquer par leurs attitudes bifarres, qui ont le corps contourné en S, & qui tiennent fouvent leur derriére en l'air & plus élevé que leur tête; d'autres fe roulent en pain de bougie; d'autres fe roulent fimplement en cercle. Une de celles-ci fe tient fur le chevre-feuille, & a une autre particularité; quand on la prend le matin, elle fait fuinter de petites gouttelettes d'eau de tous les endroits de fon corps.

Chaque fauffe chenille fe conftruit une coque dans laquelle elle fe transforme en nymphe. Les unes les font en terre & de terre, & les autres y filent des coques purement de foye. Toutes les variétés & les adreffes qui peuvent être employées dans les conftructions des coques de foye, fembleroient avoir été épuifées par les chenilles; néantmoins malgré tout ce qu'elles nous ont fait * Tom. 1. voir dans ce genre *, nous trouvons du nouveau & digne d'être admiré, dans les coques de quelques fauffes chenilles; elles s'en font deux dont l'une eft renfermée dans l'autre. L'intérieure où l'infecte eft logé eft d'un tiffu ferré, mais mince & flexible. L'extérieure, celle qui fert

d'enveloppe

d'enveloppe à la précédente, est à rezeau; elle est cependant beaucoup plus solide & très-capable de résistance. Aussi est-elle formée uniquement d'espéces de grosses fibres, qui, par rapport aux fils de la coque intérieure, font ce que les cordes d'une raquette font par rapport aux fils d'une toile ordinaire.

Toutes ces fausses chenilles se transforment en des mouches à deux aîles, qui, pour ainsi dire, ont un air de famille, & dont toutes les fémelles portent à leur derriére deux scies qu'elles ne montrent que quand elles veulent les faire agir. Il n'est aucun des instruments que la nature a accordés aux insectes, qui doive nous paroître fait avec plus d'art. Ces scies sont appliquées l'une contre l'autre, & peuvent jouer alternativement. Leurs dents font elles-mêmes dentelées. Enfin, ces instruments, qui font des scies par leur tranchant, font des limes ou des rapes par le plat. La face extérieure de chacune est armée de plusieurs rangs de longues dents. Ces excellents instruments ont été donnés à certaines mouches pour les mettre en état de faire aisément des entailles dans le bois de divers arbustes, comme celui du rosier, dans lesquelles il étoit essentiel à leurs œufs d'être déposés. Il n'est point de mouches moins farouches que celles-ci; il femble que celui qui les a faites, ait voulu que nous pussions les observer à notre aise, c'est-à-dire, les admirer pendant qu'elles font occupées à scier & à pondre. Leurs œufs font oblongs, comme ceux de mille autres insectes, & de même, n'ont pour enveloppe qu'une forte membrane; mais ils différent des œufs plus connus par une propriété bien singuliére, ils ont celle de pouvoir croître; de jour en jour, ils acquierent des dimensions en tout fens, jusques à ce que le petit ver foit prêt d'en fortir.

Le quatriéme Mémoire nous montre combien on

Tome V. b

feroit faire de progrès à l'Hiftoire naturelle, fi on pouvoit
établir de bons Correfpondants dans les différentes parties
du Monde. Les environs de Paris ne nourriffent point
de cigales, & je n'en ai trouvé dans aucun des pays où
j'ai pû obferver à loifir les infectes. Il ne m'étoit pas permis cependant d'ignorer fans regret, l'hiftoire d'un genre
de mouches dont les plus anciens Naturaliftes ont fait
mention, & qui font fi renommées pour leur chant. Une
place leur étoit dûe dans nos Mémoires. Les regrets que
je devois avoir de ne me pas trouver dans un pays agréable aux cigales, m'ont été ôtés par les foins officieux &
éclairés de M. le Marquis de Caumont. Je ne crois pas que
j'euffe été en état de donner plus d'obfervations & plus
certaines fur ces grandes mouches, que j'en donne dans le
quatriéme Mémoire, quand j'aurois été expofé pendant
plufieurs mois de différentes années, à être fatigué de les
entendre chanter. Les Auteurs qui en ont parlé, n'en
ont fait connoître que deux efpéces, & nous en faifons
connoître trois. Entre les mouches à corps court de ce
pays, il n'y en a aucune qui approche de la grandeur des
cigales de la grande efpéce. Du bout antérieur de leur
tête, qui eft prefque coupé quarrément, & qui a autant
de groffeur que ce qui précéde, part une partie triangulaire qui fe replie en deffous. C'eft de l'extrémité de
cette partie que fort une trompe contenuë dans un
fourreau, & appliquée contre le deffous du corcelet.
Cette trompe apprend que la cigale n'eft pas faîte pour
vivre uniquement de rofée. Les dentelûres qu'on peut
découvrir à deux des longues piéces dont elle eft compofée, prouvent qu'elle eft capable de pénétrer dans des
corps durs. Leur chant dont on a tant parlé, fuppofe
un grand nombre d'organes qui n'ont pas été affés
connus, ou au moins, qui n'ont pas été décrits; ils

n'ont été accordés qu'aux feuls mâles ; auffi les fémelles font-elles parfaitement muettes. Ces organes font
placés près de l'origine du ventre, en deffous & fur les
côtés. Le fecours des figures & peut-être de defcrip-
tions auffi longues que celles dans lefquelles nous nous
fommes engagés dans le Mémoire dont il s'agit, font
néceffaires pour voir combien d'appareil a été employé
par la nature pour mettre la cigale mâle en état de former des fons qui peuvent nous déplaire, mais qui font
apparemment touchants pour fa fémelle. Deux efpéces
de timbales faites d'une membrane plus roide que le parchemin le plus fec, & dont toute la convexité eft remplie
de plis qui fe touchent ; ces deux timbales, dis-je, font
deftinées à rendre les fons ; il y en a une placée de chaque côté dans l'intérieur du ventre. Quand l'air qu'elles
ont agité, fort de la cellule de chaque timbale, il trouve
une voûte platte, un volet écailleux qui le réfléchit dans
une grande cavité où il eft modifié & rendu plus fonore.
Cette cavité eft divifée en deux par une efpéce de cloifon.
Au fond de chacune des parties formées par cette divifion,
eft une membrane mince, fi liffe, fi tenduë, fi tranfparente
& fi brillante, qu'elle paroît un miroir, & que le nom lui
en a été donné même par les enfants. Ne fommes-nous
point un peu humiliés, quand après nous être crus en
tous points l'ouvrage par excellence du Créateur, nous
voyons que les parties qui ont été employées pour mettre le mâle d'une cigale en état de fe faire entendre par
fa fémelle, le difputent par leur nombre, par la fingularité de leur matiére & de leur ftruélure, & par l'art avec
lequel elles font difpofées aux organes de notre voix!
La fémelle a à nous faire voir des merveilles d'un
autre genre ; elle peut pondre quatre à cinq cens œufs ;
elle fçait les foins qu'ils demandent d'elle, pour que les

embryons qui y font contenus puiffent éclorre, & puiffent parvenir à être un jour des cigales. Ces œufs doivent à peine paroître au jour pendant un inftant. Dès qu'ils font fortis de fon corps, ils doivent être logés dans l'intérieur de très-menues branches de bois fec & rempli de moëlle: là ils doivent être difpofés par files, à l'abri de la pluye & des injures de l'air. La circonftance d'un bois plein de moëlle étoit effentielle ; la moëlle eft peut-être la premiére nourriture de l'infecte qui fort de chaque œuf. Les mouches dont nous avons parlé dans le Mémoire précédent, font des entailles au bois verd auquel elles confient leurs œufs; ils y peuvent & y doivent être expofés aux impreffions de l'air extérieur ; pour faire ces entailles, il leur falloit des fcies, & la nature en a donné deux à chacune de ces mouches. Mais il ne fuffifoit pas à la mere cigale de fendre le bois, elle devoit le percer, y creufer des trous. Auffi a-t-elle été pourvûë d'une tariére qui en peut creufer d'affés longs, car elle a plus de cinq lignes de longueur. Elle la porte à fon derriére cachée dans une couliffe où elle eft confervée par un double étuy. Cette tariére n'eft pourtant pas femblable à celles dont nous nous fervons, elle eft un inftrument double, elle eft compofée de deux piéces qui peuvent jouer alternativement, mais fans s'écarter l'une de l'autre; elles fe meuvent toûjours parallelement l'une à l'autre; & cela, parce qu'elles font affemblées avec la plus grande précifion, à couliffe & à languette dans un fupport commun. Ces deux piéces font deux limes dont chacune a près de fa pointe, & feulement fur le côté extérieur, des dentelûres. Avec ces limes ou cette tariére, la cigale creufe un trou qui a toute la longueur de l'inftrument, & qui fe dirige parallelement à l'axe du brin de bois, dès qu'il a atteint la moëlle : elle y dépofe & arrange fept à

huit œufs à la file, plus ou moins. Près de ce trou, elle
en perce enfuite un fecond, pour y placer à peu près le
même nombre d'œufs; & ainfi, elle remplit un brin de
bois, & fucceffivement plufieurs brins, des trous néceffaires pour loger fes œufs. Si en fendant en deux un de
ces brins de bois on met à découvert plufieurs files
d'œufs, l'ordre avec lequel ils paroiffent arrangés ne
fçauroit manquer de plaire. L'infecte forti de chaque
œuf après avoir pris de l'accroiffement, mais avant que
d'avoir groffi à un point où l'entrée du trou fe trouveroit trop petite pour le laiffer paffer, quitte le lieu de fa
naiffance. Il eft muni de jambes dont les deux premiéres
font de bons inftruments pour fouiller la terre; il s'y enfonce, il fe rend fur les racines de quelque arbre. Il a une
trompe avec laquelle il tire de ces racines le fuc qui le
nourrit & le fait croître. Il refte ainfi caché fous terre jufques à ce qu'il foit en état d'en fortir pour fubir la métamorphofe qui le fait paroître aîlé, qui le rend cigale.

Le cinquiéme Mémoire & tous ceux qui le fuivent,
ne nous entretiennent que des abeilles. Leur hiftoire méritoit d'être traitée avec plus d'étenduë que celle du
commun des infectes. On s'attend, & peut-être s'attend-
on trop à la trouver remplie de faits furprenants, car il y
aura à rabattre des merveilles qu'on en a publiées. Il ne
faut pourtant que jetter les yeux fur l'intérieur d'une
ruche, pour être forcé d'en regarder les mouches comme des ouvriéres incomparables. La cire de ces gâteaux,
qui ne font qu'un affemblage de cellules d'une figure fi
réguliére, & le miel qui remplit ces mêmes cellules,
prouvent qu'elles fçavent des arts qui nous font inconnus.
Auffi, fi on s'en rapporte à un très grand nombre d'Auteurs, qui, à l'envi, leur ont prodigué des éloges, elles
égalent ou furpaffent peut-être les hommes en intelligence

& en connoiffances; elles ont même des mœurs qui nous doivent faire rougir des nôtres; car il n'y a gueres de vertus morales qui ne leur ayent été accordées. On croit bien que ces éloges auront befoin d'être réduits à leur jufte valeur. Les faits, même vrais, qui nous ont été tranf- mis, ne l'étoient pas pour nous, ils demandoient à être examinés de nouveau; il falloit avoir des preuves de leur réalité qu'on ne nous a pas données. Cet examen con- duit à découvrir des merveilles certaines & ignorées, qui remplacent ce qu'on en avoit dit de fabuleux. Le gou- vernement des abeilles a été propofé comme le parfait modéle d'un gouvernement monarchique. Nous cher- chons dans le cinquiéme Mémoire, & le premier de leur hiftoire, en quoi il confifte, quels en font les principes. Nous nous y trouvons obligés de reconnoître que les abeilles fe conduifent par rapport au bien de leur fociété, comme fi l'unique motif de leurs actions étoit celui qui fait agir les plus grands hommes & les plus vertueux; elles ne femblent travailler que pour leur poftérité; leurs avan- tages particuliers ne paroiffent entrer pour rien dans tout ce qu'elles font. Après avoir décrit les formes des ruches les plus favorables pour obferver ce qui fe paffe dans leur intérieur, nous nous contentons de dire ce que nous remettons à prouver dans d'autres Mémoires, que dans chaque ruche, il y a en certains temps de l'année, trois fortes de mouches, & dans les autres temps, feulement deux fortes; des abeilles fans fexe, ou, qui ne contri- buent en rien à la génération, des abeilles mâles, & enfin des abeilles fémelles. Les premiéres font celles que tout le monde connoît; leur nombre eft fans comparaifon plus grand que celui des autres; elles font uniquement nées pour le travail; tout celui de la ruche roule fur elles, auffi les nommons-nous les ouvriéres. Ce n'eft ordinairement que pendant un ou deux mois qu'on peut voir des mâles dans une ruche; dans celle qui en eſt le plus peuplée, il n'y en a pas autant de centaines qu'il y a de milliers d'ouvrieres; ils ſont plus gros que celles-ci. Pendant le cours de chaque année, ſi on en excepte peu de jours, on ne peut trouver dans chaque ruche qu'une ſeule fémelle; mais qui eſt capable de multiplier ſon petit peuple, au point que l'habitation où il eſt, ne ſuffiſe plus pour le contenir. Sa fécondité eſt prodigieuſe. Telle fémelle peut dans un an devenir mere de trente à quarante mille mouches, & peut-être de beaucoup plus. C'eſt à elle ſeule que doivent le jour toutes les ouvriéres, les mâles & le petit nombre de fémelles qui naiſſent par la ſuite dans la ruche. Cette mere reſte preſque toûjours dans l'intérieur du logement; elle eſt aiſée à reconnoître quand elle ſe montre, ſur-tout par la longueur de ſon corps; elle eſt plus longue que les mâles, quoiqu'elle ſoit moins groſſe; d'ailleurs, ſes aîles ſont courtes en comparaiſon de celles des mâles & de celles des ouvriéres. C'eſt cette mere que les Anciens ont appellée le roi des abeilles, & qui eſt digne d'en être nommée la reine. On ne nous en a pas impoſé quand on nous a parlé du reſpeƈt que les autres mouches ſemblent avoir pour elle. Nous prouvons par un très-grand nombre d'expériences & d'obſervations ſûres, que les abeilles ordinaires font plus que de la reſpeƈter, qu'elles cherchent continuellement à lui être utiles, à lui rendre les meilleurs offices; que ſans ceſſe elles lui offrent du miel, elles la léchent, elles la broſſent; que quelque part où elle aille, quelques-unes lui font cortege; enfin, que la vie de toutes leurs compagnes n'eſt rien pour elles, en comparaiſon de celle de la mere. Elle ſemble être l'ame de toutes leurs aƈtions. On verra que lorſque j'ai partagé un

effaim en deux ruches, les mouches de l'une où elles
étoient en plus grand nombre, mais fans mere, n'ont pas
daigné faire le moindre travail; à peine ont-elles fongé à
vivre au jour le jour; elles fe font laiffé périr, pendant que
celles qui étoient dans une autre ruche avec la mere, **y**
ont travaillé, quoiqu'elles y fuffent en très-petit nombre.
Enfin, je prouve par des expériences incontestables, que
dès qu'on a ôté la reine à des abeilles qui s'occupoient
fans relâche du matin au foir à faire des récoltes de cire
& de miel, elles ne femblent plus fçavoir que les plantes
leur offrent des richeffes néceffaires. A peine fortent-elles
de leur ruche, & elles y retournent fans y rien apporter.
Tout travail ceffe dans l'intérieur, on n'y conftruit pas
une feule cellule de cire, on n'y acheve aucune de celles
qui étoient commencées. Qu'on redonne une mere à
des abeilles tombées dans une inaction complette pour
avoir été privées de la leur, dans le moment on leur rend
l'activité & l'ardeur pour l'ouvrage; les travaux de toutes
efpéces font repris. Les abeilles font non-feulement laborieufes quand elles ont parmi elles une mere féconde,
elles le font proportionnellement à fa fécondité. Quoiqu'elles ne contribuent en rien à la génération, quoiqu'elles ne foient deftinées qu'à être les nourrices des
vers qui éclofent des œufs pondus par la reine, l'Auteur
de la Nature a voulu qu'elles s'intéreffaffent pour ces vers
qui, avec le temps, doivent devenir des abeilles, autant
que fi elles en étoient les véritables meres. C'eft la feule
efpérance de voir naître beaucoup d'abeilles qui les détermine à multiplier le nombre des gâteaux de cire, & à
y mettre des provifions de miel. Dès que cette efpérance
leur eft ôtée, dès que leurs travaux ne peuvent être utiles
à leur poftérité, le foin de leur propre vie ne les touche
plus, elles fe mettent en rifque évident de périr de faim;

elles

elles ne ramaſſent plus de miel, quand celui qu'elles re-
cüeilleroient ne ſerviroit qu'à les faire vivre.

Nous nous arrêtons d'abord dans le ſixiéme Mémoire,
à conſidérer les parties extérieures des abeilles, dont la
plûpart peuvent être regardées comme des inſtruments,
qu'il eſt eſſentiel de connoître pour entendre comment
elles viennent à bout de faire leurs récoltcs, & d'exécuter
des ouvrages ſi ſinguliers. Elles ſont de la claſſe des mouches qui ont une trompe & des dents. La ſtructure de leur
trompe eſt différente de celles de tant d'autres dont nous
avons parlé dans les Volumes précédents. Pour expliquer tout l'art avec lequel elle eſt faite, il a fallu nous
engager dans une aſſés longue deſcription, & être aidé
par les figures. Nous nous contenterons de dire que l'a-
beille la tient ordinairement pliée en deux & comme
roulée; mais que quand elle veut, elle la déplie & l'allonge.
C'eſt avec ſa trompe qu'elle enleve aux fleurs une liqueur
miellée que la nature a miſe en réſerve dans certaines glandes connues à préſent par les Botaniſtes, mais qui l'ont
été de tout temps par nos mouches. Nous prouvons que
cette trompe n'agit point à la maniére des pompes,
comme il étoit naturel de penſer qu'elle agiſſoit, & comme
on l'a fait agir juſqu'ici; qu'elle eſt une eſpéce de langue
veluë & très-longue, qui, en léchant, ſe charge d'une
liqueur qu'elle ſçait conduire juſques à une bouche qu'il
étoit très-important de connoître. Les dents ſont les outils
avec leſquels elles façonnent la cire : leur forme mérite
d'être examinée. Nous ne diſcutons pas encore dans ce
Mémoire ſi les abeilles trouvent la cire toute faite à la
campagne, ſi elles n'ont qu'à la ſéparer des corps étrangers avec leſquels elle eſt mêlée, ou ſi elles ont de plus
importantes préparations à donner à cette matiére qui
doit fournir la cire, & que nous nommons matiére à cire,

ou cire brute; mais nous y faifons voir que c'eft fur les plantes, & feulement fur les fleurs des plantes, que les abeilles la ramaffent. Sans avoir étudié la ftructure des fleurs, on a vû cent & cent fois dans celle d'un lys, des filets jaunes, dans celle d'une tulipe, des filets bruns; & on fçait que les premiers laiffent fur les doigts une poudre jaune, & les autres une poudre brune. En langage de Botanifte, ces filets font des étamines, & leurs poudres, les pouffiéres des étamines. Chaque grain de ces pouffiéres a une figure conftante dans chaque efpéce de plante. Ce font fouvent des boules quelquefois bien fphériques, & quelquefois plus ou moins allongées. Ces pouffiéres font précieufes pour les abeilles, & elles le font pour nous, puifqu'elles font la matiére à cire, la cire brute; elles font l'objet d'une des deux grandes récoltes que ces mouches ont à faire. Une abeille qui eft fortie de fa ruche pour aller en ramaffer, entre dans la fleur dont les étamines lui ont paru le plus chargées de ces pouffiéres, & de pouffiéres qui y tiennent moins. Nous n'avons pas dit encore que fa partie antérieure, fon corcelet, fes jambes & plufieurs endroits de fon corps, font chargés de poils dont la plûpart ont une forme qui mérite d'être vûe au microfcope. Chaque poil reffemble à une tige de plante à qui des feuilles font attachées de deux côtés oppofés, du haut en bas. Une portion d'une écaille de la mouche, garnie de poils, femble au microfcope, un gazon bien fourni de jolies mouffes. Ces poils font pour les abeilles, ce que les toifons font pour ceux qui ramaffent les paillettes d'or des riviéres. L'abeille devient bientôt toute poudrée d'une poudre jaune ou blancheâtre, ou d'une poudre d'une autre couleur, c'eft-à-dire, de celle des pouffiéres des étamines de la fleur dans laquelle elle s'eft promenée. Les poils branchus arrêtent les pouffiéres.

La mouche se sçait couverte de cette poudre, & sçait la ramasser. La pénultiéme partie de chacune de ses jambes est faite en brosse. Elle passe sur son corps les unes ou les autres de ces brosses, & toutes ordinairement les unes après les autres. Les brosses retiennent un peu humides, les poussiéres qu'elles ont enlevées, l'abeille les rassemble ensuite, les réunit en deux petits tas. La nature, ou plûtôt son Auteur qui a pourvû à tout, a ménagé une cavité dans la face extérieure de la troisiéme des parties de chaque jambe de la derniére paire. Cette cavité est bordée de gros poils, au moyen desquels elle est une espéce de corbeille propre à conserver ce qui lui est confié. C'est dans cette cavité que les jambes de la seconde paire portent les poussiéres des étamines, qu'elles y en font un petit tas, une masse solide, en les pressant les unes contre les autres. L'abeille passe d'une fleur à une autre pour y continuer sa récolte, pour grossir les deux petits amas de cire brute; elle parvient à rendre celui de chacune de ses deux jambes égal à un grain de poivre, & d'une figure un peu plus applatie. Assés chargée de ces deux petites pelotes, elle part alors & les porte à la ruche. Pour faire sa récolte il ne lui suffit pas toûjours de se promener de fleur en fleur. Les poussiéres des étamines ne sont pas toûjours prêtes à tomber. Avant que d'être, pour ainsi dire, à maturité, elles sont renfermées dans des espéces de capsules appellées sommets, & elles ne paroissent au jour que quand ces capsules s'ouvrent. L'abeille n'ignore pas que la matiére dont elle a besoin, est renfermée dans ces petites boîtes, elle saisit donc entre ses dents successivement plusieurs de ces capsules; quand celle qu'elle tâte lui paroît propre à être entr'ouverte, elle la presse & l'oblige à laisser paroître ses poussiéres; les deux premiéres jambes viennent les prendre, elles les donnent aux deux fuivantes qui les portent aux deux derniéres.

Pour continuer d'examiner les parties qui paroiffent à l'extérieur des abeilles, au moins en certains temps, nous faifons connoître dans le feptiéme Mémoire, l'appareil avec lequel a été fait cet aiguillon redoutable dont elles font armées. Ce qu'on appelle vulgairement l'aiguillon, eft une pointe écailleufe extrémement fine, & qui cependant n'eft que l'étuy de deux aiguillons, de deux dards beaucoup plus fins. L'un & l'autre font dentelés fur leur côté extérieur, & près de leur pointe. Les bleffures faites par deux armes fi déliées, feroient peu à craindre pour nous; mais l'abeille les empoifonne & les rend par-là très-douloureufes. Dans fon intérieur, près de la bafe de l'aiguillon, elle a une veffie pleine d'une liqueur très-tranfparente, mais cauftique. Une gouttelette de cette liqueur, quelque petite qu'elle foit, fait naître de la chaleur fur l'endroit de la langue où elle a été appliquée. Quand pour mieux éprouver l'effet de cette liqueur, je me fuis fait deux piquûres legéres avec la pointe d'une petite épingle, j'ai rendu très-cuifante celle de ces bleffures dans laquelle j'ai introduit un peu de la liqueur venimeufe de l'abeille. Un canal la porte dans l'étuy des dards, au bout duquel on en voit paroître des gouttes fucceffivement toutes les fois qu'on tient une abeille gênée entre fes doigts; elle fait alors des tentatives inutiles pour piquer, & comme fi elle piquoit, elle oblige de la liqueur venimeufe à fortir. Nous aimerions mieux affûrément que les abeilles fuffent dépourvûes de cette arme; mais elle leur étoit néceffaire. Les fruits de leurs travaux, leur cire & leur miel, excitent les defirs de beaucoup d'infectes avides & pareffeux, contre lefquels elles ont à les défendre. Elles ont à fe défendre elles-mêmes contre d'autres infectes voraces qui les mangent plus volontiers que leur cire

& leur miel. Enfin il vient un temps où elles nous doivent
paroître extrémement barbares, où du matin au soir elles
ne s'occupent chés elles que de carnage; & c'eft dans ce
temps fur-tout que leur aiguillon leur eft néceffaire. Les
mâles font inutiles & même nuifibles dans la ruche après
un certain temps, après que la mere a été fécondée. Les
ouvriéres qui avoient été leurs nourrices lorfqu'ils avoient
la forme de ver, qui depuis leur derniére transformation
avoient vêcu avec eux en parfaite intelligence, leur déclarent la plus cruelle guerre, lorfqu'ils ne feroient que con-
fumer les provifions de la ruche fans y être bons à rien;
elles les maffacrent; au bout de deux ou trois jours, il y
en a quelquefois plus de mille de tués, & il n'en refte pas
un feul dans la ruche. Les raifons que les abeilles ouvriéres
pourroient alléguer pour leur juftification, nous font peu
connues; nous ignorons fur quels titres eft fondé leur
droit de vie & de mort fur les mâles; il leur a été accordé
par la nature qui les a mifes en état de l'exercer. Les faux-
bourdons ou mâles font plus gros que les abeilles, mais
ils n'ont pas été armés d'un aiguillon; celui qu'ont les
abeilles ordinaires leur donne une grande fupériorité fur
eux. Affés fouvent des querelles s'élevent entre les abeilles
ouvriéres d'une même ruche; affés fouvent on en peut
voir deux aux prifes, qui, pofées ou plûtôt couchées fur
terre, font l'une contre l'autre tout ce que pourroient
faire deux adroits & courageux lutteurs; elles cherchent
réciproquement à fe piquer. Leurs corps font fi bien
cuiraffés qu'il eft difficile à l'une & à l'autre de trouver
un endroit où elle puiffe faire pénétrer fon aiguillon dans
le corps de fon adverfaire. C'en eft bientôt fait de celle
qui a été piquée; la victorieufe la laiffe bientôt expirante fur la pouffiére. Quelquefois trois à quatre abeilles
en attaquent une feule, fans en vouloir à fa vie; elles

ceſſent de lui porter des coups dès qu'elle a allongé ſa trompe, & qu'elle y a dégorgé du miel que les attaquantes vont ſuccer tour à tour. C'eſt à ce miel qu'elles en vouloient. Outre les actions particuliéres dont nous venons de parler, il y en a de générales. Quand les mouches d'un eſſaim ont choiſi inconſidérément pour ſe loger, une ruche déja habitée par d'autres mouches, à peine s'y ſont-elles introduites, qu'un combat meurtrier commence. Celles qui ont le droit de la poſſeſſion, s'oppoſent à l'invaſion avec tout leur courage & toutes leurs forces. D'inſtant en inſtant on voit ſortir de la ruche une mouche victorieuſe qui en emporte une morte, ou une qui n'a plus qu'un reſte de vie qui lui eſt bientôt ôté. Ces batailles ne finiſſent qu'avec le jour, & coûtent ſouvent la vie à pluſieurs milliers de mouches. Une abeille qui laiſſe ſon aiguillon dans l'endroit où elle a piqué, & il arrive aſſés ſouvent qu'elle l'y laiſſe, ſe fait à elle-même une bleſſure mortelle; ainſi, la vie de celle qui pique eſt toûjours en riſque. La mere eſt armée d'un aiguillon plus grand que celui des autres mouches, quoique quelques Anciens ayent aſſûré le contraire, & que quelques déviſes les en ſuppoſent privées. Mais comme il importoit qu'une vie auſſi précieuſe que celle de la reine, ne fût pas auſſi ſouvent expoſée que celle des abeilles ordinaires, elle eſt née avec un naturel plus pacifique ; on peut la tenir entre les doigts ſans qu'elle cherche à piquer. Nous finiſſons ce Mémoire par faire remarquer les différences qui ſont entre quelques-unes des parties extérieures des trois ſortes de mouches, & qui y devoient être. Les parties néceſſaires pour ramaſſer la cire brute, par exemple, & pour façonner la cire même, étoient inutiles à la mere & aux mâles ſur qui aucun travail ne roule, & ils en ſont privés.

Le huitiéme Mémoire nous montre les abeilles occupées

dans l'intérieur de leur ruche à leurs différents travaux. Leurs gâteaux de cire font de tous leurs ouvrages, les plus dignes de notre attention, & les plus fûrs de fe l'attirer. L'admiration croît pour eux à mefure qu'on les examine, je dois dire à mefure qu'on les étudie, car fans le progrès de l'analyfe, & fans celui qu'elle a fait faire à la géometrie dans ces derniers temps, nous ne ferions pas en état de fçavoir à quel point ils méritent d'être admirés. Chaque gâteau eft compofé de deux rangs de cellules ou de tubes exagones. Sur une de fes faces fe trouvent les ouvertures de toutes les cellules d'un rang, & fur la face oppofée, les ouvertures des cellules de l'autre rang. Pappus célébre parmi les géometres anciens, qui connoiffoit les avantages des cellules de figure exagone, qui fçavoit que de toutes les cellules de capacité égale qui peuvent être ajuftées les unes contre les autres, fans laiffer de vuides entr'elles, les exagones font celles qui peuvent être faites avec moins de matiére ; Pappus, dis-je, a regardé les abeilles comme de grandes géometres. Mais il eût eu une bien plus haute idée de leur géometrie, s'il eût fçu que la conftruction du fond de chacune de ces cellules, fembloit fuppofer qu'elles avoient réfolu un probleme, dont la folution n'auroit pu être trouvée par les géometres de fon temps ; une folution à laquelle on ne peut arriver que par l'analyfe des Infiniment-petits. Celui au moins qui les a fi bien inftruites, a réfolu pour elles le probleme dont nous voulons parler, & que nous allons expofer. Le fond de chaque cellule n'eft pas plat, il eft pyramidal, & formé par trois petits lozanges ou rhombes de cire, femblables & égaux. Cette figure pyramidale permet aux fonds des cellules des deux faces oppofées, de s'ajufter les uns contre les autres auffi exactement que les corps des cellules s'ajuftent, c'eft-à-dire, fans laiffer de

vuide. Mais les abeilles avoient à choifir entre une infinité de rhombes différents qui peuvent former des pyramides plus écrafées ou plus allongées, & également propres à s'appliquer les unes contre les autres fans laiffer
de vuide. Les rhombes pour lefquels elles fe font déterminées, ont deux angles oppofés chacun d'environ 110
degrés, & les deux autres chacun d'environ 70 degrés.
Quelles font les raifons de la préférence donnée à ces
rhombes? J'ai foupçonné que l'épargne de la cire en
pouvoit être une, & j'ai propofé à M. Kœnig capable
de réfoudre les problemes les plus difficiles, de déterminer entre les cellules exagones de même capacité & à
fond pyramidal compofé de trois rhombes égaux & femblables, quels devoient être les angles des rhombes au
moyen defquels la quantité de matiére ou de cire employée, feroit la plus petite qu'il eft poffible; & il a trouvé
que les rhombes demandés font précifement ceux que
les abeilles ont choifi.

    La conftruction des cellules des abeilles, outre les pro-
blemes purement géometriques, nous offre à réfoudre
des problemes phyfiques, qui dans leur genre ne font
pas moins curieux que les autres. Nous avons vû ces
mouches occupées à enlever aux plantes les pouffiéres
de leurs étamines, & rapporter fur chacune de leurs jambes poftérieures une petite boule faite de ces pouffiéres.
Ces boules font-elles de la cire? Les abeilles trouvent-
elles fur les plantes, de la cire toute faite, comme elles y
pourroient trouver de la gomme & de la réfine? Nous
prouvons que ces pouffiéres d'étamines ne font point
actuellement de la cire, qu'elles ne font que la matiére
propre à la faire, auffi la nommons-nous de la cire brute.
Mais par quelle manipulation cette cire brute eft-elle
convertie en véritable cire? Les abeilles n'ont-elles qu'à
la peftrir

la peſtrir avec leurs jambes après l'avoir humectée de quelque liqueur, comme *Swammerdam* & M. Maraldi ſemblent avoir été diſpoſés à le croire! La converſion de la cire brute en véritable cire n'eſt pas ſi ſimple, elle eſt analogue à la converſion de nos aliments en chyle; c'eſt-à-dire, que c'eſt dans les inteſtins des abeilles & dans un de leurs eſtomacs, car elles en ont deux, que ſe fait la cire. Des obſervations très-certaines nous ont appris que les abeilles mangent la cire brute: après qu'elles l'ont digérée, elles font retourner vers leur bouche la véritable cire qui en a été extraite; elle y arrive & elle en ſort en forme & conſiſtance de bouillie claire & quelquefois mouſſeuſe. La langue de l'abeille aide à conduire hors de la bouche, la cire plus délayée qu'une pâte molle; elle la porte où elle doit être miſe en œuvre par les dents pour former une portion, ſoit du fond, ſoit d'un des pàns d'une cellule. Dans un inſtant, cette bouillie de cire ſe ſéche & ſe durcit, comme la liqueur qui devient un fil de ſoye, ſe ſéche dès qu'elle eſt ſortie des filiéres des chenilles & de celles de divers inſectes. Pluſieurs mouches fourniſſent les unes après les autres & employent la cire néceſſaire à la conſtruction d'une ſeule cellule. Celle qui n'a encore qu'une partie de ſa profondeur, ou qui ne vient que d'être rendue auſſi profonde qu'il lui convient de l'être, eſt très-brute, elle n'eſt qu'ébauchée; elle ne doit pas reſter auſſi épaiſſe, auſſi maſſive qu'elle l'eſt. Les abeilles s'occupent bientôt à rendre ſes pans plus minces, à les dreſſer, à les applanir & à les polir, ce qu'elles font en les ratiſſant, en les rabotant, pour ainſi dire, avec leurs dents, qui en emportent de petits coupeaux. Comme ce travail eſt long, on a ſouvent occaſion d'obſerver les mouches qui y ſont occupées; on ne ſe laſſe pas de voir l'activité & l'adreſſe avec laquelle elles font alors agir leurs dents.

L'habitation des abeilles, leur ruche, doit être très-cloſe; pour toutes ouvertures elle ne doit avoir que celles qui leur permettent d'entrer & de ſortir librement. Celles par où d'autres inſectes pourroient s'introduire trop aiſément, les fentes par où l'eau & le vent pourroient paſſer, auroient des ſuites à craindre. Les abeilles le ſçavent, au moins elles ſçavent boucher toutes ces ouvertures & ces fentes; elles ſçavent même que la cire n'eſt pas la matiére la plus propre à y être employée. Elles connoiſſent une eſpéce de réſine qu'elles trouvent toute faite ſur certains arbres, qui a plus de ténacité que la cire; elles vont s'en charger, elles l'apportent ſur leurs jambes poſtérieures en petites pelotes ſemblables à celles de la cire brute; mais elles n'ont pas beſoin de la manger ni de lui donner aucune préparation. Dès qu'une de celles qui s'en ſont chargées, eſt entrée dans la ruche, pluſieurs de ſes compagnes ſe rendent ſucceſſivement auprès d'elle; chacune prend une petite maſſe, un petit grain de la réſine entre ſes dents, & va ſur le champ le poſer dans l'endroit qui a beſoin d'être bouché. Les abeilles ſe ſervent auſſi de la même matiére pour enduire la plus grande partie des parois de leur ruche. Cette réſine a une odeur aromatique aſſés agréable. Nous lui conſervons le nom de propolis qui lui a été donné par les Anciens.

Tout ce qui a rapport à la génération des abeilles, fait l'objet du neuviéme Mémoire. Quelque grand que ſoit le nombre des ouvriéres qui naiſſent dans une ruche pendant le cours de l'année, elles doivent toutes le jour à une même mere, à cette reine que les Anciens avoient

chargée de tous les détails du gouvernement, & qui a
affés affaire d'avoir tant d'œufs à pondre. Elle eft auffi
la mere des faux-bourdons, & elle l'eft encore des femelles. On n'eft plus furpris qu'il y en ait telle, qui dans une
année fuffife à donner naiffance à vingt mille, à trente
mille, ou même à quarante mille mouches, lorfqu'on a
ouvert le corps de quelqu'une qui étoit en pleine ponte:
on le lui trouve tout rempli d'œufs; on y en peut compter
environ cinq mille actuellement fenfibles. Si on fait attention à la quantité de ceux qui en font déja fortis, & fur-
tout, fi on fait attention que le nombre de ceux qui par
leur petiteffe échappent à nos yeux, & qui ne fe dévelop-
peront que peu à peu, eft peut-être fept à huit fois plus
grand que le nombre de ceux qui font vifibles, on admi-
rera la fécondité de l'abeille, & on fera difpofé à croire
qu'elle peut aller à faire naître trente ou quarante mille
mouches par an. L'intérieur des faux-bourdons eft prefque rempli par des parties qui femblent démontrer qu'ils
font deftinés à féconder les œufs. On y trouve plufieurs
réfervoirs de liqueur laiteufe. Enfin les faux-bourdons
font fortir de leur derriére, en certain temps, des parties
qui paroiffent analogues à celles des mâles des autres
infectes. Mais pour ce qui eft des abeilles ouvriéres, en
quelque faifon de l'année qu'on ouvre leur corps, on ne
fçauroit parvenir à y découvrir ni œufs ni vaiffeaux propres à les contenir, ni aucune des parties qui caractérifent le mâle. On voit feulement leur premier eftomac
plus ou moins plein de miel, & leur fecond eftomac &
leurs inteftins plus ou moins remplis de cire brute. Auffi
ne contribuent-elles en rien à l'œuvre de la génération.
Nous enfeignons les temps où l'on peut parvenir à furprendre la mere occupée à pondre. Elle fait entrer fon derriére dans une cellule vuide, au fond de laquelle elle laiffe

un œuf. Elle en fort bientôt pour aller prefque tout de fuite en pondre un autre dans une cellule voifine ; elle eft toûjours accompagnée de quelques mouches, qui, chaque fois qu'elle fort d'une cellule, ne manquent pas de lécher les derniers anneaux de fon corps. Nous venons de dire qu'elle ne donne pas feulement naiffance à des abeilles ouvriéres, qu'elle la donne à d'autres fémelles & à tous les mâles. La cellule dont la capacité convient à l'œuf, ou, plus exactement, au ver qui doit devenir une abeille ouvriére, feroit trop petite pour un ver qui après fa transformation fera un mâle, & à celui qui après la fienne fera une fémelle. Comme fi les abeilles ordinaires en étoient bien inftruites, elles conftruifent des cellules de trois différentes capacités ; & ce qui n'eft pas moins digne d'être remarqué, la mere femble fçavoir quel eft l'embryon qui eft contenu dans l'œuf qu'elle va mettre au jour. Elle ne manque jamais de loger dans une petite cellule, l'œuf qui donnera une abeille ouvriére ; dans une cellule exagone plus grande, l'œuf qui doit donner un mâle. Enfin l'œuf plus précieux que les précédents, celui dont le ver qui en fortira, deviendra une fémelle, eft dépofé dans une cellule qui ne différe pas feulement des autres par fa grandeur, qui en différe encore par fa figure. Les abeilles qui doivent être des reines, font traitées avec diftinction dès l'inftant de leur naiffance, & avant même que de naître, lorfqu'elles font encore contenues dans l'œuf. Les ouvriéres abandonnent leur architecture ordi- naire quand il s'agit de faire une habitation où une fémelle prendra fon accroiffement. Ce n'eft pas là le temps où elles fongent à profiter des avantages que leur offrent les alvéoles exagones à fond pyramidal pour œconomifer la cire. Rien ne leur coûte alors. Elles employent plus de cire pour une feule cellule deftinée à être le berceau d'une reine, que pour cent ou cent cinquante cellules ordinaires. Elles cherchent fur-tout à la rendre folide ; car d'ailleurs, la forme qu'elles lui donnent n'a rien de fort agréable & de recherché pour nous ; elle eft même fimple. Cette cellule n'eft pas, comme les autres, faite à pans, elle eft oblongue & arrondie, ayant plus de diametre que par-tout ailleurs auprès de fa bafe, de-là elle devient de plus en plus menuë jufques à fon ouverture. L'extérieur en eft cependant orné d'une efpéce de guillochis. Une feule reine a tant de mâles dans fa ruche, qu'elle femble vivre au milieu d'un très-nombreux ferrail ; cependant la maniére dont elle eft fécondée a été mife au rang des myftéres. Comme elle fe tient prefque conftamment dans l'intérieur de fon habitation, on n'a pu parvenir à voir aucun ac-couplement. Le trop grand nombre des mâles a même fait penfer qu'elle ne devoit pas s'accoupler. Des Anciens & des Modernes ont cru que le feul office des mâles étoit de répandre fur les œufs dépofés dans les cellules, une liqueur laiteufe & vivifiante, comme on penfe com-munément que le font les mâles des poiffons fur les œufs de leurs fémelles. Mais ce fentiment eft détruit dès qu'on fçait que ce n'eft que pendant quelques femaines de cha-que année que la mere abeille vit avec des mâles, que pendant neuf à dix mois il ne lui en refte pas un feul, quoiqu'elle ponde dans la plûpart de ces mois des œufs féconds. Swammerdam à qui les mâles n'avoient pas paru avoir des parties par lefquelles ils fe puffent joindre avec la fémelle, a eu un fentiment qui femblera bien étrange à ceux qui n'ont pas médité la fuite de merveilles que fuppofe la génération des animaux. Il a penfé que la vapeur, l'odeur que les mâles répandoient, fuffifoit pour féconder la mere. Il faut avouer que le grand nombre des mâles qui ont été accordés à cette mere, fait une difficulté confidérable, contre l'accouplement; s'ils étoient tous auffi ardents que le font ceux des autres infectes, la fémelle en deviendroit à plaindre, elle ne trouveroit pas les moments de repos qui lui font effentiels. Des obfervations que j'ai faites fur des meres dont chacune a été mife feule avec un mâle, levent la difficulté. Elles m'ont appris un renverfement d'ordre qui étoit nécef-faire, dès qu'il avoit été réglé que chaque mere auroit à fa difpofition tant de mâles. Ceux qui lui ont été don-nés font les plus froids, les plus indifférents de tous les mâles. C'eft à cette reine fi cherie par les ouvriéres, ac-coûtumée à être fervie & prévenuë en tout par celles-ci; c'eft à cette reine, dis-je, à faire fa cour au mâle qui lui plaît, à le tirer de fon état de froideur par fes agaceries. Elle pouffe même fes careffes jufques à ce que nous ap-pellerions plus qu'indécence. Elle prend par rapport à fon mâle la pofition dont font en poffeffion les mâles des autres fémelles. Enfin, quoique je ne fois pas fûr d'avoir vû un accouplement complet, j'ai vû au moins une efpéce d'accouplement; & quand il n'y auroit que ce que j'ai vû, c'en feroit affés pour que tout fe paffât par rapport à la fécondation des œufs des abeilles, comme par rap-port à celle des œufs des oifeaux. Les accouplements de ceux-ci font fouvent plus courts que ceux que la mere abeille m'a montrés.

Nous avons demandé qu'on nous crût pour quelque temps fur notre fimple témoignage, lorfque nous avons affûré que chaque ruche n'a qu'une feule fémelle, excepté pendant un petit nombre de jours où y naiffent des fé-melles qui n'y doivent pas refter. Nous nous fommes de même contentés d'affûrer qu'il vient un temps où tous les mâles font ôtés à la mere, & qu'elle paffe neuf à dix mois fans en avoir un feul. Ces faits effentiels à l'hiftoire des

abeilles, & quelques autres, avoient befoin d'être établis par des preuves certaines que nous avons promifes,
& que nous donnons dans le dixiéme Mémoire. Pour
pouvoir certifier qu'il n'y a qu'une feule mere dans
une ruche pendant plus d'onze mois de l'année, &
qu'il n'y a pas un mâle pendant plus de neuf à dix
mois, il faut abfolument en avoir examiné toutes les
mouches une à une, en différentes faifons de l'année.
Je commence par indiquer divers moyens de faire paffer
les abeilles d'une ruche dans une autre, qui ne doivent
pas être ignorés par ceux qui foignent ces mouches pour
profiter du fruit de leurs travaux. Pendant que l'on oblige
les abeilles à déménager, on a des occafions de les voir
étalées, d'appercevoir les fémelles & les mâles. Mais ce
qui peut mettre plus à portée de les examiner, c'eft que
j'enfeigne enfuite à faire entrer dans plufieurs bouteilles
d'un verre très-tranfparent, toutes les abeilles d'une ruche.
Ces expédients ne fçauroient pourtant contenter quelqu'un auffi difficile fur les preuves des faits finguliers
qu'on le doit être. Il lui reftera toûjours des foupçons
tant qu'il n'aura pu examiner une à une, & manier même
toutes les abeilles d'une ruche; mais il femble que cela
ne fe puiffe bien faire que fur des abeilles mortes, qu'il
faille en venir à faire périr toutes les abeilles d'un grand
nombre de ruches, c'eft-à-dire, d'en faire périr dans plufieurs mois, & faire périr même plufieurs ruches en certains mois. Il n'eft pas difficile au moyen du foufre, d'é-
touffer celles d'une ruche; mais ceux qui nient le plus
fermement l'ame des bêtes, fe réfoudroient avec peine
à faire périr tant de milliers de machines trop admirables.
D'ailleurs ces expériences ne laifferoient pas d'être chéres,
& n'ôteroient pas abfolument tout doute. Car par exemple,
quand on n'auroit trouvé qu'une feule mere au Printemps,

& fans mâles, on n'en feroit pas en droit d'affirmer que cette mere qui n'avoit pas de mâles, auroit pondu des œufs féconds. On ne peut être bien certain qu'elle étoit en état d'en donner, que quand on lui en a vû pondre de tels au bout de quelques jours ou de quelques fe-maines. Sans ôter la vie aux abeilles, il y a un expédient auquel j'ai eu recours pour les examiner aufli aifément une à une, que fi elles étoient véritablement mortes; de les manier les unes après les autres; & de revoir par la fuite ces mêmes mouches occupées de leurs diffé-rents travaux. Après avoir obfervé que des abeilles, qui, pour être tombées dans l'eau fembloient parfaitement mortes, pouvoient être ramenées à la vie, lorfqu'après les avoir féchées, on les chauffoit; après m'être affûré que des abeilles tenues même fous l'eau pendant plufieurs heures comme mortes, pouvoient être ranimées, j'ai voulu faire en grand les expériences que j'avois faites en petit. J'ai plongé des ruches fous l'eau; toutes leurs abeilles y ont paru noyées, incapables de mouvement. On les a pefchées enfuite avec des écumoires. Ainfi toutes les mouches d'une ruche, très-actives quelques heures aupa-ravant, ont été mifes par tas ou étenduës fur une table. Ce fpectacle avoit quelque chofe de trifte pour qui ne fçavoit pas quelles en devoient être les fuites. J'examinois mes abeilles aufli à l'aife que je les euffe examinées fi elles euffent été véritablement mortes. Lorfqu'elles avoient été toutes parcouruës une à une, lorfqu'après avoir trou-vé la mere, je m'étois affûré qu'il n'y en avoit qu'une, & qu'il n'y avoit aucun mâle, je faifois changer la fcene; je faifois effuyer les mouches, je les mettois dans des poudriers, ou dans des vafes de crin que j'ai nommés féchoirs, où j'achevois de les fécher; je les chauffois doucement, & bientôt je les remettois en état de rentrer

dans

dans une ruche, & d'y recommencer leurs travaux. J'ai
fait cette opération un très-grand nombre de fois, autant
qu'il a été néceſſaire pour m'inſtruire des faits qui demandoient à être prouvés. Nous détaillons dans le Mémoire dont il s'agit, les moyens les plus ſûrs d'en aſſûrer
le ſuccès, & les inconvenients qui l'ont quelquefois fait
mal tourner.

   Nous retournons dans le onziéme Mémoire à ces œufs
que nous avons vû dépoſer par la mere en différentes
cellules. Ils ont chacun une figure oblongue & arrondie,
un peu plus groſſe par un bout que par l'autre. Il n'y en
a ordinairement qu'un dans chaque cellule. Cependant
j'ai quelquefois obſervé deux, trois & juſques à quatre
œufs dans la même; mais ceci n'arrive que lorſque les
ouvriéres n'ont pu ſuffire à conſtruire autant de cellules
que la fécondité de la mere en demandoit de vuides.
Quatre vers, & même deux, périroient dans un logement
qui par la ſuite ſera rempli par un ſeul. Auſſi les abeilles
ouvriéres ont-elles ſoin d'ôter les œufs ſurnuméraires des
cellules où il s'en trouve. L'unique œuf qui doit reſter,
eſt collé contre le fond & ſeulement par ſon petit bout.
Ce n'eſt que par ce bout qu'il touche la cellule. Un jour
ou deux après qu'il y a été poſé, un ver en ſort. Il eſt
bientôt l'objet des tendres ſoins des abeilles ouvriéres.
Chaque jour & à pluſieurs repriſes, elles lui fourniſſent
l'aliment qui lui eſt néceſſaire; elles tiennent le fond de
ſa cellule couvert d'une couche d'une eſpéce de bouillie
blanche dont il ſe nourrit; cette bouillie lui ſert même
d'un lit mollet ſur lequel il eſt roulé en anneau. Dans
moins de ſix à ſept jours, il eſt parvenu à ſon dernier terme
d'accroiſſement. Les abeilles qui connoiſſent le temps où
il n'a plus beſoin de nourriture, ceſſent alors de lui en porter. Le dernier des ſoins qu'elles prennent pour lui, c'eſt de

murer, pour ainſi dire, la porte de ſa cellule. Elles mettent un couvercle de cire à ſon ouverture. Quand ce couvercle eſt poſé, le ver qui juſque-là avoit été en inaction & roulé, ſe déplie, s'étend & commence à travailler. Il tapiſſe de ſoye les parois de ſa loge; il ne tarde guéres enſuite à ſe métamorphoſer en nymphe. Pluſieurs vers croiſſent les uns après les autres dans la même cellule; on peut reconnoître le nombre de ceux qu'il y a eu dans chaque cellule, ſi on ſe donne la peine de ſéparer les unes des autres, les différentes toiles de ſoye dont elles ſont tapiſſées. Les vers qui doivent devenir des fémelles, ſont traités avec plus de diſtinction; chacun a ſa cellule neuve, faite pour lui, & qui ne ſert qu'à lui. Enfin, environ 20 à 21 jours après que l'œuf a été collé contre le fond d'une cellule, une abeille eſt en état de paroître au jour; après s'être défaite de ſes enveloppes de nymphe, elle fait uſage de ſes dents pour ronger la porte, le couvercle de cire qui y a été attaché; elle y fait une ouverture par où elle ſort encore humide. D'officieuſes mouches ſe préſentent ſur le champ pour l'eſſuyer avec leur trompe: ſes aîles s'affermiſſent, & dès le même jour elle eſt en état de ſortir de la ruche, & de s'acquitter par des récoltes de cire & de miel, de ce qu'elle doit à ſes meres nourrices.

Après que la rude ſaiſon eſt paſſée, le nombre des abeilles ſe multiplie journellement dans une ruche; & ſouvent il s'y eſt multiplié à un tel point vers la mi-Mai, que l'habitation étant devenuë trop petite pour contenir toutes les mouches, le meilleur parti qui leur reſte à prendre, c'eſt de ſe partager. Dans un inſtant une très-grande troupe ſe détermine à abandonner le lieu de ſa naiſſance, pour aller chercher ailleurs un établiſſement. Cette colonie d'abeilles eſt appellée un eſſaim. Le douziéme Mémoire traite de ce qui a rapport aux eſſaims, de ce qui précéde & annonce leur fortie, de la maniére dont elle fe fait, & de tout ce qui la fuit, jufques à ce que la nouvelle république fe foit mife folidement en état de fe perpétuer. Quélque peu proportionné cependant que fût le grand nombre des abeilles à la capacité de la ruche, il n'en fortiroit point d'effaim fi toutes les mouches nouvellement nées étoient des ouvriéres. Celles-ci, qui doivent faire le gros de la colonie, veulent avoir à leur tête une reine, & une reine féconde & qui ait été fécondée. Elle feule peut affûrer la durée d'un nouvel établiffement. Il a auffi été réglé que lorfqu'un très-grand nombre de mouches ordinaires feroient nées dans une ruche, des mâles y naîtroient, & que des femelles y naîtroient enfuite. Or dès qu'il y a des femelles nées, & qu'une de celles-ci eft en état de mettre au jour une nombreufe poftérité, c'en eft affés pour déterminer un effaim à quitter même une ruche qui n'eft que médiocrement peuplée. Le foir & pendant la nuit, des bourdonnements plus forts que les ordinaires, fe font entendre dans une ruche quelques jours avant le départ de l'effaim. Il eft quelquefois annoncé le matin du jour où il ne fe doit faire que l'après-midi, par un figne moins équivoque & plus digne d'être remarqué. Pendant qu'un temps ferein & doux, & un Soleil brillant, invitent à fortir les abeilles des différentes ruches, pendant qu'on en voit beaucoup rentrer avec des récoltes de cire brute dans des ruches médiocrement peuplées, fi on obferve peu de mouvements aux portes d'une ruche qui fourmille de mouches, fi peu de celles qui arrivent, rapportent de la cire brute, on peut compter que dans le fort de la chaleur du jour, il en fortira un effaim. Comme fi cette grande entreprife avoit été décidée pendant la nuit, comme fi le moment où elle doit être executée avoit été determiné, les mouches qui doivent abandonner la ruche l'après-midi, ne daignent pas y travailler pendant la matinée; & celles qui y doivent rester, attendent *pour s'occuper avec leur activité ordinaire, que leurs compagnes soient parties.* La résolution de partir dans le jour semble donc bien déclarée; mais je ne crois pas que le moment du départ ait de même été fixé. Ce moment arrive quand la chaleur devient plus considérable, & sur-tout quand quelque ardent rayon de *Soleil* agit sur la ruche. Alors dans un instant des abeilles en sortent en foule; elles remplissent l'air des environs; dans quelques secondes, toutes celles qui doivent composer l'essaim s'y trouvent répandues. Après avoir voltigé & tourbillonné pendant quelques minutes au-dessus d'un arbre, elles se réunissent autour d'une de ses branches. Quand elles y sont devenues tranquilles, on les fait tomber dans une ruche où ordinairement elles se trouvent bien. Les Anciens ont voulu que dans un essaim, outre le véritable roi, il se trouvât souvent une mouche rebelle par qui la puissance souveraine étoit disputée. Ils ont accordé au premier les qualités qui rendent digne de regner; ils ont assûré que son extérieur répondoit au rang auquel il étoit destiné. Ils nous peignent au contraire la figure de la mouche qui s'est révoltée, comme très-hideuse & ignoble; selon eux, sa figure est l'image des mauvaises qualités de son ame. Cette mouche indigne de l'empire sçait pourtant séduire quelques abeilles; mais bientôt elle est punie de sa trahison par les autres, qui lui ôtent la vie. Le vrai auquel tout ceci doit être réduit, c'est que quelquefois plusieurs fémelles nouvellement nées se trouvent dans une ruche lorsqu'un essaim en part; que quelquefois deux ou trois, ou même quatre fémelles s'y associent. Cependant le bien de la nouvelle société demande qu'il ne lui en reste qu'une. Aussi une

feule eft-elle confervée. En moins d'un jour ou deux les
furnuméraires font mifes à mort. Celle qui demeure unique
fouveraine eft la plus digne de l'être, non par des vertus morales, mais par une vertu phyfique bien effentielle à la république naiffante. Elle eft la plus prête à pondre, & probablement celle qui promet une ponte plus abondante. Souvent dès le premier ou le fecond jour, elle dépofe des œufs
dans les alvéoles qui viennent d'être faits. C'eft ce qu'on
n'auroit pas dû attendre de celles qui ont été immolées au
bien public. Lorfque j'ai ouvert le corps de plufieurs de
celles-ci, je n'ai pu y appercevoir des œufs d'une groffeur
fenfible. Les fémelles nouvellement nées qui font reftées
dans l'ancienne ruche, n'ont pas un fort plus heureux que
les furnuméraires de l'effaim ; comme celles-ci elles font
mifes à mort. Il y a pourtant quelquefois deux ou trois jeunes fémelles à qui la vie eft confervée, & cela quand la
ruche, comme il y en a quelques-unes, fournit deux ou
trois effaims.

Il ne nous eft pas permis d'être indifférents pour des
mouches fi induftrieufes, & dont les travaux nous font fi
utiles. L'objet du treiziéme & dernier Mémoire, eft d'e-
xaminer les moyens de les multiplier, & d'en tirer le
meilleur parti qu'il eft poffible. Lorfque nous avons vû
où elles fe chargent de cire & de miel, nous avons dû
faire réflexion que la quantité de l'une & de l'autre qu'elles
recueillent fur les fleurs, n'eft prefque rien en comparaifon de la quantité qu'elles font forcées d'y laiffer. Les
ouvriéres nous manquent pour faire faire des récoltes
de fruits offerts par la nature avec une fi grande profufion ; mais il ne nous eft pas auffi facile de multiplier ces
ouvriéres qui ne nous coûtent rien, qu'il l'eft de multiplier les vers à foye. Il y en a autant de ceux-ci qui deviennent des papillons fémelles, qu'il y en a qui deviennent

des papillons mâles. On pourroit peut-être songer à mettre plus à profit le petit nombre des abeilles fémelles qui naissent chaque année dans chaque ruche. Mais ce qui se présente de plus sûr pour la multiplication des abeilles, c'est d'empêcher qu'il n'en périsse chaque année, autant qu'il en périt. Une avidité mal entenduë a établi en diverses provinces, l'usage de faire mourir celles qui sont parvenues à bien remplir leur logement de cire & de miel. Il seroit aisé de proscrire par un réglement, une pratique barbare & si opposée à la multiplication de mouches si dignes d'être conservées. Les Auteurs qui ont traité des abeilles, nous ont appris qu'elles ont beaucoup d'ennemis qui les détruisent. Tels sont dans le genre des quadrupedes, les mulots & d'autres rats de jardin. Beaucoup d'oiseaux les attrapent quand ils peuvent. Certains insectes aîlés, comme les guêpes & les frêlons, sont aussi redoutables pour elles que les oiseaux ; on prétend même que les guêpes ne permettent pas d'avoir des abeilles dans quelques-unes de nos Isles de l'Amérique, qu'elles les y exterminent toutes. Une espéce de poux s'attache sur elles, & y vit sans les abandonner. Elles sont sujettes à diverses maladies contre lesquelles on n'a pas manqué de prescrire des remédes. Mais tous leurs ennémis ensemble, & toutes les maladies dont elles peuvent être attaquées, même dans de belles saisons, n'empêcheroient pas que le nombre des ruches ne se multipliât considérablement chaque année, si on pouvoit les sauver pendant la fin de l'Automne, pendant l'Hiver & le commencement du Printemps. C'est alors que les ruches entiéres périssent, & qu'il en périt beaucoup. Les deux grands fleaux des abeilles dans ces temps fâcheux, sont le froid & la faim. Nous prouvons que quand on cherche à les mettre à l'abri de l'un, on les livre souvent à l'autre. Tant qu'elles ne sont qu'engourdies

de froid, elles peuvent vivre fans avoir befoin de manger; mais un plus grand degré de froid leur ôte la vie.
Si pendant l'hiver on les tient dans un lieu trop doux,
leurs provifions font trop - tôt confumées, & elles fe
trouvent réduites à mourir de faim. Mais l'air qui feroit doux pour des ruches très - peuplées, eft trop froid
pour celles qui le font peu, il les fait périr. Après avoir
examiné les inconvénients de l'une & de l'autre efpéce,
& comment ils fe combinent par rapport aux différentes
ruches, nous prefcrivons les moyens qui nous ont femblé les meilleurs pour conferver les abeilles pendant les
rudes faifons, & qui font fondés fur des expériences
qui paroiffent décifives. Des ruches très-peu peuplées,
& dont toutes les mouches feroient mortes avant la fin
de l'hiver, fi elles euffent été tenues dans un jardin &
même dans une chambre, ont été confervées, parce que
je les ai mifes chacune dans un tonneau où les unes
étoient entourées de terre, & les autres de menu foin;
& ce qui a le plus contribué à fauver la vie à ces abeilles
tenues affés chaudement, c'eft que je leur avois ménagé
une porte qui leur permettoit de fortir lorfque de beaux
jours les y invitoient. Enfin, plus nous mettrons les
abeilles à portée de faire de bonnes récoltes, & plus
nous en tirerons de parti, & nous travaillerons en même temps à leur confervation. Dans plufieurs pays de
plaine, dès que les bleds font enlevés, les abeilles ne
trouvent plus ou prefque plus de fleurs, pendant que
d'autres pays fouvent voifins, arrofés de ruiffeaux & couverts de bois, ont en abondance des fleurs de toutes efpéces. De grands exemples nous excitent à chercher à
mettre ces derniéres fleurs à profit. Un ufage établi en
Egypte de tout temps & qui y fubfifte encore, eft de
faire voyager des bateaux pleins de ruches le long des

bords du Nil. En Gréce, on tranfportoit autrefois en
Attique les abeilles, lorfqu'elles n'avoient plus de fleurs
en Achaïe. Un ufage fi fage a été connu dans beaucoup
d'autres pays; & il a été renouvellé par le maître entendu
d'une Blanchifferie de cire établie à quelques lieuës de
Petiviers en Beauce. Quand les abeilles de fix à fept cens
ruches qu'il a en fa poffeffion, ne trouvent plus de quoi
s'occuper utilement autour de la Blanchifferie, il les fait
tranfporter, foit en Beauce, foit fur les lifiéres de la forêt
d'Orléans, foit en Sologne, felon que l'année a été plu-
vieufe ou féche. Avec de pareils foins on parviendra à
multiplier les abeilles dans le Royaume, à leur faire faire
de plus abondantes récoltes de cire & de miel, que nous
partagerons, & aurons acquis le droit de partager avec
elles. Nous finiffons par expliquer comment ces fortes de
partages doivent fe faire, & par dire quelque chofe des
différents miels & des différentes cires, & de la quantité
de l'un & de l'autre qu'on peut attendre de chaque ruche.

  Indépendamment des utilités que nous retirons de ces
mouches, & des utilités encore plus grandes que nous en
pourrions retirer, leurs républiques font bien dignes d'occuper un efprit philofophique; elles lui fourniffent matiére à bien des réflexions capables de l'étonner. Une feule
abeille eft l'ame de tout fon peuple, elle met au jour
chaque année un nombre prodigieux de mouches, qui ne
femblent naître que pour la fervir, & pour la fervir avec
une affection inconcevable. Quoique naturellement très-
laborieufes, dès que la mere leur manque, elle ne fçavent
plus ce que c'eft que de travailler. Alors faute de faire les
provifions ordinaires, elles fe laiffent périr de faim. Mais
ont-elles une mere féconde, c'eft avec une activité fans
égale qu'elles exercent deux arts à nous inconnus, celui
de recueillir & préparer le miel, & celui de faire de la
cire.

cire. Quand on étudie la maniére dont elles mettent celle-
ci en œuvre, quand on voit qu'elle fuppofe des connoiffances en géometrie fupérieures à celles qu'ont eûes les
plus grands Géometres de l'antiquité, l'admiration que
ces mouches font naître ne s'arrête pas à elles. Si on ne
veut pas les regarder comme des êtres très-intelligents,
on eft forcé de reconnoître qu'elles ne peuvent être l'ouvrage que d'une intelligence infiniment parfaite & infiniment puiffante. Bientôt l'admiration s'éleve à celui qui leur
a donné l'être; mais bientôt on demande pourquoi il les a
fi admirablement inftruites! Qu'étoit-il néceffaire qu'elles
conduififfent leurs ouvrages felon les regles de la plus
fublime géometrie! On eft tenté de penfer que la Sageffe
par excellence, a donné trop d'attention à de fimples
mouches. Ce n'eft que pour nous que nous voulons que
tout ait été fait. Nous ferions pardonnables de le penfer
avec un excès de complaifance, fi nous le penfions avec
affés de reconnoiffance. Mais les abeilles euffent pu nous
ramaffer du miel, quand elles l'auroient logé dans des
vafes plus groffiérement conftruits, dans des cellules qui
n'euffent point été des exagones à fond pyramidal. Nous
trouverions mieux notre compte par rapport à la cire, fi
les abeilles,.au lieu de fçavoir l'employer en grandes géometres, avoient fçu en ramaffer affés pour fournir à conftruire des cellules plus maffives.

Mais nous fommes bien éloignés d'être à portée d'entrevoir quelles perfections convenoient à chacun des êtres
qui entrent dans la compofition de l'univers, & quels
rapports ils devoient avoir entr'eux. Nous n'avons aucune
idée de l'immenfité de cet univers dont il nous eft aifé de
reconnoître que notre terre n'eft qu'une particule, qu'une
efpéce d'atome. Cet atome fur lequel nous avons été placés, pour avoir le rapport qu'il convenoit qu'il eût avec

la totalité de l'ouvrage, demandoit à être peuplé d'une infinité d'animaux entre lefquels les uns, malgré leur petiteffe, font cependant des mondes pour d'autres. Si l'infecte pour qui l'abeille en eft un, penfe, il fe juge mieux fondé à croire les abeilles faites pour lui, que nous ne le fommes à les croire faites pour nous. S'il connoît toutes les perfections de l'être qu'il habite, pour peu qu'il foit difpofé à s'enorgueillir de fa propre excellence, combien doit-il être flaté de ce qu'une créature fi merveilleufement organifée, fi laborieufe, fi induftrieufe, fi habile, & pour la confervation de laquelle les hommes prennent des foins, s'il penfe, dis-je, que l'abeille a été faite pour lui.

Si l'ouvrier qui fait une montre, faifoit auffi les métaux qui y entrent, il fçauroit de quelle néceffité il eft de combiner entr'elles certaines matiéres de l'union defquelles il réfulte un compofé qui eft du cuivre; d'en combiner d'autres enfemble, ou les mêmes différemment, mais de maniére que leur affemblage foit du fer ou de l'acier. L'Ouvrier de l'univers n'en a pas fimplement combiné les parties, il les a faites; le plan parfait fur lequel il l'a formé, demandoit que dans cet univers il entrât une particule qui eft notre terre, que cette particule prefqu'infiniment petite par rapport à l'immenfité du refte, fût compofée de tout ce que nous y voyons, & de beaucoup plus que nous n'y fçavons voir; qu'elle eût des mineraux, des végétaux, des animaux; & parmi ceux-ci, qu'elle en eût d'auffi induftrieux que le font les abeilles. En un mot, chaque eftre n'eft ce qu'il eft, que parce qu'il eft une partie néceffaire à la perfection de l'ouvrage total. Comment pourrions - nous avoir la plus legére idée de l'infinité & de la néceffité de ces combinaifons, nous qui ne fçavons pas celles qui doivent entrer dans un fimple grain de terre commune! La fphere d'intelligence qui nous a été accordée, ne s'étend pas au-delà de la premiére écorce de quelques-unes des parcelles de l'univers. Nous avons cependant à nous reprocher, de ne pas donner affés notre attention au petit nombre de ces eftres qui ne font pas au-delà de notre portée. Ce que nous en pouvons voir eft plus que fuffifant pour remplir la mefure d'admiration dont nous fommes capables. Nous ne pouvons même fuffire à admirer toutes les merveilles que nous offrent ces petits animaux, que le commun des hommes ne juge pas dignes de fes regards, les infectes.

Malgré l'étenduë que nous venons de donner, & que nous nous fommes crus en droit de donner à l'Hiftoire des abeilles, parce qu'elles font de ceux avec qui nous avons, pour ainfi dire, à vivre, & qu'elles nous font d'une grande utilité, nous avons apparemment laiffé ignorer un grand nombre de faits curieux qu'elles nous ont cachés. Il nous refte à parler de beaucoup de genres & d'efpéces de mouches à quatre aîles, qui, n'ayant pas trouvé de place dans ce cinquiéme volume, fe trouvent renvoyés au fixiéme ; entre ces mouches différentes en genres ou en efpéces, les unes vivent en fociété, comme les abeilles, & les autres vivent folitaires. Si parmi les unes & les autres il n'y en a pas qui s'occupent actuellement pour nous, comme le font les abeilles, il y en a au moins qui peuvent nous donner des vûes pour nous faire entreprendre des ouvrages qui nous feroient utiles, qui nous enfeignent des manipulations auxquelles nous ne fçavons pas avoir recours, comme nous le ferons remarquer dans le temps. Enfin entre ces mouches, nous en trouverons qui femblent le difputer aux abeilles en génie, en adreffe, en prévoyance, & en amour pour leur poftérité, & qui ont à nous faire voir des fingularités, des efpéces de prodiges de tous autres genres que ceux que les abeilles nous ont montrés.

On peut être né avec un efprit qui fçait apprécier les connoiffances, avec un efprit qui, avide d'en acquérir, voudroit être inftruit des merveilles que la nature nous offre, & manquer du temps néceffaire pour les étudier en détail dans de gros ouvrages. Ceux qui fe trouvent dans ce cas nous fçauront peut-être quelque gré de l'é-tenduë que nous avons donnée à cette Préface. Nous les avons eu en vûe lorfque nous y avons raffemblé les principaux faits qui fe trouvent difperfés dans le Volume; nous avons cherché à les difpenfer de le lire. Nous avons donné des efpéces d'extraits de fes différents Mémoires, moins refferrés que ceux qui fe trouvent dans les Préfaces des Volumes précédents. S'il n'étoit queftion que de rapporter les faits qu'on a obfervés, s'il n'étoit pas néceffaire de prouver en même temps qu'on les a bien vûs, & de mettre en état de les revoir, on n'auroit pas à craindre de rendre ennuyeux par leur longueur des Volumes où il ne s'agit que de matiéres intéreffantes par elles-mêmes. Mais on ne fatisferoit pas les efprits philo-fophiques qui fçavent ne devoir admettre que les faits dont la réalité a été prouvée inconteftablement.

L A Vignette repréfente un Appentis fous lequel font placées des Ruches vitrées de différentes formes. En dehors de l'Appentis, un homme couvert d'un camail tient une Ruche renverfée dans laquelle il fait tomber les Abeilles d'un effaim qui s'étoit attaché à une branche d'arbre. La Ruche qui eft près du même homme, eft pofée fur la terre, comme le fera celle dont il eft chargé, èsd qu'il aura reçû dedans les Abeilles de l'effaim.

MEMOIRES

MEMOIRES

POUR SERVIR

A L'HISTOIRE

DES INSECTES.

PREMIER MEMOIRE.

HISTOIRE

DES TIPULES.

'HISTOIRE des Mouches appellées *Tipules*, auroit été placée dans le dernier volume, s'il eût été poffible de l'y faire entrer, fans le rendre d'une groffeur incommode; il finit par l'hiftoire des coufins, à la fuite de laquelle celle des Tipules devoit naturellement fe trouver; mais au moins cette derniére ne fera féparée de l'autre par aucun Mémoire. Les Tipules*, comme nous l'avons déja dit

* Pl. 1. fig. 14. Pl. 2. fig. 11. & pl. 3. fig. 1. & 2.

Tome V.   .A

* Tom. 4.
Mem. XIII.
pag. 575.

ailleurs *, font des mouches à deux aîles, qui, au premier
coup d'œil, reſſemblent ſi fort aux couſins, qu'elles paroiſſent être de leur genre. Auſſi des auteurs d'hiſtoire naturelle, très-célebres, & des obſervateurs attentifs, Swammerdam, Goedaert, &c. ont confondu les petites eſpeces
de tipules avec les couſins. Mais quand on ne s'arrête pas
aux premiéres apparences, on reconnoît aiſément qu'elles
font d'une claſſe différente de celle des autres. Ceux-ci
font de la premiére claſſe générale des mouches à deux
aîles; ils font pourvûs d'une trompe qui n'eſt point
accompagnée de dents, mais qui eſt munie de pluſieurs
aiguillons, avec leſquels ils ſçavent percer notre chair, &
tirer le ſang de nos vaiſſeaux; au lieu que les tipules font
de la ſeconde claſſe générale des mouches à deux aîles :
la nature ne leur a point accordé de trompe, elle ne leur

* Pl. 2. fig.
8. & 9.

a donné qu'une bouche *, qui même n'a pas de dents.
Auſſi les tipules ne cherchent point à nous faire du mal,
& ne font pas en état de nous en faire.

Il eſt heureux que nous n'ayons rien à craindre de ces
mouches, car aux environs de Paris, le nombre de leurs
eſpeces ſurpaſſe beaucoup celui des eſpeces de couſins.
Communément elles font auſſi fécondes, & quelques-
unes font conſidérablement plus grandes que les eſpeces
de ceux-ci. Mais les tipules & les couſins ſe reſſemblent
par la forme du corps; celui des unes, comme celui des
autres, eſt allongé; les unes & les autres font de la ſeconde
des claſſes ſubordonnées aux claſſes générales. Ces inſectes
ſe reſſemblent encore par la grandeur de leurs jambes, par
la maniere de les poſer, par la figure des aîles, & par la
forme du corcelet.

Tous les couſins que je connois, ont été dans leur
premier état, des vers aquatiques, & ils n'ont quitté l'eau
que lorſqu'ils font devenus aîlés. Des tipules de bien des

efpeces différentes, ont pris auffi leur accroiffement dans les eaux, fous la forme de vers; mais des tipules de beaucoup d'autres efpeces, ont été des vers qui fe font nourris fous terre, ou fur des plantes. Nous commencerons par faire connoître quelques efpeces de ceux qui ont été des vers terreftres, & nous finirons par en faire connoître des efpeces de ceux qui ont été des vers aquatiques. Nous n'avons garde au refte de nous propofer de décrire exactement toutes les efpeces de ces infectes qui naiffent fur terre, & toutes celles qui naiffent dans l'eau ; nous croyons qu'on aimera mieux que nous nous bornions à parler de celles qui fe prefentent le plus fouvent à nos yeux, & de celles qui offrent quelque particularité remarquable.

Nous venons de dire que les tipules différent des coufins, en ce qu'elles n'ónt point de trompe, & elles différent des autres mouches de leur propre claffe, en ce qu'elles ont la figure des coufins; elles en différent encore par la conformation de leur bouche, & par fes accompagnemens. La fente qui en fait l'ouverture extérieure*, eft dirigée de devant en arriére; elle n'a point une levre antérieure & fupérieure, & une poftérieure & inférieure. Ses levres font latérales*, elles jouent en quelque forte comme les deux mâchoires ou dents des chenilles; elles font articulées au bout de la tefte. Quand on preffe le corcelet, on oblige la bouche à s'ouvrir; & on voit bientôt les deux levres qui s'écartent l'une de l'autre, & qui laiffent appercevoir des chairs entre lefquelles il n'y a qu'une fente. En augmentant la preffion, on contraint ces derniéres chairs à s'écarter les unes des autres, comme on y avoit contraint les premiéres. Il femble que cette bouche ait deux levres de chaque côté, une levre extérieure & une levre intérieure; on ne fçait pas même fi on ne lui en doit pas croire davantage, ou fi les plis & replis des chairs

* Pl. 2. fig.
9. & 10.

* l, l.

A ij

ne font pas de chaque côté plus que l'équivalent de
deux levres. Les extérieures font comme cartilagineufes,
& garnies de poils courts & fins, mais les intérieures font
simplement charnuës. La tête de la tipule * est un peu
allongée, on peut la mettre au rang des têtes en demi-
trompe: c'est à son bout que font articulées les deux levres
extérieures & toutes les parties qui compofent la bouche,
que nous confidérons. Du deffus & de chaque côté part
un barbillon*, qui, comme une antenne, a plufieurs articulations. Dans les temps ordinaires, ces deux barbillons
s'appliquent l'un contre l'autre, & fe recourbent pour
paffer fur la bouche, & pour fe plier enfuite en-deffous de
la tête, où ils vont affés loin *. Ils femblent faits pour
couvrir la fente de la bouche. Les efpeces de tipules que
j'ai examinées, ne m'ont fait voir que ces deux barbillons,
& me les ont fait voir placés de la même maniére. Si leur
nombre fe trouve conftamment fixé à deux, & que leur
pofition foit conftante, on aura un caractere commode
pour diftinguer ces fortes de mouches des autres mouches
qui, comme elles, ont une bouche fans dents. Les mouches qui auront beaucoup de reffemblance avec les tipules,
mais à qui les deux barbillons manqueront, ou qui les
auront autrement placés, pourront être mifes dans un
genre particulier, qui fera celui des *Protipules*. Peut-être
pourtant aimera-t-on mieux conferver ce nom pour les
mouches femblables d'ailleurs aux tipules, mais qui auront
plus de deux barbillons.

C'est dans les prairies qu'on voit plus communément
les grandes efpeces de tipules *, celles qui n'ont point
été confonduës avec les coufins, & qui dans la plûpart des campagnes, ont leur nom particulier. Goedaert
les a nommées des *Tailleurs*, & Leeuwenhoek leur donne
le même nom. Entre celles-ci, on en trouve qui depuis le

bout antérieur de la tête jufqu'à leur extrémité poftérieure,
ont dix-neuf à vingt lignes de longueur, ce qui fait de
longs infectes. Mais leur corps eft délié; où il a le plus
de diametre, à peine en a-t-il une ligne & demie; il eft
compofé de neuf anneaux. Le corps du mâle eft plus
court que celui de la femelle, & plus gros à fon bout
que par-tout ailleurs; ce bout * eft ordinairement relevé   * Pl. 3. fig.
en deffus, au lieu que le corps de la femelle fe termine   1. q.
par une pointe fine dirigée * felon la longueur du corps.   * Fig. 2. p. 1.
Cette pointe, que nous ferons bien-tôt obligés de décrire
plus exactement, eft compofée de plufieurs pieces comme
écailleufes, qui partent du dernier anneau.

Dès le commencement du printemps jufqu'à celui de
l'hiver, les tipules paroiffent dans les prairies; mais la fin
de Septembre & le commencement d'Octobre, font les
temps où elles y font le plus communes: certaines prairies
font fi peuplées alors de celles de la plus grande des efpeces, qu'on n'y peut faire un pas fans déterminer plufieurs
de ces mouches à s'élever en l'air. Quoiqu'elles prennent
quelquefois un affés grand vol, lorfque le Soleil eft brillant
& chaud, ordinairement elles vont peu loin; fouvent
même elles ne volent que terre à terre, ou plûtôt qu'à la
furface des herbes. Dans certains temps elles ne fe fervent
de leurs aîles, que comme les autruches fe fervent des
leurs, pour s'aider à marcher, & réciproquement leurs
jambes les aident à voler; elles s'en fervent pour foûtenir
un peu leur corps à fleur des herbes, & pour le pouffer
en avant. Ces jambes, fur-tout les poftérieures, font dé-
méfurément grandes, elles ont plus de trois fois la longueur du corps; elles font pour ces infectes ce que font
des échaffes pour les payfans des pays marêcageux &
inondés, elles les mettent en état de paffer affés commodément fur des herbes élevées.

A iiij

La couleur de cette grande efpece de tipules n'a rien
d'agréable; celle du corps eft un gris-blancheâtre; le corcelet
de même couleur par-deffus, y eft ondé, & en deffous eft
d'une nuance plus claire; il s'éleve d'une maniére qui fait
paroître l'infecte boffu. La tête qui tient au corcelet par
une efpece de col très-court, eft petite, & couverte en
grande partie par deux grands yeux à rezeau * d'un
verd changeant, dans lequel on apperçoit du pourpre
mêlé, lorfqu'on les regarde en certains fens. J'ai inutilement cherché des yeux liffes fur cette tête, car je ne crois
pas qu'on doive prendre pour de pareils yeux, un petit
tubercule que la loupe fait découvrir à l'origine de chaque antenne, parce qu'il n'a pas le luifant ordinaire aux
yeux liffes. On feroit plus tenté de prendre pour deux
yeux de cette efpece, deux petits grains arrondis d'un
brun prefque noir, mais très-brillant, que la loupe fait
découvrir; il y en a un à chaque côté de la partie antérieure du corcelet : ce feroient à la vérité des yeux placés
bien finguliérement; mais d'autres infectes, les faucheurs,
par exemple, en ont qui nous doivent fembler l'être auffi
bizarrement.

Les aîles, malgré leur tranfparence, laiffent appercevoir
une teinte de brun, qui, tout autour de leur bord & fur
les groffes nervûres, eft plus forte qu'ailleurs : ces aîles
font affez étroites par rapport à la grandeur de l'infecte.
Quoiqu'il les tienne quelquefois fur fon corps, il lui eft
très-ordinaire de les en tenir écartées, & dans une pofition oblique, & telle que les plans prolongés des deux
aîles fe rencontreroient à peu-près fur celui où les jambes
font pofées. Le microfcope n'y fait point découvrir de ces
écailles qui ornent le deffus des aîles des coufins, & qui
font une jolie frange à leur côté intérieur. Il y a pourtant d'autres efpeces de tipules auxquelles je crois avoir

* Pl. 2. fig.
8. & 9. y, y.

trouvé des franges; mais je ne me souviens pas d'en avoir
vû qui euſſent des écailles, ſoit ſur le corps, ſoit ſur le
corcelet. La grande eſpece que nous nous ſommes fixés
à décrire, a ſeulement ſur le corcelet & ſur les anneaux
du corps, des poils fins, une ſorte de duvet qu'on n'apperçoit qu'à la loupe. A l'origine de chaque aîle on ne
trouve aucun veſtige de ces coquilles ou aîlerons, qui
ont eſté accordés à tant d'autres mouches à deux aîles.
Mais nos tipules ſont pourvûes de balanciers * ou maillets, * Pl. 2. fig.
qui n'en ſont que plus aiſés à voir; d'ailleurs la longueur 8. m.
de leur tige aide à les mettre en vûe: chacun d'eux eſt
poſé au-deſſus d'un très-grand ſtigmate *, vers la partie * Fig. 8. S.
poſtérieure du corcelet. Les deux ſtigmates antérieurs * * z.
ſont moins aiſés à appercevoir, on les trouve pourtant
aſſés facilement quand on ſçait que chacun d'eux eſt
placé au-deſſus de l'origine d'une des jambes de la premiére paire, & qu'il s'étend juſqu'auprès de l'origine de
la jambe ſuivante. Les ſtigmates des anneaux du corps
doivent être extrémement petits, car je les ai cherchés
avec une aſſés forte loupe, ſans avoir pû les découvrir.
Chaque anneau du corps eſt à peu-près cylindrique, &
fait de deux tuyaux preſque égaux, qui n'ont guéres
qu'une conſiſtance membraneuſe : le tuyau ſuperieur eſt
joint de chaque côté à l'inférieur, par des peaux blanches,
& plus flexibles que le reſte, qui ſe pliſſent lorſque les deux
tuyaux ſe touchent, & qui ſe dépliſſent lorſque les deux
tuyaux s'écartent l'un de l'autre. J'ai cherché les ſtigmates
dont je viens de parler ſur ces peaux, ſans les y trouver.

Les tipules de noſtre grande eſpece portent deux
antennes *, qui n'ont rien de remarquable que quatre à * Fig. 8. &
cinq grands poils * qui ſont verticillés à l'origine de cha- 9. a, a.
que articulation; le reſte eſt couvert de poils très-courts. * Fig. 13.
Les antennes du mâle n'ont rien de plus que celles de la p, p. &c.

femelle. Mais nous parlerons de quelques autres especes de
tipules, dont les mâles ont des antennes qui peuvent le difputer aux plus belles de celles qui parent d'autres infectes.

Les tipules de la plûpart des petites especes font plus
agiles que celles des grandes especes que nous examinons:
non-feulement elles volent plus volontiers, il y en a qui fe
tiennent prefque continuellement en l'air. Dans toutes
les faifons, fans en excepter celle où le froid fe fait le plus
fentir, on voit dans l'air à certaines heures du jour, des
nuées de petits moucherons que l'on prend pour des coufins, & ce font ordinairement des nuées de tipules. Rien
n'eft plus ordinaire que de voir de ces nuées en plein midi,
dans les jours de printemps, & même dans ceux d'hiver où
le Soleil brille. Les tipules qui les compofent, ont une façon
de voler qui mérite d'être remarquée : chacune de ces petites mouches ne fait continuellement que monter & defcendre, & cela fuivant la même ligne verticale, ou à peu-
près, comme monteroit & defcendroit alternativement une
boule d'ivoire qui tomberoit fur une enclume; avec cette
différence que la mouche remonte jufqu'au point, & même
par-delà le point d'où elle étoit defcendue, & continue
long-temps un pareil jeu.

Pour prendre ces mouches dès leur origine, toutes
ont été des vers fans jambes, à tête de figure conftante.* Ceux qui par la fuite fe transforment en grandes tipules
grifes, & en celles de plufieurs autres efpeces de gran-
deur médiocre, fe tiennent cachés fous terre. Ils font
d'un blanc très-fale, ou plûtôt grisâtre; leur figure
eft cylindrique, à cela près que leurs deux bouts ont
moins de diametre que ce qui les précéde. Leur tête eft
écailleufe, & a peu de volume : l'infecte n'en montre
ordinairement qu'une portion, & quand on le prend à la
main, il la retire toute fous le premier anneau. Lorfque

* Pl. 1. fig.
1. 2. 3. &
11. 1.

après

après l'avoir forcé par la preſſion, de la montrer, on la
conſidére en-deſſous * avec une loupe forte, on dé- * Pl. 1. fig. 4.
couvre deux crochets*, dont un part d'un côté, & l'autre * c, c.
de l'autre; quoiqu'ils ſe touchent mutuellement par leur
pointe, ils ne ſemblent pas faits pour agir l'un contre
l'autre; ils le feroient plûtôt pour agir contre deux
piéces *, placées ſur une même ligne au-deſſous d'eux. * l, l.
Les piéces que nous voulons faire connoître, ſont fixes
& écailleuſes, leur ſurface extérieure eſt convexe, & l'intérieure eſt concave. Leur bord ſupérieur eſt dentelé; il
ſemble que chaque crochet ſoit fait pour preſſer contre
une ſuite de dents, les matiéres qui doivent être coupées
& broyées; que cette ſuite de dents ſoit une mâchoire fixe,
& que le crochet ſoit une eſpece de mâchoire mobile. La
tête a en-deſſus deux eſpeces de cornes charnuës*. * Fig. 5. a, a.

Il y a apparence que ces vers ont ſur leurs anneaux
des ſtigmates qui m'ont échappé par leur petiteſſe; mais
ils en ont deux poſtérieurs très-aiſés à trouver; le ver
les cache pourtant quand il veut. Ils ſont au bout de ſon
dernier anneau *, qui, comme le dernier anneau des vers * Fig. 6. ſ, ſ.
que nous avons nommés à derriére rayonnant, a ſix * r, r, r, r,
rayons ou ſix angles charnus*; deux de ces rayons* ſont c, c.
plus courts que les autres. D'ailleurs les rayons ſont plus * c, c.
ou moins allongés dans des vers qui donnent des tipules
de différentes eſpeces. Quand le ver veut, il applique les
rayons les uns ſur les autres*; & de plus, il fait rentrer en * Fig. 2. p.
partie dans ſon corps, l'anneau dont ils partent; mais en
preſſant ſon bout poſtérieur, on oblige cet anneau à ſe
montrer, & ſes rayons à s'étendre. C'eſt alors qu'on
diſtingue très-bien ſur le plan du bout poſterieur, deux
taches brunes & circulaires. Si on les examine à la loupe,
on voit que chaque tache eſt formée d'une plaque un
peu concave *, à quelque diſtance de la circonférence * Fig. 9. ſ, ſ.

Pl. 1. fig. 9. m. de laquelle eſt une autre plaque * qui a quelque convexité, & dont le centre répond à celui de la plus grande plaque. En un mot, ſa ſtructure eſt ſemblable à celle des ſtigmates poſtérieurs de pluſieurs eſpeces de vers. Enfin, ſi on diſſéque le ver, on lui trouve deux trachées très-remar- *Fig. 10. u s, u s.* quables, une de chaque côté *, qui tend en ligne droite, ** ſ.* vers la tache ou le ſtigmate qui eſt du même côté * : elle ſemble pourtant ſe terminer un peu avant que de l'avoir atteint; mais où elle paroît ſe terminer, elle ſe diviſe en un ** Fig. 10. b, b.* très-grand nombre de branches *, qui toutes ſe dirigent ** m s s.* vers la plaque circulaire * du ſtigmate : cette plaque eſt la baſe du cone formé par toutes ces branches. Elles ſont ** t.* deſtinées à recevoir l'air, & à le porter à la grande trachée* d'où elles partent : je dis à le porter, car j'ai conjecturé il y a long-temps, que c'étoit leur ſeul uſage; que l'air avoit d'autres ouvertures pour ſortir du corps de l'inſecte, & que ces ouvertures, ou partie de ces ouvertures, étoient même placées à ſon bout poſtérieur. Là ſont quatre ta- ** Fig. 6.* ches circulaires *, brunes comme les ſtigmates, mais beaucoup plus petites. Ayant tenu ſous l'eau la partie poſtérieure du ver, j'ai vû ſortir des bulles d'air de ces quatre petites taches, & je n'en ai vû ſortir aucune des ** Tom. 4. Mem. XII. pag. 519.* grandes taches ou ſtigmates. Ce que j'ai rapporté ailleurs* de l'uſage qu'ont huit petits trous rangés comme ceux d'une flute, ſur le derriére des vers des tumeurs des bêtes à cornes, confirme fort l'idée que nous avons priſe de l'uſage des quatre petits trous du bout poſtérieur des vers tipules.

    Du côté du ventre, & tout près du bout poſtérieur, eſt ** Fig. 7. a.* l'ouverture * par laquelle le ver fait ſortir ſes excrémens; pour les rejetter, il fait paroître au jour une portion du rectum, longue de plus d'une ligne, & d'autres parties charnues.

Ces vers se tiennent sous terre; & toute terre qui n'est pas sujette à être trop fréquemment remuée, leur est bonne; on les trouve sur-tout dans celle des prairies basses & humides, & il ne faut pas fouiller profondément pour les y trouver; souvent ils ne sont pas éloignés d'un pouce ou deux de sa surface. Je connois dans le Poitou de grands cantons de marais desséchés, qui en certaines années, n'ont pas fourni l'herbe nécessaire pour nourrir les bestiaux, à cause du désordre que ces vers y avoient causé; dans les mêmes cantons, & dans les mêmes années, ils ont fait beaucoup de tort à la récolte des bleds. Ces vers qui habitent sous terre, ne sçauroient pourtant manger les parties des plantes qui s'élevent au-dessus de sa surface; & ce qui est plus remarquable, ils ne sont pas faits pour vivre de racines. Pour tout aliment, il ne faut que de la terre, & la meilleure pour eux est celle qui n'est encore qu'un terreau. La terre des marais dont je viens de parler, est très noire, elle n'est presque que du terreau, & c'est sans doute une des raisons pour laquelle nos vers tipules s'y multiplient davantage que dans d'autres pays. Les meres mouches connoissent la terre à laquelle elles doivent, par préférence, confier leurs œufs, celle qui fournira une bonne nourriture aux petits qui en doivent éclorre. Mais comment ces vers qui n'en veulent point aux racines des plantes, font-ils donc tant mal aux prés & aux bleds! M. Baron Medecin de Luçon, en m'informant dans une de ses lettres, des désordres faits par ces vers, & dont il avoit été témoin, m'en indiquoit la véritable cause, ce me semble. Ces vers ne se tiennent pas tranquilles, ils changent de place, ils labourent la terre qui est auprès des racines; ils détachent celles-ci, les soûlevent, & les exposent trop à estre desséchées, lorsque le Soleil devient ardent. Peut - être aussi qu'ils en coupent plusieurs pour se faire des chemins.

Au reſte, il n'y a aucun lieu de douter que la terre ne ſoit la vraye nourriture de ces vers. Les excrémens même qu'ils jettent, le prouvent; ils ſont encore de véritable terre, dont l'eſtomach & les inteſtins de l'inſecte ont ſçû tirer ce qu'elle contenoit de ſucs nourriciers. J'ai examiné pendant l'hiver la terre qui rempliſſoit des vaſes dont toutes les plantes avoient été arrachées dès l'été précédent; & j'ai vû quelquefois qu'elle étoit remplie de vers tipules, qui ont achevé de prendre leur accroiſſement au milieu de cette terre, à laquelle il ne pouvoit reſter que des frag-mens de racines pourries. J'ai quelquefois trouvé de ces vers dans des terres qui m'auroient ſemblé trop ſablon-neuſes pour eux, telle que celle du bois de Boulogne: mais quoique la terre qu'ils aiment le mieux ſoit celle qui tient du terreau, ils peuvent vivre d'une terre plus maigre.

Il eſt aſſés ordinaire aux vieux arbres de différentes eſpeces, d'avoir des cavités dans des endroits où leur bois a été attaqué par la pourriture. Lorſque ces creux ſont anciens, leur fond eſt ſouvent couvert d'un terreau qui reſſemble à celui qui vient du fumier le mieux conſumé. Les tipules de différentes eſpeces vont volontiers faire leurs œufs dans les creux d'arbres pleins en partie d'un pareil terreau. Depuis pluſieurs années je ſuis ſûr de trouver, quand je veux, dans les ſaiſons convenables, des vers de tipules dans des creux de quelques ormes de mon jardin de Charenton. J'ai trouvé de même de ces ſortes de vers dans des creux de ſaules où l'eau pouvoit être retenue; mais je n'en ai point trouvé dans les ſaules dont le centre de la tige étoit pourri depuis le haut juſqu'aux racines; l'eau y avoit un écoulement trop libre; la matiére propre à nourrir les vers, ne pouvoit conſerver le degré d'humidité qu'ils lui veulent. Les troncs des arbres d'une même eſpece, m'ont fourni des vers de pluſieurs eſpeces différentes de ceux qui fe transforment dans les plus grandes tipules grifes, & de ceux qui fe transforment en tipules grifes de médiocre grandeur. J'ai eu une efpece de celles-ci * qui m'eft venuë de ces vers de troncs d'arbres, dont chaque aîle a trois à quatre taches brunes qui ne fe trouvent point fur les aîles de beaucoup d'autres tipules, & dont les mâles ont de jolies antennes à barbe de plume.

D'autres vers des creux des troncs d'ormes & de faules, fe font transformés dans les poudriers où je les ai renfermés, en une efpece de tipules * qui mérite que nous nous arrêtions un inftant à la faire connoître; elle eft un peu moins longue que la grande efpece grife; mais fes fémelles font plus groffes que celles de l'autre efpece. La forme de leur corps * approche de celle du corps allongé de certaines guêpes, & on fe prête d'autant plus volontiers à cette reffemblance, qu'on y trouve auffi celle des couleurs. Leur corps eft ceint alternativement de bandes noires & de bandes d'un beau jaune qui tient de l'aurore. Le deffus du corcelet eft noir, fes côtés & fon deffous font jaunes; les jambes le font auffi; la tête eft noire; chaque aîle a une teinte jaune fur fa moitié extérieure, & près de fon bout une tache brune. Nous avons déja fait reprefenter en grand * une antenne du mâle d'une de ces tipules, qui eft une belle antenne à barbes.

Si nous voulions parcourir toutes les efpeces de tipules, nous en pourrions trouver qui nous offriroient beaucoup d'autres variétés de couleurs, quoique les efpeces les plus communes, & dont le nombre eft le plus grand, foient brunes ou grifâtres. J'ai, par exemple, pris à Reaumur, vers la fin de Septembre, beaucoup de tipules d'une très-petite efpece, dont les aîles font blanches, & qui le paroiffent fur-tout lorfqu'elles font pofées fur le corps. Ce corps, depuis fon origine jufqu'aux deux tiers de fa

B iij

longueur, eſt d'un verd qui a moins de jaunâtre que le citron, & le reſte eſt d'un brun preſque noir. La tête de cette petite tipule, comme celle de quelques autres, dont nous parlerons dans la ſuite, a deux antennes ſi bien fournies de barbes, & de barbes ſi longues, que celles d'une des antennes rencontrent celles de l'autre, & les croiſent même. Ces deux antennes ne font enſemble qu'une maſſe, qu'une eſpece de gros bonnet de plume, ſi peu proportionné à la petiteſſe de la tête, qu'elle ſemble à peine le pouvoir porter. Je ne connois pas le ver de cette tipule, j'ignore s'il eſt terreſtre ou aquatique. J'ai trouvé auſſi à Reaumur, le long des allées, ſoit de chênes, ſoit de charmille, un grand nombre de tipules auſſi petites que les précédentes, qui font toutes blanches.

Nous n'avons pas beſoin de dire que ces inſectes ne paſſent pas immédiatement de l'état de ver à celui de mouches, qu'il y a pour eux un état moyen. Les vers de tipules, pour parvenir à cet état moyen, ſe défont de leur peau comme les chenilles ſe défont de la leur pour devenir criſalides. L'inſecte tipule, après ſa transformation, pourroit auſſi être appellé une criſalide; nous le nommerons pourtant une nymphe, parce que les parties extérieures de la mouche y font plus aiſées à reconnoître qu'elles ne le font dans les criſalides ordinaires; elles y font néantmoins moins diſtinctes qu'elles ne le font dans les nymphes de pluſieurs autres inſectes. Nous ne parlons

Pl. 2. fig. 1. 2. & 3. actuellement que des nymphes* de ces vers tipules, qui vivent de terre ou de terreau. Leur couleur eſt griſâtre; c'eſt à l'ordinaire en-deſſous, du côté du ventre, que les aîles & les antennes font ramenées, & que les jambes font

Fig. 1. & 3. poſées & arrangées près & à côté les unes des autres*. Ces jambes, ſur quelques nymphes, ne vont pas juſqu'à la moitié du corps, & ne vont guéres par-delà la moitié

de celui des nymphes, où elles vont le plus loin. Cependant les jambes des tipules devenues aîlées, font plus
longues proportionnellement à la longueur du corps,
que ne le font celles de beaucoup d'autres mouches,
qui, lorfqu'elles étoient en nymphes, avoient des jambes
dont le bout atteignoit le derriére. Mais l'Auteur de
tant de petits êtres animés, a jugé convenable de replier
davantage les jambes des nymphes tipules. Chaque jam-
be*, après eftre defcendue affez bas, fe plie dans une   * Pl. 2. fig.
de fes articulations, elle remonte enfuite pour fe rendre 7.
près de la tête; là elle fe plie une feconde fois dans une
autre articulation pour redefcendre. Si on étend la jambe
qui étoit ainfi pliée, on ne lui trouvera pas encore à
beaucoup près, la longueur qu'elle aura après la derniére
transformation; c'eft que chaque jambe eft pliffée dans
l'étui qui la contient.

De la partie fupérieure & antérieure de la nymphe,
partent deux efpeces de cornes * plus longues fur les   * Fig. 3. c, c.
nymphes de certaines efpeces, que fur celles de quelques
autres; elles font de même couleur & confiftance que le
refte de l'enveloppe extérieure, mais elles ne fervent à
couvrir aucune des parties propres à la mouche. Elles font
uniquement des parties de la nymphe, & des parties dont
l'ufage ne fera pas difficile à deviner, fi on fe rappelle ce
que nous avons dit ailleurs * des coques dans lefquelles   * Tome 4.
font renfermées les nymphes des vers à queuë de rat, &   Mem. XI.
des coques dans lefquelles font renfermées les nymphes   pag. 456.
des vers des oignons de Narciffe*. Nous avons vû que les   * Tome 4.
premiéres de ces coques ont quatre cornes, & que les   Mem. XII.
autres en ont feulement deux, & nous avons prouvé   pag. 502.
qu'elles font des tuyaux qui portent l'air aux ftigmates du
corcelet de la mouche en nymphe. L'analogie veut que
nous jugions que les cornes de nos nymphes de tipules,

ont un femblable ufage; elles font, comme les autres,
pofées fur le corcelet. L'ouverture qui eft à leur bout *,
eft pourtant peu fenfible; à peine le microfcope y fait-il
découvrir une fente. Mais une ouverture bien petite,
peut fuffire à fournir d'air un infecte. Ces cornes font
fillonnées tranfverfalement, elles paroiffent faites d'anneaux
pofés les uns fur les autres.

Le corps du ver étoit liffe, au lieu que celui de la
nymphe eft tout hériffé de tubérofités, & de véritables
picquans *. Il y en a fur tous les anneaux, mais les poftérieurs en font les mieux fournis. Il y en a plus auffi du
côté du dos que du côté du ventre : à quoi fur-tout on
doit faire attention, c'eft que tous ces picquans font inclinés vers le derriére; les uns font fimples, les autres
font fourchus, ou difpofés en fourche. La nymphe n'a
point de jambes dont elle puiffe faire ufage, il vient
cependant un temps où elle a befoin d'aller en avant;
c'eft alors que les picquans dont nous venons de parler,
lui fervent. Le ver s'eft transformé en nymphe fous terre,
fi la nymphe s'y transformoit en mouche, outre que les
parties de la mouche auroient peine à s'y affermir, c'eft
qu'elle ne feroit pas en état de percer ni de foûlever la
terre. La nymphe dont la métamorphofe eft prochaine,
fe pouffe fur fes picquans, pour s'élever peu-à-peu jufqu'à
la furface, & un peu au-deffus de la furface de la terre,
c'eft-à-dire, jufqu'à ce que fon corcelet en foit dehors. Il
fe fait une fente à ce corcelet, par laquelle fort celui de la
tipule, qui tire fucceffivement toutes fes parties de leur
fourreau, & qui laiffe fa dépouille dans le trou où elle eft
engagée en partie. Il eft aifé de s'affûrer que les nymphes
peuvent faire ufage de leurs picquans pour marcher : fi
on pofe fur une table des nymphes, fur-tout de celles qui
font prêtes à fe transformer, on les y voit fe traîner, ou

plûtôt

plûtôt se pousser en avant, y faire du chemin; on ne les voit point aller en arriére; la direction de leurs picquans, loin de leur aider, leur nuiroit, si elles vouloient cheminer en ce dernier sens.

Des especes de tipules grises, & les tipules jaunes & noires, dont j'ai parlé ci-dessus, n'ont paru chés moi avec leurs aîles, que vers le commencement de l'été, vers la mi-Juin, dans de grands poudriers où je les avois renfermées avec de la terre, sous la forme de ver, dès la fin de l'automne de l'année précédente. La terre n'est plus pour elles un aliment convenable, quand elles sont devenues mouches: sans pourtant avoir pû voler sur les plantes propres à leur fournir des sucs qu'elles puissent digérer, les tipules jaunes & noires comme les guêpes *, cherchent à s'accoupler; le mâle ardent s'unissoit à une femelle dans le poudrier * & ils voloient ensemble dans une prison si étroite, sans se séparer. Nous avons déja dit que le mâle a le bout du derriére plus gros qu'aucun autre endroit du corps. C'est-là aussi que sont rassemblées les parties nécessaires pour saisir le derriére de la femelle. Cette derniére, pour se prêter aux caresses du mâle, recourbe son derriére en haut, & alors, malgré la pointe par laquelle il se termine, le mâle qui est au-dessus d'elle, & qui a contourné son corps *, peut accrocher en-dessous le dernier anneau de la femelle. L'accouplement a quelquefois duré dans mes poudriers pendant près de vingt-quatre heures de suite, où s'il a été interrompu, ce n'étoit que pour quelques instants; le mâle se rejoignoit bientôt à la femelle, dont il s'étoit séparé.

Pour voir les parties dont le derriére du mâle a été pourvû, on pressera entre deux doigts le dernier anneau, pendant qu'on considérera son bout au travers d'une loupe. Dès que la pression a un peu agi, le bout s'entrouvre,

* Pl. 1. fig. 14. & 16.

* Fig. 15.

* Fig. 15. p.

& des parties qui étoient appliquées les unes contre les autres, s'écartent les unes des autres. On en remarque alors quatre de chaque côté *, qui partent d'une tige commune, ou au moins du même endroit, & qui compofent de chaque côté une efpece de bouquet. Une de ces piéces, l'extérieure *, eft grife, & ne femble que membraneufe, elle eft concave, & fait la moitié d'une efpece de boîte deftinée à renfermer le refte. Des trois autres pieces, l'une * eft un affés long crochet écailleux, délié & terminé par une pointe d'un brun-clair; ce qui précéde cette pointe eft plus blancheâtre. La troifiéme & la quatriéme piéce font en entier écailleufes & de couleur d'ambre. La troifiéme * s'élargit, à mefure qu'elle s'éloigne de fon origine, elle fe termine par une tête platte qui excede beaucoup fa tige. Enfin, la quatriéme * & derniére piéce, eft une lame faite en croiffant. Toutes ces piéces enfemble mettent le mâle en état de bien tenir le derriére de la fémelle.

Du milieu de l'efpace qui eft entre les deux efpeces de bouquets formés par les quatre piéces que nous venons de décrire; du milieu de cet efpace, dis-je, s'éleve un petit corps * à peu-près cylindrique, de couleur d'ambre, & écailleux, qu'on ne peut prendre que pour la partie qui caractérife le mâle, ou pour l'étui de cette partie. La preffion oblige un fil très-délié, auffi délié prefque qu'un fil de foye d'araignée ou de ver à foye, à fortir par fon bout qui eft taillé en bec de plume: celui que j'ai fait paroître, avoit quelquefois plus d'un pouce de longueur. Ce que nous avons dit ailleurs, en parlant de l'accouplement des papillons, peut faire foupçonner que ce fil eft la matiére propre à féconder les œufs. Près de la bafe de la partie du mâle, s'élevent deux petits mammelons cylindriques; un peu plus loin, près du ventre, on peut obferver deux houppes de poils roux. *

Nous avons déja dit que le derriére de la fémelle * se
termine en pointe; cette pointe est formée par la réunion
de quatre piéces écailleuses qui composent deux especes
de pinces * d'inégale longueur; deux piéces égales appliquées l'une contre l'autre, & dont chacune se termine par
une longue pointe, composent la pince supérieure *, ou
celle qui est du côté du dos; & deux pinces plus courtes *,
dont les pointes sont plus mousses, & qui se terminent à
peu-près à la moitié de la longueur de la pince supérieure,
forment la pince inférieure ou celle qui est du côté du
ventre. C'est dans la fente, qui est à l'origine de cette
derniére, où je crois que le mâle insére la petite partie
cylindrique, de laquelle sort une espéce de fil.

Pour connoître les usages auxquels sont destinées les
pinces dont nous venons de parler, il faut avoir observé
une tipule fémelle dans le temps où elle fait ses œufs;
j'en ai vû, & avec plaisir, dans cette opération, soit dans
des prairies, soit dans des plattes-bandes de jardin. L'attitude dans laquelle elle est alors, ne sçauroit manquer de
paroître singuliére; elle ne tient plus son corps parallele
au plan sur lequel elle est posée, qui est la situation ordinaire du corps de tous les insectes, & de celui de tous
les quadrupedes, & même de celui de tous les animaux,
si on en excepte l'homme. Alors, dis-je, elle se tient droite *,
& marche même de temps en temps sans faire sortir son
corps de la direction verticale. Sa partie postérieure, la
plus longue de ses pinces, lui sert comme d'une cinquiéme
jambe, ou au moins comme d'un point d'appui qui aide
aux deux jambes postérieures à la soûtenir. Ces deux derniéres jambes sont les seules qui posent alors à terre, elles
sont placées par de-là le dos assés en arriére; la queue en
longue pince contribue d'autant mieux à soûtenir la tipule, que la tipule l'enfonce en terre, & qu'elle a besoin de

C ij

* Pl. 3. fig.
2. *p*, *r*.

* Fig. 3. *p*, *r*.

* Fig. 4. *p*, *p*.
* *r*, *r*.

* Fig. 10.

l'y enfoncer. C'eſt dans la terre qu'elle doit ſemer ſes œufs.
La pointe de la pince, fine comme elle eſt, ne trouve
pas grande réſiſtance à percer la terre, elle s'y enfonce
aiſément, & elle s'y enfonce au moins juſqu'à l'origine
de la pince inférieure *: celle-ci eſt le conduit dans lequel
les œufs paſſent à meſure qu'ils ſortent du corps*. Quand
la tipule a laiſſé un œuf, & peut-être deux ou trois, dans
le trou qu'elle vient de percer, & ſur lequel elle s'eſt arrêtée, elle fait un pas en avant, elle perce un nouveau trou,
& ainſi elle continue ſa ponte. Quoique ſes jambes antérieures ne poſent pas alors à terre, elles ne laiſſent pas
de l'aider, ſur-tout dans les efforts qu'elle a à faire pour
introduire dans la terre la queue compoſée de deux pinces;
car les herbes donnent continuellement des appuis aux
premiéres jambes d'une tipule qui pond dans une prairie.
Ces appuis manquoient à une que je vis pondre ſur une
platte-bande nouvellement labourée, mais auſſi la terre y
étoit plus aiſée à percer.

Ce que la terre cache pendant l'opération, peut être
vû ſi l'on preſſe un ventre de tipule très-rempli d'œufs;
on contraint aiſément les œufs d'en ſortir, & on les voit
paſſer entre les deux branches de la pince inférieure. Il
eſt aiſé d'imaginer que lorſque des muſcles preſſent ces
deux branches l'une contre l'autre auprès de leur origine,
elles forcent les œufs à aller vers leur pointe, par une
méchanique ſemblable à celle qui fait qu'un noyau de
ceriſe humide s'échappe d'entre les doigts.

Ces œufs* au reſte, ſont très en état de réſiſter à la
preſſion de la pince, ils réſiſteroient même à une preſſion
plus forte; chacun d'eux eſt un petit grain auſſi noir qu'un
grain de poudre à canon, mais bien plus luiſant. Il eſt
un peu oblong*, & un peu recourbé en croiſſant. Des
fémelles que j'ai tenues dans des poudriers, où elles

n'avoient point de terre, n'ont pas laissé d'y faire leurs œufs. J'ai négligé de compter le nombre de ceux que peut donner chaque fémelle; mais à en juger par la maniére dont son ventre est rempli de grains si fins, elle en doit pondre bien des centaines.

Nous n'avons considéré jusqu'ici que de grandes espéces de tipules, que celles dont les parties sont les plus aisées à voir; nous allons à présent en faire connoître quelques petites espéces, & qui sous la forme de ver se sont nourries sur terre d'aliments différents de ceux des espéces précédentes. Près de la fin de Septembre, j'ai souvent trouvé des bouzes de vache très-peuplées de petits vers *   * Pl. 4. fig. fans jambes, ronds & longs, & dont les anneaux ont le   3. & 4. luisant de l'écaille, quoiqu'ils ne soient que membraneux. Une moitié de chacun de ces anneaux a une bande brune, & le reste est blancheâtre ou d'un blanc sale. La tête * de   * t. ces vers est écailleuse, elle approche de la figure de celle des vers aquatiques *, qui donnent des mouches à corcelet   * *Tom. 4.* armé. En-dessous on en voit sortir deux barbillons fran-   *pl. 23. fig. 1.* gés * assés semblables à ceux de ces mêmes vers. Quatre   *2. 3. &c.* tuyaux cylindriques * sont posés près de leur derriére.   * Fig. 6. s. s. Les deux derniers sont plus grands que les deux qui les   u, u. précédent. Il n'est pas douteux que ces quatre tuyaux ne soient quatre stigmates.

Quatre à cinq jours après que j'eus renfermé ces vers dans un poudrier avec de la bouze de vache, ils quitte- rent leur peau, & devinrent des nymphes * semblables en   *Fig. 7. & 8. petit à celles des plus grandes tipules. Comme les nymphes de celles-ci, elles avoient des anneaux hérissés d'épines, in- clinés vers le derriére. Aussi ces petites nymphes avoient besoin d'être en état de s'élever à la surface de la bouze de vache, lorsque le temps de leur derniére transformation seroit prochain, comme nous avons vû que les autres, nymphes s'élevent dans un semblable temps à la surface de la terre.

Ces insectes restent à peine sous la forme de nymphe pendant sept à huit jours, & après avoir quitté leur derniére dépouille, ils devinrent de petites tipules *, qui tiennent volontiers leurs aîles croisées sur leur corps. Ces aîles sont tachées de gris-brun, ce qui peut faire distinguer cette espéce de tipule de beaucoup d'autres.

Les champignons de presque toutes les espéces, sont sujets à être mangés par des vers, & il est ordinaire à ceux de quelques-unes d'en fourmiller; il l'est à une grande espéce commune dans les pays de bois, dont le chapiteau est épais & verd par dessous, & dont les morceaux qu'on en détache ont des cassures qui deviennent bleues en peu de temps. Les vers qu'on trouve le plus souvent dans ces derniers champignons, & dans beaucoup d'autres, ont une tête écailleuse & noire; leur corps est transparent & d'un blanc luisant. Je les ai fait représenter de grandeur naturelle, & grossis au microscope, dans le quatriéme volume, pl. 13. fig. 7. 8. & 10. On y voit que le ver montre en certains temps, des mammelons charnus qui lui tiennent lieu de jambes. On y voit aussi qu'ils ont en-dessous du corps, des boutonniéres de crochets qui peuvent leur aider à se fixer & à marcher. On sera plus aise de sçavoir ce que deviennent ces sortes de vers qu'on peut trouver aisément, que de sçavoir ce que deviennent des insectes beaucoup plus rares. Je suis parvenu à en avoir qui se font transformés en des petites tipules qui n'ont rien de fort remarquable, & dont les aîles n'ont point de taches, mais seulement une teinte de gris. Je dis que je suis parvenu, parce que j'ai fait bien des tentatives avant que de voir de ces petits insectes sous leur derniére forme. Lorsqu'on met, comme j'ai mis d'abord, des champignons qui en sont remplis, dans un

* Pl. 4. fig. 9. & 10.

poudrier, les champignons s'y pourriffent, s'y diffolvent
en eau, & bientôt les vers font noyés. Il m'eft même
arrivé de voir périr ceux que j'avois mis dans des poudriers
que j'avois eu la précaution de remplir de terre en partie,
mais fur laquelle j'avois mis une trop grande quantité de
chair de champignons par rapport au volume de la terre;
celle-ci a été encore trop abbreuvée d'une eau corrompue.
Dans la fuite, j'ai feulement jetté quelques petits morceaux
de champignon dans des poudriers prefque remplis d'une
terre féche : les vers font entrés dans cette terre, ils s'y
font métamorphofés en nymphes, & ces nymphes à leur
tour fe font métamorphofées en tipules.

Une efpéce de champignons moins fucculens que celle
dont fe nourriffent les vers dont nous venons de parler,
une efpéce de champignons prefque ligneux, en un mot,
un agaric du chêne fournit l'aliment néceffaire à un ver
plus rare que les précédents, qui a plus de fingularités à
nous offrir, & qui fe transforme en une tipule. C'eft fur
des agarics qui avoient crû fur des chênes du Bois de Boulogne, & affés près de leurs racines, que j'ai obfervé d'abord
l'efpéce de vers * que je veux faire connoître. Ils ne péné- * Pl. 4. fig.
trent point dans la fubftance de la plante, ils fe tiennent 11.
en deffous de fon chapiteau. Ils ont une petite tête de figure
conftante & comme écailleufe. D'ailleurs ils ont quelqu'air
de fangfues ; leur long corps eft pourtant rond comme
celui des vers de terre, & femble de même compofé d'un
grand nombre d'anneaux. Les plus longs de ces vers font
grifâtres, les petits & ceux de médiocre grandeur, font
blancs & très-tranfparents ; la peau des uns & des autres
eft toûjours humide, comme celle des limaces, & a de
même quelque chofe de gluant.

Ils n'ont point du tout de jambes, ils ne font que
ramper ; mais ils n'aiment pas à ramper immédiatement

fur l'agaric, ni à avoir, en aucun temps, leur corps immédiatement appliqué deſſus. Les endroits où ils ſe tiennent en repos, & ceux où ils paſſent lorſqu'ils vont en
avant, ou qu'ils retournent en arriére, ſont, pour ainſi
dire, tapiſſés *. On y voit un enduit brillant qui reſſemble
ſi fort à celui qui marque ſur des murs les chemins que des
limaçons ou des limaces ont ſuivis, que je crus que de petites
limaces avoient paſſé & repaſſé ſur les premiers agarics
où je les obſervai. Une humeur viſqueuſe qui humecte
le corps des limaces, & qui en ſort continuellement, s'attache aux endroits contre leſquels il s'applique, & forme
des traces comme vernies, ſans que la limace cherche à
les former; mais les enduits ſur leſquels notre ver marche,
& ceux ſur leſquels il ſe repoſe, ſont un ouvrage dans
lequel il entre du deſſein. Ils ſont faits d'une liqueur
gluante que la bouche fournit. Quand le ver veut ſe fixer
quelque part, il fait ſortir cette liqueur de ſa bouche; il
l'applique contre un des points de l'endroit qu'il ſe pro-
poſe d'enduire; retirant enſuite ſa tête en arriére, il file
cette liqueur gluante; mais il ne la file pas en un fil tel
que celui des chenilles, ou que celui des araignées; il la
file en eſpéce de ruban, quelquefois auſſi large que ceux
que nous appellons des Nompareilles. Il couche enſuite
& applique ce ruban ſur la place qu'il veut couvrir; en
continuant ainſi de faire ſortir à diverſes repriſes de la
liqueur gluante, en la filant en lames minces, en étendant
ces lames, & en ſe tournant & retournant de différents
côtés, il parvient à ſe faire une eſpéce de lit bien liſſe,
beaucoup plus large & plus long que le volume de ſon
corps ne le demande. Quand il veut reſter long-temps
dans la place qu'il s'eſt préparée, il en choiſit une qui ſe
trouve en quelqu'endroit où l'agaric ait des inégalités un
peu conſidérables; étant poſé dans l'enfoncement, il ſe

fait

* Pl. 4. fig.
12. b.

fait une tente d'une matiére femblable à celle de fon lit.
Il tire des lames de figure irréguliére, d'une élevation à
l'autre ; ainfi il forme un toit tranfparent, mais capable
de dérober fon corps aux grandes impreffions de l'air qui
font à craindre pour lui, qui pourroient le trop deffécher, car il a befoin d'être toûjours humide. Auffi quelque
doucement qu'on manie ces vers, fi on les tient un peu
de temps entre les doigts ou fur la main, on les fait périr,
ils s'y defféchent trop.

Ce ver veut que le chemin par où il paffe, foit tapiffé,
comme le lieu où il fe repofe. Quand il fe prépare à aller
en avant, il fait fortir de fa bouche une goutte de liqueur
qu'il applique fur le premier endroit où il doit paffer ;
élevant enfuite fa tête, il forme un ruban ou plûtôt une
lame mince de verni, dont la figure n'eft pas toûjours bien
réguliére, & qu'il étend & colle en avant. C'eft en répétant toûjours le même manége qu'il fe met en marche,
& qu'il fait chemin, de forte qu'il ne paffe que fur des endroits bien liffes & bien doux.

Je n'ai jamais trouvé plus de huit à dix de ces vers fur
les plus grands agarics, & fur ceux où j'en ai vû le plus.
Ces agarics étoient fains, ils ne paroiffoient entamés nulle
part ; ils étoient humides, & même très-abbreuvés d'eau ;
de forte qu'il y a grande apparence que les vers fe nourriffent de l'eau que l'agaric leur fournit. Ils font péris chés
moi fur les agarics que j'ai laiffé trop deffécher, & ont
vêcu fur ceux que j'ai eu foin de tenir humides.

On prendroit volontiers pour deux yeux, deux taches
brunes, dont une fe trouve fur un des côtés de la tête du
ver, & l'autre fur l'autre côté ; mais quand on examine de
près ces taches avec une loupe, fur des vers jeunes & tranfparents, on reconnoît qu'elles font intérieures & faites en
arcades, dont la convexité eft tournée en devant. Ces

jeunes vers font prefqu'auffi diaphanes que le verre,
auffi peut-on très-bien voir dans leur intérieur deux trachées qui vont en ligne droite de la tête au derriére.
Quoique le bout de celui-ci foit arrondi dans la fig. 11.
& qu'il le paroiffe de même dans l'état ordinaire, il y a
eu des temps où il me faifoit voir quatre cornes, dont
deux étoient plus courtes que les autres, & qui font fans
doute les quatre ftigmates poftérieurs. L'ouverture par
laquelle il fait fortir la liqueur vifqueufe, avec laquelle
il enduit fon chemin, eft grande, & ne peut être que la
bouche. J'ai cru voir deux petits crochets qui l'accom-
pagnoient, & qui fe montroient dans le temps où le ver
étendoit de la liqueur gluante en ruban; mais les parties
d'un infecte mol & affés petit, font difficiles à voir diftinctement.

  Ce n'a été que vers la fin de Juillet, & dans le commencement d'Août, que j'ai trouvé de ces vers. Quand
ils fe difpofent à fe métamorphofer, ils fe conftruifent
une coque*. Ils employent à la compofer, la même liqueur
vifqueufe dont ils enduifent les chemins où ils veulent
paffer; mais ils ne donnent pas à fon extérieur le luifant
qu'ils donnent à ces chemins. Les dehors de la coque font
raboteux, pleins de petites cavités de forme irréguliére,
que je ne puis comparer à rien de plus reffemblant qu'à
celles des morilles. La figure de la coque tient de la conique, à cela près que l'un & l'autre de fes bouts font arrondis. J'ai trouvé de ces coques toutes faites fur des agarics,
& d'autres ont été travaillées fous mes yeux. Le ver qui
en commence une, difpofe des filaments gluants autour
de l'efpace dans lequel il veut fe renfermer. Ces filaments
confidérablement plus gros que les fils les plus groffiers
des coques de chenilles, forment un rezeau à très-grandes
mailles & irréguliéres, qui eft la charpente de la coque.

* Pl. 4. fig. 13.

les vuides de ces mailles doivent être remplis par des
efpéces de plaques de même matiére que les filaments.
J'ai vû que le ver laiffoit dans plufieurs mailles, des gouttes
auffi arrondies & auffi tranfparentes que des gouttes d'eau,
mais qui avoient plus de confiftance, & qui devoient en
prendre encore davantage en fe defféchant. Le tiraillement qu'elles fouffrent alors fait perdre une partie de
leur rondeur à celles que le ver n'a pas eu foin d'ap-
platir.

Quand il a donné à la coque toute la folidité qu'elle
doit avoir, il n'y refte pas long-temps fans fe métamorphofer; il s'y défait de fa peau pour devenir une nymphe *   * Pl. 4. fig.
très-blanche, qui reffemble à celles des mouches tipules   14. & 15.
par l'efpéce de boffe que forme le corcelet, mais qui a les
jambes plus dépliées. Les fiennes * s'étendent tout du   * Fig. 15.
long du ventre, & vont jufqu'au bout poftérieur. Ces
nymphes font fi tendres, qu'il ne faut pas fonger à les
prendre autrement qu'en les collant contre un doigt
mouillé. J'ai toûjours rendu contrefaites celles que j'ai
voulu manier avec deux doigts.

Je ne fçais pas précifément le temps que cet infecte
paffe fous la forme de nymphe, parce que j'ai négligé
d'écrire le jour où il l'avoit prife; mais ce temps n'eft pas
long; au bout de 12. à 15. jours au plus, il fe défait des
enveloppes qui le tenoient emmailloté, & il devient une
mouche * que j'ai placée parmi les tipules; comme celles-   * Fig. 16.
ci, elle eft montée fur de hautes jambes. Son corps long   & 17.
eft gris-brun. Son corcelet a un peu de jaunâtre. Ses
antennes * font d'une forme finguliére, elles font larges   * Fig. 18.
& plates, quoiqu'elles fe terminent en pointe; elles font   a, a,
faites par des articulations qui leur donnent un air de rape.
On peut voir une de ces antennes repréfentée en grand
tom. 4. pl. 9. fig. 10. J'ai trouvé à ces mouches deux

D ij

barbillons jaunâtres en devant de la tête, mais je n'ai pas examiné dans le temps, fi leur poſition étoit préciſément la même que celle des barbillons des tipules.

Après avoir fait connoître aſſés d'eſpéces de tipules qui viennent de vers terreſtres, il nous reſte à parler des eſpéces, qui ſous leurs premieres formes, ſous celles de ver & de nymphe, ont vécu dans l'eau. Il y a de ces derniéres tipules, auſſi grandes que les plus grandes tipules qui ont été des vers terreſtres. Je ne l'aſſûre que ſur ce que j'ai tiré de l'eau, & ſur-tout de celle de la riviere de Marne, des vers qui reſſembloient parfaitement par leur forme extérieure & par leurs couleurs, aux plus gros vers tipules qui vivent ſous terre; j'en ai pêché d'autres qui ne différoient des précédents, qu'en ce que les rayons charnus de leur derriére étoient plus longs que les rayons du derriére des autres; & j'en ai même fait graver un dans le quatriéme tom. pl. 14. fig. 9. & 10. mais je ne ſuis parvenu à voir aucun de ces gros vers aquatiques ſe transformer, même en nymphe; ils ont péri dans les baquets où je les ai mis, faute apparemment d'une eau convenable.

Il eſt ſouvent difficile d'avoir ſur les inſectes des ſuites d'obſervations auſſi complettes qu'on les voudroit; & généralement, il eſt plus difficile d'avoir ces ſuités d'obſervations ſur les inſectes aquatiques, que ſur les inſectes terreſtres. J'ai eu, par exemple, une tipule & ſa nymphe, ſans être parvenu à voir le ver qui ſe transforme dans cette nymphe qui par elle-même mérite d'être connue. Elle eſt aſſés grande pour donner une tipule de médiocre grandeur. Elle eſt oblongue, ayant les jambes & les aîles arrangées & repliées dans une aſſés courte étendue. En un mot, elle reſſemble aſſés aux nymphes les plus communes, dont elle ne différe que par une particularité. De la partie ſupérieure

de fon bout antérieur, part une forte de long cheveu *,   * Pl. 6. fig.
deux à trois fois plus long que la nymphe elle-même. Ce   1 & 2. *i, f.*
n'eſt qu'en jugeant fur la premiére apparence, qu'on
compare ce fil délié à un cheveu, il eſt un tuyau, dont
l'uſage n'eſt point équivoque, quand on ſçait que la nymphe
qui peut changer de place dans l'eau, qui peut y nager,
tient toûjours le bout de ce filet à la furface de l'eau, dont
elle eſt elle-même aſſés éloignée; il paroît clair qu'elle l'y
tient pour recevoir l'air qu'elle a befoin de refpirer, que
le tuyau le lui porte, quoiqu'elle foit fous l'eau à une
aſſés grande profondeur.

J'ai trouvé de ces nymphes qui étoient encore attachées
par un filet à leur dépouille de ver *; mais cette dépouille   * Pl. 6. fig.
trop raccourcie & trop chiffonnée, n'a pas fuffi pour me   1. *d.*
faire connoître la figure du ver qui s'en étoit défait. La
loupe fait appercevoir des poils courts & aſſés preſſés
les uns contre les autres fur les anneaux. La marre du
Bois de Boulogne eſt la piéce d'eau qui m'a fourni le
plus de ces nymphes, qui y font rares cependant; c'eſt
dans les mois de Juin & de Juillet qu'elle me les a
fait voir.

Chacune de celles que j'ai mifes dans des poudriers
couverts & remplis d'une eau claire, s'y eſt transformée
au bout de cinq à fix jours dans une tipule * de médiocre   * Fig. 3.
grandeur, dont le corps a un renflement près de fon
bout; auſſi fa figure eſt-elle moyenne entre celle du corps
des tipules les plus communes, & celle du corps de certains ichneumons. Cette tipule a fur chacune de fes aîles
des taches brunes, la couleur de fon corps & celle de fes
autres parties eſt grifâtre.

D'autres tipules des plus petites efpéces, font plus aifées
à obferver dès leur premiére origine, & en tous leurs états,
que les derniéres dont nous venons de parler. Il y en a

D iij

une petite efpéce qui fe multiplie extrémement dans toutes
les eaux qui croupiffent; c'eft celle qui a été le plus con-
fondue par de fçavants Naturaliftes, avec les coufins. Il
ne faut que tenir de l'eau dans un baquet expofé à l'air
libre, pour y voir bientôt les vers qui fe transforment dans
les tipules dont je veux parler: de cela feul que ces vers
font extrémement communs, nous en fommes plus engagés à rapporter ce qu'ils peuvent avoir de remarquable.
Ils font d'ailleurs d'un genre caractérifé par des parties
*Pl. 5. fig. 1. finguliéres. Ils * font rouges, & d'un affés beau rouge.
Il y en a qui, quoique près de fe transformer, font
de différentes grandeurs, & qui font probablement de
différentes efpéces. Les plus petits ne font gueres plus
grands que les vers des coufins, mais il y en a de deux
ou trois fois plus longs, & plus gros proportionnellement.

Le baquet qu'on a laiffé à l'air plein d'eau, pourroit
être très-peuplé de ces vers fans qu'on s'apperçût qu'il
en a, fi on ne fçavoit pas où il faut les chercher. Quelqu'un pourtant accoûtumé à obferver, remarqueroit bientôt contre les parois du baquet de petites maffes, de petits
amas de matiére terreufe peu éloignés les uns des autres,
de figures irréguliéres plus ou moins oblongues, & plus
ou moins arrondies. Il feroit curieux de fçavoir pourquoi ces petits amas de terre fe trouvent attachés par
endroits contre les parois du baquet; pourquoi les parois
ne font pas couvertes en entier d'une couche uniforme de
pareille matiére. La curiofité qui le porteroit à examiner
une de ces petites maffes, & ce qui peut les tenir collées,
le détermineroit à en défaire quelques-unes; dans certains temps, il n'en deferoit aucune fans y trouver plufieurs de ces vers rouges dont nous voulons parler; ainfi
il jugeroit bientôt que chaque monticule terreux eft l'ouvrage & l'habitation de ces petits vers.

Lorſqu'on met le fond du baquet preſqu'à découvert,
on y trouve encore plus de ces maſſes terreuſes habitées
par des vers; quelques-unes même ont des ouvertures
très-viſibles, & pluſieurs ont des figures qui montrent
mieux qu'elles ſont le logement d'un ver. Elles ſont
oblongues & contournées en ver. On voit auſſi de ces logements oblongs attachés aux parois des baquets. Quand
les maſſes terreuſes qui ſont attachées, ſoit contre les parois
du baquet, ſoit contre ſon fond, ont une circonférence
dont le diametre a un pouce ou plus, elles paroiſſent à
qui n'y regarde pas de très-près, des eſpéces de gâteaux,
qui ont quelque reſſemblance avec ceux des abeilles, au
moins ſont-elles percées de même de beaucoup de trous
très-proches les uns des autres, mais qui différent de ceux
de cellules des abeilles en ce qu'ils ſont ronds. Chaque
trou permet au ver de faire ſortir ſa tête & la partie antérieure de ſon corps hors de ſa cellule, ce qu'il fait de
temps en temps.

Ces vers ſont de ceux qui ont une tête écailleuſe, &
par conſéquent de figure conſtante, & qui en dehors de
la bouche n'ont point de dents ou de mâchoires mobiles;
nous les avons mis dans la troiſiéme claſſe. Ils ſont d'un
genre ſingulier de cette claſſe, d'un genre de vers qui,
quoiqu'ils n'ayent pas de véritables jambes, ont des parties
qui leur en tiennent lieu; telles ſont les deux * qui ſont   * Pl. 5. fig.
attachées très-près de la tête, qui ont plus l'air de reſtes, 3. *b.*
de bras, de deux moignons, que de deux jambes. Elles
n'ont point d'articulations, comme en ont les jambes
écailleuſes; elles ſont membraneuſes, & ne peuvent point
rentrer dans le corps comme y rentrent les jambes membraneuſes des fauſſes chenilles, & celles de divers autres
inſectes. Leur bout un peu plus large que ce qui précede,
eſt terminé par un plan oblique & incliné vers la tête, &

dont le contour eſt bordé de poils en crochets. Le milieu
de ce bout a un petit enfoncement, d'où partent auſſi
quelques poils. J'ai vû quelquefois l'inſecte ſe tirer en
avant ſur ces deux eſpéces de bras, ou, ſi l'on veut, ſur ces
deux eſpéces de jambes de figure particuliére.

Depuis les deux bras juſqu'au pénultiéme anneau, le
ver n'a aucune partie extérieure propre à s'attirer notre
attention; mais ſur les côtés & vers le ventre, deux longs
cordons charnus partent du milieu du pénultiéme anneau,
& deux autres cordons pareils & ſemblablement poſés,
partent de la jonction de l'anneau précedent avec le dernier. Ces quatre cordons * ont une ſorte de reſſemblance
avec ceux des poiſſons appellés polypes, quoiqu'ils ſoient
tout autrement placés, & ils m'ont déterminé à donner à
ces vers le nom de *Vers polypes*. Lorſque nous avons rangé
les vers en claſſes dans le quatriéme volume, nous avons
fait repréſenter pl. 14. fig. 12. un de ces vers très en grand,
avec les cordons ondés & entrelacés enſemble, comme
ils le ſont ordinairement. Ces cordons ſont ronds, & ont
par-tout un diametre à peu-près égal, leur bout ſeulement
eſt un peu plus menu que ce qui précede. Au reſte, ils
ſont très-flexibles, & l'inſecte peut les plier & les con-
tourner. Un de leurs uſages eſt de retenir le corps dans
le tuyau de terre, & de le fixer par un bout dans des
temps où il doit s'agiter en différents ſens, ſans que le
derriére s'éloigne d'un point fixe.

L'ouverture par laquelle le ver rejette ſes excrémens,
& par laquelle j'en ai forcé de ſortir en preſſant le ventre,
eſt au bout du dernier anneau, & un plus près du dos
que du ventre; ſon contour extérieur eſt quarré, & il eſt
commode de le conſidérer comme tel pour déterminer
la poſition de quatre petits corps oblongs faits en olive *,
dont un eſt placé à chacun des angles du quarré. De ces

quatre

* Pl. 5. fig.
5. l, l, l, l.

* Fig. 4. m,
m, m, m.

quatre petites olives, deux font plus proches de la tête que les deux autres. De l'origine de chacune de ces derniéres, part un corps de figure arrondie & oblongue *, mais plus gros auprès de fa bafe qu'à fon bout. Ce bout eft plat, & entouré d'une couronne de poils roides ou de picquants. Chacun de ces derniers corps eft au moins une fois plus long, & une fois plus gros, que les petits en olive. J'ai vû quelquefois le ver s'en fervir pour fe pouffer en avant; mais j'ignore s'ils n'ont point une fonction plus importante, s'ils ne font point les organes avec lefquels l'infecte refpire l'eau ou l'air.

    * Pl. 5. fig. 4. ſ, ſ.

Quelle que foit la raifon qui détermine quelquefois ces vers à quitter leurs tuyaux, foit que ce foit pour s'en faire de plus grands, foit que ce foit pour les placer mieux à leur gré, foit pour quelque befoin qui ne m'eft pas connu, on les voit quelquefois nager affés près de la furface de l'eau; alors ils fe contournent en cercle, tantôt de deffus en deffous, tantôt d'un côté, & tantôt de l'autre, & fe redreffant enfuite fubitement, ou fe contournant fubitement vers le côté oppofé, ils fe donnent des mouvements propres à les porter où ils veulent aller.

J'ai vû quelquefois tous les vers que j'avois mis dans un poudrier plein d'eau, hors de leurs tuyaux, & s'en tenir dehors pendant des journées entiéres. Tous étoient raffemblés autour de quelque feuille *, qui s'élevoit peu au-deffus du fond du poudrier, ou autour de quelqu'autre petite maffe. Chacun s'y tenoit fixé par fa partie poftérieure, mais il donnoit à fon corps des mouvements d'ondulations; il lui faifoit prendre des figures telles qu'en peut prendre une corde qu'on agite dans l'air pendant qu'on ne la tient que par un de fes bouts. Quelquefois ils fembloient donner des contorfions très-forcées à leur corps.

    * Pl. 5. fig. 2.

Tome V.   E

Des centaines de vers qui s'agitent ainſi en même temps
ſur un point fixe, offrent un ſpectacle aſſés plaiſant &
très-varié. Quoiqu'ils ſoient ordinairement arreſtés contre
quelque corps étranger, quelquefois le corps d'un ver,
& plus ſouvent ſon bout poſtérieur, ſert d'appuy à un
autre ver.

Mais il eſt plus ordinaire à ces vers de ſe tenir dans
leurs tuyaux ou cellules. Chacun d'eux ſe conſtruit la
ſienne de ce qu'il rencontre de plus ſpongieux & de plus
leger, comme ſont des fragments de feuilles pourries, devenus à peine aſſés peſants pour ſe précipiter au fond de
l'eau, des grains d'une eſpéce de terre peu compacte,
d'une ſorte de terreau. J'ai tout lieu de croire que ce ver
ſçait filer, qu'il tire d'auprès de ſa bouche des fils, dont il
ſe ſert pour réunir les petits grains, qui enſemble doivent
compoſer le tuyau qui eſt pour lui un logement convenable. Je n'ai pourtant pû parvenir à voir ces fils ; mais
je crois qu'ils m'ont échappé par leur fineſſe. Car j'ai vû
faire au ver que j'avois mis dans la néceſſité de ſe conſtruire un logement, tous les mouvements d'un inſecte
occupé à filer. Celui qui a été mis hors de ſon ancienne
habitation, & qui commence à travailler pour s'en faire
une nouvelle, fixe ſa partie poſtérieure ; il la rend un point
d'appuy ſur lequel le reſte du corps ſe donne une infinité
de mouvements pour ſe porter tantôt à droite, tantôt à
gauche, tantôt en haut, tantôt en bas, & pour ſe con-
tourner de toutes façons. Dans chacun des endroits où
la tête ſe trouve ſucceſſivement, elle cherche de petits
grains ſolides, & d'une qualité convenable. Dès que les
parties qui environnent la bouche, en ont touché & ſaiſi
un, les deux bras ou moignons dont nous avons parlé,
s'avancent pour aider à le tenir. Le corps ſe recourbe
enſuite, de maniére que la tête amenée tout proche de la

partie poſtérieure, y peut dépoſer & arrêter le petit grain.
C'eſt de ces petits grains apportés ſucceſſivement, & dé-
poſés les uns ſur les autres, que ſe forme un tuyau. La
tête n'abandonne pas abſolument le petit grain après qu'il
a été mis en place, elle ſe donne des mouvements vifs,
elle retourne en arriére, mais ſur le champ elle ſe rapproche du grain. Les deux bras ne ſont pas alors dans
l'inaction, il ſemble qu'ils s'approchent de la tête pour
ſaiſir le fil qui en ſort, & l'appliquer ſur le grain. Un ver
que je tirai un jour de ſon fourreau, & que je mis dans
un poudrier plein d'eau, dont le fond étoit couvert d'une
terre que je croyois convenable, ne réuſſit point à ſe
couvrir ; mais il me montra mieux qu'aucun autre que
j'aye vû en œuvre, les mouvements ſemblables à ceux d'un
inſecte qui file, & l'effet des fils. Il forma à diverſes repriſes, & ſucceſſivement en différents endroits, de petites
lames de grains liés enſemble ; mais que ce fût ſon intention ou non, il ne parvint point à faire prendre une figure
courbe à ces lames, à s'en couvrir ; tout ſon travail aboutit
à faire des lames plattes qui flottoient dans l'eau.

Chacun de ces vers ſe transforme en nymphe dans
le tuyau même où il a achevé de prendre ſon accroiſſement. Par ſa métamorphoſe, l'inſecte perd ſon crâne
écailleux, ſes bras, ſes cordons charnus, & enfin toutes
ſes parties extérieures, comme les autres inſectes perdent
les leurs en pareil cas. Il devient une nymphe, dont les
jambes & les aîles ſe trouvent placées comme elles le ſont
ſur les nymphes des tipules les plus communes ; mais elle
différe de celles-ci, par des ornements que la nature ne lui
a pas accordés ſans doute préciſément pour la parer *.   * Pl. 5. fig.
Lorſqu'après en avoir tiré une de ſon logement, on la   6. & 7.
conſidére dans l'eau où on la tient, on voit une très-groſſe
pennache blanche & très-fournie * qui s'éleve ſur ſa partie   * p.

antérieure & fupérieure, fur fon corcelet, & qui s'étend
même fur les côtés. Selon la pofition dans laquelle eft l'infecte, & felon que l'eau agitée agit fur lui, tantôt cette
pennache ne femble eftre qu'une groffe houppe faite de
fils ou de plumes d'une prodigieufe fineffe; tantôt on
voit que ce qui n'avoit paru qu'une feule houppe, eft com-
*Pl. 5. fig. 9. pofé de plufieurs plumets différents *. Quand on l'obferve
dans des temps où l'eau ne fait point élever ces plumets,
*p,p,p,p,p. on en trouve cinq * de chaque côté du corcelet qui partent
tous d'un même centre; c'eft-à-dire, qu'on trouve de
chaque côté cinq tiges qui jettent différentes branches
d'où partent des barbes ou poils extrémement fins.

    Chaque plumet reffemble aux antennes à barbes des
*Fig. 10. a,a. coufins, & plus encore aux antennes * de la tipule, dans
laquelle notre nymphe doit fe transformer. Qu'on ne
croye pas cependant fur cette reffemblance, qu'elles font
les antennes de la mouche, leur nombre excede cinq fois
le nombre de celles-ci. Elles ne tirent pas leur origine
d'où les antennes doivent tirer la leur; & enfin, ce qui
auroit difpenfé de toute autre preuve, ces plumets reftent
attachés à la dépouille de la nymphe. A quoi lui fervent
donc toutes ces pennaches? Il y a grande apparence
qu'elles font à cette nymphe, ce que font les ouïes aux
poiffons. Ceux qui connoiffent les merveilles que l'Hiftoire
naturelle nous offre, fçavent qu'il y a des efpéces de
poiffons ou d'animaux aquatiques qui n'ont pas leurs
ouïes cachées, qui les portent en dehors; & il paroît
que notre infecte, qui, tant qu'il eft ver, & prefque pendant tout le temps qu'il eft nymphe, fe tient fous l'eau,
doit avoir des ouïes équivalentes à celles des poiffons.

    La partie poftérieure de la nymphe a auffi fa penna-
*Fig. 6, 7 & che *, mais elle eft faite en éventail. A l'origine de cette
8. h. derniére, il y a deux crochets * dont l'infecte fe fert
*c, c.

apparemment pour se retenir dans sa cellule, dans des circonstances où l'agitation de l'eau l'en pourroit faire sortir plus qu'il ne veut, car il en sort quelquefois en partie.

Au reste, ces nymphes sont très en état de se mouvoir, elles sont même très-vives. Quand on les tire de leurs fourreaux & qu'on les met dans l'eau, on les y voit s'agiter en tout sens & se tourmenter. Aussi ont-elles besoin d'être vigoureuses, quand le temps de leur derniére métamorphose approche, & qui n'est, je crois, éloigné de celui de la premiére que de dix à douze jours au plus. La nymphe vient alors à la surface de l'eau, elle y nage, elle y change de place en faisant prendre à son corps différentes inflexions ; il y en a qui y restent au moins un jour entier avant qu'arrive le moment où elles parviennent à changer d'état. Tout ce qui se passe lorsqu'enfin la petite tipule se dégage de son fourreau de nymphe pour devenir aîlée, est si semblable à ce qui se passe lorsque le cousin se dégage du sien, qu'en expliquant comment se fait la derniére transformation de celui-ci*, nous avons assés expliqué comment se fait celle de celle-là. Nous redirons seulement encore une fois, que tous les plumets de la nymphe restent à sa dépouille, ils y paroissent quelquefois défigurés, de sorte que lorsqu'on n'y regarde pas de près, & qu'on voit l'eau couverte de ces dépouilles, comme elle l'est en certains jours, on croît que le bout antérieur de chaque dépouille s'est moisi.

Les petites tipules* qui viennent de ces vers, ressemblent si fort aux cousins les plus communs, qu'on n'hésiteroit pas à les prendre pour des cousins, si on n'étoit averti qu'elles peuvent être un insecte d'une autre classe ; & on ne reconnoît qu'elles sont d'une autre classe, que

* *Tome 4. Mem. XIII. pag. 611.*

* Pl. 5. fig. 10.

E iij

lorſqu'après avoir examiné le deſſous de leur tête, on n'y trouve point de trompe, mais une bouche, du deſſus de laquelle partent les deux barbillons qui caractériſent les tipules. Les mâles * ont des antennes à plumes plus four-nies de poils, & qui ont plus de volume que les plus grandes & les plus belles de celles qui s'élevent au deſſus de la tête des couſins; chaque aîle a trois petites taches brunes.

* Pl. 5. fig. 10.

D'autres tipules qui ne différent guéres des précédentes en grandeur ni en forme, qui n'en différent que par de très-légéres particularités, comme par quelques nuances de couleur, par des antennes moins fournies de poils, &c. ont été des vers aquatiques que nous devons faire con-noître, des vers blancs qui reſſemblent aux vers rouges des autres tipules par la tête, par les deux eſpéces de bras, par la forme du corps; mais qui n'ont pas, près du derriére, les quatre cordons charnus qui nous ont fait donner aux autres le nom de vers polypes. Ce qu'ils offrent de plus digne d'être remarqué, c'eſt la matiére dans laquelle on les trouve. Chacun de ces vers eſt logé au milieu d'une plaque épaiſſe & convexe par deſſus, d'une eſpéce de gêlée, de la nature & de la conſiſtance de laquelle ceux qui connoiſſent le fray des grénouilles, peuvent prendre une aſſés juſte idée. Le ver à tout âge eſt enveloppé de toutes parts de cette matiére gluante & tranſparente, elle n'eſt pas même ſi tranſparente qu'elle ne le cache un peu. Chaque plaque a au moins huit à dix lignes, & quelquefois un pouce de diametre; quelques-fois elles ſont écartées les unes des autres, & quelquefois elles ſe touchent. Dans certaines années, dans les mois de Juin & de Juillet, j'ai trouvé beaucoup de ces plaques de gêlée ſur le fond des baquets que je tenois pleins d'eau, & quelquefois j'en ai trouvé contre les parois du baquet. J'ignore ſi le ver même fournit cette quantité de matiére

gluante, à quoi elle peut lui être bonne, comment il fe
nourrit au milieu de cette matiére, fi l'eau, qui peut-être fe
filtre au travers, eft le feul aliment qu'il lui faut. On pourroit
foupçonner que cette matiére eft celle-là même, dont il
a été enveloppé dès fa naiffance, lorfqu'il étoit encore
contenu dans l'œuf; que cette matiére fe développe &
vegete dans l'eau, ou, fi l'on veut, qu'elle eft pour lui une
forte de placenta qui lui fournit fa nourriture. Tout cela
peut être foupçonné; mais je n'ai point fait d'obfervations
propres à me conduire plus loin que le foupçon.

J'ai fouvent obfervé fur l'eau des baquets, de petites
plaques * d'une matiére vifqueufe, femblable à une goutte
de fuif qui y feroit tombée. Elles étoient remplies d'œufs
oblongs. Il y a beaucoup d'apparence que c'étoient des
nichées d'œufs de tipules. Mais font-ce des vers blancs ou
des vers rouges, qui fortent des œufs des nichées de cette
efpéce! C'eft ce que divers accidents m'ont empêché
d'apprendre; ils ont empêché que les œufs des nichées
que j'avois mifes dans des verres pleins d'eau, ne foient
venus à bien.

* Pl. 6. fig.
16 & 18.

Dans des plaques de matiére gluante, femblables à celles
qui couvent les vers blancs, & même dans des plaques qui
étoient un peu au deffus de la furface de l'eau, qui s'étoit
abbaiffée, j'ai trouvé des nymphes de ces vers; mais je ne
crois pas que la nymphe refte long-temps au milieu de la
matiére glaireufe. Je fçais au moins que ces nymphes,
comme celles des vers rouges, fe tiennent à la furface de
l'eau pour s'y transformer, qu'elles y font dans un mouvement continuel. Elles n'ont point fur le corcelet de
pennaches femblables à celles des nymphes des vers rouges; mais elles y ont deux cornes femblables à celles des
nymphes terreftres des tipules, & elles les ont apparemment pour refpirer l'air.

On n'imagineroit pas combien on peut voir de chofes, combien on peut prendre de connoiffances fur la transformation des infectes aquatiques de divers genres, dans un feul baquet plein d'eau, & expofé à l'air libre. La fuite de cet ouvrage apprendra combien d'infectes de différentes claffes viennent s'y rendre pour y faire leurs œufs. Il eft bien autrement facile de fuivre les infectes qui y naiffent, que de fuivre ceux qui naiffent dans de grandes piéces d'eau. Avant que de finir ce Mémoire, je dois faire connoître encore une efpéce de vers aquatique que j'avois trouvée dans des baffins, fans avoir pû parvenir à fçavoir quelle étoit la derniére forme fous laquelle elle devoit paroître, & mes baquets m'ont mis en état de l'apprendre. Les vers dont je veux parler, fe transforment en de très-petites tipules *, qui n'ont rien de fort remarquable ; mais pour eux, ils le font par leur forme, & elle avoit excité ma curiofité. Chaque ver * eft auffi blanc & auffi tranfparent qu'un morceau de criftal ; auffi quand il nage dans l'eau claire, il faut regarder dans des fens favorables pour l'y appercevoir. D'ailleurs, lors même que le temps de fa métamorphofe eft proche, il n'eft guére plus grand qu'un ver de coufin, & il y a fouvent un air roide ; il fçait néantmoins donner des coups de queue à l'eau lorfqu'il veut changer de place. Ce qui le rend le plus remarquable, c'eft un grand crochet * qui part du deffus de fa tête, & qu'il porte en devant, elle lui donne l'air d'une efpéce de licorne à corne recourbée. Auprès de cette corne, il y a de chaque côté une tache brune. A quelque diftance de la tête on voit en deffus, mais dans l'intérieur, deux corps bruns * qui ont chacun la figure d'un rein. Deux corps de même figure*, mais plus petits & moins bruns, fe voyent auffi dans l'intérieur à peu de diftance de l'extrémité poftérieure. Celle-ci fe termine par

deux

* Pl. 6. fig. 12, 13 & 14.

* Fig. 4 & 7.

* c.

* Pl. 6. fig. 7. r, r.
* e, e.

deux cornes * charnues, dirigées felon la longueur du corps.
A l'origine des cornes, eft une nageoire * d'une grande
tranfparence, qui, fans fon attache, feroit ovale. De cette
attache, partent des lignes qui, comme des rayons, fe dirigent vers différents endroits du contour de l'oval. Il n'eft
pas befoin d'avertir que tout cela ne fe voit qu'au moyen
d'une loupe ; avec fon fecours, on fuit auffi tout du long
du corps un vaiffeau qui paroît être le canal des aliments,
& qui paffe entre les quatre efpéces de reins.

Quand on ne s'en tient pas à confidérer ce ver dans l'eau,
quand on cherche à voir diftinctement la conformation
de toutes fes parties, on parvient à découvrir que ce qu'on
prenoit pour un crochet fimple *, eft compofé de deux
crochets exactement appliqués l'un contre l'autre, mais
qui peuvent s'écarter * l'un de l'autre toutes les fois que
l'infecte le veut. C'eft immédiatement fur la tête que
font articulées deux piéces qui ont chacune' une autre
articulation vers leur milieu ; la partie qui eft par-delà
cette derniére articulation eft brune, & de confiftance de
corne. C'eft vers l'origine de ces deux crochets, qui enfemble n'en paroiffent faire qu'un, que la bouche eft placée ;
à chaque côté de celle-ci, eft une main * affés femblable à
celle qui eft au bout du bras des vers rouges, dont nous
avons parlé ci-devant ; elle eft un peu applatie, & bordée
de gros poils, d'efpéces d'épines. Lorfqu'on preffe le ver,
on fait fortir de fa bouche un long corps, auquel je n'oferois donner le nom de langue * ; par fa forme & fon volume, il a l'air d'un gros bout d'inteftin aveugle qui a affés
de roideur pour fe foûtenir.

J'ai mis fouvent beaucoup de ces vers dans des poudriers très-tranfparens remplis de l'eau la plus claire, & j'ai
trouvé enfuite dans le poudrier quantité de petits corps faits
comme des portions de tuyaux cylindriques. Je ne fçais fi

Tome V.   . F

* Pl. 6. fig.
7. *g. g.*
n.

* c.

* Fig. 6.

* m.

* Fig. 6. *l.*

c'eſt la figure de leurs excréments, ou s'il vient un temps où ces vers ſe défont de leurs inteſtins par parcelles.

C'eſt dans les mois de Juillet & d'Août, que les vers que je tenois dans des poudriers, ſe ſont transformés en nymphes. Ces nymphes * reſſemblent pour l'arrangement & la diſpoſition des jambes, à celles de pluſieurs autres tipules; mais elles ont deux eſpéces de cornes * qui s'élevent au deſſus de leur tête, & qui partent du corcelet beaucoup plus grandes, proportionnellement à la grandeur de leur corps, que celles d'aucune nymphe tipule. Par leur port elles ont quelqu'air de celles des nymphes des couſins; elles ſont plattes & menues à leur origine; elles s'élargiſſent enſuite, pour, après s'être encore retrécies, ſe terminer preſque par une pointe. L'inſecte nous apprend aſſés pourquoi elles lui ont été données, en tenant pour l'ordinaire leur extrémité au deſſus de la ſurface de l'eau, pendant que tout le reſte de ſon corps eſt au deſſous & comme droit. Ces eſpéces de cornes examinées au microſcope *, ſemblent faites de grains tels que ceux du plus beau chagrin, & mieux allignés. Il y a grande apparence que les deux plus grands de ces corps en forme de rein *, qu'on apperçoit dans le ver, ceux qui ſont les plus proches de la tête, ſont par la ſuite les deux cornes de la nymphe.

Elle a à ſon derriére deux nageoires égales & ſemblables *, qui ont la figure d'une feuille; elles ſont extrémement tranſparentes; elles ont un rebord épais par rapport au reſte, mais qui devient plus mince & plus étroit en s'approchant du bout juſqu'auquel il ne parvient pas. Dans leur intérieur, on voit pluſieurs ramifications qui partent de deux tiges, dont une eſt plus conſidérable que l'autre.

Enfin l'inſecte après avoir vécu dix à douze jours en nymphe, ſe transforme en une petite eſpéce de tipules *,

* Pl. 6. fig. 8. & 9.

* c, c.

* Fig. 11.

* Fig. 7. r, r.

* Fig. 10. n, c, t, f.

* Fig. 12, 13 & 14.

dont les mâles ont des antennes à plumes, & les femelles
des antennes moins fournies de poils. Les unes & les
autres portent leurs aîles croifées fur le corps, qui les excéde
en longueur. Du bout de celui du mâle fortent deux
efpéces de lames garnies de poils, & au deffous deux
efpéces de crochets * prefque droits, dont chacun eft   * Pl. 6. fig.
articulé, avec une plus groffe piéce; dans l'état ordinaire   15. *c, c.*
les pointes des crochets font tournées vers le ventre, & ils
forment un X, en fe croifant l'un l'autre.

EXPLICATION DES FIGURES
DU PREMIER MEMOIRE.

PLANCHE PREMIERE.

LES Figures 1, 2 & 3 repréfentent de grandeur naturelle
un ver de tipule, de ceux qui vivent en terre ou dans le
terreau des troncs d'orme. Il y en a de bien plus grands
que celui qui eft repréfenté ici. Dans la figure 1, il montre
fa tête *t*, autant qu'il peut la montrer; & quelques-uns des
rayons charnus de fa partie poftérieure *p*. Dans la figure 2,
où il eft plus raccourci, fa tête paroît moins, & il a entiérement caché les rayons charnus de fa partie poftérieure *p*.
Dans la figure 3, où il eft plus allongé que dans la précédente, les rayons charnus font plus à découvert & plus
écartés les uns des autres, que dans la figure 1, & la tête
eft plus cachée que dans les deux autres figures.

La Figure 4 fait voir par-deffous une tête de ver tipule
groffie au microfcope. *a, a,* bouts des deux antennes.
c, c, deux crochets écailleux que j'ai forcé le ver à me
montrer, en preffant extrémement les parties qui en
font voifines. *l, l,* deux parties écailleufes courbées en
gouttiére, dont le bord fupérieur eft dentelé. *e,* partie

charnue de figure triangulaire, qui fepare les parties précédentes, dont le milieu eft blancheâtre, & dont les côtés
font bruns.

La Figure 5 montre la tête de la même tipule, & également groffie, mais vûe par-deffus. *d, d,* l'anneau charnu
auquel tient la tête écailleufe *t,* & fous lequel elle fe peut
cacher. *a, a,* les antennes.

La Figure 6 repréfente en grand & vûe de face la
partie poftérieure du ver. *r, r, r, r, c, c,* fix rayons charnus,
dont les deux *c, c,* qui font du côté du dos, font plus
courts que les autres. Il y a des vers qui ont ces fix rayons
charnus bien plus longs & plus aigus. *f, f,* les deux grands
ftigmates. On voit au deffus quatre taches beaucoup plus
petites, qui probablement font deftinées à donner fortie à
l'air que les grands ftigmates *f, f,* ont reçû, & qui a fait
fa route dans le corps de l'infecte.

Dans la Figure 7, le bout poftérieur du ver eft vû du
côté du ventre. *a* l'anus, qui n'eft à découvert & vifible,
que quand les rayons *r r r r,* s'élevent vers le dos.

La Figure 8 eft celle d'un ver ouvert tout du long, &
tenu ouvert par des épingles. *u f, u f,* les deux groffes
trachées qui vont fe terminer près des ftigmates *f, f.*

La Figure 9 repréfente très en grand un des ftigmates
f, figure 6. qui eft écailleux, & qui a quelqu'air d'un plat
dont le fond feroit relevé en boffe ; mais il eft compofé
de deux piéces différentes. *f, f,* la grande piéce circulaire
& inclinée comme le font les bords de certains plats. *m,*
la feconde piéce qui a quelque convexité.

La Figure 10 montre en grand ce que le deffinateur
& moy avons cru avoir vû, un très-grand nombre de
petites trachées *b, b,* qui partent de la principale trachée
t, & qui vont aboutir au ftigmate *f, f ;* elles forment une
efpéce d'antonnoir, dont la plaque de ce ftigmate eft la bafe.

La Figure 11 eſt celle d'un ver de tipule pris dans un trou de tronc de ſaule.

La Figure 12 eſt celle de la nymphe dans laquelle le ver précédent s'eſt transformé, vûe du côté du ventre.

La Figure 13 montre du côté du dos la nymphe de la figure 12. Dans l'une & l'autre de ces figures, *q* marque la partie poſtérieure de cette nymphe, & *c, c,* marquent les deux cornes qui ſont à ſa partie antérieure.

La Figure 14 eſt celle de la tipule fémelle, qui étoit renfermée ſous les enveloppes de la nymphe des figures précédentes.

La Figure 15 montre la tipule fémelle de la figure précédente, accouplée avec ſon mâle. *f,* la fémelle. *m,* le mâle.

La Figure 16 fait voir le mâle ſéparément.

PLANCHE II.

Les Figures 1 & 2 repréſentent dans ſa grandeur naturelle, une nymphe des vers qui ſe tiennent en terre ſous le gazon, & qui ſe transforment dans des tipules d'une grande eſpéce. Dans la figure 1, la nymphe eſt vûe du côté du ventre, & dans la figure 2, elle eſt vûe du côté du dos.

La Figure 3 eſt celle de la nymphe de la figure 2 groſſie. *c, c,* les cornes qui ſont les organes de la reſpiration. *l, l,* les aîles entre leſquelles les ſix jambes ſont aſſés diſtinctes.

La Figure 4 montre le bout poſtérieur de la nymphe, vû par-deſſous, & extrémement groſſi. *a,* l'endroit où étoit l'anus du ver. Toutes les tuberoſités épineuſes marquées *e, e,* &c. aident à la nymphe lorſqu'elle ſe pouſſe en avant.

La figure 5 fait voir par deſſus, une portion plus courte du bout qui eſt vû par deſſous figure 4.

La Figure 6 repréſente en très-grand une des cornes

de la figure 4. *d,* bafe de la corne. *c c ,* fon bout qui femble
avoir une fente dirigée de *c,* en *c.* Elle paroît entourée de
fibres tranfverfales.

La Figure 7 eft celle d'une nymphe d'un grand ver de
tipule terreftre, très-groffie. Cette nymphe n'eft pas la même que celle des figures 1, 2 & 3 ; on remarque aifément,
qu'elle a fes cornes *c, c,* plus petites que celles de la figure
3, quoique fon corps foit confidérablement plus gros. Elle
a été deffinée d'après une nymphe tirée de terre à la fin de
Septembre, & qui devoit devenir une grande tipule. On
a écarté les aîles & les jambes du corps, afin qu'on puiffe
mieux voir comment ces derniéres font pliées lorfqu'elles
font en place, comme elles y font dans la figure 3. *l,*
une des aîles. *i, n, m,* les trois jambes qui fe trouvent
attachées au côté qui eft ici en vûe. *e, e, e,* &c. épines
qui partent affés près de la fin de chaque anneau. *p, p,*
épines du bout poftérieur.

La Figure 8 repréfente la partie antérieure d'une mouche tipule, vûe avec une lentille d'un court foyer. *a, a,* les
antennes. *y,* un des yeux à rezeau. *t,* partie de la tête qui
eft allongée en trompe. *b, d,* deux barbes, qui fervent à
diftinguer les tipules de beaucoup d'autres mouches; elles
paffent fur la bouche, elles defcendent, & fe contournent
en deffous de la tête en *d. l,* les aîles qui ont été coupées
& relevées. *m,* le balancier. *f,* un des ftigmates.

Dans la Figure 9 on voit par deffus, & encore plus
grandie, la tête qui eft vûe de côté dans la figure 8. *y, y,*
les yeux à rezeau. *t* la portion de la tête allongée en trompe.
a, a, les antennes. *b d, b d,* les deux barbes, dont chacune a été jettée vers le côté duquel elle part, pour mettre
la bouche à découvert. *l, l,* levres charnues; la fente qui
les fépare eft celle de la bouche.

La Figure 10 montre par-deffous la tête qui eft vûe

par-deſſus dans la figure précédente. *y, y*, les yeux à rezeau.
b, b, les deux barbes. *l, l*, les deux levres, entre leſquelles
la fente de la bouche eſt très-marquée. *e, e*, deux petits
tubercules placés au-deſſous de la bouche.

La *Figure* 11 repréſente dans ſa grandeur naturelle,
& ayant les aîles croiſées ſur le corps, une tipule fémelle
de la grande eſpéce, commune en Octobre dans les
prairies.

La *Figure* 12 repréſente en grand une aîle de cette
tipule. On peut remarquer qu'à ſon origine elle eſt très-
étroite dans la portion marquée *l o*.

La *Figure* 13 eſt celle d'une portion d'antenne de la
tipule précédente, vûe au microſcope. *p, p, p, p*, quatre
grands poils qui partent de chaque articulation. On voit
qu'elle a de plus une barbe de poils très-courts.

PLANCHE III.

La *Figure* 1 repréſente une tipule mâle de la grande
eſpéce, de celles qui ſont communes en Septembre. *q*,
marque le bout poſtérieur du corps, qui eſt plus gros que
ce qui le précéde, & coupé obliquement.

La *Figure* 2 eſt celle de la tipule fémelle, dont on
vient de voir le mâle. La pointe *p, r*, qui termine ſon
derriére eſt compoſée de deux pinces *p*, & *r*, repréſen-
tées en grand dans les figures ſuivantes, & dans des vûes
propres à les faire mieux diſtinguer.

La *Figure* 3 montre par le côté le bout poſtérieur du
corps de la tipule fémelle. *p*, la longue pince, la plus aiguë,
& la ſupérieure. *r*, la pince inférieure, plus courte que
l'autre & plus mouſſe. On a écarté ces deux pinces l'une
de l'autre pour faire voir les parties charnues qui ſont
entr'elles. En *a*, eſt l'anus.

La *Figure* 4 montre le bout poſtérieur en grand &

par-deſſous. Les deux branches *p, p,* qui compoſent la longue pince & ſupérieure, ont été écartées l'une de l'autre, afin qu'on les diſtinguât, & qu'elles ne paruſſent pas être une ſeule & même piéce, comme elles le paroiſſent dans les figures 2 & 3.

Dans la Figure 5, le bout poſtérieur eſt vû par-deſſus; les deux branches *p, p,* de la longue pince, y ſont très-écartées l'une de l'autre, & elles cachent preſqu'entiére-ment les deux branches de la courte pince.

La Figure 6 repréſente le bout poſtérieur vû par-deſſous, comme dans la figure 4, mais avec une ſeule de ſes pinces, & la plus courte. Entre les branches *r, r,* de cette pince, on voit deux œufs *o, o;* la pince ſert à les conduire en terre.

La Figure 7 repréſente en grand le bout poſtérieur du mâle vû du côté du ventre, & dans un moment où la preſſion a obligé toutes les parties qui y ſont contenues, à s'écarter les unes des autres, & à ſe montrer. *l, l,* eſpéces de demi-coquilles preſque écailleuſes, qui enſemble com-poſent une ſorte de boîte qui renferme toutes les autres parties quand le derriére de la tipule eſt dans l'état où on le voit dans la figure 1. *t, t,* deux piéces écailleuſes, dont le bout plus gros que ce qui précéde, forme une tête platte. *c, c,* deux eſpéces de crochets, dont la pointe eſt brune & écailleuſe, & dont la tige eſt blanche. *d, d,* deux piéces comme écailleuſes faites en croiſſant. Toutes les piéces précédentes, ſervent apparemment à ſaiſir le derriére de la fémelle. *m,* partie du mâle, de la-quelle ſort une eſpéce de fil. On trouve à ſa baſe deux mammelons ou appendices, qu'on n'a pas marqués par des lettres. *h, h,* petites houppes de poils roux. En *a,* eſt l'anus.

Les Figures 8 & 9 font voir les mêmes parties, mais
dans

dans des vûes différentes, & celles d'un des côtés de la figure 1 ; aussi les parties semblables sont-elles désignées par les mêmes lettres dans ces trois figures. *l*, une des lames qui fait la moitié de la boîte ou de l'enveloppe des autres parties. Elle est vûe en dedans, ou du côté concave, figure 8 ; elle est vûe par dehors, ou du coté convexe, figure 9. *t*, piéce dont le bout est plus gros que ce qui précéde. *c*, un des crochets. *d*, un des croissants.

La Figure 10 représente une tipule fémelle dans l'attitude où elle se met lorsqu'elle se dispose à pondre. Celle-ci commence à picquer en terre le bout de la longue pince marquée *p*, & *p*, *p*, figures 2, 3, 4 & 5.

Les Figures 11 & 12 représentent un œuf de tipule très-grossi. La figure 11 le fait voir du côté où il a une cavité. La figure 12 le montre du côté opposé à celui où est la cavité.

La Figure 13 fait voir trois œufs de tipule de grandeur naturelle.

PLANCHE IV.

Les Figures 1 & 2 représentent chacune une tipule de médiocre grandeur & de même espéce, mais de différent sexe ; la tipule de la figure 1 est un mâle, & celle de la figure 2 une fémelle ; le grisâtre est leur couleur dominante, mais elles ont du jaunâtre à leurs jambes. Elles sont nées chés moy de vers trouvés dans le terreau tiré de saules, dont une partie de l'intérieur étoit pourrie.

La Figure 3 montre grossi à une forte loupe un ver de tipule qui n'a que sa grandeur naturelle dans la figure 4 ; ces vers se tiennent dans la bouze de vache. *t*, sa tête écailleuse. *f*, sa partie postérieure où sont les organes de la respiration.

La Figure 5 est en très-grand celle de la tête du ver des figures précédentes, & de deux de ses anneaux. *t*, la tête, *y*, tache brune qui semble être un des yeux. *b*, barbillons qui, en certains temps, sortent de la bouche.

La Figure 6 fait voir en dessus la partie postérieure du ver précédent & extrémement grossie. *ſ, ſ, u, u,* quatre tuyaux, dont les deux *u, u,* sont plus courts que les deux *ſ, ſ.* Ces quatre tuyaux sont les quatre stigmates postérieurs. *t, t,* marquent deux trachées qui se rendent aux stigmates.

La Figure 7 est celle de la nymphe dans laquelle se métamorphose le ver précédent, dans sa grandeur naturelle. La même nymphe est grossie dans la figure 8.

Les Figures 9 & 10 représentent en deux vûes différentes, la petite tipule qui sort de la nymphe de la figure 8.

La Figure 11 est celle d'un ver de tipule qui se tient appliqué contre le dessous d'un agaric du chêne; mais cette figure le montre beaucoup plus grand qu'il ne le devient.

La Figure 12 représente une portion d'un agaric du chêne, dont le dessous a été mis en dessus. *a, a,* bord de cette portion d'agaric. *u,* ver de tipule dans sa grandeur naturelle. Tout ce qui est en blanc & marqué *b, b,* est le lit d'une bave luisante sur lequel il se tient. *h, h,* &c. diverses feuilles de gramen, qui passent au travers de l'agaric; l'agaric en croissant, renferme celles qui le touchent.

La Figure 13 est celle d'une coque que le ver de la figure 12 se fait d'une liqueur gluante.

Les Figures 14 & 15 montrent en deux vûes différentes la nymphe dans laquelle le ver précédent se transforme, & la montrent plus grande que nature. Dans la figure 15, où l'on voit le ventre, on voit la disposition des jambes qui s'étendent jusqu'au derriére; & la figure 14 dans laquelle elle est vûe de côté, laisse voir la bosse *b,* qui est sur le corcelet. Mais ce qu'on doit le plus remarquer dans cette figure, c'est la position des antennes, qui est différente de celle des antennes de la plûpart des nymphes ; elles font fur le corcelet, & celles des autres nymphes font placées en partie fous le ventre.

La Figure 16 eft celle de la tipule de la nymphe précédente vûe par-deffus ; & la figure 17 eft celle de la même tipule vûe par-deffous.

La Figure 18 eft celle de la partie antérieure de la mouche précédente, qui eft repréfentée en très-grand, & vûe du côté du ventre. *a, a,* les antennes dont la ftructure eft particuliére. *i, i,* les yeux à rezeau. *b, b,* deux gros barbillons au-deffus de la bouche.

PLANCHE V.

La figure 1 eft celle d'un ver aquatique, & rouge, qui fe transforme en une petite tipule.

La Figure 2 repréfente une forte de grouppe de vers rouges de l'efpéce du précédent, affemblés autour d'une feuille qui eft dans l'eau ; ils font dans un mouvement continuel & changent fouvent d'attitude.

La Figure 3 montre un ver rouge groffi à la loupe. *b,* un de fes deux bras. *l, l, l, l,* les quatre ligaments qui nous ont déterminé à donner à ces vers le nom de polypes.

La Figure 4 fait voir en deffus la partie poftérieure très-groffie. *f, f,* deux corps oblongs, dont le bout eft bordé de poils, & qui paroiffent être deftinés à porter l'air dans le corps du ver, être deux ftigmates. *m, m, m, m,* quatre corps en forme d'olive, qu'on peut encore foupçonner être des ftigmates.

La Figure 5 eft encore celle de la partie poftérieure du ver, très-groffie, mais vûe en-deffous. *f, f,* les deux ftigmates. *m, m,* deux des corps en olive. *l, l, l, l,* les quatre ligaments qu'on a négligé de donner à la figure précédente, parce que c'eft la derniére qui fait voir leur origine. Ces ligaments, & le ver lui-même, ont été repréfentés très en grand dans le tome 4. pl. 14. fig. 12.

Les Figures 6 & 7 repréſentent en grand la nymphe dans laquelle ſe transforme le ver polype; elle a, dans l'une & l'autre figure, la tête en bas. Dans la figure 6, elle eſt vûe du côté du ventre, & elle eſt vûe du côté du dos dans la figure 7. *h,* houppe qu'elle a à ſa partie poſtérieure. *p,* pennache qui orne ſon corcelet. *l, l,* les aîles qu'on a écartées du corps figure 7. La figure 6 fait voir le contour ſingulier de deux jambes *i, i.*

Dans les Figures 8 & 9, la même nymphe eſt vûe de côté. La figure 9 montre cinq eſpéces de plumets *p,p,p,p,p.* Quand ceux des deux côtés ſe relevent, & ſe réuniſſent ſur le corcelet, ils compoſent enſemble la pennache *p,* de la figure 8.

La Figure 10 eſt celle de la tipule dans laquelle ſe transforme la nymphe précédente, groſſie au microſcope. *a, a,* les antennes. *b, b,* les barbes.

La Figure 11 eſt celle d'une nymphe d'un ver tipule blanc, qui n'eſt guére plus grand que le ver tipule de la figure 1; auſſi cette figure la groſſit très-conſidérablement. Cette nymphe ſe tient à la ſurface de l'eau, & s'y agite continuellement. *a,* une de ſes aîles. *i,* ſes jambes, qui ſont ſinguliérement contournées. *c,* une des deux cornes avec leſquelles elle reſpire l'air. La mouche de cette nymphe différe peu de celle de la nymphe des vers rouges.

PLANCHE VI.

La Figure 1 repréſente plus groſſe que nature une nymphe de ver aquatique, qui eſt vûe dans ſa véritable grandeur, figure 2. L'une & l'autre figure la montrent du côté du ventre. Cette nymphe eſt toûjours dans l'eau. *i f,* long fil qui part du corcelet, & dont la nymphe tient ordinairement le bout à la ſurface de l'eau; mais le fil eſt quelquefois plus contourné qu'il ne l'eſt ici, ſelon que l'eau agit deſſus, pendant que la nymphe change

de place. Elle en change quand elle veut ; quand elle
veut, elle fe met dans des pofitions différentes de celle
où elle paroît dans les deux figures. L'origine du fil eft fur
le corcelet. La figure 1 fait voir des poils *p, p,* fur les côtés
de cette nymphe, qui, pour être vifibles, demandent à être
groffis par la loupe, auffi ne paroiffent-ils pas dans la figure
2. *d,* marque la dépouille du ver que j'ai trouvé attachée à
une de ces nymphes. La figure 2 n'a point cette dépouille,
mais elle a en *c,* une efpéce de crochet.

La Figure 3 eft celle de la tipule, dans laquelle fe transforme la nymphe des figures précédentes. Elle a fur fes
aîles quelques taches brunes & opaques.

La Figure 4 fait voir à peu-près dans fa grandeur naturelle
un ver aquatique de tipule, fingulier par fa grande tranfparence, & par l'efpéce de crochet qu'il porte en devant de
la tête ; le même ver eft groffi au microfcope dans la fig. 7.

La Figure 5 repréfente la partie antérieure du ver précédent groffie au microfcope. *i,* un des yeux. *c, c d e,* les deux
crochets qui, lorfqu'ils font appliqués l'un contre l'autre,
comme ils le font dans les figures 1 & 7, & comme ils le
font ordinairement, ne femblent être qu'un feul & unique
crochet. *c d,* bout d'un des crochets, brun & écailleux,
articulé en *d,* avec une partie blanche & moins dure. *e,*
l'endroit où la partie *e d* fe trouve articulée. *m,m,* efpéces
de mains armées d'ongles ou de longues épines, & pofées
à chaque côté de la bouche & un peu en deffous.

La Figure 6 ne différe de la figure 5, qu'en ce qu'une
partie *l,* blanche & oblongue, & d'un volume confidérable,
fort de la bouche du ver. On oblige cette partie à paroître
lorfqu'on preffe le corps, & fur-tout près de la tête.

La Figure 7 montre le ver de la figure 1 groffi au microfcope. *c,* fon crochet qui femble fimple, quoique les
figures précédentes nous ayent appris qu'il eft double. *i,*
un des yeux. *r, r, e, e,* quatre corps bruns chagrinés & faits

en forme de rein, qu'on apperçoit dans l'intérieur de l'infecte. *n*, fa nageoire. *q, q,* deux filets qui forment une queue fourchue.

La Figure 8 repréfente dans fa grandeur naturelle, la nymphe du ver de la figure 1, & la même nymphe eft confidérablement groffie dans la figure 9. *c, c,* deux efpéces de cornes qui font probablement les organes de la refpiration. *i,* les jambes. *n, n,* les deux nageoires, dont chacune femble être double, parce qu'elle eft comme divifée en deux par une efpéce de côte.

Dans la Figure 10, la partie poftérieure de la nymphe eft groffie au microfcope. *n c t f, n c t f,* les deux nageoires. *n c,* le bord extérieur. *f,* le bord intérieur. *t,* côte ou principal vaiffeau, qui jette diverfes branches. La partie *f c,* n'eft pas bordée comme l'eft le refte, & c'eft ce qui aide à tromper fur le nombre des nageoires.

La Figure 11 eft celle d'une des cornes *c,* figure 9, vûe au microfcope; alors elle paroît chagrinée avec art.

Les Figures 12, 13 & 14 repréfentent la tipule dans laquelle fe transforme la nymphe de la figure 8.

La Figure 15 montre le bout poftérieur du corps d'une des tipules précédentes, d'une tipule mâle, groffi au microfcope. *c, c,* deux tiges, de chacune defquelles part une efpéce d'épine écailleufe. Quand le mâle ne fait point ufage de ces épines, elles fe croifent en X, comme on le voit ici.

La Figure 16 eft celle d'une nichée d'œufs de tipules aquatiques de grandeur naturelle.

Dans la Figure 17, un des œufs de la nichée précédente, eft groffi au microfcope.

La Figure 18 montre la nichée d'œufs de la figure 17, telle que le microfcope la fait voir.

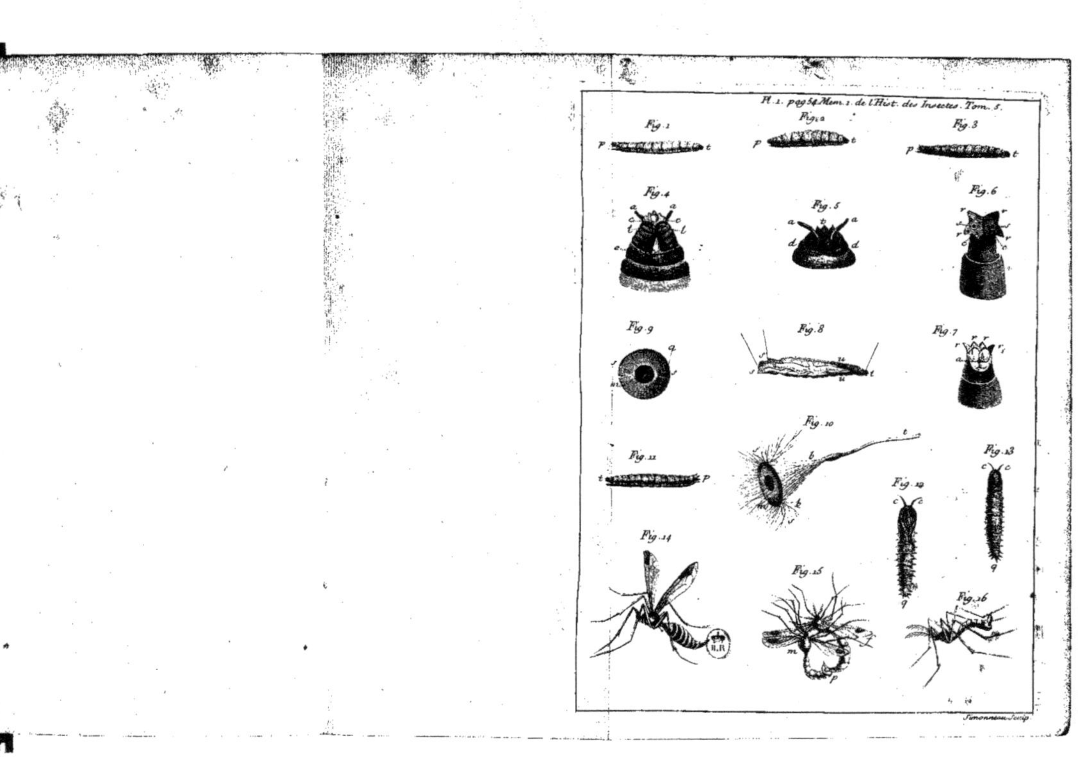
Pl. 1. pag 54. Mem. 1. de l'Hist. des Insectes. Tom. 5.
Fig. 1
Fig. 2
Fig. 3
Fig. 4
Fig. 5
Fig. 6
Fig. 9
Fig. 8
Fig. 7
Fig. 10
Fig. 11
Fig. 12
Fig. 13
Fig. 14
Fig. 15
Fig. 16
Simonneau Sculp.

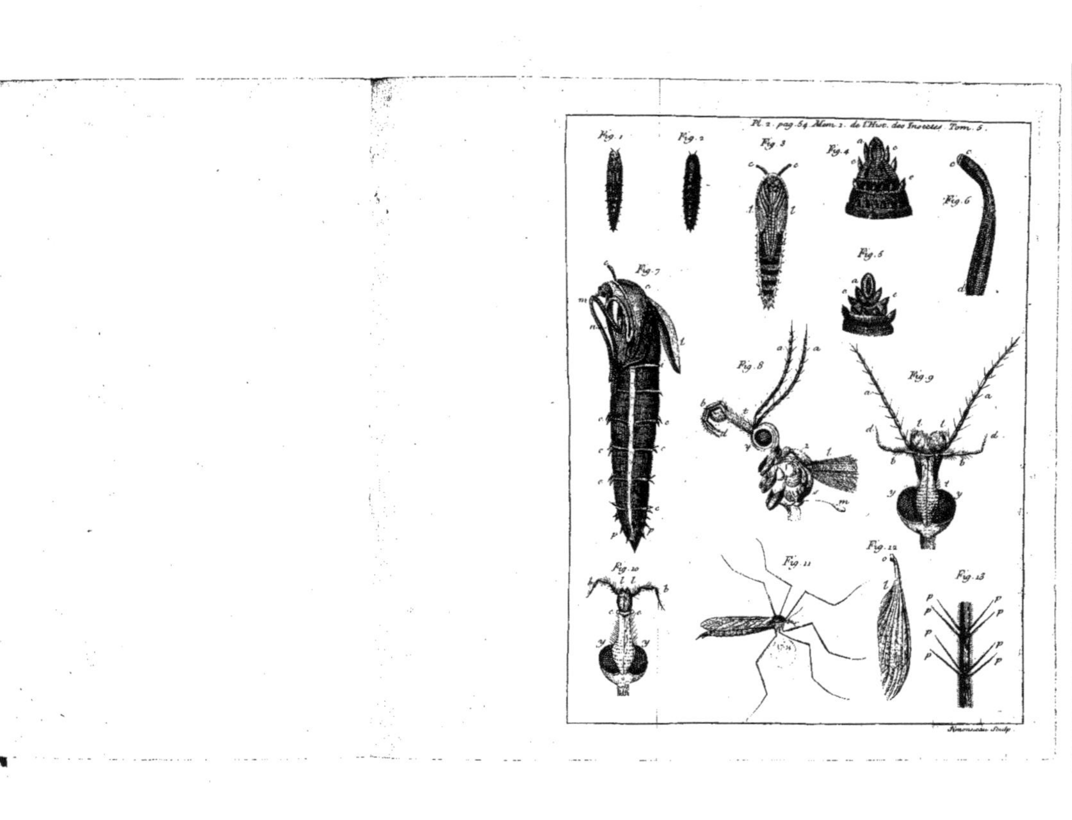
Pl. 2. pag. 54. Mém. 1. de l'Hist. des Insectes. Tom. 5.
Fig. 1
Fig. 2
Fig. 3
Fig. 4
Fig. 5
Fig. 6
Fig. 7
Fig. 8
Fig. 9
Fig. 10
Fig. 11
Fig. 12
Fig. 13

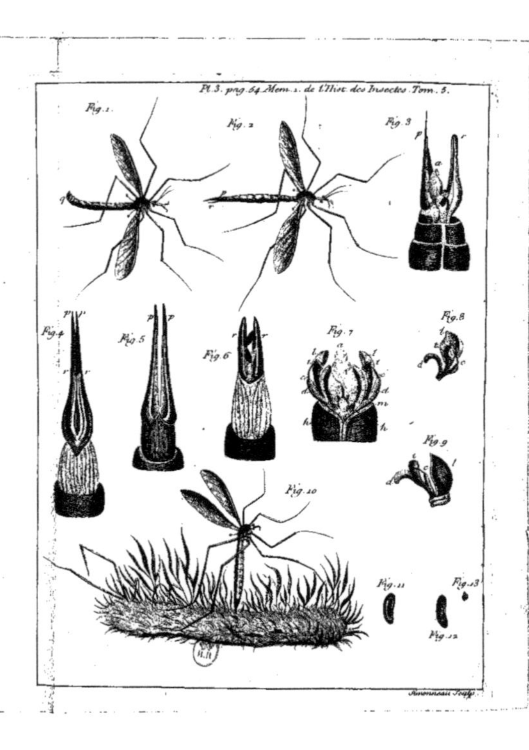

Pl. 3. pag. 54. Mem. 1. de l'Hist. des Insectes. Tom. 5.
Fig. 1.
Fig. 2.
Fig. 3.
Fig. 4.
Fig. 5.
Fig. 6.
Fig. 7.
Fig. 8.
Fig. 9.
Fig. 10.
Fig. 11.
Fig. 12.
Fig. 13.
Simonneau Sculp.

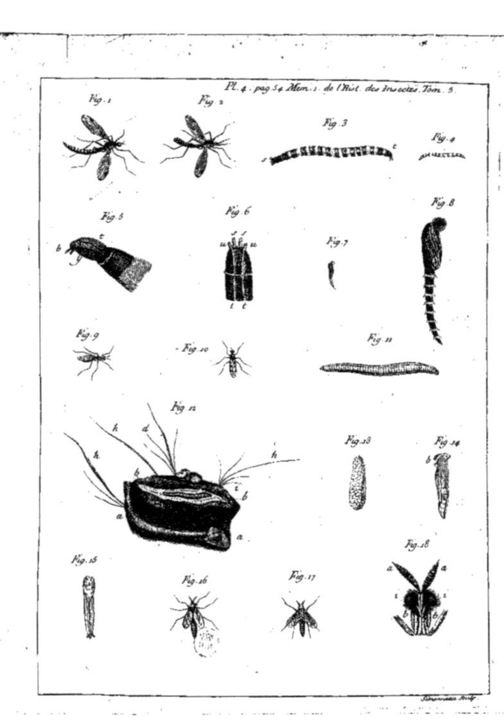

Pl. 4. pag. 54. Mem. 1. de l'Hist. des Insectes. Tom. 5.
Fig. 1
Fig. 2
Fig. 3
Fig. 4
Fig. 5
Fig. 6
Fig. 7
Fig. 8
Fig. 9
Fig. 10
Fig. 11
Fig. 12
Fig. 13
Fig. 14
Fig. 15
Fig. 16
Fig. 17
Fig. 18

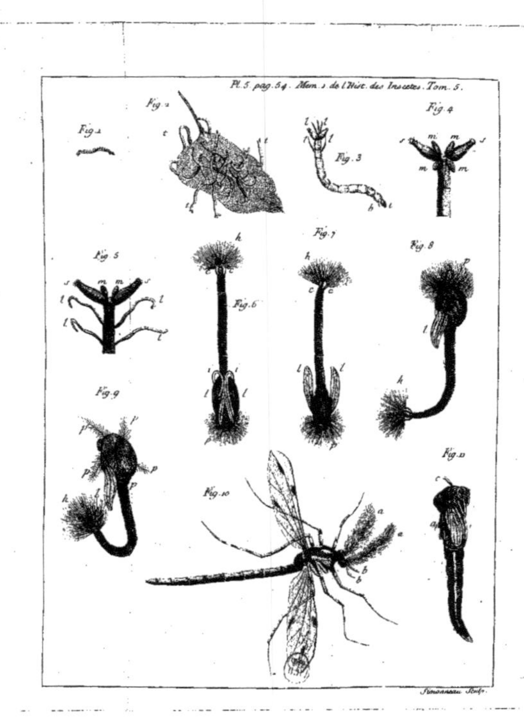

Pl. 5. pag. 54. Mem. 1 de l'Hist. des Insectes. Tom. 5.
Fig. 1
Fig. 2
Fig. 3
Fig. 4
Fig. 5
Fig. 6
Fig. 7
Fig. 8
Fig. 9
Fig. 10
Fig. 11

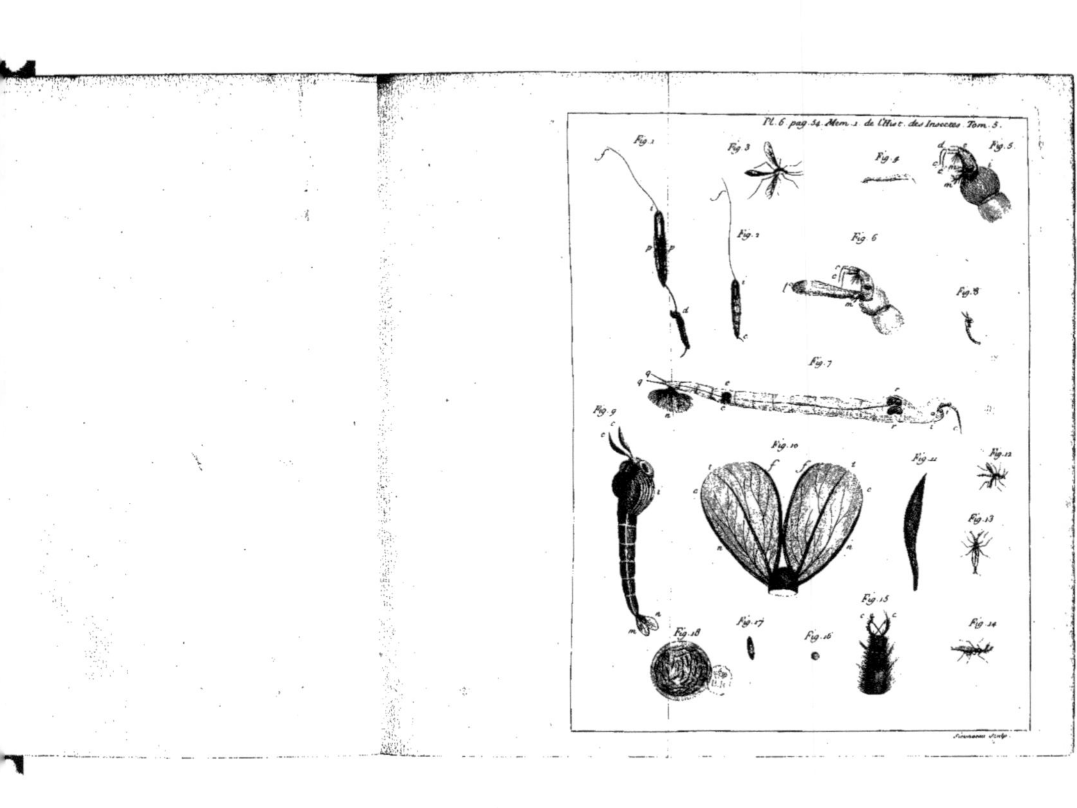

Pl. 6 pag. 54. Mem. 1 de l'Hist. des Insectes Tom. 5.
Fig. 1
Fig. 3
Fig. 4
Fig. 5
Fig. 2
Fig. 6
Fig. 8
Fig. 7
Fig. 9
Fig. 10
Fig. 11
Fig. 12
Fig. 13
Fig. 15
Fig. 14
Fig. 18
Fig. 17
Fig. 16

SECOND MEMOIRE.

HISTOIRE

DES MOUCHES DE S.ᵀ MARC;

*Et quelques Suppléments au neuviéme & au douziéme
Memoire du quatriéme Volume.*

NOus confervons aux mouches *, dont nous voulons
parler dans ce Memoire, le nom qu'elles portent en
quelques Provinces du Royaume, en Poitou & en Tou-
raine, où on les a traitées avec une diftinction dont elles
ne font pas trop dignes; car par elles-mêmes, elles n'ont
rien de plus propre à fe faire remarquer, qu'un très-grand
nombre d'efpéces de mouches auxquelles on ne s'eft pas
avifé d'impofer un nom. Mais elles paroiffent des premiéres au Printemps; d'ailleurs, il eft probable qu'il y a
eu quelqu'année où vers la Fête de Saint Marc, vers la
mi-Avril, ou un peu plus tard, elles ont paru en prodigieufe quantité; & qu'elles ont caufé quelque mal, ou que
quelque mal du moins leur a été attribué dans cette même
année. Les payfans qui fe croient les mieux inftruits, prétendent qu'elles étoient autrefois armées comme les guefpes,
d'un aiguillon que Saint Marc leur a fait perdre.

  En certaines années j'ai entendu accufer ces mouches
par ceux qui cultivent avec le plus de foin les arbres fruitiers, d'y avoir fait du tort, d'en avoir rongé les bouts des
boutons, & d'avoir fait périr les fleurs. Il eft vrai auffi
qu'on les voit fouvent fur les fleurs & fur les bourgeons
des arbres. Ce font des mouches de grandeur médiocre*, * *Fig.* 7 & 9.

* Pl. 7. fig.
7, 8, 9 & 10.

bien plus petites que les groſſes mouches bleues; elles
font de la feconde claſſe générale de celle des mouches
qui ont une bouche.* fans dents; mais elles peuvent avec
leur bouche exprimer du ſuc des bourgeons & des fleurs
qui ne font pas épanouies, & peut-être y occaſionner un
deſſéchement qui les fait périr.

    Leur bouche, comme celle des tipules, eſt au bout de
la tête, & ſa fente ſe trouve de même entre deux levres
latérales faites en eſpéce de coquilles, & qui couvrent
d'autres levres plus charnues; en un mot, la ſtructure de
leur bouche reſſemble beaucoup à celle de la bouche des
tipules, & elle eſt de même recouverte en certains temps
par deux barbillons, chacun deſquels eſt attaché à un de
ſes côtés; ils ſont moins longs proportionnellement que
ceux des tipules.

    Les antennes * de ces mouches ſont peu longues, &
n'ont d'ailleurs rien de ſingulier; elles ſont à grains.
Mais il eſt à remarquer que le mâle * a une tête beaucoup
plus groſſe que celle de la fémelle *. Les yeux à rezeau
du mâle, ſont auſſi beaucoup plus gros que ceux de la
fémelle, & ce ſont eux qui rendent ſa tête groſſe, par
rapport à celle de l'autre. Dans pluſieurs eſpéces de ces
mouches, ces yeux ſont noirs. Quoiqu'ils couvrent preſque tout le deſſus de la tête du mâle, qu'ils s'y touchent
preſque vers le derriére, là même il y a une petite grappe *
compoſée de trois petits yeux liſſes & diſpoſés triangulairement, qui s'éleve au-deſſus des yeux à rezeau.

    Ces mouches portent ordinairement leurs aîles de ma-
niére qu'une des deux couvre l'autre preſqu'en entier;
celle-ci ne paroît qu'auprès de ſon origine & à ſon extrémité. Elles ſont auſſi longues ou un peu plus longues
que le corps, auſſi le cachent-elles à nos yeux. Quand on
a mis à découvert celui du mâle *, on ne balance pas à
placer

* Pl. 7. fig.
12. f.

* Fig. 11 &
12. a, a.
* Fig. 11.
* Fig. 12.

* Fig. 15.

* Fig. 11.

placer cette mouche dans la claffe de celles à corps long: fa forme a quelque chofe de fingulier, en ce que l'anneau qui a le plus de diametre, tient au corcelet, & que les autres en ont de moins en moins à mefure qu'ils s'approchent du bout poftérieur. D'ailleurs ce mâle paroît une mouche affés malfaite, dont le corps raboteux n'a pas une groffeur proportionnée à celle du corcelet; celui de quelques-uns eft extrémement menu. On héfiteroit davantage à placer la fémélle * parmi les mouches à corps   * Pl. 7. fig. 3. long, le fien mieux façonné, plus liffe & diftendu par les œufs, tient de la figure d'une olive applatie. Ces mouches volent d'affés mauvaife grace; quand elles font en l'air leur corps femble y être pendant, elles laiffent au moins pendre leurs jambes qui font affés longues.

Je n'ai encore vû de ces mouches que de deux couleurs. Les unes font noires & d'un très-beau noir, & les autres ont le corps & le corcelet rougeâtres; mais j'en ai obfervé des unes & des autres, de grandeurs très-différentes, & qui font de différentes efpéces. Il y en a des efpéces auffi petites que les petites efpéces de tipules & que les coufins, & on ne les diftingue des unes & des autres, que quand on examine à la loupe la forme de leur corps.

Des mouches connues même des payfans, communes dans nos jardins, & qu'on accufe d'y faire des defordres, avoient de droit une place dans nos Memoires, quoique d'ailleurs elles ayent peu de fingularités à nous offrir; au moins falloit-il faire fçavoir quelle eft leur origine. Elles viennent, comme les tipules, de vers * qui fe   * Fig. 1. tiennent fous terre, qui s'y nourriffent d'une efpéce de terreau ou de terre, & qui pourtant s'accommodent d'une matiére, qui paroît contenir des fucs plus aifés à extraire. J'ai vû en Octobre de ces vers à milliers, &

Tome V.   . H

encore petits, dans des bouzes de vache médiocrement fraîches, & pendant l'hyver j'ai trouvé des mêmes vers sous terre, dans le Bois de Boulogne. Si la saison où j'ai rencontré des bouzes de vache peuplées de vers de ce genre, étoit celle où leurs mouches paroissent, il seroit naturel de penser que des meres avoient fait leurs œufs sur ces excréments; mais dans le mois d'Octobre, on ne voit point les mouches dans lesquelles se transforment les vers dont il s'agit; d'où il suit qu'ils n'avoient pu naître dans des excréments dont un grand animal ne s'étoit vuidé que depuis peu de jours; qu'il faut penser que ces vers qui étoient sous terre, ayant senti que la matiére qui avoit été déposée sur sa surface, & qui l'avoit huméctée, étoit propre à leur fournir de la nourriture, s'étoient rendus au milieu de cette matiére. Quand nous en serons à l'histoire des Scarabés, elle nous apprendra qu'il y en a quantité d'espéces qui vont s'établir dans les bouzes de vache fraîches.

Ces vers qui se doivent transformer dans les mouches de Saint-Marc, sont de la troisiéme classe, & lorsque nous avons mis les vers en ordre, nous les avons placés * dans le septiéme genre de cette classe. Ils ont une tête écailleuse, & sont dépourvûs de jambes. Ils ont d'ailleurs beaucoup de ressemblance avec les chenilles, par la figure de leur corps, & ils ressemblent à celles de certaines espéces, parce qu'ils sont hérissés de beaucoup de poils, plus gros pourtant & plus écartés les uns des autres que ceux des chenilles bien velues, & tous inclinés vers le derriére.

Tom. 4. Mem. IV. pag. 180.

Ils changent de peau comme les chenilles; j'ignore combien ils en changent de fois; mais je sçais que lorsque j'en examinai vers la mi-Mars, que j'avois apportés de Poitou à la fin d'Octobre, & que j'avois renfermés dans des poudriers avec la même bouze de vache, dans laquelle ils avoient été trouvés, je sçais, dis-je, qu'ils me parurent différents de ce qu'ils étoient avant l'hyver; non-seulement ils étoient plus grands, ils étoient moins couverts de poils, mais de poils plus gros. Ils avoient sur chaque anneau une ceinture composée seulement de huit à dix poils très-roides. Au reste leur couleur n'est pas propre à leur attirer nos regards, elle est d'un gris-brun, & partout à peu-près de la même nuance. La tête est noire & platte.

De crainte que les vers dont je m'étois fourni, ne se trouvassent trop à l'étroit, & dans une matiére trop desséchée, vers la mi-Mars je mis les morceaux de bouze de vache dans lesquels ils étoient, sur la terre humide qui remplissoit une cloche de verre placée dans une position contraire à celle où l'on met ordinairement les cloches. Au bout de deux jours tous étoient entrés en terre, il n'en restoit aucun dans les morceaux de matiére où ils avoient vécu jusque-là. Je négligeai de remuer la terre dans laquelle ils s'étoient introduits, jusqu'au 22 avril, & pour peu que j'eusse différé davantage, je n'y eusse trouvé que des dépouilles; j'y surpris plusieurs des mouches dans lesquelles ils s'étoient transformés, prêtes à sortir de terre. Plusieurs autres avoient apparemment pris l'essor dès les jours précédents; il n'en restoit plus que deux cachées sous la forme de nymphe, & depuis plusieurs jours apparemment, il n'y en avoit plus qui eussent celle de ver.

Mais je suivis mieux une autre année, les vers du même genre, que j'avois trouvés au milieu d'une terre sablonneuse, proche d'un pied de chêne du Bois de Boulogne, au commencement de Février. Tous ceux que j'avois apportés, subirent leur premiére métamorphose en quatre

H ij

jours de temps; depuis le 2 jufqu'au 5 Mars incluſivement, tous devinrent des nymphes, dont quelques-unes ſe transformerent en mouches le 15 Avril, & les autres les jours ſuivans.

Pour parvenir à paroître nymphes, ces inſectes ſe défont de leur peau de ver, & cela comme des chenilles de pluſieurs eſpéces ſe défont de la leur en pareil cas. Celui qui travaille à ſe métamorphoſer, oblige la peau des premiers anneaux à ſe fendre ſur la partie ſupérieure du corps *. Des parties charnuës s'élevent dans l'inſtant au-deſſus de la fente, & en s'y élevant contribuent à l'aggrandir. La partie antérieure de la nymphe paroît bientôt au jour, elle ſort par la fente. Le crâne * du ver qui tient à la dépouille dont la nymphe veut ſe tirer, ſe trouve alors ſous le ventre. La nymphe dégage enſuite ſes anneaux poſtérieurs, elle les amene en devant, & les gonflant & pouſſant en arriére, elle y pouſſe en même temps la dépouille *; elle l'oblige à ſe pliſſer, & peu à peu elle la conduit juſqu'au bout de ſon derriére où elle eſt réduite à un petit paquet.

Le nom de criſalide convient peut-être auſſi-bien à notre inſecte métamorphoſé, que celui de nymphe que nous venons de lui donner. Les aîles & les jambes appliquées les unes contre les autres du côté du ventre *, dans une étendue qui n'a pas la moitié de la longueur du corps, n'y ſont guéres plus aiſées à diſtinguer qu'elles le ſont dans les criſalides ordinaires. D'ailleurs, ces criſalides ou nymphes n'ont rien de particulier dans leur forme, ſi ce n'eſt qu'elles ſemblent boſſues. Le corcelet de la mouche qui eſt gros & élevé, demande que l'endroit de la criſalide* où il eſt placé, ſoit plus élevé que le reſte.

Au reſte, la maniére dont ſe fait la derniére transformation, la maniére dont la mouche briſe ſes enveloppes

* Pl. 7. fig. 2.

* Fig. 3. a.

* Fig. 2 & 3. d.

* Fig. 4 & 6.

* Fig. 5. e.

& s'en tire, n'a rien qui mérite d'être expliqué; car tout
ce qui paffe alors reffemble parfaitement à ce que les papillons & d'autres mouches nous ont fait voir dans une
pareille circonftance.

Le refte de la vie de ces mouches ne m'a offert aucun
fait remarquable. Après leur naiffance elles prennent
l'effor, elles vont volontiers fe pofer fur les plantes, &
fur-tout fur les arbres fruitiers. Les mâles fe joignent aux
fémelles, auxquelles ils reftent unis des heures entiéres.
Pendant l'accouplement le mâle * ne fe tient point fur la
fémelle, le corps de l'un & celui de l'autre font fur une
même ligne, ils femblent n'en faire qu'un. Les aîles de la
fémelle recouvrent une partie de celles du mâle. Ces
deux mouches ainfi jointes enfemble, reffemblent à un
infecte qui auroit une tête à chacun de fes bouts. Quelquefois la fémelle emporte en l'air le mâle qui ne veut
pas l'abandonner. Souvent auffi on les prend fans les déterminer à fe féparer. Le mâle a au-deffous de fon derriére deux crochets * capables de bien faifir celui de la
fémelle, & qui ne font pas vifibles dans les temps ordinaires.
Il introduit la partie propre à féconder les œufs * dans
une ouverture qui eft du côté du ventre de la fémelle *
affés près de l'anus. Après que celle-ci a été fécondée,
elle n'eft pas long-temps fans doute à faire fes œufs
qu'elle dépofe, foit dans la terre, foit dans des excréments
de vache, & peut-être dans ceux de cheval, après quoi
elle périt. On ne voit guéres de ces mouches que pendant
trois femaines ou un mois.

La même raifon qui nous a engagé à parler des mouches de Saint-Marc, nous détermine à dire ici quelque
chofe d'une efpéce de mouches * beaucoup plus petites.
Elles font extrémement communes, elles paroiffent dans
toutes les Saifons de l'année. Nous avons oublié de les

* Pl. 7. fig.
17 & 18. *m.*

* Fig. 13.
c, c.

* *m.*

* Fig. 14. *u.*

* Pl. 8. fig. 7.

H iij

faire connoître dans le neuviéme Mémoire, nous y suppléerons dans celui-ci ; elles ne font que de vrais moucherons ; elles font plus petites que les plus petites tipules. Lorfque leurs aîles font pofées fur leur corps, à peine font-elles auffi groffes qu'une groffe tête d'épingle. Avec une loupe on s'affûre pourtant de la claffe à laquelle elles appartiennent ; on reconnoît * qu'elles font de la premiére des claffes générales, qu'elles n'ont qu'une trompe affés femblable à celle des mouches bleues de la viande, & qu'elles font de la première des claffes fubordonnées à la claffe générale, de celle des mouches à corps court.

* Pl. 8. fig.
11 & 12.

Elles aiment l'efpéce de lie de vin qui eft dépofée fur les tonneaux d'où on tire le vin avec un robinet ; elles aiment le marc de raifin qui s'aigrit, & en général elles aiment les liqueurs qui ont été fucrées lorfqu'elles viennent à s'aigrir. Des pots où il y avoit eu du miel qui s'étoit aigri, parce qu'on n'avoit pas daigné le féparer des vers, des nymphes de mouches à miel, & de ces mêmes mouches qui avoient péri, foit dedans, foit deffus ce miel ; des compottes de pommes de rambour qu'on avoit auffi laiffé aigrir, m'ont fourni des mille milliers des mouches dont je veux parler. Elles avoient crû fous la forme de vers *, dans ces matiéres aigries, & par la fuite elles y avoient paru avec des aîles. Quand on découvroit le compottier de verre dans lequel elles étoient nées, on voyoit des nuées de ces petites mouches s'envoler.

* Fig. 8 & 10.

Le corps & le corcelet de cette petite mouche font jaunâtres. Ses yeux à rezeau font d'un rouge qui n'eft pas d'une belle nuance, mais qui fait pourtant qu'on les remarque plûtôt qu'aucune des autres parties. Les aîles qui ordinairement fe croifent fur le corps, ont des couleurs d'iris. Inutilement ai-je cherché à voir les balanciers ; mais il y a plus d'apparence que leur petiteffe a contribué

à me les cacher, qu'il n'y en a que la mouche en foit
privée. Les antennes * font à palette ovale & platte,
comme celles des mouches à forme d'abeilles.

* Pl. 8. fig.
11 & 12.*a,a.*

Je n'ai pu m'affurer fi elles font vivipares ou ovipares.
Quoi qu'il en foit, leurs vers * font blancs & ont deux
crochets paralleles l'un à l'autre en devant de la tête. En
un mot ces vers font femblables, mais très en petit, aux
vers de la viande. Comme ceux-ci auffi, lorfqu'ils font
en état de fe transformer, ils fe font une coque de leur
propre peau * dont ils fe détachent, fans en fortir. Le
bout antérieur & fupérieur de la coque formée par cette
peau, eft un peu applati & terminé par deux cornes, *
qui probablement font analogues à celles des autres coques cornuës, & à celles des crifalides cornuës. Leur
couleur eft feuille-morte ou marron, elle eft femblable
à la couleur des coques des mouches de la viande; le
bout poftérieur de la coque a auffi deux efpéces de
cornes. *

*Fig. 8 & 10.

*Fig. 9 & 13.

* Fig. 13. *c, c.*

p, p.

Environ dix à douze jours après que l'infecte s'eft
transformé pour la premiére fois, il eft en état de paroître avec des aîles; il détache la piéce qui couvroit
cette partie * de la coque que nous avons dit être applatie; il fouléve une piéce platte, au bout de laquelle
les cornes reftent; enfin il fort aîlé par cette ouverture.

* Fig. 14. *d.*

Nous donnerons encore ici un Supplément à un autre
article du neuviéme Mémoire du quatriéme volume, à
l'article * où nous avons parlé des vers truffes; nous avons
décrit & fait repréfenter une efpéce de ver, qui comme
nous, eft friande de cette plante foûterraine; mais nous
n'avons pu faire connoître la mouche de ce ver, toutes les
mouches que j'aurois dû avoir de ceux de cette efpéce
ayant péri chés moi avant que de s'être métamorphofées pour la derniére fois. Nous avons eu depuis une

* Pag. 372.

* Pl. 8. fig. mouche des truffes *, dont nous n'avons pas eu le ver,
1 & 2.   mais feulement la coque, & cette coque différoit, je
crois, de celles que nous avions eûes auparavant. Les
truffes font recherchées par plus d'une, & même par
plus de deux efpéces de vers qui fe transforment en des
mouches à deux aîles : les vers par lefquels elles font
attaquées en hyver & en automne, ne font peut-être pas
de l'efpéce de ceux qui leur en veulent en été. M. le
Marquis de Gouvernet qui penfe que malgré une très-
grande naiffance, que quoique poffeffeur de terres très-
confidérables, on peut vivre fans être dévoré par l'ambition, qu'on peut mener une vie douce & tranquille, celle
d'un Philofophe, admirer les productions de la Nature,
la forcer à étaler fes plus rares beautés dans les jardins
qu'on prend foi-même plaifir à cultiver; M. le Marquis
de Gouvernet, dis-je, me fit l'amitié de m'envoyer quelques truffes, qui lui étoient arrivées du Dauphiné vers le
commencement de Juillet, parce qu'il y avoit remarqué
des coques de vers. Au bout de douze à quinze jours, il
fortit de chacune des coques qui étoient bien condi-
* Fig. 1 & 2. tionnées, une mouche * qui a quelque reffemblance
avec celle qui dépofe fes œufs fur des excréments humains; fon corps comme le corps de celle-cy eft con-
* Fig. 2. tourné en deffous *, mais il eft moins velu. Cette mouche de la truffe a cependant des poils longs, gros
& roides, femés fur le corps, le corcelet & la tête. La
couleur du corcelet & celle du corps, eft un rougeâtre
pointillé de brun. Ses antennes font à palette platte &
* Fig. 3. ovale *, & par là cette mouche fe trouve d'un genre
différent de celui de la mouche à laquelle nous venons
de dire qu'elle reffemble. Elle eft, au refte, de la premiére
claffe générale des mouches à deux aîles; elle a une
trompe charnuë, & elle n'a point de dents.

Je

Je fuis incertain de la forme de la coque d'où cette
mouche fort , & qu'elle s'eft faite lorfqu'étant prête à
paffer de l'état de ver à celui de nymphe , elle s'eft détachée de la peau du ver ; mon incertitude vient de ce
que les mêmes truffes me firent voir trois efpéces de
coques différentes. J'en trouvai de femblables à celles
des vers de la viande, mais plus petites que celles de
ces vers qui fe transforment en groffes mouches bleues.
J'y trouvai d'autres coques, mais très-petites *, qui   *Pl. 8. fig.4.
avoient deux cornes * placées comme le font celles des   * Fig. 5. c, c.
coques des vers à queue de rat: le bout de chacune de
ces coques avoit une forte de courte queue *; ainfi le   *q.
ver qui fe fait cette coque femble devoir être du genre
de ceux à queue de rat. Je trouvai dans les mêmes
truffes une troifiéme efpéce de coque * qui n'avoit point   * Figure 6.
de cornes à fa partie antérieure, & qui avoit comme
deux mammelons, deux cornes très-courtes à fon bout
poftérieur *. Ces trois efpéces de coques prouvent au   * q, q.
moins, qu'au printemps & en été il y a trois différentes
efpéces de vers qui aiment les truffes, & qui fe tranf-
forment en trois efpéces différentes de mouches à deux
aîles. Quand je voulus examiner les coques d'où étoient
forties des mouches, telles que celle qui eft repréfentée
fig. 1 & 2, il s'en préfenta de vuides des trois efpéces, &
qui l'étoient apparemment lorfque je les renfermai dans
le poudrier, & celles qui étoient pleines ne contenoient
que des mouches mortes & défigurées.

   Je profite de l'efpace qui refte à remplir dans la huitiéme planche, pour faire paroître une mouche à deux
aîles & à corps long *, qu'on trouve fur les charmilles   *Fig. 15.
dès qu'elles commencent à être couvertes de feuilles.
Les deffeins que nous avons fait faire en grand, de la
tête de cette mouche, montrent que la trompe qui en

Tome V.   . I

part, eſt autrement conſtruite que les différentes eſpéces de trompes de mouches à deux aîles dont nous avons parlé dans le tome IV. La trompe de celle-cy eſt ordinairement logée dans un long étui *, qui, tout du long & en deſſus, a une couliſſe qui la reçoit, & qui lui permet de ſortir. Quand cette trompe eſt hors de ſon étui, & développée, on voit qu'elle eſt compoſée de quatre piéces *, toutes d'une ſorte de corne, dont une * eſt plus longue & plus forte que les autres ; de deux plus courtes & très-fines * ; & d'une quatriéme * un peu plus groſſe & un peu plus longue que les deux précédentes, mais plus mince & plus courte que la premiére.

La figure 8 nous donne auſſi le développement d'une trompe dont nous ne connoiſſions pas aſſés la compoſition, lorſque nous l'avons fait graver dans le quatriéme tome *. Nous nous ſommes contentés alors de faire voir que ſon bout * eſt fait en bec d'oiſeau * ; mais nous ferons remarquer actuellement qu'en deſſus, depuis l'origine de cette trompe juſque par-delà le tiers & près de la moitié de ſa longueur, il y a une couliſſe * ; que dans cette couliſſe ſont logées trois parties, dont une * plus conſidérable que les deux autres, peut être regardée comme une eſpéce de langue, de ſucçoir ſemblable au ſucçoir de la trompe de ces pucerons * qui ſont ſi bien diſtingués des autres par la grandeur démeſurée de la leur. Les deux parties plus courtes & plus déliées * qui accompagnent le grand ſucçoir, ſont elles-mêmes apparemment des ſucçoirs plus foibles qui aident au premier.

Le ſupplément que je dois au douziéme Mémoire du quatriéme volume, a pour objet une matiére qui peut paroître plus intéreſſante que celles des ſuppléments que nous venons de donner à d'autres Mémoires de ce même volume. Lorſque nous avons traité des mouches à deux

aîles qui ont la forme de bourdons, nous avons fait remarquer les endroits finguliers qu'a choifi celui à qui font dûes
tant de merveilleufes productions, pour faire croître les
différentes efpéces de vers qui fe transforment en différentes efpéces de ces mouches ; nous avons admiré les
mouches qui vont percer la peau de nos grandes bêtes
à cornes, & celle des cerfs, pour femer leurs œufs dans
les chairs de ces animaux ; nous avons vû que de chaque
œuf il fort un ver *, qui fait élever une tumeur * dans   * *Tom. 4.*
la cavité de laquelle il croît, & du fond de laquelle il   *pl. 37. fig. 1*
fçait fe conferver une communication avec l'air extérieur.   *& 2.*
Ces tumeurs paroiffent quelquefois en grand nombre fur   * *Pl. 36.*
le corps d'un même cerf, auffi font-elles connues des   *fig. 1.*
Chaffeurs. Ils les fçavent habitées par des vers qu'ils
appellent taons. La chûte du bois du cerf eft un phéno-
mene d'hiftoire naturelle très-fingulier, dont les Chaffeurs
ont voulu rendre raifon. Quelques-uns penfent qu'elle
eft l'ouvrage des vers qui font logés dans les tumeurs
charnues ; ils prétendent que dans un temps qui précede
de peu celui de la chûte qu'ils veulent expliquer, ces
taons s'acheminent vers le bois, qu'ils parviennent à fa
bafe ou meule, & qu'ils rongent fucceffivement le merrein
ou la perche de chaque corne, à l'endroit où la perche
fort de la meule ; que le bois qu'ils ont comme fcié par
le pied, eft obligé de tomber.

    J'ai fuffifamment prouvé qu'heureufement pour les
cerfs, ces vers ne fçavent pas faire un pareil voyage ; gros
comme ils le deviennent, s'il falloit que ceux qui ont crû
dans des tumeurs placées fur le dos, fur les côtes, fur les
cuiffes & dans d'autres endroits éloignés de la tête, fe
rendiffent en marchant & toûjours à couvert, près de
l'origine du bois, ils auroient à faire de cruelles diffections
dans les chairs pour s'ouvrir des chemins d'une largeur

suffisante & fort longs; les chairs du cerf seroient toutes déchiquetées. Le Mémoire que nous venons de citer, a appris que chaque ver se tient dans la cavité de la tumeur qu'il a fait élever, jusqu'à ce qu'il ait pris tout son accroissement; qu'alors il aggrandit l'ouverture qui lui donnoit une communication avec l'air extérieur; il en fait une porte assés grande pour lui permettre de sortir, & par laquelle il sort; que le seul voyage qu'il ait à faire, est de se laisser tomber doucement à terre, où il se traîne ensuite en avant jusqu'à ce qu'il ait trouvé à se cacher à son gré sous quelque motte de terre, ou sous quelque pierre. Il est donc certain & très-certain, que ces vers ne contribuent aucunement à la chûte du bois du cerf.

Mais ils ne sont pas les seuls vers qui doivent être nourris par les cerfs, jusqu'au temps de leur transformation. Il y a une saison où assés souvent l'on en trouve à chaque cerf beaucoup d'autres réunis ensemble. Les Chasseurs ont été apparemment les premiers qui ayent observé ce fait, & ils ont eu souvent occasion de le revoir. Quelques-uns d'eux croyent que les derniers vers sont ceux des tumeurs, qui sont arrivés à un rendez-vous commun. Mais au moins presque tous les Chasseurs veulent que ce soient ces derniers vers qui rongent le bois du cerf, jusqu'à ce qu'ils soient parvenus à le faire tomber. E'tant réunis dans un même lieu, ils peuvent partir tous à la fois pour aller de concert se mettre à l'ouvrage, & ils ne sont pas éloignés de l'endroit où on les veut faire travailler; car ceux mêmes qui ont mis au plus loin l'endroit où on les trouve, disent qu'ils se tiennent dans le col. Le chemin du col au-dessus de la tête n'est rien en comparaison de celui qu'on fait faire aux vers des tumeurs. Enfin le temps où l'on trouve ces vers est à peu-près celui de la chûte du bois du cerf.

C'eſt auſſi apparemment ſur ces raiſons ou plûtôt ſur l'authorité des Chaſſeurs, que les Auteurs modernes qui ont traité de la chaſſe du cerf, attribuent à ces vers la chûte du bois; ſans ſe donner la peine de les conſulter, on n'a qu'à lire l'article du cerf dans le Dictionnaire de Trevoux, & l'on verra que l'on y rapporte comme un fait certain que le bois de cerf ne tombe que parce qu'il eſt ſcié par ces derniers vers. Le chemin du col à la tête ne laiſſeroit pourtant pas encore de leur être difficile à faire, & on ne voit pas à quelle fin ils entreprendroient d'abbattre le bois, & y parviendroient.

Mais ce n'eſt pas aſſés pour nier que des choſes ſe faſſent dans la nature, que de ne pas connoître le motif pour lequel elles peuvent être faites. S. A. S. M.ʳ le Prince de Conty, à qui les progrès des ſciences ſont chers, a voulu que je puſſe avoir des raiſons plus fortes pour détruire un ſentiment très-généralement reçû & très-enraciné. Elle eut la bonté de me faire dire le 4 Mars qu'elle partoit pour la chaſſe dans l'intention de m'envoyer la tête & tout le col du cerf qui ſeroit pris. M.ʳ le Prince de Conty ne manqua pas de faire couper le col par-delà la derniére vertebre à celui qui fut la malheureuſe victime de cette chaſſe, & de faire enlever toute la peau ou nappe, & de la laiſſer attachée au col. S. A. S. ſçavoit que cette peau pouvoit me fournir des obſervations. Enfin elle eut juſ-qu'à l'attention de m'envoyer le tout ſur-le champ. Les chairs du col étoient encore chaudes lorſque je me mis à les diſſequer. Ce fut inutilément que je cherchai des vers entre les muſcles ou dans les muſcles qu'elles com-poſoient. On m'avoit mal indiqué l'endroit où je les devois chercher; je me retournai d'un autre côté, je forçai la mâchoire inférieure pour découvrir juſqu'au fond de la bouche; mais je n'y apperçûs point de vers: je ne les cherchois pas encore où on peut les trouver. Le véritable endroit où il les faut chercher, eſt pourtant peu éloigné de la racine de la langue; mais il eſt caché quand on ſe contente de regarder en dedans de la bouche. Pour apprendre à mettre cet endroit à découvert, & à le trouver dans le moment, nous devons dire que le palais du cerf ſe détache de lui-même de la voute oſſeuſe, un peu par-delà la derniére des dents, pour aller ſe joindre à la langue. Qu'on coupe tranſverſalement cette portion du palais * près de l'endroit où elle commence à s'éloigner de la voute oſſeuſe, & qu'on rejette ſur la langue * la partie qui a été ſeparée du reſte; alors on met en vûe une cavité que cette partie cachoit, & qu'elle fermoit d'un côté; celle par où paſſe l'air, qui par les narines & les deux conduits du nez ſe rend au pharinx : ſi on regarde le palais, on remarque la fin de la cloiſon oſſeuſe * qui forme les deux conduits du nez *. L'ouverture de chaque conduit, ce qu'il eſt bon de ſçavoir pour la ſuite, avoit un diametre tel qu'un de mes doigts entroit dedans ſans y être gêné. Si on tourne enſuite ſes regards vers la racine de la langue, on apperçoit l'ouverture * par laquelle paſſe l'air que la trachée artere porte dans les poulmons. C'eſt près de cette derniére ouverture, c'eſt-à-dire, c'eſt près du pharinx, & par conſéquent de la racine de la langue, que ſe tiennent les vers dont nous parlons. Je ne tardai pas à en voir dès que j'eus coupé & abbaiſſé la portion du palais * dont je viens de parler. Trois à quatre qui étoient en marche, ſe préſentérent les premiers, & me conduiſirent à en trouver beaucoup d'autres. Je vis de chaque côté une fente oblongue *, qui imitoit aſſés celle d'un œil, dont la paupiére eſt plus d'à moitié, ou preſqu'entiérement abbaiſſée; un ver * qui ſortoit d'une de ces fentes, la tenoit plus ouverte que n'étoit l'autre. Quand après en avoir retiré le ver, j'y introduifis le doigt, je reconnus qu'elle étoit l'entrée d'une cavité remplie de vers qui y étoient amoncellés, que les vers étoient logés dans une efpéce de bourfe de chair. Avant que d'en avoir fait fortir les vers, je dégageai par dehors, c'eft-à-dire du côté de la trachée artere, chacune de ces bourfes, des parties qui la pouvoient couvrir. Leur groffeur & leur figure me parurent celles d'un œuf ordinaire de poule. M. Winflow à qui je les fis voir dans la fuite, les trouva placées à peu-près comme les amygdales dans l'homme.

Ce font au refte de vrayes bourfes charnues; quand je les eus vuidées l'une & l'autre des vers dont elles étoient remplies, je vis qu'on pouvoit, quand on le vouloit, rendre leur ouverture circulaire, qu'elle laiffoit paffer aifément le plus gros doigt; que lorfque la bourfe étoit vuide, elle avoit des plis, qui, comme ceux des bourfes ordinaires, étoient dirigés de l'ouverture vers le fond. Enfin je reconnus que l'on pouvoit retourner ces efpéces de bourfes, c'eft-à-dire, en ramener le fond en deffus des bords de l'ouverture. Le reffort des bords, ou une efpéce de fphincter peut-être, tend à la rétrecir, à la rendre plus longue que large. Malgré la largeur qui lui peut refter, elle ne paroît qu'une fente, parce que la partie charnue * qui eft d'un côté, fait l'office de paupiére pour la couvrir.

Les vers que je trouvai dans ces bourfes, étoient de grandeurs fort différentes, & par conféquent de différens âges. Pendant que plufieurs avoient à peine la groffeur d'une petite ficelle, quelques-uns * ne le cedoient en aucune de leurs dimenfions, à ceux des vers du nez des moutons dont nous avons parlé ailleurs *. Ils leur reffembloient auffi par la forme; ils étoient, comme ceux-ci, de la claffe des vers à tête de figure variable, & dépourvûs

* Pl. 9. fig. 1. *p p.*

* Fig. 2.

* *Tome* 4. *Mem.* XII.

de jambes. J'en tirai 64 à 65 des bourfes; mais pendant
que je les ramaffois, il y en avoit qui fe difperfoient; j'en
perdis beaucoup des plus petits, je crois que fi je les
euffe pris tous, j'en euffe eu plus de cent. Les petits ne
différent des plus gros qu'en grandeur. Ils font blancs,
leur blancheur eft feulement alterée par un grand nombre
de courtes épines roufleâtres, dont la moitié antérieure
de chaque anneau eft hériffée *. En deffous, mais au
bout de la tête, chaque ver a deux crochets noirs * plus
courbes que ceux des vers du nez des moutons, qui font
enfemble un angle, tantôt plus, tantôt moins ouvert, &
qui ne font jamais paralleles l'un à l'autre. Le ver s'en
fert pour marcher; c'eft fur ces crochets bien cramponnés qu'il fe tire en avant. Les pointes qui les terminent
l'un & l'autre, font roides quoique très-fines, & elles le
font à un tel point, que les vers qui les enfonçoient dans
ma main pour marcher, me faifoient des picquûres affés
douloureufes. Ils peuvent faire fouffrir le cerf, lorfqu'ils fe
tirent fur fes chairs, pour peu qu'elles foient fenfibles. Lorfque j'en voulois détacher de ceux qui s'y étoient cramponnés, j'éprouvois quelquefois une réfiftance qui me faifoit
craindre de les crever fi je m'obftinois à les avoir de force.
Quand je les arrachois, il falloit arracher le morceau de
chair dans lequel les crochets étoient engagés, ou le déchirer. Leur bouche eft entre les deux crochets près de
leur origine; ce n'eft qu'en preffant fortement le corps
qu'on parvient à la découvrir, qu'on apperçoit une fente
qui eft entre deux efpéces de lévres ou deux parties charnues, dont la fupérieure faille plus que l'inférieure. Deux
cornes eourtes *, deux efpéces de mammelons charnus
font placés fur la tête immédiatement au-deffus des crochets. L'anneau d'où la tête fort, eft affés large; près de
fa jonction avec l'anneau qui le fuit, il a de chaque côté,

& en

& en deffus une petite éminence longuette de couleur
feuille-morte *. On reconnoît ces deux éminences pour * Pl. 9. fig.
les deux ftigmates antérieurs, dès qu'on les examine avec 2. *S, S.*
la loupe.

   Les deux ftigmates poftérieurs * font bien plus aifés à * Fig. 5. *r, r.*
voir; chacun d'eux eft une plaque brune, dont la figure
eft moyenne entre celle d'un croiffant & celle d'un rein
applati. C'eft apparemment dans l'échancrûre de chacun
de ces derniers ftigmates, qu'eft l'ouverture qui donne
paffage à l'air. Pour prendre une jufte idée de leur pofition, & du moyen que la nature a employé pour qu'ils
ne fuffent pas expofés à être inondés en beaucoup
d'occafions, il faut fçavoir que le corps fe termine par
un appendice charnu *, dans le bout duquel eft l'anus * Fig. 5. *a.*
environné de plufieurs épines courtes & déliées. Cet
appendice a peu d'épaiffeur. Le dernier anneau eft terminé en certains temps par un plan, qui, comme une
efpéce de mur s'éleve au-deffus de l'origine de l'appendice, & par un plan qui a de hauteur plus des deux
tiers du diametre de l'anneau. C'eft dans ce plan, dans
ce bout du dernier anneau que font les deux ftigmates * * *r, r.*
en croiffant. Mais ce plan que nous venons de confiderer
comme perpendiculaire à la longueur du ver, peut s'in-
cliner plus ou moins *, & quand il en eft befoin, s'ab- * Fig. 2. *b.*
baiffer jufqu'à s'appliquer fur l'appendice charnu où eft
l'anus; alors les ftigmates fe trouvent renfermés dans une
efpéce de boîte. C'eft par les parties que nous venons
de décrire, & par la figure & la difpofition des crochets
de la tête que ces vers différent principalement de ceux
du nez des moutons.

   Ils différent bien davantage de ceux * qui croiffent fur * *Tome 4.*
le corps des bêtes à cornes, & fur celui du cerf même, *pl. 37. fig. 1*
dans des tumeurs charnues. Outre que ceux des tumeurs *& 2.*

   Tome V.   . K

deviennent plus gros, c'eſt qu'ils ne ſont point munis de
crochets ſemblables à ceux des autres. Au lieu de faire
aller les vers des tumeurs dans la gorge, ou près de la
gorge du cerf, comme le font pluſieurs Chaſſeurs, il
eut été moins déraiſonnable de ſuppoſer que ceux qui ſe
trouvent réunis dans les bourſes charnues, ſe diſperſent
par la ſuite ſur le corps pour achever d'y prendre leur
accroiſſement, puiſqu'entre ceux qui ſont dans les bourſes
il y en a d'extrémement petits. Mais cette idée comme
l'autre, ſeroit pourtant détruite par les obſervations que
nous avons données ſur les vers des tumeurs.

De quelque part que viennent les vers qui ſe trouvent
près de la racine de la langue du cerf, la phyſique des
Chaſſeurs, qui ici n'eſt pas une bonne phyſique, veut
abſolument que ce ſoient eux qui faſſent tomber le bois
du cerf. Ils ne ſe ſont pas embarraſſés de nous dire le
chemin que prennent ces vers; ſans nous expliquer ſi c'eſt
à couvert qu'ils arrivent où ils doivent travailler après
s'être fait jour au travers des chairs & des os; ou s'ils
ne ſont point de façon de s'expoſer au grand jour, s'ils
ſe traînent hardiment ſur la tête du cerf; ſans, dis-je,
s'être embarraſſés de nous expliquer la marche de ces
vers, ils les mettent tous en œuvre: ils ne ſe ſont pas
non plus donné la peine d'examiner s'ils étoient pourvûs
d'inſtrumens propres à l'ouvrage qu'ils vouloient leur faire
* Pl. 9. fig. faire. Les deux crochets écailleux * dont ces vers ſont
4. c, c.   munis, ſont de très-bons inſtruments, ſoit pour les aider
à marcher, ſoit pour les tenir cramponnés contre les
chairs du cerf; mais c'en ſeroient de fort mauvais pour
abbattre ſon bois plus dur qu'ils ne le ſont eux-mêmes.
Je pardonnerois d'avoir imaginé que ces vers y peuvent
réuſſir, s'ils avoient des ſcies faites ſur le modele de celles
que nous verrons à quelques mouches. Mais comment

a-t'on pu croire qu'avec des crochets qui ne ſçauroient
agir qu'en piochant, des vers puſſent venir à bout de
couper des corps auſſi durs & auſſi gros que le ſont les
perches de certains bois de cerfs ! Ces crochets euſſent-
ils une dureté ſupérieure à celle de la matiére qu'ils doivent creuſer, combien faudroit-il de vers employés à un
pareil travail, & pendant combien de temps pour l'amener
à ſa fin ! On a imaginé que cela ſe faiſoit, ſans examiner
comment cela pouvoit être fait, ſans faire attention que
les vers ne s'aviſeroient pas d'agir contre le bois du cerf,
préciſement pour rendre de bons ou de mauvais offices à
l'animal qui le porte, que ce ſeroit pour eux-mêmes qu'ils
l'attaqueroient s'ils en avoient beſoin pour ſe nourrir; mais
il eſt contre toute vraiſemblance, que des vers qui n'ont
vêcu que des mucoſités que les parties charnues qu'ils ont
habitées, pouvoient leur fournir, ayent beſoin enſuite de
ſe nourrir de corne de cerf.

Celui auquel je trouvai tant de vers, eût ſuffi pour
deſabuſer le Chaſſeur le plus obſtiné qui ſe ſeroit prêté
à faire les remarques & les réflexions auxquelles ce cerf
donnoit lieu. Une des moitiés de ſon bois étoit déja
tombée, lorſque M.ʳ le Prince de Conty le prit, & S. A. S.
l'en jugea plus propre à me fournir des obſervations déci-
ſives. La moitié du bois, la perche qui étoit reſtée en
place, quoiqu'elle parût bien jointe à ſa baſe, en fut détachée par des efforts aſſés médiocres. A quoi s'étoient donc
amuſés les vers dont les bourſes étoient remplies ! E'toit-
ce le temps où ils devoient y être tranquilles ! N'étoit-ce pas
celui où tous auroient dû en être dehors ! le temps où,
après avoir déja abbattu une des perches, ils auroient dû
s'être raſſemblés autour de l'autre ! Mais nous avons déja
vû que cette derniére étoit prête à tomber, quoiqu'ils ne
lui euſſent donné aucune atteinte. La nature ne s'en eſt pas

repofée fur eux pour faire tomber ces grands branchages. Une partie de la peau prolongée qui s'avance fous le mer-rein qui doit être détaché, qui y forme un bourlet qui fe gonfle de plus en plus; cette partie de la peau, dis-je, eft un meilleur agent, & femblable en quelque forte à celui qui chaffe une dent de fon alvéole. Enfin, autour du bois tombé & de celui qui étoit prêt à tomber, on ne pouvoit obferver aucun ver, ni aucune de leurs traces, rien de déchiqueté, aucune fciûre; la partie qui avoit été féparée du bois tombé, étoit couverte d'une membrane bien faine, qui n'avoit été nullement piochée par les crochets des vers.

Le bois du cerf tombe donc fans que des vers ayent travaillé à le faire tomber. Mais je m'apperçois que je paroîtrai m'être trop arrêté à le prouver, m'être trop arrêté à combattre un fentiment fi éloigné de la vraifem-blance & de la vérité; on me le pardonneroit fi on fçavoit auffi-bien que je le fçais, combien de gens, & de gens qui méritent le plus d'être détrompés, font encore dans cette idée. Je crains de n'en avoir pas encore affés dit pour leur en montrer tout le faux, pendant que je crains que les Phyficiens ne me reprochent d'avoir com-battu trop férieufement une telle opinion.

Les vrais Phyficiens aimeront bien mieux m'entendre parler avec admiration des deux bourfes charnues qui font placées auprès du pharinx *. Nous ne fçavons pas de quel *Pl. 9. fig. ufage elles font à ce grand animal, mais elles font effen-1. *pbb, pbb.* tielles aux vers qui croiffent dedans. Si elles ne font pas faites pour eux feuls, fi elles fervent au cerf, au moins celui qui les a faites, & qui a fait les vers qui fe nourriffent dans leur cavité, fçavoit qu'elles étoient néceffaires à ces vers, il leur a appris à s'y tenir. Il y a mis tout ce qu'il falloit pour qu'ils y fuffent bien. Mais comment ces vers fe trouvent-ils logés dans ces deux bourfes charnues! Ce ne doit plus être un myftére pour nous, dès que leur conformation apprend que chacun d'eux doit fe transformer dans une mouche à deux aîles. Car fi nous nous rappellons la hardieffe de la mouche qui va pondre dans l'anus du cheval, & fur-tout la hardieffe de celle qui va dépofer fes œufs dans le nez du mouton, nous ne ferons pas étonnés qu'une mouche auffi courageufe & auffi pleine de prévoyance & de foins pour les vers qu'elle doit mettre au jour, entre dans les narines du cerf. Fût-elle une des plus groffes mouches, ces narines font des ouvertures affés grandes pour lui permettre de pénétrer dans les deux larges conduits du nez; elle peut marcher à l'aife d'un bout à l'autre de chacun de ces conduits, qui, où il eft le plus étroit, laifferoit paffer un corps plus gros que le plus gros doigt. La mouche arrivée au bout du canal qu'elle a enfilé, n'a qu'un pas à faire pour fe rendre à l'une ou à l'autre des bourfes charnues: fi elle eft entrée dans le nez du cerf, c'eft pour les aller chercher, elle fçait donc où elle les doit trouver; elle fçait qu'elle leur doit confier fes œufs ou fes vers, fi elle eft vivipare.

Ces deux cavités charnuës font comme deux efpéces de matrices deftinées à faire croître les vers de cette efpéce de mouche; elles ont au moins de commun avec les matrices ordinaires, de s'aggrandir peu à peu pour offrir une capacité fuffifante aux vers qui y font logés, & qui y croiffent. Ce qui me le fait penfer, c'eft encore une obfervation que M.ʳ le Prince de Conty m'a mis en état de faire. S. A. S. m'envoya le 12 Mars la tête & le col d'un cerf qui devoit être fort âgé, à en juger par la groffeur de la tête; on ne pouvoit pas en juger par fon bois, car lorfqu'on le prit, il avoit perdu le fien, & ce n'étoit que depuis peu de jours. Dans les deux bourfes charnues

K iij

du col de ce grand animal, je ne trouvai en tout qu'une douzaine de vers, cinq, je crois dans l'une, & fept dans l'autre. Ils n'étoient encore que de médiocre grandeur; auffi la cavité de chaque bourfe étoit beaucoup plus petite que ne l'étoit celle de chaque bourfe de ce premier cerf, dont les deux enfemble donnoient le logement à près de cent vers, ou même à plus, & dont plufieurs étoient plus gros que les vers précédents. J'ai comparé le volume de chacune de celles-ci à celui d'un œuf ; je mefurai les autres, & je ne leur trouvai que 16 à 17 lignes de pro-fondeur, & 8 lignes de diametre à leur ouverture, que j'avois forcée de s'arrondir.

M.ʳ le Prince de Conty avant que de m'envoyer la derniére tête, m'avoit encore envoyé celle d'un cerf beau-coup plus jeune, une tête d'un de ceux qu'on nomme des daguets ; je ne lui trouvai aucun ver, & à peine auffi pus-je lui trouver des bourfes charnues. Les narines & le nez des grands cerfs, offrent aux mouches des chemins plus commodes que ceux des narines & du nez des jeunes cerfs. D'ailleurs les jeunes cerfs ont de plus petites bourfes charnues. La mouche, qui fçait prendre fes avantages, ne s'adreffe donc pas à ceux-ci, ou elle ne le fait que dans la néceffité. Au refte, les différentes grandeurs des vers que nous avons trouvés dans les bourfes charnues du premier cerf, nous indiquent que ces vers étoient de différents âges, & nous en devons conclurre que la mou-che avoit fait fa ponte en plufieurs jours, ou que plu-fieurs mouches vont dans différents jours pondre au fond de la bouche d'un même cerf.

Quand les vers ont pris tout leur accroiffement dans les bourfes, quand le temps de leur transformation ap-proche, ils fçavent fans doute enfiler les routes par lef-quelles a paffé la mere qui leur a donné naiffance ; ils

font près des ouvertures intérieures du nez, ils s'y rendent ;
ils arrivent aux narines, & ne fe font pas apparemment
plus d'affaire de tomber à terre que s'en font les vers du
nez des moutons, & que s'en font les vers qui fortent des
tumeurs de la peau des bêtes à cornes & de celles des cerfs
mêmes. Les Piqueurs difent qu'ils voyent quelquefois des
cerfs cracher de ces vers. Ils pourroient bien fe méprendre,
croire que des vers qui fortent du nez, fortent de la bouche ; mais il peut fe faire auffi que des vaiffeaux rompus
dans un cerf aux abois, inondent de fang les vers, & que
ceux-ci fe déterminent à s'échapper en confufion, que
quelques-uns prennent alors la route de la bouche, quoique la plus difficile & la moins fûre.

Au refte, tout ce que je viens de dire n'eft fondé que
fur l'analogie, car je ne fuis pas même parvenu à avoir
cette mouche qui a été inftruite à choifir un lieu fi fingulier pour y aller faire fes œufs. Les vers qui par leur
transformation auroient dû me donner des mouches de
fon efpéce, n'étoient pas encore à terme lorfque je les
tirai de leurs logements. Entre ceux que je trouvai au
premier cerf, il y en avoit pourtant quatre beaucoup
plus gros que les autres, & qui paroiffoient proche du
temps où ils fe devoient métamorphofer. Je les mis fépa-
rement dans un poudrier rempli à moitié de terre ; ils fe
traînerent pendant deux à trois jours fur la terre, ils y
furent dans un mouvement continuel. Au bout de ce
temps deux des vers devenus bruns s'allongerent & s'ap-
plàtirent, je jugeai avec raifon qu'ils étoient péris ; mais
les deux autres, en changeant de couleur, conferverent
leur figure arrondie. Leur peau devint dure, en un mot
telle qu'eft celle des vers des tumeurs, & celle des vers
du nez des moutons, qui ont fubi leur premiére métamorphofe, qui fe font fait une coque de leur peau. La

*Pl. 9. fig. 6. coque * des vers du cerf reſſembloit même à celle des vers des tumeurs, en ce qu'elle étoit un peu concave du côté du dos, & en ce que le côté du ventre avoit pris une convexité qu'il n'a pas naturellement. Ces vers du cerf ſe transformerent donc : leur peau devint une coque, de laquelle je m'attendois à voir ſortir une mouche ; mais après l'avoir attendu inutilement pendant près de trois mois, j'ouvris les deux coques, & je trouvai que les inſectes étoient péris dans l'une & dans l'autre, ſans avoir pu parvenir à ſubir leur derniére métamorphoſe : l'aliment leur avoit été ſouſtrait trop tôt. J'ai lieu d'eſpérer que S. A. S. M.ʳ le Prince de Conty me mettra en état l'année prochaine de rendre mes obſervations plus complettes, qu'elle voudra bien me procurer encore des têtes de cerfs, dont quelqu'une me pourra fournir quelque ver qui ſe transformera dans une mouche qu'on doit avoir envie de connoître, & qui eſt ſûrement de la claſſe de celles qui n'ont que deux aîles.

EXPLICATION DES FIGURES

DU SECOND MEMOIRE.

PLANCHE VII.

LA Figure 1 repréſente un de ces vers qui deviennent des mouches de Saint-Marc, groſſi à la loupe ; on le peut voir dans ſa grandeur naturelle Tome 4. Mem. iv. pl. 14. fig. 8.

La Figure 2 fait voir une nymphe qui a commencé à ſe tirer de la peau d'un ver ſemblable à celui de la figure 1. *a*, la tête du ver. *c*, le corcelet de la nymphe qui s'éleve au-deſſus de la peau qui a été fendue. L'endroit où la

fente

fente le termine. *d*, la partie de la peau, hors de laquelle
le corps de la nymphe s'eſt déja tiré.

Dans la Figure 3, la nymphe eſt prête d'achever de
ſortir de ſa dépouille, qui eſt pliſſée en *d*. *a*, la tête du
ver. *e*, celle de la nymphe.

Les Figures 4 & 5 ſont celles de la nymphe de
grandeur naturelle ; on en voit le deſſous dans la figure
4, & on en voit le deſſus & le côté dans la figure 5.
Dans cette derniére figure, le corcelet *c* la fait paroître
boſſue.

La Figure 6, eſt la figure 5 groſſie à la loupe.

Les Figures 7 & 8 ſont celles d'une mouche de
Saint-Marc ſortie d'une des nymphes précédentes. Elle
eſt de grandeur naturelle dans la figure 7, & groſſie
dans la figure 8. La mouche de ces deux figures eſt une
fémelle.

La Figure 9 fait voir la mouche qui eſt le mâle de celle
de la figure 8 dans ſa grandeur naturelle, & ayant les aîles
ſur le corps.

La Figure 10 nous montre la mouche de la figure 9
groſſie, & dont les aîles laiſſent le corps à découvert.

La Figure 11 repréſente très en grand la mouche mâle
des figures 9 & 10, & vûe par-deſſous. *a, a*, ſes antennes.
b, b, deux barbillons. *i, i*, yeux à rezeau, qui ſont velus,
& beaucoup plus gros que ceux de la fémelle, auſſi la tête
de celle-ci eſt plus petite que celle du mâle. *l, l*, les aîles
coupées. *m, m*, les balanciers. *c p*, le corps dont les anneaux
diminuent de diametre depuis le corcelet juſques en *p*.

La Figure 12 nous fait voir la mouche de Saint-Marc,

Tome V.   . L

fémelle groffie dans la même proportion que le mâle l'eft dans la figure précédente, & de même par-deffous. *a, a,* les antennes. *b, b,* les barbillons. *i, i,* les yeux à rezeau. *f,* fente de la bouche. *l, l,* les aîles. *m, m,* les maillets ou balanciers. *c p,* le corps dont les anneaux ont entr'eux des proportions différentes de celles du corps du mâle, figure 11.

La Figure 13 eft celle du bout du derriére du mâle extrémement groffi. *c, c,* deux crochets qu'on l'oblige de montrer lorfqu'on lui preffe le ventre, & avec lefquels il faifit la fémelle. *m,* partie qui caractérife le mâle.

La Figure 14 fait voir par-deffous le bout du corps de la fémelle, très-groffi. En *a,* eft l'anus; & en *u,* eft la fente deftinée à recevoir la partie propre au mâle.

La Figure 15 montre la tête du mâle groffie & vûe par-deffus, & la Figure 16 montre celle de la fémelle groffie proportionnellement, & vûe du même côté. Les mêmes lettres marquent les parties femblables de l'une & de l'autre. *a, a,* les antennes. *b, b,* les barbes qui en *b* font un coude pour revenir en deffous. *i, i,* les yeux à rezeau qui occupent tout le deffus de la tête du mâle, & feulement une partie du deffus de celle de la fémelle. *y* les trois yeux liffes.

Les Figures 17 & 18 repréfentent des mouches de Saint-Marc accouplées. Elles ne font vûes qu'en deffus figure 15, & on les voit en deffus & de côté figure 16. *m,* le mâle. *f,* la fémelle.

La Figure 19 eft celle d'une jambe de mouche de Saint-Marc, très-groffie. Le pied eft terminé en *p,* par des pelottes femblables à celles des mouches de la viande. *e, e,* deux épines.

PLANCHE VIII.

Les Figures 1 & 2 sont celles d'une même mouche sortie à la fin de Juillet de la coque d'un ver qui avoit vécu d'une truffe de l'année; elle est vûe par-dessus figure 1, & de côté figure 2.

La Figure 3 représente en grand une antenne de la mouche précédente. C'est une antenne à palette.

La Figure 4 montre dans sa grandeur naturelle une coque de ver que j'ai trouvée dans les mêmes truffes qui ont donné la mouche précédente, & cette coque est grossie dans la figure 5. On y voit deux cornes *c*, *c*, & une queue *q*, propre à faire croire que cette coque est celle d'un ver à queue de rat, & par conséquent, qu'il y a des vers de ce genre qui mangent les truffes.

La Figure 6 est encore celle d'une coque de ver que j'ai trouvée dans les mêmes truffes où étoient les coques telles que celles de la figure précédente. *b*, bout antérieur de la coque. *q*, *q*, deux espéces de cornes qu'elle avoit à son bout postérieur. Enfin, j'ai trouvé dans les mêmes truffes des coques semblables à celles des vers de la viande; & j'ignore si c'est de ces derniéres, ou d'une telle que celle de cette figure 6, que les mouches des figures 1 & 2 sont sorties.

La Figure 7 fait voir dans sa grandeur naturelle une très-petite mouche qui se multiplie prodigieusement dans les liqueurs sucrées qui se sont aigries.

La Figure 8 est celle du ver de cette mouche, & la figure 9 celle de la coque que ce ver se fait de sa peau.

L ij

Dans les Figures 10, 11, 12, 13 & 14, les figures 1, 2 & 3 paroiffent en grand.

La Figure 10 eft celle du ver de la figure 8.

Les Figures 11 & 12 font voir la mouche de la figure 7, qui a fes aîles croifées fur le corps dans la figure 11, & qui les a écartées du corps dans la figure 12.

La Figure 13 eft celle de la coque que le ver des figures 7 & 10 fe fait de fa propre peau. *c, c,* deux cornes qui font à la partie antérieure de la coque. *p, p,* deux autres cornes qui font à la partie poftérieure.

La Figure 14 eft celle de la coque précédente vûe de côté, & dans le temps où la mouche en eft fortie. *d,* piéce qui a été foûlevée par la mouche, & qui lui a laiffé une ouverture qui lui a permis de fe tirer de fa prifon.

La Figure 15 eft celle d'une mouche à corps long qu'on trouve au printemps fur les charmilles.

La Figure 16 repréfente en grand & de côté la partie antérieure de la mouche précédente. *a, a,* les antennes femblables à celles des taons de quelques efpéces ; mais la ftructure de fa trompe eft différente de la ftructure de la leur. *f,* le fourreau de la trompe. *t,* la trompe.

La Figure 17 montre la trompe de la figure précédente hors de fon étui, & toutes les parties qui la compofent. *f,* l'étui de la trompe. *t, e, e, i,* les quatre parties dont la trompe eft compofée.

La Figure 18 repréfente très en grand la trompe d'une mouche qui eft gravée planche 8. figures 11, 12, 13 & 14 du quatriéme volume, & que j'ai appellée affés impropre-ment mouche à tête en trompe. La ftructure du bout de cette trompe *y* est bien développée figure 14. Ce bout est fait en bec; mais le reste de ce qui entre dans la structure de cette trompe, n'y est pas expliqué, & cette figure 18 est faite pour suppléer à ce qui manque à celles que je viens de citer. *t*, bout de la trompe fait en bec d'oiseau. *e*, aiguillon, langue ou espéce de succoir analogue à celui des pucerons à longue trompe *. *f, f*, accompagnements du succoir. *g*, coulisse dans laquelle se loge le succoir avec ses accompagnements.

* *Tom. 3. pl. 28. fig. 5, 6, &c.*

PLANCHE IX.

La Figure 1 représente une tête de cerf qui a été préparée, & disposée pour faire voir les bourses charnues dans lesquelles croissent les vers auxquels les Chasseurs attribuent la chûte du bois. *m*, la machoire inférieure qui a été forcée. *g f*, la langue. *q q*, portion du palais, qui a été coupée & détachée vers *e* de la voute osseuse contre laquelle elle étoit appliquée. *o o*, mâchoire supérieure. *l e l*, partie de l'éminence osseuse qui divise en deux la cavité du nez selon sa longueur. *c, c*, les deux conduits qui se rendent aux narines. *x*, ouverture qui donne passage à l'air pour entrer dans la trachée artere. *p b p, p b p*, les fentes des deux bourses. *p p*, la partie qui, comme une paupiére, recouvre l'ouverture de la bourse. *u*, ver qui sort d'une des bourses.

La Figure 2 est celle d'un ver tel que celui marqué *u*, figure 1, un peu plus grand que nature. *m, m*, ses cornes charnues posées au-dessous des crochets qu'on ne voit point ici, parce qu'ils sont recourbés en dessous. *f, f*, les stigmates antérieurs. *a*, l'anus. *b*, portion du dernier anneau au-dessous de laquelle sont les stigmates postérieurs, & qui les cache actuellement.

L iij

Dans la Figure 3, on fait voir en grand la portion fupérieure d'un anneau pour montrer la pofition, & la direction des épines dont il eft hériffé.

La Figure 4 montre la partie antérieure du ver groffie à la loupe. *c, c,* les deux crochets écailleux. *m, m,* les cornes charnues.

La Figure 5 repréfente le bout poftérieur du ver vû de face. *a,* appendice charnu qui eft du côté du ventre, & au bout duquel eft l'anus. *r, r,* les deux ftigmates poftérieurs. *n,* partie du dernier anneau qui peut s'avancer comme dans la figure 2, ou davantage, qui peut s'étendre & s'abbaiffer jufqu'à s'appliquer fur l'appendice *a;* alors elle couvre les ftigmates *r, r.*

La Figure 6 eft celle de la coque que le ver de la figure 1 fe fait de fa propre peau, lorfqu'il veut fe transformer.

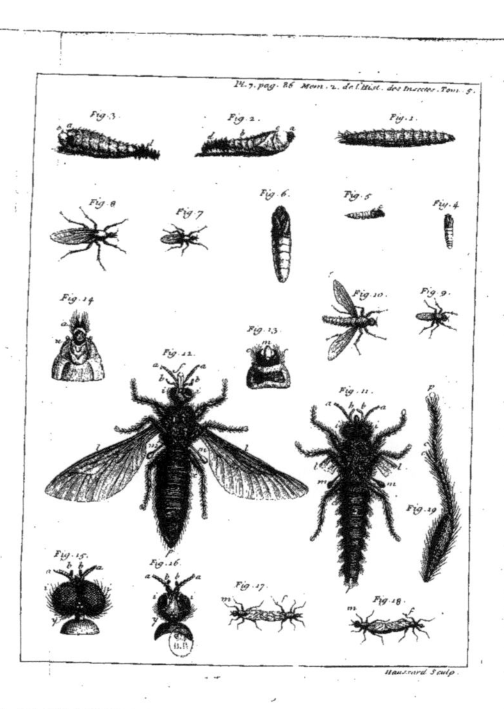

Pl. 7. pag. 86. Mem. 2. de l'Hist. des Insectes. Tom. 5.
Fig. 3.
Fig. 2.
Fig. 1.
Fig. 8.
Fig. 7.
Fig. 6.
Fig. 5.
Fig. 4.
Fig. 14.
Fig. 10.
Fig. 9.
Fig. 13.
Fig. 12.
Fig. 11.
Fig. 19.
Fig. 15.
Fig. 16.
Fig. 17.
Fig. 18.
Haussard Sculp.

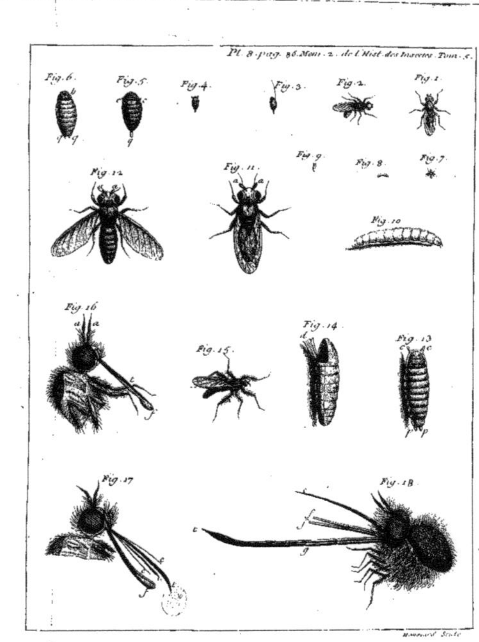

Pl. 8. pag. 86. Mem. 2. de l'Hist. des Insectes. Tom. 5.
Fig. 6. Fig. 5. Fig. 4. Fig. 3. Fig. 2. Fig. 1.
Fig. 12. Fig. 11. Fig. 9. Fig. 8. Fig. 7.
Fig. 10.
Fig. 16. Fig. 15. Fig. 14. Fig. 13.
Fig. 17. Fig. 18.

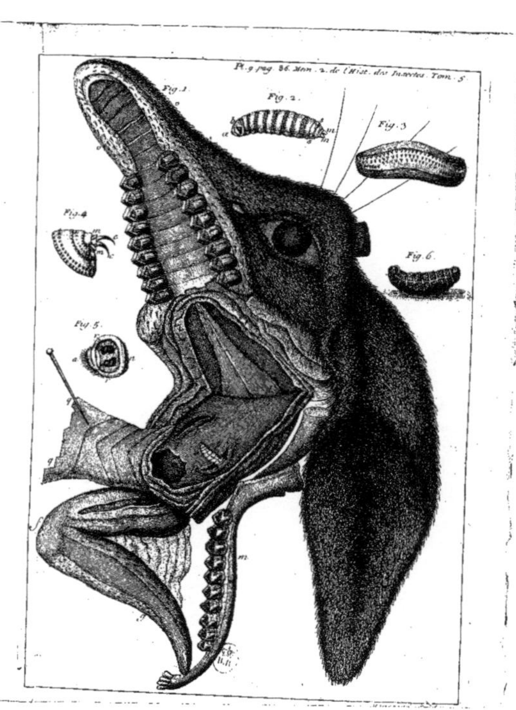

Pl. 9. pag. 86. Mem. 2. de l'Hist. des Insectes. Tom. 5.
Fig. 1.
Fig. 2.
Fig. 3.
Fig. 4.
Fig. 5.
Fig. 6.

TROISIE'ME MEMOIRE,
ET LE PREMIER
SUR LES MOUCHES
A QUATRE AISLES.

DES FAUSSES CHENILLES,
ET DES MOUCHES A SCIE,

Dans lesquelles elles se transforment.

LEs mouches à quatre aîles, pour l'hiftoire defquelles nous allons commencer à donner des Mémoires, ont été diftribuées en quatre claffes générales, lorfque nous avons cherché à mettre les mouches en ordre *. Nous avons compofé la première de ces claffes des mouches qui n'ont qu'une trompe qui n'eft point accompagnée de dents ; la feconde des mouches qui ont une bouche fans avoir des dents ; la troifiéme des mouches qui ont une bouche munie de dents ; & la quatriéme des mouches qui ont une trompe, & qui, de plus, ont des dents. Quand nous traiterons d'un genre de mouches à quatre aîles, nous ne manquerons pas de dire à laquelle de ces claffes il appartient ; mais nous n'avons pas cru devoir nous affervir à parler de fuite de tous les genres de la première claffe, ni de même de ceux qui appartiennent à chacune des trois autres: nous avons penfé qu'on aimeroit mieux voir un genre de mouche placé après celui auquel il reffemble par quelque induftrie, ou par les foins qu'il prend foit pour fes œufs, foit pour fes petits, que de trouver l'un auprès de

** Tome 4. Mem. III.*

l'autre deux genres qui ne fe reſſembleroient que parce qu'ils auroient, ou n'auroient point de dents. On s'écarte du véritable ordre, quand on ne fuit pas celui qui peut faire prendre plus d'interêt pour les connoiſſances qu'on veut faire acquérir ; quand on en fuit un mieux fymmétrifé & plus regulier en quelque forte, mais qui jette plus de féchereſſe dans l'ouvrage : il faut, s'il eſt poſſible, faire naître le defir d'être inſtruit à ceux qu'on veut inſtruire.

On peut fe fouvenir que fous chacune des quatre claſſes générales, nous en avons placé trois autres *, qui, quoiqu'elles ne différent pas entr'elles par des caraétéres auſſi eſſentiels que ceux des premiéres, ont l'avantage d'avoir chacune un caraétére, qui, pour être apperçû, n'engage à aucun examen. Avant que nous ayons pris une mouche, lorſqu'elle eſt poſée, ou qu'elle vole aſſés près de nous, nous pouvons voir ſi ſon corps eſt long, ou ſi ſon corps eſt court ; ſi ſon corps eſt bien appliqué contre le corcelet, ou ſi ce corps ne tient au corcelet que par une eſpéce de fil. Nous avons fait une claſſe ſubordonnée des mouches qui ont le corps court ou en ellipſoïde ; une autre des mouches qui ont le corps long ; & une autre des mouches dont le corps foit long, foit court, ne tient au corcelet, & n'y paroît tenir que par un filet. Il s'eſt trouvé heureuſement que nous pourrons traiter de fuite des différents genres de mouches qui appartiennent à chacune de ces trois claſſes ſubordonnées, ſans nous éloigner trop de l'ordre dans lequel les faits les plus intéreſſants que nous avons à rapporter, demandent que nous parlions des différentes mouches à quatre aîles. Nous commencerons par les mouches à corps court, à corps dont la figure tient de l'ellipſoïde, ou de celle d'une olive. Et les mouches auxquelles nous avons donné le nom de

mouches

* Tom. 4.
Mem. III.

mouches à scie, parce que toutes les fémelles de ce genre en ont une faite avec un art admirable, sont celles que nous ferons paroître les premiéres.

Dès le second Mémoire du premier volume, lorsque nous avons voulu faire connoître les principales variétés qu'offre l'extérieur des chenilles, nous avons été obligés de parler du genre de vers auquel nos mouches à scie doivent leur origine. Ces vers ont tant de ressemblance avec les chenilles, que nous nous sommes trouvés alors dans la nécessité d'apprendre qu'ils en différoient essentiellement, & en quoi ils en différoient, de crainte qu'on ne prît pour des chenilles, des insectes qui ne doivent point se transformer en papillons, & qui doivent devenir des mouches. Nous les avons appellés fausses chenilles *, & ils ont été regardés comme de véritables chenilles par de très-habiles observateurs. Jungius a fait mention de trois espéces de ces vers sous le nom de chenilles, dont deux vivent des feuilles de groselier, & d'une troisiéme, qui vit de celles de l'ancolie. Goedaert dans ses observations, *n.° 77. lettres a & b,* a pris aussi pour deux chenilles, deux fausses chenilles; quoiqu'elles eussent trompé son attente, quoiqu'au lieu des papillons qu'il croyoit en devoir sortir, il en eût vû sortir des mouches, ces deux mouches ne le desabuserent point, & n'ont point desabusé son sçavant Commentateur, Lister. Ce dernier qui sçavoit bien que les chenilles ne devoient donner que des papillons, a cru que les deux mouches que Goedaert avoit dessinées, étoient des ichneumons qui avoient vêcu de l'intérieur des deux chenilles; elles étoient néantmoins les deux mouches dans lesquelles s'étoient transformés les deux vers que Goedaert avoit eu tort de croire des chenilles.

Il est vrai que ces vers ont des ressemblances avec

* *Tome 1.* *Mem. 11.* *pag. 75.*

Tome V. . M

les chenilles, capables d'en impofer. Leur corps * oblong & fait comme celui de beaucoup de chenilles, eft couvert d'une peau de la confiftance de celle des chenilles; fur la peau de ceux de beaucoup d'efpéces *, on voit des couleurs différentes & différemment diftribuées comme fur la peau des chenilles razes. Le corps des uns comme celui des autres, eft porté par des jambes de deux efpéces différentes, par des jambes écailleufes & par des jambes membraneufes; mais les fauffes chenilles ont bien plus de celles-ci, que n'en ont les chenilles. Les unes & les autres ont un nombre égal de jambes écailleufes, fix. Les chenilles les mieux pourvûes de jambes membraneufes en ont dix, & les fauffes chenilles qui en ont le moins, en ont douze. D'autres en ont quatorze, d'autres en ont feize, & je ne fçais fi quelques-unes n'en ont pas dix-huit. D'ailleurs, les jambes membraneufes des fauffes chenilles ne font point, comme celles des chenilles, armées de crochets, ou de crochets femblablement difpofés. Cette différence de ftructure a déja été expliquée ailleurs *.

Mais avant que d'avoir examiné le nombre des jambes membraneufes, & leur conformation, au premier coup d'œil on peut très-bien s'affûrer fi l'infecte qu'on voit eft une chenille, ou s'il eft une fauffe chenille, dès qu'on a fait une fois attention à la différence conftante qu'il y a entre la figure de la tête des fauffes, & la figure de la tête des véritables chenilles. Dans les différentes efpéces de ces derniéres, on trouve à la vérité des têtes différemment conformées, de plus & de moins applaties, de plus ou de moins allongées, de plus ou moins aiguës, de reffendues par-deffus, &c. Mais la tête de toutes ou de prefque toutes les fauffes chenilles, eft faite fur le même modéle, & fur un modéle fur lequel aucune tête de chenille n'a été formée; elle eft courte & arrondie, elle a

une forte de fphéricité *. Si elle eft un peu applatie en
devant, le crâne au moins eft fphérique. Les têtes des
fauffes chenilles, & fur-tout les têtes qui font noires ou
brunes, comme elles font pour la plûpart, reffemblent
aux têtes de Mores. La tête des fauffes chenilles n'a de
chaque côté qu'un œil affés gros pour être diftingué à la
vûe fimple, & la tête de la chenille a de chaque côté cinq
à fix yeux arrangés fur plus d'un demi-cercle, & on
ne les apperçoit guéres fi on ne les cherche avec la
loupe. La ftructure de leur bouche reffemble fi fort à
celle de la bouche des chenilles, qu'il fuffit d'avoir averti
de cette reffemblance. Elles ont auffi des ftigmates placés
comme ceux des chenilles, mais fouvent plus difficiles à
découvrir.

Le nombre des jambes qui varie dans des fauffes chenilles de différentes efpéces, fournit des caractéres commodes pour les diftribuer en quatre ou au moins en trois
claffes ou genres premiers. On aura une claffe compofée
de celles qui n'ont que 18 jambes *. Une autre compofée de celles qui en ont 20 *. Une autre compofée
de celles qui en ont 22 *. Une quatriéme claffe fera
compofée de celles qui ont 24 jambes; car je crois avoir
obfervé ce nombre de jambes à quelques-unes, entr'autres
à une fauffe chenille de l'alliaire, qui eft raze, & qui a tout
du long du dos une bande brune, & de chaque côté une
bande grife. Nous ne placerons pas pourtant les fauffes
chenilles dans ce Mémoire fuivant cette divifion ; nous
ne nous propofons de rapporter que ce qu'elles nous ont
fait voir de plus remarquable, fans nous embarraffer de
parcourir toutes leurs efpéces, ce qui demanderoit peut-
être autant de volumes que nous en avons donné aux
chenilles, & qui feroit un ouvrage peu agréable.

Il y en a beaucoup d'efpéces, dont tout le corps eft

* *Tome 1.*
Mem. I 1 1.
pag. 128. pl.
4. fig. 13.

* Pl. 14. fig.
1, 2 & 3.
* Pl. 11. fig.
1. *a, b, c, d.*
* Pl. 12. fig.
13 & 14.
Pl. 13. fig.
12.

d'une feule couleur. Il y en a des efpéces entiérement
blanches, d'autres entiérement noires, d'autres vertes; les
vertes même font les plus communes. D'autres font ar-
doifées, d'autres d'un bleu qui approche de celui de la
fayence. Enfin, il y en a qui fur des fonds de différentes
couleurs, ont des rayes & des taches différemment colorées & différemment diftribuées. A mefure que nous
aurons occafion de parler de quelque efpéce de fauffes
chenilles, nous en aurons une de donner des exemples
de ces variétés.

Mais nous devons apprendre dès à prefent, que dans
certaines efpéces, chaque fauffe chenille eft fujette à une
variation de couleur très-remarquable. Comme les chenilles, elles changent toutes de peau, elles quittent des
dépouilles très-complettes, & plufieurs fois dans leur vie,
comme l'a très-bien obfervé M. Vallifnieri; & elles s'en
défont de la maniére dont nous avons expliqué ailleurs
que les chenilles fe défont de la leur. Les fauffes chenilles
de certaines efpéces, après leur derniére muë, après avoir
quitté la derniére des dépouilles qu'elles peuvent quitter
fans paroître transformées, font tout autrement colorées
qu'elles l'étoient auparavant. Comme nous ne diftinguons
fouvent les uns des autres des infectes qui ne différent
qu'en efpéce, que par la couleur de leur habillement,
pour ainfi dire, certaines fauffes chenilles deviennent
abfolument méconnoiffables après leur derniére muë.
Telle fauffe chenille qui auparavant avoit un habit, une
peau dont les couleurs étoient agréablement mêlées, fe
trouve enfuite couverte d'une peau d'une feule & unique
couleur, & différente des couleurs qui paroient la peau
précédente. Dans leurs premiers âges, ces fauffes chenilles
ont des habillements recherchés, & dans leur âge de
maturité, elles en ont de fimples. Les feuilles du fureau

& de l'hieble en nourriffent une *, dont le fond de la cou- * Pl. 10. fig.
leur eft verdâtre, mais qui a tout du long du dos une 12.
large raye brune. Dans la muë cette fauffe chenille perd
fa raye brune, & elle devient par-tout d'un jaune-pâle,
tel que celui de quelques gommes.

Une fauffe chenille * grande comme une chenille de * Pl. 13. fig.
grandeur médiocre, qui vit fur la fcrophulaire, eft une de 12 & 13.
celles qui font remarquables par cette fingularité ; jufques
à ce qu'elle ait pris à peu-près tout fon accroiffement,
le fond de la couleur de fa peau eft un gris-blanc qui tire
fur le gris de perle ; des taches d'un brun prefque noir,
pofées affés près les unes des autres, & bien alignées,
forment fur fon corps des rayes qui vont de la tête au
derriére ; elle eft piquée de quantité de taches beaucoup
plus petites que les précédentes, & de chacune defquelles
part un poil noir. Toutes ces taches & ces poils noirs
diftribués fur le fond d'un joli gris, font un effet agréable. Après fa derniére muë cette fauffe chenille * eft cou- * Fig. 14 &
verte d'une peau d'une couleur verdâtre, qui a une foible 15.
teinte de couleur de chair. Cette fauffe chenille fe roule
volontiers en fpirale dès qu'on la touche * ; elle eft de la * Fig. 15.
troifiéme claffe, elle à 22 jambes ; fon quatriéme anneau
eft le feul qui en foit dépourvû. Ses jambes membraneufes
font des mammelons dont le bout eft réfendu, & n'a point
de crochets.

Le changement de couleur n'eft pas le feul qui foit
remarquable après la muë, fur l'extérieur de ces chenilles,
& fur celui de beaucoup d'autres. Leur derniére peau
eft ridée, & de maniére que leur corps paroit compofé
d'un prodigieux nombre d'anneaux ou de fibres annu-
laires *. * Fig. 15.
La Lyfimachie m'a fourni un affés grand nombre de
fauffes chenilles à 22 jambes, qui, dans certaines pofitions,

paroiffent d'un gris-bleuâtre, & qui après avoir mué font d'un verd-jauneâtre.

Pl. 10. fig. 4 & 5. Une fauffe chenille * qui fe nourrit des feuilles de grofelier, & qui a 22 jambes difpofées comme celles de l'efpéce précédente, avant fa derniére muë a le fond de fa couleur d'un verd-céladon mêlé avec un peu de jauneâtre; les premiers & les derniers anneaux ont plus de ce jauncâtre que les autres; elle a un grand nombre de tubercules noirs qui la rendent comme chagrinée. Dans la derniére muë elle perd tous ces tubercules. La nouvelle peau dont elle eft couverte, eft liffe & d'un blanc qui a une teinte de jaune, & les deux premiers & les deux derniers anneaux font d'un jaune prefque citron.

Pl. 12. fig. 7 & 8; 13 & 14. D'autres fauffes chenilles deviennent encore plus mé-connoiffables par leur dernier changement de peau, que celles qui perdent des tubercules. Il y en a d'épineufes *, & qui font ornées par la forêt d'épines qui les couvre; car ces épines font pofées fur le corps fort proche les unes des autres, & avec fymmétrie. Ces dernieres fauffes chenilles font petites, auffi faut-il confidérer leurs épines avec la loupe pour voir plus nettement leur figure, qui eft digne d'être obfervée. J'ai trouvé plufieurs fois fur le

Fig. 7. chêne une de ces fauffes chenilles * à 22 jambes, dont le corps eft légérement lavé de verd. Les épines qui s'en élevent, font noires; chacune de ces épines fe termine par

Fig. 9 & 10. une fourche *; près de fon bout elle fe divife en deux branches, qui finiffent par une pointe déliée.

Sur le prunier fauvage, j'ai trouvé une autre fauffe

Fig. 13. chenille * que j'ai nourrie de feuilles de prunier franc, dont le corps d'un verd affés foncé eft couvert d'épines blanches. Le bout fupérieur de la tige de chacune de

Fig. 14 & 15. ces épines, jette deux branches * égales entr'elles, & auffi longues ou plus longues chacune que la tige même; ces

branches fe courbent un peu en embas. L'épine a une
figure moyenne entre celle d'un Y très-écralé, & celle
d'un T. Les deux branches deviennent pourtant de plus
en plus pointues en s'éloignant de leur origine.

Les fauffes chenilles de l'une * & de l'autre de ces
efpéces, ne montrent plus aucun veftige de leurs
épines finguliéres fur la peau qui les couvre après leur
derniére muë, leur peau alors eft parfaitement raze &
liffe.

Les fauffes chenilles de plufieurs efpéces ne font étendues que lorfqu'elles marchent ou qu'elles mangent. Dans
leur temps de repos elles font roulées *; leur tête eft au
centre du tour ou du tour & demi de fpirale que forme
leur corps, & ces tours font fur le même plan. D'autres
fauffes chenilles, & entr'autres une verte du rofier *, fe
roulent d'une façon plus finguliére, elles font environ
deux tours de fpirale qui ne font pas fur un même plan;
la tête eft à la circonférence du rouleau, & la queue eft
au centre; mais elle eft la partie la plus haute, elle s'éleve
comme s'éleve le bout d'un barillet de bougie prêt à être
allumé.

D'autres fauffes chenilles ont, pendant qu'elles mangent, des attitudes variées, & tout-à-fait finguliéres *; elles
attaquent les feuilles par le bord; elles tiennent entre
leurs fix jambes écailleufes l'épaiffeur de la feuille; ainfi
cramponnées, elles font paffer une petite portion de la
feuille entre leurs dents, qui ne manquent pas de détacher
d'un feul coup la partie qu'elles rencontrent. Le refte
du corps eft en l'air, & contourné en différents temps,
de cent façons différentes, la plûpart très-bizarres. La
partie poftérieure fe releve tantôt plus, tantôt moins
au-deffus du refte du corps, & en prenant des contours
variés: quelquefois le corps eft prefque renverfé fur la

* Pl. 12. fig.
11 & 12.

* Pl. 13. fig.
2 & 13.

* Pl. 12. fig.
20 & 21.

* Pl. 11. fig.
1 & 3, & pl.
14. fig. 1 & 2.

tête; alors toute la partie du ventre à laquelle tiennent les jambes membraneuses, est en haut.

Il y a de ces fausses chenilles singuliéres par leurs attitudes, & par la façon dont elles les varient, qui semblent vivre en societé, elles attaquent ensemble une même feuille. Plus de trente fausses chenilles sont quelquefois * arrangées autour de la même feuille d'osier. Toutes y sont occupées à la ronger, & donnent dans un même instant le spectacle des attitudes variées dont nous venons de parler. Le fond de la couleur de celles-ci est un blanc-verdâtre, sur lequel des rayes d'un brun presque noir sont disposées de la tête au derriére. Elles sont de la seconde classe, de la classe de celles à 20 jambes; le quatriéme & le onziéme anneau en manquent. Tant d'insectes qui agissent à la fois contre une même feuille, l'ont bientôt entiérement mangée; chacune avance dans l'entaille qu'elle a faite; elles épargnent pourtant la grosse côte de la feuille, & les principales nervûres. On voit quantité de brins des osiers sur lesquels elles se sont établies, desquels il ne part d'endroit en endroit qu'un long filet *, de chaque côté duquel sortent cinq à six filets * plus courts & plus déliés. C'est à quoi a été réduite chacune des feuilles dont ce jet étoit chargé.

La fausse chenille * du chevre-feuille, dont nous avons déja parlé ci-dessus, a une singularité d'une autre espéce, mais qui peut-être ne lui est pas propre à elle seule; lorsque je l'ai prise le matin, j'ai vû son corps se couvrir de goutelettes d'une eau qui avoit suinté de toutes parts: cette eau est un peu gluante; quoique très-liquide & très-claire, elle a une odeur pénétrante & desagréable. Je ne chercherai point à expliquer pourquoi le corps de cette fausse chenille est comme criblé pour laisser passer l'eau. Ne m'abandonnerai-je point encore trop aux conjectures,

si je

* Pl. 11. fig. 3.

* Pl. 11. fig. 3. c, c. * f, f, &c.

* Pl. 13. fig. 1 & 2.

fi je dis qu'il y a apparence que les trous néceſſaires pour
laiſſer des iſſues à une partie de l'air que l'inſecte reſpire,
ſont les mêmes qui laiſſent ſortir l'eau, dont les vaiſſeaux
ſe trouvent trop remplis. Les chenilles nous ont donné
ailleurs occaſion d'établir l'exiſtence des trous dont leur
peau eſt criblée, pour laiſſer échapper l'air des petites
trachées.

    Quoique la plûpart des fauſſes chenilles ayent, comme
le commun des chenilles, le corps d'une figure qui
approche de la cylindrique, il y en a qui l'ont applati.
Nous avons donné le nom de chenilles cloportes à des
eſpéces de chenilles à corps applati, & la même raiſon
nous met en droit de donner le nom de fauſſe chenille
cloporte à une * que j'ai trouvée ſur l'aune qui a des   * Pl. 12. fig.
anneaux qui s'emboîtent les uns ſous les autres; elle eſt   17 & 18.
très-applatie & verdâtre.

    Un autre genre de fauſſes chenilles * qui s'éloigne   * Fig. 1, 2,
extrémement de la figure la plus ordinaire aux fauſſes   3 & 4.
chenilles, eſt un genre dont il n'eſt pas aiſé de caractériſer
les eſpéces. On trouve de ces fauſſes chenilles ſur diverſes
ſortes d'arbres fruitiers, ſur les pruniers, ſur les cériſiers,
mais ſur-tout ſur les poiriers. Les arbres fruitiers ne ſont
pourtant pas les ſeuls ſur leſquels on les puiſſe voir, car
j'en ai vû ſur des chênes. Les unes & les autres ſe tiennent
ſur le deſſus des feuilles, & n'en mangent que le parenchime
ſupérieur. Elles ont une peau toûjours gluante, qui les
feroit prendre pour des limaces, ſi on ne leur appercevoit
point de jambes. Leur couleur eſt un verd-brun, ſemblable à celui du noſtoc ou à celui des tetards. Je leur
donne auſſi le nom de fauſſes chenilles tetards, mais pour
une autre raiſon. Il eſt rare qu'elles ſoient allongées *   * Fig. 2.
comme une chenille l'eſt; elles peuvent renfler à volonté
certaines parties de leur corps. Souvent elles en renflent

Tome V.   N

extrémement le tiers antérieur *, ou une plus grande portion, & rendent le reſte effilé; alors la fauſſe chenille a quelque reſſemblance avec un tetard. La reſſemblance eſt augmentée, parce que, comme je l'ai déja dit, ſa peau a le verdâtre de celle du tetard, & paroît de même humide. Je n'ai trouvé que 20 jambes à celles de ces fauſſes chenilles qui ſe tiennent ſur les feuilles de poirier *; je n'ai pû en découvrir à leur dernier anneau. Quelquefois ces inſectes ſe multiplient extrémement ſur les poiriers, on en trouve quatre à cinq ſur une même feuille; auſſi ai-je vû de ces arbres, qui, dans le mois de Juillet, n'avoient plus que des feuilles deſſéchées, parce que toutes leur avoient été rongées d'un côté.

Quoique le plus grand nombre des eſpéces de fauſſes chenilles ſe tienne ſur les feuilles des arbres, il y en a des eſpéces qui vivent cachées. Il y en a une * qui creuſe les tiges du roſier, qui les perce en flute *, & qui vit de ce qu'elle détache. Nous avons déja parlé * de quelques autres, qui, écraſées ſentent l'amende, & qui font tomber au printemps les poires preſqu'auſſitôt qu'elles ſont noüées, qui ne leur donnent pas le temps de groſſir. Elles ſont logées dans l'intérieur du fruit, & ſe nourriſſent de ſa ſubſtance. D'autres ſont préjudiciables à d'autres fruits. L'hiſtoire des galles nous a donné occaſion * de faire connoître des fauſſes chenilles qui croiſſent dans ces galles, ſi communes ſur les feuilles du ſaule, & ſur celles de l'oſier.

Toutes les fauſſes chenilles pour parvenir à être des mouches à quatre aîles, ſe défont de la peau qui leur donnoit la forme de ver. Après l'avoir quittée, elles ſont des nymphes *. Nous ne nous arrêterons point à expliquer comment chaque nymphe oblige la peau du ver à ſe fendre ſur le dos, & comment elle ſort par la déchirûre qu'elle y a faite. Tout ce qui fe paffe alors, a été rapporté lorfque nous avons raconté * comment la crifalide fe tire de la peau de chenille pour paroître à découvert. Sur les nymphes de nos fauffes chenilles, on reconnoît aifément les jambes & les aîles; mais elles y font empaquetées, & d'ailleurs fi molles & fi tendres, qu'elles font incapables alors des fonctions auxquelles elles font deftinées. Elles ne réfifteroient pas aux frottements des corps durs & raboteux. Auffi lorfqu'une fauffe chenille fe fent prête à changer d'état, elle fonge à fe faire une coque dont les parois intérieures ont un liffe & un poli incapable d'offenfer les parties les plus délicates, & une coque capable de réfifter par fa folidité aux corps étrangers qui pourroient la preffer, & aux infectes qui voudroient que la nymphe devînt leur pâture ou celle de leurs petits.

    * *Tome 1.*

Après tout ce que nous avons dit des différentes conftructions des coques des chenilles de différentes efpéces*, il ne fembleroit pas que les fauffes chenilles puffent avoir quelque chofe de nouveau à nous faire voir dans ce genre d'ouvrages; plufieurs efpéces de ces derniéres fçavent pourtant fe faire des coques de foye qui ont quelques particularités dans leur ftructure. Elles n'ont rien de remarquable dans leur figure extérieure, qui le plus fouvent eft oblongue comme celle d'un œuf, mais qui eft quelquefois applatie *; & qui quelquefois a des irrégularités. Pour voir ce que chacune de ces coques a de remarquable, il ne faut pas s'arrêter à fon extérieur, il faut l'ouvrir, & cela avec quelque précaution, peu à peu, comme on le fait lorfqu'on veut mettre la nymphe à découvert fans la bleffer. Alors on reconnoît que la coque eft faite de deux tiffus très-différents; l'un, l'extérieur *, eft un rezeau à grandes mailles; & l'autre *, l'intérieur, eft un tiffu très-ferré, plus ferré que celui d'aucune toile.

    * *Tome 1.*

    * Pl. 14. fig. 5. c.

    * Pl. 14. fig. 6 a, a, & fig. 8

    * Fig. 6. & fig. 7. b.

N ij

Qu'on ne fe preffe pas, au refte, de comparer ces deux tiffus avec ceux d'une coque de ver à foye, où celui de l'enveloppe extérieure eft lâche, mol, comme cotonneux, pendant que l'intérieur eft compacte & ferme ; car les tiffus de la coque de la fauffe chenille, font différents, à bien des égards, des précédents. L'enveloppe extérieure, quoiqu'à rezeau, n'eft rien moins que molle & cotonneufe. Ce tiffu criblé * eft ce que la coque a de plus folide, de plus capable de réfifter à la preffion. Les yeux feuls font en état de diftinguer le rezeau, mais quand on le confidére avec une loupe forte *, il paroît, quoiqu'en petit, femblable à celui d'une raquette. Les fils dont il eft compofé, font fi gros, qu'ils femblent être de petites cordes à boyau, mais qui ont des inégalités ; ils ont un reffort pareil à celui qu'ont ces fortes de cordes lorfqu'elles font tendues, un reffort qui les ramene dans leur premiére pofition, lorfque la preffion des doigts qui les en avoit tirés, ceffe d'agir contre eux.

* Pl. 14. fig. 8.

* Fig. 9.

Le tiffu intérieur * plus ferré & extrémement ferré, eft au contraire mol & flexible. Il n'a point fenfiblement de reffort. Auffi, & c'eft ce que les coques en queftion ont de plus fingulier, le tiffu intérieur n'a rien de commun avec l'extérieur ; ils fe touchent fimplement l'un l'autre, fans être aucunement unis l'un à l'autre, fans même être attachés enfemble ; de forte que la coque de la fauffe chenille eft double, elle eft compofée de deux coques, dont l'une eft logée dans l'autre, comme le font les boîtes de bois mince faites pour qu'une un peu plus petite entre commodément dans une un peu plus grande. Mais dans la coque de notre fauffe chenille, la boîte ou l'enveloppe extérieure eft folide *, & faite pour deffendre l'enveloppe intérieure qui eft mince *.

* Fig. 6. b, & fig. 7.

Fig. 8.

* Fig. 7.

Il eft aifé de fe convaincre, que la ftructure de ces

fortes de coques eſt préciſément telle que nous venons de
la décrire. On n'a qu'à couper avec attention au moyen
d'un canif, une petite portion d'un des bouts de l'enveloppe extérieure *, qui ſe laiſſe couper comme une plume;
la portion qu'on a détachée met à découvert la ſeconde
enveloppe. Qu'on continue de couper des morceaux du
même bout juſqu'à ce que celui de l'enveloppe intérieure ſoit entiérement à nud, & juſqu'à ce qu'il le ſoit
par-delà l'endroit le plus renflé ; qu'on tire alors le bout
de la coque intérieure, ſoit avec une épingle, ſoit avec
deux doigts d'une même main, pendant qu'avec les
doigts de l'autre main on retient la coque extérieure ; ſans
employer une force ſenſible, ſans avoir beſoin de rien
rompre ni de rien décoller, on fera ſortir de l'enveloppe
extérieure la coque intérieure *, celle qui renferme immédiatement la nymphe; & on reconnoîtra à n'en pouvoir douter, que ces deux coques ne faiſoient que ſe
toucher, qu'elles n'étoient nullement adhérentes l'une
à l'autre. C'eſt alors qu'on pourra voir plus nettement
le rezeau de la coque extérieure *, qui ſe trouvant vuide,
n'a plus de corps opaque poſé vis-à-vis ſes mailles. C'eſt
alors auſſi qu'on pourra mieux connoître quel eſt ſon
reſſort, car après l'avoir preſqu'applatie, après avoir
amené deux côtés intérieurs & oppoſés, à ſe toucher,
on les verra reprendre leur premiére courbûre dès qu'on
les laiſſera libres.

La fauſſe chenille n'a qu'une certaine proviſion de matiére à ſoye, l'œconomie avec laquelle elle l'employe, eſt
digne d'être remarquée. Elle a beſoin que la coque ou
l'enveloppe extérieure ſoit capable d'une certaine réſiſtance. Or il eſt évident que ſi la même quantité de ſoye
qui eſt miſe en œuvre pour faire avec de très-gros fils, avec
des eſpéces de petites cordes, un rezeau très-clair, étoit

* Pl. 14. fig.
6. b.

* Fig. 7.

* Fig. 8.

N iij

employée à compofer un tiſſu ferré, qui n'eût pas de
mailles fenſibles, il faudroit que les fils de ce dernier
fuſſent beaucoup plus fins pour ſuffire à remplir tous les
vuides des mailles. Alors les fils plus flexibles n'auroient
pas la roideur qu'ont ceux qui compofent la coque à
rezeau, l'enveloppe extérieure feroit trop molle. Mais
cette coque extérieure étant compofée de mailles faites
par des efpéces de petites cordes, eſt néceſſairement
raboteufe ; elle eſt bien éloignée d'avoir le poli que doit
avoir l'enveloppe immédiate des tendres parties de la
nymphe : auſſi quand la fauſſe chenille a filé l'enveloppe qui la mettra en fûreté, lorfqu'elle fera une nymphe, fous cette premiére enveloppe, elle en file une
autre fur laquelle les parties de la nymphe pourront être
pofées comme fur un lit très-mol. L'intérieur de cette
feconde coque eſt plus doux & plus liſſe que le plus
beau fatin.

Il leur eſt très-néceſſaire de fe conſtruire une coque
extérieure capable de réſiſter aux dents de leurs ennemis ; car M. Valliſnieri a obfervé des fourmis qui cherchoient ces fortes de coques, qui les rongeoient & qui
parvenoient quelquefois juſqu'à la miferable nymphe
qui y étoit renfermée, dont elles faifoient de bons
repas.

Nous devons faire connoître par préférence une fauſſe
chenille du rofier *, qui eſt de celles qui fe conſtruiſent
une double coque, parce que nous aurons beaucoup à
dire dans la fuite, de la mouche en laquelle elle fe transforme. Cette fauſſe chenille eſt de celles qui fe font
remarquer par leurs attitudes bizarres ; elle tient ordinairement la partie poſtérieure de fon corps, élevée *, & fouvent contournée en S ; quelquefois elle la tient contournée en embas *. Elle eſt de la premiére claſſe, de la claſſe

* Pl. 14. fig.
1, 2 & 3.

* Fig. 1.

* Fig. 2.

de celles à 18 jambes; on feroit fouvent tenté de ne lui
en croire que 16, parce qu'elle montre rarement les deux
poftérieures. Le quatriéme anneau, le dixiéme & le onziéme
en font dépourvûs. Ses jambes écailleufes font terminées * Pl. 14. fig.
par deux crochets *, au lieu que dans les chenilles, les 4. *c, c.*
mêmes jambes n'ont qu'un feul crochet. Le fond de la
couleur du deffus du corps, eft un jaunâtre qui tire fur
le feuille-morte. Elle eft toute couverte de petits tubercules noirs, de la plûpart defquels il part un poil. Les
côtes & le deffous du ventre, font d'un verd-moyen
entre le céladon & la couleur d'eau. Tout ce qui eft
verdâtre eft tranfparent, & permet de voir dans l'intérieur les trachées & leurs ramifications. En deffous, tout
du long du ventre, on apperçoit un vaiffeau femblable à
celui qui regne le long du dos, & que nous avons
regardé comme le cœur des chenilles, & de bien d'autres
infectes, ou au moins comme leur principale artére. Le
vaiffeau qui paroît fous le ventre de notre fauffe chenille,
a un mouvement, mais qui femble plus lent & plus foible
que celui de l'autre. Eft-ce que ce vaiffeau feroit le principal tronc de veines!

    Quand cette fauffe chenille a pris tout fon accroiffe-
ment, elle entre en terre pour s'y conftruire une double
coque, telle que celles que nous avons décrites ci-deffus.
Les coques faites en terre ont befoin d'être nettoyées des
grains de terre qui fe font engagés dans le rezeau qui
forme l'enveloppe extérieure, lorfqu'on veut voir bien
diftinctement ce rezeau; mais fi ces infectes font tenus
dans des poudriers où on leur refufe de la terre, ils ne s'en
bâtiffent pas moins le logement qui leur eft néceffaire
pour leur transformation. J'en ai eu qui fe le font fait * Fig. 5. *c.*
fur des feuilles de rofier *. Les coques de ceux-ci étoient
nettes & propres. La coque extérieure eft d'un rougeâtre

qui tire fur le cannelle, & la coque intérieure eft d'une couleur plus blancheâtre.

La fauffe chenille du chevre-feuille *, & beaucoup d'autres fauffes chenilles entrent de même en terre, & s'y conftruifent des coques conformes au modéle que nous avons décrit.

Mais d'autres fauffes chenilles entrent en terre pour s'y faire des coques plus femblables à celles que s'y font des chenilles de plufieurs efpéces. Elles lient enfemble des grains de terre, elles en forment une maffe creufe, dont l'extérieur eft prefque fphérique, & dont elles tapif-fent l'intérieur d'une toile de foye *.

Toutes les coques de pure foye où les fauffes chenilles fe renferment, ne font pas auffi induftrieufement conftruites que les coques des fauffes chenilles du rofier, du chevre-feuille, &c. fous des écorces d'arbres, au bout d'une trace de fciûre empilée, & cela au milieu de l'hyver, & quelquefois dans des creux d'arbres qui commençoient à fe pourrir, j'ai trouvé des coques faites d'une toile de foye blanche, très-ferrée, mais mince, & par conféquent flexible, dans laquelle habitoit une fauffe chenille qui s'y devoit métamorphofer. Les coques défendues par l'écorce ou par le bois, n'ont pas befoin d'avoir une enveloppe auffi forte que l'enveloppe de celles qui fe trouvent en terre, & à peu de diftance de la furface; elles ne font pas autant en rifque d'être comprimées. Chaque forte d'induftrie n'a été accordée qu'aux infectes auxquels elle étoit né-ceffaire.

Quelques-unes de nos fauffes chenilles fe font des coques encore plus foibles que les précédentes. Une affés petite à 22 jambes, qui a une raye brune tout du long du dos, que j'avois trouvée fur l'orme, & que j'a-vois renfermée dans un poudrier avec une feuille de cet

arbre,

* Pl. 13. fig. 1.

* Fig. 16.

arbre, fe conftruifit fur cette feuille une coque *, dont   * Pl. 10 fig.
l'extérieur avoit le blanc, le luifant & le raboteux d'une 15.
écume épaiffe qui fe feroit defféchée; comme de l'écume
de favon, ou comme de l'écume de bave de limaçon, il
étoit plein de bulles; mais l'intérieur étoit uni & compacte, & vifiblement compofé de fils blancs & luifants.

J'ai affés fait entendre que les fauffes chenilles filent
comme les chenilles. La filiére de celles-là eft placée
comme la filiére de celles-ci; mais j'ai cru voir deux
filiéres, deux mammelons pofés l'un auprès de l'autre, qui
fourniffoient des fils à une fauffe chenille du grofelier *.   * Fig. 5.
N'ayant point trouvé de terre, elle travailloit à réunir
enfemble des grains d'excréments fecs; je la troublai dans
fon opération, je brifai la coque qu'elle avoit commencée;
elle fe remit à en faire une nouvelle fous mes yeux, dès
qu'elle eût été tirée hors de la premiére.

La faifon dans laquelle une fauffe chenille s'eft fait
une coque, décide du temps qu'elle y reftera. J'en ai vû
telle en été qui eft fortie de la fienne fous la forme de
mouche, au bout de trois femaines & même plûtôt; &
j'en ai eu d'autres, qui ne s'étant renfermées que vers la fin
d'Août, & ayant été tenues dans mon cabinet, fe font
montrées encore avec leur premiére forme dans le mois
d'Avril, lorfque j'ai eu ouvert leurs coques. J'ai déja dit
que j'avois trouvé pendant l'hyver, des fauffes chenilles
dans des coques qu'elles s'étoient faites fous l'écorce de
certains arbres, ou plus avant dans l'intérieur de quelques
autres arbres. Toutes doivent devenir des nymphes pour
parvenir à être des mouches, & il fuit des obfervations
précédentes, qu'elles ne font jamais dans l'état de nymphe
pendant un temps fort long, que celles qui doivent paffer
l'automne & l'hyver dans des coques, l'y paffent fous leur
forme de vers & fans prendre aucune nourriture. Cette

Tome V.   .O

longue abftinence de tout aliment ne nous paroîtra pas nouvelle, les chenilles nous en ont donné affés d'exemples. Quand les fauffes chenilles fe changent en nymphes, la faifon eft favorable pour les amener bientôt à l'état de mouches.

Enfin, la fauffe chenille devient une nymphe, qui, fans fortir de la coque, fe transforme enfuite en mouche. Cette mouche eft de celles qui n'ont point de trompe, mais qui à chaque côté de la tête ont une forte dent *. Ces deux dents fe rencontrent l'une l'autre vers le milieu de la bouche. Le premier ufage que la mouche en fait, eft de les faire agir contre fa coque, de les employer pour fe procurer une ouverture qui lui permette de fortir d'un logement qui n'eft plus pour elle qu'une prifon. Les dents viennent bientôt à bout de hacher des fils de foye, même ceux qui, dans certaines coques, tiennent des grains de terre réunis.

Les mouches des différentes efpéces de fauffes chenilles fe reffemblent toutes; elles ont, pour ainfi dire, un air de famille, & elles l'ont à tel point qu'un obfervateur qui a affés examiné une mouche d'une fauffe chenille quelconque, pour avoir retenu l'image qu'il s'en eft faite, eft en état lorfqu'il voit pour la premiére fois une mouche qui fort d'une autre efpéce de fauffe chenille, de la reconnoître pour une mouche de fauffe chenille, quoiqu'elle différe de la premiére qu'il a vûe par fa couleur & par d'autres circonftances. Je ne veux pas parler des reffemblances effentielles qui font entr'elles, comme de celles de la ftructure de la bouche, qu'on ne peut voir que quand on tient la mouche entre fes doigts; je veux parler de celles qui fe font fentir au premier coup d'œil, & qui cependant ne font pas aifées à décrire, parce qu'elles réfultent d'un enfemble de petites particularités.

Toutes ont un air aſſés lourd, elles ſont peu farouches, elles ſe laiſſent approcher, & même elles ſe laiſſent prendre, elles ſemblent ſottes. Nous verrons bientôt que nous devons être contents de leur eſpéce d'imbécillité. Leurs aîles ſont croiſées ſur le corps qu'elles débordent un peu de toutes parts, & au-deſſus duquel elles ont un peu de convexité. Ces aîles ne ſont pas auſſi liſſes, & auſſi bien tendues que celles de beaucoup d'autres mouches; elles ont de petites convexités, de petits enfoncemens, un air d'être mal détirées. Du reſte, les variétés qu'offrent les mouches qui viennent de fauſſes chenilles de différentes eſpéces, ſont ſouvent bien moins conſidérables, & moins frappantes que celles qui ſont entre les fauſſes chenilles; & ſi nous nous engagions à les détailler, on pourroit nous reprocher avec quelque raiſon de nous arrêter trop à des minuties. Il nous ſuffira de dire que quelques-unes différent ſenſiblement des autres en couleur; les unes ont le corps jaune, d'autres l'ont verdâtre, pendant que d'autres l'ont noir. Celui de quelques-unes, entr'autres celui de la mouche de la fauſſe chenille du chevre-feuille *, eſt d'une couleur approchante de celle des abeilles. Les unes ont des aîles tranſparentes, qui à peine laiſſent appercevoir une légére teinte de jauneâtre; la teinte noire ou la teinte bleuâtre des aîles de quelques autres eſt très-forte. Enfin, les nuances, ſoit des couleurs du corps, ſoit de celles des aîles, varient dans celles de ces mouches qui ſont de différentes eſpéces. Mais il y en a dans leſquelles elles ne ſont pas notablement différentes, quoique ces mouches viennent de fauſſes chenilles qui différent beaucoup entre elles. Les unes ont le corps plus court, d'autres l'ont plus allongé. On peut encore remarquer des différences dans la ſtructure de leurs antennes; celles des unes ſont à

* Pl. 13. fig. 8.

* Pl. 13. fig.
19.

* Fig. 9.

* Pl. 15. fig.
4.

* Fig. 5.

filets grainés *, celles des autres font en maffue *. Les antennes du mâle différent quelquefois de celles de la fémelle. La mouche mâle de la fauffe chenille du rofier, a les fiennes bordées de poils *, pendant que celles de la mouche fémelle * font liffes. Mais ceffons de nous arrêter à de fi petites variétés, il vaut mieux faire confidérer une partie qu'on trouve à toutes les fémelles, qui ne fçauroit manquer de paroître admirable, même à ceux qui fçavent le moins admirer, dès que fa ftructure leur fera connuë.

Les mouches fémelles de nos fauffes chenilles font ovipares; les œufs que pondent plufieurs efpéces de ces mouches, & les feuls œufs que nous confidérerons actuellement, demandoient à être logés dans des entailles faites dans le bois, ou dans d'autres parties d'arbuftes vivants. La mouche a été pourvûe d'un inftrument qui la met en état de faire ces entailles. Cet inftrument eft une véritable fcie, qui ne différe de celles dont nous nous fervons pour couper le bois, qu'en ce qu'elle eft de corne, au lieu que les notres font d'acier, & qu'en ce qu'elle eft faite avec beaucoup plus d'art que les nôtres. Nos fcies ordinaires font des lames coupées quarrément, fur un des longs côtés defquelles les bafes des dents font arrangées en ligne droite; mais on oblige la pointe de chaque dent à s'écarter un peu de cette ligne, & à s'en écarter alternativement dans un fens oppofé; je veux dire, que fi une dent s'incline vers la droite, celle qui la fuit s'incline vers la gauche, celle qui vient après la précédente, s'incline vers la droite, & ainfi de fuite. Delà il arrive que les pointes de la moitié des dents de la fcie fe trouvent fur une ligne, & les pointes des autres dents fur une autre ligne peu diftante de la précédente. L'intervalle qui eft entre ces deux lignes, eft ce qu'on appelle la voye de la fcie. Les parties du corps que l'on fcie, qui fe rencontrent dans cet intervalle, dans la voye de l'inftrument, font celles qui doivent être réduites en grains, en fciûre. On tient cette voye d'autant plus étroite que la fcie eft plus mince, & qu'on veut moins perdre des parties du corps qu'on prétend divifer. Quand les E'beniftes ont à refendre en feuilles minces, des bois précieux, ils y employent des fcies qui ont très-peu de voye, au lieu que les Scieurs de long qui fendent de gros arbres, qui en tirent des planches, ont d'épaiffes fcies, & dont la voye eft confidérable. Les fcies de nos mouches étant extrémement fines, n'ont pas befoin d'avoir des dents beaucoup dévoyées; mais la maniére dont ces fcies doivent agir, demandoit que les bafes des dents ne fuffent pas placées, comme celles des nôtres, fur une ligne droite. Le côté, ou au moins une grande partie du côté fur lequel elles font rangées, eft un peu concave, à peu-près comme l'eft le tranchant d'une faux *; la fcie   * Pl. 15. fig. fe termine par une pointe, & nous verrons qu'elle devoit   9. *f d.* fe terminer de la forte. Elle n'eft pourtant pas concave dans toute fa longueur; les dents * les plus proches de   * *d.* l'origine de la fcie, font pofées fur une ligne convexe: de forte que le côté d'où partent les dents de la fcie, eft contourné comme le font les lignes qui ont un de ces points que les Géometres appellent point d'inflexion, un de ces points qui fépare une portion concave d'une portion convexe.

  Lorfque nous voulons qu'un feul homme puiffe faire agir une fcie, & qu'il le puiffe d'une feule main, nous mettons un manche à un des bouts de la fcie, femblable à peu-près à ceux des couteaux. La fcie de nos mouches eft mife en mouvement, comme le font nos fcies à man- che. Des tendons * prefque écailleux, attachés à fon ori-   *Fig. 10. *t, x.* gine, lui tiennent lieu d'un manche; des mufcles agiffent

O iij

pour la pouffer en avant, & la retirer en arriére, comme agit la main de l'ouvrier qui fait travailler la fcie à manche. Mais la main ne fait agir à la fois qu'une de ces fortes de fcie, & nous n'avons garde d'oublier de dire, que quoique nous n'ayons parlé encore que d'une fcie de notre mouche, elle en a deux égales * & femblables, qu'elle met en mouvement en même temps.

*Pl. 15. fig. 10. z d t; a f x.

Le fecret de faire agir plufieurs fcies à la fois ne nous eft pas inconnu. Nos ouvriers, les Ebeniftes entr'autres, ont quelquefois deux ou trois feuilles de fcie montées fur un même chaffis ; l'Ebenifte tenant ce chaffis à deux mains, fait agir à la fois toutes les fcies qui y font montées. Mais nos mouches font en ce genre quelque chofe que nous ne fçavons pas faire; les fcies du même chaffis vont toutes dans le même fens, toutes font portées à la fois en avant ou en haut, & toutes font à la fois ramenées en arriére ou en embas, au lieu que dans le même temps où la mouche pouffe en avant une de fes fcies, elle retire l'autre en arriére. Il eft encore à remarquer que l'ouvrier qui employe plufieurs fcies à la fois, les employe pour faire un nombre d'entailles égal à celui des fcies, au lieu que les deux fcies de la mouche travaillent en même temps à aggrandir la même entaille, elles font l'office d'une fcie dont la voye feroit très-grande.

Ces deux fcies étant très-minces, & deftinées à déchirer des fibres ligneufes, ont befoin d'être maintenues pendant qu'elles font dans l'action, afin qu'il ne leur arrive pas de fe courber ou de s'écarter l'une de l'autre. La nature a prévû à tout; le dos de chaque fcie eft logé

*Fig. 9. & 10. c r.

tout du long dans une couliffe * formée par deux piéces écailleufes, comme l'eft fouvent la couliffe des lames des

*Fig. 12. c r, c r.

couteaux à reffort. Ces deux piéces * deviennent de plus

en plus étroites à mesure qu'elles s'éloignent de leur base,
comme la figure des scies le demandoit. Elles sont épaisses,
& convexes en dehors ; elles ont de plus des cannelûres
dirigées comme celles des colomnes torses ; elles sont
assemblées par une ou plûtôt par plusieurs membranes *   * Pl. 15. fig.
très-solides, capables pourtant de se plisser, & par con-   12. *m n.*
féquent, de permettre aux lames écailleuses * de former   * *c r, c r.*
une coulisse un peu plus ou un peu moins large. M.
Vallisnieri n'a pas pensé que l'unique usage de ces membranes fût de maintenir les lames écailleuses, il a observé
qu'elles formoient deux canaux, dont il a cru l'un destiné
à conduire les œufs hors du corps de la mouche.

Les dents des scies de nos mouches sont elles-mêmes
dentellées *. Chaque grande dent est une suite de dents   * Fig. 11.
très-petites. Nous ne devons pas être surpris que les   *s, d, d, d.*
instruments qui ont été accordés à des insectes soient supé-   * Fig. 14.
rieurs aux nôtres, & plus travaillés, quand nous nous rap-   *d, d, d.*
pellons de qui ils les tiennent.

Outre les particularités que nous avons remarquées ci-
dessus aux scies de cette mouche, & qui manquent aux
nôtres, elles en ont encore une qui ne doit pas être oubliée. Chaque scie n'est pas feulement une scie, elle est
en même temps une rape, ou une lime d'une structure
singuliére. Les rapes ont des usages plus importants que
ceux de réduire en poudre du tabac ou du sucre ; elles
servent à applanir les surfaces trop raboteuses des corps
les plus durs, des pierres, des métaux. Les scies n'ont des
dents qu'à leur tranchant, pour ainsi dire, au lieu que les
rapes ont de longues & larges surfaces tout hérissées de
dents. Nous n'avons point encore réuni dans le même
instrument la scie & la lime, ou la rape, & l'une & l'autre
se trouvent réunies dans chacun des instruments qui ont
été donnés à nos mouches pour entailler le bois. Outre

les dents qu'ils ont difpofées comme celles des fcies ordinaires, ils ont fur une de leurs larges faces, fur l'extérieure *,
un nombre confidérable de dents beaucoup plus fines, &
qui ne le cedent guéres aux autres en longueur, fi elles le
leur cedent; qui toutes font dirigées vers l'origine de l'inftrument, & un peu inclinées vers les groffes dents de la
fcie. Chacune de ces dents longues & déliées a quelqu'air
de celles des peignes; de forte qu'il femble que plufieurs
peignes ont été appliqués les uns au-deffous des autres
fur la furface extérieure de chaque fcie. Ces différentes
fuites de dents compofent une lime ou une rape qui
eft ajoûtée à la fcie; mais une rape ou une lime fort
différente de celles qui jufqu'ici ont été taillées par nos
ouvriers.

Quoique les mouches munies d'un inftrument fi fingulier ne foient pas rares, quoiqu'il y en ait des efpéces,
& même plufieurs efpéces, qui fe tiennent fur un des
arbuftes les plus communs dans nos jardins, fur le rofier;
cet inftrument conftruit avec tant d'art, eft pourtant refté
inconnu jufqu'à ce que les yeux de M. Valifnieri ayent
fçû le voir. Dans un grand nombre d'obfervations curieufes que nous devons à ce célébre Auteur, il n'y en a
aucune peut-être qui lui ait autant plû, & dont il ait paru
faire autant de cas; auffi a-t'il eu foin de décrire cette fcie fi
furprenante, de la faire graver, & toutes les parties qui
entrent dans fa compofition; de donner l'Hiftoire de la
mouche à laquelle il l'a d'abord trouvée, & cela avec
une étendue & une élégance qui nous auroient affûrément dégoûté de parler après lui d'un inftrument fi fingulier, & de l'ufage que la mouche en fait, fi nous n'y
euffions été obligés par l'Hiftoire générale des fauffes
chenilles & de leurs mouches, qui entre néceffairement
dans le plan de notre Ouvrage. Nous ne devons pas au

refte,

* Pl. 15. fig.
11. P, P, P.

reſte, diſſimuler que nous penſons que ceux qui n'ont
pas lû encore dans M. Valliſnieri l'Hiſtoire de la mouche
à ſcie des roſiers, pourront l'y lire avec plaiſir. Quoique
nous nous propoſions de n'obmettre rien de ce que cette
Hiſtoire a d'eſſentiel, nous pourrons paſſer ſur quelques
détails qui plairont aſſûrément dans M. Valliſnieri. D'ailleurs, on trouvera des différences entre les figures de
la ſcie que cet attentif Obſervateur a fait graver, & celles
que nous faiſons paroître pour repréſenter un inſtrument du même genre, mais des différences peu eſſentielles pourtant. Les ſcies qu'il a fait repréſenter n'ont
point de dos, elles ſont dentellées ſur les deux côtés
oppoſés; M. Valliſnieri en a vû ſans doute de telles, mais
celles que nous avons obſervées, ont un dos ſemblable
à celui des ſcies de nos ouvriers. Ses figures ont été priſes
d'après la ſcie d'une mouche qui eſt d'une eſpéce différente de la mouche dont nous avons fait deſſiner la ſcie en
grand, quoique l'une & l'autre mouche viennent de fauſſes
chenilles qui vivent ſur le roſier.

On imagine bien qu'il faut avoir recours au microſcope,
ou au moins à des loupes très-fortes pour voir diſtinctement la compoſition de la ſcie de nos mouches. La vûe
ſimple fait néantmoins aſſés appercevoir cet inſtrument,
pour faire naître le deſir de le connoître mieux. Quand
on tient entre deux doigts une mouche qui vient de
quelque fauſſe chenille, & une de celles qui ont le ventre le plus gros, ſi on lui preſſe le ventre doucement, on
oblige deux eſpéces de feuillets * courbés en coquille, * Pl. 15. fig.
dont l'origine eſt à quelque diſtance de l'anus, de s'écarter 15. *l, l.*
l'un de l'autre, & de laiſſer entr'eux une fente dans laquelle
on apperçoit une pointe plus brune que le reſte. En preſſant davantage, on force le corps, dont on ne voyoit que
la pointe, de ſe montrer en entier; on contraint la ſcie * * Fig. 8. *ſ.*

Tome V.   .P

entiére à paroître à découvert. Les deux lames courbes qu'on a obligées de s'écarter, font faites pour la couvrir dans les temps où elle doit être dans l'inaction.

Si la mouche dont on a preffé le corps, quoique de même efpéce que la précédente, a le ventre moins renflé; fi elle eft un mâle, la preffion ne fait point paroître de fcie. Cet inftrument n'eft néceffaire qu'à la fémelle, le *Pl. 11. fig.* mâle ne l'a point. Mais on oblige deux lames * terminées *7. l, l.* en pointe, & concaves vers l'anus, à fe féparer, & à laiffer voir que toutes deux enfemble compofent une pince très-*a.* propre à faifir le derriére de la fémelle. L'anus * alors eft porté plus loin; à diftance égale de l'une & de l'autre lame, paroît une partie charnue, dont chaque côté eft fortifié par deux corps comme cartilagineux; chacun de *m, m.* ceux-ci fe termine par une efpéce de court crochet * un peu recourbé en dehors. Entre ces deux efpéces de crochets, eft l'ouverture par laquelle doit fortir la partie propre au mâle.

Mais c'eft à la fémelle que nous devons nos regards, c'eft elle que nous devons confidérer, & que nous ne fçaurions manquer de voir avec plaifir pendant qu'elle eft occupée à pondre, & par conféquent à faire les entailles dans lefquelles elle place fes œufs. Il n'y a guéres de jardin où il n'y ait des rofiers, & il n'y a prefque point de rofier dont les branches ne fervent chaque année à loger un bon nombre d'œufs de nos mouches à fcie. Les endroits des branches dans lefquels il y en a eu de dépofés, font aifés à diftinguer du refte; ordinairement ils font plus renflés que ce qui fuit, & que ce qui précede; ils font courbés, & leur côté concave eft noirâtre; il paroît deffé-ché. Qu'on examine ces endroits noirâtres, & on y verra de petites fentes, au fond defquelles on trouvera quelquefois des œufs, on y verra au moins les places où il y en a eu.

Si on eſt curieux de voir une de nos mouches à ſcie occupée à pondre, c'eſt donc ſur-tout celles qui aiment les roſiers, qu'il eſt commode d'épier. On y en peut trouver en différentes ſaiſons de l'année; j'y en ai vû au printemps, vers la mi-May; & j'y en ai vû dans tout le mois d'Août, & même dans les premiers jours de Septembre. La mouche * que j'y ai obſervée le mieux, & un plus grand nombre de fois, a la tête & le corcelet noirs. Le côté extérieur de chacune de ſes aîles eſt auſſi bordé de noir dans preſque toute ſa longueur; ſon corps eſt d'un jaune qui tire ſur l'orangé; ſes jambes ſont du même jaune, elles ont ſeulement deux jarretiéres ou points noirs. Quand dans de beaux jours, vers les dix heures du matin, on verra ſur le roſier des mouches de cette eſpéce, ou de quelqu'autre eſpéce du même genre, qu'on s'attache à les ſuivre des yeux, & on parviendra aiſément à avoir le plaiſir d'en obſerver quelqu'une dans l'opération. Heureuſement, comme nous l'avons déja dit, ces mouches ſont lourdes, pareſſeuſes & elles ſemblent ſtupides; ou pour traiter mieux des mouches ſi ſinguliéres par leur induſtrie, elles ſont très-peu farouches; elles le ſont moins qu'on n'oſeroit le deſirer; pourvû qu'on ne faſſe pas de grands mouvements, on peut les regarder de tout auſſi près qu'on le veut. Je les ai ſouvent obſervées avec des loupes qui n'avoient pas trois à quatre lignes de foyer, ſans les déranger dans leur travail; & elles l'ont ſouvent continué, quoique pour les mieux voir, je déplaçaſſe certaines branches, mais à la vérité, je les déplaçois le plus doucement qu'il m'étoit poſſible. La mouche prête à pondre, ſe promene de branche en branche, elle en parcourt pluſieurs avant que de ſe déterminer pour une place; celle qu'elle choiſit, eſt ordinairement à quelque diſtance du bout de la branche, mais pourtant beaucoup plus près de ce bout que de

* Pl. 14. fig. 10.

P ij

l'origine; la tête de la mouche eſt alors tournée en embas. Quand la mouche s'eſt arrêtée dans un lieu qui lui a
paru convénable, elle recourbe un peu ſon corps en
deſſous. Qu'on ſoit attentif dans ce moment, & bientôt
on appercevra la pointe de la double ſcie, de la ſcie compoſée de deux feuilles. Une plus longue portion de cette
ſcie, ne tardera pas à paroître; dans un inſtant, la mouche
la fait ſortir preſque toute entiére de l'eſpéce d'étui où
elle étoit renfermée & couchée; en la faiſant ſortir elle
la redreſſe, de façon qu'elle l'amene à être preſque perpendiculaire à la petite branche dans laquelle elle la veut
faire pénétrer. Ce n'eſt que dans le moment où la ſcie a
été miſe dans la poſition convenable, qu'on la peut voir
toute entiére, car ſa pointe n'a pas plûtôt touché l'écorce
de la branche, qu'elle s'enfonce dedans. La mouche qui
eſt cramponnée ſur ſes jambes, appuye ſon ventre ſur la
baſe de l'inſtrument, elle la preſſe de toute ſa force. Dans
ce premier inſtant, elle n'agit ſur l'inſtrument que pour le
piquer dans le bois, que pour y engager ſa pointe, que
pour le mettre dans l'état où il doit être, pour que les
dents des ſcies trouvent priſe; celles-ci peuvent bientôt
agir avec ſuccès, bientôt une plus longue partie de l'inſtrument ſe cache dans le bois, il s'y enfonce de plus en
plus; enfin, en moins d'une minute il parvient à y entrer
preſque tout entier. Le ventre de la mouche, qui d'abord
étoit éloigné de l'écorce, de toute la longueur de la ſcie, s'en
approche juſqu'à s'appliquer contre cette même écorce.

Pour voir tout ceci, on n'a beſoin de donner aucun
ſecours à ſes yeux; mais ſi on leur donne celui d'une
loupe forte, & ſi on cherche à ſe placer dans une poſition
favorable pour bien obſerver tout ce qui ſe paſſe, on
parviendra aiſément à voir que ce n'eſt pas la ſimple preſſion de la mouche qui fait pénétrer l'inſtrument dans le

bois. On verra, & on verra avec plaifir le jeu alternatif des deux fcies. On verra qu'il y en a une qui eft pouffée dedans le bois, pendant que l'autre eft retirée vers l'écorce; & on verra même que ce mouvement eft produit par celui des tendons ou cartilages, auxquels chaque fcie eft affujettie.

La mouche n'introduit pas fon inftrument dans la tige du rofier précifément pour l'y introduire, & fimplement pour fendre cette tige; elle l'y introduit pour y faire une cavité propre à loger un œuf affés gros, qu'elle veut y laiffer. Si on fait attention à la maniére dont cet inftrument doit agir pour pénétrer dans la tige, on verra pourquoi il convenoit qu'il eut bien des particularités que n'ont pas les inftruments que nous employons à des ufages qui nous femblent avoir du rapport avec celui que la mouche fait du fien. Nos fcies pour fcier un morceau de bois, foit de long, foit de travers, n'ont pas befoin d'être pointues, elles peuvent mordre d'abord contre la furface fur laquelle elles font appliquées; elles ne pourroient fervir qu'à faire dans le bois une couliffe égale par-tout. Mais ce n'étoit pas la figure qu'il convenoit que la mouche donnât à l'entaille qu'elle doit faire. Cette entaille ne devoit pas être par-tout également large & également profonde; l'œuf qui fera laiffé dedans, doit non-feulement y être reçû, il y doit être à couvert. La mouche pour faire fon entaille, dirige fon inftrument à peu-près comme un Chirurgien dirige fa lancette pour ouvrir un vaiffeau, elle l'enfonce d'abord prefque perpendiculairement, & l'en retire dans une direction oblique. Les deux fcies de la mouche avoient donc befoin d'être pointues par le bout, ce qui n'eft pas néceffaire aux nôtres. Il falloit que leurs bouts puffent s'introduire dans l'écorce & dans les fibres ligneufes, comme s'y introduifent des inftruments tranchants. Les dents des fcies font en état de couper les fibres qu'elles rencontrent; mais ces deux fcies fi prodigieufement minces, & qui ont chacune une voye extrémement étroite, n'auroient pû ouvrir une cavité fuffifante. La face extérieure de chaque fcie a été faite en râpe pour fuppléer à ce qui manque à la voye & à l'épaiffeur des deux fcies: lorfqu'une des fcies eft retirée vers l'écorce, les dents déchirent les fibres qu'elles rencontrent.

Nous avons dit que quand la mouche veut commencer à faire fortir fa fcie de l'étui où elle eft ordinairement logée, & que quand elle l'applique contre l'écorce, elle tient fon corps, fon derriére recourbé vers la branche; nous devons ajoûter que dès que les fcies ont pénétré à une certaine profondeur, que lorfqu'il s'agit moins de rendre l'entaille plus profonde que de la rendre plus longue, la mouche redreffe fon corps, en le redreffant elle l'appuye fur la fcie dans l'inclinaifon propre à la faire avancer vers le derriére.

Après avoir admiré le jeu des fcies d'une mouche qu'on a obfervée avec une loupe; après avoir vû leurs progrès, & les avoir vû pénétrer auffi avant qu'elles le peuvent, tout mouvement femble s'arrêter dans les tendons des fcies, tout paroît en repos. Ce moment eft celui où l'entaille a été rendue telle qu'elle devoit être, celui où la mouche fait fortir de fon corps l'œuf pour le mettre dans la place qu'elle lui a préparée. Après un inftant de repos, la mouche retire tout d'un coup de l'entaille la plus grande partie de l'inftrument, elle n'y en laiffe que le bout, moins du tiers de fa longueur; dans cet inftant même, il y a encore à obferver. J'ai vû alors une liqueur mouffeufe, une liqueur pleine de bulles, telles que celles du favon, s'élever jufqu'au bord extérieur de l'entaille. J'ai vû même quelquefois des bulles pouffées au-delà du bord. Si on entaille un rofier de quelque maniére que ce foit, on fe convaincra aifément qu'en aucun temps, il ne fçauroit fournir fur le champ une fi grande quantité de feve mouffeufe, & les mois d'Août & de Septembre font de ceux où il en donneroit le moins. Il paroîtra donc certain que cette liqueur a été fournie par la mouche, qu'elle en arrofe fon œuf. Cette liqueur eft au moins gluante, & M. Vallifnieri, à qui elle n'a pas échappé, croît que la mouche l'employe pour efpalmer la playe faite au rofier, pour l'empêcher de fe fermer. Il y a grande apparence qu'elle fert à conferver l'œuf, & à empêcher les fibres hachées fur lefquelles il eft pofé, de fe corrompre trop vite.

Peu de temps après que la liqueur mouffeufe a paru, la mouche acheve de tirer fa double fcie de l'entaille, elle la remet dans fon lieu ordinaire, mais ce n'eft pas pour l'y laiffer long-temps. Bientôt la mouche fait un pas en avant, c'eft-à-dire, en defcendant ; elle laiffe en arriére & en enhaut l'entaille qu'elle a faite pour en creufer une nouvelle tout près de la précédente. Elle recommence alors la manœuvre que nous venons de décrire ; elle fait fortir fa double fcie ; elle la pique à plomb, & elle en fait jouer chaque feuille. Enfin, elle pond un œuf dans cette derniére entaille. Elle continue ainfi de faire de nouvelles entailles ; de les mettre à la file les unes des autres *, & d'y en mettre plus ou moins, apparemment felon qu'une plus ou moins longue partie de la branche lui paroît propre à recevoir fes œufs. Quelquefois il n'y a que trois à quatre entailles à la file les unes des autres, & j'en ai quelquefois compté jufqu'à 24. La mouche fans avoir fini fa ponte, quitte fouvent la branche fur laquelle elle l'avoit commencée ; elle paffe fur une des plus proches, elle s'y proméne ; elle en parcourt quelquefois plufieurs avant que de trouver un endroit à fon gré pour y recommencer fon opération.

* Pl. 14. fig. 13 & 14. *op.*

Je ne crois pas que ces mouches faſſent toute leur ponte dans un ſeul jour ; malgré les excellents inſtruments dont elles ſont munies, entailler le bois comme elles l'entaillent, doit être pour elles un ouvrage aſſés rude. Tout ce que put faire devant moi une mouche qui ne ſembloit pas avoir envie de perdre du temps, fut d'achever ſix entailles depuis dix heures juſqu'à dix heures & demie. Auparavant elle en avoit fait trois ſur une autre branche, où elle n'avoit pas jugé à propos d'en faire un plus grand nombre. J'en ai pourtant vû travailler quelques-unes qui m'ont paru être des ſcieuſes plus habiles, qui alloient plus vite.

L'ouverture de chaque entaille nouvellement faite, eſt une petite fente un peu courbe, ſemblable à celle d'une ſaignée * ; elle a un peu moins d'une ligne de long. J'en ai meſuré une file de quinze qui n'avoit guéres qu'un pouce ; un quinziéme de cette longueur n'appartenoit pas en entier à chaque entaille, car la mouche laiſſe toûjours un eſpace entre deux entailles, & nous en verrons bientôt la raiſon.

Si on enleve l'écorce qui eſt aux environs d'une de ces fentes, & un peu de la partie ligneuſe, on met l'intérieur de la cavité à découvert. L'œuf qui la remplit * eſt aſſés gros proportionnellement à la grandeur de la mouche ; il eſt oblong, plus menu à un de ſes bouts qu'à l'autre, & d'un jaune approchant de celui du corps de la mouche.

L'endroit de la branche auquel elle a confié ſes œufs ne paroît le premier jour différent des autres, qu'en ce qu'il a une file de différentes fentes * ſemblables à celles que la lancette ouvre dans notre peau, & dont les lévres comme celles des ſaignées ſe ſont rapprochées. Mais bientôt, dès le lendemain, cet endroit de la branche eſt

différent

* Pl. 14. fig. 15. e, e.

*Fig. 18. o, o.

* Fig. 13 & 14. o p. & fig. 15. e, e.

différent du refte par fa couleur; il eft brun, & devient
même noir pendant que les environs des entailles, pendant que le côté oppofé fur-tout conferve fa couleur
verte. Il fe fait même peu à peu fur chaque entaille un
changement plus confidérable, & que le changement de
couleur n'annonceroit pas; car celui de couleur femble
avertir que l'écorce, & peut-être que les fibres ligneufes qui
font deffous, font péries, & commencent à fe deffécher;
cependant on voit que chaque endroit entaillé fe releve *,   * Pl. 14. fig.
& prend de jour en jour plus de convexité. En un mot,   16. *e, e.*
au bout de quelques jours la file des entailles devient
comme une file de grains de chapelet faits en olive *, qui   * Fig. 17.
ayant toute leur longueur, auroient perdu une partie de
leur circonférence.

Qu'on n'attribue pas ces élévations à une végétation
des parties entaillées, ces parties ont été mifes hors d'état
de prendre de l'accroiffement. On reconnoîtra qu'elles font
dûes à une autre caufe, & très-finguliére, fi on ouvre un
des endroits qui ont du relief *, fi on en tire l'œuf *, & fi   * Fig. 18.
on peut comparer cet œuf, comme je l'ai fait quelquefois,   * *o, o.*
à un œuf tiré d'une entaille applatie, d'une entaille où
la mouche ne l'a dépofé que depuis quelques heures:
l'œuf forti de l'entaille qui a du relief, paroîtra confidérablement plus gros que l'autre. On jugera donc que l'œuf
a augmenté de volume depuis qu'il a été pondu, ce qui
nous doit paroître une grande fingularité. A la vérité, ces
œufs n'ont point, comme ceux de nos poules, une enveloppe roide & caffante, ils ne font recouverts que d'une
fimple membrane; mais les œufs de la plûpart des autres
infectes, n'ont auffi que des enveloppes membraneufes,
& cependant les œufs du commun des infectes ne croiffent pas. L'œuf de notre mouche à fcie croît donc journellement, & à mefure qu'il croît, il oblige les parois de

Tome V.   .Q

la cellule, dans laquelle il eſt renfermé, de s'élever; il oblige cette cellule à devenir plus grande en tout ſens. La mouche place ſes œufs comme ſi elle ſçavoit ce qui doit arriver; quoiqu'elle aime à les placer proche les uns des autres, elle laiſſe un intervalle entre deux endroits entaillés, afin qu'ils puiſſent ſe gonfler ſans empiéter l'un ſur l'autre.

L'œuf en croiſſant & en obligeant la peau de l'arbuſte à s'élever, à devenir convexe, oblige la fente qui a été faite à la peau, à s'aggrandir. Cette ouverture devient de jour en jour plus conſidérable, & elle eſt telle lorſque la fauſſe chenille ſort de l'œuf, qu'elle lui donne le libre paſſage qui lui eſt néceſſaire pour aller chercher de quoi vivre ſur les feuilles du roſier.

Une mouche à ſcie d'une eſpéce différente de l'eſpéce de celle que nous avons ſuivie juſqu'ici, qui a pourtant le corps teint du même jaune qui colore celui de la der-niére, mais dont la tête, le corcelet, les jambes & les aîles ſont d'un violet très-vif, cette mouche, dis-je, confie auſſi ſes œufs à des branches de roſier qu'elle a entaillées; mais elle les y arrange tout autrement, & avec une ſymmétrie qui a quelque choſe de plus agréable; elle les y diſpoſe par paires *, & elle en place dix à douze, & juſqu'à quatorze paires à la file les unes des autres, tantôt plus tantôt moins. Les deux œufs de chaque paire font enſemble un angle dont la concavité eſt tournée vers le bout de la branche; l'angle des deux de la premiére paire eſt aigu, & l'angle qui eſt entre les paires ſuivantes, l'eſt de moins en moins, ſouvent il eſt obtus & quelquefois très-obtus. Une eſpéce de ſillon tiré en ligne droite ſépare tous les œufs qui ſont à droite, de ceux qui ſont à gauche. Chaque œuf eſt en-core ſéparé de celui qui le précéde, & de celui qui le ſuit * par des fibres ligneuſes; en un mot, chaque œuf

* Pl. 15. fig.
1, 2 & 3.
f 0, f 0.

* Fig. 3.

eſt logé, dans une eſpéce de cellule; mais qui ne le renferme pas entiérement. Les œufs de nôtre premiére mouche ſont bien cachés dans les entailles où ils ont été
laiſſés, au lieu que ceux de la derniére mouche ſont à
découvert en grande partie dans l'inſtant même où ils
viennent d'être pondus. L'entaille faite pour recevoir deux
œufs poſés à côté l'un de l'autre, eſt trop large pour que
les lévres de la playe de l'écorce puiſſent ſe toucher lorſque
la mouche ceſſe d'agir contr'elles.

Quoique j'aye trouvé ſur des roſiers des nichées
d'œufs, telles que je viens de les décrire, je ne ſuis point
parvenu à voir en œuvre la mouche qui les y place avec
tant d'art; mais il eſt aiſé d'imaginer en quoi peut différer
ſon travail, du travail de l'autre mouche; pour l'eſſentiel,
pour le jeu de la ſcie, il eſt le même, & n'en différe que
par la maniére dont les entailles ſont diſtribuées. Mais
pour ôter tout regret à ceux qui voudroient ſçavoir plus
en détail les procedés de cette mouche induſtrieuſe, je
n'ai qu'à les renvoyer à M. Valliſnieri, qui a décrit
tous ces procedés, comme il les ſçavoit voir & décrire.
Cette mouche à ſcie eſt même celle qu'il a le plus ſuivie
dans l'opération, c'eſt celle dont il a fait graver la ſcie;
& dont enfin il nous a donné une hiſtoire très-com-
plette.

Les figures & les deſcriptions de M. Valliſnieri apprendront même que les ſcies de cette mouche ſont encore
plus ouvragées que celles que nous avons fait repréſenter:
au lieu que ces derniéres n'ont qu'un de leurs côtés den-
tellés, que le dos ne l'eſt point, le dos de celles que M.
Valliſnieri a fait graver, eſt dentellé comme le côté qui lui
eſt oppoſé. Nous n'avons vû des dents ſemblables à celles
des peignes *, que ſur une des faces de nos ſcies, & M. * Pl. 15. fig.
Valliſnieri a vû de ces ſortes de dents aux deux faces des 11. *p, p, p.*

autres fcies; enfin, fi on fe donne le plaifir de lire ce que ce célébre Auteur a écrit fur la fabrique de ces fcies, on * Pl. 15. fig 9, 10 & 12. y apprendra que la piéce * qui forme une couliffe né-ceffaire pour contenir les deux fcies pendant qu'elles font en jeu, que cette piéce, dis-je, a deux conduits, dont il penfe que l'un eft deftiné à laiffer paffer les œufs lorfqu'ils font pouffés dans les cellules qui leur ont été préparées dans la fubftance du rofier; & dont il croit l'autre deftiné à fournir une liqueur qui doit arrofer les œufs à mefure qu'ils paroiffent au jour. Les œufs m'ont pourtant paru bien gros pour paffer par le premier canal, & ceux que j'ai fait fortir du ventre, que je preffois avec les doigts, font fortis par l'anus.

Comme les œufs, fi bien arrangés par paires, font à dé-couvert, ils font plus aifés à obferver que ceux que d'autres mouches cachent dans des entailles qui les renferment prefqu'entiérement. Auffi M. Vallifnieri a été à portée de voir, & a très-bien vû leur accroiffement & tous les changements qui y arrivent jufqu'au moment où une fauffe chenille eft en état de fortir de celui dans lequel fes parties fe font développées & fortifiées.

Le rofier eft, ce femble, l'arbriffeau favori des fauffes chenilles & de leurs mouches: outre les deux efpéces de ces derniéres qui entaillent fi finguliérement fes tiges, j'y * Fig. 6. ai obfervé une mouche à fcie d'une plus petite efpéce *, qui eft prefque toute noire; fa tête, fon corcelet & fes aîles même le font; elle n'a de blanc que la partie moyenne de chaque jambe. La fcie dont elle eft pourvûe, eft appa-remment trop foible pour couper les fibres ligneufes du rofier, ou peut-être que fes œufs ne feroient pas environnés de parties propres à les tenir affés humides s'ils étoient logés dans les tiges. Quoi qu'il en foit, cette mouche n'attaque que des parties plus tendres & plus abbreuvées de fuc. Dans le commencement d'Avril, lorſque les roſiers avoient encore la plûpart de leurs feuilles pliées en éventail, j'ai vû de ces mouches ſe promener ſur les feuilles, comme les autres ſe promenent ſur les branches. La mouche alloit ſur-tout ſur la principale côte, elle la parcouroit, elle l'examinoit & ſe déterminoit enſuite à y faire une entaille, dans laquelle elle dépoſoit un œuf. La maniére dont cette mouche opére, n'a d'ailleurs rien de particulier. Je ne lui ai jamais vû faire qu'une entaille de ſuite. Après l'avoir faite, elle quittoit la feuille, elle alloit en parcourir d'autres pour faire dans leur groſſe nervûre une fente ſemblable à celle que je lui avois vû faire dans la nervûre de la premiére feuille. Quelquefois pourtant j'ai vû la mouche revenir ſur celle-ci, & l'entailler une ſeconde fois, mais dans un autre endroit.

Quand on connoît l'admirable ſtructure de la ſcie des mouches des fauſſes chenilles; quand on a vû quelques eſpéces de ces mouches l'employer à l'uſage pour lequel elle paroît faite, on doit être ſurpris, lorſqu'on trouve les œufs de diverſes eſpéces de mouches à ſcies qui ſemblent ſimplement poſés & collés ſur des feuilles; qui ſemblent n'y être retenus que par une colle qui s'eſt deſſéchée, comme le font ceux des papillons, & ceux de tant d'autres mouches. La fauſſe chenille du groſelier *, dont nous * Pl. 10. fig. avons parlé au commencement de ce Mémoire, ſe mé- 4. tamorphoſe dans une mouche * aſſés ſemblable à la pre- * Fig. 6 & 7. miére mouche à ſcie du roſier, à celle qui ſe contente de diſpoſer ſes œufs dans une ſeule file. Elle a, comme celle-ci, le corps jaune, & le côté extérieur de chaque aîle bordé de brun. Ses antennes ſont un peu plus longues que celles de l'autre. Cette mouche laiſſe ſes œufs ſous les feuilles du groſelier contre les nervûres, ils y ſont à la file les uns des autres *. Les files néantmoins ſont ſouvent * Fig. 8.

Q iij

interrompues. Mais ce qu'il y a de plus remarquable, c'est qu'ils n'y semblent que collés; ils n'y paroiffent aucunement contenus dans des entailles. Quel usage cette mouche fait-elle donc de sa scie? Peut-être s'en sert-elle pour faire une fente très-légére sur l'endroit de la côte où elle applique son œuf, & que cette fente toute légére qu'elle est, suffit pour fournir à l'œuf une humidité qui peut lui être néceffaire. J'ai vû auffi de ces mouches dans la posture où elles devoient être pour faire des entailles*, & je les y ai vûes de bien près. Plufieurs fauffes chenilles du grofelier entrerent dans la terre du poudrier, où je les avois renfermées au commencement de Septembre, pour s'y faire des coques & s'y métamorphofer. Dans les premiers jours d'Avril de l'année fuivante, je vis paroître dans le poudrier les mouches de ces fauffes chenilles. Quatre à cinq jours après qu'elles y furent nées, j'en tirai deux du poudrier, une mouche mâle & une mouche fémelle. Je les mis dans un autre poudrier, dans lequel j'introduifis une branche de grofelier, sans la caffer ni la détacher de l'arbufte. La mouche fémelle parcourut une des feuilles, paffa deffous, & dès les premiers inftants, elle me montra qu'elle cherchoit à y faire ses œufs. A peine un demi-quart d'heure s'étoit écoulé, qu'elle avoit déja commencé sa ponte, & au bout d'un quart d'heure, elle avoit pondu dix œufs oblongs qu'elle avoit placés sur la partie la plus relevée d'une côte. Chaque fois que cette mouche vouloit pondre un nouvel œuf, elle se pofoit comme si elle eut voulu entailler la place dans laquelle elle avoit envie de le mettre. Aucun œuf pourtant ne s'eft trouvé logé même en partie dans une cavité fenfible. Les œufs que je voulus détacher étoient fi adhérents, que je ne pus y parvenir fans les créver; & une loupe affés forte ne put me faire découvrir l'entaille qui

* Pl. 10. fig. 7.

pouvoit être bouchée par la peau de l'œuf qui y étoit
resté attachée.

Les mouches * qui viennent des fauffes chenilles * qui   * Pl. 11. fig.
paroiffent en grand nombre fur une feuille d'ofier dans 5 & 6.
des attitudes fi variées & fi bizarres, font encore de celles   * Fig. 3.
qui ont le corps jaune; mais le côté extérieur de leurs
aîles n'a pas le bordé brun qu'a le côté extérieur des aîles
des mouches précédentes. Elles ont une fcie, fur l'ufage
de laquelle je fuis encore plus embarraffé que fur celui de
la fcie des mouches du grofelier. Elles ne choififfent pas
les côtes des feuilles pour y laiffer leurs œufs, elles les
appliquent fur la feuille même *, où elles les arrangent   * Fig. 8 & 9.
les uns auprès des autres, elles les y arrangent même en
recouvrement. Les œufs forment enfemble une plaque.
J'ai eu beau découvrir les endroits cachés par des plaques
d'œufs, & y chercher des incifions, la loupe n'a pu m'y en
faire appercevoir. La matiére gluante qui enduit les œufs,
fuffiroit-elle pour boucher ces incifions, & les empêcher
d'être vifibles! Pour cela, il faut qu'elles foient bien petites;
d'ailleurs, l'endroit où elles font, s'il y en a, n'en paroît
pas fouffrir, fa couleur n'eft pas plus alterée que celle du
refte.

Il m'a été plus aifé de voir fur les œufs de ces derniéres
mouches, que fur ceux d'aucunes autres, combien l'accroiffement qui fe fait dans ceux des fauffes chenilles, eft
confidérable. J'ai comparé de ces œufs, de chacun defquels l'infecte étoit prêt à fortir, avec d'autres affés nouvellement pondus; les premiers avoient au moins un
volume double de celui des feconds. Ceux qui ne viennent que d'être mis au jour, font oblongs, arrondis par
les deux bouts, blancs & tranfparents; ils n'ont pour enveloppe qu'une membrane mincé & flexible. Au bout
de quelques jours, on voit dedans une portion jaunâtre.

Quand ils font plus avancés, on y découvre deux points noirs qu'on juge être les yeux; enfin, fi on les confidére vis-à-vis le grand jour, lorfqu'ils font affés près d'être à terme, on y apperçoit la fauffe chenille qui m'a paru y être pliée en deux; l'accroiffement fubit fe fait dans les derniers jours.

Celui qu'y prennent les vers de ces mouches, & ceux des autres mouches à fcie, eft affûrément très-remarquable. La coque de l'œuf, fon enveloppe, eft-elle une efpéce de placenta qui s'abbreuve, qui s'imbibe du fuc de la partie de la plante fur laquelle elle eft pofée, & d'un fuc qui non-feulement la fait croître, mais qui fournit à l'accroiffement de l'embrion qu'elle renferme! Un œuf qui a été dépofé dans la fente faite à une tige de rofier, y eft-il greffé en quelque forte! Doit-il s'approprier le fuc de l'arbufte comme l'œilleton d'un arbre, logé dans la fente faite à l'écorce d'un autre arbre s'approprieroit le fuc de cet arbre! Il femble que cela foit ainfi. A la vérité, les œufs de quelques fauffes chenilles fe trouvent pofés immédiatement fur des feuilles où nous n'avons pu découvrir d'incifion; mais il ne s'enfuit pas de-là, que ces feuilles ne puiffent pas fournir aux œufs au moins l'humidité qu'elles laiffent tranfpirer. J'ai fait une expérience qui prouve décifivement qu'il eft effentiel à l'œuf que cette humidité lui foit fournie par la feuille. J'ai gardé plufieurs fois dans des poudriers des feuilles d'ofier, fur lefquelles il y avoit des œufs de ces fauffes chenilles. Les feuilles s'y font defféchées, & les œufs s'y font defféchés de même, ce qui eft arrivé à M. Bazin comme à moi. Des œufs de papillons qui auroient été laiffés fur une feuille qui fe feroit defféchée, n'en auroient pas moins donné pour cela des chenilles J'ai pris enfuite le parti de mettre dans l'eau le bout des feuilles fur lefquelles il y avoit des nichées

d'œufs

d'œufs de fauffes chenilles. Les feuilles ont par ce moyen
confervé leur fraîcheur; auffi les œufs n'ont-ils paru fouffrir aucunement. J'ai vû fortir des fauffes chenilles des
uns au bout de quatre à cinq jours, & des autres au bout
de fix à fept jours. Je crois avoir obfervé des plaques de
ces œufs * compofées de deux couches, ce qui femble for-   * Pl. 11. fig.
mer une grande difficulté fur la maniére dont fe nourriffent   9.
les œufs de la feconde couche. Cependant fi la mouche les
entaffe ainfi, il faut qu'elle le puiffe faire fans inconvenient.
On doit penfer que l'humidité qui s'éleve de la feuille,
parvient à la feconde couche d'œufs, ou que les œufs de
la première couche fourniffent à ceux de la feconde ce
qu'ils ont de trop d'humidité, & qui fuffit à ceux-ci.

Au refte, ce n'eft pas un ouvrage difficile pour la fauffe
chenille, dont toutes les parties font bien formées; que
celui de percer la membrane qui la renferme, & qui fait
la coque de l'œuf. On la voit fortir, par l'ouverture qu'elle
y a faite, la tête la première. Peu après qu'elle eft née elle
mange; elle eft alors plus difficile qu'elle ne le fera dans
la fuite fur le choix des parties des feuilles. Cette fauffe
chenille, qui, dans la fuite, n'épargnera pas les plus groffes
fibres des feuilles qu'elle aime, fe contente alors d'en détacher le parenchime. Quelques femaines fuffifent à celles
de plufieurs efpéces, pour prendre tout leur accroiffement,
pour être en état de fubir leur première métamorphofe;
auffi y a-t-il au moins deux générations par an des mouches à fcie qui paroiffent au commencement du printemps, comme de celles du rofier, de celles du grofelier &
de celles de l'ofier, & fans doute de beaucoup d'autres.
Les obfervations exactes de M. Vallifnieri, nous apprennent
nent que des fauffes chenilles forties d'œufs pondus depuis 14 à 15 jours, & vers le 6 May, étoient le 18 Juin,

Tome V.   . R des mouches parfaites, des mouches en état d'entailler le rofier & de pondre à leur tour.

EXPLICATION DES FIGURES DU TROISIEME MEMOIRE.

PLANCHE X.

LA Figure 1 repréfente une branche de rofier, dans la tige de laquelle une fauffe chenille s'eft établie. En *a* paroît un tas de grains noirs, qui font les excréments que la fauffe chenille y a apportés & entaffés.

La Figure 2 eft celle de la tige de la figure premiére, qui a été fendue pour mettre à découvert l'intérieur du tuyau. *a b,* la partie qui a été remplie d'excréments. *b c,* la partie du tuyau qui eft vuide. *c d,* la fauffe chenille, dont la tête eft cachée dans l'endroit qu'elle eft occupée à creufer.

La Figure 3 montre en fon entier la fauffe chenille de la figure précédente, qui eft de la claffe de celles à 22 jambes, & d'un jaune blancheâtre. Elle eft de celles qui ont une petite tête; la fienne eft noire.

La Fig. 4 fait voir plufieurs fauffes chenilles *f, f, f,* &c. en des pofitions & des attitudes différentes, occupées à manger une feuille de grofelier. *c d, c d,* &c. les groffes côtes de la feuille qui ont été épargnées, pendant que ce qui étoit entr'elles a été dévoré.

La Figure 5 eft celle d'une des fauffes chenilles de la figure 4, un peu plus allongée.

La Figure 6 repréfente une mouche de l'efpéce de celles dans lefquelles les fauffes chenilles précédentes fe transforment.

Dans la Figure 7, on voit la mouche de la figure 6, dans l'attitude où elle eft lorfqu'elle pond.

La Figure 8 montre une petite feuille de grofelier, fur les côtes de laquelle des œufs ont été laiffés & arrangés à la file par une mouche telle que celle de la figure 7.

Les Figures 9 & 10 font celles de la même fauffe chenille, qui vit fur le grofelier épineux. Elle eft roulée figure 9, & étenduë figure 10. Elle a 20 jambes. Son corps eft d'un vert très-clair.

La Figure 11 repréfente en *c* la coque que s'étoit faite une fauffe chenille de l'efpéce de celle des deux derniéres figures.

La Figure 12 eft celle d'une fauffe chenille qui s'accommode fort des feuilles du fureau, & de celles de l'hieble. Elle a 22 jambes. Avant la muë, le deffus de fon corps eft d'un brun-clair, & le refte d'un blanc-verdâtre; quand elle a mué, elle eft par-tout verdâtre.

La Figure 13 fait voir une fauffe chenille qui eft prefque noire, d'une couleur plus foncée que l'ardoifé. Dans le mois d'Août, j'en ai trouvé un grand nombre de cette efpéce fur le même pied d'ofeille. Dès que je touchois les feuilles de ce pied, toutes fe laiffoient tomber. Elles font entrées en terre pour fe métamorphofer. J'ignore fi elles ont 22, ou feulement 20 jambes.

La Figure 14 eft celle de la mouche dans laquelle fe transforme la fauffe chenille de la figure 13.

La Figure 15 repréfente une coque faite d'une efpéce d'écume qui a pris confiftance, par une fauffe chenille de l'orme qui eft des plus petites.

La Figure 16 eft celle de la mouche qui eft fortie chés moy de la coque précédente.

La Figure 17 fait voir en grand la fcie que la petite mouche de la figure 16 porte à fon derriére.

R ij

PLANCHE XI.

La Figure 1 repréfente une feuille d'aune qui eft actuellement rongée par quatre fauffes chenilles qui font toutes dans des attitudes différentes. Celle de la fauffe chenille marquée *b,* eft celle qui leur eft la plus ordinaire. Elles ont chacune 20 jambes. Leur tête eft noire, leur premier anneau eft jaune, & le refte jaunâtre : les points allignés fur les côtés, font noirs ; le deffous du ventre a d'un bout à l'autre une traînée de points noirs femblable à une de celles des côtés.

La Figure 2 eft celle de la mouche dans laquelle s'eft métamorphofée une des fauffes chenilles de la figure précédente. Elle a paru chés moy les derniers jours d'Avril ; elle eft fortie alors de la terre où elle étoit entrée fous la forme de fauffe chenille au commencement d'Octobre.

La Figure 3 fait voir une branche d'ofier, dont une des feuilles eft, pour ainfi dire, bordée de fauffes chenilles, dont les unes l'ont prefque mangée à moitié & tout du long, & dont les autres font occupées à l'entamer de l'autre côté. Pendant que ces fauffes chenilles mangent, elles prennent, comme celles de la figure 1, différentes attitudes toutes très-bizarres. Au bas de la tige, il ne refte plus que la côte *c c c,* & quelques groffes fibres *f, f, f,* &c. d'une feuille qui a été mangée par les fauffes chenilles.

La Fig. 4 eft celle d'une des fauffes chenilles de la figure 3 un peu groffie & étenduë. Elle a 20 jambes. Le fond de la couleur de fon corps eft un verd-blancheâtre, fur lequel il y a des rayes noires qui vont de la tête au derriére.

La Figure 5 eft celle d'une des mouches mâles, dans laquelle une des fauffes chenilles précédentes s'eft métamorphofée. La fémelle de la même mouche eft repréfentée

de grandeur naturelle, & plus grande que nature, tome IV.
pl. 10. fig. 7 & 8. Dans la figure plus grande que nature,
on a donné le caractére de la difpofition d'aîles propre aux
mouches à fcie. Quand les mouches des fauffes chenilles
de l'ofier viennent de naître, leur corps eft d'un beau verd,
par la fuite il devient d'un verd-jaunâtre & même jaune.
Celles qui ont paffé l'hyver en terre dans des coques de
foye, ont paru au jour chés moy à la fin d'Avril.

La Figure 6 montre par-deffous le mâle de la figure 5,
ou un autre mâle de mouche à fcie. On n'y voit point au
bout du derriére, en *f*, une fente pareille à celle qu'on
voit au même endroit de la fémelle, la fente où la fcie
eft logée.

La Figure 7 fait voir le derriére du mâle de la figure 6,
groffi, & dans un moment où la preffion a obligé à fe
montrer des parties, qui, dans l'état ordinaire font cachées.
l, l, deux lames folides & concaves qui font un étui à la
partie qui caractérife le mâle, & qui lui fervent à faifir le
derriére de la fémelle. *a,* l'anus qui eft par derriére la partie qui caractérife le mâle. *m, m,* la partie propre au mâle,
ou fon fourreau immédiat.

Dans la Figure 8, paroît un tas d'œufs laiffé fur une
feuille d'ofier par la mouche fémelle; des fauffes chenilles
femblables à celles de la figure 3 en doivent fortir.

La Figure 9 repréfente des œufs femblables à ceux de la
nichée de la figure 8, mais elle les repréfente plus entaffés,
& même en recouvrement les uns fur les autres.

La Figure 10 fait voir dans fa grandeur naturelle la
mouche à fcie, qui vient d'une fauffe chenille du faule,
qui a été gravée, tome I. pl. 1. fig. 18. Cette fauffe chenille a 20 jambes. Elle eft remarquable par fes couleurs,
& leur diftribution. Le fond de la couleur de la plus longue partie du corps eft un bleu-verdâtre, un celadon plus

bleuâtre que l'ordinaire. Les trois premiers anneaux font d'un brun-tanné, & la partie poſtérieure eſt du même brun. Elle a outre cela diverſes lignes longitudinales, tracées par des points noirs.

La Figure 11 fait voir en grand & par-deſſous, le bout du corps d'une mouche à ſcie telle que celle de la figure precédente. *f*, la fente où la ſcie eſt logée.

Dans la Fig. 12, auſſi groſſie que la précédente, on voit la ſcie *f*, que la preſſion des doigts a forcé de paroître au jour.

PLANCHE XII.

La Figure 1 repréſente une feuille de poirier, ſur laquelle ſont trois fauſſes chenilles du genre de celles que j'ai appellées tetards. *a*, *b*, *c*, marquent ces trois fauſſes chenilles. En *p*, *p*, *p*, le parenchime de la feuille a été mangé par ces inſectes.

Les Figures 2, 3 & 4 ſont celles d'une fauſſe chenille tetard très-groſſie, & vûe en différents temps, & en des ſens différents. Dans la figure 2, la fauſſe chenille ne montre qu'un de ſes côtés, & fait voir ſa tête & ſes jambes. Dans la figure 3, la fauſſe chenille eſt vûe par-deſſus, ayant la partie antérieure *a b*, renflée. Dans la figure 4, la fauſſe chenille eſt vûe par-deſſous.

La Figure 5 repréſente la mouche dans laquelle ſe transforme la chenille tetard de la figure 1.

La Figure 6 eſt celle d'une mouche venuë d'une fauſſe chenille tetard, qui avoit vécu ſur le ceriſier. Cette mouche eſt aſſés ſemblable à celle de la figure précédente, & je ne ſuis pas ſûr qu'elle en différe ſpécifiquement. Elles ſont l'une & l'autre de la claſſe des mouches qui ont une bouche & des dents.

La Figure 7 fait voir par-deſſus, & dans ſa grandeur naturelle, une fauſſe chenille épineuſe du chêne, qui eſt

beaucoup groſſie dans la figure 8, & qui y eſt vûe par-
deſſous & de côté. Cette fauſſe chenille a 22 jambes.

Les Figures 9 & 10 ſont celles de deux épines de la
fauſſe chenille précédente.

La Figure 11 montre la fauſſe chenille de la figure 7,
dans le moment où elle acheve de ſe tirer de ſa dépouille.
d, dépouille qui a été preſque pouſſée ſur les derniers anneaux.

Dans la Figure 12, on voit la fauſſe chenille de la
figure 7, mais qui a mué, & qui alors eſt liſſe; en ſe dé-
faiſant de ſa dépouille, elle s'eſt défaite de ſes épines.

La Figure 13 repréſente dans ſa grandeur naturelle une
fauſſe chenille épineuſe à 22 jambes, qui vit de feuilles
de prunier. La même chenille eſt beaucoup groſſie dans la
figure 14.

La Figure 15 eſt celle d'une des épines de la fauſſe
chenille précédente, vûe au microſcope.

La Figure 16 eſt celle de la mouche à ſcie, dans laquelle s'eſt transformée la fauſſe chenille de la figure 13.
Cette mouche n'a paru que dans le mois d'Avril; elle a
paſſé l'hyver dans ſa coque; ſon corps eſt jaune, & ſes
aîles ſont teintes d'un brun un peu verdâtre.

La Figure 17 eſt celle d'une fauſſe chenille de l'aune
qui eſt parmi les fauſſes chenilles, ce que ſont parmi les
chenilles celles que j'ai appellées cloportes. Ses anneaux
s'emboîtent les uns dans les autres. Elle eſt plus applatie
que ne le ſont les fauſſes chenilles ordinaires; elle eſt verte.
J'ai eu une autre fauſſe chenille de l'aune, qui étoit blanche, & couverte de poudre; mais ſa figure étoit celle des
fauſſes chenilles ordinaires.

La Figure 18, eſt la figure 17 groſſie à la loupe.

Les Figures 19, 20 & 21 repréſentent la même fauſſe
chenille, qui eſt d'une des eſpéces de celles qui vivent de

feuilles de rofier. Elle eft étenduë dans la figure 19 ; mais
fon attitude la plus ordinaire, & qui eft finguliére, eft celle
de la figure 20, où elle eft roulée en barillet de bougie.
Elle eft encore roulée dans la figure 21 ; mais fon bout
poftérieur ne s'y éleve pas, comme il s'éleve dans la figure
20. Elle a 22 jambes ; le deffus de fon corps eft d'un
beau verd, & chacun de fes côtés a une bande d'un verd-
jaunâtre. Obfervée à la loupe, elle paroît chagrinée. De
petits grains blancs comme offeux, & faits en lames pointues, bordent le contour de chacun de fes anneaux.

PLANCHE XIII.

La Figure 1 repréfente dans fa grandeur naturelle &
étenduë une fauffe chenille qui fe nourrit de feuilles de
chevre-feuille.

Dans la Figure 2, la fauffe chenille de la figure premiére
eft roulée, comme elle l'eft ordinairement.

La Figure 3 eft celle de la tête de la fauffe chenille
précédente, vûe de face.

La Figure 4 montre une coque c attachée à une petite feuille de chevre-feuille. Elle eft de foye, & a été faite
par une fauffe chenille renfermée dans un poudrier où il
n'y avoit point de terre.

La Figure 5 eft celle d'une coque moins applatie que
la précédente, quoique faite par une fauffe chenille de
même efpéce que celle qui a fait l'autre coque.

La Figure 6 fait voir une moitié de la coque de la
figure 5 qui a été coupée tranfverfalement, afin qu'on en
pût tirer la nymphe qui y étoit renfermée. Le tiffu extérieur e e, eft différent du tiffu intérieur l. Chaque coque
entiére eft compofée de deux coques, dont l'une eft mife
dans l'autre ; mais cela fera mieux expliqué par les figures
de la planche 14.

La

La Figure 7 eſt celle d'une nymphe tirée d'une des
coques précédentes, de la nymphe dans laquelle ſe tranſ-
forme la fauſſe chenille des figures 1 & 2.

La Figure 8 repréſente la mouche dans laquelle la
nymphe de la figure 7 s'eſt métamorphoſée. Elle a ici
les aîles écartées du corps, comme elle les a quand elle
ſe diſpoſe à voler. Sa couleur approche de celle des mouches à miel. Ces mouches ſont ſorties chés moy de leurs
coques au commencement de Mai.

La Figure 9 montre très en grand, une des antennes
de la mouche précédente; elle eſt de ces antennes que
nous avons nommées en maſſue.

La Figure 10 repréſente encore une mouche d'une
fauſſe chenille du chevre-feuille; celle-ci a actuellement
ſes aîles croiſées ſur le corps; c'eſt le mâle, & celle de la
figure 8 eſt la fémelle; ſon corps eſt plus long, plus effilé
que celui de l'autre.

La Figure 11 fait voir en grand & par-deſſous, la tête
d'une des mouches précédentes. *d, d,* les deux grandes
dents ou mâchoires, qui ont chacune trois dentelûres ou
petites dents. Au-deſſous eſt la lévre inférieure, figurée en
palette, de chaque côté de laquelle partent deux appendices longuets.

Les Figures 12 & 13 repréſentent la même fauſſe chenille; elle eſt étenduë dans la figure 12, comme elle l'eſt
quand elle marche; & dans la figure 13, elle eſt roulée,
comme elle ſe roule volontiers. Cette fauſſe chenille vit
ſur la ſcrophulaire; elle a 22 jambes.

Les Figures 14 & 15 ſont encore celles de la fauſſe
chenille étenduë & roulée, des figures 12 & 13; mais les
nouvelles figures la repréſentent après ſa derniére muë.
La peau qu'elle a alors, n'a plus les couleurs & les taches
qu'avoit la peau qu'elle a quittée.

Tome V. S

La Figure 16 fait voir une des fauſſes chenilles précédentes dans une coque qu'elle s'eſt faite en liant enſemble des grains de terre pour s'y métamorphoſer en nymphe.
La coque dans ſon état naturel eſt fermée de toutes parts;
on lui a fait l'ouverture qui permet de voir la fauſſe chenille.

La Figure 17 montre dans ſa grandeur naturelle la
nymphe qui eſt groſſie dans la figure 18. Cette nymphe
a été tirée d'une coque ſemblable à celle de la figure 16.

Les Figures 19 & 20 repréſentent la mouche dans laquelle ſe transforme la fauſſe chenille des figures 12, 13,
14 & 15; elle a les aîles croiſées ſur le corps, figure 19,
& écartées du corps, figure 20. Son corps eſt plus allongé que ne l'eſt celui des mouches des fauſſes chenilles les
plus ordinaires; il a quelque choſe de la forme de celui
de certaines gueſpes, auquel il reſſemble encore par la
couleur. Ses anneaux ſont jaunes & bordés de noir.

La Figure 21 eſt celle de la partie poſtérieure du corps
de la fémelle en grand. *a*, l'anus. *l, l*, deux piéces qui compoſent l'étui de la ſcie. *ſ*, la ſcie.

La Figure 22 montre encore le bout poſtérieur du
corps de la même mouche, groſſi; mais dans un temps
où, en preſſant le ventre, on a obligé à paroître des parties qui ſont ordinairement cachées. *a*, l'anus. *l, l*, deux
lames écailleuſes, creuſées en cuillier, qui ſont l'étui de la
ſcie. *ſ*, la ſcie, ou, plus exactement, les deux ſcies appliquées
l'une contre l'autre. *d, d*, prolongements de chacune des
ſcies, qui ſont écailleux, & qui ſervent à les faire jouer
alternativement. *e, e*, tendons qui peuvent aider au jeu
des ſcies.

La Figure 23 fait voir en grand & de côté, la double
ſcie des figures précédentes. *ſq*, eſt le dos de la piéce,
dans laquelle eſt creuſée une couliſſe qui maintient les

deux fcies. *h*, eft une des fcies, & la feule vifible dans cette pofition, parce qu'elle eft immédiatement appliquée fur l'autre fcie qui lui eft égale & femblable. *d*, prolongement de la fcie, l'efpéce de manche qui fert à la faire jouer.

PLANCHE XIV.

Les Figures 1 & 2 font voir la même fauffe chenille du rofier en deux poftures différentes. Son corps eft plié en *f*, & fa partie poftérieure eft relevée dans la figure 1 ; dans la figure 2, fa partie poftérieure eft feule recourbée en deffous. La branche de rofier qui pendoit en bas lorfqu'elle a été deffinée, fe trouve ici dans une femblable pofition.

Dans la Figure 3, on a repréfenté la fauffe chenille des figures précédentes groffie & allongée, comme elle l'eft lorfqu'elle marche, pour faire voir l'arrangement de fes jambes.

La Figure 4 eft en grand celle d'une des jambes écailleufes de la fauffe chenille, une des fix premiéres. *c,c*, deux crochets par lefquels elle eft terminée.

La Figure 5 montre une feuille de rofier fur laquelle une fauffe chenille s'étoit faite une coque, parce qu'elle n'avoit point de terre dans laquelle elle pût entrer. *c*, la coque.

La Figure 6 fait voir une coque de ces fauffes chenilles, qui avoit été faite en terre ; mais qui, après en avoir été tirée, a été bien nettoyée, broffée & même lavée. On a voulu montrer que la coque eft double, qu'une coque d'un tiffu plus mince & plus ferré, eft contenue dans une coque d'un tiffu à groffes mailles & roides. *a,a*, partie de la coque extérieure. Le refte de cette coque a été emporté avec un canif ; ainfi la coque intérieure a été mife à découvert en *b*.

La Fig. 7 eft celle de la coque intérieure qui a été tirée hors de la portion de la coque extérieure *a a*, figure 6.

La Figure 8 eft la portion de la coque extérieure *a a,* qui eft actuellement vuide, parce que la coque de la figure 7, en eft dehors.

La Figure 9 eft en grand, celle d'une portion du rezeau de la coque extérieure.

La Figure 10 repréfente une des mouches qui fortent des coques précédentes, de celles dans lefquelles les fauffes chenilles des figures 1 & 2 fe transforment, après avoir paffé par l'état de nymphe. Elle eft vûe par-deffus dans cette figure, ayant les aîles croifées fur le corps.

Les Figures 11 & 12 repréfentent deux mouches de même efpéce que la précédente, mais de différent fexe, vûes par-deffous. La figure 11, qui eft celle de la fémelle, a en *f,* une fente où la fcie eft logée; on ne voit point une pareille fente à la figure 12, qui eft celle de la mouche mâle.

La Figure 13 montre dans fa grandeur naturelle une branche de rofier, dans laquelle la mouche de la figure 11 a fait diverfes entailles, pour y loger autant d'œufs qu'elle a fait d'entailles. Ces entailles font difpofées fur une même ligne entre *o,* & *p.*

Dans la Figure 14, une portion de la branche précédente eft groffie à la loupe; les entailles y font plus fenfibles.

La Figure 15 eft celle d'une portion de branche groffie au microfcope. Elle n'a que deux entailles *e, e,* mais dont la direction & la courbûre eft mieux exprimée, & rendue plus fenfible que dans les figures précédentes.

La Figure 16 eft encore deffinée au microfcope, & fait voir l'état où fe trouvent au bout de quelques jours, les

parties qui répondent à deux entailles, telles que celles *e, e,*
figure 15, qui étoient recemment faites. On voit les deux
convexités qui se font formées en *e, e.*

La figure 17, qui n'eft pas groffie confidérablement,
fait voir une file d'entailles obfervées dans un temps
encore plus avancé que celles de la figure précédente.
Alors elles forment une file de demi-grains de cha‑
pelet.

La Figure 18 a été vûe avec un verre qui groffiffoit
autant que celui à l'aide duquel on a deffiné les figures
15 & 16. Dans la figure 18, on a enlevé l'écorce *p e e,*
& une mince feuille du bois qui recouvroit la partie d'une
branche de rofier qui avoit été entaillée; ainfi, on a
mis à découvert la file de cellules, dont on ne voit que
les fentes ou ouvertures dans les autres figures. *d f c, c f d,*
font deux de ces cellules. *o, o,* l'œuf que chacune d'elles
renferme. *f,* les fibres ligneufes qui ont été forcées de pren‑
dre de la convexité, pendant que l'œuf qu'elles couvrent,
a pris plus de volume.

PLANCHE XV.

La Figure 1 repréfente dans fa grandeur naturelle un
morceau de branche de rofier, dans lequel eft une entaille
o f f o, où des œufs font arrangés dans deux files; la
mouche à fcie qui a fait l'entaille & arrangé les œufs, eft
d'une efpéce différente de celle des figures 10, 11 & 12,
planche 14. *f f, o o,* les deux files d'œufs.

La Figure 2 eft la figure 1 groffie à la loupe.

Dans la Figure 3, on n'a qu'une portion d'une des
figures précédentes; mais vûe au travers d'un verre qui
groffiffoit plus que celui dont on s'étoit fervi pour la
figure 2. Ici on diftingue aifément les efpéces de boîtes

ligneufes, dans chacune defquelles un œuf eft logé. *o, o, o,*
f, f, f, fix œufs pofés dans fix cellules. Plus les œufs groffiffent, & plus ils font à découvert; en croiffant, ils obligent
l'entaille à s'ouvrir de plus en plus.

La Figure 4 repréfente en grand une antenne de la
mouche de la figure 12, planche 14. De chaque côté
cette antenne eft bordée d'une frange de poils *ad, ad.*
La mouche à laquelle elle appartient, eft mâle.

La Figure 5 montre une autre antenne auffi ou plus
groffie que celle de la figure précédente, mais qui n'a
point la frange de poils qu'a l'autre. Elle eft l'antenne de
la mouche de la figure 11, planche 14, c'eft-à-dire, qu'elle
eft l'antenne de la fémelle.

La Figure 6 eft celle d'une mouche qui fait les entailles où elle loge fes œufs, dans les groffes côtes des
feuilles de rofier. Elle paroît ici occupée à faire entrer fa
fcie dans la côte d'une feuille nouvellement développée,
& qui eft encore pliée en deux. Cette mouche eft toute
noire, elle a feulement une partie de chaque jambe jaunâtre.

La Figure 7 fait voir le derriére de la mouche à fcie
de la figure 11, planche 14, extrémement groffi, & par-
deffous. *l, l,* deux lames creufes, qui enfemble fervent à
couvrir la fcie, à lui faire une efpéce d'étui; le bout de
chacune de ces lames, a un bordé noir & écailleux. Le
refte eft jaune, & a moins de confiftance.

La Figure 8 eft celle du bout poftérieur du corps de la
même mouche, qui eft repréfenté dans la figure 7, mais qui
ici eft vû dans un temps différent, fçavoir, dans un moment,
où, en preffant le ventre entre deux doigts, on force la
fcie à fe montrer. *le, le,* les deux piéces, qui dans les
temps ordinaires, couvrent la fcie, & qui étant un peu

écartées l'une de l'autre, la laiſſent paroître. ſ, la ſcie.
a, l'anus.

La Figure 9 montre la ſcie marquée ſ, figure 8, détachée du ventre, extrémement groſſie, à plat & de côté.
cr, eſt un des côtés de la couliſſe, dans laquelle le dos de
la double ſcie, ou les dos des deux ſcies ſont logés. *ſd,* la
double ſcie avec ſes dents. Sur le plat de la même ſcie,
ſont d'autres dents ſemblables à celles des peignes, expri-
mées plus en grand & plus nettement dans la figure 11.

Dans la Figure 10, on a ſéparé l'une de l'autre les deux
ſcies, qui enſemble compoſent la double ſcie. *c r*, une
des piéces écailleuſes, qui fait un des côtés de la couliſſe.
e a ſ x, une des ſcies qui a été tirée de ſa couliſſe, & jettée
ſur le côté. *ʒ d t*, l'autre ſcie qui eſt reſtée en place, & qui
eſt en partie dans ſa couliſſe. *t*, portion de la queue de la
ſcie *ʒ*. *x*, portion de la queue de la ſcie *ſ*.

La Figure 11 repréſente le bout, & une petite portion
d'une des ſcies *e a ſ*, ou *ʒ d*, vûe avec un microſcope qui
groſſit beaucoup. *p, p, p*, les dents ſemblables à celles d'un
peigne, diſtribuées en autant de rangs qu'il y a de dents
ſur le tranchant de la ſcie ; la face où elles ſont, l'extérieure a quelque convexité. *ſ, d, d, d, d*, les grandes dents
de la ſcie, qui ſont elles-mêmes dentellées ; leurs dentelûres ſont inclinées vers la pointe de la ſcie.

La Figure 12 fait voir de face le dos de l'aſſemblage
qui forme la couliſſe. *cr, c r*, deux piéces écailleuſes. On
ne voit qu'une de ces piéces, marquée par les mêmes
lettres dans les figures 9 & 10. *m, n*, membranes qui tiennent aſſemblées les parties écailleuſes *c r, c r*, & qui leur
permettent de s'écarter plus ou moins. *b, b*, bouquets de
poils. *a, a*, chairs qui tiennent aux piéces qui compoſent
la couliſſe.

La Figure 13 repréſente une des deux ſcies qui a été ôtée à une mouche d'une eſpéce différente de celle des roſiers, & ſert à donner un exemple des variétés qu'on peut trouver entre les ſcies des différentes mouches. Sur le plat, ou plûtôt ſur le convexe de la derniére, on ne découvre point de ces dents en peigne marquées *p, p, p,* figure 11. On voit auſſi que les grandes dents ſaillent moins, ſortent moins de la ſcie, que ne ſortent celles de la figure qui vient d'être citée.

La Figure 14 n'eſt que celle d'une portion de la figure 13; mais on voit mieux dans cette figure que dans la précédente, que les grandes dents *d d d,* ſont elles-mêmes dentellées, & que leur dentelûre eſt plus fine que celle des dents de la figure 11.

QUATRIEME

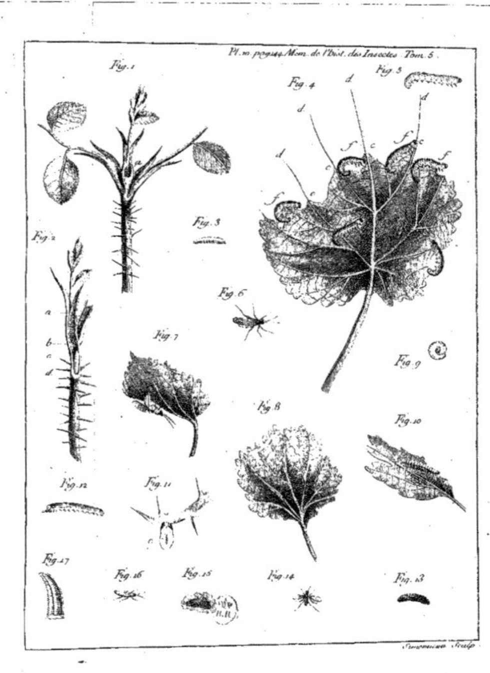

Pl. 10 page 144. Mém. de l'Hist. des Insectes. Tom. 5.
Fig. 1
Fig. 2
Fig. 3
Fig. 4
Fig. 5
Fig. 6
Fig. 7
Fig. 8
Fig. 9
Fig. 10
Fig. 11
Fig. 12
Fig. 13
Fig. 14
Fig. 15
Fig. 16
Fig. 17

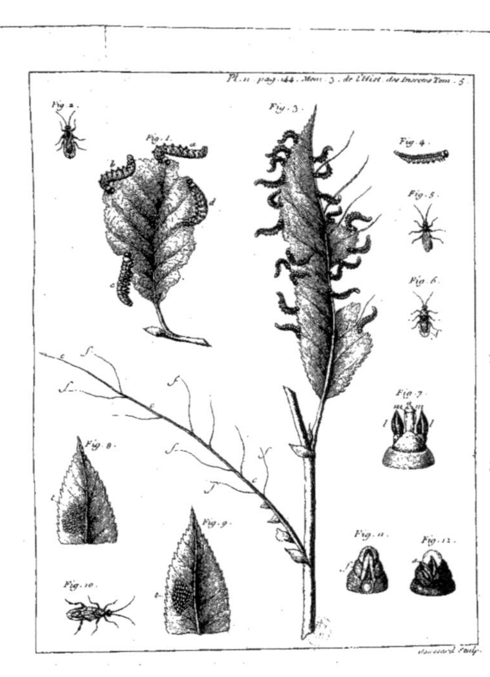

Pl. 11. pag. 44. Mem. 3. de l'Hist. des Insectes Tom. 5.
Fig. 1.
Fig. 2.
Fig. 3.
Fig. 4.
Fig. 5.
Fig. 6.
Fig. 7.
Fig. 8.
Fig. 9.
Fig. 10.
Fig. 11.
Fig. 12.

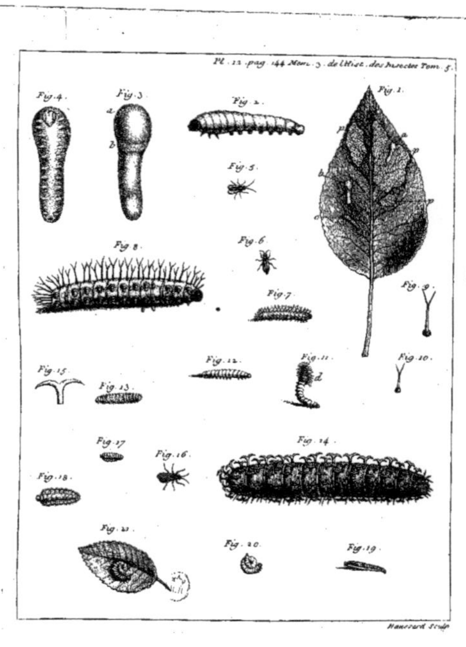

Pl. 12. pag. 144. Mem. 3. de l'Hist. des Insectes Tom. 5.
Fig. 1.
Fig. 2.
Fig. 3.
Fig. 4.
Fig. 5.
Fig. 6.
Fig. 7.
Fig. 8.
Fig. 9.
Fig. 10.
Fig. 11.
Fig. 12.
Fig. 13.
Fig. 14.
Fig. 15.
Fig. 16.
Fig. 17.
Fig. 18.
Fig. 19.
Fig. 20.
Fig. 21.
Haincourt Sculp.

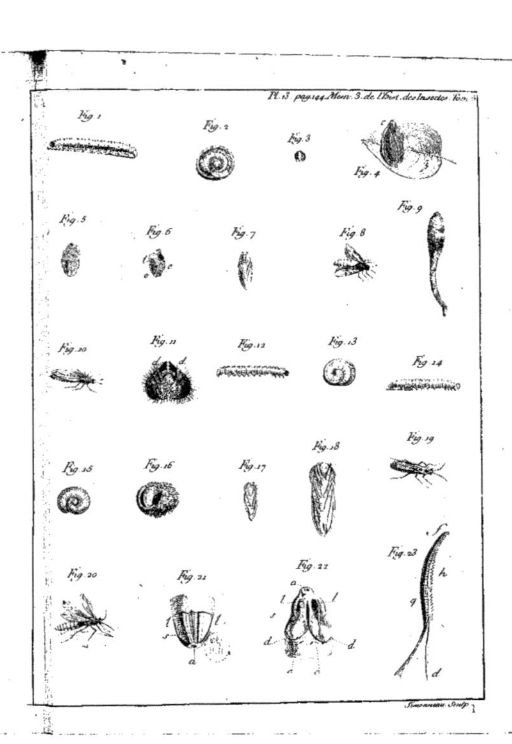

Pl. 13. pag. 144. Mem. 3. de l'Hist. des Insectes. Tom.
Fig. 1
Fig. 2
Fig. 3
Fig. 4
Fig. 5
Fig. 6
Fig. 7
Fig. 8
Fig. 9
Fig. 10
Fig. 11
Fig. 12
Fig. 13
Fig. 14
Fig. 15
Fig. 16
Fig. 17
Fig. 18
Fig. 19
Fig. 20
Fig. 21
Fig. 22
Fig. 23

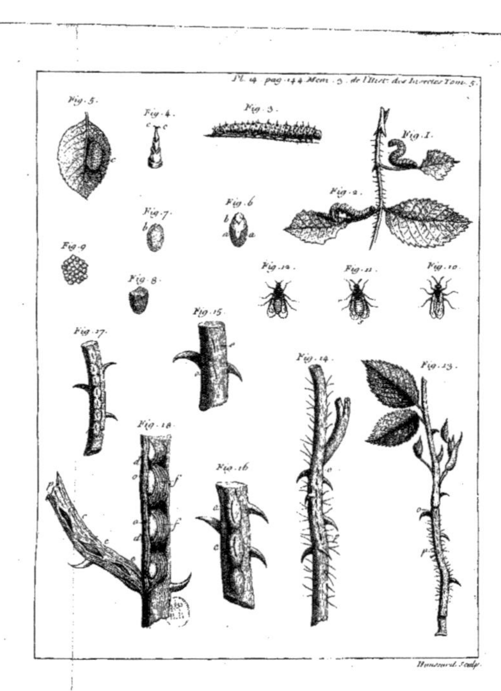

Pl. 4. pag. 144. Mem. 5. de l'Hist. des Insectes Tom. 5.
Fig. 5.
Fig. 4.
Fig. 3.
Fig. 1.
Fig. 2.
Fig. 7.
Fig. 6.
Fig. 9.
Fig. 12.
Fig. 11.
Fig. 10.
Fig. 8.
Fig. 17.
Fig. 15.
Fig. 14.
Fig. 13.
Fig. 18.
Fig. 16.
Haussard Sculp.

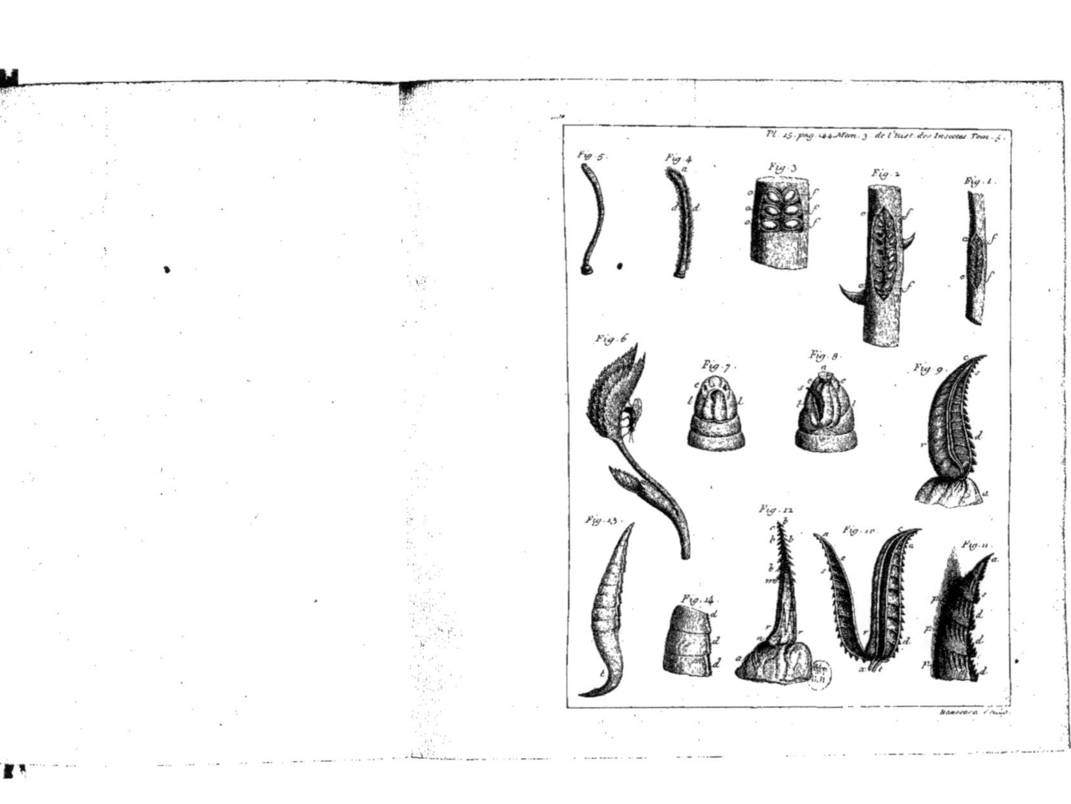

Pl. 15. pag. 144. Mem. 3. de l'Hist. des Insectes Tom. 5.
Fig. 5.
Fig. 4.
Fig. 3.
Fig. 2.
Fig. 1.
Fig. 6.
Fig. 7.
Fig. 8.
Fig. 9.
Fig. 13.
Fig. 12.
Fig. 10.
Fig. 11.
Fig. 14.

QUATRIE'ME MEMOIRE.

SUR LES CIGALES;

ET SUR QUELQUES MOUCHES
de genres approchants du leur.

LEs Cigales ne font pas de ces infectes qui ont refté ignorés pendant une longue fuite de fiécles; elles ne font pas de ceux qui n'ont pû être découverts que par des Obfervateurs curieux & attentifs; elles ont été connues il y a long-temps. La groffeur de celles * qui font les plus communes, les met à portée des yeux les moins accoû- tumés à s'arrêter fur de petits objets. D'ailleurs elles font renommées pour leur chant. Cette efpéce de chant, ou de bruit qu'elles font entendre vers le temps de la moiffon, & qui ne plaît pas toûjours, les a fait chercher par ceux mêmes qui fe foucioient le moins de connoître les petits animaux. Ils ont voulu fçavoir d'où venoit un bruit qui les importunoit. Les pays chauds font ceux où elles fe plaifent. Dans le Royaume, je ne fçache pas qu'on les connoiffe ailleurs que dans la Provence & dans le Languedoc. Mais comme on a par tout ouï parler de leur chant, dans plufieurs provinces où on ne trouve point de cigales, on en donne le nom à certaines efpéces de fauterelles, foit aîlées, foit non aîlées, qui font de grandes chanteufes. Quelques-unes de ces provinces peuvent pourtant avoir des cigales, mais qui n'y ont pas été obfer- vées, parce qu'elles y font rares. Il y a quelques années que M. du Hamel m'apporta une dépouille bien com- plette, & qui lui fembloit avoir été laiffée par un fcarabé

* Pl. 16. fig. 1, 2, 5 & 6.

Tome V. .T

dans l'inftant où il s'étoit transformé. Il l'avoit trouvée à fa terre de Nainvilliers, près de Petiviers en Beauce. Je l'affurai qu'une cigale étoit fortie de cette dépouille; que cette dépouille apprenoit qu'il devoit trouver des cigales dans fa terre. Il y en chercha l'année fuivante, & il y en trouva quelques-unes qu'il m'a données, & qui font de l'efpéce des plus grandes cigales * de la Provence & du Languedoc.

* Pl. 16. fig. 1.

Ce n'eft pas parce que les cigales font des mouches à corps court ou ellipfoïde, que nous nous fommes déterminés à les placer à la fuite des mouches à fcie ; mais parce qu'elles leur reffemblent par l'induftrie avec laquelle elles mettent leurs œufs à couvert & en fûreté. Elles font d'ailleurs bien autrement grandes que les mouches à fcie. Parmi les genres de mouches à corps court, il n'y en a point dans le Royaume, dont les mouches ayent le corps auffi gros que celui des cigales des grandes efpéces; le corps des cigales des petites efpéces *, eft encore plus gros que celui des frelons, c'eft-à-dire, que celui des mouches que nous regardons comme fort groffes.

* Fig. 8 & 9.

Au premier coup d'œil, la forme de la cigale paroît groffiére. La tête * n'eft pas proportionnée avec les autres parties, comme elle l'eft communement dans les autres infectes, & fur-tout dans les autres mouches. Elle eft large & courte. Les deux yeux à rezeau * y font, l'un à droite & l'autre à gauche, tout près de fon bout poftérieur. Depuis la convexité d'un de ces yeux, jufqu'à celle de l'autre, il y a une diftance égale au diametre du corcelet dans l'endroit où il eft le plus gros ; & la diftance depuis le milieu du bout poftérieur de la tête jufqu'au bout antérieur, prife en deffus, n'eft au plus qu'égale au tiers de celle qu'il y a entre les convexités des deux yeux : auffi le devant de la tête eft-il obtus.

* Fig. 1. & 2.

* Fig. 1, 2, 5 & 6. i, i.

Les yeux à rezeau ont par leur figure oblongue, quelque reſſemblance avec ceux des écreviſſes, mais ſans être mobiles comme ces derniers dans leur orbite. Entre ces yeux, qui ſont taillés à un nombre prodigieux de facettes, car leur rezeau eſt extrémement fin, il y en a trois * de ceux que nous avons nommés des yeux liſſes, diſpoſés triangulairement ſur la tête. *Pl. 16. fig. 1.

Les mouches de ce genre ſont de celles qui ont un corcelet compoſé de deux piéces, ou, ſi l'on veut, qui ont deux corcelets. La tête eſt jointe & appliquée au corcelet antérieur * par un col ſi court, qu'il eſt toûjours caché. Le corcelet antérieur peut jouer ſur le poſtérieur * auquel il eſt uni. Il peut ſe mouvoir pour permettre à la tête de deſcendre un peu plus bas. C'eſt encore de ce que ces corcelets ont d'un côté à l'autre un diametre à peu près égal, & égal à celui de la tête, que la cigale paroît aſſés groſſiérement façonnée. Il y a pourtant quelque travail ſur le corcelet antérieur, un triangle y eſt ſculpté, ſes côtés ſont gravés en creux; on y voit auſſi quelques traits en creux paralleles aux côtés de ce triangle. Le deſſus du ſecond corcelet eſt plus liſſe & plus luiſant; vers le milieu de ſon bout poſtérieur, il a pourtant un petit cordon qui s'éleve au-deſſus du reſte. Enfin, le bord de ſa partie ſupérieure & poſtérieure ſe releve au-deſſus d'un ſillon qui le précéde. *Fig. 1 & 6. *k e e k.* *c c.*

Les quatre aîles de la cigale ſont tranſparentes. Les ſupérieures * beaucoup plus grandes que les inférieures *, ont des nervûres opaques, très-marquées, très-fortes & très-capables de ſoûtenir le tiſſu mince qui remplit les intervales qu'elles laiſſent entr'elles. Ces deux aîles ſupérieures ſont attachées au ſecond corcelet tout près de ſa jonction avec le premier; & les inférieures ont leur attache aſſés proche de la jonction de ce corcelet avec le premier des *Fig. 6. *l, l.* *m, m.*

Pl. 16. fig. 1. anneaux du corps. Elles font toutes quatre pofées en toit*, elles s'appliquent pourtant fur le corps, dont une portion refte à découvert.

Pour achever de décrire tout de fuite ce que nous offre la partie fupérieure de cette groffe mouche, nous dirons qu'on y compte huit anneaux, fi on veut mettre au nombre des anneaux une partie oblongue & conique, par laquelle le corps eft terminé, quoiqu'elle ne foit pas compofée de deux piéces dans les fémelles, comme les autres le font. Le premier anneau eft le plus large de tous; le fecond plus étroit, l'eft moins que le troifiéme, le quatriéme, le cinquiéme & le fixiéme; mais le feptiéme égale pour le moins le fecond en largeur. D'un côté à l'autre, le diametre des cinq premiers eft à peu-près égal, mais celui du fixiéme eft plus petit fenfiblement que le diametre de celui qui le précede, & furpaffe le diametre du feptiéme, qui eft plus grand que celui du dernier anneau. Auffi le *Fig. 5. z* corps du mâle*, & celui de la fémelle* fe terminent en *Figure 2.* pointe; mais la pointe du corps de la fémelle eft plus allongée. Tous les anneaux font écailleux, ils n'ont aucun poil fenfible à la vûe fimple; ce n'eft qu'autour des yeux à rezeau & fur le deffous de la tête & des corcelets, qu'on en découvre, fur-tout fi on les cherche avec une loupe.

Mais ce font les parties que peut montrer le deffous de la cigale, qui nous arrêteront le plus dans ce Memoire. *Fig. 2 &* C'eft-là qu'on peut voir fa trompe*; c'eft-là qu'on peut *5. t.* voir fur les fémelles où eft pofé l'inftrument* avec lequel *Fig. 2. f.* elles parviennent à percer les trous dans lefquels elles lo- *Fig. 2. u, u.* gent leurs œufs. C'eft-là enfin, qu'on trouve aux mâles* les organes qui produifent cette efpéce de chant qui a tant fait célébrer la cigale. Heureufement que ces parties, les plus finguliéres de l'extérieur de ces mouches de l'un & de l'autre fexe, peuvent être bien vûes fur celles qui font mortes ; & que pour les étudier & les difséquer à l'aife, il faudroit faire périr les cigales qu'on auroit vivantes; car je me fuis trouvé engagé à écrire leur hiftoire fans en avoir jamais entendu chanter une, & fans en avoir jamais poffedé une en vie. Je n'en ai pu découvrir aucune dans les environs de Paris, ni dans les autres cantons du Royaume où j'ai été à portée de faire des obfervations. Les regrets que j'avois de ne pouvoir obferver vivant un genre d'infectes, à qui une place étoit fi dûe dans nos Mémoires, ont cefsé lorfque j'ai vû beaucoup d'habiles gens fe préter dans le Royaume, & hors du Royaume, à me procurer des connoifsances que je défirois. Dans le Languedoc, feu M. Lefévre Médecin d'Uzez, qui a communiqué à l'Académie beaucoup d'expériences qui ont paru curieufes; feu M. Lefévre, dis-je, m'a envoyé des cigales telles qu'elles font en été, & m'en a envoyé fous la forme qu'elles ont avant que de s'être métamorphofées. M. Sauvage fçavant Profefseur en Médecine à Montpellier, & de la Societé des Sciences de la même Ville, a eu aufsi attention de m'en procurer. M. Granger, ce Voyageur fi plein de courage, à la mort duquel toutes les parties de l'Hiftoire Naturelle, & la Botanique fur-tout, ont tant perdu, m'a fait parvenir des cigales d'Egypte. Mais les cigales fe trouvafsent-elles naturellement aux environs de Paris, & y euffai-je employé un grand nombre de perfonnes à m'en chercher, je n'en euffe pas été plus fourni que je l'ai été de celles de toutes efpéces, & de l'un & de l'autre fexe, des environs d'Avignon, par les foins de M. le Marquis de Caumont. Son penchant naturel le porte à obliger, & fur-tout à obliger ceux qui, comme lui, aiment les feiences; mais je me fais un plaifir de penfer, & je le penfe fur de bonnes preuves, que fon amitié pour moy lui fait faire bien au-delà de ce qu'il

feroit pour des Sçavants qui ne lui feroient pas auffi attachés que je le fuis. Il ne s'eft pas contenté de faire lui-
même les recherches & les obfervations que je lui avois
marqué défirer être faites ; il a engagé plufieurs perfonnes
à le feconder, & entr'autres M. Alphons, qui, quoiqu'occupé journellement de bonnes œuvres, trouve du temps
pour étudier les infectes, & en a trouvé affés pour me
fournir les obfervations que j'avois le plus d'envie d'avoir
par rapport aux cigales.

Apparemment que nous euffions pû nous difpenfer
de traiter des cigales, de faire graver des figures qui repréfentent celles de différentes efpéces & de différents
fexes, & leurs parties les plus remarquables, fi des circonftances que nous ignorons n'euffent pas empêché
jufqu'à préfent M. Pontedera d'en publier l'hiftoire qu'il
avoit fait efpérer, & qu'il avoit promis d'accompagner de
figures. Ce qu'il a rapporté de ces groffes mouches, dans
une lettre écrite à M. Sherard dans le mois d'Octobre
1717, & imprimée enfuite à Padouë, prouve qu'il les a
étudiées avec un foin & une attention qui n'ont pu manquer de lui faire faire beaucoup d'obfervations fûres &
curieufes.

Ariftote & les anciens après lui, ont réduit les cigales
à deux efpéces, qui différent principalement par la grandeur ; il a nommé celles de la plus grande efpéce *achetæ*,
& celles de la petite efpéce *tettigoniæ*. M. Pontedera, dans
la lettre que nous venons de citer, dit auffi qu'il ne connoît que deux fortes de cigales, des grandes & des petites ;
mais qu'il connoît deux efpéces des unes & des autres.
Il a fait un ufage du nom d'efpéce, qu'on n'a pas coûtume
d'en faire lorfqu'il s'agit des animaux ; les cigales de deux
fexes différents, le mâle & la femelle, font pour lui de
deux efpéces différentes. Il s'eft cru autorifé apparemment

à cette dénomination, parce que les Botaniftes regardent comme des efpéces de plantes différentes celles qu'ils di- fent être d'un fexe différent; mais les fexes des plantes ne font ni auffi fûrement connus, ni connus depuis auffi long-temps que ceux des animaux, ce qui fait qu'on ne feroit pas auffi hardi à affûrer de deux plantes qu'elles ne différent qu'en fexe, qu'on l'eft à l'affûrer de deux ani- maux. Quoi qu'il en foit, M. Pontedera convient qu'il ne connoît réellement que les grandes cigales * qu'Ariftote a nommées Achetes, & les petites * qu'il a nommées Tettigonies. A ces deux efpéces, j'en ai une troifiéme * à ajoûter, qui eft d'une grandeur moyenne entre les grandeurs des deux autres, & qui en différe encore par d'autres endroits. A en juger par la grandeur de la cigale qu'Aldrovande a fait repréfenter pour une tettigonie, & par ce qu'il dit des lignes dorées qu'elle a fur le corps qu'il confond avec le corcelet, fa tettigonie eft notre cigale de l'efpéce moyenne *, & la plus petite efpéce de cigales lui auroit été inconnue.

    Outre les différences de grandeur qui peuvent faire aifément diftinguer trois efpéces de cigales les unes des autres, elles ont encore entr'elles des variétés de couleur très-propres à les faire reconnoître. La grande efpéce eft en deffus la plus brune des trois. Le corps & les corce- lets y font d'un brun luifant prefque noir. Le premier corcelet a pourtant un bordé d'un jaune-brun, tout au- tour de fon contour poftérieur. Il a encore une ligne droite du même jaune dirigée vers la tête, & qui le divife en deux également; quelquefois on y apperçoit de plus, deux ou trois points jaunâtres. Les parties du bord pofté- rieur du fecond corcelet, qui font plus relevées que le refte, font auffi jaunâtres. Le jaune domine bien autre- ment fur les cigales de l'efpéce de moyenne grandeur *.

* Pl. 16. fig. 1, 2, 5 & 6.
* Fig. 8 & 9.
* Fig. 7.

* Fig. 7.

* Fig. 7.

Le premier corcelet de celles-ci, a plus de jaune que de brun; le fecond corcelet a auffi beaucoup de jaune; il a deux taches de cette couleur pofées l'une contre l'autre près de fon milieu, qui ont quelque chofe de la figure d'un X mal formé. Près de l'origine de chaque aîle, il y a encore une autre tache jaune; plus de la moitié de la partie fupérieure de chaque anneau eft jaunâtre. Enfin, les aîles fupérieures font picquées de huit à dix points d'un brun prefque noir, qu'on ne trouve point aux aîles des cigales de la grande efpéce.

*Pl. 16. fig. 8 &. 9 Les cigales de la troifiéme ou plus petite efpéce *, font appellées cigalons, près d'Avignon; elles ont moins de jaune que celles de la feconde, & plus que celles de la premiére efpéce. Quelques-unes ont une teinte rougeâtre. Tous les anneaux de leur corps, ont un étroit bordé jaune. Quatre rayes jaunes un peu tortueufes, font couchées fur le fecond corcelet à peu-près parallelement les unes aux autres, & dirigées fuivant la longueur du corps. Il y a beaucoup de jaunâtre fur le premier corcelet. Si on approche les aîles des cigales de cette petite efpéce, de celles des cigales des deux premiéres efpéces, elles paroiffent fales en comparaifon des autres aîles. On leur trouve une teinte jaunâtre qui aide à faire briller le luifant argenté des premiers. A ces trois efpéces, il y en aura apparemment encore d'autres à ajoûter, lorfqu'on obfervera les cigales de différents pays avec une nouvelle attention. Le nombre des efpéces de ces mouches eft prefque déja trop grand, pour qu'on puiffe les diftinguer les unes des autres fimplement par la grandeur; mais on pourra les caractérifer par d'autres particularités qu'elles nous offrent; les différences de couleurs, & les différentes diftributions des mêmes couleurs, y peuvent feules fuffire.

Venons à confidérer par-deffous nos cigales que nous

n'avons

n'avons encore fait voir qu'en deffus. Les plus bruns,
celles de la plus grande efpéce, ont le ventre d'une couleur
plus claire que celle du deffus du corps; il eft d'un jaunâtre
fale & pâle, excepté près des bords, où l'on trouve encore
deux bandes brunes. Ces bandes font des portions des
mêmes arcs écailleux, qui recouvrent le deffus du corps;
chacun de ces arcs * fe recourbe de chaque côté pour   * Pl. 16. fig.
venir finir fur le ventre, & pour y être affemblé à une   4. *a a*, *b b*,
lame écailleufe, comme ils le font eux - mêmes, mais   *c c*, &c.
moins convexe. Elle eft prefque platte, plus épaiffe pourtant vers fon milieu que près de fes bords; dans toute fon
étendue, elle eft d'un jaunâtre pâle. Une de ces lames &
l'arc auquel elle eft jointe, forment enfemble un anneau
complet.

Si on oblige le ventre de s'allonger, c'eft-à-dire, fi on
écarte les lames blancheâtres les unes des autres, autant
qu'elles peuvent s'écarter, on met à découvert les ftigmates du corps. Il y en a deux * entre deux lames, un de   * *ff, ff,* &c.
chaque côté, placé tout près de la jonction d'une lame
avec l'arc écailleux qui lui correfpond.

Nous n'avons pas encore achevé la defcription de la
tête de la cigale, parce que nous n'avons pas encore parlé
de ce qu'on en voit en confidérant le deffous. Nous
n'avons pas même encore parlé de deux antennes * qui   * Fig. 1 &
pourroient échapper par leur petiteffe, elles n'ont que   2, &c. *a, a.*
quelques lignes de longueur. On peut pourtant les appercevoir en ne voyant la tête que par-deffus, mais il
faut la regarder par-deffous pour voir leur origine *.   * Fig. 2.
Chacune d'elles eft pofée affés près d'un des yeux à rezeau, & part de deffous une petite lame cartilagineufe
qui fe trouve fur le contour qui fait la féparation de la
partie inférieure, & de la partie fupérieure. Une loupe
forte fait voir que chaque antenne * eft compofée de   * Fig. 3.

Tome V.   V

cinq à fix piéces articulées bout à bout, & déliées de plus
en plus; celle de l'extrémité eft aufli fine qu'un cheveu,
& celle de la bafe eft fenfiblement plus groffe.

Du bout antérieur de la tête part une piéce de figure
triangulaire *, qui femble être une efpéce de très grand
menton, qui fe plie pour couvrir le deffous de la tête, &
qui s'étend plus loin. Sa bafe a une largeur égale à la
diftance qui eft entre les yeux à rezeau, & fa pointe va
bien par-delà la ligne dans laquelle font les attaches des
deux premiéres jambes. Le milieu de cette piéce eft relevé en boffe conique, & eft orné de cannelûres tranfverfales. La bafe de ce demi-cone fait le bout de la tête
vûe par deffus. Le fommet du cone fe rend à la pointe
de la piéce triangulaire. C'eft de la pointe de cette piéce
que fort la trompe *, au moyen de laquelle la cigale eft en
état de prendre pour nourriture autre chofe que la rofée
dont les anciens l'ont fait vivre. Avec fa trompe elle peut
aller puifer dans les vaiffeaux des feuilles & des branches
dès arbres, le fuc qui y eft contenu. Je trouve aufli dans
une lettre de M. Alphons, que lorfqu'il faififfoit une cigale
attachée à un arbre, il lui eft fouvent arrivé de tirer avec
peine la trompe dont le bout étoit piqué dans l'écorce.
Avant fa transformation, avant que d'être mouche, ce
n'étoit que des racines des plantes qu'elle pouvoit tirer
les aliments néceffaires pour fon accroiffement, comme
nous le dirons bientôt ; alors cependant elle n'étoit pourvûe que d'une trompe pareille à celle qu'elle a étant cigale.
Il y a donc apparence que cette trompe, qui lui a été
confervée dans fa métamorphofe, doit lui fervir à un ufage
femblable à celui auquel elle lui a été néceffaire fous fa
premiére forme; qu'elle s'en fert pour pomper la feve des
branches ou des feuilles, comme elle s'en fervoit auparavant pour pomper celle des racines.

Un corps délié & long *, une espéce de gros fil sem-   * Pl. 16. fig.
ble partir de la pointe triangulaire ; il a à peu-près la 2. *t.*
grosseur & la longueur d'une petite épingle. Il est appliqué contre le second corcelet, & va par-delà l'endroit
où sont articulées les jambes de la troisiéme paire. Ce
corps délié n'est pas la trompe, il n'en est que l'étui, &
ce n'est pas du menton qu'il part comme les apparences
portent à le croire. Pour voir la véritable origine de ce
fourreau de la trompe, & pour voir la trompe même,
il faut faire violence à l'espéce de menton, le soûlever,
tâcher de le redresser un peu *. Pour peu qu'on le re- * Fig. 10. *p.*
dresse, ce qui n'est pas difficile, on oblige une partie de la
trompe * à paroître à découvert ; celle-ci tient réellement * *t.*
à la pointe du menton, aussi le menton ne sçauroit être
soûlevé sans que la trompe le soit. Or, lorsque la trompe
est obligée de suivre le mouvement de la pointe du menton, il lui arrive souvent de se tirer de son fourreau ; celui-
ci reste en arriére, parce que son bout antérieur, ou sa base,
est attachée fixement à des parties membraneuses qui se
trouvent au-dessous du menton, vis-à-vis son milieu,
mais auquel elles ne tiennent point. Pour faire prendre
une idée encore plus nette de la position de la trompe,
& de celle de son étui, ayons recours à une comparaison noble pour la cigale ; comparons le bout de son
menton, au bout du nôtre, & les parties charnues ou
membraneuses qui sont sous son menton, à celles de notre
gorge. C'est de ces parties charnues, analogues à celles de
notre gorge, que l'étui tire son origine, & c'est de la
pointe du menton que part la trompe. Quand celle-ci
s'éloigne de l'endroit où elle est ordinairement, son fourreau ne la suit pas toûjours, elle en sort, & c'est à elle à
le venir retrouver quand elle doit y être renfermée. Il y
a pourtant des circonstances où le fourreau peut suivre la

trompe, fçavoir, lorfque la cigale donne aux chairs d'où il part, un mouvement qui fait qu'elles accompagnent elles mêmes le menton.

Le fourreau* eſt une eſpéce de gouttiére, à laquelle il ne paroît tout du long qu'une legére fente; cette fente eſt ſur la face qui eſt en vûe lorſqu'on regarde la cigale par-deſ-ſous. La gouttiére eſt aſſés ſolide, faite en grande partie de matiéres cartilagineuſes; elle peut ſe reſſerrer au point que la fente n'eſt que le terme des deux bords ou levres qui ſe touchent; & elle peut s'ouvrir lorſqu'il en eſt be-ſoin pour laiſſer ſortir la trompe. Ce fourreau eſt plus renflé qu'ailleurs auprès de ſa baſe, delà il va en dimi-nuant de diametre juſques un peu par-delà la pointe du menton *. Dans le reſte de ſa longueur il eſt plus menu, & a à peu-près par-tout le même diametre, juſqu'à ſon bout qui eſt arrondi. Une portion de la partie la plus ren-flée ſemble avoir deux articulations*; on y voit au moins deux traits tranſverſaux plus enfoncés que le reſte. Au-deſſous de cette même portion on doit remarquer des cartilages bruns qui forment un ceïntre en forme de go-det *. Ces cartilages peuvent être comparés à nos clavi-cules; c'eſt ſur l'eſpéce de bec du godet que poſe une partie de l'étui; le reſte du contour du godet, eſt, pour ainſi dire, une mentonniére deſtinée à ſoûtenir le menton.

Quand on conſidére le fourreau avec une forte loupe, elle y fait découvrir beaucoup de poils. Ceux de ſon bout ſe font plus remarquer que les autres, parce qu'ils ſont diſpoſés en rayons. On remarque auſſi de chaque côté de la fente, des poils qui y ſont dirigés perpendiculairement & horizontalement, ils font deux eſpéces de franges, mais légérement fournies.

Nous venons de voir que lorſqu'on ſoûleve le men-ton, la partie de la trompe qui y tient, ſe dégage du

(notes marginales)

* Pl. 16. fig. 10. f.

* b.

* a, b.

* g.

fourreau. Si on paſſe une épingle ſous cette partie de la
trompe, & qu'avec cette épingle on la pouſſe doucement,
& peu à peu en haut, on parviendra bientôt à dégager la
trompe toute entiére, & dès qu'elle ſera à découvert, on
verra aiſément qu'elle eſt compoſée de trois filets * écail- * Pl. 16. fig.
leux, ou de nature de corne, égaux en longueur, & de 11. *t, r, t.*
couleur de marron. Ces filets ſe ſéparent ſouvent d'eux-
mêmes lorſqu'on les fait ſortir hors de la couliſſe qui les
contenoit ; mais s'ils ſont reſtés unis, on les écarte les
uns des autres en les frottant aſſés légérement avec la
pointe de l'épingle. Quand on s'eſt aſſûré du nombre
des piéces qui entrent dans la compoſition de cette trompe, pour bien voir comment elles ſont diſpoſées les unes
par rapport aux autres, on doit tirer le plus doucement
qu'il eſt poſſible, une trompe hors de ſon étui, afin de
n'y cauſer aucun dérangement. Elle paroît alors à peu-
près ronde & terminée par une pointe. Quand enſuite
on vient à ſéparer les trois piéces les unes des autres, on
reconnoît qu'entre deux de celles-ci *, que nous nom- * *t, t.*
merons les extérieures, eſt renfermée la troiſiéme *, que * *r.*
nous appellerons l'intérieure. Cette derniére eſt d'une
couleur un peu plus claire que celle des autres. Les deux
piéces extérieures ſont convexes par dehors, & plattes au
moins par la face qui s'applique contre la piéce intérieure.
Si on les examine au microſcope ou avec une loupe
d'un court foyer, on voit que leur bout ſe termine en
pointe arrondie, & faite à peu-près comme une cuillier
oblongue, & que la convexité de cette pointe mouſſe eſt
hériſſée de dents très-proches les unes des autres, d'où il
eſt aiſé de juger que ces deux piéces ſont deſtinées à faire
des entailles aux plantes. La piéce intérieure a ſon bout
terminé par une pointe fine & courbe.

    Outre les trois piéces, dont nous venons de parler,

V iij

nous ne devons pas oublier d'en faire connoître une quatriéme *, qui semble appartenir à la trompe. Elle est cependant très-courte & part comme elle de la pointe du
menton; elle s'appuye sur la trompe même. Elle est plus
blancheâtre que les piéces qui composent la trompe, & elle
n'a pas autant de consistance; elle est assés large à sa base,
mais elle s'étrécit insensiblement pour se terminer par une
pointe fine. Nous en laisserions prendre une fausse idée,
si nous la laissions imaginer platte, elle est pliée en gouttiére. Je donnerois volontiers à cette piéce le nom de
langue de la cigale. Je suis très-disposé à croire qu'elle
conduit dans le menton, le suc qui lui est apporté par la
trompe. Ce n'est, au reste, que l'analogie qui veut que
je lui attribue cette fonction; car je n'ai jamais été à portée d'observer une cigale pendant qu'elle se servoit de sa
trompe. J'ignore par la même raison, si la trompe est
écartée du fourreau pendant qu'elle agit, ou si le fourreau
la soûtient alors, au moins en partie.

Dans chaque espéce de cigales, le mâle seul sçait chanter. Cependant dans les pays où ces insectes sont les plus
communs, on croit que c'est la fémelle qui chante, du
moins le croit-on en Provence & en Languedoc, on y
prend le mâle pour la fémelle. C'est une méprise qui ne
doit être reprochée ni au peuple ni même à des hommes
d'ailleurs éclairés, puisque M. Malpighi avouë y être
tombé. Il avouë qu'il dessina d'abord l'instrument dont la
fémelle est pourvûe pour percer les brins de bois dans lesquels elle veut déposer ses œufs, pour la partie propre au
mâle, & destinée à rendre les œufs féconds. Ceux qui ont
attribué le bruit que les cigales font entendre, à une agitation prompte des aîles, accompagnée d'un frottement
des supérieures contre les inférieures, ont donné dans une
erreur plus grossiére. Les grillons & quelques sauterelles

* Pl. 16. fig.
10 & 11. l.

les ont conduits à le penser, & ils l'ont dit sans avoir considéré un mâle de cigale; car l'examen le plus leger, celui dont les gens de la campagne sont capables, c'est-à-dire, une simple inspection, a suffi à ceux-ci pour leur apprendre à distinguer les cigales qui doivent être muettes, de celles qui peuvent se faire entendre; les paysans le sçavoient dès le temps d'Aldrovande, & l'ont sçû apparemment plûtôt.

Si on ne veut donner le nom de voix qu'à l'espéce de bruit qui est produit par l'air chassé hors des poulmons, & qui, à sa sortie du larinx, est modifié par la glotte, les insectes n'ont point de voix. Mais si on croit devoir donner plus d'étenduë à ce mot, si l'on veut convenir que tous les bruits, que tous les sons, au moyen desquels des animaux déterminent ceux de leur espéce à certaines actions, méritent le nom de voix, alors nous trouverons de la voix aûx insectes, & les organes de celle de la cigale nous paroîtront dignes d'être admirés, quoiqu'ils ne soient pas placés dáns le gosier. C'est sur le ventre qu'il les faut chercher; c'est dans sa cavité qu'ils sont logés.

Quoique la position de ces organes *, connus même des paysans, n'ait pu échapper à Aristote, & à ceux qui, depuis lui, ou plus exactement d'après lui, ont parlé des cigales, M. Pontédéra assûre avec raison, qu'il semble qu'ils ont été mal vûs. Il est certain, au moins, qu'ils ont été mal décrits, & qu'il y en a quelques-uns qui sont difficiles à découvrir. Quand on observe du côté du ventre un mâle des cigales de la grande espéce, on y remarque bientôt deux assés grandes plaques écailleuses * qu'on ne trouve point aux fémelles *. Leur figure arrondie approche de celle d'un demi-oval coupé sur son petit axe; je veux dire que chaque plaque a un côté qui est en ligne

* Pl. 16. fig.
5. u, u.

* Fig. 5. u, u.

* Fig. 2.

droite, & que le refte de fon contour eft arrondi. C'eft par le côté qui eft en ligne droite, que chaque plaque eft arrêtée fixement, fans aucune articulation, fur le fecond corcelet, immédiatement au-deffous de l'infertion de la troifiéme paire de jambes, c'eft-à-dire, tout auprès de l'endroit où le fecond corcelet & le corps font joints enfemble. La largeur de chacune de ces piéces eft plus grande que celle de la moitié du ventre; pofées à côté l'une de l'autre comme elles le font, non-feulement elles cachent en entier la partie qui leur correfpond, mais elles font encore un peu en recouvrement l'une fur l'autre. Elles font un peu plus longues que larges, elles atteignent prefque le troifiéme anneau par leur bout arrondi.

Cependant c'eft au feul corcelet que tiennent ces deux plaques, & quoiqu'elles y foient arrêtées à demeure, & qu'elles n'y ayent point d'articulation fenfible, on peut *Pl. 17. fig. les foûlever lorfqu'on leur fait violence *; elles tournent 1,2 & 3. u, u. alors fur la partie la plus proche de leur attache; fouvent auffi, elles font obligées de céder un peu au mouvement que fait le ventre, lorfqu'en fe pliant en deffous, il s'approche du corcelet. Mais pour empêcher que ces deux pieces ne foient trop foûlevées, & pour les faire retomber *Fig. 11. b. lorfqu'elles l'ont été, il y a deux efpéces de chevilles * roides & faites en épine, dont chacune appuye fur chaque plaque qui s'éleve : c'eft de la cuiffe de la cigale, ou de la partie de la jambe qui eft unie au corcelet, que part chaque cheville épineufe.

Si fans s'embarraffer de la réfiftance des deux chevilles, *Fig. 2 & 3. on foûleve les deux plaques * jufqu'à les renverfer fur le corcelet ; fi on met à découvert les parties qu'elles cachent lorfqu'elles font dans leur pofition naturelle, on eft frappé de l'appareil qui fe préfente. On ne peut douter que tout ce qu'on voit n'ait été fait pour mettre la cigale

en état

en état de chanter. Quand on compare alors les parties qui ont été difposées pour qu'elle pût chanter, pour ainfi dire, du ventre, avec les organes de notre gofier, on juge que les notres n'ont pas été faits avec plus de foin que ceux au moyen defquels la cigale rend des fons qui ne nous font pas toûjours agréables. On voit une cavité qui a été pratiquée finguliérement dans la partie antérieure du ventre. Le premier anneau a été coupé pour la former, & le fecond a été rétreci. Le contour fupérieur de cette cavité a un rebord plus fort & plus épais que ne le font les anneaux : la forme de ce contour a même quelque chofe d'agréable, il eft arrondi fur les côtés, & au milieu du ventre il a une languette qui s'avance vers la tête, c'eft-à-dire, vers l'intérieur de la cavité. Cette cavité au refte eft partagée en deux loges principales*. Un triangle écailleux *, convexe du côté qui eft en vûe & très-folide, a été employé pour faire cette féparation. La bafe * de ce triangle eft du côté du corcelet, & le fommet de l'angle oppofé à la bafe, eft auprès de la languette dont nous avons parlé, & placé fous elle. Sur ce même triangle s'é- leve une arête qui va fe terminer à la languette même. Cette arête fait la cloifon qui divife la cavité en deux jufqu'au niveau des anneaux, ou à peu près.

    Le fond de chacune des cellules formées par la divi- fion de la grande cavité, offre aux enfants qui prennent des cigales, un fpectacle qui les amufe, & qui peut être admiré par les hommes qui fçavent faire le meilleur ufage de leur raifon. Les enfants croyent voir un petit miroir * au fond de chaque cellule, taillé en demi-cer- cle, parce qu'un de fes côtés eft terminé par un de ceux du triangle écailleux, & que le refte de circonférence s'ajufte fur le contour de la cavité. Quand une petite glace du verre le plus mince & le plus tranfparent, ou

* Pl. 17. fig.
2 & 3. m, m.
*Fig 7. q e q.
* q q.

* Fig. 2 &
3. m, m.

Tome V.   . X

une petite lame du plus beau talc, seroit sertie au fond
de chacune de ces cellules, ce qu'on y verroit ne paroîtroit pas différent de ce qu'on y voit; la membrane qui y
est tendue, ne le céde en transparence, ni à aucun verre,
ni à aucun talc; & si on la regarde obliquement, on
lui trouve toutes les belles couleurs de l'arc-en-ciel. Il
semble que la cigale ait deux fenêtres vitrées, par lesquelles on peut voir dans l'intérieur de son corps. Mais
ces deux fenêtres sont ordinairement fermées par deux
volets, qui sont les deux piéces écailleuses * qui couvrent
la grande cavité. Lorsqu'on sçait que c'est de dessous ces
volets, de dessous ces plaques écailleuses, que sortent les
sons que la cigale fait entendre, on comprend bien que
les deux loges & les membranes si parfaitement tendues,
sont destinées à modifier les sons, à les rendre plus harmo-
nieux, si ce n'est pas pour nous, au moins pour la fémelle
par laquelle ils doivent être entendus, & pour laquelle ils
sont formés. Nous avons fait remarquer les deux arrêts qui
empêchent les deux volets, les plaques écailleuses de s'élever trop; il y en a un aussi qui les empêche de descendre
dans la cavité; c'est une espéce de petit chevalet * qui
part de l'extrémité du corcelet, & qui est dirigé horizontalement jusqu'auprès de la base du triangle écailleux. Là
ce chevalet se replie à angle droit pour se faire un pied
qui porte sur la base dont nous venons de parler, & qui
y est fixé. Cette espéce de chevalet sert aussi à retenir le
corps, à l'empêcher de s'écarter trop du corcelet, de se
relever trop en enhaut.

    Le triangle écailleux ne partage en deux que la partie
postérieure de la cavité. La partie antérieure de cette même
cavité, est remplie par une membrane très-blanche *, &
qui, quoique mince, a de la consistance. Elle est attachée
par un de ses côtés à la base du triangle écailleux, & par

* Pl. 17. fig.
2 & 3. u, u.

* Fig. 3. c.

* Fig. 2 & 3.
n, n.

fon autre côté au bord poſtérieur du corçelet. Enfin, ſes
deux bouts ſont attachés aux parties ſolides de la cavité
qui leur répondent. Cette membrane n'eſt pas tendue
comme le ſont celles qui imitent de petites glaces ; elle
ne l'eſt que quand le corps de la cigale ſe redreſſe : mais
quand le corps ſe recourbe en embas, comme pour ſe
rapprocher de la tête, alors cette membrane ſe pliſſe néceſſairement, & les plis qu'elle forme ſont paralleles aux
anneaux.

Voilà, ce ſemble, aſſés de parties employées pour faire
chanter une cigale ; auſſi eſt-ce par quelques-unes de celles
que nous venons de décrire, que pluſieurs Auteurs ont
prétendu que leur chant étoit produit. Les uns ont voulu
que le frottement des anneaux contre les volets ou plaques écailleuſes, fût ſuffiſant pour faire le bruit dont il
s'agit, & cela quand le ventre s'approche du corcelet en ſe
courbant en deſſous, & s'en éloigne enſuite avec vîteſſe
pour ſe recourber de nouveau & ſur le champ. Mais en
faiſant faire ſoi-même ce jeu au corps d'une cigale morte,
il eſt aiſé de s'aſſûrer qu'il ne produit preſque point de
frottement & nullement un frottement capable de faire
du bruit. D'autres ont regardé les deux petits miroirs
comme deux tambours qui rendoient les ſons ; mais il
falloit trouver les baguettes propres à frapper ſur ces tambours, & on les chercheroit inutilement. D'autres enfin,
ont jugé que la membrane blanche* qui occupe la partie   * Pl. 17. fig.
antérieure de la cavité, pouvoit, en ſe pliant & ſe dépliant,   2 & 3. *n, n.*
faire une ſorte de cri : cependant il eſt facile de ſe convaincre que cette membrane eſt trop humide & trop flé-
xible pour rendre des ſons lorſqu'elle ſe plie & ſe déplie.

Enfin, il eſt très-certain que le chant de la cigale
n'eſt produit par aucune des parties que nous venons
d'examiner, qu'il en demande beaucoup d'autres plus

X ij

singuliérement placées, & qu'il ne seroit pas possible de
découvrir avec quelqu'attention qu'on observât une cigale
vivante, eût-elle la complaisance de chanter sur la main de
l'Observateur ; il n'y a que la dissection qui puisse nous
montrer les vrais organes de sa voix. Après en avoir ouvert quelques-unes sur le dos, c'est-à-dire, après y avoir
emporté la partie supérieure du premier & du second anneau ; après avoir mis à découvert du côté du dos la portion de l'intérieur qui répond à la cavité où sont les miroirs,

* Pl. 17. fig.
6. *f, f*.
je fus frappé de la grandeur de deux muscles * qui s'offri-
rent à mes yeux. Chacun des muscles, dont je veux parler,
est un faisceau d'un prodigieux nombre de fibres droites
appliquées les unes contre les autres, & pourtant aisées
à séparer les unes des autres. Les deux muscles se rencontrent l'un l'autre sous un angle plus petit qu'un droit, &
ce point de rencontre & de leur attache est sur le revers

* Fig. 8.
de la piéce triangulaire & écailleuse *, & précisément à

* *e.*
celui des angles * d'où partent les côtés qui ferment les
cavités où sont l'un & l'autre miroir. Ceux qui ont fait
attention à la disposition des fibres des muscles qui se trouvent dans le corcelet des mouches de différentes espéces,
& qui servent à mouvoir leurs aîles, se feront une juste
idée des muscles que nous voulons faire connoître ; ces
derniers ne le cédent, ni en grosseur, ni en force à ceux
qui sont employés à produire le mouvement des aîles, &
sont beaucoup plus longs. Des muscles d'une telle force,
placés dans le ventre de la cigale, & dans l'endroit du
ventre où ils se trouvoient, ne sembloient y être que pour
agiter vivement les parties, qui étant mûes produisoient
le bruit ou le chant. Aussi pendant que j'examinois un de
ces muscles, pendant que je le tiraillois doucement avec
une épingle, pendant que je le faisois un peu sortir de
sa place pour l'y laisser retourner ensuite, il m'arriva de

faire chanter une cigale morte depuis plufieurs mois. Le
chant, comme on l'imagine, ne fut pas fort; mais il le
fut affés pour me conduire à trouver la partie à laquelle
il étoit dû. Je n'eus qu'à fuivre le mufcle que j'avois tiraillé, qu'à chercher la partie à laquelle il aboutiffoit.

Mais avant que de faire connoître la partie qui rend
les fons, nous devons faire connoître le lieu où elle eft
pofée; pour cela, confidérons encore une fois notre cigale du côté du ventre *; relevons encore les volets * ou
les piéces écailleufes, pour mettre à découvert la grande
cavité où font les miroirs & les autres parties que nous
avons décrites. Il y a encore dans cette grande cavité deux
réduits * égaux & femblables, dont nous n'avons rien dit,
& qu'il eft bien important de connoître; il y en a un de
chaque côté. On ne voit que les ouvertures de l'un & de
l'autre, qui font courbes. Une cloifon folide, une cloifon
écailleufe eft employée de chaque côté avec une portion
du premier anneau, à former un de ces réduits, une de
ces cellules. Cette cloifon qui commence auprès du bout
du premier anneau, & qui là fe joint au rebord qui en-
toure le contour poftérieur de la grande cavité, va fe terminer à l'origine de ce même anneau. Si cette cloifon
étoit plane & droite, le vuide du réduit, de la cellule ne
feroit qu'égal à celui qui peut être entre la courbûre de
la portion d'anneau, & un plan; mais la cloifon rentre un
péu dans la grande cavité, & la capacité du réduit en eft
augmentée, l'ouverture de chaque cellule eft au niveau
du ventre. C'eft dans ces deux cavités que font les deux
organes du chant. Les ouvertures de ces deux cavités
font pour la voix des cigales, ce que notre larinx eft
pour la nôtre. Si elles font inflexibles, fi elles ne peuvent
pas modifier les fons qu'elles laiffent fortir, en recom-
penfe ces fons trouvent plus de parties qui les modifient,

* Pl. 17. fig.
3. * u, u.

* l, l.

X iij

que n'en trouvent ceux qui ont été formés par notre glotte. La voute du palais de la bouche, & la cavité du nez, font néceſſaires pour perfectionner nos ſons; ceux des cigales peuvent être modifiés par les volets écailleux, par les cavités où ſont les miroirs, par les miroirs mêmes, & par les différentes parties de la grande cavité.

Mais pour voir enfin les premiers & véritables organes du chant des cigales, nous n'avons qu'à ouvrir une des cellules* dont nous venons de déterminer la figure & la poſition, nous trouverons un inſtrument ſonore qui y eſt logé. On peut remarquer de chaque côté, ſur le premier anneau du mâle, une portion triangulaire * plus élevée que le reſte. Deux élevations pareilles ne ſe trouvent pas ſur le même anneau de la fémelle; elles ont été données à celui du mâle pour aggrandir les loges des inſtruments ſonores. On parviendra à ouvrir une de ces loges ſans endommager l'inſtrument qui y eſt contenu, ſi on emporte ſimplement avec un canif cette partie de l'anneau qui forme une boſſe. Dès qu'elle ſera enlevée *, dès que l'intérieur de la cavité ſera à découvert, on verra qu'elle eſt occupée en partie par une membrane contournée en forme de timbale*, & que cette eſpéce de timbale préſente ſa face arrondie. Cette piéce pourtant loin d'être liſſe comme l'inſtrument auquel nous la comparons, eſt toute pliſſée & pleine de rugoſités. Pour peu qu'on la touche, on ne ſçauroit héſiter ſur l'uſage auquel elle eſt deſtinée, elle reſonne plus que ne feroit le parchemin le plus ſec, ou quelqu'autre membrane plus ſonore que le parchemin. Quand la timbale qu'on touche, appartient, comme celle que je touchois, à une cigale qui a été long-temps tenue dans de l'eau-de-vie bien chargée de ſucre, on voit que la nature de cette membrane eſt d'être toûjours roide, de l'être quoique mouillée, ou au moins

* Pl. 17. fig. 3. l.

* Fig. 4. e.

* Fig. 5. e.

* t.

qu'elle eſt de nature à ne pouvoir être aiſément pénétrée par une liqueur, puiſque pendant que toutes les
autres membranes de la cigale étoient flexibles & molles, elle avoit conſervé la roideur néceſſaire pour rendre
des ſons.

La circonférence de cette timbale eſt arrêtée bien fixé-
ment *, elle l'eſt ſur une eſpéce de cerceau d'écaille, je
donne ce nom à la piéce dans laquelle eſt percé un trou
ſillonné autour de ſon bord, dont le diametre eſt preſqu'égal à celui de la circonférence de la timbale. La piéce
dans laquelle il eſt percé, eſt la partie antérieure de cette
cloiſon qui ferme d'un côté la cellule de la timbale. Les
rugoſités qui ſont ſur la ſurface de cette eſpéce de timbale, y ſont arrangées avec une ſorte de régularité. Ce
ſont des ſillons aſſés relevés, & preſque paralleles les uns
aux autres; le premier & le plus court de tous, eſt le plus
proche de la portion de la circonférence la plus voiſine
du corcelet; celui qui ſuit, qui s'éleve davantage ſur la
convexité de la timbale, eſt plus long néceſſairement que
celui qui le précéde; c'eſt-à-dire, que ces ſillons ne ſont
pas paralleles à la baſe de la timbale, que chacun d'eux
part d'un point de cette baſe pour s'élever ſur la partie
convexe, & aller ſe terminer à un point de la baſe, oppoſé
à peu-près diametralement à celui dont il eſt parti. Lorſqu'on frotte ces ſillons ou la ſurface convexe de la timbale,
avec un petit corps incapable de percer & de déchirer,
tel que peut être un petit morceau de papier roulé, on la
fait reſonner; & on voit que le reſonnement vient de ce
que des portions de la timbale qui ſont enfoncées par les
frottements du petit corps, ſe relevent dès que ce corps
ceſſe d'agir contr'elles. La diſpoſition & le reſſort des parties qui ont été enfoncées ſuffiſent pour les relever; il ne
faut point de muſcles pour produire cet effet, mais il en

* Pl. 17. fig. 9. t.

faut un, qui alternativement tire en dedans une portion de la timbale, qui oblige à devenir creuſe une portion qui étoit convexe, & qui permette enſuite à cette partie d'être relevée par ſon reſſort.

On ne doit pas être embarraſſé où trouver le muſcle capable de produire cet effet, car on n'a pas oublié les deux forts muſcles * dont nous avons déterminé la poſition ci-deſſus. Celui qui eſt deſtiné à mettre en mouvement une des timbales, eſt appuyé & arrêté en partie contre la piece écailleuſe qui ſoûtient la timbale, & qui eſt percée d'un trou dont le diametre eſt preſqu'égal à celui de la baſe de cette timbale; une partie du bout du muſcle eſt vis-à-vis la portion poſtérieure de ce trou. Les fibres qui compoſent ce muſcle ſe terminent à une plaque tendineuſe preſque circulaire*. De cette plaque tendineuſe partent pluſieurs filets *, pluſieurs petits tendons, qui vont s'attacher à la ſurface concave de la timbale, à peu près à diſtance égale de ſa partie la plus élevée, & de ſa circonférence, & cela vers la portion poſtérieure de cette circonférence. Je n'oſerois aſſûrer que ces petits tendons ſoient les ſeuls par leſquels le muſcle peut agir ſur la timbale, mais ils ſuffiſent pour en expliquer tout le jeu; car il eſt clair que quand le muſcle ſe contractera & ſe relâchera alternativement avec vîteſſe, une portion convexe de la timbale ſera renduë concave, & cette portion reprendra enſuite ſa convexité par l'action de ſon propre reſſort. Alors ſe fera ce bruit, ce chant que nous avons été ſi long temps à expliquer, parce que nous avons voulu faire connoître toutes les parties au moyen deſquelles celui qui n'en fait point d'inutiles, a voulu qu'il fût produit.

Je ſuis étonné que M. Pontédéra qui paroît avoir bien connu les organes du chant des grandes cigales, les ait placés

dans

* Pl. 17. fig. 6. ſ, ſ.

* Fig. 9 & 10. p.
* i.

dans ce qu'il appelle la poitrine, qui eſt la partie que nous nommons le corcelet, puiſqu'il eſt certain qu'elles ſont toutes contenuës dans la cavité formée par les premiers anneaux du ventre.

Les cigales appellées tettigonies, ou celles de la petite eſpéce *, n'ont pas été données par les anciens, pour d'auſſi bonnes chanteuſes que les achétes ou grandes cigales; quelques-uns même les font paſſer pour preſque muettes. M. Pontédéra prétend qu'elles chantent auſſi fort que les autres proportionnellement à la grandeur de leur corps; elles ſont pourvûes de très-grandes timbales, mais dont le bruit ne ſemble pas devoir être auſſi bien modifié que celui des autres. J'ai trouvé la même diſpoſition des organes du chant aux cigales de moyenne grandeur *, ſur qui le jaune domine, & aux plus petites cigales, mais une diſpoſition différente de celle des cigales de la plus grande eſpéce. Les timbales de celles de la moyenne & de celles de la petite eſpéce, ne ſont pas cachées entiérement *. Les volets écailleux * de ces cigales ſont plus courts & plus étroits que ceux des autres, & leurs timbales ſont plus allongées. L'une & l'autre timbale ſuivent en remontant, la courbûre de l'anneau; l'endroit * où chacune ſe termine, eſt à peu près auſſi proche du milieu du dos, que du côté d'où elle part. Elles ſont à découvert l'une & l'autre près de l'endroit où elles ſe terminent, & près du volet, c'eſt à-dire, qu'elles le ſont près de leurs deux bouts. La portion d'anneau qui répond à chaque timbale, a été entaillée pour la laiſſer voir, ou plûtôt pour laiſſer ſortir le ſon qu'elle doit rendre; mais le milieu de la portion entaillée n'a pas été emporté, il a été reſervé pour former une languette* qui recouvre le milieu de la timbale. On peut abbaiſſer cette languette * en lui faiſant violence, comme on peut ſoûlever les volets. Ces timbales, ainſi que

* Pl. 16. fig. 8 & 9.

* Fig. 7.

* Pl. 17. fig. 11. *t.* *u.*

* *r.*

* Fig. 11. *p.*
* Fig. 12, *p.*

Tome V.   .Y

celles des grandes cigales, font faites d'une membrane cartilagineufe & fonore, mais dont les plis ou fillons font plus réguliérement arrangés; ils font paralleles les uns aux autres, & paralleles à peu près aux anneaux du corps. Il n'y a qu'une petite portion de chaque timbale qui fe trouve fous chaque volet, ainfi il n'y a que l'air agité par cette portion, qui, avant que de fortir, puiffe être refléchi par les différentes parties de la grande cavité.

D'ailleurs le miroir * qui eft dans cette cavité eft proportionnellement plus petit que celui de la cavité des cigales de la grande efpéce. Si les cigales de la petite & celles de la moyenne efpéce ont fur les cigales de la grande efpéce l'avantage d'avoir des timbales proportionnellement plus grandes, elles les ont moins favorablement placées, puifqu'il n'y a qu'une partie de l'air qu'elles font refonner, qui puiffe être modifiée une feconde fois, & qu'elle femble le devoir être moins parfaitement. Au refte les mufcles deftinés à agiter ces timbales, font femblables à ceux qui fervent à agiter celles des autres, & femblablement placés.

Si parmi les cigales toutes les fémelles font muettes, fi elles n'ont point des organes du chant femblables à ceux que nous venons d'admirer dans les mâles, elles ont en revanche un inftrument qui leur eft propre, & qui mérite bien d'être examiné avec attention. Leurs œufs doivent être logés dans l'intérieur de petits morceaux de bois *, & elles font pourvûes d'un inftrument avec lequel elles viennent à bout de percer de longs trous, dans lefquels elles les arrangent avec un grand art. Cet inftrument, comme tous ceux que la nature a accordés aux infectes, pour couper, fcier, entailler & percer, eft d'écaille ou de corne; & il eft un des plus folides dont un infecte foit armé. Il eft d'ailleurs d'une grandeur plus confidérable que ne le font la plûpart des inftruments des infectes,

* Pl. 17. fig. 13. m.

* Pl. 19. fig. 1 & 2.

deftinés à des ufages équivalents. Sa ftructure a des particularités qui peuvent être apperçûes à la vûe fimple. Nous nous fixerons à celui des plus grandes cigales, qui a environ cinq lignes de longueur. Le dernier anneau des cigales, tant mâles que fémelles, eft conique, mais il eft bien plus long & même plus gros à fa bafe dans les fémelles * que dans les mâles ; & c'eft ce qui fait paroître le corps de celles-là plus allongé. D'ailleurs dans les fémelles, cet anneau eft compofé d'une feule piéce ; il n'en a pas une feconde en deffous comme celui des mâles *. Il eft fendu tout du long *, pour permettre de fortir à l'inftrument que nous voulons faire connoître, & que nous appellerons la tariére. Il en eft la première enveloppe. La tariére a cependant encore fon fourreau particulier, qui eft logé avec elle dans la couliffe du dernier anneau.

    En preffant, & même affés foiblement, le ventre de la cigale, on oblige fa tariére à fortir de fes étuis, à fe montrer toute entiére à découvert *. A la vûe fimple on reconnoîtroit pour quel ufage elle eft faite ; les yeux n'ont pas befoin de fecours pour voir qu'elle eft un corps long & écailleux, qui dans toute fa longueur eft à peu près d'une groffeur égale, mais qui devient un peu plus gros proche de fon extrémité, pour fe terminer enfuite par une pointe angulaire *, ou de la figure de celle d'un fer de pique ; mais cette pointe a la particularité d'être dentellée tout du long de chacun des deux côtés, qui la forment par leur réunion.

    Le fourreau immédiat * de la tariére, ne la fuit point pendant qu'elle fort de l'anneau. Il eft compofé de deux piéces femblables *, dont chacune depuis fon origine jufqu'à la moitié de fa longueur *, ou par-delà, eft arrêtée fixement contre les chairs qui font le fond de la couliffe de l'anneau. Dans l'endroit où une des moitiés de l'étui ceffe d'être attachée, il y a une articulation. La partie *

                                   Y ij

* Pl. 16. fig. 2, & pl. 17. fig. 14. *a, a.*

* Pl. 19. fig. 6, 7 & 8. *e.*
* Pl. 17. fig. 14.

* Pl. 18. fig. 1. *b f.*

* *f.*

* Fig. 1. *c c.*
* Fig. 2, & 3.
* *f.*
* *g.*
* *g c.*

qui commence à cette articulation, eft faite en cuilleron allongé; dans les temps ordinaires, la pointe de la tariére eft renfermée entre ces deux cuillerons. Cette partie & celle qui fait la bafe de chaque demi-étui, font brunes, luifantes & écailleufes, comme l'eft la tariére même. Celle-ci n'eft pas abfolument droite, elle a une courbûre *, dont la convexité eft du côté qui fe préfente lorfqu'on regarde la cigale en deffous. Elle eft plus courbe vers fa bafe qu'ailleurs, ce qui rend fa figure propre à s'ajufter dans la couliffe, & qui la porte à y rentrer lorfqu'elle eft abandonnée à elle-même. Nous diftinguerons fes faces par les noms de convexes & de concaves.

* Pl. 18. fig.
1. ſ b.

Cette partie mérite affûrement qu'on ne s'en tienne pas à la confidérer à la vûe fimple; il fuffit d'obferver fa pointe avec une loupe, pour voir que les dentelûres font fortes & arrangées avec fymmétrie. Elles font paralleles les unes aux autres, & toutes dirigées de façon que fi elles étoient prolongées jufqu'à l'axe de l'inftrument, des deux angles qu'elles y feroient, l'aigu feroit tourné vers la pointe. On en compte neuf de chaque côté, dont les plus proches de la pointe font les plus fines. Elles deviennent de plus en plus groffes, à mefure qu'elles s'en éloignent; par-delà les neuf premiéres & groffes dentelûres, il y en a encore trois à quatre affés petites.

Quand on pourfuit l'examen de cet inftrument, il ceffe de paroître auffi fimple qu'on l'avoit jugé d'abord. Une fente qu'on apperçoit tout du long de la face convexe, indique qu'il eft compofé de plufieurs piéces, & on parvient aifément à s'affûrer qu'il en a trois. Pendant qu'on le manie, qu'on le tiraille fans chercher encore à le difféquer, le hazard met fouvent en état de voir que la pointe eft faite au moins de deux piéces; que quoique fine, elle eft formée par la rencontre de deux pointes

une fois plus déliées, & que les dentelûres font taillées
fur deux piéces différentes. On voit tout cela, dis-je,
lorfque l'on détermine, & fouvent fans le chercher, une
de ces piéces * à aller plus loin que l'autre *. On devine   *Pl. 18. fig.
aifément le moyen de faire paroître, quand on veut, ce   6. *lp.*
que le hazard a montré d'abord, il n'y a qu'à pouffer en   * *fp.*
haut avec une épingle, ou avec la lame d'un canif, une des
moitiés de la bafe de la tariére, pour obliger une des
pointes * à s'élever plus que celle contre laquelle elle étoit   *Fig. 8. *lp.*
appliquée *.   * *fp.*

Si nous continuons de donner le nom de tariére à cet
inftrument deftiné à oûvrir des trous, quoiqu'il foit tout
autrement conftruit que ceux dont nous nous fervons
pour un femblable ufage, c'eft qu'il lui a déja été donné
par M. Malpighi, qui a pourtant héfité à l'appeller une
lime. Quand on a étudié la compofition de cette tariére,
& qu'on lit enfuite la defcription, & qu'on confulte les
figures que ce célébre Auteur en a données, on eft convaincu qu'il avoit très-bien obfervé les différentes parties
dont elle eft compofée; mais fes figures & fa defcription
concife, qui fuffifoient dans un temps où il n'en a parlé
que par occafion, ne fuffiroient peut-être pas pour en
faire prendre des idées nettes à ceux qui ne les auroient
pas examinées fur la cigale même. Avec un peu de dexté-
rité & de patience, on vient à bout de féparer les trois
piéces dont elle eft compofée *. Si on introduit une pointe   *Fig. 5. *lp.*
fine & roide, celle d'une épingle, dans la fente qui eft   *fp, rt.*
en vûe, lorfqu'on regarde la mouche du côté du ventre,
& qu'on pouffe vers le côté un des rebords de cette fente,
après quelques tentatives, on écarte un peu la piéce à laquelle appartient le rebord pouffé; on lui fait faire un
coude en cet endroit; il paroît un vuide entre cette piéce
& la partie à laquelle elle étoit ci-devant jointe. On peut

Y iij

faire entrer l'épingle dans ce vuide. Si on la conduit enfuite tout doucement vers le bout de la tariére, on acheve
de dégager cette piéce *. C'eſt une de celles dont la pointe
eſt taillée en lime, & que nous appellerons auſſi une des
limes. Si on eût agi avec l'épingle contre l'autre côté, on
eût détaché une autre lime *. L'inſtrument eſt donc compoſé de deux limes d'une figure particuliére, qui peuvent
jouer alternativement. Mais ce qui eſt de plus remarquable, c'eſt la maniére dont elles ſont maintenues l'une &
l'autre pendant leur jeu ; elles le ſont de façon qu'elles
reſtent toûjours paralleles entr'elles, de façon que celle
qui avance ne s'écarte point de celle qui eſt en repos.
Ceci dépend de la maniére dont elles ſont aſſemblées;
elles le ſont toutes deux avec une troiſiéme piéce, que
nous nommerons le ſupport ou la piéce d'aſſemblage *.
Cette derniére eſt taillée quarrément dans la plus grande
partie de ſa longueur, elle eſt environ une fois plus large
qu'épaiſſe. Les faces ſur leſquelles nous prenons ſa largeur,
ſont la ſupérieure & l'inférieure, ou celles qui ſont paralleles au ventre de l'inſecte. Son bout * ſe termine en fer
de pique, mais il n'eſt guére moins épais que le reſte. Le
manche, pour ainſi dire, ou la tige * de chacune de nos
piéces en lime, eſt dans toute ſa longueur creuſée en gouttiére. Sa ſurface extérieure eſt pourtant arrondie. Un des
côtés *, une des tranches de la piéce d'aſſemblage ou du
ſupport, entre dans la gouttiére de la tige d'une lime, &
l'autre côté de cette piéce entre dans la gouttiére de la
tige de l'autre lime; les gouttiéres ſont tellement creuſées, que chaque tige de lime recouvre une moitié de
cette face de la piéce d'aſſemblage *, qui ſe préſente lorſqu'on regarde le ventre de l'inſecte, ou de la face inférieure. Là les deux tiges laiſſent ſeulement entr'elles une
petite fente, qui eſt celle dans laquelle nous avons dit

* Pl. 18. fig.
4. ſp.

* Fig. 5. lp.

*Fig. 5. teer.

* ſe.

* lb, ſb.

* er.

* Fig. 7 & 8.

qu'il falloit faire entrer une épingle quand on vouloit féparer une des limes de l'autre & de fon fupport. Mais la face oppofée* du fupport n'eft point recouverte par les tiges des limes.   *Pl. 18. fig. 10.

Les tiges* des limes font à peu près droites, c'eft-à-dire, qu'elles n'ont que la courbûre qui leur eft necef-faire, pour que la tariére fe place dans fon étui*; mais la partie taillée en lime* fait un angle avec la tige, ce qui leur donne quelque reffemblance avec certaines limes, où avec certains rifloirs que nos ouvriers employent à limer ou à réparer dans des cavités. Nous avons dit que la piéce d'affemblage fe termine en fer de pique; les deux faces* qui en marquent l'épaiffeur, & qui concourent à fa pointe, fervent de fupport aux deux limes*; c'eft-à-dire, que chaque lime eft pofée fur un des côtés de la portion faite en fer de pique.

*Fig. 7. *l m.*
*Fig. 1. *c c c.*
*Fig. 5, 6. *p ſ, p l.*
* Fig. 5.
* *l p, ſ p.*

La pofition des limes eft affés expliquée, on entend affés comment le fupport eft emboîté dans l'une & dans l'autre; mais nous n'avons rien vû encore qui puiffe rendre cet affemblage folide : il l'eft au de-là de ce qu'on l'imagineroit, car fi on n'agit avec bien des précautions, & fi on ne fe retourne de bien des maniéres, il eft diffi-cile de dégager les deux limes de deffus le fupport, fans brifer quelqu'une de ces trois piéces. Le moyen qui a été employé pour les tenir unies, & en même temps, ce qui étoit effentiel, pour que les limes puffent jouer alter-nativement, pour que la pointe de l'une * pût être portée par de-là la pointe de l'autre, & ramenée enfuite en arriére; ce moyen, dis-je, eft le même que celui auquel nous avons journellement recours dans divers ouvrages de ménuiferie. Nous avons des boîtes dont le deffus fe tire, parce qu'il a des languettes qui entrent dans des cou-liffes taillées près du bord fupérieur de la boîte. Nous

* Fig. 8. *l p.*

avons des tiroirs qui font auffi à couliffe ; enfin nous faifons beaucoup d'autres ouvrages à couliffes & à languettes. Quand on examine avec une loupe forte la tranche de la piéce d'affemblage *, & celle de fes faces *, qui eft couverte par les tiges des deux limes, & quand on examine la cavité des tiges * de ces limes, on découvre fur les unes & fur les autres, tout ce qui eft néceffaire pour produire un engrainement exact ; on découvre fur les unes & fur les autres de ces piéces & couliffes & languettes, & autant qu'il en faut pour rendre l'affemblage fûr. Il eft d'ailleurs executé avec la précifion qui rend le jeu aifé. Nous ne fommes pas étonnés que des piéces qui échappent prefque à nos yeux par leur petiteffe, foient fi parfaitement travaillées, quand nous penfons quelle eft la main qui les a faites. Il ne m'a paru y avoir qu'une couliffe pour chaque tige de lime fur la face de la piéce d'affemblage contre laquelle les deux limes font appliquées ; mais fur la tranche de la même piéce, on apperçoit de chaque cofté deux couliffes féparées par deux languettes. Les entailles & les reliefs de cette piéce déterminent, & les reliefs & les entailles qui doivent eftre dans les tiges creufes des limes, & qu'on y voit lorfqu'on cherche les pofitions les plus propres à les rendre fenfibles.

Il y a une meilleure maniére encore, que celle dont nous avons parlé, de reconnoître combien cet affemblage eft parfait, & cependant combien le jeu des limes eft libre ; c'eft de couper une tariére avec des cifeaux affés près de fa bafe. On la prend enfuite entre les deux doigts d'une main, ou, fi on l'aime mieux, entre les deux branches d'une pince. On la faifit de maniére que la preffion n'agiffe que fur la tige d'une des limes, fur une moitié de la largeur de la tariére. Alors, foit avec deux doigts feuls, fi on en a

d'affés

d'affés adroits, foit avec une épingle on pouffe vers la
pointe de l'inftrument la lime qui n'eft pas preffée*; elle
cede fans oppofer de réfiftance à la petite force qui tend à la
mouvoir; elle va auffi loin qu'on veut par-delà la pointe
fixe, toûjours parallele à elle-même. On la ramene enfuite
avec la même facilité dans fa premiére pofition, & on l'en
retire après, fi l'on veut, pour la faire aller du côté oppofé
au premier *, vers celui qui étoit le plus proche de la bafe
de la tariére. Pendant ces mouvements elle ne s'écarte
jamais ni à droite ni à gauche, & elle laiffe à découvert les
parties de la piéce d'affemblage defquelles on la contraint
de s'éloigner. Lorfqu'elle eft dans fon état ordinaire, on
reconnoît aifément que la moitié de la face inférieure
de la piéce d'affemblage, eft entiérement recouverte par
une des limes, & que chaque lime recouvre de plus un
des côtés, ou la tranche de cette piéce, mais fans la dé-
border *, & fans fe recourber fur la face fupérieure; ce qui
appartient à la piéce d'affemblage eft d'autant plus aifé à
diftinguer, que cette piéce eft très-noire, pendant que les
tiges des limes font châtain. L'endroit de chaque tige d'où
part une lime, a une efpéce d'appendice employé à cacher
la moitié de la partie faite en fer de pique. La face fupérieure de la piéce d'affemblage, celle qui eft toute entiére
à découvert, a tout du long une arête, elle eft faite un peu
en dos d'âne.

La bafe de chaque lime eft affemblée avec une piéce
cartilagineufe, ou plûtôt écailleufe, comme la lime elle-
même *; ou fi l'on veut, la bafe de chaque lime fe courbe,
& forme une efpéce de queue. Ces deux piéces, ces deux
queues font égales & femblables, elles font l'une & l'autre
larges & épaiffes. La longueur de chacune eft environ celle
du quart de la circonférence du feptiéme anneau, fous
lequel ces piéces font cachées en certains temps. Mais ce

*Pl. 18. fig. 8. *lp.*

*Fig. 7. *plo.*

* Fig. 10. *plo.*

* Fig. 12. *z, z*

qu'on doit le plus remarquer par rapport à leur poſition,
c'eſt que chacune d'elles fait un angle * avec une lime, au
point où elle lui eſt jointe; & que dans l'état ordinaire,
ce point de jonction eſt plus éloigné du derriére de la
cigale, que ne l'eſt le bout de la piéce *. Il ſuit de cette
diſpoſition, que lorſque ce bout eſt forcé par des muſcles
à deſcendre un peu, & en même temps à s'avancer un
peu vers le corcelet, la lime à laquelle cette piéce tient,
eſt obligée au contraire d'avancer vers le derriére. Ainſi
chacune des limes peut alternativement être pouſſée vers
le derriére, & être retirée en avant par le mouvement
alternatif de la ſolide queue cartilagineuſe à laquelle elle
tient.

C'eſt au moyen de ce jeu alternatif des deux limes,
que la cigale vient à bout de percer dans le bois, les trous
dans leſquels elle veut loger ſes œufs. J'euſſe eu plus regret
que je n'en ai eu de ne m'être point trouvé dans des pays
où il m'eût été permis d'en épier quelques-unes occupées à ce travail, ſi je n'avois pas lû dans M. Pontédera,
que dès qu'on s'approche de celles qui ſont dans l'action, elles ne manquent pas de s'envoler. Après tout, la
ſtructure de leurs inſtruments étant bien connue, & lorſqu'on a vû comment des mouches de pluſieurs eſpéces,
dont il eſt parlé dans le troiſiéme Mémoire, font agir
leurs ſcies, il n'y a guéres à craindre de ſe tromper ſur la
maniére dont on peut imaginer que les cigales font agir
leurs limes. Ce qui reſte de plus curieux à voir, c'eſt
l'ouvrage produit par ces limes, c'eſt la profondeur & la
direction des trous qu'elles ont creuſés dans le bois, &
c'eſt ce que M. le Marquis de Caumont m'a mis à portée
de voir auſſi-bien à Paris, que je l'euſſe pû voir en Provence & en Languedoc, & dans d'autres pays, s'il y en a,
où les cigales ſe plaiſent davantage.

Une premiére fingularité qui mérite d'être remarquée,
c'eft qu'au lieu que les mouches dont nous avons parlé,
font les entailles dans lefquelles elles veulent laiffer leurs
œufs dans de petites branches d'arbres ou d'arbuftes, qui
font vivantes & pleines de fuc, les cigales ne percent que
des branches mortes & feches. C'eft ainfi que la nature
nous offre des varietés par rapport à des fujets où tout
nous fembleroit devoir fe paffer de la même maniére. Les
œufs de certaines mouches ont befoin d'être humectés, &
même nourris, comme nous l'avons prouvé dans le troifiéme Mémoire, par la féve que fournit la branche dans
laquelle ils ont été logés ; & les œufs de cigale ont tout ce
qu'il leur faut. Le fuc qui s'épancheroit des parois du trou
où ils font renfermés, ne pourroit apparemment que leur
nuire, la mere le fçait, ou fe conduit comme fi elle en
étoit inftruite.

Les branches que les cigales entreprennent de percer,
font donc conftamment de bois fec, mais elles peuvent
être de bois de différentes efpéces. Toutes celles qui
m'ont été envoyées par M. le Marquis de Caumont, bien
remplies d'œufs, avoient été prifes à des meuriers. Entre
les brins de bois où des nichées d'œufs étoient logées, les
plus gros n'avoient qu'environ trois lignes de diametre,
& les plus menus n'en avoient qu'une ligne. Les petites
branches auxquelles les cigales ont confié leurs œufs, font
aifées à * connoître *, on y remarque aifément de petites
inégalités, de petites élevations formées par une portion
du bois qui a été foûlevée : ces élevations font à la file
les unes des autres, & quelquefois affés bien alignées ;
mais toûjours au moins fe trouvent-elles fur le même
côté du brin de bois. Quelquefois j'en ai vû deux hors
de la ligne, & vis-à-vis quelques-unes des autres * ; mais
cela eft rare. Elles ne font pas efpacées fort réguliérement ;

Z ij

* Pl. 19. fig.
1 & 2.

* *t, t, t, &c.*

* Fig. 1. *e, e.*

il y en a telle qui eſt diſtante d'un demi-pouce de celle
qui la ſuit, & on en voit d'autres entre leſquelles il n'y
a que deux lignes d'intervalle, & moins quelquefois. Le
plus ſouvent la petite piéce d'écorce qui recouvroit cet
endroit, eſt tombée en entier * ou en partie. Chacune
de ces éminences eſt un paquet de fibres ligneuſes, écartées pour la plûpart les unes des autres à leur extrémité *;
ce ſont celles qui ont été limées & ſoûlevées lorſque la
tariére a commencé à ouvrir un trou; elles ſont reſtées en
place, & ſervent à couvrir l'ouverture de ce trou. L'angle
qu'elles font avec la tige, eſt aſſés aigu. Les paquets de
fibres qui ſont au-deſſus des différents trous, ſont inclinés
du même côté, parce que la cigale étoit ſemblablement
placée quand elle a percé dans le même morceau de bois
des trous à la file les uns des autres.

Il n'eſt peut-être perſonne qui ait l'eſprit aſſés peu curieux, pour s'en tenir à regarder les dehors d'un pareil
brin de bois, ſur-tout lorſqu'on ſçait que les œufs d'un
inſecte y doivent être actuellement renfermés. Il eſt naturel d'avoir envie d'en voir l'intérieur. Si pour y parvenir ſans cauſer trop de dérangement, on emporte d'un
côté des lames de bois très-minces, & paralleles à la
longueur du brin, juſqu'à ce qu'on ſoit parvenu à en
emporter une qui paſſe par l'ouverture d'un des trous *,
on mettra à découvert la cavité de ce trou, & peut-être
celle de pluſieurs autres; & on verra que les différents
trous ont des diametres à peu-près égaux, ſoit qu'ils ayent
été percés dans de plus gros ou dans de plus petits brins
de bois. On verra encore que la longueur du trou ne dépend aucunement de la groſſeur de la petite branche. Dans
celles qui n'ont qu'une ligne de diametre, comme dans
celles qui en ont trois, on trouvera des trous longs de
trois lignes & demie, & quelquefois de près de quatre

lignes. Le trou eſt auſſi long que l'inſtrument le peut faire.
Il y a pourtant des tariéres de cigale qui ont plus de cinq
lignes de longueur ; mais une portion de la tariére de plus
d'une ligne, eſt arrêtée en dehors par le paquet des fibres
qui ont été ſoûlevées.

Quoique cette tariére ſoit aſſés forte pour couper les
fibres ligneuſes, il y a plus de travail à les couper qu'à
percer de la moëlle de bois. Le meurier a de la moëlle,
& tous les bois dans leſquels la cigale dépoſe ſes œufs, en
ont auſſi. Nous verrons même qu'elle eſt déterminée à en
choiſir de tels, par une raiſon plus importante que celle de
la facilité qu'elle trouve à en creuſer l'intérieur. Le commencement du trou * eſt dirigé obliquement ; mais dès * Pl. 19. fig.
que ce trou parvient à la moëlle, il prend une direction 3. *t.*
qui s'approche peu à peu du paralleliſme à l'axe du brin
de bois. La tariére ne perce plus que la moëlle dès qu'elle
l'a une fois atteinte, elle n'entame pas le bois qui eſt par-
delà.

Ce qui s'attire d'abord l'attention, lorſqu'on commence
à voir l'intérieur de ces trous, ce ſont les œufs qui y ſont
poſés ; il y en a huit à dix dans tel trou, & quatre ou cinq
dans ceux qui en ont le moins. Ils ſont blancs, oblongs,
pointus par les deux bouts *. Auſſi pour profiter du terrein, * Fig. 5.
la cigale ne les met pas préciſement à la file les uns des autres ; le bout poſtérieur de celui qui précéde eſt vis-à-vis le
bout antérieur de celui qui ſuit.

Chaque cigale peut faire un grand nombre de pareils
œufs. Ceux qu'elle a dans le corps, ſont contenus dans
deux ovaires. J'ai compté 150 & quelques œufs dans
chaque ovaire * d'une fémelle qui pouvoit avoir déja * Fig. 10.
fait une partie de ſa ponte, car ſes ovaires étoient moins
gros que ceux que j'ai vûs à d'autres cigales. Celle-ci avoit
donc plus de 300 & tant d'œufs dans le corps, & ce ne

Z iij

devoit pas être tout ce qu'elle y en avoit eu ; auſſi M. Poſ-
tédéra aſſûre-t'il qu'il y en a qui ſont 500, d'autres 600,
& d'autres juſques à 700 œufs.

Ce Sçavant prétend que la mere a ſoin de luter l'ouverture de chacune des cavités où les œufs ſont logés,
avec une gomme capable de réſiſter aux injures de l'air ;
je crains qu'il ne l'ait dit, parce qu'il a penſé que cela devoit être ; car je n'ai pû trouver aucun veſtige de gomme
à leurs ouvertures, quoique j'y en aye cherché avec les
meilleures loupes. Mais ce que j'ai remarqué à l'honneur
de la prévoyance de la mere cigale, c'eſt que les ouvertures des trous ſont bouchées par des fibres ligneuſes.
Quand la cigale commence à creuſer le bois, elle ſe contente de ſoûlever les fibres qui ſont au bord du trou, elle
les y laiſſe attachées par un bout, & quand elle a tiré ſa
tariére de la cavité, elle ſe ſert de ces mêmes fibres pour
boucher l'entrée du trou.

Autant que le corps des fémelles eſt plein d'œufs, autant celui des mâles eſt-il rempli de vaiſſeaux où ſe prépare la liqueur qui les doit vivifier. Quand on ouvre le
corps de ces derniers *, on y trouve des paquets de ces
vaiſſeaux *, qui font une infinité de tours & de retours
appliqués les uns contre les autres. Si on ſe contente de
preſſer le corps par dehors, ſon dernier anneau * ſe
montre plus qu'il ne faiſoit, & il s'entr'ouvre ; on voit
qu'en deſſous il forme une gouttiére, qui ordinairement
eſt couverte par une plaque écailleuſe *. La preſſion fait
ſortir de la gouttiére un gros crochet * brun & écailleux recourbé vers le ventre, & dont le bout eſt mouſſe ;
il ſert à ſaiſir le derriére de la fémelle, & il ſert auſſi à
deffendre & à couvrir par-deſſus un court tuyau *, dont
le bout eſt ouvert, rebordé, écailleux, & d'une couleur
plus claire que celle du crochet. La preſſion augmente

fait fortir du bout de ce dernier tuyau, une partie charnuë, blanche, oblongue, & terminée par un mammelon
qui eft précédé par une efpéce de bourlet *. Les mâles * Pl. 19. fig.
des cigales de la moyenne & de la petite efpéce, ont deux 7. *m, n,*
crochets qui partent d'une même tige.

Pendant plufieurs années j'ai reçû des nichées d'œufs,
en apparence bien conditionnés, qui n'ont pas répondu à
mon attente. Aucun n'eft venu à bien, quoique j'aye porté
mon attention pour eux jufques à les tenir dans mon gouffet dans un tube de verre. Mais M. Alphons ayant ouvert
des nids en différents temps, comme j'avois fouhaité qu'il
le fît, parvint à y trouver des vers éclos; j'eus le plaifir d'en
voir dans ceux qu'il me mit en état d'ouvrir moi-même
vers la mi-Septembre. J'en obfervai même dans quelques
brins de bois, de deux efpéces très-différentes. Dans prefque tous, je trouvai deux ou trois vers blancs *, fans jam- * Fig. 12. *m*
bes, munis de deux dents jaunâtres *, longs à peine d'une * Figure 14.
ligne, & pas plus gros qu'un brin de fil. *d, d,*

Les vers de l'autre efpéce étoient de même très-blancs;
mais ils avoient fix longues jambes; leur forme approchoit
affés de celle d'une puce, au lieu que celle des premiers
étoit longue & arrondie comme celle des vers les plus communs. Je dois avertir de l'erreur dans laquelle j'ai été par
rapport à ces deux fortes de vers, pour empêcher d'autres
obfervateurs d'y tomber. Je n'héfitai point à penfer que
chaque ver fans jambes, ne dût fe transformer dans un ver
héxapode. Ce ne fut qu'au bout de huit à neuf mois que
j'appris que j'avois regardé comme les enfants de la cigale,
des vers qui dévorent fes œufs & les petits qui en fortent.
Ces vers fans jambes devinrent au printemps, de petites
mouches noires & luifantes, de la claffe des ichneumons.
Les fémelles portent au derriére deux longs filets, tantôt
féparés l'un de l'autre, & tantôt réunis, parce que l'un eft

* Z iiij

une efpéce de tariére dont l'autre eft l'étuy. Cet inftrument lui fert à porter fes œufs dans les nids où les cigales ont logé les leurs.

Si j'euffe foupçonné que les vers munis de jambes naiffoient des œufs de la cigale, je ne les euffe pas confondus avec leurs plus mortels ennemis. Je n'aurois eu dès-lors qu'à obferver des nids avec l'attention avec laquelle j'en obfervai dans la fuite de ceux que j'avois confervés dans l'efprit de vin; j'euffe vû ce que je vis plus tard, des vers à fix jambes, qui ne s'étoient encore dégagés des œufs qu'en partie, qui avoient encore une portion de leur corps dans la coque. J'ai comparé leur forme à celle des puces, ce qui fait entendre que leur tête fe recourbe en deffous vers le ventre. Son bout eft refendu, & forme deux efpéces de longues dents. Les bouts de leurs deux premiéres jambes font fourchus. Entre l'origine de l'une & celle de l'autre s'éleve un tuyau cylindrique, qui a bien l'air d'être le bout de la trompe que l'infecte aura par la fuite. Je ne puis faire paroître ici les deffeins que j'ai de ce ver, ils n'ont été fait que depuis que les planches où ils devroient fe trouver, ont été gravées & tirées.

Ils fortent du nid par la même ouverture par laquelle les œufs y ont été introduits; ils vont chercher la terre dans laquelle ils s'enfoncent. M. Alphons affûre que c'eft dès l'été, & M. Pontédéra prétend que ce n'eft qu'après l'hiver. Les vers mangeurs de ceux des cigales, qui paffent réellement l'hiver dans les brins de bois, n'en ont-ils point impofé à ce Sçavant, comme à moi!

Je fuis incertain s'ils quittent leur premiére dépouille dans le nid, ou fi ce n'eft qu'après être entrés en terre; c'eft-là qu'ils croiffent fous la figure d'un héxapode dont le bout de la tête n'eft plus refendu, mais qui a une trompe, & qu'enfuite ils fe transforment en nymphes de la
claffe

claffe de celles qui marchent, qui prennent de la nourriture, & qui elles-mêmes ont à croître. Ces nymphes ont
été très-connues des anciens. Ariftote les a nommées tet-
tigometres ou meres des cigales. Leur forme ne différe de
celle qu'elles avoient lorfqu'elles étoient vers héxapodes,
qu'autant que différe celle d'un jeune puceron de celle
d'une nymphe de puceron; je veux dire que la plus grande
différence que j'aye remarquée entre l'héxapode de quelque groffeur qu'il foit, & la nymphe ou tettigometre,
c'eft que celle-ci * a des fourreaux * dans lefquels les aîles   * Pl. 19. fig.
de la mouche font renfermées, & qu'on ne trouve point de 16 & 17.
veftiges de ces fourreaux à l'héxapode *. Cette différence   * a.
étant connue, celui-ci fera fuffifamment décrit quand   * Fig. 15.
nous aurons fait connoître la figure de l'autre, & fes principales parties : car nous ne nous arrêterons point à faire
remarquer que dans les héxapodes les antennes paroiffent
partir du premier corcelet, au lieu que celles des nymphes
partent de deffous les grands yeux; nous ne nous arrêterons pas non plus à d'autres différences de cette nature.

La nymphe eft d'un blanc-fale. La figure de fa tête
approche de celle de la tête qu'elle aura lorfqu'elle fera
devenue cigale ; dans l'un & l'autre état l'infecte eft
muni d'une trompe * de même ftructure, pofée de la   * Pl. 20. fig.
même maniére, & confervée par un étui femblable & 1 & 2.
femblablement placé. La nymphe, comme la cigale, a un
double corcelet duquel partent les fourreaux des aîles. On
compte huit anneaux au corps de la nymphe, comme à
celui de la cigale ; mais on ne trouve point aux nymphes
qui doivent devenir des cigales mâles, ni à celles qui doivent devenir des cigales fémelles, les parties par lefquelles
les cigales mâles différent des fémelles. On ne découvre
aux premiéres aucune des parties qui compofent l'organe
du chant, & les fecondes n'ont point de tariére.

Tome V.   . A a

Les jambes de la premiére paire font ce que les nymphes des cigales ont de plus remarquable *. On juge
qu'elles leur ont été données pour s'ouvrir des chemins
fous terre, pour piocher dans le befoin. Au premier coup
d'œil on leur trouve une forte de reffemblance avec des
jambes des écreviffes, parce qu'auprès de leur extrémité
elles ont une partie * que nous appellerons le pied ou le
gros de la jambe, beaucoup plus large & plus épaiffe que
le refte. Le plus grand diametre de ce pied eft vers fon
milieu ; près de fon bout il eft articulé avec une partie
courte, une efpéce de petit bouton avec lequel eft auffi
articulé un fort & folide crochet * terminé par une pointe.
Nous nommerons ce crochet l'ongle, parce qu'il reffemble à ceux de divers oifeaux. A quelque diftance de la
pointe de cet ongle, eft l'origine d'une efpéce de dent,
pointue. Dans la partie concave de l'ongle, affés près de
la dent, eft articulée une piéce longue * en forme de
petit bâton, & écailleufe, comme toutes celles dont nous
venons de parler, un peu moins groffe près de l'articulation, qu'à fon extrémité. De celle-ci partent deux
crochets * fins & courts, mais folides. Dans les cigales
mortes, & apparemment dans celles qui font en repos,
cette piéce eft couchée tout du long de l'ongle, & fur
une partie du pied *. Le bord inférieur du pied, le plus
proche de l'ongle, a une plaque de quatre à cinq dents
très-fines *; mais plus loin plufieurs dents beaucoup plus
longues, ou des pointes, partent auffi du bord du pied
en fe courbant vers l'ongle. La plus confidérable de ces
pointes * eft branchue. La jambe a trois autres parties
articulées enfemble, dont la derniére l'eft avec le pied ;
elles n'ont rien qui doive nous engager à les décrire. Les
quatre autres jambes de la nymphe de la cigale n'ont rien
auffi qui doive nous arrêter, elles n'ont point ce gros

* Pl. 20. fig.
3 & 4.

* i.

* Fig. 3 & 4.
c.

* Fig. 4 & 5.
p.

* Fig. 5. d.

* Fig. 3. d.

* d.

* f.

pied qui rend les premiéres remarquables. Outre le petit ongle aigu par lequel elles font terminées, elles ont plu- fieurs autres pointes écailleufes près de leurs différentes articulations.

Ces nymphes avoient befoin d'être munies de jambes telles que font leurs deux premiéres, pour pénétrer auffi avant fous terre qu'elles y pénétrent quelquefois. Dans une lettre où feu M. le Fevre Médecin d'Uzez, me ra- conte tous les foins qu'il s'étoit donnés, pour me procurer de ces infectes pendant l'hyver, il m'affûre en avoir trouvé à deux & trois pieds de profondeur, & que l'argile com- pacte ne les avoit pas arrêtés. Il prétend que les nymphes la mouillent pour venir plus aifément à bout de la percer. Au refte toutes les obfervations qui m'ont été communi- quées, concourent à établir que c'eft auprès des racines des arbres qu'elles fe tiennent.

M. Pontédéra affûre que l'infecte ne quitte fon état de nymphe que dans l'année qui fuit celle où il l'a pris ; ce qui me paroît très-probable. Mais quelle que foit la longueur du temps néceffaire aux nymphes pour arriver à leur der- nier terme d'accroiffement ; quand elles y font parvenues, & que les chaleurs de l'été commencent à fe faire fentir, elles fortent de terre, elles grimpent fur les arbres, & s'y accrochent à leur tige ou à leurs branches, & peut-être auffi à leurs feuilles. Nous avons vû que leurs jambes font munies d'affés de pointes roides pour fe cramponner fo- lidement. Leur métamorphofe s'accomplit alors comme celle de tant d'autres infectes. Au refte, après tout ce que nous avons rapporté de la maniére dont les papillons & diverfes mouches parviennent à fe tirer de leur fourreau de crifalide ou de celui de nymphe, nous n'avons pas eu befoin de voir des cigales dans cette opération, pour fça- voir quelle eft la méchanique à laquelle elles ont recours.

A a ij

Tout ce que nous avons dit pour des cas pareils, a appris qu'elles doivent d'abord dégager du fourreau les parties intérieures de leur corps, & les ramener enfuite vers le corcelet pour faire violence à l'enveloppe qui le couvre, en la rempliffant plus qu'elle n'eft remplie ordinairement, & pour l'obliger par-là à fe déchirer. Si j'euffe eu fur cela le moindre doute, il eût été levé par des cigales que j'ai reçûes, & qui avoient péri dans l'opération. J'ai vû que le corps de quelques-unes s'étoit détaché du fourreau de nymphe, que les quatre à cinq derniers anneaux de ce fourreau étoient vuides, que le corps avoit été ramené tout entier dans les anneaux les plus proches du corcelet, & que le deffus de celui-ci étoit fendu.

Aldrovande nous parle d'après fes propres obfervations, réiterées pendant plufieurs années, & non d'après les anciens, ce qui lui eft beaucoup plus ordinaire, lorfqu'il nous rapporte comment la cigale fe tire de fon enveloppe de nymphe. Il dit que celle qui ne vient que de paroître au jour, eft prefque verte par tout, qu'enfuite le deffus de fon corps prend des nuances de couleur de marron, & qu'enfin au bout d'un jour elle eft d'un brun noirâtre.

Il feroit à fouhaiter pour les campagnes où l'on eft étourdi en été par le bruit des cigales, que les mets dont les Grecs s'accommodoient, fuffent encore à notre goût. On fervoit fur leurs tables des nymphes de cigales. Ariftote détermine le temps où elles étoient excellentes: *quo tempore*, dit-il, *guftu fuaviffimæ funt, antequam cortex rumpatur*. On mangeoit les cigales mêmes, & au rapport encore d'Ariftote, avant l'accouplement on préféroit les mâles, & après l'accouplement on donnoit la préférence aux femelles, parce qu'alors elles avoient le ventre plein d'œufs

très-agréables au goût; on aimoit dans ce temps-là ces
œufs, comme nous aimons aujourd'hui ceux d'écreviſſe.

Un inſecte *, qui par la poſition & la ſtructure de ſa
trompe *, & par celle du fourreau dans lequel il eſt logé,
reſſemble aux cigales; qui leur reſſemble encore par l'induſtrie avec laquelle il introduit ſes œufs dans des branches d'arbuſte, auroit droit de paroître à leur ſuite, quand
on ne voudroit pas le reconnoître pour une cigale, parce
que le talent de chanter ne lui a pas été donné, pourvû
qu'il fût une mouche à quatre aîles; on pourroit au moins
le mettre dans le genre qu'il convient d'appeller celui des
procigales. Je n'héſiterois pas auſſi à placer dans ce genre
un petit inſecte *, mais très-commun, & dont je vais parler,
ſi j'étois aſſés certain qu'il eſt une mouche. Il a deux aîles
très-tranſparentes; mais je doute ſi au-deſſus de celles-ci
on doit lui reconnoître deux autres aîles, ou lui croire
ſimplement deux fourreaux des véritables aîles; car ſi ce
ſont des aîles, leur tiſſu n'eſt pas auſſi tranſparent que celui
des aîles des mouches ordinaires, & ſi ce ſont des fourreaux,
ils ſont des fourreaux bien minces. Quand nous parlerons
des inſectes dont les aîles ſont couvertes par de véritables fourreaux, nous donnerons pourtant des regles pour
diſtinguer les véritables aîles des étuis qui leur ont été
accordés, quelque minces qu'ils ſoient; mais il n'eſt pas
aiſé de faire l'application de ces regles à des inſectes extrémement petits. Heureuſement que peu de gens s'embar-
raſſent qu'on ſoit extrémement exact dans la diſcuſſion
des faits de cette nature; généralement on aimera mieux
qu'on le ſoit à rapporter ceux qui font honneur au génie
des inſectes.

Celui que je veux faire connoître, ſe tient ſur les roſiers;
depuis la ſaiſon des roſes juſque vers la Touſſaint, on ne
ſçauroit toucher les branches de ceux de la plûpart des

jardins, les agiter, fans déterminer un grand nombre de petites mouches à s'envoler; je dis de mouches, car je continuerai à leur en donner le nom malgré l'incertitude où je fuis, fi elles ont quatre aîles ou fimplement deux aîles & deux fourreaux. Toutes les petites mouches à beaucoup près, ne partent pourtant pas de deffus le rofier qu'on agite légérement. Si on cherche à voir celles qui y font reftées, on en trouve des milliers de difperfées fur les branches, & fur-tout près des fommités. On en trouve auffi fur les feuilles mêmes. Elles peuvent être vûes fans le fecours de la loupe. La couleur de leurs aîles fupérieures eft un citron pâle. Celle du refte du corps eft plus blancheâtre. Non-feulement elles volent, elles fçavent auffi fauter. J'ai déja dit d'avance que leur trompe eft affés femblable à celle des cigales, & pofée femblablement.

Tant de milliers de ces petites mouches qui fe tiennent fur le même rofier, devoient faire foupçonner au moins qu'elles n'y étoient pas feulement pour y prendre leur nourriture; qu'elles s'y multiplioient. Armé d'une loupe, j'y obfervai plufieurs de celles qui étoient tranquilles ou qui le paroiffoient, & je les obfervai en deffous & de côté, parce que je penfai qu'il y en pouvoit avoir d'occupées à pondre. Je ne fus pas long-temps à en découvrir qui étoient dans cette opération, ou qui s'y préparoient. J'en vis qui redreffoient une petite piéce * qui étoit couchée auparavant contre leur ventre; & qui après l'avoir redreffée jufqu'à la rendre perpendiculaire à la furface de la tige, fur laquelle leurs jambes étoient cramponnées, en piquoient le bout dans cette tige; elles l'y faifoient pénétrer enfuite de plus en plus, jufqu'à l'y enfoncer toute entiére.

* Pl. 20. fig. 1. f.

Cette partie eft donc un inftrument propre à entailler les branches de rofier. Quand j'ai examiné celui d'une

petite mouche que je tenois à la main, j'ai vû qu'il étoit
une véritable scie terminée en pointe *, & un peu courbe. * Pl. 20. fig.
Le côté concave est appliqué contre le ventre, & le côté ¹².
convexe est dentellé, & le seul qui le soit. Cette scie ne
m'a pas paru aussi composée que celles des mouches
que nous avons appellées à scie ; mais une si petite partie pourroit bien avoir des particularités qui m'auroient
échappé. L'endroit où on trouve son origine, en est une
aisée à remarquer ; cette scie est attachée bien plus loin
du bout du corps, que ne l'est la scie d'aucune des mouches dont il a été parlé dans le troisiéme Mémoire ; elle
l'est vers le milieu du troisiéme anneau ; de sorte que
lorsque la scie est entiérement redressée, elle est à peu-
près perpendiculaire au-dessous du milieu du ventre. La
mouche peut donc agir dessus avec le poids de tout son
corps.

Parmi ces petites mouches, comme parmi toutes les
autres, il y a des fémelles & des mâles. On ne trouve point
de scie à ces derniers ; mais lorsque leur derriére est pressé,
il fait voir trois petites baguettes *, d'entre lesquelles sort * Fig. 15;
une partie charnue & oblongue *, qui est apparemment c, c, c.
celle qui est essentielle au mâle ; & c'est pour s'emparer du * m.
derriére de la fémelle, que le mâle a les trois autres corps
en forme de baguette.

Les œufs que la fémelle dépose dans les entailles qu'elle
a faites, sont si petits & si tendres que je n'ai pu parvenir
à les détacher sans les crever. Quand j'ai enlevé de l'écorce
entaillée, je n'ai pu appercevoir qu'un peu d'humidité qui
ne me paroissoit pas être celle de la seve. Dans chacun
des endroits où un œuf a été déposé, il se fait une petite
tuberosité que le ver qui sort de l'œuf oblige à s'élever
davantage ; mais elle est toûjours très-petite, moins grosse
qu'un grain de millet, & plus applatie. Le ver est aussi

tendre ou plus tendre que l'œuf, car je n'ai jamais pû parvenir à l'avoir. Je n'ai jamais eu que de l'eau quand j'ai ouvert sa loge, mais en une quantité plus confidérable que quand j'ouvrois celle où étoit un œuf. Cependant ce ver

* Pl. 20. fig. 14. se métamorphofe fous l'écorce en une nymphe * de la claffe de celles qui marchent, & qui ne différe de la mouche qu'elle doit devenir, qu'en ce que les aîles font contenues dans de très-courts fourreaux, qui laiffent le deffus du corps à découvert. Les nymphes marchent fur les rofiers, & s'y transforment en ces mouches, dont nous n'avons parlé qu'à caufe de leur petite fcie.

Nous fommes réduits à ne donner prefque que la figure

* Fig. 6 & 7. d'une mouche * d'une efpéce très-finguliére, & qui nous paroît être de celles qui à caufe de la ftructure de leur trom-

* Fig. 6. t, & fig. 9. pe *, doivent être mifes parmi les procigales. La mouche dont nous fommes fâchés d'avoir fi peu de chofe à dire, n'eft pas feulement remarquable par fa grandeur, & par les couleurs dont elle eft parée, elle l'eft bien davantage par la lumiére qu'elle répand pendant la nuit, & par la figure & la pofition de fa partie lumineufe. La lumière de nos vers luifants, & des fcarabés luifants, appellés vulgairement mouches luifantes, vient de deffous le ventre, d'au-

* Fig. 6 & 7. l. près du derriére; & c'eft la partie antérieure * de la tête de notre grande mouche qui éclaire, & qui éclaire à un tel point, que M.lle Merian affûre qu'elle met en état de lire la Gazette d'Hollande pendant la nuit. C'eft à Surinam qu'elle a obfervé ces mouches, & qu'elle y en a peint des figures qui font gravées dans la quarante-neuviéme planche de fes infectes de ce pays-là. On nous en a envoyé à Paris de Cayenne. Ces deux endroits qui font affés voifins, ne font pas apparemment les feuls de l'Amérique où elles naiffent. On les appelle des porte-lanternes, parce qu'on a regardé la partie antérieure de la tête, de laquelle la

lumiére

lumiére fort comme une efpéce de lanterne. Quand on
feroit plus à portée d'étudier cet infecte que nous ne le
fommes, on ne parviendroit peut-être pas à fçavoir pour
quel ufage cette lanterne lui a été donnée; il ne femble pas
au moins que ce foit pour l'éclairer pendant qu'il vole. Les
yeux à rezeau * font près de fon origine. Un flambeau ou   * Pl. 20. fig.
plûtôt une flamme plus large que notre front, & qui en   6. *i.*
partiroit, ne ferviroit qu'à nous empêcher de voir les
objets qui feroient par-delà.

  La tête de cette mouche, fi on la prend depuis le corcelet, & qu'on en mette la fin à l'origine de la lanterne,
eft très-courte. Elle n'eft pas plus longue qu'eft large un
anneau du corps. Mais fi on regarde la lanterne comme
une portion de la tête même, alors la tête n'a guére moins
de longueur que le corps, car le volume de la lanterne
eft confidérable; elle a plus de diametre d'un côté à l'autre
que de deffus en deffous. Près de fon origine elle a en
deffus une efpéce de boffe; fon bout eft arrondi. Le fond
de fa couleur, ou de la couleur qu'elle a dans des mouches
féches telles qu'elles nous arrivent ici, eft olive; mais fur ce
fond font des rayes ondées, & quelques taches brunes.
La partie fupérieure a de plus deux rayes d'un affés mauvais rouge. De chaque côté elle a un rang de tubercules
applatis & rougeâtres. En deffous *, la lanterne a une arête   * Fig. 7.
qui la divife en deux également prefque depuis fon origine
jufqu'à fon extrémité, & deux autres qui partent d'auprès
de l'origine de la précédente, & qui après s'en être écartées
pour s'approcher des côtés, reviennent la joindre à fon
extrémité. Ces trois arêtes font rougeâtres. Il y en a encore
deux dont chacune eft proche d'un côté, qui ont de diftance en diftance des épines.

  La curiofité que j'ai eûe de voir l'intérieur de ces lan-
ternes, a été affés mal fatisfaite. J'en ai ouvert une qui ne

Tome V.   .B b

m'a offert qu'une cavité confidérable, renfermée par un cartilage médiocrement épais. Je n'ai trouvé aucune partie dans cette cavité. Quand on fuppoferoit que celles qui y étoient lorfque l'animal vivoit, s'étoient deffechées, elles n'auroient jamais pû remplir, lors même qu'elles étoient molles, qu'une petite partie de cette cavité.

Près de l'origine de la lanterne, il y a de chaque côté un œil à rezeau * de couleur rougeâtre, qui eft un demi-globe logé dans un orbite écailleux & échancré par embas. Au-deffous de cet œil, fur la même plaque écailleufe *, il y a un autre demi-globe * dont la furface eft grainée, & que Melle Mérian a négligé de faire paroître dans fes figures. Ces derniers demi-globes feroient-ils encore des yeux ! En ce cas c'en feroient d'une ftructure différente de celle des yeux à rezeau. Entre chaque œil à rezeau & chaque demi-globe chagriné, eft un petit mammelon prefque cylindrique *.

Les aîles fupérieures n'ont pas une parfaite tranfparence. Le fond de leur couleur eft celle d'une olive pochettée; elles font pointillées d'un peu de blancheâtre, & près de leur bafe elles ont plufieurs petites taches prefque noires. Les aîles de deffous *, un peu plus tranfparentes que les fupérieures, font plus courtes, & ont cependant plus d'ampleur. Elles ont chacune un grand œil qui a quelque reffemblance avec ceux des aîles des papillons paons. Les teintes les plus claires de ces yeux font olive, & les teintes brunes font caffé.

Dans la même planche où Melle Mérian a reprefenté des porte-lanternes, elle a reprefenté une autre mouche que les Indiens appellent des vielleurs, à caufe que le bruit qu'elles font imite le fon d'une vielle. Elle a donné auffi la figure de la nymphe du vielleur, qui eft une mouche qui doit encore appartenir au genre des procigales. Melle Mérian dit que

les Indiens ont voulu lui perſuader que les vielleurs ſe
métamorphoſoient en porte-lanternes ; & il ſemble qu'elle
en ait été convaincue, puiſqu'elle nous donne une des
figures de ſa planche pour celle d'un vielleur dont la tête
s'eſt allongée pour devenir une lanterne. C'eſt une métamorphoſe qui demanderoit à être mieux ſuivie. En cas
qu'elle ſoit véritable, elle pourroit être comparée au changement qui arrive aux mouches éphéméres, qui, après
avoir volé, ont encore à ſe deffaire d'une dépouille.

EXPLICATION DES FIGURES
DU QUATRIE'ME ME'MOIRE.
PLANCHE XVI.

LA Figure 1 repréſente une cigale fémelle de la grande
eſpéce, vûe du côté du dos. *a, a,* les antennes. *i, i,* les
yeux à rezeau entre leſquels ſont placés les trois yeux
liſſes. La tête finit où les yeux à rezeau ſe terminent. Là
commence le premier corcelet, ou la premiére partie du
corcelet double. *i e e i,* l'étendue du premier corcelet. *e c
c e,* le ſecond corcelet.

La Figure 2 fait voir par-deſſous la cigale de la figure
précédente. *i, i,* les yeux à rezeau. *p,* le prolongement de
la tête, d'où la trompe part. *t,* la trompe. *ſ,* la fente du
bout poſtérieur du corps, dans laquelle la tariére double,
ou les limes ſont logées.

La Figure 3 eſt en grand celle d'une antenne marquée
a, fig. 1 & 2.

La Figure 4 a été deſſinée pour faire voir la poſition
des ſtigmates du corps. On y voit comment l'arc qui
forme la portion ſupérieure de chaque anneau, revient
en deſſous, & qu'une lame moins convexe eſt jointe par

B b ij

ſes bouts, aux bouts de l'autre. *a b, b c, c d,* trois différents anneaux. *ſ, ſ, ſ,* &c. vont chacune marquer par une ligne ponctuée un des ſtigmates.

La Figure 5 montre par-deſſous une cigale mâle de la grande eſpéce. Les parties qu'elle a ſemblables à celles de la fémelle de la figure 2, ſont déſignées par les mêmes lettres ; ce qu'elle a de particulier ſont les deux volets, ou les deux écailles *u, u,* qui couvrent les endroits où ſont les organes qui modifient le chant. On y voit auſſi que ſa partie poſtérieure *z,* eſt faite autrement que la partie poſtérieure *ſ,* de la figure 2, qu'elle n'eſt pas ſi allongée, & qu'elle n'a pas une fente ſemblable à celle qui loge les limes.

Dans la Figure 6, la cigale mâle de la figure 5 eſt vûe par-deſſus, & montre ſes quatre aîles. *i, i,* yeux à rezeau & fin de la tête. Depuis les yeux à rezeau juſqu'en *e e,* eſt le premier corcelet. *e e, c* le ſecond corcelet.

La Figure 7 repreſente une cigale de moyenne grandeur, vûe par-deſſus.

Les Figures 8 & 9 font voir par-deſſus, deux cigales de la petite eſpéce. La cigale de la figure 8, a ſur ſon double corcelet des taches qu'on ne trouve point aux corcelets de celle de la figure 9.

Les Figures 10 & 11 font voir en grand la poſition des parties qui compoſent la trompe, d'où ces parties tirent leur origine, comment elles ſe réuniſſent, & comment elles peuvent être ſéparées. *i, i,* figure 10, les yeux à rezeau. *p,* la partie de la tête qui eſt ramenée & prolongée en deſſous. De la pointe *p,* de cette partie, part la langue *l.* La trompe *t,* ſe rend à cette même pointe *p,* en deſſous de la langue *l.* Ici la trompe eſt en partie hors de ſon fourreau. *f,* le fourreau. *g,* eſpéce de godet écailleux d'au-deſſus duquel part le fourreau de la trompe.

Dans la Figure 11, on n'a que le prolongement *p,* du

bout de la tête ; on en a retranché les yeux à rezéau , &
une grande portion de ce qui les fuit. On y voit la trompe
hors de fa couliffe , & développée. *t, r, t,* les trois parties
dont elle eſt compofée, foûtenues en l'air par l'épingle
qui les a miſes hors de leur couliffe, & qui les a écartées
les unes des autres. *l,* la langue. Cette figure montre encore mieux que la précédente, l'endroit où eſt l'origine
de l'étui, & combien il eſt éloigné du bout *p,* d'où la
trompe part.

<h2>P L A N C H E X V I I.</h2>

Toutes les figures de cette planche, excepté la derniére,
ont été deſſinées pour faire connoître les organes du chant
de la cigale.

La Figure 1 fait voir à peu-près dans fa grandeur naturelle & par-deſſous, le corps & partie du dernier corcelet
de la cigale mâle de la grande eſpéce ; & les figures fuivantes
juſqu'à la dixiéme incluſivement, font priſes d'après cette
même cigale. *u,* un des volets écailleux qui eſt en fa place
naturelle, & fur lequel poſe une jambe. *u,* autre volet
qui a été relevé pour mettre à découvert la cavité qu'il
couvroit. *m,* le miroir qui eſt dans le fond de cette cavité.

Dans la Figure 2, plus grande que nature, les deux
volets *u, u,* font repréſentés, relevés & jettés fur le corcelet, & laiſſent voir en entier la cavité où font les deux
miroirs. *m, m,* ces miroirs. L'eſpace qui eſt entre les miroirs,
eſt rempli par un triangle écailleux qu'on voit mieux dans
la figure fuivante. *n n,* membrane blanche & pliſſée, que
les uns ont regardée comme l'inſtrument du fon, pendant
que les miroirs ont été pris pour tels par d'autres.

La Figure 3 repréſente les mêmes parties que la figure 2,
mais beaucoup plus groſſies, & au point néceſſaire qu'elles
le foient pour rendre leur figure & leur poſition diſtinctes.

B b iij

u, u, les deux volets. *m, m,* les miroirs. *q, q,* le triangle écailleux placé au milieu de la cavité, & qui aide à renfermer les deux loges où font les miroirs. *n n,* membranes blanches & plissées qui ont été prises pour l'instrument du chant. *l, l,* deux ouvertures de forme oblongue, dont chacune est à peu-près renfermée par deux arcs. C'est par chacune de ces ouvertures que fort l'air fonore qui a été mis en mouvement par les deux instruments du chant. Ce font les ouvertures des deux cellules, dans chacune desquelles une timbale est logée.

La Figure 4 fait voir de côté une portion du corcelet, & une portion du corps d'une cigale mâle ; tout ce qu'on a voulu y montrer, c'est une élévation qui est en *e,* fur le premier anneau, & qu'on ne trouve point au premier anneau de la fémelle. Là cette partie de l'anneau s'éleve pour faire une loge d'une capacité suffisante pour contenir la timbale, & lui laisser fon jeu libre.

La Figure 5 ne différe de la figure 4, qu'en ce que la portion d'écaille marquée *e,* dans cette derniére figure, a été coupée presque tout autour dans la figure 5, & rejettée vers le dos, *e,* cette portion d'écaille. *t,* la timbale qui alors est à découvert. *u,* le volet qui est dans fa position naturelle, & qui ferme la moitié de l'ouverture de la cavité où font les miroirs.

La Fig. 6 repréfente fort en grand le corcelet & le corps d'une cigale mâle, dont le corps a été ouvert par-deffus. Cette figure est très-propre à donner idée des parties d'où dépend le chant de la cigale. *m, m,* les deux miroirs vûs du côté du dos, au lieu que dans les autres figures, c'est du côté du ventre qu'ils font en vûe. *f, f,* deux muscles compofés de fibres droites, & presque paralleles les unes aux autres. Chaque muscle *f,* est destiné à faire jouer la timbale vers laquelle il fe dirige. *t, t,* les deux timbales,

qui ont été mifes à découvert. Les mufcles *f*, *f*, font appuyés fur le triangle écailleux du côté où il eft concave.
Vers la partie poftérieure du corps, on voit en *f*, des vaiffeaux blancs qui y font une infinité de plis & de replis;
ces vaiffeaux font pleins de la liqueur néceffaire à la fécondation des œufs.

La Figure 7 eft celle d'une coupe d'anneau vûe du côté
du ventre, & prife au bord de la cavité où font les miroirs;
mais les miroirs, & les autres parties ont été ôtées de cette
cavité. *e q q*, le triangle écailleux, qui, quand il étoit en
place, touchoit par le fommet de l'angle *e*, la portion *c*
de l'anneau qui eft courbée en cœur, & qui étoit arrêté
contre cette partie de l'anneau par les deux ligaments qui
partent du fommet *e*.

La Figure 8 montre le côté concave du triangle écailleux, dont le côté convexe eft en vûe dans la figure 7.
C'eft fur ce côté concave que font pofés les mufcles *f*, *f*,
de la figure 6.

La Figure 9 repréfente les deux mufcles *k f*, *k f*, tirés
de deffus le triangle écailleux de la figure précédente. Des
fibres *i*, qui partent d'une plaque prefque cartilagineufe,
pofée fur le bout d'un de ces mufcles, vont fe joindre à
la timbale *t*.

La Figure 10 fait voir la plaque cartilagineufe qui a été
détachée du bout d'un des mufcles de la figure 9. Les
fibres *i*, qui partent de cette plaque, font celles qui étoient
attachées à une timbale.

La Fig. 11 repréfente une partie du corcelet antérieur,
le corcelet poftérieur, & partie du corps d'une cigale mâle
de moyenne grandeur, de l'efpéce de celle de la figure 7,
planche 16; elle les repréfente, dis-je, vûes de côté &
groffies. *e*, *e*, partie du corcelet antérieur. *c*, le corcelet
poftérieur. *u*, l'un des volets écailleux. *t*, *t*, la timbale, qui

eſt à découvert en *t*, & en *r*. *p*, piéce qui couvre une partie de la timbale.

La Fig. 12 eſt la même que la fig. 13, à cela près que la piéce *p*, qui couvre une partie de la timbale dans la figure précédente, a été abbaiſſée dans la fig. 12. *p*, cette piéce.

La Figure 13 fait voir le ventre, & partie du deſſous du corcelet de la même cigale, ſur laquelle les figures 11 & 12 ont été deſſinées. Un des volets *u*, eſt abbaiſſé, & une des jambes poſe deſſus. L'autre volet *u*, eſt relevé. On peut remarquer pluſieurs différences entre la cavité qui eſt à découvert, & celle des figures 1, 2 & 3. *m*, le miroir qui eſt très-petit & plus enfoncé que ceux des grandes cigales. *n*, la membrane blanche & pliſſée. *t*, une petite portion d'une des timbales qui ſe trouve ſous le volet qui eſt du même côté.

La Figure 14 repréſente en grand le bout du derriére de la cigale fémelle de la figure 2, planche 16. *a a*, le bout du corps, ou le dernier anneau, dont la forme eſt fort différente de celle des autres; c'eſt une eſpéce de cone, qui a un renflement au-deſſus de ſa baſe; & qui eſt fendu tout du long du côté du ventre. *cf*, *cf*, les deux piéces, qui enſemble compoſent l'étui de la tariére; la fente qui eſt entre ces deux piéces, laiſſe entrevoir la tariére.

PLANCHE XVIII.

Toutes les figures de cette planche ſont groſſies au microſcope, & ſont deſtinées à faire connoître la ſtructure de l'eſpéce de tariére de la cigale.

La Fig. 1 repréſente le bout du corps d'une cigale fé-melle de la grande eſpéce, vû du côté du ventre. *b a a*, ce prolongement du corps, qui peut être appellé le dernier anneau, quoiqu'il ait une figure différente de celle de ceux qui le précédent; il a une entaille dans toute ſa longueur

dans

dans laquelle font logées les piéces qui compofent l'étui de la tariére, & qui la renferment. *b*, le dernier des anneaux ordinaires. *a a*, cet anneau allongé en coné ; & refendu, dans lequel la tariére eft logée dans les temps ordinaires. *f*, la tariére fortie de fon étui. *c, c*, les deux piéces qui enfemble compofent l'étui de la tariére.

Les Figures 2 & 3 montrent les deux piéces qui forment un étui à la tariére. Une de ces piéces figure 2, eft vûe de côté, & l'autre par la face où eft la concavité d'une efpéce de cuilleron oblong. *c g*, le cuilleron. *g f*, tige du cuilleron articulée en *g*, & qui a une cavité qui paroît le long de *g f*, figure 3.

La Figure 4 fait voir la tariére développée en partie, & les trois piéces dont elle eft compofée. *a a*, portion de l'anneau dans lequel fe loge la tariére, qui a été coupée en *a a*. Une des limes *p f*, a été retirée de deffus fon fupport. *p f*, eft la partie qui eft armée de dents inclinées vers la pointe *p*. Les dents font noires, & le refte de la lime eft blancheâtre. *t r*, piéce d'un brun prefque noir qui fert de fupport aux limes, & que nous avons nommée piéce d'affemblage. On en voit la partie de deffus laquelle la lime *p f*, a été dégagée. *p l*, l'autre lime qui eft pofée & engrainée dans l'autre moitié du fupport, comme *p f*, l'étoit naturellement.

Dans la Figure 5 les deux limes font retirées de deffus leur fupport. *t e e r*, le fupport, fur la face & fur l'épaiffe tranche duquel on voit des languettes & des cannelûres. *p f*, une des limes. *p l*, l'autre lime. Le fens dans lequel cette derniére fe préfente, permet de voir qu'elle a des cannelûres & des languettes propres à s'affembler réciproquement dans les languettes & les cannelûres du fupport.

La Figure 6 qui ne repréfente qu'une portion de la tariére, montre qu'une des limes peut s'élever plus que

Tome V. .Cc

l'autre ; la pointe *p*, de la lime *p l*, eſt plus élevée que la pointe *p*, de la lime *p ſ*. Une partie *r*, du ſupport a été laiſſée à découvert par la lime *p l*.

Dans la Figure 7, où la tariére eſt repréſentée dans preſque toute ſa longueur, la pointe *p*, de la lime *p l*, eſt beaucoup deſcendue au-deſſous de la pointe *p*, de la lime *p ſ*, & on eût été maître de la faire deſcendre davantage.

Dans la Figure 8 , tout au contraire de la figure précédente, la pointe *p*, de la lime *p l*, eſt beaucoup élevée par-delà la pointe *p*, de la lime *p ſ*. *q r*, partie du ſupport de deſſus laquelle la lime *l p*, a été retirée.

La Figure 9 eſt celle des deux limes tirées de deſſus leur ſupport.

La Figure 10 montre la tariére de la figure 7, du côté oppoſé à celui où elle eſt vûe dans cette derniére figure. La lime *p ſ* eſt dans ſa poſition ordinaire, & la lime *p l* eſt deſcendue plus bas qu'elle n'eſt ordinairement. Ici la face qui eſt en vûe, eſt la ſupérieure quand la cigale eſt poſée ſur un plan horizontal., au lieu que la face des autres figures eſt l'inférieure, ou celle qui ſe préſente lorſqu'on regarde le ventre d'une cigale. La partie *o*, de la lime *p l*, qui excéde le ſupport, apprend que la tige de la lime ne s'applique que ſur l'autre face du ſupport, & ſur celle qui en marque l'épaiſſeur, ou ſur la tranche. Toute la large face du ſupport, eſt vûe dans cette figure ; ſi on y remarque quelques ſillons, ils ne ſont pas de ceux qui ſervent à maintenir les ſcies pendant qu'elles ſont en jeu.

Dans la Figure 11, les ſcies ont été coupées en *l* & *ſ*, & ont été écartées de leur ſupport coupé en *r*. Tout ce qu'on a eu deſſein d'y faire voir, c'eſt que le ſupport, avant que d'arriver au corps, ſe diviſe en deux branches *t y*, *t s*, & que l'entre-deux des branches eſt rempli par des membranes *m*, qui lient les deux branches enſemble.

La Fig. 12 ne montre encore qu'une partie de la tariére & de l'anneau dans lequel elle eſt logée. Elle fait voir les queues *z l, z ſ,* des limes, ou les tendons écailleux qui les font agir alternativement. *b,* le ſupport des limes.

PLANCHE XIX.

Les Figures 1 & 2 repréſentent deux petites branches de meurier, dont celle de la figure 1, eſt plus menue que celle de la figure 2 : une cigale a dépoſé ſes œufs dans l'intérieur de chacune de ces branches. *t, t, t,* &c. marquent de petites élevations faites par la peau & les fibres qui ont été coupées & ſoûlevées. Chacune couvre l'ouverture d'un trou creuſé dans l'intérieur de la branche. Fig. 1, on voit en *e, e,* deux élevations qui ne ſont pas dans l'alignement des autres, mais cela eſt rare. Dans la figure 2, où une partie du bois a été emportée, un œuf paroît en *o.*

La Figure 3 montre l'arrangement que la cigale donne à ſes œufs dans l'intérieur de chaque morceau de bois. Le brin de bois dont on a ici la figure, eſt groſſi à la loupe, & on en a emporté une partie depuis *l l,* juſqu'en *r r,* pour mettre à découvert ſon intérieur. *k, f, g, h,* bouquets de fibres ligneuſes qui ont été coupées & ſoûlevées par la tariére de la cigale. En *t,* on voit la coupe de l'ouverture du trou ſur lequel les fibres étoient appliquées. *ſ,* ſont les œufs, dont le trou a été rempli. *l,* & *l,* la coupe des endroits qui ſont ligneux. *m,* la coupe de ce qui eſt occupé par la moëlle. Les bouquets de fibres *h, g, k,* ſont poſés au-deſſus d'autant de trous, dont les directions ne ſe ſont pas trouvées en entier dans celle de la coupe qui a été faite. *o, q, x,* les œufs qui occupent une partie des trous, dont les ouvertures ſont au-deſſous de *k, g, h.* On remarquera que les œufs ne vont pas du côté de *o, q, x,* par-delà la partie occupée par la moëlle.

Dans la Fig. 4, on n'a qu'un morceau de bois très-court, & plus groſſi que celui de la figure précédente.

c, le bord d'un trou, où les fibres ligneuſes ont été coupées. *f*, ces fibres. L'écorce qui les couvroit, a été briſée & détachée juſqu'en *e*.

La Figure 5 montre un œuf, tel que ceux de la fig. 3, très-groſſi.

La Figure 6 repréſente le bout poſtérieur du corps de la cigale mâle, marqué *z*, figure 5, planche 16; il eſt vû ici de côté, dans un temps où la preſſion des doigts l'a obligé de s'ouvrir. *p*, la pointe du dernier anneau, qui répond au milieu du dos. *e*, lame écailleuſe. *f*, fourche barbue. *c*, gros crochet écailleux. *m*, la partie du mâle qui commence à ſe montrer.

La Figure 7 ne différe de la figure 6, qu'en ce que la partie avec laquelle le mâle féconde la fémelle, s'y montre en entier. *m*, la tige de cette partie. *n*, bourlet charnu qui eſt auprès de ſon bout; ce bout eſt fait en mammelon.

La Figure 8 eſt celle du bout poſtérieur du corps du mâle de la cigale de la figure 7, planche 16, très-groſſi. *e*, lame écailleuſe du deſſous du ventre. *c*, *c*, double crochet écailleux. *a*, l'anus.

La Fig. 9 fait voir ſéparément le crochet de la fig. 8.

La Figure 10 nous montre un des deux ovaires de la cigale extrémement groſſi. Les files d'œufs n'ont point été comptées, mais elles ſont au moins en auſſi grand nombre qu'ici. *a*, le gros tronc antérieur, d'où partent tous les vaiſſeaux à œufs. *b*, le gros tronc auquel les vaiſſeaux pleins d'œufs m'ont paru aboutir.

La Figure 11 eſt celle d'un œuf, d'où le ver eſt ſorti par l'ouverture *o*.

La Fig. 12 fait voir un ver *u*, mangeur d'œufs de cigale, & des vers à ſix jambes qui ſortent de ces œufs. Il eſt ici groſſi. *b*, portion du bois qui a été relevée pour mettre l'intérieur du nid à découvert. Dans la Fig. 13, un ver mangeur de ceux des œufs de la cigale, eſt vû dans ſa grandeur naturelle, & le même ver eſt groſſi dans la figure 14. *d, d,* ſes dents.

La Figure 15 eſt celle d'un ver héxapode de cigale.

Les Figures 16 & 17 ſont celles d'une nymphe de cigale ou d'une tettigometre, vûe dans différents ſens. La nymphe ne différe preſque du ver héxapode, que parce qu'elle a des fourreaux d'aîles *a, a,* qui manquent à l'autre.

La Figure 18 fait voir par-deſſous une nymphe de cigale. *t,* ſa trompe.

PLANCHE XX.

La Figure 1 eſt en grand celle d'une tête de nymphe de cigale & de ſes dépendances. *t,* la tête. *a,* une des antennes. *p,* le prolongement de la tête, duquel ſort la trompe. *f,* l'étui de la trompe, qui, ici comme dans les cigales, a une origine différente de celle de la trompe. *i,* une des jambes de la premiére paire.

La Figure 2 ne repréſente qu'une partie de la précédente, ſçavoir, le prolongement *p,* de la tête; mais dans cette fig. 2, la trompe *t,* eſt entiérement hors de ſon fourreau *f.*

Les Figures 3 & 4 montrent une même jambe de nymphe de cigale, une de celles de la premiére paire; mais elles la montrent priſe en différents temps. Du gros de la jambe *i,* figure 3, part un gros crochet *c.* Au-deſſous de ce crochet, on voit une ſuite de dents & des épines, ſoit ſimples *e,* ſoit fourchues *f.* Outre toutes ces parties qu'on trouve à la fig. 4, on lui trouve une eſpéce de pince *p,* que la nymphe releve plus qu'elle n'eſt ici, quand il lui plaît; quand elle veut, elle l'applique ſi bien contre le crochet *c,* qu'on ne la voit pas, ou preſque pas, comme dans la figure 3.

La Figure 5 fait voir plus en grand le crochet de la fig. 4, avec ſa pince. *c,* le crochet. *p,* la pince. *d d,* fourche pointue par laquelle elle eſt terminée. *a,* articulation de la pince avec le crochet.

C c iij

La Figure 6 eſt celle d'une de ces grandes mouches de l'Amérique, appellées porte-lanternes, vûe par-deſſous. *l,* la lanterne. *i,* un des yeux à rezeau. *g,* tubéroſité en forme d'œil, placée au-deſſous d'un de ceux à rezeau.

La Figure 7 repréſente la mouche porte-lanterne, vûe par-deſſous. *l,* la lanterne. *t,* la trompe.

La Figure 8 eſt en grand celle de la partie écailleuſe, où ſe trouve un œil à rezeau. *i,* l'œil à rezeau. *g,* tubercule grainé. *m,* mammelon.

La Figure 9 fait voir la trompe de la mouche précédente ſéparément, & groſſie. *f,* le fourreau qui ſemble avoir une articulation en *f. t,* la trompe que j'ai obligé de ſortir de ſon fourreau.

La Fig. 10 nous montre dans ſa grandeur naturelle, un de ces petits inſectes aîlés du roſier, que j'héſite à mettre dans le genre des cigales, & même dans un genre voiſin du leur.

Dans la Figure 11, le même inſecte eſt vû bien plus grand que nature. *f,* ſa ſcie qu'il a éloignée de ſon ventre, comme il l'en éloigne lorſqu'il veut s'en ſervir pour en tailler une branche de roſier.

Dans la Figure 12, la ſcie de la figure précédente eſt repréſentée plus en grand, & ſéparément.

La Figure 13 fait voir la mouche de la figure 11, par-deſſous, & également groſſie. *f,* ſa ſcie dans la poſition où elle eſt ordinairement. *t,* ſa trompe.

La Figure 14 eſt celle de la nymphe de cette mouche, groſſie dans la proportion des figures 11 & 13.

La Figure 15 eſt celle du derriére du mâle de la mouche de la fig. 11; des parties qu'il tient ordinairement cachées, ſont vûes ici groſſies au microſcope. *c, c, c,* eſpéces de baguettes avec leſquelles il peut ſaiſir le derriére de la femelle. *m,* la partie propre au mâle.

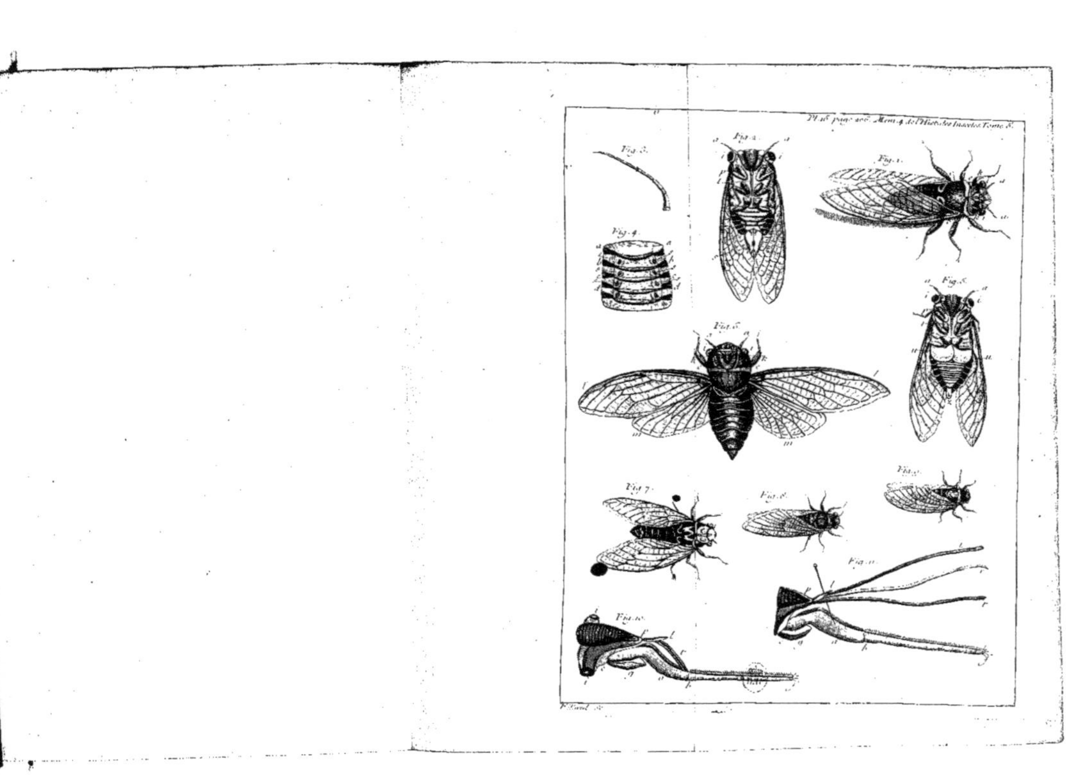

Pl. 16. page 206. Mem. 4. de l'Hist. des Insectes. Tome 5.
Fig. 3.
Fig. 2.
Fig. 1.
Fig. 4.
Fig. 5.
Fig. 6.
Fig. 7.
Fig. 8.
Fig. 9.
Fig. 11.
Fig. 10.
F. Paul sc.

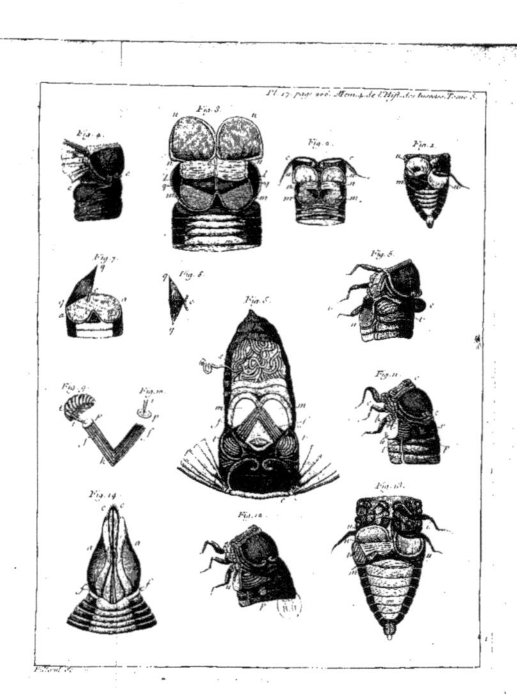

Pl. 17. page 200. Mém. 4 de l'Hist. des Insectes. Tome 5.
Fig. 4.
Fig. 3.
Fig. 2.
Fig. 1.
Fig. 7.
Fig. 6.
Fig. 8.
Fig. 5.
Fig. 9.
Fig. 10.
Fig. 11.
Fig. 14.
Fig. 12.
Fig. 13.

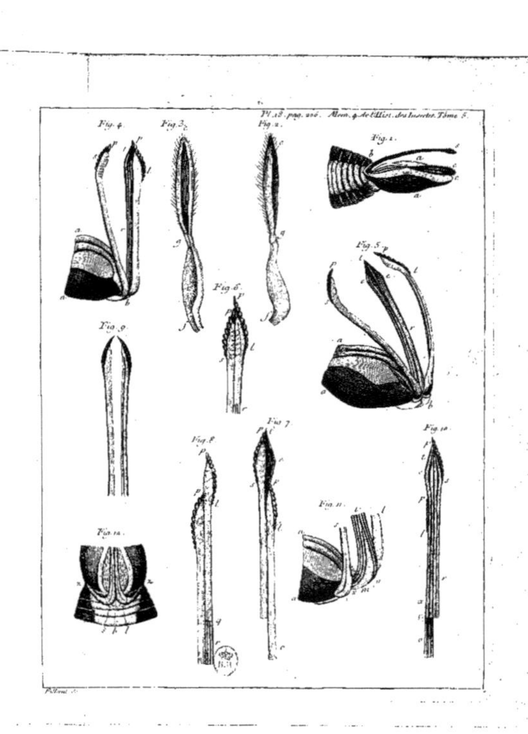
Pl. 13. pag. 296. Mem. 4 de l'Hist. des Insectes. Tome 5.
Fig. 4.
Fig. 3.
Fig. 2.
Fig. 1.
Fig. 5.
Fig. 6.
Fig. 9.
Fig. 8.
Fig. 7.
Fig. 10.
Fig. 11.
Fig. 12.

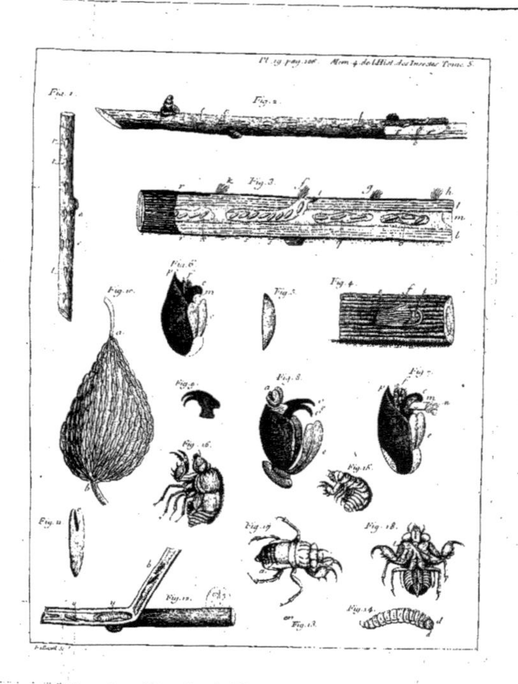

Pl. 19 pag. 106.   Mem. 4. de l'Hist. des Insectes Tome 5.
Fig. 1.
Fig. 2.
Fig. 3.
Fig. 4.
Fig. 5.
Fig. 6.
Fig. 7.
Fig. 8.
Fig. 9.
Fig. 10.
Fig. 11.
Fig. 12.
Fig. 13.
Fig. 14.
Fig. 15.
Fig. 16.
Fig. 17.
Fig. 18.
Fig. 19.

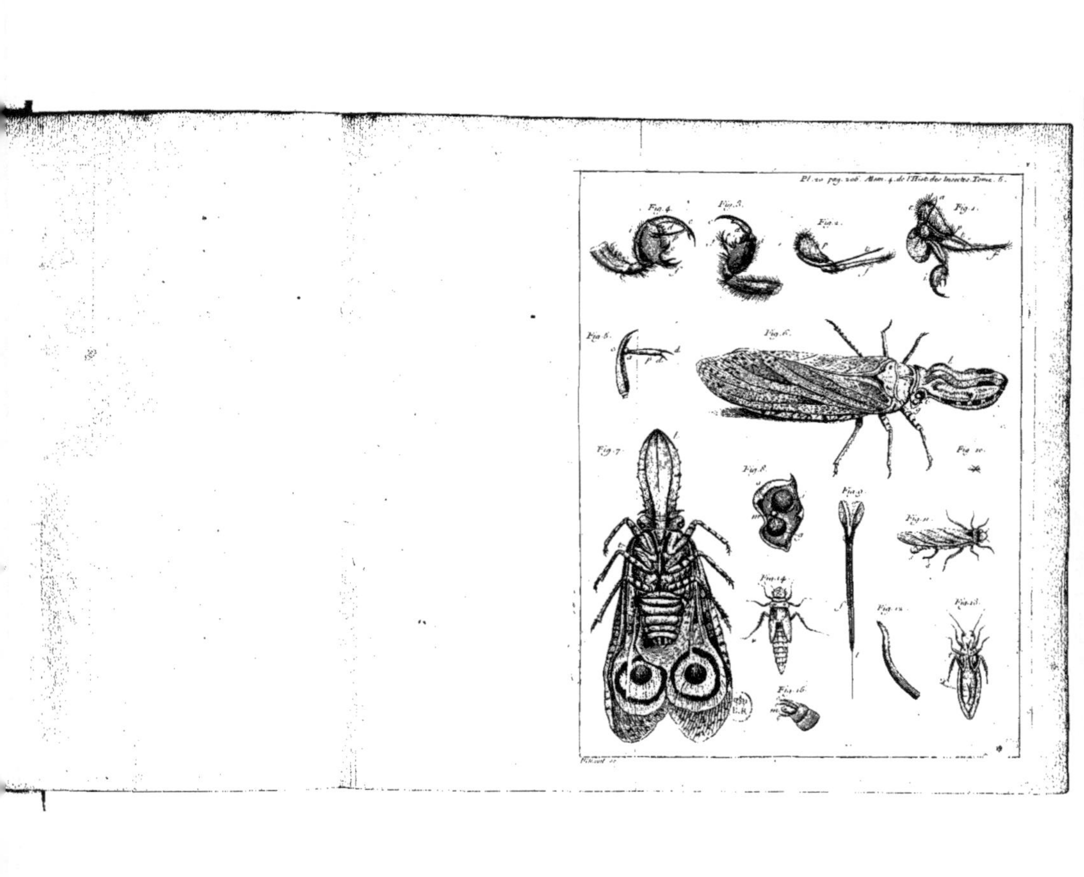

Pl. 20 pag. 206. Mem. 4. de l'Hist. des Insectes Tome. 6.
Fig. 4.
Fig. 3.
Fig. 2.
Fig. 1.
Fig. 5.
Fig. 6.
Fig. 7.
Fig. 8.
Fig. 9.
Fig. 10.
Fig. 11.
Fig. 14.
Fig. 12.
Fig. 13.
Fig. 16.

CINQUIE'ME MEMOIRE,
ET LE PREMIER
DE L'HISTOIRE DES ABEILLES:

*Où l'on traite de la forme des Ruches les plus propres
à faire des observations fur les Abeilles ; où l'on
examine ce qu'on doit penfer de la conftitution de
leur gouvernement ; & où l'on explique les moyens
dont on s'eft fervi pour voir les faits qu'on rapporte.*

LEs Abeilles ont été fi célébrées par les Naturaliftes,
tant anciens que modernes, on en a raconté tant de
merveilles, & on eft fi généralement convaincu qu'elles
font de tous les infectes, & peut-être de tous les animaux,
ceux à qui notre admiration eft dûe à plus de titres, que
nous devons craindre que l'hiftoire de ces mouches induftrieufes que nous allons donner, ne paroiffe pas remplie d'autant de faits finguliers qu'on s'attend d'y en
trouver ; du moins n'y en trouvera-t-on que de certains ;
on n'y trouvera que des faits qui ont été bien vûs &
revûs. Comme nous examinerons à la rigueur tout ce qui
a été rapporté d'admirable de ces mouches, nous décou-
vrirons bien du faux dans le merveilleux dont on a voulu
leur faire honneur ; mais nous aurons auffi des compen-
fations à faire en leur faveur. Le faux merveilleux qui leur
a été attribué, fera remplacé par du merveilleux réel qui
a été ignoré.

Les plus anciens Auteurs qui ont parlé des abeilles,
& la plûpart de ceux qui font venus après eux, & qui
n'ont été que leurs échos, ne nous donnent pas plus de

garants, pas plus de preuves de la réalité de ce qu'ils en débitent, que les Autheurs des Romans nous en donnent de la vérité des événements par le récit desquels ils sçavent nous intéresser. Ce n'a été que dans ces derniers temps qu'on a publié sur les abeilles, des observations sur lesquels on peut compter. On en trouve de telles, imprimées dans les Mémoires de l'Académie de 1712, & dûes à M. Maraldi. Plusieurs années avant que ces observations parussent, une histoire des abeilles avoit été composée par un Auteur célébre, & capable de la faire bonne; par un Auteur à qui il avoit été plus permis de donner beaucoup de temps à l'étude de ces mouches, qu'il ne l'avoit été à M. Maraldi, engagé par sa place dans l'Académie, à des observations d'un tout autre genre. Swammerdam, qui pendant toute sa vie avoit fait ses délices de l'étude des insectes, s'étoit plû sur-tout à observer les abeilles, il composa leur histoire en Hollandois. Cette histoire ne pouvoit manquer d'estre pleine de recherches fines & curieuses; mais une sorte de fatalité a voulu qu'elle soit restée dans les ténebres pendant une longue suite d'années. Elle n'étoit pas encore imprimée lorsque Swammerdam mourut; il la légua avec ses autres manuscrits à son fidéle ami M. Thevenot, entre les mains duquel tout tarda trop à passer, par la faute des héritiers. La mort enleva encore M. Thevenot, avant qu'il eût eu le temps de rendre à la mémoire de son ami, ce qu'il lui devoit, avant qu'il eût pu faire imprimer les manuscrits de Swammerdam. Heureusement que M. du Verney en devint possesseur; pour un très-modique prix il les sauva, & les planches dont ils étoient accompagnés, du danger ou ils étoient d'avoir le sort des écrits les plus méprisables. M. du Verney a eu pendant long-temps, intention de les donner au public, & il a promis pendant long-temps,

de

de le faire, fans l'avoir exécuté. On n'a pourtant pas dû lui en fçavoir auffi mauvais gré, qu'on l'auroit fçû à tout autre. On doit être indulgent pour quelqu'un qui ne fait pas paroître au jour les découvertes d'autrui, lorfqu'il néglige de publier les fiennes propres. L'ardeur des recherches nouvelles dont M. du Verney étoit toûjours animé, j'ai prefque dit tourmenté, ne lui permettoit pas de faire part au public, de ce que fes recherches précédentes lui avoient appris. D'ailleurs les manufcrits de Swammerdam étoient en Hollandois, & avant que de fonger à les faire imprimer, il falloit les faire traduire en François ou en Latin. Enfin l'illuftre M. Boerhaave, dont nous ne ferions pas réduits à pleurer la perte, fi la durée de la vie de chaque homme étoit proportionnée à l'utilité dont elle eft au public; M. Boerhaave, que plufieurs des plus grands Médecins de l'Europe fe font gloire de reconnoître pour leur maître; qui a donné tant d'excellents ouvrages de Médecine & de Phyfique; M. Boerhaave, dis-je, crut rendre un grand fervice à tous ceux qui aiment l'hiftoire naturelle, s'il pouvoit parvenir à leur procurer les obfervations de Swammerdam; il négocia de M. du Verney, les manufcrits qui les contenoient *, & après en avoir fait l'acquifition, il engagea M. Gobius fçavant Profeffeur de Leyde, de fe charger de les traduire en Latin, & de les faire imprimer en Hollandois & en Latin, ce qu'il a executé. Ils rempliffent deux volumes in-folio, dont le fecond n'eft public que depuis un an. C'eft dans ce dernier que fe trouve une hiftoire des abeilles, qui répond à ce que M. Boerhaave en avoit promis.

* M.ʳ Winflou, dont la probité & le grand fçavoir anatomique font également connus, affûre que M.ʳ Boerhaave a été mal inftruit du prix que ces MSS. & les Planches en cuivre avoient coûté à M.ʳ du Verney; que le tout n'avoit pas été acheté à la fois. M.ʳ du Verney n'a voulu apparemment que retirer la fomme au moyen de laquelle il avoit fauvé de fi précieux ouvrages.

Malgré le grand cas que je fais de cette hiſtoire, &
quoique celle que M. Maraldi a publiée, me paroiſſe
eſtimable par bien des endroits, j'ai cru cependant que
je devois laiſſer voir le jour à celle pour laquelle j'avois
raſſemblé des matériaux pendant une longue ſuite d'années. Les peuples dont les exploits ont mérité de paſſer
à la poſtérité, ont eu bien plus d'un ou de deux Hiſtoriens.
Malgré toute l'étendue que les Peres Catrou & Rouillé
ont donnée à leur Hiſtoire Romaine, malgré l'élégante
préciſion de celle de Laurent Echard, dans l'eſtat où
M. l'abbé Desfontaines l'a fait paroître en François,
M. Rollin, qui en cherchant à faire aimer les ſciences,
cherche encore plus à faire aimer la vertu, s'eſt déterminé à donner une nouvelle Hiſtoire Romaine ; le public
en a reçû les premiers volumes avec tous les éloges,
& s'il eſt poſſible, avec plus d'éloges encore, qu'il n'en
avoit donné à l'Hiſtoire ancienne de cet illuſtre Auteur.
Les abeilles ſont au moins parmi les inſectes, ce qu'ont
été les Romains par rapport aux peuples qui ont donné
les plus grands ſpectacles à l'univers. L'Hiſtorien qui
écrit aujourd'huy les actions dignes de mémoire des
Perſes, des Grecs ou des Romains, peut ne rien obmettre d'eſſentiel de ce qui nous en a été tranſmis ; il
peut & doit avoir lû les ouvrages où ces actions ſont
rapportées ; ce n'eſt que là qu'il peut puiſer ; & les regles
de la critique le déterminent ſur le choix des faits qu'il
doit adopter : au lieu qu'il ne ſuffit pas d'avoir lû les
Auteurs qui ont traité des abeilles, pour nous donner
une nouvelle hiſtoire de ces mouches, auſſi utiles qu'induſtrieuſes ; il faut les étudier elles-mêmes de nouveau,
les ſuivre avec une grande attention ; s'aſſûrer d'abord
tout ce qu'on nous en a dit eſt vrai. Il faut enſuite examiner
ſi tous leurs procedés ont été aſſés connus, ſi elles n'ont

point des induſtries qui ayent été ignorées, ou mal expli-
quées. Il n'eſt guéres d'infecte, qui, étant étudié de la
ſorte, ne fourniſſe des matériaux pour une hiſtoire, qui
ne différera pas uniquement par la forme, de celles qui
en auront été publiées. Il n'en eſt point parmi eux, qui
ne puiſſe récompenſer la patience d'un obſervateur attentif, en lui laiſſant voir des nouveautés finguliéres.
Swammerdam & M. Maraldi ont obſervé bien des particularités dans l'hiſtoire des abeilles, qui avoient échappé
aux Anciens ; des circonſtances favorables m'en ont
montré auſſi, & même d'eſſentielles, que Swammerdam
& M. Maraldi ne ſe ſont pas trouvés à portée de voir.
Je ſuis pourtant perſuadé que ces mouches admirables
ne m'ont pas tout montré à beaucoup près, qu'elles ſe
ſont réſervées encore des myſtéres qu'elles pourront découvrir à quelqu'un qui les obſervera dans de nouvelles
circonſtances, & avec une nouvelle aſſiduité.

Les abeilles ne ſont pas du nombre de ces infectes qui
ne peuvent nous intéreſſer que par leur génie; on ſçait aſſés
qu'elles ſont de ceux qui travaillent le plus utilement pour
nous. Elles ſont de ceux dont la multiplication doit paroître un objet important dans tout gouvernement policé.
Quoique le miel dont elles ſont chaque année de grandes
récoltes, ait beaucoup perdu de l'eſtime où il étoit dans
des temps où le ſucre, aujourd'hui ſi commun, étoit à
peine connu, ce miel nous eſt cependant encore très-utile ;
& il a des uſages par rapport auxquels le ſucre ne pourroit lui être ſubſtitué, comme il le lui a été pour les con-
fitures. Mais la conſommation que nous faiſons de la cire,
& qui va journellement en augmentant, ne nous permettroit de penſer aux abeilles qu'avec beaucoup de recon-
noiſſance, ſi nous ne ſçavions que ce n'eſt pas nous qu'elles
enviſagent dans leurs travaux. Nous avons au moins bien de

D d ij

l'obligation à celui qui, le premier, a retiré ces mouches des forefts, qui nous a appris à les rendre domeftiques, & qui nous a mis en état de nous approprier leurs récoltes.

Nous nous jetterions dans une énumération ennuyeufe par fa longueur, fi nous voulions indiquer tous les auteurs qui ont donné des préceptes fur la maniére de foigner les abeilles, & qui n'ont pas oublié d'en raconter en même temps des prodiges. Tous ceux qui ont traité de la bonne œconomie des biens de campagne, ont regardé ces mouches comme un des objets qui y font dignes d'attention. Caton, Varron, Columelle, Palladius font de ce nombre. Par rapport aux modernes, il n'en eft aucun de ceux qui ont publié des ouvrages fous les titres de Maifon ruftique, de Dictionnaire œconomique, & fous d'autres titres équivalents, qui n'ait accordé un très grand article aux abeilles : on a fait de plus pour elles divers traités particuliers. Sans parler de ce poëme fi parfait, dans lequel Virgile a raffemblé tout ce qui avoit été dit fur ces mouches jufqu'à fon temps ; nous avons divers traités modernes moins élégants affûrément, où on s'eft propofé d'apprendre à tirer un bon parti des abeilles. Nous croyons devoir nous contenter de citer plufieurs de ces ouvrages dans les occafions qui s'en préfenteront. Nous en avons perdu deux qui feroient les plus curieux & les meilleurs de tous, fi la valeur & le nombre des obfervations dont ils étoient remplis, étoient proportionnés à la longueur du temps qu'on avoit employé à faire ces obfervations, & à l'ardeur qu'on avoit eûe pour les faire. Je veux parler de ce qu'avoit écrit le Philofophe Ariftomachus, qui, au rapport de Ciceron & de Pline, n'avoit fait autre chofe pendant 58 ans, que d'étudier les abeilles ; & de ce qu'avoit écrit auffi, au rapport de Pline & d'Ælien, le Philofophe Hylifcus, qui fut épris pour elles d'une fi forte paffion, qu'il fe retira dans les déferts pour les obferver plus à fon aife.

Tous les ouvrages que nous ne venons de citer qu'en gros, donnent la même prife à une jufte critique. Ils nous racontent les faits les plus propres à faire admirer des infectes fi utiles ; mais l'auteur ne nous dit prefque jamais qu'il a vû ces faits, ni comment il les a vûs. Or, plus on fçait combien le nombre des mouches qui habitent une ruche eft grand, combien elles y font entaffées, & mieux on fçait combien il eft difficile de parvenir à voir ce qui fe paffe parmi elles, fi on n'a pas recours à des expédients particuliers, & fi on ne profite pas de cir-conftances heureufes & rares. Quand on confidére les abeilles d'une ruche, on eft auffi peu en état de recon-noître à quoi tendent leurs actions, qu'on l'eft de démêler les motifs de celles des hommes diftribués par pelotons dans une place qu'ils rempliffent prefque, & où on ne les voit que du haut d'une tour.

Pour concevoir beaucoup d'admiration pour les abeilles, il fuffit cependant de fe trouver dans un jardin auprès des ruches qui y ont été placées. On ne s'accoûtume point à regarder fans furprife, ces habitations remplies par un petit peuple fi actif, fi laborieux, remplies par un nombre d'habitants qui furpaffe le nombre de ceux d'une grande ville. Si dans les belles heures du jour on fixe fes regards fur les dehors d'une de ces ruches, on voit autour des ouvertures qui donnent entrée dans fon intérieur, un concours de mouches plus grand que celui des hommes que nous pouvons voir dans les lieux les plus fréquentés. On voit les unes arriver de la campagne chargées de ma-tériaux & de provifions, pendant que d'autres prennent l'effor pour aller faire des récoltes femblables à celles que les premiéres rapportent. On en voit de celles-ci qui n'attendent pas qu'elles foient rentrées dans la ruche, pour faire part à d'autres mouches du miel qu'elles ont recueilli, ou de la matiére propre à devenir cire qu'elles y ont amaſſée. Dans tel inſtant on n'en verra plus ſortir aucune, celles qui font dehors arrivent en foule, les portes ne ſuffiſent pas pour laiſſer rentrer toutes celles qui s'y préſentent. Qu'on regarde en l'air, & on ſera bientôt au fait de la cauſe qui les détermine à revenir chés elles. On verra quelque nuée noire, de celles qui dès qu'elles font arrivées ſur notre tête, y laiſſent tomber de la pluye. Soit que les abeilles jugent comme nous de ces nuées par leurs yeux, foit qu'elles foient inſtruites de leur approche, par quelqu'autre fens dont nous n'avons aucune idée, elles ſçavent ordinairement ſe mettre à l'abri, il n'y a que les foibles & celles qui ont été très au loin, qui ſe laiſſent ſurprendre par une grande pluye.

Ariſtote & ceux qui ont parlé des abeilles après lui, comme Pline, ont cru qu'elles ſçavoient ſe mettre en état de ne pas trop ceder en l'air aux vents impétueux; que pour n'en être pas le jouet, avant que de s'envoler, elles ſe leſtoient, pour ainſi dire, d'une petite pierre qu'elles tenoient ſaiſie entre leurs jambes. Mais inutilement obſervera-t-on celles qui font ramenées à la ruche par les plus forts coups de vent; on n'en verra aucune qui ait eu recours à un expédient pareil. Pluſieurs centaines de petites pierres, tranſportées par autant de mouches, ſeroient pourtant aiſées à trouver auprès des portes ou dans l'intérieur même de la ruche. Swammerdam a, je crois, très-bien deviné ce qui a donné lieu aux anciens d'attribuer une pareille induſtrie aux abeilles. Il y a des mouches de leur genre, dont nous parlerons dans la ſuite, qui bâtiſſent avec de gros gravier. On les a confondues avec les abeilles ordinaires, & on a imaginé qu'elles ſe chargeoient pour une autre fin que celle pour laquelle elles le font.

Les dehors d'une ruche fourniſſent beaucoup d'autres faits qui s'attirent l'attention du ſpectateur. Aſſés ſouvent il ſe préſente à ſes yeux quelque mouche qui employe toutes ſes forces pour en traîner une morte hors de la ruche, & la conduire au loin. D'autres fois il en voit partir une & s'envoler avec aſſés de légéreté, quoique chargée d'une maſſe d'un volume preſqu'égal au ſien, qu'elle va dépoſer à une diſtance de pluſieurs pas. Qu'on aille examiner cette maſſe dans l'endroit où elle a été laiſſée, on trouvera ſouvent qu'elle eſt le cadavre d'une autre abeille. L'Obſervateur pourtant ne ſera pas diſpoſé à croire, avec les Auteurs qui prodiguent à ces mouches toutes les vertus morales, que ce ſoit là une action de charité, lorſqu'il verra d'autres abeilles entraîner hors de la ruche, & avec autant de peine, des ordures de différentes eſpéces. Ce qui lui paroîtra plus certain, c'eſt qu'elles aiment la propreté, & qu'elles font ce qui eſt en elles pour tenir leur logement net. On les voit de même en certains temps tranſporter hors de la ruche des nymphes très-blanches, & de jeunes mouches à peine transformées.

Des combats, mais qui ne vont pas toûjours à mort, ſont aſſés fréquents auprès de l'entrée de la ruche ; & il y a des temps dont nous parlerons, où il s'y en livre des plus ſanglants. Seroit-ce auſſi par charité qu'elles s'entretueroient ! Seroit-ce par un motif ſemblable à celui qui détermine certains peuples ſauvages à ôter aux vieillards un reſte de vie, qu'ils ne pourroient paſſer que dans les ſouffrances & dans la miſere ! On le veut, car on prétend que les mouches jeunes & vigoureuſes, tuent celles qui ſont vieilles & uſées par le travail.

Tout cela peut être obſervé ſans aucun riſque, ſi on a la conſtance de laiſſer bourdonner autour de ſes oreilles,

& même autour de fon vifage les mouches que le hazard y conduit. Qu'on foit tranquille, & on ne fera point piqué, fur-tout fi les ruches auprès defquelles on eft, font dans des endroits fouvent frequentés par des hommes, car les abeilles s'apprivoifent avec eux. Si l'on en croit divers Auteurs, on ne devroit pourtant s'approcher d'elles qu'après avoir fait fon examen de confcience. Ils nous affûrent qu'elles ne peuvent fouffrir les hommes impurs, & fur-tout ceux qui font coupables d'adultére; qu'elles ne font aucun quartier aux voleurs. Ce font des mouches vertueufes qui aiment les vertueux, & qui les fçavent diftinguer des vitieux qu'elles haïffent. Il feroit plus aifé de faire croire que les muguets leur déplaifent, comme on l'a écrit; qu'elles n'aiment pas les jeunes gens frifés & pommadés; car il pourroit fe faire qu'il y eut des odeurs propres à les irriter. Ariftote prétend que les odeurs tant bonnes que mauvaifes les déterminent à attaquer celui qui les répand. Si cela étoit, elles auroient beaucoup à fouffrir lorfqu'elles vont faire des récoltes fur les fleurs; fi l'odeur de la violette ne leur eft pas defagréable, pourquoi la même odeur ne feroit-elle pas de leur goût, lorfqu'elle s'exhaleroit d'une pommade! Auffi n'ai-je point remarqué que je les miffe de plus mauvaife humeur, lorfque je m'approchois d'elles ayant fur la tête une perruque qui ne venoit que d'être pommadée & poudrée, que lorfque je m'en approchois avec un bonnet. Il faudroit même convenir de ce qu'on appelle mauvaife odeur, avant que de dire en général que les mauvaifes leur déplaifent; car on fçait qu'elles fe pofent volontiers fur les endroits qui font fréquemment mouillés d'urine. On nous a affûré encore qu'il y avoit des temps où les dames ne devoient pas s'expofer à s'en approcher. Toutes ces averfions des abeilles font de purs contes. Si on les a accoûtumées à voir des hommes, il n'y a aucun

danger

danger à les obferver, tant qu'on ne les irrite pas par quelque mouvement.

Mais quand on ne s'arrête pas au dehors d'une ruche, quand on peut fe mettre à portée d'en voir les dedans, quand on peut voir l'intérieur d'un de ces atteliers où fe font la cire & le miel, c'est àlors fur-tout qu'on ne peut affés s'étonner du nombre des petites ouvriéres qui y font occupées; qu'on ne fe laffe point d'admirer ces gâteaux ou rayons de cire travaillés avec tant de régularité; ces gâteaux compofés d'un nombre prodigieux de cellules ou alvéoles, qui font autant de petits vafes deftinés à contenir le miel, & qui ont encore bien d'autres ufages. Des milliers d'abeilles occupées à divers travaux différents, donnent un grand fpectacle. On confidére même avec plaifir, des maffes ou des grouppes de ces mêmes abeilles *, qui, en prenant le repos qui leur eft devenu néceffaire, fe mettent en état de recommencer leurs travaux. Les arrangements des abeilles tranquilles qui forment ces grouppes, font de différentes figures, & fouvent très-finguliéres. D'autres mouches raffemblées en moindre quantité, forment des chaînes * dont tous les chaînons font animés. Souvent ces efpéces de chaînes font difpofées en maniére de guirlande. Chaque abeille eft accrochée par fes deux jambes antérieures, ou feulement par une, à une des jambes, ou aux deux jambes poftérieures de celle qui la précéde. Ainfi la première eft chargée du poids de toutes celles qui fe trouvent jufqu'à l'endroit le plus bas de la guirlande. Les grouppes * ne font, pour ainfi dire, qu'un affemblage de chaînes mifes les unes auprès des autres; je veux dire que les mouches qui forment les plus gros maffifs, les plus groffes grapes, font accrochées les unes aux autres par les jambes, qui donnent des prifes plus commodes que le corps, & que les autres parties.

* Pl. 21. fig. 5.

* Pl. 22. fig. 5.

* Pl. 21. fig. 5.

Tome V. E e

Il faudroit être né fans aucun efprit de curiofité, avoir l'indifférence la plus parfaite pour toutes connoiffances, pour ne pas defirer alors de fçavoir comment des mouches fi peu remarquables par leur forme, peuvent parvenir à executer des ouvrages fi finguliers. Elles doivent fçavoir des arts que nous ignorons abfolument, celui de faire du miel, & celui de faire de la cire. Enfin, l'art de mettre cette cire en œuvre, comme elles l'y mettent, eft bien au-deffus de ce qu'on peut attendre de l'adreffe humaine. Dans tant de mouches réunies, & qui travaillent pour une même fin, on croit voir en petit ce que la raifon a fait de plus grand & de plus utile pour nous ; une fociété, qui, comme celle de nos républiques ou de nos monarchies, eft gouvernée par des loix. Il y a long-temps auffi qu'on a donné les abeilles comme le modéle d'un gouvernement monarchique. Mais quelles font leurs loix? En ont-elles réellement! Enfin, comment ce petit peuple fe perpetue-t-il ! C'eft ce que leur hiftoire doit nous apprendre, ou fur quoi au moins elle nous doit donner bien des connoiffances.

Les ruches ordinaires dans lefquelles on tient les abeilles, font de différentes figures & de différentes matiéres en différents pays. On trouvera repréfentées dans les planches du dernier Mémoire, celles qui ne le font pas dans les planches de celui-ci. Les unes ne font qu'un tronc d'arbre creux ; d'autres font faites de quatre planches égales, qui forment une efpéce de boîte longue, pofée fur un de fes bouts, & dont le fupérieur eft couvert. Le plus grand nombre des ruches tient de la figure d'une cloche * ou de celle d'un cône. Ce font des efpéces de paniers, & on leur en donne le nom. Les uns font faits d'ofier ou de quelqu'autre bois liant, & d'autres font faits de paille treffée. Ces logements fimples fuffifent à nos mou-

* Pl. 21. fig.
1.

ches, & les gens de la campagne qui ne veulent que tirer
du profit de leurs travaux, font fort contents de ce que
de tels logements leur conviennent. Mais le defir de fuivre
ces mouches dans toutes leurs opérations, a fait regretter
à des hommes d'une autre trempe, de ce que les parois
des ruches ordinaires ne permettoient pas de voir ce qui
fe paffoit dans l'intérieur. Les anciens ont fait des ruches
dont les parois étoient en partie des matiéres les plus
tranfparentes qu'ils euffent à leur difpofition. Pline nous
apprend * qu'un Sénateur Romain en avoit fait faire de la   * *Liv. xi.*
corne la plus tranfparente. On a imaginé de les loger dans   *ch. 16.*
des ruches vitrées, c'eft-à-dire, dans des ruches dont l'extérieur qui eft tout de bois, a des volets qui peuvent s'ouvrir quand on veut, & fous chacun defquels eft un grand
carreau de verre qui permet de voir les abeilles en travail
comme fi elles étoient à découvert. Moufet n'eût pas
apparemment confeillé d'en conftruire de telles, car il fe
moque * des anciens qui avoient donné à quelques-unes   * *Page 16.*
des leurs, des carreaux, foit de corne, foit de pierre fpé-
culaire: il croyoit qu'ils avoient perdu leur temps & leurs
peines, que les abeilles appliquoient bien vîte fur de pareils
carreaux un enduit qui empêchoit qu'on ne pût voir au
travers.

    L'invention des ruches vitrées, ou le renouvellement
des ruches tranfparentes, eft affés recent. Il paroît qu'elles
n'étoient pas connues du temps de Swammerdam, vers
1680, ou qu'au moins, elles étoient très-rares alors. Son
filence feul en feroit une bonne preuve; mais ce qui en eft
une plus forte, c'eft que pour parvenir à mieux voir travailler les abeilles qu'il ne l'avoit pu, il propofe de mettre
des carreaux de papier à la ruche dans laquelle on logeroit
un nouvel effaim; d'y laiffer faire de l'ouvrage par les
abeilles, & de déchirer le papier, lorfqu'elles auroient

E e ij

conftruit des gâteaux de cire. Il ignoroit que lés abeilles n'auroient pas laiffé la peine de déchirer ce papier. Je lés ai vû détacher & réduire en piéces du papier qui leur donnoit moins de prife. Lorfque les bandes de papier qui avoient été emploiées à boucher les vuides qui fe trouvoient entre le bois & les carreaux de verre de mes ruches, & à mieux affujettir ces carreaux, lors, dis-je, que ces bandes étoient en dedans de la ruche, les mouches ne manquoient pas de les hacher.

Swammerdam auroit fait fans doute plufieurs obfervations fur les abeilles, qu'il n'a pas été en état de faire, faute d'avoir eu de ces ruches vitrées. Elles n'étoient pas plus connues apparemment de fon temps en France, qu'à Amfterdam, car il a demeuré quelque temps à Paris. Depuis qu'on a imaginé de faire de ces fortes de ruches, elles fe font beaucoup multipliées. Celles que feu M. Caffini avoit fait placer dans un jardin de l'Obfervatoire, ont mis M. Maraldi en état de voir tout ce qu'il nous a rapporté de curieux & de certain dans fon Mémoire fur les abeilles.

Ces ruches de verre, nous donnent affûrément de grands avantages fur ceux qui nous ont précédés, pour parvenir à nous inftruire de tous les procédés des abeilles. Leurs carreaux ne font point falis auffi vîte que Moufet l'avoit cru. Il y en a qui confervent prefque toute leur tranfparence pendant des années entiéres ; & lorfqu'ils commencent à s'obfcurcir, il y a des moyens de les lever, & de les nettoyer enfuite. Au travers de ces carreaux, un obfervateur peut confidérer les abeilles à toutes les heures du jour, & dans toutes les faifons de l'année fans les troubler & fans les inquiéter. La ruche étant placée comme il lui convient de l'être, fous un petit toit, ce toit ne fût-il que de paille, & étant entourée de bancs de tous côtés, excepté de celui où font les ouvertures qui

permettent aux mouches d'entrer & de fortir, l'obfervateur
affis fur un de ces bancs, peut, fans aucune incommo-
dité, jouir d'un fpeétacle extrémement amufant & infiniment varié. Des abeilles s'occupent avec une aétivité
furprénante, en différents endroits à différents travaux.
Il fe met bien-tôt au fait de la difpofition de l'intérieur
de la ruche. Il voit qu'il y en a une grande partie remplie
par des gâteaux de cire pofés à peu-près parallelement les
uns aux autres, & qui partent du fommet de cette ruche
ou des environs, autant que la figure de la ruche le permet.
Il lui eft aifé d'appercevoir que les gâteaux ne fe touchent
point, qu'entre deux gâteaux il refte un efpace au moins
affés large, pour que deux abeilles y puiffent paffer à la
fois. Ce font les rues, ou même, fi l'on veut, les places
publiques que les abeilles ont refervées pour pouvoir faire
ufage de toutes les cellules de chaque gâteau. Outre ces
grandes rues, on en remarque de beaucoup plus petites,
qu'on appellera peut-être plus volontiers des portes, ce
font des ouvertures menagées dans chaque gâteau, & qui le
traverfent. Ces portes abbrégent beaucoup le chemin que
les abeilles ont à faire, lorfqu'étant entre deux gâteaux, elles
veulent paffer entre d'autres gâteaux, ou fe rendre dans
des endroits de la ruche où elles n'ont pas encore travaillé.

La diftribution des rues ou des places, ou, ce qui revient au même, l'arrangement des rayons de cire, peut
pourtant être vû dans les ruches opaques, & fur-tout dans
celles qui font en panier, & cela, fi on couche fur le côté
celles qui ne font que médiocrement peuplées, ou dont
une bonne partie des mouches eft à la campagne. On
voit alors les gâteaux par le bout*. Pour l'honneur des   * Pl. 21. fig.
abeilles, il eft à propos de renverfer ainfi plufieurs ruches,   2 & 3.
parce qu'on obfervera que la difpofition des rues varie dans
différentes ruches, comme elle varie dans nos différentes

E e iij

villes. Les mouches ne font point aftreintes à une trop
grande régularité, elles s'accommodent aux circonftances.
On trouvera des ruches remplies par des gâteaux tous pa-
* Pl. 21. fig. ralleles les uns aux autres *. On en trouvera d'autres, dont
2. les gâteaux qui occupent du haut en bas une partie de la
capacité de la ruche, font encore paralleles entr'eux, pendant que ceux qui occupent le refte de la capacité, font
* Fig. 3. obliques * aux premiers, & plus ou moins obliques. On
trouvera même des ruches, dont une partie de la capacité
* Fig. 4. eft entiérement remplie par des gâteaux perpendiculaires *
à ceux qui occupent l'autre partie. Enfin, on trouvera
beaucoup d'autres variétés & d'autres irrégularités dans
l'arrangement des gâteaux.

Mais il faut avoir recours néceffairement aux ruches
vitrées pour voir diftinctement une des faces de quelque
gâteau, pour bien voir les cellules dont il eft compofé.
On croit communément que les cellules des gâteaux font
des logements que les abeilles fe font conftruits, que chacune a le fien; & cela fur ce qu'on obferve en certains
temps, des cellules dans chacune defquelles une abeille eft
entrée la tête la premiére, & dont il ne paroît que le bout
du derriére, & qui y eft tranquille. Mais pour peu qu'on
obferve, on reconnoît que le principal ufage des cellules
n'eft pas de donner des logements aux abeilles. On voit
un grand nombre de cellules remplies de miel; on en voit
qui font bouchées par un couvercle de cire. D'autres qui
font ouvertes, ont chacune un ver plus ou mois gros; & on
reconnoît aifément que ces vers ne font pas indifférents
aux abeilles. On obferve de ces mouches, qui femblent
chargées du foin de voir l'état des vers des cellules. L'abeille
fait entrer fa tête dans la cellule qui en a un, elle l'en retire fur le champ pour la faire entrer dans une autre, &
fucceffivement elle en vifite ainfi plufieurs. Ce n'eft que

dans les ruches vitrées que tout cela, & une infinité de procedés très-curieux peuvent être bien vûs.

Il faut pourtant avouer que les ruches vitrées ordinaires ne donnent pas à beaucoup près un plein contentement à un spectateur qui n'est pas satisfait de voir simplement des abeilles très-occupées à différents travaux; à un spectateur qui desireroit voir nettement & distinctement chaque sorte de travail & chaque opération. Il a regret de ce que des manœuvres qu'il souhaiteroit suivre, se font souvent dans des endroits trop éloignés de ses yeux, & trop peu éclairés. En général tout lui semble se faire trop tumultuairement. L'abeille sur laquelle il a fixé ses regards, & qu'il voudroit observer pendant tout le temps qu'elle reste occupée à une sorte d'ouvrage, lui est bien-tôt cachée par d'autres qui passent sur elle, ou qui se placent devant elle. Plus une ruche est peuplée, plus le mouvement y est grand, & plus il paroît y avoir de confusion, quoique tout s'y passe avec beaucoup d'ordre.

Il n'est pas possible d'avoir des ruches vitrées, où, malgré le nombre des abeilles & leur agitation continuelle, on puisse faire à chaque instant des observations suivies; mais on peut donner aux ruches des formes telles qu'il sera beaucoup plus aisé de faire de ces sortes d'observations, qu'il ne l'est dans les ruches de la forme de celles qu'on a faites jusqu'ici, & où on aura incomparablement plus d'occasions de faire des observations telles qu'on les desire. Les ruches vitrées qu'on a construites jusqu'ici, sont extérieurement des espéces de tours quarrées *. La cavité occupée par les mouches, est renfermée du bas en haut par quatre faces égales & rectangles. Tantôt on donne un fond à cette ruche, & tantôt le plan sur lequel elle pose, la ferme par embas; son bout supérieur porte une espéce de plancher, ou de couvercle plat. Chacun a

* Pl. 22. fig. 5.

varié à fon gré les ornements dont il a embelli les dehors de cette tour quarrée. Plufieurs ont mis deffus, un toit qui fe termine en pyramide*, mais qui n'a nulle communica- tion avec le logement des abeilles. M. de Rezons, dont l'Artillerie étoit devenue le principal objet, avoit donné à l'extérieur de fa ruche l'air d'un fort, dont le deffus étoit terminé par une plate-forme entourée d'un parapet, & fur laquelle même il y avoit de petits canons moins à craindre que l'aiguillon d'une mouche; ils étoient de carton.

 Mais de toutes les figures qu'on peut donner à une ruche, celle qui met l'obfervateur le moins en état de faire des obfervations, eft celle à quatre faces égales; c'eft celle où il y a moins de mouches à portée de fes yeux. Plus de mouches font en vûe à chaque inftant, lorfque la ruche a une figure plus applatie, lorfqu'elle eft beaucoup plus large qu'épaiffe. J'en ai fait faire de plus ou de moins applaties, & qui avoient d'autres variétés dans leur forme, & des va- riétés qui m'avoient paru propres à faciliter les différentes fortes d'obfervations & d'expériences que je me propofois de faire; car une figure de ruche avantageufe à certains égards, peut ne l'être pas par rapport à d'autres objets. Je me trouve obligé de donner une idée générale de celles que j'ai fait conftruire, fans quoi je ne pourrois faire en- tendre dans la fuite comment je fuis parvenu à faire cer- taines expériences, ou certaines obfervations difficiles.

 La plus fimple des ruches vitrées, dans lefquelles j'ai renfermé des abeilles, & celle * qui m'a mis en état de faire les obfervations les plus délicates, étoit fi applatie que, vûe par dehors, elle ne fembloit qu'une boîte à peu-près quarrée & platte, telle qu'une boîte dans laquelle on ren- ferme un miroir pour le tranfporter, & qui feroit pofée de chan ou verticalement fur un de fes côtés. Elle n'étoit auffi qu'une efpéce de chaffis haut de vingt-deux pouces,

large

* Pl. 22. fig. 5.

* Pl. 23. fig. 4.

large de deux pieds, & épais de quatre pouces & demi. Sur l'épaiſſeur de ce chaſſis étoit priſe de part & d'autre une feuillure capable de retenir un panneau de bois *. Chacun de ces panneaux étoit arrêté en place par deux tourniquets * attachés contre le bord ſupérieur du chaſſis & à diſtance égale du milieu. Au-deſſous de chaque panneau, il y avoit un aſſemblage de menuiſerie, ſemblable à celui de nos fenêtres ordinaires, & fait pour recevoir & ſoûtenir quatre grands carreaux de verre. Quoique j'aie fait imaginer le chaſſis de bois qui formoit le corps de la ruche comme compoſé de côtés ſemblables, la traverſe inférieure * étoit plus longue que la ſupérieure; chacun de ſes bouts débordoit le montant avec lequel il étoit aſſemblé; il formoit une eſpéce d'oreille qui laiſſoit paſſer une groſſe vis emploiée à tenir le chaſſis aſſujetti contre le banc de bois * ſur lequel il étoit poſé. Cette même traverſe inférieure avoit une longue & large fente, par laquelle on pouvoit faire entrer l'eſſaim dans la ruche. Je ne m'arrêterai point à faire remarquer encore qu'un des montants, celui qui étoit tourné vers le midi, étoit percé de pluſieurs trous * de la grandeur qu'il convenoit qu'ils euſſent pour laiſſer ſortir librement les abeilles de la ruche, & pour les y laiſſer rentrer.

Ce à quoy je dois faire faire attention, c'eſt que cette ruche étant très-mince, il reſtoit peu d'eſpace entre les deux carreaux oppoſés. Si les mouches logées dans une pareille ruche y travailloient, comme je ne doutois pas qu'elles ne le fiſſent, elles étoient abſolument dans la néceſſité de placer leurs gâteaux à peu-près parallelement aux carreaux de verre. Des gâteaux poſés perpendiculairement à ces carreaux, euſſent été beaucoup plus étroits qu'elles ne les veulent. D'ailleurs le peu d'eſpace qui reſtoit entre les deux faces, ne permettoit aux abeilles que de faire deux gâteaux parallyeles

Pl. 23. fig. 5. Fig. 4. r, r.

u u.

b b.

p.

Tome V.   .F f

l'un à l'autre. De-là il fuit que les mouches ne pouvoient travailler à faire des gâteaux, à les allonger ou à les élargir, qu'elles ne fuffent auffi près qu'il eft poffible de le defirer, de l'œil du fpectateur, tout près du verre; quelque manœuvre qu'elles fiffent dans les cellules extérieures des gâteaux, on étoit toûjours à portée de les voir: qu'enfin le gros des mouches étoit obligé d'être beaucoup plus étalé dans une pareille ruche qu'il ne l'eft dans les ruches ordinaires. On comprendra aifément combien ces derniéres permettent de moins voir, fi on fçait qu'elles renferment fouvent neuf à dix gâteaux paralleles les uns aux autres, & paralleles à deux des faces de la ruche. On ne peut donc voir que deux de ces gâteaux par une de leurs larges faces, & les autres ne font vûs que par la tranchée; & toutes les abeilles qui fe tiennent entre ces gâteaux, y font cachées. Notre ruche platte a, dans deux gâteaux, la valeur de neuf à dix gâteaux d'une ruche épaiffe, & ces deux gâteaux font vûs en entier par une de leurs faces. Dans une fi grande étendue qui eft continuellement à découvert, & où le peu d'efpace qui refte jufqu'au verre, ne permet pas aux mouches d'être ammoncelées, on a donc incomparablement plus d'occafions d'obferver leurs différentes manœuvres, & on eft à portée de les mieux voir.

D'autres confidérations m'ont déterminé à donner d'autres formes à d'autres ruches vitrées. *Si on a plus d'attention à la forme qui convient le mieux aux abeilles, qu'à celle qui eft le plus favorable aux obfervations,* on donnera aux ruches moins de capacité par en haut que par en bas. C'eft au haut de la nouvelle ruche où des abeilles viennent d'être logées, qu'elles s'établiffent; c'eft au haut de la ruche qu'elles commencent à travailler, à faire des gâteaux. La chaleur leur eft effentielle au-delà

de ce qu'on le croiroit, comme nous le prouverons dans
la fuite, & elles font plus chaudement quand elles trouvent dans le haut de leur ruche, une capacité qu'elles
peuvent remplir en entier, en fe pofant, comme elles font,
les unes contre les autres. Auffi les paniers *, foit d'ofier, * Pl. 21. fig.
foit de paille, qui font en ufage, ont une des meilleures 2, 3 & 4.
formes que les ruches puiffent avoir. Pour concilier ce
qui convient aux mouches & à l'obfervateur, autant qu'il
eft poffible, j'ai fait donner une figure pyramidale aux
ruches de bois que je voulois vitrer. J'ai fait faire des
ruches qui étoient des pyramides à bafe rectangle *, & * Pl. 22. fig.
j'en ai fait faire dont la bafe étoit plus ou moins large 6. & pl. 24.
par rapport à fa longueur. Quelques-unes de ces ruches fig. 1, 2 & 3.
en pyramide dont la bafe étoit étroite *, étoient vers le * Pl. 24. fig.
milieu de leur hauteur, ou un peu par-delà, auffi minces 1 & 2.
ou plus minces que la ruche platte dont j'ai parlé ci-
devant; mais j'en ai fait faire d'autres dont la bafe * avoit * Fig. 3.
de large le tiers ou la moitié de fa longueur.

Ordinairement j'ai fait conftruire ces ruches de ma-
niére qu'elles pouvoient fe divifer en trois parties *, à * Fig. 3. a e,
peu près égales en hauteur, & qui mifes les unes fur les e f, f t.
autres, formoient la pyramide complette. La ruche entiére étoit ainfi compofée de trois étages. Chaque étage
fupérieur avoit à fa large face un carreau de verre monté
dans un chaffis de bois; & chaque chaffis pouvoit être
tiré de place, & y être remis à volonté. L'étage inférieur,
comme beaucoup plus large que les autres, avoit à chaque
face deux chaffis, ou ce qui eft la même chofe, deux
carreaux de verre. Enfin, des volets de bois * attachés à * u, x, y y.
chaque étage aux montants de la ruche, fervoient à fermer,
pour ainfi dire, les feneftres de verre, & empêchoient le
froid & les rayons du foleil, de pénétrer trop aifément
dans la ruche.

F f ij

Comme les mouches cherchent à faire de larges gâteaux, elles difpofent pour l'ordinaire les leurs parallelement aux deux grandes faces de la ruche; ainfi on ne perd prefque rien à n'avoir point de verre fur les petites faces, & les mouches y gagnent. Il leur eft plus commode de pouvoir monter & defcendre le long du bois, que fur le verre. Auffi un Auteur qui a parlé de la maniére de faire des ruches vitrées * telles qu'on les fait ordinairement, confeille de ne leur pas mettre du verre de tous côtés. La pyramide eft terminée par une boule *, ou par quelqu'autre ornement dont je ne dirois rien s'il ne fervoit précifément qu'à l'orner. J'en parle parce qu'il fert à boucher un trou qu'on a eu foin de réferver au haut de la pyramide. Cette pyramide a fa pointe tronquée. On conferve un trou à l'endroit où elle fe termine. Ce trou reçoit une tige cylindrique, un boulon * qui fait corps avec la boule, & au-deffus duquel elle s'eléve; & cette tige eft telle qu'elle ne remplit pas bien exactement le trou. J'ai fait donner une bafe platte à d'autres boules deftinées au même ufage que celle dont je viens de parler; & j'ai fait arrêter cette piéce avec un couplet ou une charniére. La bafe, le pied-d'eftal de la boule étant appliqué fur le trou fupérieur de la ruche, le bouchoit exactement; & dans les occafions qui demandoient qu'on mît ce trou à découvert, il étoit fouvent plus aifé de le faire, que quand on avoit à tirer hors du trou un cylindre de bois qui y étoit à la vérité entré à l'aife, mais qui depuis y avoit été maftiqué par les abeilles.

Des expériences que j'avois en vûe, m'ont déterminé à faire conftruire des ruches d'une forme différente de celle des précédentes. La bafe de la ruche que je veux faire connoître *, étoit, comme celle des autres, une pyramide tronquée à quatre faces, & plus large qu'épaiffe, & une pyramide tronquée qui pouvoit être divifée en deux felon fa hauteur. Cette portion de pyramide n'avoit que la moitié de la hauteur que j'avois voulu donner à la ruche. Le refte de la ruche étoit fait de quatre boîtes * fans fond & fans deffus, pofées les unes fur les autres, toutes égales, entr'elles & femblables, & dont la longueur & la largeur étoient telles, que la premiére de ces quatre boîtes s'appliquoit exactement fur le bord fupérieur de fa bafe de la ruche. Un volet de bois * qui pouvoit s'ouvrir & fe fermer, étoit arrêté à un des bouts de chacune des grandes faces de chaque boîte, & au-deffous du volet étoit un carreau de verre monté dans un chaffis, qui pouvoit être retiré de la feuillure qui le recevoit.

On imagine d'avance que les ruches compofées de plufieurs portions de pyramidés, & celles qui l'eftoient de plufieurs boîtes, n'avoient été faites ainfi que pour donner la facilité de féparer une partie de la ruche des autres quand on le fouhaiteroit. Auffi chaque partie n'étoit-elle retenue fur celle fur laquelle elle étoit pofée, que par des crochets, ou de quelque maniére équivalente ; mais elles n'étoient point affemblées l'une avec l'autre à languettes, ni à tenons, ni d'aucune façon qui fuppofât de l'engrainement. Le bord de la partie inférieure & celui de la partie fupérieure étoient plans, afin qu'ils puffent s'appliquer exactement l'un fur l'autre, mais qu'ils ne fiffent que s'y appliquer. Quand des mouches logées dans une ruche à boîtes * y avoient travaillé, quand elles y avoient conftruit des gâteaux, qui, de la boîte fupérieuré defcendoient jufqu'à la derniére, ou même pardelà la derniére des boîtes, je pouvois non-feulement examiner au travers des carreaux de verre * le travail, qui avoit été fait dans la partie de la ruche qui répondoit à chaque boîte, je pouvois même examiner à mon aife l'intérieur de cette boîte ; car je pouvois retirer chaque boîte

* Pl. 24. fig. 6. *cd*, *ef*, *gh*, *l.*

* *i.*

* Fig. 6.

* *k.*

de fa place. Pour y parvenir, je coupois tous les gâteaux de cire qui fe trouvoient dans cette boîte, je les coupois, dis-je, à la jonction avec la boîte inférieure, à fa jonction avec celle fur laquelle elle étoit pofée, & à fa jonction avec celle qu'elle portoit immédiatement. Une lame de fer-blanc ou même un fil de fer, étoit le feul inftrument néceffaire pour cette opération. Pendant qu'on tenoit de chaque main un des bouts de cette lame ou de ce fil, on le forçoit d'avancer parallelement à lui-même entre deux boîtes, & le fil coupoit fans peine les gâteaux de cire qu'il trouvoit en fon chemin. La boîte qu'on fe pro- pofoit d'ôter de place, n'étoit donc plus retenue par les gâteaux de cire. Il ne reftoit de difficulté dans l'opération, que celle de fe deffendre contre les mouches à qui elle ne pouvoit manquer de déplaire; mais nous verrons ailleurs comment on doit fe conduire en des cas femblables à celui-ci pour être en fûreté.

Pour beaucoup d'obfervations & d'expériences, je ne * Pl. 23. fig. fuis encore fervi d'une ruche * qui n'eft pas de celles 1, & 2. dans lefquelles on pourroit élever des abeilles avec profit. Sa capacité étoit telle qu'elle ne pouvoit contenir que très peu de cire & de miel. Quatre petits montants affemblés par leur bout inférieur avec une bafe faite d'une planche épaiffe d'un pouce, formoient la principale partie de la charpente de la petite ruche dont je parle. Ils étoient placés aux quatre coins d'un quarré, dont chaque côté n'avoit que cinq pouces. La hauteur de chaque montant n'étoit que de huit pouces. Ils étoient maintenus par quatre traverfes avec lefquelles ils étoient affemblés près de leur bout fupérieur à tenons & à mortaifes. Les mon- tants avoient des couliffes propres à recevoir des carreaux de verre. Trois de ces carreaux étoient arrêtés à demeure, & le quatriéme qui étoit fur la face que nous appellerons

l'antérieure, pouvoit monter * & defcendre dans les deux   * Pl. 23. fig.
couliffes qui le contenoient, parce que ces couliffes étoient   1. *c c.*
en dehors par rapport à la traverfe qui réuniffoit les deux
montants de ce carreau. Enfin, la partie fupérieure de
cette petite ruche étoit couverte d'un carreau de verre.
Ainfi cette ruche n'étoit qu'une efpéce de boîte prefqu'entiérement de verre, parce que les traverfes & les
montants étoient minces & étroits. Elle n'avoit que fa
bafe d'opaque. Les abeilles logées dans une telle ruche,
y étoient affûrément bien à découvert.

Voilà ce qu'avoient de plus remarquable les différentes
ruches que différentes circonftances & différentes vûes
m'ont déterminé à faire conftruire. Non feulement elles
m'ont donné plus de facilité à obferver les abeilles que
n'en donnent les ruches vitrées dont on s'eft fervi jufqu'ici; mais elles m'ont mis en état d'executer diverfes
opérations propres à nous faire connoître le génie de
ces mouches induftrieufes; comment leur république eft
compofée; quels font, pour ainfi dire, les fondements
du gouvernement de cette république; & quel eft le
principe qui anime, qui fait agir toutes celles d'une
même fociété. C'eft ce que nous allons commencer à
examiner.

Quand au travers des carreaux d'une ruche vitrée, on
examine ce qui fe paffe dans l'intérieur, on n'y voit pendant la plus grande partie de l'année, que des mouches
qui n'ont entr'elles que de légéres différences, que des
mouches qui différent peu entr'elles en grandeur & en
couleur, & qui dans le refte font parfaitement femblables;
en un mot, on n'y voit que de ces mouches auxquelles
on a donné le nom d'abeilles *. Mais il y a des temps où   * Pl. 22. fig.
parmi celles-ci, on en voit d'autres* qui font fenfiblement   1.
plus grandes, qui ont proportionnellement à leur gran-   * Fig. 2.

deur, une tête plus groffe & plus ronde que celle des
abeilles, & entre lefquelles & les abeilles ordinaires,
il y a encore des différences plus effentielles dont nous
parlerons dans la fuite, mais que le premier coup d'œil
ne nous découvre pas. Ces groffes mouches font celles que les anciens ont appellées *Fuci*, & qu'on a nommées Bourdons en François, apparemment parce que
leur vol produit un bourdonnement plus plein & plus
fort que celui que produit le vol des abeilles ordinaires.
Malgré le nom dont elles font en poffeffion, nous les
appellerons cependant des *Fauxbourdons*. Celui de bourdon peut caufer des équivoques, parce qu'il eft propre à
un genre particulier de mouches à miel. Ces fauxbourdons ont été donnés pour les mâles par ceux qui ont étudié
les abeilles avec les yeux les plus éclairés; tout nous prouvera dans la fuite qu'on les doit regarder comme tels, &
nous les défignerons fouvent par ce dernier nom. Communément on ne voit des mâles ou fauxbourdons dans
chaque ruche, que depuis le commencement ou le milieu
de May, jufques vers la fin de Juillet. D'abord on n'en
apperçoit que quelques-uns; leur nombre fe multiplie
journellement; & enfin il n'y en a jamais tant que dans
les jours qui précédent immédiatement ceux où l'on cef-
fera d'y en pouvoir découvrir. Le nombre des mâles au
refte, eft fort inférieur à celui des abeilles ordinaires. Il y a
des ruches où il eft beaucoup plus grand par rapport au
nombre de celles-ci, qu'il ne l'eft dans d'autres ruches;
mais la ruche où il n'y a que fept à huit abeilles contre
un mâle, eft extrémement peuplée de ceux-ci.

Le nombre de ces mâles paroîtra cependant encore
très-confidérable, quand on fçaura qu'ils ne font pas faits
pour être affortis avec les abeilles ordinaires. Celles-ci
ne font pas nées pour contribuer à la multiplication de
leur

leur efpéce ; elles n'ont point de fexe, elles ne font ni
mâles ni fémelles; elles font deftinées à faire tout le travail
de l'intérieur de la ruche, à faire la récolte du miel & de la
cire, & à mettre cette derniére en œuvre. Elles font chargées du foin d'élever les petits infectes qui, comme elles,
doivent devenir mouches par la fuite. C'eft enfin fur elles
que roule tout l'ouvrage de l'intérieur de la ruche; auffi
les appellerons-nous fouvent les ouvriéres.

On a écrit il y a long-temps que chaque ruche poffede
une feule & unique mouche, qui femble avoir une préé-
minence fur les autres, une mouche à laquelle les anciens
ont donné le nom de Roy des abeilles. Mais des obfervations faites depuis plus de cent ans, ont appris que
cette mouche eft une fémelle : que fi on veut lui accorder
un empire defpotique fur les autres, c'eft le nom de
Reine qu'on doit lui donner. Butler Auteur Anglois a
auffi imprimé un Traité des abeilles, traduit en latin en
1671. qui a pour titre, *Monarchia feminina,* dans lequel il
fait un peuple d'amazones des abeilles d'une ruche. Mais
Swammerdam a confirmé par des preuves inconteftables,
que cette mouche qu'on appellera fi l'on veut la Reine,
eft une mere prodigieufement féconde. Il a très-bien
prouvé de plus que c'eft à elle que doivent leur naiffance
toutes les nouvelles mouches qui naiffent dans une ruche,
& que les abeilles ordinaires ne produifent point d'autres
abeilles, malgré ce qui en a été dit par Butler, & par tant
d'autres. Quelque féconde que foit cette mere, chaque
ruche doit nous paroître trop fournie de mâles. Il en eft
peu où l'on n'en puiffe compter plufieurs centaines; &
il y en a où l'on en peut trouver plus d'un mille. Ces mâles
paffent prefque toute leur vie avec une feule fémelle;
car s'il leur arrive de vivre avec trois ou quatre fémelles,
ce n'eft probablement que pendant très-peu de jours.

Dans la plus grande partie de l'année au moins, il n'y
a donc dans chaque ruche qu'une feule fémelle * aîlée
à diftinguer des autres par la forme de fon corps. Elle eft
plus longue, mais moins groffe que les mâles. Ses aîles
font très-courtes proportionnellement à la longueur de
fon corps ; au lieu que les aîles des abeilles ordinaires,
& celles des mâles, couvrent tout le corps, les aîles de la
fémelle ne vont gueres plus loin que la moitié du fien,
elles finiffent vers le troifiéme anneau. Mais il n'eft pas
temps encore de nous arrêter à expliquer toutes les différences qui peuvent être remarquées entre les trois fortes
de mouches d'une même ruche. Il fuffit actuellement
qu'on fçache qu'on ne fçauroit voir une mere dans une
ruche, fans la reconnoître, tant fa figure différe de celle
des autres mouches. Toute la difficulté eft de la voir, &
elle eft telle que parmi ceux qui élevent à la campagne
des abeilles pour en retirer de la cire & du miel, il y en a
beaucoup à qui il n'eft jamais arrivé de voir une mere.
Quand je leur en ai montré une, ils la regardoient avec
un plaifir qui prouvoit au moins autant que leur témoignage, que c'étoit pour eux une vraye nouveauté. Malgré
les ruches vitrées des formes les plus favorables aux obfervations, on ne parvient à la voir, que quand on fçait les
temps qui peuvent fournir des circonftances heureufes.
J'ai eu pendant plufieurs années une ruche vitrée en tout *,
fans y avoir jamais apperçû la mere ; & ce n'étoit pas faute
affûrément de la bien chercher des yeux toutes les fois que
j'obfervois ce qui fe paffoit dans l'intérieur de la ruche.

Lorfque je me déterminai il y a plufieurs années, de
tâcher de m'inftruire à fond de l'hiftoire des abeilles, de
vérifier les merveilles qu'on s'eft contenté d'en rapporter,
fans s'embarraffer de les prouver, une des premiéres expériences que je crus devoir faire, & qui auffi eft une

expérience vrayement fondamentale, fut de diviſer un
eſſaim d'abeilles en deux. Je n'ai pas beſoin de définir ce
que c'eſt qu'un eſſaim d'abeilles. Perſonne n'ignore qu'il
vient un temps où les moûches s'étant beaucoup multipliées dans une ruche, & s'y trouvant trop à l'étroit, ou
par quelqu'autre raiſon, prennent le parti de ſe partager;
que quand la réſolution, pour ainſi dire, en a été bien
priſe, dans un moment, dans moins d'une minute, une
grande partie des mouches de la ruche prend l'eſſor pour
aller chercher ailleurs une nouvelle habitation. Nous ſup-
poſons encore qu'on ſçait que toutes ces mouches, après
être ſorties de la ruche, vont aſſés ordinairement s'attacher
à une branche d'arbre, & que là cramponnées les unes
contre les autres, elles forment un maſſif qui eſt d'autant
plus gros, que le nombre des mouches qui compoſent
l'eſſaim eſt plus grand. Nous parlerons ailleurs aſſés au
long de tout ce qui ſe paſſe depuis le moment où cette
eſpéce de colonie quitte le lieu de ſa naiſſance, juſqu'à
ce qu'elle ait fixé quelque part ſon nouvel établiſſement.
S'il n'eſt perſonne qui n'ait entendu parler d'un eſſaim d'abeilles, il n'eſt perſonne auſſi qui n'ait entendu
dire que cet eſſaim eſt conduit par un chef, par un roy
qui doit être une reine, ou plus ſimplement une mere
abeille. Une des premiéres expériences que je crus devoir
faire, fut de partager un eſſaim en deux ruches. Celui
ſur lequel je la fis, n'étoit pas des plus forts, ou de ceux
qui ſont compoſés d'un plus grand nombre de mouches.
Lorſque j'eus appris qu'il s'étoit attaché contre une branche d'un pommier en buiſſon, & par conſéquent placé
aſſés bas & commodément, je fis apporter deux ruches au
pied de l'arbre, dont l'une étoit cette petite ruche *, la der- * Pl. 23. fig.
niére de celles que nous avons décrites, dont les quatre   1 & 2.
faces ſont égales, & qui eſt fermée de tous côtés, & par-

deſſus par des carreaux de verre. L'autre étoit la ruche
platte * & quarrée dont nous avons déterminé les dimenſions ci-deſſus. C'eſt une opération plus ſimple qu'elle ne
le ſembleroit devoir être, que celle de faire entrer les
mouches d'un eſſaim dans une ruche. Nous expliquerons
ailleurs le peu de précautions qu'elle demande ; mais il
ſuffit de dire actuellement que mon Jardinier, avec ſa
main couverte d'un gand, fit tomber dans la petite ruche
vitrée, dont on avoit eu ſoin d'ôter le carreau de devant,
environ la cinquiéme ou la ſixiéme partie des mouches
de l'eſſaim, & celles qui compoſoient la partie inférieure
du grouppe. Sur le champ le carreau de devant fut remis
en place, & les mouches furent renfermées de maniére
à ne pouvoir ſortir. Ce fut dans la ruche platte qu'on fit
entrer le reſte de l'eſſaim.

Si cet eſſaim avoit une mere, & s'il n'en avoit qu'une,
comme on prétend qu'ils n'en ont qu'une communément, cette mere devoit ſe trouver dans l'une de mes
ruches, & il ne devoit pas s'en trouver dans l'autre. Mes
ruches étoient donc propres à me faire voir la différence
qui eſt entre la maniére dont ſe comportent les abeilles
qui ont une reine parmi elles, & la maniére dont ſe comportent celles qui en ſont privées. Je ne fus pas long-
temps à apprendre qu'il y en avoit une dans la petite
ruche vitrée ; je ne fus pas long-temps ſans l'y voir ; & il
me fut bien prouvé dans la ſuite, que la ruche platte où
je ne pus découvrir ſur le champ une mere, n'en avoit
point. Après avoir conſidéré pendant moins d'un demi-
quart d'heure la petite ruche vitrée, après que la grande
agitation des abeilles qu'on venoit d'y renfermer, eût été
un peu calmée, je parvins enfin pour la premiére fois
de ma vie, à voir une mere abeille qui marchoit ſur
le fond de la ruche. Je fus dédommagé de n'avoir réuſſi

* Pl. 23. fig. 4.

que tard à voir une mere, en voyant celle-ci à bien
des réprifes differentes, autant de fois que je la voulus
voir. Je fus en état de la montrer à une compagnie
affés nombreufe qui étoit chés moy, dans laquelle il n'y
eut perfonne qui ne voulût voir, & qui ne vît cette reine
fi renommée.

Dans les premiers moments où je fuivis des yeux cette
mouche remarquable, je fus fort tenté de croire que tout
ce qui a été dit de la cour que les autres abeilles font à la
mere, du cortege dont elle eft accompagnée, avoit été plus
imaginé qu'obfervé. Elle étoit feule, marchant d'un pas
peut-être un peu plus lent que celui des autres abeilles, &
que ceux qui étoient avec moi, appelloient volontiers une
démarche grave. Elle arriva, toûjours feule, à un des
carreaux de la ruche, le long duquel elle monta pour fe
rendre dans un des gros pelotons de mouches, qui s'é-
toient formés à la partie fupérieure. Peu de temps après
elle reparut encore fur le fond de la ruche étant toûjours
fort délaiffée. Après être montée une feconde fois, &
avoir été dérobée à mes yeux pendant quelques inftants
par un gros de mouches, elle revint pour une troifiéme
fois fur le fond de la ruche. A cette troifiéme fois,
douze à quinze abeilles fe rangerent autour d'elle, &
femblerent s'y ranger pour lui faire cortege. Dans les
premiers inftants d'un grand trouble & d'une grande confufion, on ne fonge qu'à foy. Si on fe trouvoit dans une
grande falle d'affemblée qui fut renverfée fubitement fans
deffus deffous, on oublieroit dans le premier moment
ce qu'on y auroit de plus cher. Les abeilles jettées tumultuairement dans la petite ruche qui avoit été tournée
& retournée, & en différents fens, avoient été dans un
cas femblable. Dans les premiers inftants, chacune ne
penfa qu'à foi ; mais quand elles furent, pour ainfi dire,

revenues à elles mêmes, elles commencerent à songer à cette mere qu'elles avoient oubliée & méconnue. Malgré le penchant que j'avois à croire que le premier cortege que je lui apperçus lui avoit été donné par une forte de hazard ; malgré la difposition que j'avois à penfer qu'une mouche plus groffe que les autres en déterminoit quelques unes de celles-ci à marcher vers le côté où elle alloit, qu'elle les déterminoit à venir à fa fuite précifément, parce qu'elle étoit plus groffe ; bientôt je fus forcé de reconnoître que ce n'étoit pas fans fondement qu'on avoit parlé des hommages que paroiffent rendre les abeilles à celle qui doit produire une nombreufe poftérité, & qu'on avoit parlé des foins & des attentions qu'elles ont pour elle. La mere avec fa petite fuite, alla encore fe rendre dans un tas d'abeilles où elle difparut. Elle n'y refta pas long-temps fans revenir encore fe montrer fur la bafe de la ruche. A peine y fut-elle arrivée, qu'environ douze mouches fe mirent à fa fuite. D'autres ne tarderent pas à s'avancer vers elle. Celles-ci fe placcerent en deux files fur les côtés, pendant que la mere continua fa marche. D'autres qui venoient à fa rencontre, l'entouroient pardevant. Sa cour groffiffoit de moment en moment. Bien-tôt il fe fit autour d'elle une efpéce de cercle compofé de plus de trente abeilles. Le rang de celles de devant s'ouvroit à mefure qu'il en étoit befoin pour lui laiffer le paffage libre. Quelques-unes s'approchoient d'elle plus que les autres ; elles la léchoient avec leur trompe. D'autres étendoient leur trompe & la préfentoient étendue à la fienne pour lui offrir le miel dont elle étoit pleine. Je la vis quelquefois s'arrêter pour fuccer la trompe qui lui étoit préfentée, & je la vis quelquefois fuccer en marchant celle d'une autre mouche.

Pendant plufieurs heures, je vis à un très-grand nombre de reprifes différentes cette même mere, & je la vis

toûjours avec un cortege de moûches, qui fembloient
defirer lui rendre des honneurs ou plûtôt de bons offices.
Il y a pourtant encore des cas dont nous parlerons dans
la fuite, où la mere paroît être un peu negligée : mais on
lui rend fi fréquemment des foins & des affiduités, qu'on
doit regarder comme certain, une grande partie de ce qui
a été dit des apparences de refpect des autres mouches
pour leur reine. Nous allons avoir des preuves qu'il n'eft
point d'attachement qui puiffe aller plus loin que celui
qu'elles ont pour elle ; notre effaim divifé nous en donnera des plus fortes ; auffi croyons nous qu'on ne defap-
prouvera pas que nous nous arrêtions à décrire fon hiftoire
tout au long, & de rapporter quelle fut fa fin.

On doit fe fouvenir que nous avons dit qu'il n'y eut
qu'environ la cinquiéme ou la fixiéme partie de cet effaim
d'introduite dans la petite ruche quarrée. Le refte fut
logé dans une ruche platte qui étoit beaucoup plus grande. Quoique le nombre des abeilles fût plus grand dans
cette derniére ruche que dans l'autre, fa capacité étant
encore proportionnellement plus grande, & fa forme
d'ailleurs étant encore plus favorable pour laiffer voir à
la fois un plus grand nombre des mouches qu'elle contenoit, s'il y eût eu parmi elles une mere, il n'eût guéres
été poffible qu'elle m'eût échappé ; cependant je ne
pus y en découvrir. J'obligeai plufieurs fois, dans différents temps, les abeilles à fe répandre fur les carreaux de
verre, de façon qu'elles n'étoient en grouppe nulle part.
Une mere n'eut guéres été plus aifée à voir parmi des
abeilles étalées fur une table, qu'elle l'eût été parmi celles
qui étoient étalées fur les carreaux de verre de la ruche.
Auffi n'y avoit il réellement qu'une mere dans cet effaim.
Ce que nous avons actuellement à apprendre, c'eft
comment fe comporterent les mouches qui étoient en

petite quantité dans la petite ruche, mais avec une mere, & comment se conduisirent celles qui étoient en un nombre quatre à cinq fois plus grand dans l'autre ruche, mais sans mere.

Le partage de cet essaim avoit été fait peu après-midi & un samedi; je marque le jour pour être plus court & plus clair lorsque je parlerai de ce qui se passa dans chacun des jours qui suivirent. Vers les quatre à cinq heures, je fis porter la grande ruche sur une espéce de petite montagne qui se trouve dans un de mes jardins de Charenton; & je fis ouvrir les trous nécessaires pour donner aux mouches la liberté de sortir & de rentrer. A l'égard de la petite ruche, je lui fis passer la nuit dans mon cabinet, pour ôter aux abeilles qui y étoient renfermées, toute occasion de retrouver celles dont elles avoient été séparées, & pour leur en faire perdre le souvenir, si elles avoient du souvenir. J'avois lieu de craindre qu'il ne leur prît envie de quitter une habitation où elles étoient très à l'étroit, pour aller trouver leurs camarades dont le logement étoit spacieux. Mais le lendemain dès le matin je portai cette petite ruche dans un jardin qui est séparé de celui où étoit l'autre ruche, par la rue, & je le plaçai au bas d'une terrasse qui est à l'entrée de ce jardin. L'éloignement de cette ruche à l'autre n'étoit grand que de haut en bas; mais les murs qui les séparoient, étoient cause que les mouches de l'une étoient peu à portée de rencontrer, même en l'air, les mouches de l'autre. Celles de la petite ruche allerent dès le même jour, dès le dimanche à la campagne. Elles revenoient pourtant peu chargées de ces poussiéres jaunes qui font la matiére de la cire, elles en avoient seulement le corps poudré; elles n'en avoient point de pelotes aux jambes postérieures, à peine y en avoient-elles quelques plaques; aussi firent-elles très-peu d'ouvrage dans leur journée.

Tout

Tout celui qui parut le foir, étoit un petit cordon qui regnoit au haut de la ruche le long de la moitié d'un de fes côtés ; on diftinguoit fur ce cordon des alvéoles ébauchés.

Le lundi matin les mouches me parurent avoir pris plus de cœur au travail ; mais je ne pus les fuivre, ayant été obligé de partir fur les huit heures pour un voyage de quelques lieuës. Je fçai au moins qu'en mon abfence elles firent un petit gâteau de cire qui avoit quinze à feize cellules de chaque côté, & qu'il fut fait avant deux heures après midi, car vers ce temps elles abandonnérent toutes leur ruche ; ce fut fur une groffe branche d'un poirier qui en étoit peu éloigné, qu'elles allerent s'établir. Je les y trouvai bien raffemblées & fort tranquilles lorfque j'arrivai chés moi vers les fept heures & demie du foir. Je les fis remettre dans cette même ruche qu'elles avoient abandonnée. Le mardi fur les fix heures du matin, je les y vis tranquilles. Quelques-unes en partirent pour la campagne lorfque l'air eût commencé à s'échauffer ; mais elles ne fe mirent point à l'ouvrage. Vers les onze heures, temps où le mouvement auroit dû être grand dans la ruche, où les mouches auroient dû travailler avec activité, je les vis toutes raffemblées en un grouppe , & toutes étoient tranquilles. J'augurai mal d'une fi grande tranquillité, elle prouvoit que mes abeilles ne fe trouvoient pas bien dans leur logement, qu'elles ne daignoient pas y faire des gâteaux de cire , qu'elles l'abandonneroient bientôt une feconde fois. J'en fus engagé à les obferver avec plus d'attention, pour voir à quoi elles fe détermineroient. Il n'y avoit pas un quart d'heure que je les confidérois, lorfque je vis tomber la mere fur le fond de la ruche. Elle s'étoit détachée du gros du grouppe. Elle n'y fut pas plûtôt que quelques douzaines d'abeilles vinrent en bourdonnant, fe

ranger autour d'elle. Le bourdonnement augmenta, il
sembla devenir général. L'émeute se mit par-tout. Dans
un instant le grouppe se divisa en petits pelotons qui se
rendoient ou tomboient sur le fond de la ruche. Bientôt
il n'y eut plus aucun reste de grouppe, de masse d'abeilles
en repos. La mere alors s'avança vers la porte de la ruche,
quelques mouches ordinaires sortirent; elle-même sortit
aussi-tôt, & à peine fut-elle hors de la ruche qu'elle prit
son vol; dans l'instant, presque toutes les mouches se
déterminerent à voler avec elle. A peine en resta-t-il une
cinquantaine. L'air fut rempli d'un tourbillon de mouches
qui, après avoir fait des circuits assés courts, se dirigea
vers un pommier. Dès que j'eus remarqué que quelques
mouches s'appuyoient sur une des branches de cet arbre,
je me rendis en courant auprès de ce même arbre. Je voulois tâcher de découvrir la mere, de voir comment elle se
conduisoit dans une semblable occasion ; si elle étoit de
celles qui s'étoient posées les premiéres sur la branche.
Quand j'arrivai l'écorce de cette branche étoit déja cachée par les mouches; elles y formoient déja un petit
massif. Mais j'observai la mere toute seule posée sur une
feuille à trois ou quatre pouces de la branche où l'on
s'attroupoit; il ne lui convenoit pas apparemment de se
mettre des premiéres sur la branche, de se trouver sous
tout le massif. Pour déterminer les abeilles à continuer de
s'assembler dans cet endroit, il suffisoit que la mere parût
l'approuver en s'en tenant proche. Les abeilles qui étoient
en l'air, qui formoient un tourbillon autour du pommier,
se rendoient de moment en moment sur le massif commencé, elles y restoient dès qu'elles s'y étoient appliquées.
Quand la masse fut devenue considérable, quand le plus
grand nombre des abeilles s'y fut joint, la mere vola de
dessus sa feuille sur cette masse, & bien-tôt elle y fut

couverte par des couches formées par les mouches que
fa préfence détermina à venir fe fixer, à ceffer de voler.

Je me fuis arrêté volontiers à détailler ce qui fe paffa
depuis que ces mouches fe furent déterminées fous mes
yeux à quitter leur ruche, jufqu'à l'inftant où elles furent
toutes raffemblées fur une branche ; & je ne ferai pas
grace de deux autres aventures pareilles que j'obfervai.
On en prendra d'avance une idée de la maniére dont les
abeilles fe comportent, lorfqu'elles fortent en effaim de
la ruche dans laquelle elles font nées. Il eft plus aifé de
voir ce qui fe paffe dans une petite troupe telle qu'étoit
celle-ci, qu'il ne l'eft dans une efpéce d'armée nombreufe.
Il eft plus aifé de s'affûrer que jamais le gros des mouches ne fe détermine à partir que la mere n'ait pris l'effor,
& que dès qu'elle l'a pris, toutes celles qui doivent compofer la nouvelle colonie, prennent leur vol dans l'inftant.

Mes abeilles avoient leurs raifons & apparemment
bonnes, pour ne pas fe tenir dans la ruche, où j'avois auffi
de bonnes raifons de les vouloir. Une habitation d'une fi
petite capacité ne devoit pas leur paroître fuffifante pour
contenir la nombreufe poftérité qui devoit naître de la
mere, & la quantité de rayons de cire néceffaire à l'élever ;
& peut-être avoient-elles encore d'autres raifons & meilleures, qui m'étoient inconnues. Je m'obftinai pourtant
à les vouloir faire refter dans ce petit logement, qui me
donnoit beaucoup de facilité à faire un grand nombre
d'obfervations, qui me donnoit celle de porter fans em-
barras ces mouches où je voulois. Mais foupçonnant que
leur nombre pouvoit contribuer à les y faire trouver mal
à leur aife, je me déterminai à n'en faire paffer qu'une
partie dans la petite ruche. Du gros des mouches qui
étoit attaché contre une branche, mon Jardinier en prit
une poignée qui pouvoit contenir environ quatre à cinq

H h ij

cens abeilles, & la mit dans la petite ruche, dont le
carreau qui y fervoit de porte fut abbaiffé fur le champ.
La mere fe trouva parmi celles qui furent renfermées &
féparées des autres. A l'égard du refte de ces mouches,
& qui en étoit la partie la plus confidérable, je le fis entrer dans une efpéce de boîte qui pouvoit fervir de pied
à la ruche platte, dans laquelle avoit été logée la plus
grande partie de l'effaim, à cette ruche qui avoit beaucoup de mouches fans mere. Cette boîte avoit une ouverture en deffus, par laquelle les mouches pouvoient, s'il
leur plaifoit, aller fe réjoindre à celles de la ruche platte,
lorfque cette derniére auroit été pofée fur l'autre. Je ne fis
pourtant pas placer fur le champ cette boîte fous l'autre
ruche, je la laiffai près de l'arbre auquel s'étoient attachées
un peu auparavant les mouches qui avoient été partagées
entr'elle & la petite ruche vitrée.

Mais pour la petite ruche vitrée, je la fis emporter au
loin fur le champ, & cela, en lui faifant faire plufieurs tours
& détours entre des arbres, afin de dérober aux mouches
qui avoient été mifes dans la boîte, la connoiffance de
l'endroit où on tranfportoit leur reine. Lorfque j'eus mis
cette petite ruche fur un appui, à un des bouts du jardin,
j'en confidérai l'intérieur. Tout m'y parut dans une fu-
rieufe agitation. La reine y étoit oubliée. Je la vis parcourir feule toutes les parties de la ruche. Un peuple
affés nombreux venoit d'être réduit à très-peu d'habitants, qui, comme s'ils euffent été inquiets de ce qu'ils
devoient devenir eux-mêmes, ne fongeoient point à celle
qui femble les intéreffer tant en d'autres circonftances.
Pendant plus d'un quart d'heure, je vis la mere dans le
plus grand abandon aller deça & delà. Il fembloit qu'on
voulut la punir de la fauffe démarche qu'elle avoit faite, &
qui avoit caufé la difperfion de fon peuple. Mais fi elle étoit

abandonnée de celles qui, comme elle, étoient captives, elle ne le fut pas de même de celles qui étoient reftées en liberté. Quelques-unes des mouches qui s'étoient répandues dans l'air, pendant qu'on avoit fait entrer leurs compagnes dans l'une & dans l'autre des ruches, vinrent fe rendre fur celle où la mere étoit prifonniére. Bien-tôt d'autres mouches, de celles qui étoient libres, averties, foit par le bourdonnement qui fe faifoit dans la ruche, foit par celui des mouches qui étoient dehors, ou par quelqu'autre voye à moi inconnue, fe rendirent fur la petite ruche. En peu de temps, il s'y en affembla affés pour former tout autour un tourbillon de mouches bien fourni. Elles fe poferent deffus, & firent des efforts pour s'introduire dedans; & ne pouvant y parvenir, parce que toutes les entrées leur étoient bouchées, elles s'ammonceloient fur les carreaux.

Il m'eut été aifé de repeupler dans un inftant cette ruche; mais ce n'étoit pas mon intention, j'étois content du petit nombre d'habitants qui lui étoit refté. Je pris donc le parti de faire chaffer doucement avec des branches chargées de feuilles, les abeilles attroupées deffus, de faire chaffer enfuite celles qui s'en approchoient, pendant qu'une perfonne la tranfportoit en lui faifant faire divers circuits propres à dérouter les mouches qui s'obftinoient à la fuivre, & qui fembloient fi fort defirer de fe rejoindre à leur reine. Pour ôter tout moyen de retrouver cette ruche aux mouches qu'on en avoit éloignées, je la fis porter dans mon cabinet, & alors les mouches du jardin, qui inquiétes voloient en l'air, n'eurent plus d'autre parti à prendre que de s'aller réunir à celles qu'on avoit fait entrer dans l'efpéce de boîte dont nous avons parlé.

Tout cela fe paffa avant midi. Sur les trois heures on me propofa de porter la petite ruche fur la montagne de

mon Jardin auprès de la ruche platte, auprès de cette
ruche dans laquelle la plus confidérable partie de l'effaim
avoit été logée, & où elle étoit fans mere depuis près de
trois jours. On étoit curieux de fçavoir fi les mouches
après trois jours, auroient encore confervé le fouvenir de
cette mere qu'elles avoient perdue. Cette expérience me
paroiffant mériter d'être faite, non-feulement je portai la
petite ruche dans laquelle la mere étoit prifonniére, auprès de l'autre, je la pofai même deffus. A peine y eût-
elle été un quart d'heure, que les mouches qui fortoient
de la grande ruche, parurent avoir connoiffance que cette
petite ruche renfermoit leur reine, ou au moins une
reine dont elles avoient befoin. Quelques mouches fe
rendirent fur les carreaux de verre. Elles furent bien-tôt
fuivies de plufieurs autres. Dans quelques inftants elles y
furent attroupées. Le nombre des mouches qui s'y rendoit, devenoit de plus grand en plus grand. Les carreaux
ne tarderent pas à être couverts de plufieurs couches de
mouches pofées les unes fur les autres. L'empreffement
de fe réunir à la reine, de s'introduire dans l'endroit où
elle étoit, parut devenir général. Toutes les mouches
fembloient vouloir profiter de la bonne fortune qui leur
étoit offerte. Enfin, il me parut que pour peu que j'euffe
differé à éloigner la petite ruche, il ne fût pas refté une feule
mouche à la grande ruche. Je ne voulois pas les en laiffer
toutes fortir, il auroit pu être difficile de les y faire retourner, & j'avois des raifons de fouhaiter qu'elles y demeu-
raffent. Je fis donc chaffer, comme je l'avois fait dans une
autre occafion, les mouches qui s'étoient ammoncelées fur
la petite ruche, & je dépayfai celles qui la vouloient fuivre,
en la faifant tranfporter par des chemins tortueux.

Quoique les mouches de la ruche platte fe fuffent attroupées fur la petite ruche où leur mere étoit renfermée,

on n'en fçauroit conclurre qu'elles avoient une efpéce
de connoiſſance que leur mere y étoit logée ; mais il
paroit au moins qu'elles y avoient été déterminées, parce
qu'elles avoient reconnu que la petite ruche leur offroit
une reine fort mal pourvûe de ſujets, ſous l'empire de
laquelle elles pourroient ſe mettre. Il y avoit pourtant
lieu de former un doute aiſé à lever. La reine & les
mouches qui lui étoient reſtées dans ſa ruche, étoient
agitées, elles y faiſoient un grand bourdonnement. Il
étoit aſſés naturel de ſoupçonner que ce bourdonnement
ſeul avoit ſuffi pour déterminer les mouches de la ruche
platte à ſe rendre ſur celle dans laquelle il y avoit tant
de tumulte. Des expériences que j'avois faites dans d'autres temps, m'avoient appris d'avance que le tumulte ſeul
des mouches de la petite ruche, n'auroit pas excité la
curioſité d'un auſſi grand nombre de mouches d'une
autre ruche. Il m'étoit arrivé dans d'autres temps de placer
la petite ruche pleine d'abeilles, parmi leſquelles il n'y
avoit point de mere, auprès de ruches très-peuplées, ſans
que les ouvrieres de celles-ci euſſent été détournées de
leur travail par le grand bourdonnement des autres.

Pour m'aſſûrer néantmoins, à n'en pouvoir douter, que
l'agitation & le bourdonnement des mouches de la petite
ruche n'avoit eu tant de pouvoir ſur celles de la ruche
platte, que parce que celles-ci manquoient de reine, je
portai cette petite ruche tout auprès d'une ruche vitrée,
dont un eſſaim étoit prêt à ſortir, & qui étoit ſi peuplée,
qu'il y avoit en dehors des pelotons de mouches attachées
à ſon pied. Pluſieurs de celles-ci vinrent effectivement ſe
rendre ſur la petite ruche, mais elles ne s'y attroupérent
pas. Il ne s'y en arrêta pas la vingtiémé ou la trentiéme
partie de ce qui s'y étoit arrêté de celles de la ruche platte
ſans mere. Leur nombre dès les premiers inſtants fut à

peu-près ce qu'il fut dans la suite, au lieu que le nombre des autres mouches avoit été si fort en augmentant, que la ruche platte auroit été bientôt vuide , si je ne me fusse hâté d'en éloigner la mere qui les attiroit. Il paroît donc bien prouvé que les mouches de la ruche platte avoient au moins connu qu'il y avoit dans la petite ruche une mere , & qu'elles avoient fait tout ce qui étoit en elles pour s'aller loger avec cette mere. Mais les mouches d'une ruche bien peuplée , & qui sans doute avoient une mere, s'étoient contentées , & en petit nombre, de venir visiter la petite ruche où une mere étoit prisonniére & mal accompagnée , sans trop chercher à se mettre à sa suite.

J'ai fait depuis beaucoup d'autres expériences qui ont concouru à établir que les mouches qui ont actuellement une mere , ne sont point empressées de s'aller joindre à une autre. A dessein j'ai posé plusieurs fois un poudrier, dans lequel j'avois renfermé une mere, successivement auprès de cinq à six différentes ruches, & jamais il ne m'a paru que les mouches de ces ruches s'en soient embarrassées. Souvent il n'y a pas eu une seule abeille de la ruche auprès de laquelle se trouvoit la mere abandonnée, qui en ait semblé tenir quelque compte, qui se soit arrêtée sur le poudrier ; cependant l'heure où je leur offrois cette mere prisonniére, étoit l'heure du jour où elles alloient à la campagne en plus grand nombre, où elles étoient plus en mouvement.

Pour revenir à notre petite ruche vitrée, sur les six heures du soir je la reportai dans le jardin où elle avoit été d'abord ; mais je la mis sur un appui assés éloigné du premier, sur lequel elle avoit été. Alors j'ouvris une porte aux abeilles, c'est-à-dire, que j'élévai le carreau de devant autant qu'il étoit nécessaire, pour que celles qui étoient

captives

captives depuis midi, puſſent ſortir & rentrer aiſément.
Pluſieurs partirent ſur le champ, elles allerent à la campagne, & retournerent à leur ruche; mais j'obſervai bientôt qu'il y en rentroit plus qu'il n'en ſortoit. La boîte
propre à ſervir de pied à la ruche platte, dans laquelle on
avoit fait entrer les mouches qui avoient été ſéparées ſur
le midi de celles de la petite ruche, étoit encore dans le
même jardin. Les mouches qui apprenoient, ou par
leurs compagnes, ou je ne ſçais comment, l'endroit où
étoit l'habitation de leur reine, s'y rendoient. Je vis que
la petite ruche étoit déja redevenue plus pleine que je
ne la voulois. Pour empêcher qu'elle ne le devînt encore
davantage, je fis porter dans l'autre jardin la boîte où
étoient les mouches qui avoient été ſéparées avant midi
de leurs compagnes; je la fis poſer ſous la ruche platte;
c'eſt-à-dire, que les mouches de la boîte furent miſes à
portée de ſe réunir à celles avec leſquelles elles avoient
ceſſé d'être en ſocieté depuis trois jours; elles s'y réjoigni-
rent volontiers.

Le lendemain, le mercredi, les mouches de la petite
ruche ſe déterminerent pour une troiſiéme fois à l'abandonner ſur les onze heures du matin. Une perſonne que
j'avois laiſſée auprès d'elles pour veiller à leurs mouvements, vint m'avertir du parti qu'elles venoient de prendre. Lorſque j'arrivai dans le jardin, elles étoient encore
en l'air, où elles formoient un tourbillon. Les premiéres
qui voulurent s'arrêter, choiſirent pour ſe poſer, une branche d'un poirier en buiſſon peu éloigné de la ruche. Le
nombre de celles qui ſe placerent deſſus alla bien tôt en
augmentant. Je m'approchai de cette branche, & je vis la
mere toute ſeule ſur une feuille comme je l'avois déja vûe
dans une autre circonſtance, & de même tout près de
l'endroit où les autres mouches s'aſſembloient. Mais il

sembloit que cette troisiéme sortie ne se fût pas faite d'un consentement général. Une bonne partie de la petite troupe resta à voltiger autour de la ruche qui venoit d'être abandonnée, plusieurs mouches même rentrerent dedans. La mere elle-même parut ne pas trouver à son gré l'endroit qui avoit été choisi. Elle s'envola, elle s'éleva en l'air, les autres la suivirent, & peu après je vis les mouches rentrer en grand nombre dans la petite ruche, sur le fond de laquelle je ne fus pas long-temps à distinguer la mere.

Ce retour me donna espérance de voir le petit nombre de mouches que j'avois laissé à cette ruche, s'y établir à demeure. Il marquoit qu'elles n'avoient plus pour ce logement toute l'aversion qu'elles avoient eûe auparavant. Je n'ai pas encore dit, que pour défendre pendant la nuit contre le froid, le peu d'abeilles qui devoient l'occuper, & que pour les dérober pendant le jour aux rayons immédiats du soleil, & que pour qu'elles ne fussent pas inquiétes dans un logement qui sembloit à jour de toutes parts, parce qu'il étoit tout vitré, j'avois eu soin de faire faire à cette ruche un *surtout de toile de coutil * doublé de flanelle, & composé de quatre pans séparés les uns des autres, & cousus seulement par un de leurs bouts à un des côtés du quarré destiné à couvrir le-dessus de la ruche. Des cordons tenoient ces pans joints les uns aux autres par les côtés. On pouvoit lever à volonté celui des pans qui cachoit l'endroit de la ruche que l'on vouloit voir. J'eus lieu de croire que ce surtout n'avoit pas assés défendu les mouches contre un coup de soleil, qui ayant trop échauffé l'intérieur de la ruche les avoit déterminées à une de leurs sorties précédentes. Je fis faire sur le champ un surtout de bois à la ruche qui en avoit déja un d'étoffe. Une boîte de bois de capacité convenable à cela près qu'elle étoit un peu trop longue, fut rendue

propre à faire cette seconde couverture, dès qu'on en eut
scié le bas. Le jour suivant, le jeudi, je vis dès le matin mes
mouches dans les dispositions où je les voulois. Après
avoir ôté leur couverture de bois, je levai un des côtés
du surtout d'étoffe, & je n'observai dans la ruche que les
mouvements qui y devoient être. Celles qui revenoient
de la campagne, en rapportoient à leurs jambes une bonne
récolte de matiére à cire. Sur les dix heures, je fus obligé
de partager mon attention entr'elles & d'autres mouches.
On vint m'avertir qu'un essaim sortoit d'une grande ruche
vitrée qui étoit dans le jardin haut, dans celui de la montagne ; & c'est un fait qu'il est nécessaire qu'on sçache,
car j'aurai à parler de cet essaim. Sur les onze heures, je
retournai pourtant voir les mouches de la petite ruche,
que je trouvai en plein travail. Elles avoient commencé
un gâteau de cire, elles en avoient déja fini plusieurs
alvéoles. Je les laissai tranquilles pour aller faire mettre
dans une ruche les mouches du nouvel essaim ; mais vers
une heure après midi, j'allai encore revoir celles de la
petite ruche. Il faisoit chaud alors. Le thermometre étoit
à plus de dix-neuf degrés, & le soleil étoit brillant. Après
avoir découvert mes mouches, je vis qu'elles avoient fait
un petit gâteau qui avoit plus de deux pouces de long, &
plus d'un pouce de large. C'étoit assés d'ouvrage pour la
matinée d'un si petit nombre d'ouvriéres. Je les vis travailler à l'aggrandir, à augmenter le nombre de ses alvéoles, à achever de façonner, & à polir ceux qui étoient faits.
Le plaisir que j'avois à observer ces mouches dans le travail,
beaucoup mieux qu'on ne peut les voir dans les ruches
très-peuplées, me fit oublier que la chaleur que je sup-
portois avec patience, ne seroit pas soûtenue de même
par les abeilles. J'étois pourtant prêt de les mettre à l'abri
des rayons du Soleil, de les recoûvrir, lorsqu'il s'éleva

ſubitement une émeute parmi elles. Pluſieurs ſe déterminerent ſur le champ à ſortir de la ruche. Je voulus en
fermer la porte; mais leurs mouvements furent ſi prompts,
qu'avant que j'euſſe eu le temps de faire deſcendre un peu
le carreau de verre antérieur, je vis ſortir la mere, & toutes
les autres mouches ſortirent à ſa ſuite.

Ce fut par cette quatriéme ſortie que ſe terminerent
leurs aventures. Le chaud qu'il faiſoit les détermina à
s'élever beaucoup plus haut qu'elles n'avoient fait dans
les ſorties précédentes. Elles ne ſe rabbattirent point ſur
les arbres où elles s'étoient arrêtées les autres fois; elles
paſſerent bien haut par-deſſus le mur, traverſerent la ruë,
& ſe rendirent dans le jardin où eſt la montagne. Dans
le moment qu'elles y arriverent, le gros eſſaim, dont j'ai
parlé ci-deſſus, n'étoit pas encore tranquille dans la ruche
où il avoit été mis. L'air des environs étoit encore plein
de ſes mouches. Celles de la petite ruche paſſerent dans
les tourbillons mêmes des mouches de l'eſſaim; elles furent
déterminées à voler autour de la grande ruche pendant
près d'un demi-quart d'heure. Alors leur reine, qu'elles
étoient tentées apparemment d'oublier pour une autre
bien logée, vint ſe poſer contre un mur dans un endroit
qui n'étoit éloigné que de ſix à ſept pieds de cette ruche
qui lui débauchoit le peu qui lui étoit reſté de ſujets.
Quelques-unes de ſes mouches pourtant l'y allerent joindre; mais l'endroit étoit trop échauffé par les rayons du
Soleil, pour qu'elle & ſa ſuite y puſſent reſter. Elle partit,
elle entra dans le tourbillon de la grande ruche, ſes
mouches & elle-même ſe déterminerent bien-tôt à y aller
établir leur domicile, car nous vîmes peu à peu diminuer
le nombre des mouches qui étoient en l'air; & on n'en
trouva nulle part d'aſſemblées hors de la grande ruche.
Il y en eut ſeulement une cinquantaine qui retournerent
à la petite ruche.

L'hofpitalité fut mal exercée à l'égard de celles qui entrerent dans la grande ruche, où un nouvel effaim & très-nombreux venoit de s'établir. Elles n'y furent pas bien reçûes, j'ai lieu de croire même qu'elles y furent toutes maffacrées. Ce qui eft fûr, c'eft qu'à peine s'y furent-elles introduites, qu'il s'éleva un bourdonnement confidérable qui prouvoit que tout s'y mettoit en grande émeute. J'eus bien-tôt preuve que cette émeute ne fe paffoit point fans carnage. Bien-tôt je vis des mouches mortes ou mourantes que d'autres mouches portoient hors de la ruche. Je vis des combats à mort qui fe faifoient dehors même de cette ruche. Enfin, depuis une heure & demie, heure à laquelle les mouches de la petite ruche s'introduifirent dans la ruche de l'effaim, jufqu'à cinq heures du foir, la tuerie fut grande. J'avois befoin d'abeilles mortes pour les pefer, & pour faire enfuite un calcul dont je parlerai ailleurs; j'en ramaffai plus de deux cens cinquante de celles qui avoient été tuées. J'en aurois ramaffé davantage fi je l'euffe voulu; & il y en eut beaucoup de tuées qui furent portées au loin, & qu'il ne m'eut pas été poffible de retrouver; mais ce ne fera que dans un autre Mémoire que nous décrirons les combats des abeilles, & que nous acheverons de parler de cette derniére bataille.

Attentifs jufqu'ici à fuivre toutes les démarches & toutes les aventures des mouches qui avoient été mifes avec leur reine dans la petite ruche portative & vitrée, nous n'avons rien dit, & nous aurons peu de chofe à dire de celles qui compofoient la plus grande partie de l'effaim dont les premiéres furent féparées. Elles parurent fe trouver bien dans la grande ruche vitrée & platte qui leur avoit été donnée pour logement. Dès le matin du jour qui fuivit celui où elles y furent mifes, j'en vis fortir plufieurs,

aller à la campagne, & en revenir; mais elles en revenoient fans apporter aucune matiére à cire. Elles continuerent ainſi les jours ſuivants à ſe tenir tranquilles dans
leur logement. Le nombre de celles qui en ſortoient,
étoit petit, & aucune ne rapportoit des materiaux propres à faire des gâteaux de cire. Auſſi quoique le nombre des ouvriéres fût grand, quoiqu'elles ne paruſſent
aucunement ſonger à quitter leur habitation, ſix jours
ſe paſſerent ſans qu'elles y euſſent fait aucun ouvrage,
ſans qu'elles y euſſent fait un ſeul alvéole. Pendant ces
ſix mêmes jours les compagnes dont elles avoient été
ſéparées, quoiqu'en très-petit nombre, quoique miſes
dans une ruche qui ne leur plaiſoit point, & qu'elles
abandonnerent pluſieurs fois, ne laiſſerent pas d'y travailler. Nous avons vû qu'elles y firent deux petits gâteaux
de cire. Les abeilles, parmi leſquelles il y avoit une mere,
ne laiſſerent donc pas de travailler malgré tout ce qui
ſembloit les en devoir détourner, & celles qui étoient
ſans mere reſterent dans l'oiſiveté. Delà, il ſemble que
les abeilles ſoient déterminées au travail par un motif
pareil à un des plus louables qui nous puiſſe faire agir,
par le ſeul amour de la poſtérité. Celles qui ſe trouvent
avec une mere qui doit donner naiſſance à des milliers
d'abeilles qui leur reſſembleront, conſtruiſent les alvéoles
néceſſaires pour recevoir les œufs. Elles en conſtruiſent
de capables de contenir du miel, elles les en rempliſſent.
Enfin, nous verrons dans la ſuite tous les ſoins qu'elles
ſe donnent, toutes les peines qu'elles prennent pour élever les vers qui ſortent de ces œufs juſqu'à ce qu'ils ſoient
en état de ſe transformer en nymphes. Les abeilles au
contraire qui n'ont point parmi elles une mere capable
de mettre au jour une nombreuſe poſtérité, ne daignent
pas faire le moindre ouvrage; elles ſe contentent de vivre

au jour la journée, d'aller prendre leurs repas dans la campagne, fans s'embarraffer de faire des provifions dans la ruche. En un mot, il femble évident que ce n'eft pas pour elles-mêmes qu'elles travaillent, & qu'elles font des récoltes.

Pour voir fi je ne ranimerois pas mes mouches qui avoient refté fix jours dans l'inaction, je les fis paffer dans une nouvelle ruche, dans un panier tel que ceux où l'on loge le plus ordinairement les abeilles. Elles y furent encore plus tranquilles qu'elles ne l'avoient été dans leur premiére demeure. Quoique le jour fuivant fût chaud & beau, aucune d'elles ne s'avifa de fortir. Elles fortirent pourtant & rentrerent par la fuite; mais tous les jours leur nombre alla en diminuant. A peine y en refta-t'il un millier au bout de trois femaines; & quelques jours après je trouvai un matin toutes celles qui y étoient reftées, mortes fur la bafe de la ruche. Toutes étoient péries, foit dans la ruche, foit hors de la ruche, fans avoir fait le plus petit gâteau de cire.

Plufieurs fois j'ai mis une affés grande quantité d'abeilles fans mere dans de petites ruches vitrées, pareilles à celle dont il a été tant fait mention ci-deffus, ou elles ont abandonné la ruche, ou elles y ont péri dans un nombre de jours affés court, fans jamais y faire aucun ouvrage. On peut donc regarder comme une vérité bien conftante, que les abeilles ceffent tout travail, qu'elles ne fongent plus à l'avenir dès qu'elles n'ont plus de mere. Ariftote a dit, que lorfqu'elles en font privées, elles fe contentent de faire des gâteaux de cire dans les alvéoles defquels elles ne portent point de miel. Mais je puis affûrer qu'alors elles vivent dans une parfaite oifiveté, que non-feulement elles ne font aucune récolte de miel, mais qu'elles ne conftruifent pas une feule cellule de cire;

& je l'affûre fur un très-grand nombre de preuves de
l'efpéce de celles que je viens d'en donner, auxquelles je
me contenterai d'en adjoûter une que j'ai eûe recemment.

Vers la fin du mois de Mars de cette année, je remarquai que les abeilles logées dans une de mes ruches en
panier, y rentroient toutes fans être chargées, pendant
que celles des autres ruches y revenoient avec de bonnes
récoltes. Elles continuerent à retourner toûjours les pattes
vuides dans leur ruche, jufques vers la mi-Juin. Je faifois de
temps en temps coucher leur ruche fur le côté, au moins
de femaine en femaine, pour en examiner l'intérieur, &
je n'y voyois jamais que de vieux gâteaux de cire; je ne
pouvois y découvrir aucune cellule faite depuis l'hyver.
Je remarquois auffi que le nombre de ces mouches alloit
tous les jours en diminuant. Enfin, il étoit réduit à moins
d'un millier vers la mi-Juin, temps où je me déterminai
à les tirer toutes de leur ruche pour les examiner. Nous
apprendrons dans la fuite le moyen auquel nous avons
recours pour pouvoir examiner les unes après les autres toutes les mouches d'une ruche fans les faire périr;
il me fuffit de dire à prefent que parmi ces abeilles qui
avoient refté pendant deux mois & demi dans l'inaction, je
ne trouvai point de mere, & auffi ne m'attendois-je pas
à y en trouver. J'avois jugé long-temps auparavant, que
fi elles avoient ceffé de travailler, c'eft qu'elles avoient
perdu la leur. Je fçavois même qu'il leur étoit arrivé une
aventure, qui dans une nuit fit périr beaucoup de leurs
compagnes, parmi lefquelles s'étoit apparemment trouvée
cette mere fi néceffaire. Il femble donc que la mere foit
l'ame de la ruche, que ce foit elle qui mette tout en
action.

Swammerdam a déja rapporté une fort jolie expérience, pour prouver combien les mouches d'un effaim

font

font attachées à leur reine, combien elles cherchent à la
fuivre ; cette expérience néantmoins n'aura rien de furprenant, fi on fe rappelle tous les efforts que faifoient les
abeilles de la grande ruche platte où je les avois mifes fans
mere, pour s'introduire dans une petite ruche où leur mere
étoit prifonniére. Il attacha la mere d'un effaim par une de
fes jambes avec un brin de fil, près du bout d'une longue
perche. Les mouches de l'effaim ne tarderent pas à s'affembler autour de ce bout de perche, à couvrir la mere,
à s'entaffer fur elle. On portoit cet effaim par-tout où on
vouloit porter la perche.

Bien des Lecteurs ont pu être tentés de mettre au
nombre des contes, par lefquels le Pere Labbat s'eft plû
à égayer les relations qu'il a publiées de divers voyages,
ce qu'il a rapporté d'un homme qui prétendoit avoir le
fecret fingulier de fe faire fuivre par les mouches, & qu'on
appelloit l'homme aux mouches. Voici ce qu'il en dit dans
le troifiéme volume * de la relation de l'Afrique occiden-   * *p. 316.*
tale, faite fur les Mémoires de M. Bru Directeur de la
Compagnie du Senegal. Dans un des voyages que fit ce
Directeur pour les intérêts de fa Compagnie, « il reçut
la vifite d'un homme qui fe difoit le maître des mouches «
à miel ; qu'il en fût le maître ou non, il eft certain «
qu'elles le fuivoient comme un troupeau fuit le pafteur, «
& même de plus près, car il en étoit tout couvert. Son «
bonnet fur-tout en étoit tellement chargé, qu'il reffem- «
bloit parfaitement à ces effaims qui, cherchant à fe pla- «
cer, s'attachent à quelque branche. On le lui fit ôter, & «
les mouches fe placerent fur fes épaules, fa tête, fes bras «
& fes mains, fans le picquer, ni même ceux qui étoient «
auprès de lui, &c. Il falloit que cet homme fe fût frotté «
avec quelque fuc d'herbes. On le preffa beaucoup de «
dire fon fecret, mais on n'en put tirer autre chofe, finon «

Tome V.   . K k

» qu'il étoit le maître des mouches. Elles le fuivirent toutes
» quand il fe retira, car outre celles qu'il portoit fur lui,
» il en avoit encore des légions à fa fuite. » Il ne falloit
d'autre fecret à cet homme, que celui de tenir la mere
d'un effaim, attachée avec un fil ou autrement contre
fon bonnet ou fon col, c'en étoit affés pour qu'il fe fît
fuivre par des légions de mouches. Peut-être que cette
mere étoit d'abord fur fon bonnet, & qu'il la fit paffer
fur fon col, lorfqu'on lui fit ôter fon bonnet.

Mais eft-ce feulement pour la mere qui leur a donné
naiffance, ou au moins pour la mere qui eft née parmi
elles, que les abeilles ont tant d'affection! On pourroit
être tenté de le croire, quoique ce foit, ce femble,
donner trop de fentiments à ces mouches, & des fentiments qui n'iroient pas affés à l'objet que la nature
fe propofe, à celui de la confervation & de la multiplication de l'efpece. Il paroit plus probable que toute
mere dont le corps eft plein d'un grand nombre d'œufs,
a de quoi déterminer les abeilles à fe livrer au travail;
qu'elles font même prêtes à reconnoître pour reine
toute fémelle qui leur fera préfentée, fi elle eft en état
de mettre au jour une nombreufe poftérité. C'eft ce
qui me parut mériter d'être décidé par une expérience,
que je ne manquai pas de faire dès que l'occafion s'en
offrit. Ayant eu une mere à ma difpofition, & on verra
dans la fuite qu'il m'eft fouvent arrivé d'y en avoir, &
quels font les moyens d'en avoir quand on veut; ayant,
dis-je, eu une mere à ma difpofition, je la féparai de
toutes les abeilles avec lefquelles elle avoit vêcu jufque
là, & je fongeai à la préfenter pour reine à d'autres
abeilles à qui elle étoit parfaitement inconnue, & que
j'aurois privées de leur reine naturelle. C'eft ce qui me
fut aifé d'exécuter; je me fervis encore de ma petite ruche

vitrée *. Je n'ai pas eu befoin de dire encore, que le fond
de cette ruche, qui étoit de bois, étoit percé d'un trou
rond, *& que ce trou dans les temps ordinaires étoit rempli par un bouchon. J'ôtai ce bouchon, & je pofai le
trou fur celui qui étoit au bout fupérieur d'une grande
ruche pyramidale *, & que je venois de découvrir. Cette
ruche pyramidale étoit très-peuplée d'abeilles, dont plufieurs furent déterminées à fortir par la nouvelle ouverture qui fe préfentoit; elles entrerent dans la petite ruche
vitrée. Quand il y en eut dedans celle-ci environ 400, il
m'y en parut affés pour ce que je m'étois propofé, & je fongeai à empêcher leur nombre de s'augmenter. Pour cela,
je fis glifler deux feuilles de papier pofées l'une fur l'autre
entre les deux ruches. Celui qui les avoit gliffées, en tint
une appliquée contre le trou de la ruche pyramidale,
pendant que je tenois l'autre appliquée contre la petite
ruche. On ôta enfuite cette derniére ruche de place, &
on boucha le trou de chaque ruche dès qu'on eut retiré
le papier qui le couvroit. La petite ruche avec les mouches
qui y étoient prifonniéres, & qui avoient été féparées de
leurs compagnes, furent portées dans mon cabinet. Elles
étoient toutes dans une grande-agitation. Je ne tardai
guéres à éprouver fi ce ne feroit point un moyen de les cal-
mer & de les confoler, pour ainfi dire, que de leur offrir
une nouvelle reine. Celle que je leur gardois, étoit dans
une petite boîte de bois. J'ouvris cette boîte, j'ôtai prefte-
ment le bouchon du trou de la petite ruche, je pofai ce
trou immédiatement fur la boîte; fur le champ prefque
je rebouchai ce trou, car dans l'inftant la mere entra dans
la ruche dont je ne voulois ni la laiffer fortir, ni aucune
des autres mouches.

On croit affés que je fus attentif à examiner comment cette mere étoit reçuë; elle le fut convenablement,

K k ij

* Pl. 23. fig. 1. & 2.

* Pl. 4. fig. 3.

elle le fut en reine. A peine fut-elle entrée dans la ruche, qu'elle eut un cercle compofé au moins d'une douzaine de mouches, qui toutes cherchoient à lui faire de fête. D'inftant en inftant fa cour devint de plus en plus nombreufe. Quand elle fe produifit, elle étoit très mal-propre. Le hazard avoit voulu qu'il y eût de la terre réduite en poudre très-fine dans la boîte où je l'avois renfermée; une partie de cette terre, qui s'étoit attachée contre les parois de la boîte, avoit poudré la mere abeille au point de la rendre grife. Le premier foin des autres mouches fut de la dépoudrer, de la décraffer, de la bien nettoyer. Elle refta pendant plus de deux heures fur le fond de la ruche toujours entourée & fouvent couverte de mouches, dont chacune la léchoit de fon côté. Elles fembloient auffi chercher à l'échauffer, & elle avoit befoin d'être échauffée. Tout cela fe paffa un 25.ᵉ d'Avril, dont la nuit avoit été très-froide. J'avois eu cette mere le matin, tranfie ou plûtôt comme morte de froid. Je l'avois trouvée au milieu de plufieurs milliers d'abeilles que le froid de la nuit avoit réellement fait périr. En la chauffant peu à peu je lui avois pour ainfi dire rendu la vie. Je ne pouvois me laffer d'obferver les foins & les empreffements des autres mouches pour cette nouvelle reine, combien elles cherchoient à lui être utiles. Je ne parvenois à la voir que par intervalles, que quand une ou deux mouches, qui avoient travaillé à la nettoyer, cedoient leur place à d'autres, qui venoient à leur tour pour lui rendre de bons offices. Elle fut longtemps à la renverfe, ayant le ventre en haut, fon corps recourbé, & le derriére beaucoup plus élevé que le refte. Plufieurs mouches étoient pofées fur elle; mais il y en avoit auffi d'autres au deffous d'elle. Quelquefois celles-ci la foûlevoient & la portoient à un demi-pouce ou à un pouce de l'endroit où elles l'avoient prife. Des mouches fi pleines de bonnes intentions méritoient qu'on eût foin d'elles, auffi leur donnai-je du miel. J'obfervai l'amufant manége que je viens de rapporter, pendant plus de deux heures.

Il faifoit froid ce jour là, mais le foleil étoit brillant. Je portai la petite ruche contre un mur fur lequel il don-noit à plomb, & dans un endroit qui n'étoit pas éloigné de trente pas de celui où étoit la ruche pyramidale d'où avoient été tirées les mouches auxquelles j'avois donné une nouvelle mere. Sur le midi je fis mettre fur la petite ruche fon furtout d'étoffe *, de crainte que les rayons du foleil ne fe fiffent trop fentir aux mouches. Alors elles montérent toutes, & la mere avec elles, jufques au haut de la ruche. Un très-petit gâteau de cire y étoit attaché; ce fut fur ce gâteau qu'elles s'attroupérent & qu'elles fe mirent en peloton. Je ne crus pas devoir leur laiffer la liberté de fortir ce jour là, de crainte qu'elles ne fuffent faifies du froid. Je leur fis même paffer la nuit bien chau-dement dans mon cabinet; mais le lendemain fur les dix heures, quoique l'air fût encore froid, mais parce que le foleil étoit beau & chaud, je les portai auprès de ce même mur & dans le même endroit où elles avoient paffé une partie de la journée précédente. Elles profitérent bien-tôt de la liberté que je leur donnai de fortir; elles allerent à la campagne, elles en revinrent. Enfin je vis le foir un gâteau de cire auffi petit à la vérité qu'un petit écu, qui avoit été l'ouvrage de leur journée.

Ces abeilles s'étoient donc dévouées à la nouvelle reine, & s'y étoient dévouées à un point remarquable. Elles avoient oublié leur premiére reine, leurs compagnes, en un mot cette efpece de ville fi peuplée, fi bien fournie de magafins de toutes efpéces, cette ville où elles avoient pris naiffance; elles l'avoient oubliée pour fe loger dans

* Pl. 23. fig. 3.

une petite habitation où tout manquoit, où tout étoit à faire. Quoiqu'il puisse paroître peu étonnant que des mouches oublient, l'oubli dont nous parlons a cependant quelque chose de singulier, lorsqu'on pense qu'il étoit arrivé à des mouches qui s'éloignoient souvent de leur premiére ruche, qui alloient faire des récoltes à la campagne dans des endroits qui en étoient quelquefois distants de plus d'un quart de lieue; & peut-être de bien davantage: de si loin ces mouches sçavoient pourtant se souvenir de leur ruche & du chemin par lequel il falloit passer pour y revenir. Dès que les mouches avoient été logées dans la petite ruche portative, elles sembloient avoir perdu tout souvenir de leur ancienne habitation, ne sçavoir plus que cette habitation, où rien ne leur manquoit, n'étoit pas à trente pas de celle où elles se trouvoient dénuées de tout. Est-ce que d'avoir une reine qu'elles pouvoient voir & servir plus à l'aise, une reine pour elles seules, leur tenoit lieu du reste, & étoit pour elles un dédommagement suffisant de beaucoup de commodités & d'avantages perdus!

Si ces mouches se trouvoient bien d'avoir une reine, la reine n'étoit peut-être pas contente d'être accompagnée d'un si petit nombre d'ouvriéres. J'ai dit que ce fut le 25. Avril que je la renfermai avec très-peu de mouches; que je leur permis d'aller à la campagne le 26. & que le soir de ce même jour il y eut un gâteau de fait. Le lendemain 27. elles travaillérent peu. Pendant que je les observois sur le trois heures après midi, je remarquai une mouche plus grosse que les autres, qui venoit vers la ruche, mais qui, au lieu d'entrer dedans, alla se poser sur le mur, qui étoit alors éclairé du soleil. Dès que je me fus approché d'elle je la reconnus pour une mere, & elle ne pouvoit être que la mere de la petite ruche. Il étoit singulier même qu'elle fût sortie ou au moins revenue sans avoir aucune mouche à sa suite. Je la pris aisément, je la fis entrer dans une petite boîte que je mis sur le champ toute ouverte dans la petite ruche. Dans le moment où elle en sortit, il n'y avoit auprès de la boîte qu'une seule abeille ordinaire, qui sur le champ s'avança auprès d'elle pour la lécher & la broffer. La mere fut bientôt arrivée au pied du bâton planté au milieu de la ruche, tout du long duquel elle monta pour gagner le gros, où on lui fit place pour la laisser pénétrer dans l'intérieur.

La petite ruche dont nous parlons, a toûjours paru déplaire aux abeilles que j'y ai mifes. Elle n'avoit pas une capacité fuffifante pour loger les vers qui y devoient naître, & tous les gâteaux néceffaires pour les élever jufqu'à ce qu'ils fuffent transformés en mouches. Auffi les abeilles, dont il s'agit à préfent, ne fortirent point ou prefque point de la ruche le 28; elles n'étendirent point le gâteau qu'elles avoient commencé, ce qui prouvoit qu'elles vouloient aller s'établir ailleurs plus à leur gré. Je les vis de même tranquilles le 29. jufques à onze heures & demie du matin; mais à midi & demi je trouvai la ruche vuide; toutes en étoient décampées à quatre à cinq près, qui étoient apparemment à la campagne dans le moment où les autres avoient pris leur parti. On chercha cette petite troupe dans le jardin, & on la trouva attachée à une branche de prunier. La mere étoit au milieu du gros.

Je fongeai à mettre cette mere & les mouches qui la reconnoiffoient pour reine, dans une ruche qui leur déplût moins que celle que je leur avois donnée auparavant. Je les fis entrer dans la partie fupérieure d'une ruche conique *; elles montérent tout au haut de cette ruche, & s'y arrangérent fort bien. Le froid de la nuit ne fut pas confidérable; la liqueur du thermométre étoit vers le

* Pl. 24. fig. 5.

lever du foleil à dix degrés & demi. Ce froid cependant avoit été trop grand pour des mouches qui n'étoient pas en affez grand nombre pour conferver dans la ruche un degré de chaleur tel qu'il le leur faut. Le matin je les trouvai tombées au bas de cette nouvelle ruche, elles y formoient un peloton au milieu duquel étoit la mere. Elle & toutes les autres étoient fans force, incapables de fe mouvoir. Je les fis chauffer au foleil, je les remis dans la ruche, elles fe ranimérent. Sur les onze heures je les vis voltiger autour de cette ruche, j'y vis même voltiger la mere, qui revenoit de dehors; elle fe pofa deffus, & entra enfuite dedans. Il fembloit qu'elle ne fût fortie que pour découvrir un lieu où elle pût conduire fa petite troupe, & qu'elle ne fût rentrée que pour l'y emmener. Ce qui eft fûr, c'eft qu'à midi & demi la ruche fut abandonnée, & je perdis totalement la mere & fes ouvriéres. Je ne pus découvrir où elles avoient été fe placer; mais j'avois appris ce que je voulois fçavoir, qu'une mere donnée à des abeilles tirées de leur ruche, la reconnoiffoient pour leur reine, & qu'elles oublioient pour elle celle fous l'empire de laquelle elles vivoient quelques inftants auparavant.

Il m'a été prouvé que les abeilles s'intereffoient pour toute mere, qu'elles ont pour toute mere des foins, des attentions qu'elles n'ont pas les unes pour les autres; il me l'a été prouvé, dis-je, par un fait affez fingulier & propre à apprendre même que la vie de toutes leurs compagnes n'eft rien pour elles en comparaifon de celle d'une mere. On fçait que fouvent des mouches ordinaires, telles que celles de la viande, paroiffent noyées fans l'être réellement, qu'après être forties de l'eau auffi incapables de fe mouvoir que fi elles étoient mortes, elles fe raniment, elles reprennent leur premiére vigueur, fi on les a reffuyées &

réchauffées

réchauffées peu à peu. Il en eft fouvent de même des
abeilles, comme nous aurons occafion de le dire plus au
long ailleurs, en rapportant des expériences fur celles que
nous avons tenues dans l'eau pendant un temps affés confidérable. Le feul fait dont j'ai befoin qu'on foit inftruit
actuellement, c'eft que je retirai de l'eau une mere qui
fembloit morte, qui dans cet inftant ne donnoit pas le
plus léger figne de vie : Elle avoit même été eftropiée, une
partie d'une jambe de la feconde paire lui manquoit. Malgré le fâcheux état dans lequel elle étoit, je crus devoir
tenter tout ce qui pourroit lui rendre la vie. Ce n'eft pas
pour les abeilles feules qu'une mere eft précieufe, elle
l'eft pour quelqu'un qui veut s'inftruire de l'hiftoire de ces
mouches; car il en coûte fouvent bien des milliers de
mouches, fouvent toutes celles d'une ruche, pour avoir
une feule mere. Je mis celle qui fembloit morte, dans un
poudrier de verre, & je mis avec elle fept à huit abeilles
qui avoient paru noyées, & que j'avois fait revivre, que
j'avois amenées au point de pouvoir marcher, quoiqu'elles fuffent encore foibles, & quatre à cinq autres
mouches qui paroiffoient auffi mortes que la mere. Mais
ce que je ne dois pas oublier de faire remarquer, c'eft que
ces mouches n'avoient jamais habité avec la mere, qui paroiffoit morte. Elles étoient d'une autre ruche que la fienne.
J'approchai du feu le poudrier dont je viens de parler;
quand il fe fut un peu échauffé, je commençai à obferver la mere, pour voir fi la chaleur produifoit quelque
effet fur elle. J'eus beau obferver avec une loupe, foit fes
jambes, foit fa trompe, je ne pus y appercevoir le plus
léger mouvement, je ne pus lui voir donner aucun figne
de vie. Mais je remarquai avec plaifir, que dès que
quatre à cinq des autres abeilles eurent pris un peu de
vigueur, elles vinrent fe ranger autour de cette mere,

comme fi elles euffent été touchées de fon état, comme fi elles euffent voulu lui donner des fecours qu'elles croyoient lui pouvoir être utiles. Elles ne ceffoient de la lecher avec leur trompe, & cela fucceffivement en différents endroits de fon corps, de fon corcelet & de fa tête. Tandis qu'elles prenoient tous ces foins pour une étrangere, elles ne tenoient aucun compte de leurs anciennes compagnes, qui étoient tout auprès, mortes ou mourantes. Enfin elles fembloient efperer, autant qu'elles le defiroient, que la mere fe ranimeroit, & leurs efpérances étoient fondées. Au bout d'un quart d'heure ou d'un quart d'heure & demi, j'apperçus un petit mouvement dans le bout d'une de fes premiéres jambes. Après un intervalle affés court ce mouvement fut réiteré. La mouche remua enfuite un peu une autre jambe. A peine eut-elle donné les premiers fignes de vie, qu'on entendit un bourdonnement s'élever dans ce poudrier où dans les moments précédens il n'y avoit pas le moindre bruit. Plufieurs perfonnes qui étoient avec moi, & qui comme moi, fouhaitoient voir revivre cette mere, furent frappées de ce bourdonnement, qui fembloit plus aigu que les bourdonnements ordinaires, toutes lui donnerent le nom de chant de réjouiffance. Les abeilles eurent lieu de continuer de fe réjouir, la mere reprit fes forces peu à peu, & malgré fa jambe eftropiée elle devint en état de marcher, & elle marcha.

S'il étoit affés démontré que les animaux font doués de fentiment, nous n'héfiterions donc pas à dire que la nature en a donné des plus tendres & des plus refpectueux aux abeilles ordinaires pour les fémelles; que les ouvriéres traitent en fouveraine toute fémelle qui leur eft préfentée, non par de fimples apparences d'une foûmiffion extérieure, mais en lui rendant tous les fervices qu'elles lui

peuvent rendre. Qu'on ne croye pas même qu'elles n'en
ufent ainſi que quand étant privées d'une reine, il s'en
offre une qui leur eſt néceſſaire. J'ai fait diverſes expériences & beaucoup d'obſervations qui prouvent que
les abeilles qui ont une reine dont elles doivent eſtre
contentes, font cependant diſpoſées à faire le meilleur
accueil à une fémelle étrangere qui vient chercher un
aſyle parmi elles. Dans une ruche vitrée & une de mes
ruches les plus plattes *, qui étoit extrémement peu-   * Pl. 23. fig.
plée, où toutes les abeilles travailloient avec beaucoup   4.
d'activité, j'ai introduit une ſeconde reine. Pour être en
état de la diſtinguer dans la ſuite, de la reine naturelle,
avant que de la livrer à un nouveau peuple, j'avois eu la
précaution de lui peindre de rouge preſque toute la partie
ſupérieure du corcelet. J'ai répété cette expérience dans
toutes les ſaiſons de l'année, & ſur différentes ruches, mais
toûjours vitrées & des plus plattes, afin qu'il me fût plus
aiſé d'obſerver ce qui ſe paſſeroit, & j'ai toûjours vû que
la nouvelle mere a été reçûe en ſouveraine; je lui ai toûjours vû rendre des hommages ſemblables à ceux qu'on
rendoit à la reine naturelle; c'eſt-à-dire que toutes les
fois que je la voyois paroître, elle avoit autour d'elle un
cortege d'abeilles ordinaires, qui montroient pour elle les
mêmes attentions & les mêmes empreſſements qu'elles
avoient pour leur ancienne ſouveraine. Quand je la faiſois
entrer dans la ruche, c'étoit par le trou de l'ouverture
ſupérieure; elle tomboit ſur un gros de mouches qui pour
l'ordinaire la déroboient à mes yeux ſur le champ. Son
arrivée étoit ſuivie d'un bourdonnement qui commençoit
autour d'elle, & qui bientôt devenoit général dans toute
la ruche: c'étoit un grand évenement qui devoit être annoncé à tout le peuple, & auquel tout le peuple prenoit
part. Quoique fort peu au fait du langage des abeilles, je

L l ij

pourrois prefque dire que le bruit qui fe faifoit alors, en étoit un d'acclamation & de réjouiffance; car dès que je voyois paroître la reine étrangere, je la voyois entourée de mouches, qui, fi l'expreffion n'eft pas trop peu refpectueufe, ne cherchoient qu'à lui faire des careffes, qui la lechoient avec leur trompe, qui la fuivoient par-tout où elle alloit.

J'ai fait plus quelquefois, j'ai donné à differents jours, mais peu éloignés les uns des autres, deux nouvelles reines à la ruche qui avoit déja la fienne, & auxquelles j'ai fait porter une livrée différente. Le deffus du corcelet de l'une a été peint en rouge, & le deffus du corcelet de l'autre, l'a été foit en bleu, foit en jaune. La troifiéme mere a été traitée par les abeilles, comme la feconde l'avoit été, & toutes deux l'ont été comme l'avoit été la premiére mere ou la mere naturelle.

On fera curieux apparemment de fçavoir ce qui eft arrivé par la fuite dans chaque ruche où il y a eu pluralité de reines. On demandera comment cette pluralité, qui s'eft établie fi pacifiquement, peut fe concilier avec ce qui a été dit par tous ceux qui ont traité des abeilles, avec ce que j'ai fait entendre moi-même jufqu'ici, & avec ce que je prouverai ailleurs, que chaque ruche n'a qu'une feule mere. Comment cette pluralité de reines peut-elle être conciliée avec ce qui a été rapporté unanimement des guerres civiles, pour ainfi dire, qui ne manquent pas de s'élever dans les effaims où il y a plus d'une mere! Mais comme toutes ces queftions ne peuvent être éclaircies fans inftruire de ce qui précéde & de ce qui fuit la fortie des effaims, nous devons remettre à entreprendre d'expliquer comment des faits oppofés en apparence font cependant vrais, jufqu'à ce que nous en foyons à traiter de ce qui regarde les effaims. Il nous fuffit pour le préfent d'avoir rapporté les expériences qui prouvent qu'une mere

abeille eſt bien reçûe par les abeilles ouvriéres qui ont déja
une mere parmi elles, qu'elles la traitent avec des diſtinc-
tions qu'elles n'ont pas les unes pour les autres; en un
mot, qu'elles ſont portées à rendre les meilleurs offices
à toute mouche qui peut contribuer à la multiplication
de leur eſpece. Elles ſe dévouent à une mere qui, d'ailleurs, ne ſemble rien faire pour elles, parce qu'elle eſt
propre à rendre leur république plus nombreuſe. En
travaillant pour les avantages de notre ſociété, nous tra-
vaillons pour les nôtres, ſouvent ſans nous en appercevoir. On ne doit pas être diſpoſé à croire les abeilles mieux
inſtruites que nous, & qu'elles voient mieux de quelle utilité leur peuvent être des actions & des ſoins qui ne les regardent pas directement; mais il eſt ſûr qu'en faiſant tout
ce qui eſt en elles pour que le nombre de leurs compagnes
ſe multiplie, lorſqu'elles ne paroiſſent travailler que pour
le bien général, elles travaillent pour leur bien particulier. Nous verrons dans la ſuite qu'il leur importe extrêmement de faire partie d'une grande republique, que
leur vie eſt d'autant plus en ſûreté qu'elles ont un plus
grand nombre de compagnes. Nous verrons dans la ſuite
que des abeilles qui périſſent dans une ruche peu peuplée
dès que des froids aſſez médiocres commencent à ſe faire
ſentir, ſoûtiendroient les froids des plus rudes hivers, ſi
elles ſe trouvoient dans une de ces ruches qui ſuffiſent à
peine pour contenir le nombre des mouches qui y ſont
logées. Si les abeilles ſont capables de faire des ſouhaits
raiſonnables, elles doivent donc ſouhaiter que la mere
mette au jour la plus nombreuſe poſtérité, & qui parvienne à état de mouches; elles agiſſent au moins comme ſi
elles le ſouhaitoient.

Nous avons aſſés prouvé qu'elles abandonnent tout ſoin
de l'avenir, qu'elles ne travaillent plus quand elles n'ont

pas parmi elles une mere, & je crois pouvoir affûrer à préfent, qu'elles mefurent leur travail fur la fécondité de la mere avec laquelle elles habitent. Il me paroît que j'en ai eu une preuve affés certaine cette année même. Entre mes ruches en panier, j'en remarquai une dont les abeilles fembloient pareffeufes. En faifant renverfer cette ruche & en examinant enfuite fon intérieur, de femaine en femaine, j'obfervai qu'elles n'augmentoient pas le nombre de leurs gâteaux, qu'elles n'aggrandiffoient pas ceux qui étoient faits, & cela dans une faifon où les mouches des autres ruches faifoient le plus d'ouvrage. Après les avoir reconnues pendant près de deux mois pour de mauvaifes travailleufes, je les tirai de leur ruche pour les faire paffer dans une autre. Elles avoient très-peu travaillé, mais elles avoient un peu travaillé; elles devoient donc avoir une mere; elles en avoient une auffi, que je parvins à tenir dans ma main par l'expédient qui fera expliqué dans la fuite. Mais bien-tôt il me fut prouvé qu'elle étoit une mere peu féconde, car dans les gâteaux que je tirai de cette ruche, je ne trouvai pas la centiéme partie des vers qui en auroient dû faire l'efpérance, de ces vers qui devoient devenir des abeilles, je n'en trouvai pas, dis-je, la centiéme partie de ce qu'il y en avoit dans d'autres ruches. Les abeilles n'avoient pas daigné s'occuper à multiplier le nombre des logements, celui des alvéoles, pendant qu'elles voyoient que la mere en laiffoit tant d'inutiles, qu'elle avoit fi peu d'œufs à dépofer dans ceux qui étoient faits.

Voilà bien des connoiffances pour des mouches, j'ai pourtant foupçonné que les leurs pouvoient aller encore plus loin fur ce qui a rapport à la multiplication de leur efpece. Qu'on redonne une mere aux abeilles qui étoient oifives, parce qu'elles avoient perdu la leur, les voilà déterminées à travailler, & cela proportionnellement à la fécondité de cette nouvelle mere; mais il m'a paru curieux de fçavoir fi des abeilles privées de leur mere, pourroient être fenfibles à l'efpérance d'en avoir une autre un jour, & ce que cette efpérance pouvoit fur elles; je veux dire, que j'ai imaginé de loger des abeilles dans une ruche où il n'y auroit point actuellement de mere, mais où il pourroit en naître une par la fuite. Pour faire entendre comment j'ai pu faire cette expérience, je dois dire au moins ce qui fera expliqué dans un autre Mémoire, que les cellules dans lefquelles naiffent les vers qui doivent devenir des meres abeilles, & dans lefquelles ces vers fe métamorpho-fent en nymphes, font très-différentes des cellules dans lefquelles croiffent les vers qui doivent fe transformer en abeilles ordinaires, & de celles dans lefquelles croiffent les vers qui fe transforment en faux-bourdons. Je chaffai les abeilles d'une ruche qui étoit très-peuplée, & je les fis paffer dans une autre, dans un temps où je me promet-tois de trouver dans les gâteaux de la première ruche, des cellules où feroient, foit des vers, foit des nymphes, qui par la fuite devoient devenir des meres abeilles. Mon attente ne fut pas trompée, j'eus à ma difpofition cinq cellules, trois defquelles étoient ouvertes, & avoient chacune un ver de différent âge, de ceux qui fe transforment en mere; deux de ces cellules étoient fermées & chacune contenoit une nymphe, ou un ver prêt de fe métamorphofer en nym-phe, de celles qui par la fuite, font des meres. Je coupai un petit morceau de chacun des gâteaux de cire, auquel tenoit une des cellules dont je viens de parler, je veux dire, que je pris cinq morceaux de gâteaux, dont chacun avoit environ quinze à feize lignes de largeur, & plus de deux pouces de longueur, & dont chacun avoit une cellule qui renfermoit un infecte qui pouvoit devenir une mere abeille. J'enfilai ces cinq morceaux de gâteaux dans un brin de bois,

que j'arrêtai affés près du haut d'une ruche vitrée & platte.
J'avois eu foin de laiffer entr'eux des intervalles à peu près
égaux à ceux que les abeilles laiffent entre les gâteaux de
leur ruche. Tout étant ainfi préparé, je fis entrer dans la
ruche vitrée quelques faux-bourdons, & environ mille ou
quinze cenз abeilles qui avoient été privées de leur mere. Il
s'agiffoit de fçavoir comment elles fe comporteroient, fi
elles paroîtroient fçavoir qu'elles pouvoient fe promettre
de voir naître au moins une fémelle parmi elles. Elles
parurent en être bien inftruites, elles fe conduifirent
comme l'étant : ce fut fur les gâteaux qu'elles s'attroupérent toûjours. Il y a des temps & des circonftances dont
nous parlerons dans la fuite, où les abeilles ordinaires traitent avec barbarie les vers, même ceux qui doivent devenir des mouches ouvriéres, où elles les arrachent de leurs
cellules pour les aller jetter hors de la ruche. Les abeilles
mifes nouvellement dans la ruche vitrée, en uferent ainfi
par rapport à plufieurs vers des petits gâteaux, par rapport
aux vers qui devoient devenir des abeilles ordinaires. Elles
traiterent avec la même cruauté, des vers qui devoient
devenir des meres. Je ne veux point examiner ici fi leur
procédé étoit auffi cruel qu'il nous le paroît, je ne veux
point actuellement chercher à le juftifier, je ne veux que
faire remarquer que le plus gros des grouppes qu'elles formoient, étoit autour de deux cellules fermées ; qu'elles
fembloient couver, tenir auffi chaudement qu'il leur étoit
poffible, la nymphe renfermée dans chacune de ces cellules. Enfin dès le lendemain je vis qu'elles avoient fait
de l'ouvrage, peu à la vérité ; mais des mouches qui
euffent été fans efpérance, n'en euffent pas fait du tout :
elles avoient travaillé à arrêter folidement les petits
gâteaux que je luer avois donnés ; elles les avoient
fcellés avec de la cire, contre les carreaux de verre qui
étoient

étoient vis-à-vis. Elles avoient été obligées de leur adjoûter
à chacun quelque chofe pour les prolonger jufqu'aux carreaux. Le jour fuivant je remarquai qu'elles avoient donné
des formes plus arrondies à tous les petits gâteaux, qu'elles
les avoient aggrandis par leur bout fupérieur pour parvenir
par la fuite à leur faire remplir le haut de la ruche. Le travail
alla pourtant affés mollement pendant deux à trois jours;
mais il alla enfuite un tout autre train, les gâteaux furent
allongés & élargis dans tous les fens où ils pouvoient l'être.
Je vis que les abeilles avoient commencé à mettre du miel
en provifion dans plufieurs cellules nouvellement conftruites. Je ne doutai prefque plus alors qu'elles n'euffent parmi
elles une mere nouvellement née. On la chercha, & on en
vit une des plus belles & des plus grandes.

On voit affés à prefent à quoi on doit réduire ce qui a
été dit de ces fociétés d'abeilles, qui ont été propofées
comme un modéle d'un excellent gouvernement monarchique. Leur état n'en feroit pas moins monarchique,
quand, au lieu du roi qu'on leur avoit cru autrefois, elles
n'auroient qu'une reine, quoique ce fût une fémelle qui tînt
le premier rang parmi elles, comme quelques Voyageurs *   * *Gemelli*
ont voulu que les peuples d'Achem euffent toûjours une   *Carreri.*
fouveraine, & jamais de roi. Mais ceux mêmes qui fe
croiront forcés par les faits que nous avons rapportés, &
par un grand nombre d'autres dont nous parlerons dans
la fuite, d'accorder de l'intelligence & des fentiments à ces
mouches admirables, ne trouveront rien qui les oblige
de penfer que leurs états fubfiftent par des loix analogues
aux nôtres, comme les anciens l'ont voulu. On ne peut
s'affûrer que d'un feul principe qui fait agir les abeilles,
l'amour de leur reine, ou plûtôt de la nombreufe poftérité
qu'elle peut mettre au jour. Qu'un état monarchique feroit
heureux, quoique dépourvû de loix, fi tous les fujets qui

Tome V.   . M m

le compofent, agiffoient par le feul principe qui femble conduire les abeilles! Chacune d'elles fe porte à faire ce qu'elle doit, dans la vûe du bien commun, ou dans la vûe de la poftérité. Si elles conftruifent des cellules de cire, fi elles les poliffent avec grand foin, fi elles font des récoltes de miel, ce n'eft pas pour elles-mêmes directement. Ceci auroit pû paroître plus que paradoxe à ceux qui ont obfer- vé que les abeilles confument à la fin de l'hyver le miel qu'elles ont mis en referve pendant le printemps & pendant l'été; mais les expériences que nous venons de détailler, ont appris que dès qu'elles ont perdu l'efpoir d'une pofté- rité, elles ceffent de faire les récoltes néceffaires pour con- ferver leur propre vie, dont elles ne femblent plus fe foucier, elles fe laiffent périr. L'amour de la poftérité peut tout, & peut feul fur elles; Swammerdam l'a penfé comme moi, & tous ceux qui les étudieront folidement, le penfe- ront de même. Quand Ariftote a dit qu'elles chaffent de leur ruche les gloutonnes, les mauvaifes ménagéres & les pareffeufes ; quand Pline & d'autres avec lui, affûrent qu'elles châtient ces derniéres, qu'elles les puniffent même du dernier fupplice ; ils ont avancé des faits dont ils n'a- voient pas affés de preuves : on voit bien qu'ils ont voulu deviner les intentions de nos mouches. Ils ont pu voir des abeilles qui en tuoient d'autres, mais affûrément ils n'ont pas vû les piéces du procès fait à celles à qui on ôtoit la vie. Tout ce qu'on a débité de l'empire de la mere, des loix qu'elle fait executer, n'a pu de même qu'être imaginé. Faudroit-il des loix dans un état dont chaque membre fe porteroit, autant qu'il feroit en lui, à contribuer au bien public, où perfonne n'auroit en vûe fon bien particulier, qu'autant qu'il fe rapporteroit au bien général, & où tous les fujets également éclairés, connoîtroient également ce que le bien général exigeroit! Mais il ne faut pas efpérer

que nous voyons jamais un tel état dans le genre humain;
il ne subsistera jamais que parmi les abeilles, ou parmi
d'autres insectes méprisés par le commun des hommes.

EXPLICATION DES FIGURES DU CINQUIEME MEMOIRE.

PLANCHE XXI.

LA Figure 1 est celle d'une ruche en panier.

Les Figures 2, 3 & 4 représentent aussi des ruches en
panier, mais elles les représentent renversées, afin qu'on
puisse voir dans leur intérieur la disposition des rayons
ou gâteaux de cire que les abeilles y ont construits. Ces
ruches ont été dessinées sur une plus grande échelle que
celle de la ruche de la figure 1, pour conserver aux gâteaux une grandeur qui les rendît plus sensibles. On ne voit
point sur la surface extérieure des trois derniéres ruches,
les croisements des brins de bois dont elles sont faites,
comme on les voit dans la figure 1., & cela parce que les
brins de bois y sont cachés sous un enduit, soit de plâtre,
soit de bouze de vache mêlée avec de la terre., &c.

Dans la Figure 2, tous les gâteaux, dont trois sont
marqués *g g, r r, g g,* sont parallèles les uns aux autres;
& c'est la disposition qui leur est la plus ordinaire.

La Figure 3 fait voir une ruche, dont les gâteaux depuis le premier *c c,* jusqu'au gâteau *g g,* sont parallèles les
uns aux autres. Les autres gâteaux, dont trois sont marqués *r,* se trouvent inclinés aux précédents, & ne sont
pas même bien parallèles entr'eux.

La Figure 4 montre des gâteaux encore autrement
disposés que dans les ruches précédentes. Le gâteau *c c,*
& ceux qui le suivent, y compris le gâteau *g g,* sont parallèles entr'eux; mais vient ensuite un gâteau *h p,* qui est

plié en équerre, & dont une moitié eſt parallele aux gâteaux précédents, & l'autre moitié leur eſt perpendiculaire. Les gâteaux *i, i, i,* &c. ſont auſſi tous perpendiculaires aux premiers.

La Figure 5 repréſente un grouppe d'abeilles, dont les ſupérieures ſont accrochées à un bâton, & dont celles qui ſuivent ſont accrochées les unes aux autres par leurs jambes. Il y a de ces grouppes d'abeilles d'un volume conſidérable.

PLANCHE XXII.

La Figure 1 eſt celle d'une abeille ordinaire vûe par-deſſus.

La Figure 2 repréſente un mâle d'abeille, un faux-bourdon.

La Figure 3 fait voir des abeilles telles que celles de la figure 1, diſpoſées en guirlande; chacune de ces mouches, excepté les deux premiéres, eſt accrochée par les jambes, aux jambes de celle qui la précéde.

La Figure 4 montre dans ſa grandeur naturelle une mere abeille qui étoit une des plus grandes, & des plus groſſes que j'aye vûes, car il y en a de plus petites.

La Figure 5 repréſente une ruche faite en tour quarrée. En *t,* ſont les trous qui permettent aux abeilles d'entrer & de ſortir. *u, u,* deux des volets de bois qui peuvent s'ouvrir, & au-deſſous de chacun deſquels eſt un carreau de verre. *e e,* chaſſis de bois poſé ſur la partie ſupérieure de la tour, & qui porte le chapiteau *d d.* Le chapiteau *dd,* n'eſt que poſé ſur le chaſſis *e e,* & le chaſſis *e e,* n'eſt que poſé ſur la ruche. Ainſi on peut enlever les parties *dd,* & *e e.* Lorſqu'on les enleve, on met à découvert une lanterne de verre, dont la figure eſt ſemblable à celle que forment enſemble les parties *e e,* & *dd.*

La Figure 6 repréſente une ruche pyramidale & platte, vûe ſur une de ſes larges faces. *u, c, f, e, e,* cinq volets, au - deſſous deſquels ſont des chaſſis, dont chacun eſt garni d'un carreau de verre. *f,* un des volets qui eſt ouvert. *a,* abeilles vûes au travers du carreau de verre. *g,* gâteau de cire. *b,* bouton qui peut être ôté de place, & qui bouche un trou qui eſt à la partie ſupérieure de la ruche. *a i k a, i l l k, l m n l,* trois parties poſées les unes ſur les autres, & qui peuvent être ſéparées les unes des autres. *p p,* baſe de la ruche, qui a des couliſſes qui reçoivent les bords inférieurs des piéces dont eſt compoſée la partie *l m n l.* On dégage quand on veut, cette partie de la baſe *p p. t,* l'endroit où ſont les trous qui ſervent de portes aux abeilles, & qui ne paroiſſoient pas dans cette vûe de la ruche.

PLANCHE XXIII.

Les Figures 1 & 2, ſont celles d'une très-petite ruche vitrée, dont je me ſuis ſervi pour faire pluſieurs obſervations & pluſieurs expériences ſur les abeilles.

Dans la Figure 1, la ruche eſt vuide. *c c,* le carreau de verre antérieur, qui ici eſt levé; il eſt aiſé d'imaginer que ſes bords ſe trouvent dans les couliſſes des montants de bois, entre leſquels il eſt placé. *b b,* baſe de la ruche.

Dans la petite ruche de la Figure 2, il y a quelques abeilles qui y ont déja fait un petit gâteau de cire *g,* attaché vers le haut de la ruche. Le carreau de devant eſt abbaiſſé. En *e,* ce carreau eſt entaillé, & laiſſe une ouverture qui permet aux abeilles de ſortir & d'entrer. On ferme cette ouverture, quand on veut, avec une petite plaque de fer. Ce même carreau peut n'avoir point d'échancrûre, & il n'en a pas dans la figure 1; alors on donne une porte aux abeilles auſſi longue que le devant de la ruche eft large, en mettant une pierre plus groffe qu'un pois au-deffus de la couliffe deftinée à recevoir le bord inférieur du carreau ; quand on veut ôter aux abeilles la liberté de fortir, on n'a qu'à ôter la petite pierre, & faire defcendre le carreau dans la couliffe. *bb,* bafe de la ruche. *m n,* un des quatre montants, qui font affemblés avec quatre traverfes, dont deux font marquées *m t, t d.* Le bâton qui eft pofé au milieu de la ruche, eft fait en bâton de cage de perroquet, & donne une idée de la compofition de ceux qu'on peut mettre dans les grandes ruches pour aider à foûtenir les gâteaux pleins de miel. Sur le fond de la ruche, eft une mouche *r,* plus grande que les autres, & vers laquelle plufieurs autres ont la tête tournée ; c'eft une mere.

La Figure 3 eft celle d'un furtout, dont je me fuis fervi pour couvrir la ruche précédente, & fur laquelle il peut être affujetti au moyen des cordons *c, c, c,* &c. Le deffus de ce furtout eft de coutil, & il a une doublûre d'une épaiffe flanelle. La doublûre paroît en *d.*

La Fig. 4 repréfente une grande ruche quarrée extrémement platte. *b b,* banc fur lequel la bafe de la ruche eft arrêtée par les vis *u, u.* En *p,* font les trous par où les mouches peuvent entrer & fortir. Le deffus a vers fon milieu un plus grand trou *o,* qui fert lorfqu'on veut faire paffer les mouches de la ruche dans un poudrier, & à diverfes autres expériences. Les carreaux de verre de cette ruche font actuellement à découvert ; on a ôté le volet de bois qui les cache dans les temps ordinaires. *r, r,* tourniquets qui fervent à arrêter par enhaut le volet ; le bord inférieur de ce même volet, fe loge dans une couliffe *t t.* On n'a mis dans cette ruche que quelques gâteaux de cire. *t, t, t,* tringles de bois, dont l'ufage eft de donner des appuis aux gâteaux.

La Figure 5 fait voir le volet qui fert à couvrir les carreaux de verre de la ruche précédente, & en fait voir la face intérieure, c'eft-à-dire, celle qui s'applique fur les carreaux. Cette face du volet eft recouverte de flanelle, ce qui a été fait dans la vûe de conferver la chaleur dans une ruche, qui étant mince eft plus expofée aux impreffions de l'air froid, que ne le font les ruches ordinaires. L'autre face de ce volet eft de bois.

PLANCHE XXIV.

Trois différentes fortes de ruches vitrées font repréfentées dans cette planche.

Les Figures 1 & 2 font celles de la même ruche, qui eft pyramidale & platte, & qui montre une de fes grandes faces. Dans la figure 1, les carreaux de verre font cachés par le volet *u. c, c, c, c,* quatre tourniquets qui fervent à arrêter le volet. *f,* poignée qui donne la facilité de le tirer de place, & de l'y remettre.

Dans la Figure 2, le volet *u f,* de la figure 1, eft ôté; les carreaux de verre permettent alors de voir la partie de la ruche qui eft remplie de gâteaux de cire *g, g,* fur lefquels font quelques mouches. Dans la partie inférieure eft le gros *a a,* des mouches en repos. *p, p,* bafe de la ruche. *t,* trous par lefquels les mouches peuvent fortir & entrer.

La Figure 3 repréfente une ruche pyramidale plus épaiffe que celle des figures 1 & 2, compofée de trois parties *a e, ef, fi,* qui peuvent être féparées les unes des autres; & de la bafe *p, p.* Elle a quatre volets *u, x,* & *y, y.* Une telle ruche peut être réduite, quand on le veut, aux feules parties *f e,* & *e a,* & alors elle eft d'une grandeur médiocre. On peut n'en prendre que la partie *a e,* qui feule forme une très-petite ruche. La croix qui paroît au travers du carreau de verre, que le volet *u,* ouvert laiffe paroître, cette croix, dis-je, eſt une de celles qui ſont dans la ruche pour aider à ſoûtenir les gâteaux de cire. Les parties *a e*, & *e f*, doivent avoir chacune leur croix, & même une croix à plus de bras que la précédente.

La Figure 4 eſt celle du bouton *b*, qui termine la ruche de la figure 3. En *b*, eſt le boulon qui entre librement dans le trou qui eſt percé dans le deſſus de la ruche.

La Figure 5 montre ſéparément la partie ſupérieure *a e*, de la ruche de la figure 3; mais en la place du bouton qui s'éleve au-deſſus de la figure 3, on a poſé ſur celle de la figure 5 un poudrier *p*. Les abeilles ne tardent pas à entrer dans un pareil poudrier par l'ouverture ſupérieure de la ruche; ce qui donne une maniére commode de ſe fournir de celles dont on a beſoin pour des expériences.

La Figure 6 repréſente une ruche vitrée, dont la partie ſupérieure eſt compoſée de quatre boîtes égales, & qui ont peu de hauteur, miſes les unes ſur les autres. *c d*, *e f*, *g h*, *l k*, les quatre boîtes qui peuvent être ſéparées les unes des autres. *a a*, le couvercle de la ruche qu'on ôte aiſément de place, & au-deſſous duquel eſt un carreau de verre. *i k*, volet de la boîte *l k*, qui eſt ouvert; alors le carreau de verre permet de voir les gâteaux qui ſont dans la ruche, & les mouches qui ſont ſur ces gâteaux. Les volets des autres boîtes ſont fermés, & on peut les ouvrir comme le volet *i k*. La face de chaque ruche oppoſée à celle qui eſt en vûe, a un volet ſemblable à celui qui paroît ſur celle-ci. *m m n*, *o o t*, deux parties de la ruche qui ſont coniques, & qui ſervent de baſe à l'aſſemblage des boîtes. *p p*, banc ſur lequel la ruche eſt poſée. *u*, tringle de fer, qui, avec une pareille qui eſt de l'autre côté, ſert à contenir les quatre boîtes, & à les aſſujettir avec la partie *m m n*. *m*, *m*, *o*, *o*, quatre volets.

SIXIE'ME

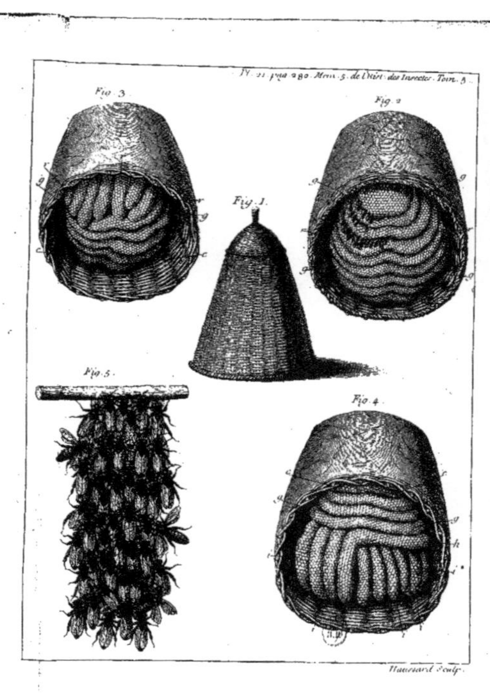
Pl. 21 pag. 280. Mem. 5. de l'Hist. des Insectes. Tom. 5.
Fig. 3.
Fig. 2.
Fig. 1.
Fig. 5.
Fig. 4.
Haussard Sculp.

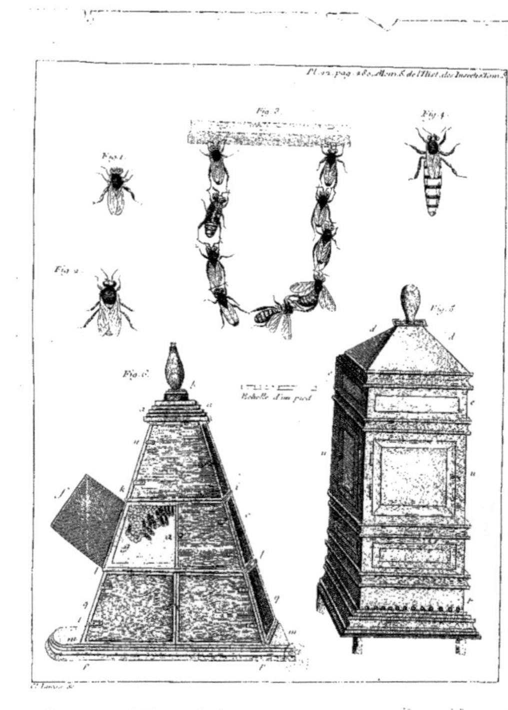
Pl. 12. pag. 180. Mem. 8. de l'Hist. des Insectes. Tom. 5.
Fig. 3.
Fig. 1.
Fig. 4.
Fig. 2.
Fig. 5.
Fig. 6.
Echelle d'un pied.

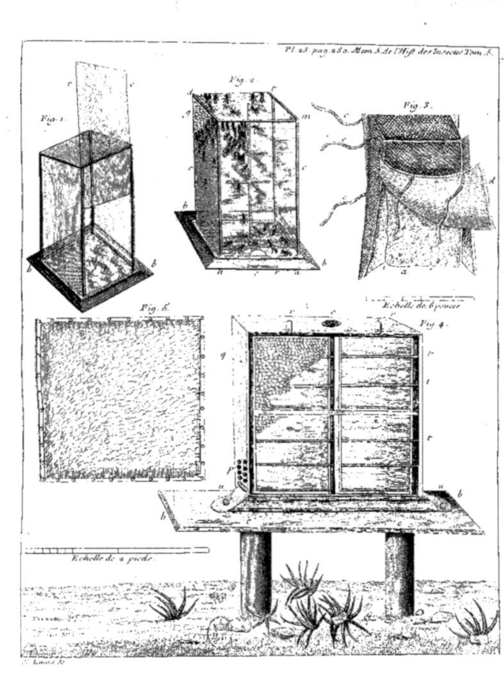

Pl. 23. pag. 280. Mem. 5. de l'Hist. des Insectes Tom. 5.
Fig. 1.
Fig. 2.
Fig. 3.
Fig. 4.
Fig. 6.
Echelle de 6 pouces.
Echelle de 2 pieds.

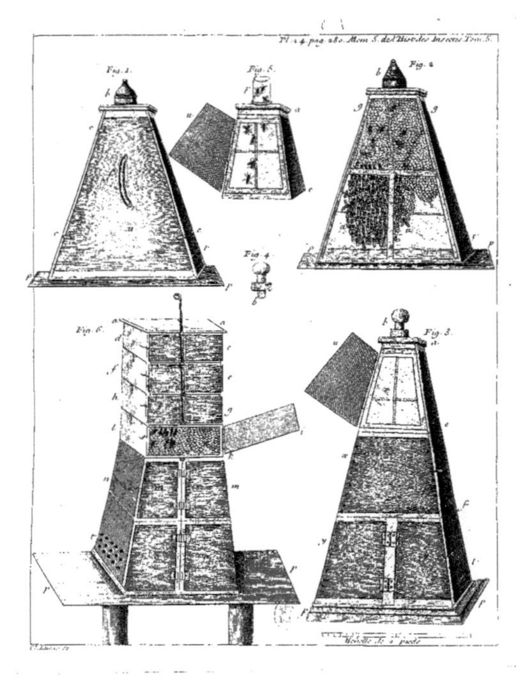
Pl. 24. pag. 280. Mem. 5. del Hist. des Insectes Tom. 5.
Fig. 1.
Fig. 5.
Fig. 2.
Fig. 4.
Fig. 6.
Fig. 3.

SIXIE'ME MEMOIRE.
DES PARTIES EXTERIEURES,
DES ABEILLES ORDINAIRES.

Comment elles vont faire dans les campagnes. la récolte de la cire & celle du miel.

NOus devons notre premiére attention à tout ce que l'extérieur des abeilles peut nous offrir de remarquable. Ce ne fera qu'après avoir bien examiné leurs principales parties extérieures, que nous pafferons à confidérer ces mouches mêmes pendant qu'elles font occupées dans l'intérieur de leur ruche à leurs différents travaux; que nous chercherons à voir comment elles viennent à bout de conftruire des gâteaux compofés d'alvéoles fi réguliers; comment elles rempliffent de miel ceux de ces alvéoles deftinés à le recevoir; comment elles foignent les jeunes vers logés dans d'autres alvéoles; enfin, comment elles s'acquittent des différentes fonctions que la propreté, la fûreté & le bon état de l'intérieur de leur habitation exigent d'elles. Nous les verrons en œuvre avec plus de plaifir, quand nous connoîtrons tous les inftruments que la nature leur a accordés pour faire au mieux tout ce qu'elles doivent faire, quand nous connoîtrons bien toutes leurs parties extérieures.

Le devant de la tête de la mouche à miel ordinaire eft plat, & à peu-près triangulaire*, depuis fa partie fupérieure jufqu'à fon bout inférieur, il va en s'étréciffant. Les yeux à rezeau font placés fur les côtés *. Ce font des efpéces d'ovales, dont un des bouts eft moins ouvert,

* Pl. 25. fig. 2.

* Fig. 2. y, & fig. 3. y, y.

Tome V.   . N n

plus aigu que l'autre. Ce bout le plus ouvert fe trouve fur la partie la plus élevée de la tête; de-là chaque œil fe rend en defcendant près de l'origine d'une des mâchoires ou dents. Il refte entr'eux un affés grand efpace qui n'eft pas uni au point de n'avoir aucune inégalité; il a même deux enfoncements qui ne font féparés l'un de l'autre que par une petite éminence, par une efpéce de cloifon peu épaiffe. De chaque côté de cette petite éminence qui eft plus proche du bas que du haut de la tête, part une an-

Pl. 25. fig. 2 & 3. a, a. tenne*. Celles de l'abeille n'ont rien de fort remarquable, elles font compofées de plufieurs parties, dont la nature tient de celle de la corne, articulées bout à bout; ces an-tennes font faites de maniére qu'elles peuvent être pliées

Fig. 3 & 4. en deux*, & qu'elles le font toûjours dans les abeilles
Fig. 4. b. mortes. La bafe * de chaque antenne, eft un bouton
f. oblong, luifant & rougeâtre. Une efpéce de fufeau† plus brun que la bafe, eft articulé avec elle. Ce fufeau peut atteindre l'endroit le plus élevé de la tête. La partie
a c. reftante * de l'antenne eft articulée avec ce fufeau, avec lequel elle fait un angle tantôt plus, tantôt moins ouvert. Cette partie a une longueur à peu près égale à celle du devant de la tête; elle eft compofée de dix piéces, dont
a. la derniére * eft une forte de bouton, & dont les neuf autres font cylindriques, à cela près que la premiére de celles-ci a un de fes bouts, celui qui s'articule avec le bouton, plus menu que l'autre, & que la derniére piéce eft arrondie à fon extrémité. Au moyen de toutes ces piéces jointes par des articulations, la derniére & plus longue partie de l'antenne, peut fe courber plus ou moins en arc, elle peut auffi faire des angles plus grands ou plus petits avec la partie en fufeau.

La tête de l'abeille n'eft que médiocrement épaiffe, elle l'eft moins qu'elle n'eft longue, & qu'elle n'eft large;

Sa partie fupérieure eſt arrondie, & c'eſt ſur ſa portion la plus élevée & en arriére, que trois petits yeux liſſes * ſont diſpoſés triangulairement.　　　　　　　　* Pl. 25. fig. 3. *i, i.*

Nous avons déja dit ailleurs que les abeilles ſont de la ſeconde claſſe des mouches à quatre aîles, parce qu'elles ont une trompe & des dents. Celles-ci * contribuent beau-　　* Fig. 2. *d,* coup à rendre la figure du devant de la tête triangulaire. Quand elles ſont dans l'inaction, elles forment par leur rencontre mutuelle un angle qui eſt la pointe d'une eſpéce de pince*. Cette pince excéde le bord d'une lévre cruſ-　　* Fig. 8. tacée, par laquelle le bas du devant de la tête eſt terminé. Ce n'eſt pas principalement pour broyer les matiéres que l'abeille veut faire paſſer dans ſon intérieur, & qui y doivent être digérées, qu'elle a été munie de dents; les ſiennes ſont les inſtruments, au moyen deſquels elle exe- cute les ouvrages les plus dignes d'être admirés. Comme celles de la plûpart des inſectes, elles ſont deux mâchoires mobiles, dont chacune eſt attachée à même hauteur à un des côtés de la tête. Un peu au-deſſus de ſon origine,　　* Fig. 5, 6 chaque dent a moins de diametre que par tout ailleurs*;　& 8. delà juſqu'à ſon bout elle s'évaſe. Le bout eſt coupé en ligne droite & obliquement par rapport à la tige, & cela de maniére que celui d'une dent peut s'appliquer contre celui de l'autre, & que les deux ainſi appliquées forment une pince angulaire*. Nous laiſſerions prendre une fauſſe　* Fig. 8. idée du bout de chaque dent, ſi nous laiſſions imaginer qu'il eſt une lame platte. Sa ſurface extérieure *, & qu'on　* Fig. 5 & 8. peut nommer la ſupérieure ou l'antérieure, ſelon la poſi- tion dans laquelle on conſidére la tête, eſt convexe; la face oppoſée * eſt concave, à peu près comme le ſont　　* Fig. 7. certaines tariéres; d'où il ſuit que lorſque les deux dents ſont appliquées l'une contre l'autre, il y a entr'elles une cavité *, dont chaque dent fournit la moitié. Le contour　* Pl. 25. fig. 9. *o.*

N n ij

extérieur de cette cavité eft bordé de poils. Elle a fes ufages, elle fert à recevoir les parcelles de matiére qui ont été preffées & broyées entre les deux côtés extérieurs des dents, entre ceux qui fe touchent lorfqu'ils fe cherchent à vuide. La cavité de chaque dent n'eft pas également creufe par tout, une arrête * dirigée vers la pointe de la dent, la divife en deux portions égales. Au refte les dents peuvent non-feulement fe rencontrer, elles peuvent auffi fe croifer, & fouvent on trouve croifées celles des abeilles mortes.

*Fig. 7. *c a.*

Un col charnu & flexible, mais très-court, unit le corcelet à la tête; ce col * part de la face poftérieure de celle-ci, & c'eft auprès du col qu'eft l'origine de la trompe. Quand cette derniére eft en repos *, elle s'avance jufques auprès du bout de la pince formée par les dents, & fe recourbe enfuite en arc pour retourner vers le corcelet. Nous nous contentons actuellement d'avoir déterminé la pofition de la trompe qui mérite que nous nous arrêtions dans la fuite à examiner fa ftructure.

* Pl. 27. fig. 8. & 12. *c.*

* Fig. 1 & 2. *t.*

C'eft au corcelet que les quatre aîles font attachées, en deffus & fur les côtés, & que les fix jambes font attachées en deffous. C'eft auffi fur le cocelet qu'il faut chercher les quatre principaux ftigmates *, qui y font placés à peu près comme nous avons vû qu'ils le font fur celui de plufieurs mouches à deux aîles. Dans les temps les plus ordinaires, le bout poftérieur du corcelet eft appliqué tout entier contre le premier des anneaux du corps; ils femblent unis l'un à l'autre dans toute leur circonférence. Le vrai eft pourtant, & c'eft ce que l'abeille montre dans bien des cas, que le corcelet ne tient au corps que par une efpéce de filet * qui eft vers la partie inférieure; mais ce filet étant très-court, le bout du corcelet étant convexe *, & trouvant dans le bout du corps une concavité * propre

* Pl. 25. fig. 15. *f.*

* Pl. 26. fig. 12 & 13. *f.*

*Fig. 13. *ee.*

* Pl. 26. fig. 12. *o o.*

à le recevoir, le corps & le corcelet paroiſſent ſouvent
unis enſemble dans une étendue dans laquelle ils ne font
que ſe toucher.

La charpente du corps eſt faite de ſix anneaux *, & *Fig. 13. ſv
je ne ſçais pourquoi Swammerdam lui en a donné ſept. ſv &c.
Le premier a moins de diametre que les trois qui le ſuivent; le dernier de ceux-ci, ou le quatriéme, en a auſſi
un peu moins que le troiſiéme; mais le cinquiéme en a
conſidérablement moins que celui qui le précéde, & en
a lui-même moins à ſa jonction avec le ſixiéme anneau,
qu'à ſa jonction avec le quatriéme. Enfin le ſixiéme ou
dernier anneau a peu de diametre à ſon origine, & ſe
termine preſque en pointe. Chaque anneau eſt compoſé
de deux piéces écailleuſes; l'une en forme non-ſeulement
la partie ſupérieure & les côtés, elle vient même en deſſous
recouvrir par l'un * & l'autre * de ſes bouts la ſeconde   * z.
piéce, celle qui eſt ſur le ventre. Les abeilles avoient beſoin   * ſ.
d'être bien cuiraſſées; les querelles qu'elles ont entr'elles
ſeroient trop meurtriéres, ſi elles pouvoient s'entrepiquer
aiſément avec leur aiguillon; ſi des parties charnues, des
parties dans leſquelles l'aiguillon pût pénétrer, ſe trouvoient à découvert, il ſeroit rare que deux abeilles com-
battiſſent l'une contre l'autre, ſans ſe porter réciproquement des coups mortels. Leur corps avoit donc beſoin
d'être deffendu par des écailles; mais les mouvements qu'il
a à ſe donner, demandoient qu'il pût ſe plier; il falloit auſſi
qu'il pût ſe gonfler & ſe contracter. On lui a accordé tout
ce qui lui étoit néceſſaire en le couvrant de différents
anneaux, dont chacun eſt fait de deux piéces, dont l'une
eſt en recouvrement ſur l'autre, & en diſpoſant auſſi les
anneaux qui ne pouvoient pas être ſoudés les uns ſur les
autres, de façon que celui qui précéde couvrît l'origine
de celui qui ſuit. Quand le corps ſe courbe en embas,

N n iij

ou qu'il s'allonge, une plus grande portion de chaque anneau est laissée à découvert par l'anneau qui le précéde; mais il reste toûjours sous celui-ci une bande écailleuse de l'autre. Cette derniére bande qui est la partie antérieure de l'anneau, tient à une bande membraneuse * qui n'est jamais mise à découvert, & qui est unie à l'anneau qui la cache.

Les abeilles ordinaires ont plusieurs endroits rousseâtres; ils doivent cette couleur à des poils dont ils sont couverts. Le dessous & les côtés de la tête, certaines parties des jambes, le dessous, le dessus & les côtés du corcelet paroissent très-velus *, même à la vûe simple. La plûpart de leurs poils méritent d'être mis au microscope. Lorsqu'on les regarde au travers de verres qui grossissent beaucoup, la partie qui en est couverte paroît un gazon rempli de très-jolies plantes, ou plus précisément de jolies mousses d'inégale grandeur *. Chaque poil ressemble à une petite plante qui n'a qu'une seule tige, de chaque côté de laquelle partent des feuilles oblongues & étroites, qui font avec la tige un angle tourné vers son extrémité. Le nombre des poils qui peuvent être apperçûs à la vûe simple, est petit en comparaison du nombre de ceux qu'une forte loupe fait découvrir. Elle en fait voir en des endroits où on n'en soupçonneroit pas. Les yeux à rezeau * en paroissent presque aussi remplis qu'aucune partie du corps. Nous avons déja dit que dans les papillons & dans beaucoup d'autres insectes, ces yeux composés de tant de facettes, ces yeux qui ne sont qu'un assemblage d'une prodigieuse quantité d'yeux extrémement petits, sont de même chargés de poils qui peuvent nous paroître assés mal placés. M. Vallisnieri a pensé qu'on ne pouvoit regarder comme des yeux ces corps taillés à tant de facettes, parce que les poils dont ils sont hérissés, devoient empêcher les rayons de lumiére de les rencontrer. Il eft vrai qu'au moyen des poils, il n'y a que les rayons qui viennent dans certaines directions, qui puiffent parvenir fur chaque facette; mais il ne convenoit pas apparemment que des rayons de lumiére puffent agir à la fois fur toutes, fur tous les petits yeux de certains infectes.

Ce que nous avons dit ailleurs de la ftructure de ces petits corps, ne permet guéres de douter qu'ils ne foient réellement des yeux; & Hook a fait, il y a long-temps, des expériences rapportées dans fa micrographie, propres à les faire reconnoître pour ce qu'ils font. Il a coupé ou percé à des mouches les parties que nous appellons les yeux, & elles fe font enfuite conduites en aveugles. Swammerdam a eu recours à un moyen plus doux & moins équivoque de s'affûrer de la même vérité. Il a enduit de noir détrempé à l'huile les yeux de certaines mouches, mais des yeux qui ne font pas velus. Il a obfervé que les mouches, fur les yeux defquelles il avoit mis un pareil bandeau, voloient à l'aventure, qu'elles étoient comme imbécilles, que lorfqu'elles étoient pofées quelque part, elles ne fuioient point la main qui les vouloit prendre. J'ai répété ces expériences fur les mouches bleuës de la viande, & elles m'ont fourni les mêmes obfervations.

J'ai fait auffi ces expériences fur des yeux à rezeau très-velus, fur ceux de nos abeilles mêmes, & j'ai choifi les circonftances les plus décifives pour fçavoir fi les abeilles qui avoient fur les leurs un enduit opaque, étoient en état de trouver leur chemin. J'ai couvert d'un vernis rouge, fans tranfparence, les yeux à rezeau de plufieurs abeilles toutes prifes de la même ruche. Je les ai renfermées dans un poudrier avec d'autres abeilles de la ruche, aux yeux defquelles je n'avois pas touché. Je n'étois qu'à huit à dix pas de la ruche dont les abeilles avoient été tirées,

lorſque j'ôtois le couvercle du poudrier. Celles qui avoient
les yeux nets prenoient ſur le champ l'eſſor, & ſe rendoient
à leur habitation. Celles dont les yeux étoient vernis n'a-
voient aucun empreſſement de ſortir du poudrier, elles
avoient peine à ſe déterminer à voler, & la plûpart diri-
geoient leur vol indifféremment de différents côtés, &
n'alloient pas loin. Pour en déterminer quelques-unes à
prendre un plus grand eſſor, je les jettois en l'air, elles s'y
élevoient preſque verticalement à perte de vûe, je ne ſça-
vois ce qu'elles devenoient. On a imaginé une eſpéce de
chaſſe aux corneilles aſſés plaiſante, on leur met de l'appas
dans un cornet de papier rempli en partie, ou au moins
enduit de glu. La corneille qui donne dans le piége qu'on
lui a tendu, qui va pour prendre le morceau qui lui eſt
offert, ſe fait une coëffe du cornet, & une coëffe qui lui
couvre les yeux, & dont elle ne ſçait point ſe débarraſſer.
Elle s'éleve alors en l'air à perte de vûe, & on aſſûre
qu'elle s'éleve juſqu'à ce qu'elle tombe ſans force & preſque morte. Mes abeilles dont les yeux étoient vernis me
preſentoient en petit une image de cette chaſſe aux corneilles. Non-ſeulement celles que je jettois en l'air, mais
toutes celles qui plus vives ou plus inquiétes que les autres, prenoient en partant un vol un peu élevé, ne manquoient pas de monter en l'air de plus en plus juſqu'à y
diſparoître à mes yeux; & aucune n'a paru connoître le
chemin pour aller à ſa ruche.

J'ai vû ſouvent des abeilles qui voloient en pirouettant
auprès de la ſurface de la terre, comme ſi elles euſſent été
folles. Elles ne faiſoient que tournoïer, & cela ſucceſſivement en des ſens contraires. Peut-être que la cauſe de ces
mouvements devoit être attribuée à trop de poudre qui
s'étoit attachée aux poils de leurs yeux à rezeau, car ces
abeilles paroiſſoient poudreuſes.

Il eſt donc certain au moins que les abeilles voyent, & qu'elles voyent avec leurs yeux à rezeau, quoiqu'il y ait grande apparence, comme le veut Swammerdam, que l'organiſation de leurs yeux eſt très-différente de celle des nôtres. Une différence très-conſtante, c'eſt que toutes les cornées des yeux des mouches ont leur ſurface intérieure enduite d'une matiére colorée, ou pour parler plus exactement, tapiſſée par une membrane colorée. Cette membrane, qui doit paroître analogue à notre corroïde, eſt donc tout autrement placée, puiſqu'elle eſt par-tout appliquée contre la cornée tranſparente.

Des expériences ſemblables à celles que j'ai faites ſur les yeux à rezeau, m'ont prouvé que les petits yeux des abeilles, les yeux liſſes * leur ſervent auſſi à ſe conduire. J'ai verni ces yeux, ou, ce qui eſt la même choſe, le derriére de la tête, à plus de vingt abeilles que j'ai miſes enſuite en liberté à trois à quatre pas de leur ruche; aucune n'a ſçu la trouver, ni n'a paru la chercher. Elles ont volé de tous côtés ſur les plantes, & n'ont pas volé loin. Auſſi ſembloient-elles s'embarraſſer peu de voler. Mais je n'en ai point vû de celles-ci qui ſe ſoient élevées en l'air, comme s'y élevent celles dont les yeux à rezeau ſont vernis.

* Pl. 25. fig. 3. i, i.

Les poils des yeux à rezeau ne ſont pas de ceux qui ſont chargés de feuilles, qui ſemblent de petites plantes; comme les poils que nous voyons le plus ordinairement ſur les grands animaux, ils ne ſont qu'une ſimple tige qui va en diminuant de groſſeur depuis ſon origine juſqu'à ſon extrémité.

La partie de chaque anneau qui couvre le deſſus du corps, ſemble bordée d'une frange de poils; mais quand on y regarde de plus près, on remarque que ces poils qu'on jugeoit attachés au bord poſtérieur, au bord mobile de

Tome V. .O o

l'anneau, font plantés fur l'anneau qui fuit dans l'endroit où le bord de l'anneau qui précéde, doit s'appliquer.

Nous nous arrêtons volontiers à parler au long des poils de l'abeille, parce que nous aurons à faire voir bientôt qu'ils ont des ufages que n'ont pas ceux des grands animaux, ni même ceux des autres infectes. Mais avant que d'expliquer à quoi ils fervent, nous devons parler de ceux des jambes, & faire connoître les jambes elles-mêmes. Celles de la premiére *, & celles de la feconde paire *, ne différent pas beaucoup en longueur, mais les deux derniéres * font plus longues que les quatre précédentes. Celles-ci ont chacune environ cinq lignes de longueur, pendant que celles qui les précédent immédiatement, n'en ont que trois & demie, & que les premiéres ne font longues que de trois lignes. Chaque jambe eft compofée de cinq parties principales, faites d'une écaille brune & luifante. La premiére de ces parties *, celle qui eft attachée au corcelet, eft la plus courte de toutes, c'eft une efpéce de bouton conique, à un des bouts duquel la feconde piéce * eft articulée; celle-ci eft longuette, peu applatie, un peu contournée, & un peu moins groffe à l'un & à l'autre de fes bouts que vers fon milieu. La troifiéme piéce * eft plus confidérable par rapport aux autres dans chaque jambe de la troifiéme paire, & faite autrement qu'elle ne l'eft dans les jambes des deux autres paires, & fur-tout dans celles de la premiére; dans chaque jambe de la troifiéme paire, dis-je, la troifiéme piéce * eft applatie & triangulaire. Comme nous aurons plus d'une fois occafion de la défigner, nous croyons lui devoir donner un nom, celui de palette triangulaire. Son bout aigu eft à fa jonction * avec la feconde piéce, & fa partie la plus large eft à fon autre bout où

elle s'articule avec la quatriéme piéce. La troiſiéme piéce*   * Pl. 26. fig.
de chaque jambe de la ſeconde paire, eſt plus courte, plus   3. *p.*
étroite & moins triangulaire que ne l'eſt la piéce correſpon-
dante de chaque jambe de la troiſiéme paire. Enfin, dans
chaque jambe de la premiére paire, la troiſiéme piéce *   * Fig. 2. *p.*
n'eſt ni applatie ni triangulaire. La quatriéme piéce eſt
encore applatie dans les jambes de la troiſiéme * & de la   * Fig. 4 &
ſeconde paire *, elle eſt à peu près également large à l'un   6. *b.*
& à l'autre de ſes bouts; ſon contour eſt à peu près quarré,   * Fig. 3. *l.*
auſſi l'appellerons-nous la piéce quarrée ou la broſſe.
Bientôt on ne ſera pas embarraſſé de ſçavoir ſur quoi ce
dernier nom eſt fondé. Cette piéce quarrée, ou cette
broſſe, eſt beaucoup plus grande, plus conſidérable dans
les jambes de la derniére paire, que dans celles de la ſeconde. La quatriéme piéce des jambes de la premiére
paire *, ne tient aucunement de la figure quarrée & appla-   * Fig. 2. *b.*
tie, elle eſt oblongue & arrondie. Enfin, la cinquiéme
& derniére partie * de chacune des ſix jambes, & qui pour-   * Fig. 2, 3
roit être appellée le pied, eſt extrémement déliée, & com-   & 4. *q.*
poſée de cinq parties aſſés courtes miſes bout à bout, &
articulées les unes aux autres. Les quatre premiéres * ſont   * Fig. 7. *o,*
des eſpéces de cones tronqués un peu applatis, & dont   *q, r, ſ.*
la baſe du premier eſt articulée avec le ſommet du ſecond,
& ainſi de ſuite. Le premier & le quatriéme cone ſont
plus longs que les deux autres. La derniére piéce plus
courte que celle qui la précéde, eſt armée de deux paires
d'ongles *, ou de crochets recourbés en embas. Un des   * *c, c; i, i.*
ongles de chaque paire eſt au moins une fois plus long
que l'autre. Entre les deux paires de crochets, eſt une
petite partie charnue & chargée de poils courts, qui eſt
analogue à la pelotte des pieds des mouches de la viande.

    Les premiéres piéces de toutes les jambes ſont très-
fournies de poils à feuilles, ſur-tout ſur les côtés; mais

quelques piéces de jambes de la seconde, & sur-tout de celles de la troisiéme paire, sont garnies de poils simples plus gros & plus roides que les autres. Où l'on doit principalement remarquer de ces gros poils, c'est tout autour, ou sur trois côtés de la piéce que nous avons nommée palette triangulaire *. La face extérieure de cette palette est lisse & luisante, mais des poils s'élevent au-dessus des bords de cette face. Ceux qui partent de l'un & de l'autre de ses côtés, sont dirigés vers le bout de la jambe, & disposés parallelement les uns aux autres. De la base de cette palette partent d'autres poils aussi roides que les précédents, & qui, comme eux, s'élevent au-dessus de la face extérieure, mais en se contournant vers le haut de la jambe, de sorte que les poils des deux côtés & ceux de la base, forment ensemble les bords d'une espéce de corbeille, dont la face extérieure de la palette fait le fond. Cette palette est aussi destinée à servir, pour ainsi dire, de corbeille; elle est destinée à recevoir une petite pelotte de matiére à cire *; les poils roides aident à retenir la pelotte dans la place où elle a été mise. Si pourtant la face extérieure de la palette étoit par tout convexe, comme elle l'est vers son origine, & jusqu'au tiers ou à la moitié de sa longueur, les poils n'auroient pas assés de force pour retenir la pelotte : afin qu'elle pût y être logée sûrement, dans le reste de la face de la palette il y a une gouttiére profonde qui va en s'élargissant à mesure qu'elle s'approche de la base. La palette de chaque jambe de la seconde paire *, n'a point une pareille gouttiére ni des poils arrangés comme nous venons de le dire; aussi ces deux jambes & les deux premiéres, qui n'ont pas de palette triangulaire, ne sont jamais chargées de pelottes de matiére à cire. Ce sont les deux derniéres jambes, qui seules ont été faites pour conserver la récolte de cette matiére.

Nous devons dire encore un mot de la partie quarrée* * Pl. 26. fig.
qui fe trouve aux jambes de la troifiéme, & à celles de 4 & 6. *b.*
la feconde paire; nous l'avons déja nommée la broffe,
& elle mérite ce nom, parce que pendant que fa face
extérieure eft rafe & liffe, fa face intérieure * eft plus * Fig. 6.
chargée de poils que ne l'eft aucune broffe. Ces poils
font des poils fimples*, qui font plûtôt arrangés comme * Fig. 7.
ceux de nos broffes à habits, que comme ceux des pinceaux. Ils font diftribués par rangs paralleles les uns aux
autres, & paralleles en même temps aux bouts de la broffe,
& dirigés vers le pied. Voyons à prefent quel ufage l'a-
beille fait de ces poils difpofés en broffe, & à quoi lui
fervent ceux dont toutes fes parties extérieures font
chargées.

On fçait que les abeilles vont faire leur récolte de cire
fur les fleurs; mais les Auteurs les plus exacts n'ont pas
affés fait entendre que les fleurs feules peuvent leur fournir cette récolte. M. Maraldi, par exemple, paroît avoir
cru que les abeilles ramaffent de la cire où elles ne fçauroient en trouver, lorfqu'il dit *qu'elles recueillent la cire
fur les feuilles d'un grand nombre d'arbres & de plantes,
& fur la plûpart des fleurs qui ont des étamines.* Ce n'eft
que fur ces fortes de fleurs qu'elles trouvent à fe pourvoir de matiére propre à devenir cire, ou, pour nous exprimer plus briévement, de matiére à cire; car elles ne
rencontrent nulle part de la cire toute faite: mais cette
matiére propre à devenir de la cire, n'eft jamais fournie
aux abeilles par les feuilles des arbres & des plantes:
Swammerdam qui a très-bien obfervé que cette matiére
eft un affemblage de petits grains, qui, pour l'ordinaire
font de petits globules plus ou moins arrondis, & plus
ou moins allongés, propofe des doutes fur la caufe de la
figure de ces petits grains, & ne paroît pas avoir fçu à

quelle partie des plantes ils devoient leur origine. En un mot, je ne connois point d'Auteur qui nous ait dit affés précifément ce que c'eft que cette matiére à cire, & où les abeilles la prennent conftamment. Rien n'eft plus ordinaire cependant, que de voir une abeille fur une fleur, & de lui voir le corps tout poudré d'une poufliére qu'elle ne peut avoir prife que fur cette fleur; & les obfervations les plus grofliéres peuvent apprendre quelles font les parties de la fleur qui ont pû couvrir ainfi l'abeille de poufliére. Des obfervations encore affés aifées à faire, démontrent que cette même poudre, dont on a vû une abeille couverte, eft la matiére à cire. Une tulippe, un lys, &c. ont fait voir cent & cent fois à ceux qui n'ont jamais cherché à étudier les fleurs en Phyficiens, des filets qui font chargés d'une poufliére qu'ils laiffent fur les doigts qui les manient. Les filets des lys y laiffent une poudre jaune, & les filets des tulippes en pareil cas, y en laiffent une brune. Les filets dont nous parlons, ont été nommés par les Botaniftes, les étamines de la fleur. Le célébre M. de Tournefort n'a voulu regarder les poufliéres dont ces étamines font chargées, que comme des excréments qui dévoient être tirés de la fleur par une efpéce de fécrétion. Mais le fentiment qui a prévalu parmi ceux qui font leur objet principal de l'étude des plantes, le fentiment le plus généralement adopté, veut qu'on ait une idée plus noble de ces poufliéres, il veut qu'on les regarde comme deftinées par la nature à rendre les germes des plantes féconds, il veut que les graines reftent ftériles quand elles n'ont pas été vivifiées par ces poufliéres. Il ne nous conviendroit pas de nous engager à difcuter ici cette grande & curieufe queftion; il nous fuffit de dire, que ces poufliéres nous font d'une grande utilité, puifqu'elles font la feule & unique matiére dont eft faite la cire que nous confumons. Je ne puis pourtant laiffer ignorer à ceux qui n'ont pas cherché à examiner ces pouffiéres, qu'ils ne doivent pas croire les figures de leurs grains auffi irréguliéres que le font celles de nos poudres ordinaires, auffi irréguliéres que le font les figures des grains de notre farine. Quand on les obferve au microfcope, on reconnoît que les grains des pouffiéres des étamines d'une même plante, ont tous une même figure ; mais que des plantes de différents genres ont des pouffiéres différemment figurées : c'eft de quoi on peut s'inftruire dans un Mémoire de M. Geoffroy, publié parmi ceux de l'Académie de l'année 1711. pag. 210. On y verra que ces grains font faits en boule ou en boule allongée dans le plus grand nombre des plantes; mais que dans d'autres plantes, ces grains ont conftamment d'autres figures beaucoup plus finguliéres.

L'abeille qui entre dans une fleur bien épanouie, & dont les étamines font chargées de pouffiéres qui y tiennent peu, ne fçauroit manquer de faire frotter diverfes parties de fon corps contre ces pouffiéres, & loin de l'éviter, elle le cherche apparemment ; c'eft alors que les poils dont elle eft hériffée, lui font d'un grand ufage. Les pouffiéres qui glifferoient fi elles ne touchoient que des parties auffi liffes qu'une écaille luifante, font arrêtées dans les forêts de poils. L'abeille devient toute poudrée, affés ordinairement d'une poudre jaune, quelquefois d'une poudre rouge, & d'autres fois d'une poudre d'un blanc-jaunâtre, & cela felon que font colorées les pouffiéres des étamines de la fleur dans laquelle elle marche. J'en ai vû fouvent qui, lorfqu'elles retournoient à leur ruche, avoient leurs poils fi chargés d'une poudre colorée, qu'elles en étoient méconnoiffables. Un Gentilhomme d'un canton du Poitou, où les abeilles rencontrent à

la fin du Printemps beaucoup de fleurs dont les étamines
font bien fournies de poufliéres, croyoit avoir des ruches
qui, dans ce temps, étoient remplies en partie d'abeilles
jaunes. On me parla de ces abeilles d'une couleur différente de celle des abeilles ordinaires, comme d'une fingularité; on me promit même de m'en faire avoir. J'aver-
tis qu'il pourroit bien fe faire qu'on ne feroit pas en état
de me tenir promeffe, qu'il y avoit grande apparence
qu'on croyoit jaunes des abeilles dont les poils étoient
très-couverts d'une poudre de cette couleur. Auffi quand
j'ai eu fait vérifier ce qui en étoit par quelqu'un accoûtumé à obferver, par M. de Villars Docteur en Médecine,
qui demeure dans le canton où on croyoit avoir des
abeilles jaunes, il me fit réponfe que j'avois deviné; qu'on
n'avoit pû en trouver aucune qui fût véritablement jaune,
malgré l'envie qu'on avoit eu de m'en envoyer de telles;
& que celles qu'on avoit cru l'être, ne l'étoient que quand
elles rapportoient dans leurs poils beaucoup de poufliéres
jaunes.

Quoiqu'il y ait quantité d'abeilles qui, quand elles
arrivent à leur ruche, ont leurs poils pleins de cette forte
de poufliére; il y en a bien davantage, qui, avant que de
fonger à y retourner, ont eu foin de s'en nettoyer, de fe
broffer. Elles ont, comme nous l'avons vû ci-devant, des
broffes plattes à leurs quatre jambes poftérieures *; elles en
ont fur-tout de très-grandes aux derniéres de celles-ci. Les
premiéres jambes chargées de poils comme elles le font
entre la quatriéme & cinquiéme articulation, ont auffi là
une efpéce de broffe ronde *. Il eft donc aifé d'imaginer
comment la mouche en paffant & repaffant fes différentes
broffes fur le deffus, fur le deffous, & fur les côtés de
fon corps, de fon corcelet, & de fa tête, peut en ôter
la poufliére qui y eft arrêtée. Mais elle n'a garde de

* Pl. 26. fig.
3, 4, 6 & 7.
b.

* Fig. 2. b.

chercher

chercher à faire tomber à terre cette pouffiére, comme on
cherche à y faire tomber celle qu'on ôte aux habits &
aux meubles qu'on nettoye. Cette pouffiére eft précieufe
pour elle, elle veut en faire un amas; aussi parvient-elle
à faire deux petites pelottes * de figure plus ou moins   * Pl. 26. fig.
arrondie, & affés fouvent lenticulaire, de tous les petits   8. *p, p.*
grains qui fe trouvoient difperfés fur les différentes parties de fon corps.

Nous avons déja décrit les deux places * que la nature   * Fig. 4 &
a préparées pour recevoir ces deux pelottes; nous avons   5. *p.*
fait connoître deux cavités, dont chacune fe trouve fur
la face extérieure d'une de ces piéces de chaque jambe
poftérieure, que nous avons nommées les palettes trian-
gulaires; enfin, nous avons vû que cette cavité eft bordée
de gros poils qui s'élevent affés haut. C'eft dans chacune
de ces cavités, que. l'abeille porte tour à tour les petits
grains, ou, plus exactement, de petites maffes de ces
grains, qu'elle les réunit pour en compofer une plus
groffe maffe. L'amas qui eft fur une des palettes, n'excéde jamais guére en groffeur celui qui eft fur l'autre. L'un
& l'autre n'y font fenfibles, que quand ils ont à peu
près celle de la tête d'une petite épingle, & peut-être
commencent-ils par l'avoir; mais de nouvelles pouffiéres qui y font adjoûtées fucceffivement, les groffiffent.
Quand l'abeille trouve de quoi faire une bonne récolte,
elle les rend auffi gros que des grains de poivre un peu
applatis. Pendant qu'elle eft occupée à broffer les pouffiéres qui font attachées à fes poils, pendant qu'elle les
fait paffer d'une jambe de la première paire à une jambe
de la feconde, & enfin, pendant qu'elle les place &
qu'elle les empile fur la palette d'une jambe de la troifiéme paire, fes mouvements font fi prompts, qu'il n'eft
guéres plus aifé de les fuivre, qu'il le feroit de fuivre

Tome V.   . P p

ceux des doigts de quelqu'un qui écrit couramment, ou que ceux des doigts d'un habile Muſicien qui joue des airs dont l'execution doit être très-prompte. On voit bien que l'abeille fait agir les inſtruments propres à ramaſſer ces pouſſiéres, & à les réunir enſemble; mais on ne voit pas aſſés à ſon gré comment elle employe chacun de ces inſtruments. Auſſi tous ceux qui ont voulu les obſerver dans ce travail, ſe ſont plaints de leur trop grande activité, qu'elles ne ſont pas diſpoſées à moderer pour ſatisfaire la curioſité de l'obſervateur.

Tout ce que j'ai cru pouvoir faire de mieux pour parvenir à voir leur manége, ç'a été de les étudier ſur des fleurs près de la fin de l'hyver, c'eſt-à-dire, dans des temps où foibles encore, & peu animées par un ſoleil ſans ardeur, elles ne pouvoient ſe donner des mouvements auſſi vifs que ceux qu'elles ſe donnent en d'autres temps. Dans des jours du Printemps où la force du ſoleil ſuffiſoit à peine pour en déterminer quelques-unes à aller ſur les fleurs des poiriers, ou ſur celles des pommiers qui ne commençoient qu'à s'épanouir, j'ai vû ce que j'ai inutilement cherché à voir dans des jours plus chauds. C'eſt alors que j'ai été en état d'obſerver que l'abeille ne ſe contente pas de ramaſſer avec ſes poils les pouſſiéres qui ſont prêtes à tomber de deſſus les étamines. Pluſieurs plantes ont chacune de leurs étamines terminée par une eſpéce de tête, par un petit corps ſouvent oblong, que les Botaniſtes ont appellé le ſommet de l'étamine. Les Botaniſtes ſçavent que ce ſommet eſt une capſule dans laquelle les pouſſiéres ſont renfermées, & dont elles ne ſortent que quand le temps eſt venu où la capſule s'entr'ouvre pour les laiſſer paroître au jour. Les abeilles le ſçavent auſſi. Les étamines des fleurs de pommier ont chacune leur ſommet. L'abeille qui arrivoit ſur un de ces arbres, dont les fleurs encore peu développées, ne fourniſſoient pas à une récolte aiſée & abondante, tâtoit avec ſes dents le premier ſommet d'étamine qui ſe préſentoit. Quand il ne lui paroiſſoit pas convenable, elle le quittoit pour en prendre un autre. Si celui-ci lui paroiſſoit mieux conditionné, elle le preſſoit avec ſes deux dents comme avec une pince. On juge aſſés qu'elle tendoit par cette preſſion à obliger la capſule à s'ouvrir, à lui donner des pouſſiéres qui n'en étoient pas encore ſorties. Bientôt on voyoit l'une & l'autre jambe de la premiére paire s'approcher ſucceſſivement de la pince, & ſans doute pour s'y charger de quelques grains. Bientôt la jambe qui avoit touché la pince, retournoit en arriére, & rencontroit une de celles de la ſeconde paire qui étoit du même côté. Cette ſeconde jambe portoit auſſi à la troiſiéme jambe du même côté, ce qu'elle avoit pris à la premiére; du moins les mouvements ſucceſſifs des trois jambes d'un même côté, qui étoient très-viſibles, paroiſſoient uniquement tendre à cela, & on en avoit une preuve peu équivoque, lorſque la même mouche après avoir répété le même manége ſur quatre à cinq fleurs différentes, avoit un petit amas de matiére à cire ſur chaque palette triangulaire d'une jambe de la troiſiéme paire.

Ce que j'avois vû faire à des abeilles occupées à ramaſſer des pouſſiéres ſur des fleurs de pommier, je l'ai vû faire bien plus diſtinctement à d'autres abeilles occupées à la récolte d'une autre matiére dont nous parlerons dans la ſuite, & qui eſt beaucoup plus tenace que la matiére à cire & que la cire même, qui eſt une eſpéce de gomme réſineuſe, & qui a la viſcoſité d'une réſine qui n'étant pas encore deſſéchée, peut s'attacher aux doigts. Pendant que je conſidérois à la loupe une mouche, je l'ai vû charger chacune de ſes derniéres jambes d'une

groſſe pelotte de cette matiére réſineuſe. Ce fut pour elle
un ouvrage d'une grande demi-heure. La matiére étoit
difficile à manier & à détacher; & par-là cette mouche ſe
trouvoit dans une circonſtance où j'avois eu grande envie
d'en voir une depuis long-temps. Tous ſes mouvements
étoient lents en comparaiſon de ceux même des abeilles
qui ramaſſent la matiére à cire dans des jours preſque
froids. Les dents ne parvenoient à détacher une parcelle
réſineuſe, qu'après des coups & des tiraillements redoublés. Les dents donnoient enſuite une forme plus arrondie à la parcelle; après quoi une des jambes de la premiére paire venoit bien-tôt la ſaiſir. La derniére partie
de chaque jambe *, celle qu'on en peut appeller le pied,
eſt, comme nous l'avons dit, compoſée de cinq articulations qui la mettent en état de faire la fonction de main.
Cette partie de la première jambe en ſe recourbant, tient
bien ſaiſie la petite parcelle que les dents lui ont laiſſée.
Cette première jambe donne cette parcelle au pied de la
ſeconde jambe du même côté, & cette derniére va poſer
la parcelle ſur la palette triangulaire de la troiſieme jambe.
Mais ce n'eſt pas aſſés de l'y avoir poſée, il faut que la
nouvelle parcelle faſſe corps avec les autres parcelles qui
y ont été dépoſées, & qui commencent une pelotte, c'eſt
à quoi la jambe de la ſeconde paire travaille encore. Dès
que ſon pied a mis en place la petite parcelle, elle s'avance
davantage en deſſus de la pelotte commencée ; elle la
tappe trois à quatre fois de ſuite * avec la partie qui eſt
faite en broſſe, comme on tappe avec une palette de bois
de la terre molle qu'on veut façonner.

Les abeilles ne retournent pas toutes à la ruche avec
une charge égale, toutes ne ſont peut-être pas également
bonnes ouvriéres ; & il y en a qui ont le bonheur
de trouver des plantes qui leur fourniſſent plus que n'ont

fourni à d'autres celles auxquelles elles se sont adressées.
Quand la pelotte de chaque jambe est petite, elle n'excéde
pas les bords de la jambe, mais les grosses pelottes vont
bien par-delà * ; elles sont collées contre les poils, elles   * Pl. 26. fig.
les obligent à se plier en dehors. Ces poils auxquels elles   11. 8, 8, 8.
sont collées, aident beaucoup à les soûtenir.

C'est quand les sommets des étamines sont bien épa-
nouis, pour ainsi dire, & quand la fleur a beaucoup de
ces sommets dont les poussiéres sont prêtes à être empor-
tées par le vent, que l'abeille peut en ramasser davantage
avec ses poils qu'avec ses dents, & qu'elle n'a presque pas
besoin de faire agir celles-ci. Ces mouches, comme nous
l'avons dit, peuvent emporter les poussiéres qui se sont
attachées aux poils de leurs différentes parties, avec les
brosses * des jambes des deux derniéres paires, & même   * Fig. 3, 4,
avec les brosses rondes * des jambes de la premiére paire ;   6 & 7. b.
mais les plus grandes brosses & celles qui expédient l'ou-   * Fig. 2. b.
vrage plus vîte, sont celles des derniéres jambes. Celles-ci
peuvent réciproquement se donner les poussiéres dont
leurs brosses se sont chargées. J'ai vû souvent l'abeille *   * Fig. 9.
en faire passer une sous son ventre, & conduire sa brosse
contre le bord extérieur de la palette triangulaire de l'autre,
l'y frotter, & par conséquent y laisser & y rassembler les
poussiéres qui étoient engagées dans la brosse. La jambe
qui venoit de recevoir ces poussiéres en rendoit ensuite
autant à l'autre par un semblable manege.

Dans le même instant des abeilles rentrent dans la ruche
avec des pelottes jaunes, d'autres avec des pelottes rouges,
& d'autres avec des pelottes blancheâtres, j'en ai vû rentrer
quelquefois avec des pelottes vertes. Les unes ont ramassé
des poussiéres sur des plantes qui les ont jaunes, & les
autres les ont ramassées sur des plantes qui les ont rougeâtres, ou sur d'autres qui les ont blancheâtres ou vertes.

P p iij

Les grains qui compofent ces pelottes ont non feulement
la couleur qu'ils avoient lorfqu'ils étoient fur la plante;
ils ont tous confervé leur figure. Si on les examine au
microfcope, on trouve que ceux de quelques-unes font
de petites boules bien rondes, ceux de quelques autres des
boules applaties, ceux de quelques autres des boules oblongues. Toutes celles que j'ai examinées tenoient de la figure
arrondie. Je ne fçais pourtant pas fi les abeilles n'en ramaffent point de celles qui ont des figures plus finguliéres.
Un Botanifte qui auroit affés étudié les poufliéres des
plantes, feroit peut-être en état de fçavoir fur quelle plante
auroit été prife la pelotte qu'il examineroit.

Dans les mois d'avril & de may, les abeilles ramaffent
du matin au foir de la matiére à cire, mais lorfqu'il
fait plus chaud, dans les mois de juin & juillet, &c. c'eft
fur-tout le matin jufque vers les dix heures, qu'elles font
la grande récolte de cette matiére. Alors fi la journée eft
favorable, on voit les deux pelottes de poufliéres à toutes
ou à prefque toutes celles qui arrivent à la ruche. Quand
on confidére plus tard les abeilles qui entrent dans la
même ruche, on en voit cependant toûjours quelques-
unes qui reviennent avec des pelottes; mais le nombre en
eft petit en comparaifon de celui des mouches qui n'en rapportent point. Ce n'eft pas que les abeilles ne trouvaffent
fur les fleurs des plantes, lorfque la chaleur du foleil fe
fait plus fentir, autant de poufliéres qu'elles en y trouvent plus matin; ces poufliéres doivent même être plus
aifées à détacher lorfqu'il fait plus chaud, elles doivent
tenir moins à l'étamine; mais il ne convient pas à l'abeille
de les recueillir lorfqu'elles font trop feches; alors il ne
lui eft pas fi aifé de les lier enfemble, de les réunir dans
une maffe; elles font plus propres à faire corps les unes
avec les autres, quand elles font encore humectées par

la rofée de la nuit, ou par la liqueur qu'elles ont laiffé tranfpirer.

Il eft pourtant vrai qu'on voit à toutes les heures du jour, des abeilles qui rapportent des pelottes, & le nombre de celles qui en rapportent, eft grand comme le matin, vers le midi & après, dans la ruche où un effaim n'eft établi que depuis peu de jours. Mais les abeilles qui vont au loin peuvent trouver des fleurs placées à l'ombre & dans des lieux aquatiques, qui, l'après midi, font auffi humides que d'autres fleurs le font le matin. La néceffité de travailler où font les abeilles établies dans une ruche dont l'intérieur manque de tout, les oblige de chercher avec plus de foin les fleurs qui peuvent leur fournir de quoi faire des gâteaux qui y font fi effentiels.

Ce ne fera que dans le Mémoire fuivant que nous examinerons ce que les abeilles font de ces pelottes qu'elles tranfportent à leur ruche avec tant de foins & de fatigues. Nous devons parler actuellement d'une autre récolte bien importante pour elles, qu'elles vont encore faire fur les fleurs des plantes ; elles y vont faire celle du miel. M. Linéus a mieux obfervé qu'on ne l'avoit fait avant lui, que les fleurs ont des efpéces de veffies, ou plûtôt des glandes qui font des refervoirs pleins d'une liqueur miellée, qu'il a nommés en latin *nectaria:* il leur a trouvé des figures & des pofitions fi différentes dans les fleurs de différentes plantes, qu'il a cru qu'on devoit faire entrer ces *nectaria* dans les caractéres des genres des plantes. Les abeilles auroient pû nous inftruire il y a long-temps, de la pofition de ces refervoirs, car elles fçavent très-bien où il faut aller les chercher. C'eft dans ces glandes ou autour qu'elles vont puifer le miel ou la liqueur propre à le devenir. Sur le champ elles la font paffer dans leur corps, où elles la confervent jufqu'à ce qu'elles puiffent la dépofer dans les petits pots préparés dans la ruche pour la recevoir. On porteroit donc souvent des jugements très-injustes des abeilles, souvent on les croiroit à tort des paresseuses, si on pensoit qu'elles n'ont été à la campagne que pour se promener, ou pour y prendre leur repas, toutes les fois qu'on les voit revenir chés elles sans apporter des boules de matiére à cire, car souvent elles reviennent alors avec une bonne provision de liqueur à miel. Mais avant que de voir où cette liqueur est contenue dans l'intérieur de la mouche, nous devons connoître l'instrument qui a servi à la recueillir, nous devons connoître la trompe.

Les Volumes précédents nous ont déja fait admirer la structure des trompes de divers insectes, & même celle de trompes faites pour agir contre nous, telles que sont celles de quelques mouches, & sur-tout celles dont les cousins se servent pour s'abbreuver de notre sang. Nous devons être plus disposés à admirer la structure de la trompe des abeilles, qui ne sert pas seulement à porter à ces mouches l'aliment qui leur est nécessaire, mais qui est de plus employé à faire une récolte que nous nous approprions comme si elle eût été faite pour nous. D'ailleurs la trompe des abeilles ordinaires mérite d'autant plus d'être connue, qu'elle est construite sur un modéle très-différent de ceux des différentes trompes dont nous avons parlé jusqu'ici, & que dès qu'on la connoîtra, on connoîtra celles de beaucoup d'autres espéces d'abeilles qui vivent solitaires, ou en des sociétés peu nombreuses; qu'on connoîtra par exemple celle de ces gros bourdons velus si communs dans nos campagnes; en un mot, qu'on connoîtra les trompes d'un très-grand nombre d'espéces & de genres de mouches.

Dans différents temps la trompe de l'abeille est plus ou moins allongée; le temps où elle est dans une parfaite

inaction,

inaction, où elle ne se prépare pas même à agir, est celui où elle est le plus raccourcie; & c'est dans l'état où elle est alors que nous commencerons à la considérer. Si on regarde le devant de la tête d'une abeille* qu'on tient entre ses doigts, on remarquera aisément tout près du bout des dents* une espéce de lame* affés épaisse, très-luisante & de couleur châtain, qui fait là un coude, qui s'y plie pour retourner le long de la face postérieure de la tête, & se rendre auprès du col. Depuis le coude qui est proche des dents*, cette espéce de lame va en diminuant de largeur pour se terminer en pointe. Dans d'autres temps où la trompe n'est pas plus allongée, la partie dont nous venons de parler est plus en vûe, elle descend en faisant un arc*, ou quelquefois elle est presque toute droite dans la direction du devant de la tête*. Dans cette derniére circonstance on la regarderoit volontiers comme une espéce de bec d'autant plus semblable à celui des oiseaux, qu'elle a un luisant qui la fait juger de corne. Cette partie que nous avons prise tout près du bout des dents, n'est qu'une portion de la trompe, celle qui est déterminée par le coude que fait la trompe en repos pour se tenir pliée, & nous la nommerons la partie anté-rieure, ou la seconde partie de la trompe. Nous nom-merons celle à laquelle elle tient, la partie postérieure ou la premiére partie. L'origine de la trompe, l'endroit où elle est unie à la tête est proche du col*; de-là elle va en ligne droite jusqu'aux dents où elle se replie sur elle-même, de façon que sa pointe vient rejoindre sa base*.

Quand elle est ainsi pliée en deux*, ou quand elle est simplement redressée*, on ne la voit pas elle-même, on ne voit que les enveloppes sous lesquelles elle est cachée. Ce n'est pas une nouveauté pour nous de trouver une trompe renfermée dans un étui, nous en avons déjà

* Pl. 27. fig. 1 & 2.
* d, d.
* t.
* d, d.
* Pl. 25. fig. 2. t.
* Pl. 27. fig. 4, 5 & 8.
* Fig. 8. c.
* Fig. 2.
* Fig. 1 & 2.
* Fig. 4, 5 & 8.

eu bien des exemples ; mais les étuis que nous avons vûs à d'autres trompes, ne reſſemblent point à celui ou plûtôt à ceux de la trompe des abeilles, car elle n'en a *Pl. 27. fig. pas pour un ; elle en a deux. Un des deux pourtant * ne 7 & 9. *e, e.* la couvre gueres que dans la moitié de ſa longueur, & l'un & l'autre ne la couvrent pas dans toute ſa circonfé-rence. Chaque étui eſt fait de deux piéces, dont chacune ſera nommée un demi-étui. Pour voir diſtinctement ces quatre piéces, pour prendre une idée de leur figure, & de la maniére dont elles ſont ajuſtées lorſqu'elles couvrent la trompe, il faut preſſer celle-ci vers ſon origine, en la pouſſant en devant. Dans l'inſtant la trompe ſemble de-venue plus longue qu'elle n'étoit, & elle ne paroît plus auſſi ſimple qu'elle le paroiſſoit. On voit à la fois cinq *Fig. 7. *t ;* piéces différentes *, dont celle du milieu *, qui dans une *e, e ; ſ, ſ.* grande partie de ſa longueur eſt un filet un peu applati, *t.* une lame étroite dont les côtés ſont arrondis, dont celle du milieu, dis-je, eſt accompagnée de quatre eſpéces *e, e ; ſ, ſ.* d'aîlerons poſés deux à deux * de chaque côté. Ce ſont les quatre demi-étuis qui ſont plus ou moins éloignés de la petite tige qu'ils doivent couvrir ſelon que la preſſion *e, e.* a été plus ou moins forte. Deux de ces aîlerons * plus courts & moins grands dans leurs autres dimenſions, que *Fig. 7 &* les deux autres, tirent à peu près leur origine de l'endroit* *9. ſ ſ.* où eſt le coude de la trompe pliée en deux. L'uſage au-quel ils ſont deſtinés, fait aiſément imaginer qu'ils ont une concavité ; mais lorſqu'on ſçaura qu'ils ne doivent cou-vrir que chaque côté de la trompe, une petite bande de ſon deſſous, & une bande encore plus étroite de ſon deſſus, & enfin, ſi on ſe rappelle que la trompe eſt une lame plate qui ſe termine en pointe, on ſe fera une idée juſte de la cavité de ces demi-étuis, & même de leur forme extérieure. Nous adjoûterons ſeulement qu'un peu au deſſus de leur origine, ils ont plus de diametre que partout ailleurs, & que delà en allant en avant ils ſe retréciſſent de plus en plus. Ces demi-étuis ſont des eſpéces de gouttiéres angulaires, mais dont l'angle eſt compris entre deux plans, dont l'un eſt plus étroit que l'autre. Une arête marque cet angle. Quand les demi-étuis reſtent appliqués ſur la trompe, comme ils y reſtent ordinairement*, quoique celle-ci ſoit autant allongée qu'elle le peut être, on voit qu'ils s'en écartent près de leur bout * qui ſe courbe pour ſe placer perpendiculairement à la direction du reſte. Ces deux bouts paroiſſent même lorſque la trompe eſt le plus raccourcie*. On y obſerve trois articulations très-diſtinctes. Chaque bout fût-il couché ſur la trompe allongée *, il s'en faudroit encore quelque choſe qu'il n'en pût atteindre l'extrémité. Pour finir ce qui nous reſte à dire de ces deux demi-étuis, nous ferons remarquer que tout leur contour eſt bordé de poils aſſés longs *.

 Les deux autres demi-étuis ſont bien plus conſidérables que les précédents, auſſi leur doivent-ils ſervir d'enveloppe. Nous appellerons le deſſus de la trompe ou ſa face ſupérieure, celle qui le devient lorſqu'on tient l'abeille droite entre ſes doigts, ou qui le devient encore lorſque l'abeille éleve ſa tête; cette face de la trompe*, qui, dans d'autres temps, n'eſt que l'antérieure, & qui même ne l'eſt que dans une moitié de ſa longueur, lorſque la trompe eſt pliée. Les deux grands demi-étuis ne couvrent en entier que la face que nous venons de déſigner par le nom de ſupérieure*; & chacun d'eux la couvre en entier depuis l'endroit où la trompe ſe plie en deux juſqu'à ſon extrémité, de ſorte que l'un d'eux recouvre l'autre. L'un & l'autre ſe replient pour venir ſimplement s'appliquer contre le bord de chaque côté de la trompe *. Tout le deſſus de la partie antérieure de la trompe eſt donc

* * Pl. 27. fig. 9.*

* * h, h.*

* * Fig. 4, 5 & 8, &c. h, h.*
* * Fig. 9.*

* * Fig. 7.*

* * Fig. 7.*

* * Fig. 4 & 5.*

* * Fig. 6. f, f.*

défendu par deux lames, minces à la vérité, mais capables de réſiſtance, parce qu'elles ſont des lames d'une eſpéce de corne, pendant que le deſſous de la trompe n'eſt recouvert que le long de chacun de ſes bords par les deux demi-étuis qui recouvrent le deſſus. Mais on voit bien que le deſſous n'avoit pas beſoin d'autant d'enveloppes que le deſſus, *Pl. 27. fig. puiſque lorſque la trompe eſt dans l'inaction *, elle eſt 1 & 2. pliée en deux, & que par conſequent ſa face inférieure ou poſtérieure eſt alors bien à l'abri de tous les chocs aux-quels la ſupérieure ſeule peut être expoſée.

L'origine des deux demi-étuis qui ſont les plus petits, & que nous nommerons les intérieurs, eſt ſur le corps *Fig. 7 & de la trompe même *, auſſi la ſuivent-ils lorſqu'elle ſe re-9. g g. dreſſe & lorſqu'elle eſt portée en avant. Mais alors les deux *f, f. autres demi-étuis, les extérieurs *, reſtent en arriére : ils laiſſent aller la trompe, parce que leurs attaches & leur origine ſont par-delà la baſe de la trompe, & en dehors. Chacun de ces demi-étuis extérieurs, eſt porté par une *Fig. 9. h, h. tige aſſés maſſive *, dont la longueur égale à peu près celle de la partie poſtérieure de la trompe ; & chacune de ces tiges eſt poſée à un des côtés de la trompe, auquel elle n'eſt aucunement adhérente. Dans l'endroit où finit la tige, où le demi-étui commence, il y a une ſorte d'arti-*i. culation *, ou au moins un pli qui permet au demi-étui de reſter ſur la trompe raccourcie, lorſqu'elle ſe plie en deux.

*Fig. 7. e, e. Quand on écarte un des demi-étuis intérieurs * de deſſus la tige qu'il enveloppe naturellement, ou encore *g. mieux quand on le coupe près de ſon origine *, on met à découvert une piéce, qui, en petit, a aſſés la figure de celle qui l'empêchoit de paroître, & qui part à peu près du même endroit. Mais nous ne nous arrêterons pas à faire connoître davantage deux piéces ſi petites, & dont

les ufages ne font pas de ceux que nous chercherons à découvrir, lorfque nous examinerons les parties qui contribuent le plus au jeu de la trompe.

. Laiffons les enveloppes de la trompe pour la confidérer
elle-même lorfqu'elle en eft dehors, lorfqu'elle eft allongée & portée en avant. Nous continuerons de la regarder
comme compofée de deux parties, l'une eft antérieure *,   * Pl. 27. fig.
& l'autre poftérieure *. La partie antérieure eft celle pour   7. *gg, t b.*
laquelle les étuis ont été faits ; nous fixons l'origine de   *gg, kk, &c.*
celle-ci, & la fin de l'autre, comme nous l'avons déja dit,
à l'endroit où la trompe fe plie en deux. Quand elle ne
puife point le fuc miellé des plantes, ou quand elle eft
dans une parfaite inaction, elle eft applatie; elle eft peut-
être au moins trois fois plus large qu'épaiffe, mais fes
bords font arrondis : elle devient infenfiblement de plus
en plus étroite, depuis fon origine jufque tout auprès de
fon extrémité. Elle fe termine par un petit mammelon
prefque cylindrique, au bout duquel eft un bourlet *, une   * Fig. 7, 9
efpéce de bouton dont le centre femble percé. La circon-   & 11. *b.*
férence de ce bourlet jette des poils affés longs & difpofés
en rayons. Les poils n'ont pas été épargnés à la partie antérieure de la trompe, fon deffus en eft tout couvert; ils
y font par-tout de même couleur, d'un jaune qui tire fur
celui de l'or un peu rouge; mais en différents endroits,
ils font de différente longueur & différemment arrangés.
La premiére & la plus large partie du deffus *, femble   *Fig. 7. *t, n.*
cannelée tranfverfalement par de petits fillons très-proches
les uns des autres. Chacun de ces fillons eft couvert de
poils très-courts, quoiqu'affés gros, & couchés parallelement les uns aux autres. Dans le refte * du deffus de la   * *t b.*
partie à laquelle nous fommes fixés, les poils font plus
longs, très-preffés les uns contre les autres, couchés &
dirigés vers le bout, de maniére que ceux qui précédent

Qq iij

* Pl. 27. fig. 11.

ne laiſſent voir qu'une portion de ceux qui les ſuivent * ; mais où ils ſont encore plus longs, c'eſt ſur les côtés de cette même partie & ſur-tout en approchant du bout. Auſſi la trompe vûe au microſcope, a quelque reſſemblance avec une queue de renard ou de marte.

Le deſſus de cette partie antérieure de la trompe, ſemble tout cartilagineux ; mais le deſſous de la même partie ne paroît cartilagineux que dans une partie de ſa largeur. Le milieu de celui-ci eſt tout du long marqué * Fig. 9 & fig. 10. x. par un trait plus tranſparent que le reſte * qui paroît membraneux, ou même une membrane pliſſée, comme l'eſt celle qui ſépare les anneaux écailleux de certaines mouches dont nous avons parlé ailleurs. Il eſt aiſé de s'aſſûrer que ce qui paroît membraneux dans cette partie de la trompe, l'eſt réellement, & de le diſtinguer de ce qui eſt de nature de corne ou de cartilage. On n'a qu'à preſſer la partie poſtérieure de la trompe, pendant qu'on en tient la partie antérieure tout près d'une bougie, vers laquelle la face ſupérieure de cette partie eſt tournée, & qu'on examine la face inférieure au travers d'une loupe dont le foyer eſt très-court ; bientôt on voit arriver une goutte de liqueur dans la partie antérieure de la trompe ; en continuant de preſſer, on y fait avancer cette goutte ; tous les endroits où elle parvient, ſe gonflent conſidérablement, les deux bords s'écartent l'un de l'autre : alors ce deſſous de la trompe * Pl. 28. fig. 2 & 3. qui étoit plat, ſe releve & ſe renfle très-conſidérablement * ; & tout ce qui ſe releve eſt évidemment membraneux. On * Fig. 3. d d. croit voir paroître une longue veſſie * faite en boyau, & de la matiére la plus tranſparente. Mais pendant qu'il ſe fait une ſi grande augmentation de volume du côté de la ſurface inférieure, la ſurface ſupérieure s'arrondit ſeulement un peu ; de platte qu'elle étoit, elle devient un peu convexe ; ce qui prouve que l'enveloppe immédiate de celle-ci, n'eſt pas capable d'extenſion notable. Au travers de la veſſie qui s'éleve de l'autre côté, on croit voir un vaiſſeau qui va ſe rendre au bouton de la trompe; on croit même appercevoir ce vaiſſeau dans des temps où on n'a pas forcé de la liqueur de s'introduire dans la trompe, & de la gonfler. Si on obſerve une mouche occupée à ſuccer une liqueur miellée, on verra quelquefois la partie antérieure de ſa trompe plus gonflée que dans les temps d'inaction; & on verra dans cette trompe des alternatives, de plus grands & de moindres gonflements. Néantmoins on ne lui verra jamais prendre autant de volume qu'on lui en fait acquerir lorſqu'on force par la preſſion des doigts, de la liqueur à retourner de la baſe vers la pointe.

Paſſons à preſent à la partie poſtérieure de la trompe*, à laquelle nous n'avons encore donné aucune attention; elle eſt beaucoup plus groſſe que l'antérieure, & ce n'eſt que quand celle-ci eſt dans l'inaction, que l'autre lui eſt preſque égale en longueur. Nous venons de voir que le deſſus de la partie antérieure, a la conſiſtance de la corne; une petite portion * de la trompe, à laquelle on peut donner un nom particulier, quoiqu'elle ſoit très-courte, celui de partie moyenne, eſt entiérement ou preſque entiérement charnue; elle avoit beſoin d'être très-flexible, c'eſt celle qui permet à la trompe de ſe plier, celle dans laquelle le pli ſe trouve, & qui fait la jonction de la partie antérieure avec la partie poſtérieure. Pour parvenir à bien connoître cette derniére, nous devons conſidérer ſéparément ſes deux faces. L'inférieure, ou, ſi l'on veut, la poſtérieure*, eſt toute écailleuſe, très-luiſante & arrondie. On juge qu'elle a beaucoup plus de ſolidité que tout le reſte. Son diametre augmente à meſure qu'elle s'éloigne de la partie moyenne juſqu'à plus des deux tiers de ſa longueur;

* Pl. 27. fig.
9. 8, 8, 9.

* *l, l.*

* *g, g, q.*

là elle fe rétrécit un peu, & il femble que la premiére des deux piéces dont elle eft compofée, y finiffe. La premiére piéce * s'arrondit comme pour fe pofer fur une autre * qui lui fert de bafe & de pivot. Celle qui lui en fert eft conique, écailleufe, mais d'une couleur plus claire que celle de l'autre; ainfi la derniére piéce folide du corps de la trompe fe termine en pivot, en pointe affés aigûe.

La trompe fans devenir réellement plus longue, peut nous paroître l'être devenue, parce que fans s'être allongée, elle peut être portée beaucoup par-delà les dents, ce que nous appellerons être portée en avant. La méchanique que la nature a employée pour porter la trompe en avant, mérite qu'on cherche à la voir, & il eft aifé d'y parvenir. Prenons la trompe dans le moment où elle eft autant en arriére, auffi proche du col qu'elle le peut être *. Si on obferve alors avec une forte loupe le pivot * dont nous venons de parler, on le trouvera logé dans l'angle que font enfemble deux petits corps bruns, longs & droits, & affés déliés *, mais qui ont toute la folidité que peuvent avoir des parties fi menues, car ils font écailleux ; & on fçait que dans les infectes la corne & l'écaille font ce qu'eft la matiére offeufe dans les grands animaux. Ces deux petits corps longuets, font les deux leviers qui portent la trompe en avant. Le pivot par lequel elle fe termine, eft articulé avec le fommet de l'angle qu'ils forment. L'autre bout de chacun de ces leviers eft arrêté & articulé fur le bout d'une efpéce de petit pilier * pofé dans la direction de la longueur de la tête. Malgré le nom de pilier que je viens de donner aux corps qui fervent d'appuis aux leviers, ils ne font guéres plus gros que les leviers mêmes. Quand la trompe qui étoit en arriére *, eft portée en avant *, c'eft le fommet de l'angle * auquel elle tient, qui lui fait faire ce chemin. Les deux petits leviers,

fans

* Pl. 27. fig. 9. p.

* q.

* Fig. 8.

* q.

* r, r.

* Pl. 28. fig. 1. r ll.

* Pl. 27. fig. 8.

* Fig. 9.

* q.

fans fe féparer l'un de l'autre, s'élevent peu à peu au-deſſus
de la tête contre laquelle ils étoient appliqués, & cela juſqu'au point où il leur eſt poſſible de s'élever le plus, après
quoi ils s'inclinent dans le ſens oppoſé juſqu'à ce qu'ils
ſoient parvenus à rencontrer le devant de la tête, & à ſe
coucher deſſus. L'angle qui, dans la premiére poſition * * Pl. 27. fig.
où nous l'avons pris, étoit tourné vers les dents, dans la 8.
ſeconde poſition où nous l'avons amené *, eſt tourné vers * Fig. 9.
le col, d'où il eſt aiſé de juger que le ſommet de l'angle
eſt plus proche, & de combien il eſt plus proche de la
tête dans cette ſeconde poſition, qu'il ne l'étoit dans la
premiére. Or la diſtance qu'il y a entre le point où étoit
d'abord le ſommet de cet angle, & le point où il a été
porté, eſt viſiblement la meſure du chemin que la trompe
a fait en avant.

Ces petits leviers * qui ſervent à porter la trompe en * r, r.
avant, & à la reporter en arriére, ſont auſſi les appuis des
deux plus grands demi-étuis *. Un de ces demi-étuis eſt * Pl. 27. fig.
arrêté par un pédicule * ſur un des leviers, & l'autre ſur 9. & 28. fig.
l'autre par un pareil pédicule. Cette poſition nous ap- 1. f k, f k.
prend pourquoi, lorſque la trompe eſt portée par-delà * o.
les dents juſqu'à un certain point, les deux demi-étuis
extérieurs l'abandonnent; le chemin qu'ils font en avant
ne pouvant être auſſi long que celui qu'y fait la trompe,
ils ſont forcés de reſter en arriére; car il ne faut pas être
géometre pour voir que le chemin que parcourent les
deux bouts réunis des leviers, eſt beaucoup plus long
que celui qui eſt parcouru par toute autre partie de ces
leviers.

Quoique la trompe ne puiſſe être portée en avant, ſans
que les deux leviers écailleux ſe redreſſent pour aller enſuite ſe coucher du côté oppoſé à celui où ils étoient,
tous ces mouvements s'executent ſans que la trompe

Tome V. .R r

s'éleve fenfiblement, & fans que le fommet du triangle excéde jamais le plan où font les bords de la tête; & cela parce que les bords du crane font élevés & arrondis *. Ils laiffent entr'eux une cavité longue & profonde par rapport à l'épaiffeur de la tête. L'origine de cette cavité eft peu éloignée de l'endroit écailleux où le col s'infere, & elle s'étend jufqu'aux dents, c'eft-à-dire, jufqu'au bout antérieur de la tête. C'eft dans cette grande cavité * qu'eft placée en tout temps la partie poftérieure de la trompe, que le font les deux pilliers des leviers, & les deux leviers eux-mêmes, & ceux-ci y peuvent faire tout leur jeu fans en fortir.

Il nous refte encore à faire connoître des parties * charnues qui fe trouvent dans cette même cavité, & qui nous conduifent à examiner la feule portion de la trompe dont nous n'avons point encore parlé, la face fupérieure de fa partie poftérieure. Lorfqu'on pouffe la trompe en avant, ou lorfqu'on la tient allongée par-delà les dents, on remarque une efpéce de cordon très-blanc, plus gros que le col, vers lequel il femble fe diriger après être entré dans la tête & s'y être enfoncé; tiraillé comme il l'eft alors, on juge affés qu'il eft plus long & bien moins gros qu'il ne l'eft lorfque la trompe eft en arriére. On voit un grand nombre de plis paralleles à fa longueur, femblables à ceux qu'on oblige de faire à une veffie lorfqu'on la rend très-oblongue. Le corps que nous venons d'appeller une efpéce de cordon, a auffi dans d'autres temps la figure d'une efpéce de veffie *, c'eft fous fon enveloppe que font cachés les vaiffeaux qui reçoivent le fuc qui eft fourni par la trompe, & qui, dans d'autres circonftances, reportent des liqueurs à la trompe même. En preffant le ventre d'une abeille, on force du miel ou quelqu'autre liqueur à retourner dans ces vaiffeaux, & la membrane tranfparente qui les enveloppe, permet de voir la liqueur qui s'y rend & qui s'y raffemble. En un mot, c'eft-là qu'eft le vaiffeau, ou que font les vaiffeaux qui reçoivent les liqueurs ou les autres matiéres qui entrent dans la tête de l'abeille, qui fe rendent au col où elles trouvent un canal, qui après les avoir conduites au travers du corcelet, les porte dans le corps, dans l'eftomac. Enfin, c'eft dans ces parties charnues qu'il faut chercher les mufcles qui produifent les mouvements du triangle écailleux deftiné à pouffer la trompe en avant. Mais ce que nous avons à remarquer actuellement, c'eft que l'enveloppe blanche & membraneufe * qui renferme les vaiffeaux qui doivent *Pl. 27. fig. recevoir ce qui eft apporté par la trompe, vient fe réunir 9. *n, n.* au-deffus de la trompe à fa partie poftérieure. Toute cette partie de la trompe, qui du côté oppofé * a un * *p.* contour circulaire, & qui y eft écailleufe, eft platte du côté que nous examinons actuellement, & charnue *. Les * Fig. 7. chairs y font fuffifamment deffendues par les écailles de l'autre face.

Les parties charnues du deffus de la trompe, peuvent, fi l'on veut, être regardées comme un prolongement des membranes & des parties charnues qui forment & rempliffent la veffie qui eft à fa bafe; ou, fi l'on veut, les regarder comme des fibres différentes, la réunion des unes avec les autres, l'infertion des unes dans les autres ne fe fait pas dans un feul point, elle fe fait dans une étendue qui a quelque longueur; par-tout où elle fe fait, les chairs font plus relevées qu'ailleurs, au moins pendant le tiraillement. Vers l'endroit où finiffent les chairs les plus relevées, il y a une partie que je n'ai vûe que par le befoin que j'ai eu de la voir. La maniére dont les abeilles fe nourriffent d'une matiére qui a une tout autre confiftance que le miel, la maniére dont elles rejettent du miel dans certaines circonstances, & d'autres faits de l'histoire de ces mouches beaucoup plus curieux, qui regardent tout ce qui se passe pendant qu'elles bâtissent des alvéoles de cire, tous ces faits, dis-je, devenoient inexplicables, pendant qu'on ne croyoit à la trompe des abeilles qu'une ouverture * à peine perceptible, lorsqu'on la cherche avec le microscope, & qui est la seule que Swammerdam lui ait accordée. Quoiqu'il ait donné des desseins de la trompe vûs avec les microscopes qui grossissent le plus, une autre ouverture, qui est d'une grandeur prodigieuse en comparaison de celle du bout de la trompe, s'il y en a une à ce bout, lui a échappé ; & malgré sa grandeur, elle m'eût échappé comme à lui, si je ne me fusse obstiné à chercher à expliquer les faits que je viens d'indiquer, les faits les plus embarrassants, & peut-être les plus singuliers de l'histoire des abeilles. Mais Swammerdam semble ne s'être attaché qu'à considérer la trompe par-dessous ; c'est seulement de ce côté qu'il l'a fait représenter. D'ailleurs, les desseins qu'il en a donnés, ne sont ni assés détaillés, j'oserois presque dire, ni assés exacts pour expliquer ce qu'on peut voir sur la composition & les mouvements de cette partie ; & ses explications ne suppléent pas à ce qui manque aux desseins.

Outre cette ouverture presque insensible qu'on a prétendu être au bout de la trompe, les abeilles ont une bouche, & même très-grande * ; elle est sur la trompe & dans les chairs dont je viens de parler ; mais quoique grande, on ne parviendroit pas à la voir, si on ne sçavoit où l'on doit la chercher. L'ouverture du trou que j'appelle la bouche, ou, si l'on veut, le fond de la bouche, est ordinairement appliquée contre les parois de cette cavité, dont la partie antérieure peut être appellée le palais de l'abeille. Quand la trompe est portée en avant,

* Pl. 27. fig.
7, 9 & 11. b.

* Pl. 28. fig.
4. o.

autant qu'elle le peut être, outre que cette ouverture est
souvent fermée par les chairs qui la bordent, elle se trouve
placée comme une bouche d'insecte doit l'être, au-dessous
des dents. Une languette de chair *, une vraye langue la   * Pl. 28. fig.
couvre entiérement en quelques circonstances. Mais il y   4. *l.*
a un moyen sûr de la voir, qui ne demande qu'une adresse
fort médiocre & peu de patience. Après avoir tiré la trompe en avant autant qu'elle y peut être tirée, on la rame-
nera en embas * autant qu'on peut l'y ramener sans la   * Fig. 4.
forcer trop, sans rien déchirer, & on l'assujettira dans
cette position en tenant son bout pressé par un doigt,
soit contre le corcelet, soit contre la tête même. Si alors
on regarde de face la partie de la trompe qui est au-dessous des dents, on verra une ouverture * plus considé-   * o.
rable qu'on n'auroit cru la trouver; elle a l'air de l'ouverture d'un grand gosier. Son contour paroîtra si bien
terminé, qu'on n'aura aucun lieu de craindre qu'elle soit
une fente produite par un tiraillement trop forcé. On
n'hésitera pas à la prendre pour une ouverture préparée
par la nature. On remarquera que son contour intérieur
est un peu plus brun & plus luisant que les chairs des
environs, comme s'il étoit cartilagineux, & comme s'il
avoit une consistance nécessaire pour résister à l'impres-
sion des grains durs qu'il peut recevoir quelquefois. Enfin,
on trouvera toûjours cette ouverture, & faite de la même
maniére, à toutes les abeilles, quand on la cherchera de la
maniére qui vient d'être expliquée.

On ne trouvera pas seulement cette bouche aux abeilles
ordinaires, on la trouvera à toutes les mouches de leur
classe. Il y en a même des genres où elle est beaucoup
plus visible, comme dans celui des gros bourdons velus, qui
étant plus gros que les abeilles, ont une plus grande bouche.
C'est aussi d'après ces derniéres mouches que j'ai fait faire

R r iij

les premiers deffeins des parties qui y ont rapport, & qu'il eft plus aifé de voir diftinctement en tout temps la langue qui couvre l'ouverture que j'appelle la bouche. Cette langue eft charnue, & capable de prendre bien des figures, comme il convient à une langue d'en pouvoir prendre.

Pl. 28. fig. 9 & 11. Il y a des temps où elle eft allongée*, & où elle reffemble en petit aux langues les plus connues; il y a des temps où elle eft à peu près également large dans plus des deux *Fig. 8. l.* tiers de fa longueur*, & où le tiers reftant fe termine par une pointe telle que celle d'un angle rectiligne. Dans d'autres temps fa pointe eft mouffe, & formée par des côtés un peu courbes. En d'autres temps, cette langue *Fig. 7. l.* montre trois pointes mouffes difpofées en fleur de lis*.

Il eft aifé de voir fur la trompe des bourdons une ca-*Fig. 7 & 9. e.* vité* qui a été préparée pour recevoir la langue. Quand la langue y eft placée, fa partie fupérieure eft de niveau avec *Fig. 8. l.* le refte de la furface de la trompe*. Si on éleve avec une épingle cette langue, on découvre l'ouverture qu'elle ca-*Fig. 7 & 10. o.* choit, l'ouverture* que nous regardons comme la bouche, & qui feroit appellée le gofier, fi elle fe trouvoit plus loin; elle eft précifément fituée à la racine de la langue. Cette racine de la langue eft attachée fur la trompe, mais il m'a paru qu'elle a encore des attaches contre le palais de la *Fig. 10.* mouche*, & que c'eft de là qu'il arrive que lorfqu'après avoir tiré la trompe en avant, & l'avoir ramenée en embas autant qu'il eft poffible, comme nous l'avons expliqué *Fig. 4 & 10. o.* ci-deffus, on voit très-bien l'ouverture de la bouche*, elle eft alors à découvert, & la langue* refte appliquée contre *l.* le palais. On n'a qu'à chercher celle-ci, foit dans une abeille ordinaire, foit dans un bourdon velu, en donnant à fes yeux le fecours d'une loupe; quoiqu'elle y foit raccourcie, on l'y reconnoîtra, & on fera aidé à la reconnoître par la figure qu'elle a alors. C'eft le temps où elle paroît

quelquefois faite en fleur de lis *. Quand elle eſt ainſi
vûe par-deſſous, on diſtingue très-bien une arête aſſés
élevée qui la diviſe d'un bout à l'autre en deux parties
égales.

  Il n'eſt pas temps de parler de tout ce que peut faire
cette petite partie qui eſt deſtinée à des fonctions bien
importantes, que nous n'expliquerons que dans les Mémoires ſuivants. Il eſt étonnant que ceux qui ont étudié
les abeilles, n'ayent pas été déterminés par une infinité
de faits, à chercher la bouche dont nous venons de voir
la poſition. S'ils n'ont pas penſé aſſés combien elle étoit
néceſſaire pour donner entrée dans le corps de la mouche
à diverſes matiéres, ils ont dû reconnoître au moins qu'il
y avoit une ouverture vers la baſe de la trompe, qui
permettoit ſouvent au miel d'en ſortir en groſſes gouttes.
Quand on prend une abeille qui n'a pas jeûné, quand
on la tient entre ſes doigts, on voit ſortir de deſſous les
dents de groſſes gouttes du miel le plus clair & le plus
limpide; pluſieurs de ces gouttes paroiſſent les unes après
les autres. Or on ne pouvoit chercher l'ouverture qui
leur permet de ſortir, ſans trouver la bouche.

  Avant que de quitter la trompe des abeilles, nous devons faire remarquer, que non-ſeulement elle peut paroître allongée, lorſqu'elle eſt portée par-delà les dents,
mais qu'elle eſt capable d'un allongement réel dans ſa
partie antérieure. Les demi-étuis * qui enveloppent cette
partie, ſervent à le prouver. Comme ils ſont d'une matiére analogue à celle de la corne ou de l'écaille, ils ne
ſont capables d'aucun allongement. S'il arrive donc à la
partie contre laquelle ils ſont appliqués, de s'allonger
depuis l'endroit où ils lui ſont aſſujettis, juſques auprès
de ſon bout, cette partie les laiſſera en arriére, & elle
les y laiſſe en bien des circonſtances. La diſtance du bout

* Pl. 28. fig. 7.

* Pl. 27. fig. 9. e, e.

*Pl. 27. fig. 3. & 9. *b.*

* *h, h.*

de la trompe * aux bouts des demi-étuis *, eſt alors la meſure de l'allongement qui s'eſt fait dans ſa partie antérieure.

Lorſqu'une abeille entre dans une fleur qui, près de ſon fond, a de ces glandes ou reſervoirs deſtinés à contenir une liqueur miellée, & qui en ont été bien remplis, elle peut trouver de cette liqueur épanchée, pour ainſi dire, ſur différentes parties de la fleur; c'eſt-à-dire, qu'elle peut y trouver de celle qui a tranſpiré au travers des membranes des cellules dans leſquelles elle étoit renfermée. Le fond d'une fleur peut ainſi être enduit d'une eſpéce de miel ou de ſucre, comme le ſont au printemps les feuilles de divers arbres, & entr'autres celles de l'érable qui ſouvent en ſont toutes luiſantes. La trompe eſt l'inſtrument avec lequel l'abeille recueille cette liqueur; on n'eſt pas long-temps à voir avec quelle activité, & quelle adreſſe elle en fait uſage, ſi on obſerve la mouche qui, après s'être poſée ſur une fleur bien épanouie, a avancé vers l'intérieur; bientôt on peut appercevoir qu'elle allonge le bout de ſa trompe, qu'elle l'applique contre les petales ou feuilles de la fleur, tout près de leur origine. Alors ce bout de la trompe eſt dans une action continuelle, il ſe donne ſucceſſivement une infinité de mouvemens différents; il ſe raccourcit, il s'allonge enſuite; il ſe contourne, il ſe courbe comme il le doit, pour s'appliquer ſur des parties, ſoit concaves, ſoit convexes; enfin, ſes mouvements ſont plus prompts & plus variés qu'on ne le peut dire.

Mais il n'eſt pas aiſé de bien connoître à quoi tendent tant de mouvements, & quel effet ils produiſent; je veux dire, qu'on ne peut pas juger aſſés de la maniére dont la trompe opére pour faire paſſer dans l'intérieur de la mouche, la liqueur qu'elle enleve à la fleur. Ce qui ſemble de

plus

plus vraifemblable, ce qu'on a penfé jufqu'ici, généralement, ce qu'a cru Swammerdam, & ce que j'ai cru pendant long-temps avec lui, c'eft que la trompe eft une
efpéce de corps de pompe, que fon bout eft percé d'un
trou, par lequel la liqueur peut être afpirée; enfin, qu'il
y a dans le corps de la trompe des piftons ou des parties
équivalentes propres à faire l'afpiration. On ne s'eft pas
même avifé de douter que ce ne fût pas là le vrai jeu de
la trompe, & je n'en euffe pas douté auffi, fi je n'euffe
penfé à avoir recours à un expédient très-fimple, pour
voir cette partie en action plus à l'aife & plus diftinctement
qu'on ne la peut voir, lorfqu'elle tire d'une fleur le peu de
liqueur miellée qu'elle y trouve. Tantôt j'ai fimplement
enduit d'une legére couche de miel quelques endroits des
parois d'un tube de verre de quatre à cinq lignes de diametre, & tantôt j'y ai mis par-ci par-là quelques gouttes
de miel. Des abeilles ont été enfuite introduites & renfermées dans le tube. En pareil cas, elles oublient prefque
fur le champ qu'elles font prifonniéres. On ne tarde pas
à en voir d'auffi près qu'il eft poffible, quelqu'une qui fe
met à fuccer le miel; c'eft en obfervant de celles-ci, que
j'ai commencé à douter que la trompe des abeilles dût
être regardée comme une pompe; car l'abeille ne femble
pas devoir s'y prendre autrement pour tirer le miel de
deffus une fleur que de deffus un tube, & dans cette
derniére circonftance, il ne m'a jamais paru que le miel
fût pris par fuction. La mouche ne m'a jamais paru
chercher précifément à pofer le bout de la trompe dans
la petite couche de liqueur, comme cela devroit être, fi
la liqueur devoit être afpirée & introduite par le trou
qu'on y fuppofe. Dès que l'abeille fe trouve auprès de
l'endroit enduit de miel, elle allonge fa trompe, c'eft-à-
dire, qu'elle en porte le bout à une ligne ou plus par-delà

Tome V.

les bouts des étuis*, qui ne ceſſent pas de la couvrir dans le reſte de ſon étendue. Si le miel ne fait qu'enduire la ſurface du verre, la portion de la partie antérieure de la trompe, qui eſt à découvert, ſe contourne & ſe courbe* au point néceſſaire pour que ſa ſurface ſupérieure s'applique contre le verre; là, cette partie fait préciſément tout ce que feroit la langue d'un animal occupé à lécher quelque liqueur. Elle frotte le verre à diverſes repriſes, & ſe donne avec une vîteſſe merveilleuſe, cent & cent inflexions différentes.

Si la couche de liqueur qui a été offerte à la mouche eſt épaiſſe, ſi elle rencontre une goutte de miel, alors elle fait entrer la partie antérieure de ſa trompe dans la liqueur; mais il ſemble encore que ce ſoit pour l'y faire agir, comme un chien qui lape du lait ou du bouillon, fait agir ſa langue. Dans la goutte de miel même, l'abeille plie le bout de ſa trompe, elle l'allonge & le raccourcit alternativement; enfin, elle l'en retire d'inſtant en inſtant; alors on lui voit non-ſeulement allonger & raccourcir ce bout alternativement, on voit qu'elle lui fait faire des ſinuoſités, & ſur-tout qu'elle rend de temps en temps ſa ſurface ſupérieure concave*, comme pour donner une pente vers la tête à la liqueur dont elle s'eſt chargée. En un mot, la trompe paroît agir comme une langue, & non comme une pompe. Le bout de la trompe, l'endroit où l'on veut que ſoit l'ouverture, eſt ſouvent au-deſſus de la ſurface de la liqueur, dans laquelle l'abeille puiſe.

Après avoir obſervé cent & cent fois, & très-diſtinctement, la trompe en action, il m'a donc paru qu'on devoit regarder ſa partie antérieure comme une ſeconde langue qui a été accordée à l'abeille, & qu'on pourroit appeller la langue, extérieure & velue, pour la diſtinguer de la langue charnue plus analogue aux langues ordinaires, de celle de

* Pl. 28. fig. 12. h h, t b.

* Fig. 12.

* Fig. 13. t b.

la bouche. Par fes différents mouvements, cette langue extérieure tend à fe charger de la liqueur miellée, & à la conduire dans la bouche. C'eft fur le deffus de la langue velue que paffe la liqueur; l'abeille cherche fur-tout à l'en mouiller, à l'en couvrir; en raccourciffant cette partie, & quelquefois au point de la faire toute rentrer fous les étuis, elle porte & dépofe la liqueur dont elle eft chargée, dans une efpéce de conduit qui fe trouve entre le deffus de la trompe & les étuis qui la couvrent. Ainfi ces étuis ne font peut-être pas autant faits pour couvrir la trompe, qu'ils le font pour former & couvrir le chemin par où paffe la liqueur qui eft conduite à la bouche, qu'on pourroit appeller intérieure, fi on vouloit donner le nom de bouche extérieure au canal qui lui fournit la liqueur miellée. Nous avons dit ailleurs que la trompe peut fe gonfler & fe contracter, on y obferve auffi des gonflements & des contractions qui fe fuccédent, & qui peuvent opérer efficacement fur la liqueur qui eft en chemin fous les étuis, pour la faire parvenir à la véritable bouche.

Pour me démontrer que la route que je viens d'indiquer, eft celle que l'abeille fait prendre au miel, qu'elle ne le fait pas paffer dans l'intérieur de fa trompe, mais que c'eft entre le deffus de cette trompe & fes étuis, j'ai tenté une première expérience qui n'a pas répondu à ce que j'en attendois. J'ai mêlé avec du miel une poudre bleue extrémement fine : j'efperois qu'une partie de la poudre qui feroit conduite avec le miel, refteroit dans le chemin par lequel elle auroit paffé, & qu'elle le marqueroit. Mais quand je fuis venu à examiner ce chemin, je ne l'ai point trouvé coloré. Auffi ai-je remarqué que l'abeille n'avoit puifé dans le miel que ce qu'il y avoit de plus liquide; & il y a apparence qu'elle avoit fçu féparer celui dont elle s'étoit chargée, d'une poudre qui n'étoit pas à fon goût.

Mais au moins je me fuis parfaitement convaincu par un autre moyen, que le miel mis fur la trompe & fous fes étuis étoit conduit à la bouche, entre cette trompe & fes étuis. J'ai écarté les étuis de deffus la trompe d'une abeille que je tenois entre mes doigts, & je fuis parvenu à placer avec la pointe d'une épingle, une goutte de miel extrémement petite fur la trompe, dans un endroit où elle pouvoit par la fuite être couverte par les bouts de l'étui extérieur. J'ai enfuite laiffé les étuis en liberté, quelquefois ils fe font d'eux-mêmes remis en place, & quelquefois j'ai aidé à les y remettre. La goutte de miel qu'ils ont recouverte, n'eft jamais revenue vers le bout de la trompe; elle a toûjours été pouffée vers la bouche, & fans doute dans la bouche même. Quelquefois pourtant, ayant pris à deffein du miel qui avoit trop de confiftance, & qui étoit en maffe folide, parce que je l'avois coloré, le grain que j'ai pofé fur la trompe, n'a pu être porté jufqu'à la bouche, par une partie que j'avois trop fatiguée. Mais alors même, j'ai vû ce miel grainé avancer vers la tête, je lui ai vû faire quelque chemin.

J'ai encore mieux vû, & dans une circonftance où je ne devois pas me prometre de le voir fi bien, que l'abeille conduit le miel à fa bouche en le faifant paffer tout du long de la partie fupérieure de la trompe. Plus d'une fois j'ai tenu à deffein une abeille dans un état affés violent; mon doigt index preffoit fa tête contre mon pouce, & l'obligeoit à allonger le bout de fa trompe fur l'ongle de ce dernier doigt. Sur ce bout de trompe allongée, c'eft-à-dire, fur la partie qui n'étoit pas couverte par les étuis, je mettois du miel. L'abeille, quoique fi mal à fon aife, n'a pas laiffé de faire ce qu'elle fait lorfque plus libre elle fucce du miel. La trompe s'eft donnée les mouvements néceffaires pour faire paffer celui dont je l'avois mouillée fous les étuis, d'où apparemment il étoit conduit jufqu'à la bouche.

Il eft donc très-certain que lorfque l'abeille a du miel à fa difpofition, elle le léche, elle lape, s'il eft permis de fe fervir de ce terme, & que ce n'eft point du tout par le trou qu'on a cru au bout de la trompe, qu'elle le fait paffer. Si ce trou exiftoit, il feroit d'une petiteffe extrême. Sa petiteffe m'a fait naître le premier doute que j'ai eu fur fon exiftence. Il ne me paroiffoit pas poffible qu'une groffe goutte de miel, qui fouvént étoit bûe fous mes yeux dans peu d'inftants, eût pû en fi peu de temps paffer par une fi petite ouvérture. Une preuve encore plus forte que ce trou n'exifte point, m'a été fournie lorfque je preffois une trompe vers fon origine pour l'obliger de fe gonfler * ; j'y voyois arriver la liqueur * Pl. 28. fig. qui lui faifoit prendre plus de volume: mais j'ai eu beau 2 & 3. preffer la trompe, jamais je ne fuis parvenu à forcer de la liqueur à fortir par fon bout, quoique la preffion ait fouvent mis la liqueur en état de produire un déchirement dans les membranes, qui lui donnoit une ouverture par laquelle elle s'échappoit. Ne feroit-ce pas être trop timide, que de n'ofer affûrer que les abeilles n'ont pas une maniére d'enlever le miel des fleurs, différente de celle dont elles enlevent celui qui eft fur un tube de verre! Ce qu'il peut y avoir de différent, c'eft que l'abeille qui fe trouve dans une fleur où il n'y a pas affés de miel épanché, employe peut-être les frottements de fa trompe velue, pour ouvrir les capfules qui le contiennent. En pareil cas, elle peut bien auffi faire un ufage de fes dents femblable à celui qu'elle en fait lorfque les fommets des étamines tiennent encore renfermées les pouffiéres qu'elle cherche; elle peut bien avec fes dents ouvrir les veffies qui ont de la liqueur miellée. Elle fçait

s'en fervir quand il s'agit de hacher du papier qui couvre
du miel ; & pourquoi ne s'en ferviroit-elle pas, quand il
s'agit de déchirer les membranes qui forment des veffies
pleines de miel, ou d'une liqueur propre à devenir miel!

EXPLICATION DES FIGURES
DU SIXIE'ME ME'MOIRE.

PLANCHE XXV.

LA Figure 1 eft celle d'une abeille ordinaire, d'une ouvriére.

La Figure 2 fait voir de côté la partie antérieure de
cette abeille extrémement groffie, fa tête & fon corcelet.
a, a, fes antennes. *d,* fes dents. *t,* la trompe. *y,* un de fes
yeux à rezeau.

Dans la Figure 3, on voit la tête, le corcelet, & partie
du corps d'une abeille par-deffus. Ces parties quoique
groffies, le font moins que dans la figure précédente.
a, a, les antennes. *y, y,* les yeux à rezeau. *i, i,* les petits
yeux; *c,* le corcelet.

La Figure 4 repréfente une antenne de l'abeille de la
figure 1, vûe au microfcope. *b,* bafe de l'antenne. *f,* la
partie faite en fufeau. *c,* bouton avec lequel un des bouts
du fufeau eft articulé. Depuis *c* jufqu'en *a,* eft la fuite des
anneaux qui compofent le refte de l'antenne.

Les Figures 5, 6 & 7, font celles d'une des dents ou
mâchoires d'une abeille ordinaire, obfervée au microfcope.
Dans la figure 5, la dent eft vûe par-deffus. Dans la figure
6, elle eft vûe par-deffous & de côté. Et dans la figure 7,
elle eft vûe par-deffous & de face ; c'eft feulement dans
celle-ci qu'on peut obferver l'arête *a c,* qui divife en deux
fa cavité.

La Figure 8 montre en grand & par-deſſus deux dents d'abeilles, appliquées l'une contre l'autre, comme elles le font, ſoit dans leurs temps de repos, ſoit lorſqu'elles preſſent quelque grain de cire, ou quelqu'autre petit corps.

La Figure 9 eſt la figure 8 vûe par-deſſous. L'ouverture *o*, qui reſte de ce côté-là, entre les deux dents, eſt remarquable; ſon contour eſt bordé de poils.

La Figure 10 repréſente dans ſa grandeur naturelle un mâle d'abeille, une de ces mouches appellées aſſés communément bourdons, & que nous avons nommées faux-bourdons. Ce mâle a ici les aîles écartées du corps, comme il les a quand il vole.

La Figure 11 fait voir par-derriére la tête d'un mâle d'abeille, très-groſſie. *y, y,* ſes yeux à rezeau qui ſe touchent l'un l'autre ſur la partie poſtérieure de la tête; au lieu que les mêmes yeux de l'abeille ouvriére, figure 2 & 3, laiſſent là un *intervalle* entr'eux. *i, i,* les petits yeux poſés plus près du devant de la tête que ne le ſont ceux des abeilles ordinaires, figure 3. *a, a,* les antennes.

La Figure 12 montre la tête de la figure 11 par-devant, & preſque de face. *y, y,* les yeux à rezeau. *i,* un des petits yeux. *d, d,* les deux dents. *t,* la trompe. En comparant ces dents & cette trompe avec les dents & la trompe de la mouche ouvriére, figure 2, on voit que le faux-bourdon les a plus petites, quoiqu'il ſoit plus grand.

La Figure 13 eſt celle d'une antenne d'un faux-bourdon groſſie, mais dans une proportion qui n'eſt pas la même que celle dans laquelle l'eſt l'antenne de la mouche ordinaire, figure 4. Il ſuffit qu'on puiſſe remarquer que le fuſeau *f,* de la figure 13, eſt beaucoup plus court proportionnellement que dans la figure 4, & que la partie de l'antenne du mâle qui vient après le bouton *c,* a dix anneaux, au lieu que la même partie de l'antenne de l'abeille ouvriére n'en a que neuf. Swammerdam n'a pas été exaɛt dans le compte qu'il a fait des parties dont font compoſées les antennes des différentes mouches; il en donne 15 à celles des mouches ordinaires, & ſeulement 11 à celles du mâle, qui en ont plus que les autres. Il fait commencer chaque antenne par le fuſeau. Le fuſeau de chaque antenne d'une mere abeille, eſt à peu près auſſi long que celui des abeilles ordinaires, mais par-delà le bouton qui s'aſſemble avec le fuſeau, l'antenne des meres abeilles a, comme celle des mâles, dix anneaux.

La Figure 14 repréſente une dent d'un faux-bourdon, groſſie & vûe par-deſſous.

La Figure 15 eſt celle de la partie antérieure d'une mere abeille vûe de côté & groſſie, mais elle ne l'eſt pas autant que la partie antérieure de l'abeille ordinaire, figure 2. La comparaiſon de la figure 15 avec la figure 2, ſuffit pour apprendre que la forme de la tête des meres reſſemble à celle de la tête des abeilles ordinaires, & nullement à celle de la tête des mâles; on y voit aſſés que la trompe *t,* de la mere eſt beaucoup plus petite que la trompe des abeilles ordinaires. *ſ,* un des ſtigmates poſtérieurs du corcelet. Le ſtigmate antérieur qui eſt du même côté, eſt caché par la premiére jambe.

Les Figures 16 & 17 repréſentent une mere abeille; celle de la figure 16, a des eſpéces de rayes rougeâtres, ſéparées par des rayes plus larges, & d'une couleur plus pâle, plus blancheâtre. La mere abeille de la figure 17 a à peu près par-tout la même teinte de brun. Elle eſt une des plus petites meres. L'autre qui eſt vûe de côté, a le corps plus renflé, & eſt une mere de la grandeur la plus ordinaire.

La Figure 18 montre en grand & par-deſſus une dent de mere abeille.

La

La Figure 19 fait voir par-deſſous la dent de la figure 18.

Dans la Figure 20, les deux dents d'une mere abeille ſont poſées l'une contre l'autre, & engrainées, pour ainſi dire, l'une dans l'autre, comme elles le ſont ordinairement. Si on compare ces deux dents avec celles de la figure 8, on verra qu'elles différent beaucoup des dents des abeilles ouvriéres.

PLANCHE XXVI.

La Figure 1 repréſente une petite portion d'écaille enlevée du corcelet d'une abeille ordinaire, vûe au microſcope; elle ſemble couverte d'une infinité de petites plantes, dont les tiges ſont chargées de feuilles; ces petites plantes ſont les poils dont elle étoit couverte.

Les Figures 2, 3 & 4, ſont celles de trois jambes d'une abeille ouvriére, vûes par leur face extérieure, & groſſies à la loupe. La jambe de la figure 2, en eſt une de la premiére paire; la jambe de la figure 3, en eſt une de la ſeconde paire; & la jambe de la figure 4, en eſt une de la troiſiéme paire. Les mêmes lettres marquent ſur ces trois jambes les mêmes diviſions. *a,* la partie qui eſt articulée avec le corcelet de la mouche. *e f,* la cuiſſe. Dans la figure 4, la partie *p,* qui ſuit la cuiſſe, a été nommée la palette triangulaire; on voit qu'elle y eſt autrement faite que dans les figures 2 & 3, qu'elle a un enfoncement, une gouttiere; au lieu que dans les figures 2 & 3, la même partie eſt arrondie: auſſi cette partie a dans les jambes de la troiſiéme paire, un uſage qu'elle n'a pas dans celles des autres paires, elle y eſt deſtinée à recevoir les pouſſiéres des étamines, ou la cire brute. *b,* la partie que j'ai appellée la broſſe, & qui eſt beaucoup plus grande dans la jambe de la figure 4, que dans celles des deux autres figures. La broſſe *b,* de la figure 3, quoique plus petite que celle de

Tome V. .Tt

la figure 4, eſt de même applatie. Mais la broſſe de la figure 2, eſt plus arrondie. *q*, les différentes articulations qui compoſent le pied. *c, c*, deux grands crochets par leſquels le pied eſt terminé. *i, i*, figure 4, deux autres crochets plus petits.

La Figure 5 eſt deſtinée à faire voir plus en grand & mieux qu'on ne le voit dans la figure 4, l'enfoncement de la partie appellée palette triangulaire, & les poils dont elle eſt entourée. *f*, un reſte de la cuiſſe. *b*, une portion de la broſſe. *p*, la palette triangulaire. Les poils dont ſa cavité eſt bordée, forment avec cette cavité une eſpéce de corbeille; ceux qui ſont vers *c d*, ſe contournent en s'élevant.

La Figure 6 montre une jambe de la troiſiéme paire par ſa face intérieure; c'eſt la jambe qui eſt vûe par ſa face extérieure dans la figure 4. *p*, la palette triangulaire. *b*, la broſſe formée par diverſes bandes de poils paralleles les unes aux autres. *q*, le pied.

La Figure 7 repréſente la broſſe *b*, de la figure précédente telle qu'elle paroît au microſcope, & le pied. *p*, un reſte de la palette triangulaire. *b, b*, la broſſe, dont les poils paroiſſent ici forts & roides. On doit remarquer qu'ils ſont faits autrement que ceux qui rendent velues d'autres parties de l'abeille; on n'a qu'à les comparer avec ceux de la figure 1, pour voir combien ils en différent. *o, q, r, ſ*, les différentes articulations du pied. *c, c*, les deux grands crochets. *i*, un des deux petits crochets.

La Figure 8 eſt celle d'une abeille qui retourne à ſa ruche chargée de ſes deux pelottes de matiére à cire. *p, p*, les deux pelottes, dont chacune eſt poſée ſur la palette triangulaire d'une des jambes de la troiſiéme paire.

La Figure 9 fait voir une abeille dans le moment où elle frotte la broſſe d'une de ſes jambes poſtérieures contre

le bord extérieur de la palette triangulaire de l'autre jambe
de la même paire, pour faire passer fur celle-ci les pouffiéres dont les poils de la broffe font chargés.

Dans la Figure 10, une abeille eft repréfentée dans le
moment, où avec une des jambes de la feconde paire,
elle tape fur la pelotte de cire brute qui eft fur la jambe
de la troifiéme paire qui fe trouve du même côté, pour
façonner cette pelotte, & pour approcher les uns des autres les petits grains dont elle eft formée.

La Fig. 11 eft en grand celle d'une portion d'une jambe
de la troifiéme paire d'une abeille, vûe du côté intérieur,
ou du côté oppofé à celui qui paroît dans la figure 8.
f p, partie de la palette triangulaire. *g g g,* pelotte de cire
brute, logée en partie dans la cavité de la palette. On voit
beaucoup de poils collés contre la pelotte, & qui aident
à la foûtenir.

La Figure 12 repréfente en grand une portion *c c,* du
corcelet d'une abeille, & une portion *a,* de fon corps ; le
corps & le corcelet y font inclinés de maniére, l'un par
rapport à l'autre, qu'on peut voir le filet charnu *f,* par
lequel paffe tout ce qui prend fa route par le corcelet pour
fe rendre dans le corps, & par où repaffe tout ce qui retourne du corps au corcelet, & à la bouche, comme le
miel & la cire, foit brute, foit parfaite. Le bout du corcelet *c, c,* forme une convexité qui peut fe loger dans la
concavité *o o,* qui eft à la partie antérieure du corps ;
quand la convexité de l'un eft entrée dans la concavité
de l'autre, la partie antérieure du corps eft appliquée contre la partie poftérieure du corcelet, elles ne paroiffent plus
jointes l'une à l'autre par un fimple filet.

La Figure 13 montre par-deffous & en grand, le corps
d'une abeille ordinaire. *c, c,* partie du corcelet. *f,* jonction
du corps au corcelet. *f, f, f,* &c. *z, z, z,* &c. bouts des

arcs qui forment la partie fupérieure des anneaux, & qui
fe recourbent fur les côtés, pour venir fe terminer du
côté du ventre, & y recouvrir les bouts des lames écailleufes qui deffendent le ventre.

La Figure 14 repréfente une portion du corps de l'a-
beille vûe du côté du ventre, & plus en grand que dans
la figure précédente. *f, f,* bouts de deux des arcs qui forment la partie fupérieure de deux anneaux. *l, l,* deux des
lames écailleufes du ventre ; elles ont été écartées l'une
de l'autre, afin qu'on pût voir non-feulement leur partie
l, qui eft brune & écailleufe, & la feule qui paroiffe dans
la figure précédente, mais qu'on vît auffi leur partie *c,*
qui eft blanche, & qui n'eft que membraneufe, & au
moyen de laquelle chaque lame eft attachée au-deffous
de la partie écailleufe de la lame qui la précéde.

PLANCHE XXVII.

Toutes les Figures de cette Planche ont une grandeur
qui furpaffe beaucoup celles qu'ont naturellement les parties qu'elles repréfentent.

Les Figures 1 & 2 font celles d'une tête d'abeille ordinaire vûe en-deffous & de face, figure 1, & vûe en-deffous
& de côté figure 2. *d, d,* les dents. *t,* la trompe. *y,* figure
2, un œil à rezeau.

La Figure 3 fait voir par-deffus une tête d'abeille, dont
la trompe eft allongée & portée en-devant. *a, a,* les antennes. *y, y,* les yeux à rezeau. *l,* la levre fupérieure. *d, d,*
les dents. *f, f,* les deux piéces qui enfemble forment le
fourreau extérieur, le grand fourreau du deffus & des
côtés de la trompe. *h, h,* bouts des deux piéces qui compofent le petit étui, celui des côtés. *t,* bout de la trompe.

Les Figures 4 & 5 repréfentent toutes deux la trompe
vûe par-deffus, mais de côté, figure 4, & de face, figure 5.

f, f, les deux grands demi-étuis. En *g,* figure 4, on voit
le côté de la trompe qui est couvert par un des demi-
fourreaux. *h, h,* les barbes des demi-étuis intérieurs. *d, d,*
les dents.

La Figure 6 montre une trompe coupée transversalement en *f, f,* à quelque distance des dents *d, d.* Sur cette
coupe, on voit comment chacun des demi-fourreaux extérieurs *f,* vient couvrir un des côtés de la trompe, sans se
recourber vers le dessous.

La Figure 7 nous présente une trompe allongée, vûe
par-dessus, & de laquelle ont été écartés les demi-étuis
extérieurs & les intérieurs. *b,* bouton par lequel la trompe
est terminée. *b t,* la partie antérieure de la trompe qui
s'étend jusques un peu par-delà *g, g,* jusque vers *l l ;* car
c'est vers *l l,* qu'elle peut être pliée en deux, comme elle
l'est dans les figures 1 & 2. La partie *t b,* est toute couverte
de poils ; celle qui la suit, l'est aussi jusque près de *g, g.*
Mais une ligne droite paroît partager également en deux
portions, les poils qui sont depuis *t,* jusque près de *g, g.*
L'origine de l'un & de l'autre demi-étui intérieur est près
de *g g. e, e,* ces demi-étuis. *h, h,* espéces de barbes compo-
sées de trois à quatre articulations. Ces barbes sont ordinairement perpendiculaires à l'axe de la trompe. Au-dessous
de chaque *g,* est une tache brune formée par une partie
qui embrasse la trompe, & la fortifie. *f i, f i,* les deux demi-
étuis extérieurs, & les plus grands, qui ont une espéce de
côté *f i,* qui fait la séparation de la partie destinée à couvrir le dessus de la trompe, & de celle qui l'est à couvrir un
des côtés. *k, k,* les tiges des demi-fourreaux précédents.
d, d, les dents.

La Figure 8 fait voir par-dessous une trompe qui est
redressée sans être allongée, une trompe qui est enve-
loppée dans tous ses fourreaux. *t,* la partie antérieure de

Tt iij

la trompe. *f, f,* les demi-étuis extérieurs. *h, h,* les barbes
des demi-étuis intérieurs. *p,* la base de la partie postérieure
de la trompe, qui se termine par un pivot *q,* assemblé avec
les deux petits leviers *r, r,* au sommet de l'angle qu'ils font
ensemble. *c,* le trou d'où part le col de la mouche.

La Figure 9 représente encore une trompe vûe par-
dessous, mais qui est portée loin en devant, & qui est hors
de son grand fourreau, comme elle le doit être alors. *b,* le
bouton qui termine la partie antérieure de la trompe. *t,* la
trompe. *h, h,* barbes des demi-étuis intérieurs. *e, e,* ces
demi-étuis. *g g,* piéces qui embraffent & fortifient la
trompe. *f i, f i,* les deux demi-étuis extérieurs. *f i, f i,* y
marquent en creux ce qui est en relief, figure 7. *k, k,* tiges
des demi-étuis extérieurs. *o, o,* filets tendineux par lefquels les tiges *k, k,* font attachées à leurs appuis. *p,* base
de la trompe. *q,* bout du pivot par lequel elle se termine.
r, r, les deux leviers qui portent en avant la trompe, & qui
la retirent en arriére. Dans le premier cas l'angle que font
ensemble ces leviers, & sur le sommet duquel le pivot porte,
cet angle, dis-je, a sa concavité tournée vers le col *o,* &
lorsque la trompe est autant en arriére qu'elle le peut être,
figure 8., la concavité de cet angle est tournée vers la tête.
c, le col. *m, n, n,* parties musculeuses qui servent au jeu de
la trompe.

La Figure 10 est celle d'une longue portion de la
partie antérieure, plus groffie qu'elle ne l'est dans la figure
précédente. Tout du long de son milieu on voit une raye
t x. De chaque côté de la raye est une bande lisse, qui est
suivie d'une bande cannelée transverfalement.

La Figure 11 est celle du bout de la partie antérieure
de la trompe vû par-deffus, & qui est plus groffi ici que
dans les figures précédentes; les poils dont il est couvert
de ce côté-là, font grands & plus aifés à reconnoître pour

ce qu'ils font. Le bouton est aussi plus sensible ; son milieu est creux, & semble percé.

La Figure 12 est celle d'un crane d'abeille vû par-dessous. *c,* le trou d'où part le col. *z, z,* sont des parties convexes, & qui s'élevent sensiblement au-dessus de ce qui les environne. *m,* espéce de cloison qui sépare la partie antérieure de la tête de la postérieure. *o,* cavité dans laquelle sont logées les parties de la trompe, analogues à la bouche. Le fond de la cavité *o,* peut être regardé comme une espéce de palais.

PLANCHE XXVIII.

Toutes les Figures de cette Planche sont grossies à la loupe ou au microscope.

La Figure 1 fait voir de côté une trompe d'abeille ordinaire détachée de dessus le crane, & toutes ses dépendances. Quelques-unes des parties qui servent à la porter en avant, & à la retirer en arriére, s'y trouvent en entier, au lieu qu'il n'y a qu'une portion de ces mêmes parties de visible dans la figure 9 planche 27, le reste étant caché par les élevations du crane. *t,* la trompe. *h,* barbe d'un des demi-fourreaux intérieurs. *fi,* un des demi-fourreaux extérieurs. *p,* base de la trompe. *q,* son pivot. *r,* un des deux leviers qui forment ensemble un triangle, & qui servent à porter la trompe par-delà la tête, & à la ramener vers le col. *o,* pédicule d'un des demi-fourreaux extérieurs & qui l'attache au levier *r.* Les piéces *o x, r u,* sont des ligaments. *m,* partie des muscles de la trompe.

La Figure 2 représente une portion de la partie antérieure de la trompe, vûe de côté, & dans le temps où on l'a obligé de se gonfler en pressant la trompe vers son origine. *t,* le dessus de la trompe. *d, d,* est le milieu du dessous qui n'est point velu, mais qui est pointillé.

La Figure 3 eſt encore celle d'une portion antérieure de la trompe que la preſſion a obligée de ſe gonfler; elle eſt vûe ici par-deſſous. *t f,* ligne qui la diviſe tout du long en deux parties. Les endroits les plus proches des bouts qui ſont ras ici, paroîtroient velus, ſi la trompe n'étoit pas gonflée vers *t,* ſi les membranes qui ſont diſtendues pour fournir au gonflement, étoient pliſſées.

Dans la Figure 4, on a diſpoſé la trompe comme il convenoit qu'elle le fût pour mettre en vûe la bouche, & la langue de l'abeille. La trompe a été dépliée & tirée vers le col. Au moyen de la violence qu'on lui a faite, on voit au-deſſous des dents *d, d,* la langue *l,* qui eſt relevée & appliquée contre le palais. *o,* l'ouverture qui peut être regardée comme celle du fond de la bouche. *f, f,* les demi-fourreaux extérieurs. *h, h,* les bouts des demi-fourreaux intérieurs.

La Figure 5 repréſente la tête d'une mouche qui eſt d'un genre qui appartient à la claſſe des abeilles, mais d'un genre qui ne ſe tient point dans des ruches, & qui, comme nous le dirons ailleurs, ſe conſtruit lui-même ſon logement; en un mot, cette tête eſt celle d'une de ces groſſes mouches velues qu'on appelle des bourdons; comme leur tête eſt plus groſſe que celle des abeilles ordinaires, elle eſt plus propre auſſi à faire voir la langue & la bouche. Les trompes de ces bourdons ſont conſtruites comme celles des abeilles, elles n'en différent en aucune partie eſſentielle. *t,* la trompe pliée & couverte de tous ſes étuis. *d, d,* les dents qui ont des cannelûres, que les dents des abeilles n'ont pas.

La Figure 6 montre par-deſſous la trompe du bourdon velu, couverte de toutes ſes enveloppes. *p,* ſon pivot. *k, k,* les tiges des demi-étuis extérieurs. *g f, g f,* ces demi-étuis,

ce qui

ce qui paroît blancheâtre entr'eux, eft la trompe même qu'ils ne couvrent point.

La Figure 7 eft deftinée à faire voir la langue du bourdon velu, relevée, & l'entrée de l'œfophage qui eft dans le fond de la bouche. *a*, portion du devant de la tête. *l*, la langue relevée contre le palais, & qui a une de ces figures bizarres qu'elle prend de temps en temps. *o*, fond de la bouche ou entrée de l'œfophage. *e*, efpéce de canal, dans lequel fe rend le fuc miélleux que la langue pouffe enfuite vers l'œfophage. *f h*, *f h*, demi-étuis, fous lefquels la trompe eft cachée.

La Figure 8 repréfente une portion de tête, dont *y* & *y*, font les yeux à rezeau. La trompe *f*, *f*, quoique dans fes fourreaux, a été tirée en avant autant qu'elle le pouvoit être. La langue *l*, eft logée dans la cavité de la trompe, qui peut être prife pour le commencement de la bouche.

La Figure 9 ne différe de la figure 8, qu'en ce que la langue *l*, eft relevée en partie au-deffus de la cavité deftinée à la recevoir.

La Figure 10 montre la langue du bourdon par-deffous & relevée contre le palais, mais fous une autre forme que celle qu'elle a dans les figures 7, 8 & 9. *o*, l'ouverture de l'œfophage.

La Figure 11 fait voir par-deffus une langue *l*, de bourdon, qui a affés la forme de langue, & qui eft allongée par-delà la levre fupérieure.

La Figure 12 repréfente une tête d'abeille qui fait agir fa trompe pour enlever la liqueur miellée dont la furface de quelque corps eft enduite, & pour conduire cette liqueur à la bouche. *f*, étuis extérieurs qui couvrent alors le deffus d'une grande partie de la trompe. *h*, *h*, houppes par lefquelles finiffent les étuis intérieurs. *t b*, la trompe allongée bien par-delà les bouts des étuis intérieurs. *m*, la

Tome V.   . V u

furface enduite de liqueur miellée. Le deſſus de la partie allongée de la trompe, a été rendu convexe, & eſt actuellement appliqué ſur la liqueur miellée. Ce qu'on doit ſur-tout remarquer, c'eſt que le bout *b*, de la trompe eſt élevé au-deſſus de la ſurface de cette liqueur, & que par conſéquent la liqueur n'eſt pas aſpirée par ce bout.

La Figure 13 fait voir une trompe d'abeille contournée dans un ſens contraire à celui où elle l'eſt dans la figure précédente. Le côté qui eſt convexe dans cette derniére, eſt concave dans la figure 13 ; mais auſſi la trompe de la figure 13, s'eſt éloignée du plan *m*, ſur lequel la liqueur miellée eſt étendue. La trompe après s'être chargée de cette liqueur, comme elle s'en charge dans la figure 12, rend concave, figure 13, le côté qui étoit convexe dans la figure 12, pour faire aller vers *h, h,* ſous les étuis, la liqueur qui eſt en *t*.

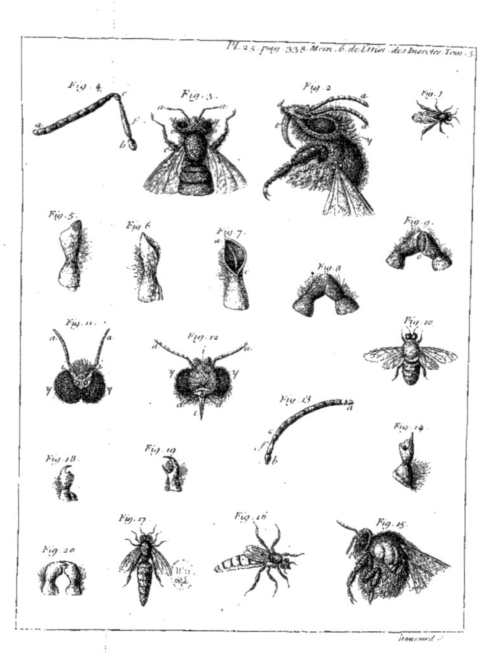

Pl. 25. pag. 338. Mem. 6. de l'Hist. des Insectes Tom. 5.
Fig. 4.
Fig. 3.
Fig. 2.
Fig. 1.
Fig. 5.
Fig. 6.
Fig. 7.
Fig. 8.
Fig. 9.
Fig. 11.
Fig. 12.
Fig. 10.
Fig. 13.
Fig. 14.
Fig. 18.
Fig. 19.
Fig. 20.
Fig. 17.
Fig. 16.
Fig. 15.

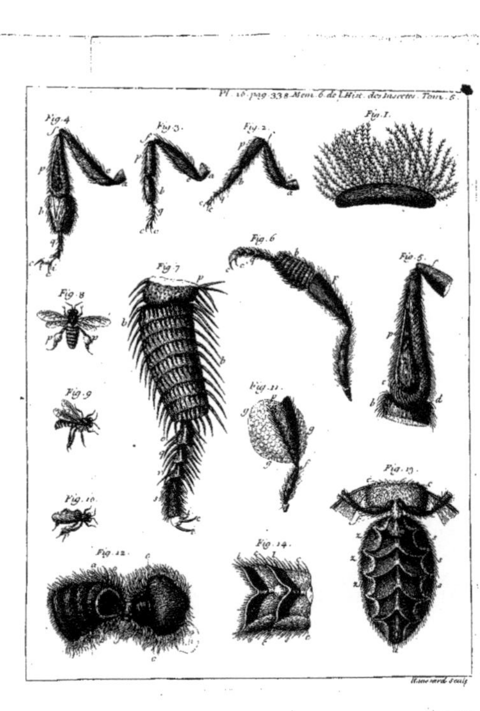
Pl. 16. pag. 338 Mem. 6 de l'Hist. des Insectes. Tom. 6.
Fig. 4.
Fig. 3.
Fig. 2.
Fig. 1.
Fig. 6.
Fig. 7.
Fig. 5.
Fig. 8.
Fig. 9.
Fig. 11.
Fig. 10.
Fig. 13.
Fig. 12.
Fig. 14.
Haussard Sculp.

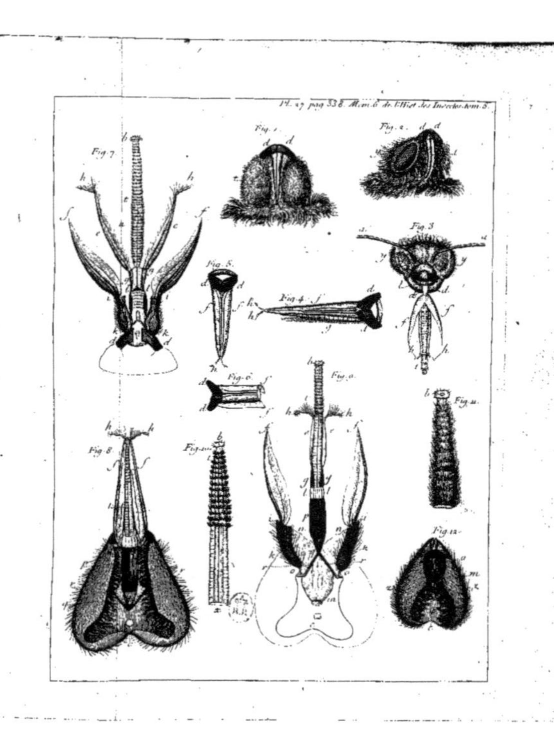

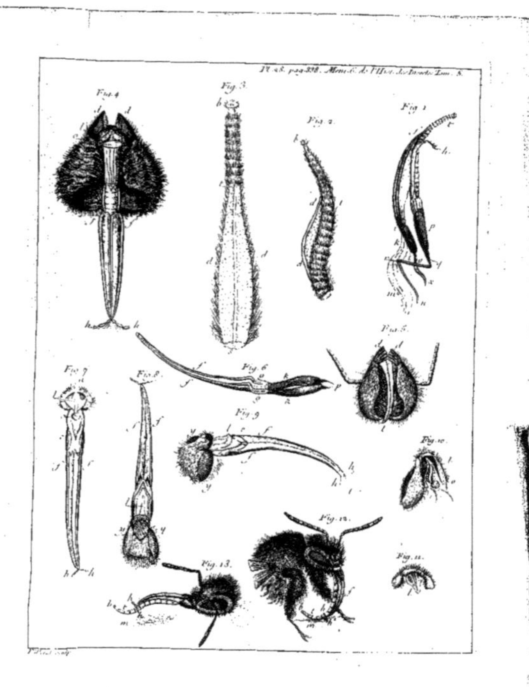
Pl. 18. pag. 398. Mem. de l'Hist. des Insectes Tom. 8.
Fig. 4
Fig. 3
Fig. 2
Fig. 1
Fig. 5
Fig. 6
Fig. 7
Fig. 8
Fig. 9
Fig. 10
Fig. 11
Fig. 12
Fig. 13

SEPTIÈME MÉMOIRE.

DES AIGUILLONS DES ABEILLES,
DE LEURS COMBATS,

Et des différences remarquables entre les parties exté-
rieures des abeilles ordinaires, & les parties exté-
rieures des mâles & des meres.

NOus n'avons rien à craindre des trompes des abeilles,
par la defcription defquelles nous avons fini le Mémoire précedent ; elles ne font pas faites comme celles
des coufins, & celles de divers infectes, pour percer notre
chair. Mais les abeilles ont le derriere armé d'un aiguillon
plus redoutable que la trompe des coufins : fa piquûre
eft fuivie de douleurs beaucoup plus vives que celles que
le coufin nous fait fentir pendant qu'il boit notre fang.
Auffi cet aiguillon n'eft-il par rapport à nous, qu'une
arme défenfive ; il eft rare que les abeilles s'en fervent
contre quelqu'un qui ne les inquiéte pas. Fût-il deftiné
à nous faire plus de mal, fa ftructure n'en feroit pas
moins digne d'être connue ; dès qu'on la connoît, on eft
forcé d'admirer l'appareil avec lequel il eft fait. Ce ne
font pas feulement les abeilles ordinaires qui font pourvûes d'un aiguillon ; les abeilles de différents genres,
comme les gros bourdons velus & les bourdons liffes,
beaucoup de très-petites efpéces d'abeilles folitaires, &
des mouches qui ne font pas de la claffe des abeilles,
comme les frêlons, & plufieurs efpéces de guêpes, font
toutes armées d'un aiguillon fait à peu près fur le même

modéle : Ainsi, en expliquant comment celui des abeilles est composé, nous ferons connoître la composition de ceux de toutes ces autres mouches.

Dans les temps ordinaires l'aiguillon des abeilles est caché dans leur corps ; mais dès qu'on en tient une par le corcelet entre deux doigts, elle ne tarde pas à faire sortir le sien comme un trait, d'un peu au dessous de l'anus *. Bientôt elle le fait rentrer, mais c'est pour le darder de nouveau & à bien des reprises. Alors elle recourbe son corps dans tous les sens & de toutes les façons qu'il lui est possible ; elle cherche à piquer les doigts qui la gênent. Mais pour voir plus constamment cet aiguillon, & pour se procurer le temps de le mieux observer, il faut saisir le corps de la mouche, & le presser près du derriere ; on oblige ainsi l'aiguillon de se montrer, & la pression continuée ne permet pas aux parties destinées à le ramener en arriére, de faire leur fonction. Quand il commence à paroître, il est accompagné de deux corps blancs *, oblongs, arrondis par le bout, & dans chacun desquels une gouttiére est creusée. On juge aisément que ces deux pieces composent ensemble une espéce de boîte, dans laquelle l'instrument délicat est logé lorsqu'il est dans le corps de la mouche *. Ainsi renfermé, aucune partie de l'intérieur ne lui peut nuire, & ce qu'il étoit aussi nécessaire d'empêcher, il ne peut blesser aucune partie. A mesure qu'il avance davantage hors du corps, les deux pieces qui lui servoient de fourreau, s'en écartent, & quand il est entiérement sorti, elles se trouvent l'une à droite & l'autre à gauche hors de son alignement.

Quoique ce petit dard soit extrémement délié, on l'apperçoit néantmoins à la vûe simple ; elle suffit même pour faire juger que quelque fin qu'il soit, & sur-tout auprès de son extrémité, il est creux, & qu'il l'est jusques au

* Pl. 29. fig. 2. f.

* c, c.

* Fig. 1.

bout de sa pointe ; car bientôt une gouttelette d'une liqueur extrémement transparente paroît posée sur le bout même de cette pointe. On voit cette petite goutte grossir de moment en moment. Enfin si on l'emporte avec le doigt, · une autre gouttelette reparoît bientôt dans la même place. On prévoit déja le fatal usage auquel une liqueur si claire est destinée. On soupçonne sans doute que malgré sa *limpidité elle* est le poison qui doit être porté dans la playe ; & c'est ce que nous prouverons dans la suite par les expériences les plus décisives.

Mais il ne faut pas s'en tenir à regarder cet aiguillon avec ses seuls yeux ; si on leur donne le secours d'une loupe d'un court foyer, ils peuvent nous apprendre qu'il n'est pas un instrument aussi simple qu'il le paroissoit. Sa base * est solide, épaisse & grosse, si on la compare avec la tige qu'elle porte. A mesure que cette base s'é- leve, elle devient plus menue ; elle est un peu appla- tie, elle a moins de diametre d'un côté à l'autre, que de devant en arriére. Dans l'endroit qu'on peut prendre pour son terme, il y a une espéce de talon * du côté du dos de la mouche : C'est de là que part cette tige droite destinée à faire des piquûres si douloureuses, qui n'est pourtant que le prolongement de cette partie que nous venons de nommer la base. Le tout est d'une même cou- leur, d'un châtain-brun, & d'un luisant qui fait connoître que cette piece est de corne ou d'écaille. A mesure que la tige approche de son extrémité, elle devient de plus en plus déliée, & enfin elle se termine par une pointe fine.

Malgré la finesse dont cette pointe avoit paru, il y a pourtant des circonstances où elle semble mousse. Nous venons de remarquer que son bout est percé, qu'il laisse sortir de la liqueur. De cette même pointe qui avoit semblé

* Pl. 29. fig. 3.

* t.

V u iij

très-fine, on voit quelquefois s'élever une autre pointe, qui l'eſt beaucoup davantage, & qui s'éleve tantôt plus tantôt moins, & qui tantôt rentre entiérement dans celle d'où elle étoit fortie. C'eſt alors ſur-tout que la premiére pointe paroît mouſſe, parce qu'on conſerve l'image recente de la pointe plus fine qui a diſparu.

Dès lors on juge que ce corps ſi délié qu'on avoit pris pour un aiguillon, n'eſt que la gaine, le tuyau d'un autre aiguillon incomparablement plus fin. On n'a pas cependant encore aſſés d'idée de la fineſſe de ce dernier, quand on en juge par celle de l'étui dans lequel il eſt contenu, car cet étui ne renferme pas un ſeul aiguillon, il en renferme deux égaux & ſemblables. C'eſt ce qu'il eſt plus aiſé de voir qu'on ne croiroit ; il y a différentes maniéres d'y parvenir, que nous allons expliquer. Si on examine mieux que nous ne l'avons fait encore, ce corps que nous prenions pour l'aiguillon *, & que nous ſçavons n'être qu'un étui, on remarquera que ſa circonférence eſt arrondie & unie vers le dos & ſur les côtés, mais qu'en deſſous il a une eſpéce de fente ou du moins une cannelûre qui va en ligne droite de ſa baſe à ſa pointe. Une obſervation ſimple & qu'on aura ſouvent occaſion de faire lorſqu'on étudiera les aiguillons, démontre que ce tuyau conique eſt réellement fendu dans toute ſa longueur. Cette obſervation eſt ſemblable à celle qui a prouvé ci-deſſus que le bout de ce tuyau eſt percé. Pendant qu'on le manie, il arrive quelquefois qu'on voit ſuinter de la liqueur en différents endroits de la rainure, tantôt plus & tantôt moins éloignés de la pointe, & quelquefois dans des endroits aſſés proches de la baſe ; qu'on voit des gouttes s'y former. Quand on vient à examiner la baſe, & qu'enſuite on ſe rappelle la figure, la nature & la diſpoſition des pieces qui font jouer les deux ſcies dont ſont pourvûes les mouches

* Pl. 29. fig. 3.

dont il a été parlé dans le troifiéme Mémoire, la feule
infpection des piéces qu'on trouve à l'origine de l'étui
des abeilles, porte à croire ou au moins à foupçonner
fortement, que celles-ci ont deux aiguillons comme
les autres ont deux fcies. On y remarque aifément deux
filets écailleux *, dont l'un vient de la gauche & l'autre   * Pl. 29. fig.
de la droite en fe courbant, & qui arrivés à la bafe de l'étui   3 & 7. g,c.
& après y être devenus paralleles l'un à l'autre, paroiffent
s'introduire dans fon intérieur. On n'en refte pas au fimple
foupçon, fi on tente de faire paffer une pointe très-fine *,   * Fig. 4.
telle que celle des petites épingles, ou des lancettes
étroites faites pour des opérations de la nature de celle-ci,
fous un de ces filets écailleux dans l'endroit où il paroît
entrer dans l'étui; on y parvient, & avec quelque patience
on réuffit à foûlever & à dégager le filet qu'on attaque. Dès
qu'on eft parvenu à faire paffer la pointe entre le filet &
l'étui, fi on la conduit vers le bout de celui-ci, l'aiguillon
fort de plus en plus, & il fort tout entier, & acheve de fe
dégager avant que la pointe de métal foit arrivée aux deux
tiers de la longueur de l'étui *; c'eft par la couliffe, par   * Fig. 5.
la fente de la face inférieure, qu'il fort. On peut de même
& avec plus de facilité encore parvenir à retirer le fecond
filet. Enfin on ne peut les méconnoître pour des aiguillons,
dès qu'on voit que depuis leur bafe jufques à leur extrémité, ils diminuent de groffeur pour finir par une pointe
extrémement fine, & qu'ils font de nature de corne ou
d'écaille.

Il pourroit, cependant, refter encore quelque fcrupule
par rapport à ces deux aiguillons; on pourroit craindre
que la pointe fine qu'on a fait agir, n'eût détaché de chaque
bord de la couliffe une fibre qui eft prife enfuite pour ce
qu'elle n'eft pas. Le vrai eft néantmoins que la facilité avec
laquelle chacun des filets eft féparé du refte, leur liffe &

leur contour arrondi ne permettent guéres de les croire des fibres détachées du tronc. Mais il y a une maniére de se démontrer ces aiguillons, qui levera tout scrupule, sur-tout si on cherche à observer ceux des mouches qui en ont de plus gros que les abeilles ordinaires, comme ceux des bourdons & ceux des frêlons. En tenant le bout du ventre de la mouche pressé, on forcera l'instrument destiné à faire de douloureuses blessures, à rester en dehors. Alors on le coupera transversalement vers le milieu de sa longueur *. On détachera ainsi du reste & on fera tomber une de ses moitiés: Qu'on examine alors le bout de l'autre moitié, avec une loupe de 4 à 5 lignes de foyer, on y distinguera les coupes circulaires de deux petits corps * posés à côté l'un de l'autre dans un canal qui a une fente tout du long d'une de ses faces. Ces deux petits corps dont on voit les bouts, sont les deux aiguillons tronqués; mais comme ils l'ont été dans un endroit où leur diametre surpasse celui des environs de leur pointe, il est plus aisé de s'assurer de ce qu'ils sont, qu'il ne l'est quand la pointe de l'un ou celle de l'autre sort par le bout de l'étui.

*Pl. 29. fig. 8.

* e, g.

Diverses circonstances peuvent aider encore à rendre les deux aiguillons sensibles: Si on manie, si on presse en différents sens la base de l'étui, on contraint tantôt les deux aiguillons d'avancer également par-delà le bout de l'étui *, tantôt on n'en oblige qu'un à avancer * pendant que l'autre reste en place. Quelquefois on les voit tous deux excéder le bout de l'étui, mais l'un l'excéde plus que l'autre; tantôt on les fait descendre tous deux, tantôt on n'en fait descendre qu'un seul au-dessous du bout de l'étui. Enfin non-seulement on les voit alors distinctement tous deux, mais on voit comment ils peuvent agir, soit ensemble soit séparement; qu'un des deux peut être porté en avant pendant que l'autre reste en arriére; qu'ils

* Fig. 7. dd.
* Fig. 6. d.

peuvent

peuvent agir alternativement, & c'est probablement de la
forte que la mouche les met pour l'ordinaire en action.
On voit aussi qu'ils peuvent être poussés tous deux à la
fois & également en avant, & retirés en arriére.

Pour découvrir certaines parties, même dans les grands
animaux, il y a des temps à choisir : on ne réussiroit pas
à voir les veines lactées d'un animal qu'on n'ouvriroit que
plusieurs heures après que la digestion seroit faite; mais elles
paroîtront bien distinctes dans l'animal dont la digestion
ne sera qu'à peine finie. Il y a de même un temps où l'on
peut parvenir à voir les deux aiguillons des mouches dans
leur entier & très-distinctement. Ce temps favorable est
celui où la mouche est encore cachée sous les enveloppes
de nymphe. Nous avons dit ailleurs que dans un temps
semblable on découvre plus aisément que la trompe du
papillon est composée de deux piéces égales, engrainées
l'une dans l'autre, qu'on ne le découvre dans le papillon
parfait. Dans la mouche qui est encore nymphe, l'étui
des aiguillons est ouvert, il n'est presque alors qu'une
lame platte, dont chaque côté a un rebord, ou, si l'on
veut, une lame cannellée dans toute sa longueur. Quand
cette lame se roule, quand elle prend la figure conique
qu'elle a dans la mouche parfaite, elle renferme & cache
les deux aiguillons ; mais quand la lame est platte, les
deux aiguillons font couchés l'un à côté de l'autre
dans une coulisse où il n'y a que leur petitesse qui puisse
les dérober à la vûe. Mais j'ai eu des nymphes où ils n'é-
toient pas si petits que la vûe simple ne pût les distinguer *. Les nymphes dont je veux parler, font celles   * Pl. 29. fig.
d'une espéce de frêlons de St Dominique, qui surpasse 10.
beaucoup en grosseur l'espéce de frêlons que nous avons
dans ce pays. Elles avoient été envoyées dans l'eau-
de-vie, dans laquelle leurs parties intérieures s'étoient

Tome V.   .X x

bien confervées dans leur figure & leur pofition natu-
relles.

Au refte, tous les bons obfervateurs qui ont examiné
ce qu'on appelle communement l'aiguillon des abeilles,
ont reconnu que ce corps, qui nous paroît fi délié & fi fin,
n'eft que l'étui de deux aiguillons femblables. Leeuwenhoek, Swammerdam, Hook & Malpighi le premier, les
ont décrits & en ont fait graver des figures. Lorfque j'ai
donné dans les Mémoires de l'Académie de 1719. l'Hiftoire des Guêpes, j'ai parlé de leur aiguillon en homme
qui n'avoit pas affés profité des obfervations de ces Sça-
vans, & qui n'avoit pas affés cherché à s'inftruire par fes
propres yeux. Trop occupé & trop fatisfait peut-être de
quantité de faits finguliers que ces mouches m'avoient
fournis, je négligeai de rechercher autant que je l'aurois
dû, les merveilles qui fe trouvent dans la compofition
d'un inftrument redoutable pour nous. J'ai voulu réparer
ici cette négligence, en détaillant les différentes maniéres
dont ceux qui feront curieux de s'affûrer de la réalité des
deux aiguillons, pourront s'en convaincre.

Près de leur pointe ils ont chacun fur un de leurs côtés * des dentelures fines & dont la partie la plus large eft
tournée vers la bafe. Ces dentelures qui ne permettent pas
aux aiguillons de fortir des chairs où ils ont été introduits,
fans fouffrir beaucoup de frottement, font caufe fans
doute que les abeilles les laiffent fouvent & leur étui dans
les piquûres qu'elles ont faites, & dont on les oblige de
s'éloigner plus vîte qu'il ne leur conviendroit. D'ailleurs
on voit bien que ces dentelures font utiles pour faire
pénétrer les aiguillons dans la chair. Celui qui vient d'y
être enfoncé, s'y maintient & devient un appui pour
celui qui eft refté en arriére, & qui doit, dans l'inftant
fuivant, aller plus loin que l'autre.

* Pl. 29. fig. 6. d.

Un gros frêlon de l'ifle de Cayenne, dont j'ai parlé ci-
deffus, a non-feulement des dentelures à chacun de fes
aiguillons *, l'étui même des aiguillons eft dentelé* ; fur   * Pl. 29. fig.
chacun des deux côtés oppofés il a une file de dix ou   10. *e, e.*
douze groffes & fortes dents. On en peut compter   * *d.*
quinze à feize fur chacun des aiguillons des mouches à
miel ; mais pour les pouvoir compter, c'eft-à-dire pour
les voir diftinctement, il faut les chercher avec un microfcope qui groffiffe beaucoup, & les y placer dans une
pofition favorable ; car il arrive fouvent que les faces qui
font en vûe, font celles qui font liffes, & alors on eft tenté
de croire que l'aiguillon qu'on examine n'a point de ces
inégalités qui lui font néceffaires.

Lorfque nous avons cherché à nous affûrer de l'exiftence des deux aiguillons, nous avons déja vû d'avance
qu'ils ont chacun leur bafe particuliére en dehors de l'étui,
& qu'elle eft courbe. Celle de l'un fe contourne vers la
droite *, & celle de l'autre vers la gauche*. L'endroit où   * Fig. 7. *e.*
chacune d'elles va s'inferer, n'eft pas difficile à découvrir.   * *g.*
Quand on ouvre le ventre d'une abeille, on trouve de
chaque côté près de l'origine de l'étui, une plaque dont
la furface eft affés confidérable ; elle a de la folidité, on
peut la manier fans la brifer. Elle eft compofée de trois
piéces cartilagineufes *, réunies enfemble par une mem-   * Fig. 4 &
brane flexible, mais qui a beaucoup de confiftance. De   7. *m, n, o.*
ces trois piéces, dont il eft inutile de bien décrire les contours, celle du milieu eft la plus allongée & la plus étroite.
C'eft à celle-ci & à la premiére que fe réunit la bafe d'un
des aiguillons *, qui tient à l'une & à l'autre par deux   * *p, q.*
petits pedicules. De-là il eft aifé de juger que chaque
aiguillon a des appuis folides contre la plaque à laquelle
il eft attaché, & que la plaque eft faite pour le faire jouer ;
qu'elle eft pourvûe de tous les mufcles néceffaires pour

X x ij

le pouffer en dehors du corps & le retirer en dedans.

Ce n'eft pas affés à la mouche de pouvoir faire pénétrer dans les chairs fes aiguillons & leur étui ; elle ne manque jamais d'empoifonner la bleffure qu'elle fait. Nous avons déja vû que le poifon qu'elle y verfe, n'eft pas un noir poifon, qu'il eft une liqueur extrémement tranfparente ; mais il nous refte à faire connoître le refervoir qui la fournit. Quand on a ouvert le ventre de la mouche, on parvient facilement à le trouver en place, parce qu'il eft précifément dans celle où il eft naturel de le croire & de le chercher. Un peu par-delà la bafe de l'étui, vis-à-vis le milieu de l'efpace que laiffent dans le ventre les deux aiguillons en s'éloignant l'un de l'autre, eft une veffie * remarquable par fa tranfparence, & que fa tranfparence fait juger pleine d'une liqueur très-claire. Elle eft encore remarquable par fa folidité ; car fi on la détache, on peut la manier, lui faire changer de figure jufques à un certain point, en la preffant doucement entre deux doigts, & cela fans la crever. Dans fon état naturel elle eft oblongue comme une olive. Son plus grand diametre eft pofé dans le fens de la longueur du corps. On ne fçauroit la méconnoître pour ce qu'elle eft, dès qu'on s'eft affûré qu'elle eft pleine de liqueur, & qu'on obferve qu'elle fe termine par une efpéce de vaiffeau *, qui fe dirige entre les deux aiguillons, & qui entre dans leur étui. Swammerdam croit avoir vû que le bout de ce vaiffeau fe réunit à l'étui un peu par-delà fon plus grand renflement ; mais ce qui eft inconteftable, c'eft que ce vaiffeau eft le canal qui conduit la matiére vénimeufe du refervoir dans l'étui des aiguillons.

De l'autre bout de ce refervoir part un autre vaiffeau * ; Swammerdam affûre qu'à une certaine diftance ce vaiffeau fe divife en deux. Il n'eft pas aifé de l'avoir dans toute fa longueur ; mais j'en ai eu de beaucoup plus longs que ceux que ce célébre Auteur a fait repréfenter. Il croit que les deux branches formées par la divifion de la tige principale, font des vaiffeaux aveugles. Je ferois plus difpofé à penfer qu'elles s'inferent quelque part dans le canal des aliments ou dans quelque partie où fe fait la fécretion d'une liqueur qui eft apportée au grand refervoir. Ce refervoir eft peut-être pour les abeilles ce qu'eft la veflicule du fiel pour les grands animaux. Je veux dire feulement que l'œconomie animale des abeilles demande qu'une certaine liqueur foit féparée de leur fang par fécretion; & que cette liqueur, qui eft conduite dans une veflie, eft celle que la nature a accordée à ces mouches pour les rendre plus redoutables à leurs ennemis.

Malgré ce que l'examen que nous avons fait de l'inftrument dont les abeilles font pourvûes, nous a appris de fa compofition, pour nous exprimer plus briévement & plus conformement au langage reçû, nous en parlerons dans la fuite comme d'un inftrument fimple, nous continuerons de donner le nom d'aiguillon à cet affemblage de plufieurs piéces; il n'y aura nul équivoque à en craindre, parce que ce fera ordinairement au pluriel que nous parlerons des aiguillons renfermés dans l'étui, & que quand nous en défignerons un feul, il fera caractérifé par quelque épithéte ou par des circonftances qui ne fçauroient permettre qu'on fe méprenne. Nous dirons donc que quand une abeille irritée a piqué fon aiguillon dans notre chair ou dans quelque corps qui lui a été préfenté, comme dans un gand, fi on la preffe de partir, elle l'y laiffe; mais elle ne l'y laiffe pas feul, la plûpart de fes dépendances y reftent attachées, comme les plaques cartilagineufes, la veflie à venin, & beaucoup de parties mufculeufes. La bleffure qu'elle a voulu faire, lui coûte cher, plus cher que ne coûteroit à un homme le coup de poing qui lui feroit perdre fur le champ tout le bras, ou le coup de pied qui lui feroit perdre la cuiſſe. La bleſſure qu'elle s'eſt faite à elle-même, eſt une terrible & mortelle bleſſure, à laquelle elle ne ſçauroit ſurvivre long-temps. Après que cet aiguillon avec ſes dépendances a été arraché & entiérement ſéparé du ventre de l'abeille, il ſemble encore animé du déſir de la venger; au moins comme s'il l'étoit, il travaille à rendre plus profonde la bleſſure qu'il a faite & dans laquelle il eſt reſté. Sa baſe continue à ſe donner des mouvements, elle s'incline alternativement dans des ſens contraires. Les muſcles deſtinés à faire pénétrer l'aiguillon dans les chairs ou dans d'autres corps qui n'ont qu'un médiocre degré de dureté, ſont reſtés adhérents à cette baſe, & ils continuent leur jeu, comme les muſcles de la queue d'un lezard continuent le leur après que cette queue a été coupée, & même coupée en morceaux.

Une des meilleures maniéres de bien voir la longueur des vaiſſeaux * qui portent le venin à la veſſie, c'eſt de ſaiſir l'abeille pendant qu'elle pique, ou, ce qui eſt encore plus facile, c'eſt d'offrir à une abeille qu'on tient de maniére à n'avoir rien à en craindre, un morceau de peau épaiſſe & ſouple, un morceau de chamois par exemple. Elle croit ſe venger de celui qui lui fait violence, en enfonçant ſon aiguillon dans le cuir. Quand elle l'y a bien engagé, qu'on la retire bruſquement, mais qu'on ne l'en éloigne que de quelques lignes. L'aiguillon & ſes dépendances reſteront dans le chamois, & on pourra voir au bout poſtérieur de la mouche, un filet blanc qui va aboutir à la veſſie à venin. Qu'on éloigne cette abeille de plus en plus, mais doucement, de l'endroit dans lequel l'aiguillon eſt demeuré, le filet dont nous venons de parler continuera de ſortir du corps, & on parviendra aiſément à l'avoir long de 2 à 3 pouces. D'où il ſuit que ce filet, ou plûtôt ce vaiſſeau, fait

* Pl. 29. fig. 7. ſ ſ.

plufieurs contours dans le corps de l'abeille, qu'il y eft replié
bien des fois; mais étant auffi délié qu'il l'eft, il eft très-diffi-
cile de voir où il fe termine, & je n'y fuis pas parvenu.

Une obfervation qu'on doit faire alors , c'eft que les
deux plaques cartilagineufes* font paralleles l'une à l'autre, * Pl. 29. fig.
qu'elles femblent tendre à s'appliquer l'une fur l'autre, & 7.*mno; mno.*
qu'elles ne font féparées que par la veffie à venin, qui eft
prefque vuide. De-là il eft affés naturel de foupçonner que
l'unique ufage de ces deux plaques n'eft pas de fervir d'appui aux deux aiguillons, & de les faire jouer, qu'elles fervent
en s'approchant l'une de l'autre, à preffer la veffie, à obliger
fon venin de couler dans le canal qui la porte dans l'étui;
& que les deux aiguillons en mouvement conduifent cette
liqueur jufques au bout de l'étui, qu'ils la font fortir par
cette ouverture, qui leur permet à eux-mêmes de paroître
en dehors. Quand les deux aiguillons ne feroient qu'à
peu près coniques, comme nous l'avons laiffé imaginer,
ils ne fçauroient remplir l'étui conique dans lequel ils font
pofés à côté l'un de l'autre, il y refteroit un vuide capable
de recevoir la liqueur venimeufe qui y eft dardée ; mais
Swammerdam a crû voir qu'ils font applatis l'un & l'autre
par le côté par lequel ils fe touchent; que *tout du long*
du milieu du même côté regne une gouttiére, & que
les gouttiéres des deux aiguillons appliquées l'une contre
l'autre forment un canal qui reçoit & conduit la liqueur
venimeufe au bout de l'étui. Je n'ai pû voir ni le côté applati de chaque aiguillon, ni la gouttiére que Swammerdam prétend y être : peut-être eft-ce faute d'être parvenu
à obferver un aiguillon dans une pofition favorable. Il y
a des circonftances où l'on voit la liqueur s'échapper par
la fente qui eft tout du long du milieu de la face inférieure
de l'étui, & il femble qu'elle ne devroit jamais fortir que
par l'ouverture du bout, s'il y avoit un canal deftiné à la

contenir. Elle s'échappe par la longue fente toutes les fois qu'on preffe affés l'étui auprès de fa bafe, pour obliger cette fente à devenir plus large. Dans d'autres temps cette longue ouverture eft bouchée par les aiguillons mêmes. La liqueur ne coule pas fimplement dans le conduit, elle y eft comme dardée, elle l'eft au moins par des mouches de certaines efpéces. J'ai rapporté ail-leurs * que pendant que je tenois entre deux doigts un très-gros frêlon, je vis fortir du bout de fon aiguillon un jet de liqueur qui fut pouffé à une diftance de plufieurs pouces. Au refte il y a grande apparence que les aiguillons n'ont pas fimplement la figure arrondie fous laquelle nous les avons fait repréfenter, & qu'ils ne font pas contenus dans leur étui comme des plumes le font dans une écri-toire; il y a grande apparence, dis-je, qu'ils y font affem-blés à couliffe & à languette, d'une maniére analogue à celle dont nous avons vû que les limes de la cigale font af-femblées avec leur fupport. D'autres infectes nous donne-ront encore d'autres exemples de cet affemblage, employé pour maintenir pendant leur jeu, des piéces qui doivent alternativement être pouffées en avant, & retirées en arrié-re: mais des couliffes qui feroient taillées dans les aiguil-lons des abeilles, ou des languettes qui y feroient menagées, pourroient bien nous échapper par leur extrême petiteffe.

* *Mem. de l'Académie de 1719. page 226.*

Nous avons fuppofé jufques ici que c'eft une liqueur très-limpide qui rend fi douloureufes des bleffures qui autrement feroient à peine fenties; il eft temps de le prouver ou plûtôt de le démontrer par une expérience très-fimple. Je l'ai faite d'abord fur moi-même, & quel-ques-uns de nos Académiciens & d'autres amateurs de la Phyfique, ont voulu depuis que je la repetaffe fur eux. Avec une épingle très-fine, je me fuis fait deux pi-quûres à un doigt, proches l'une de l'autre. Avant que de

me

me les faire, j'avois eu foin de me munir d'une mouche
à aiguillon; dès que je me fus piqué, je preffai le ventre
de la mouche, j'obligeai l'aiguillon de fe montrer, & je
pris une petite goutte de la liqueur qui s'étoit raffemblée
à fon bout, avec la pointe de mon épingle. Alors je fis
entrer une feconde fois cette pointe dans une des bleffures
qu'elle m'avoit faites, où je ne la tins qu'un inftant; ç'en
fut affés pour qu'elle y laiffât du venin. Il n'y fut pas
plûtôt introduit, que je fentis une douleur femblable à
celle qu'on fent après avoir été piqué par une mouche à
miel. Au refte, la douleur de la playe où l'épingle a porté
de l'irritation, eft, comme celle des piquûres d'abeilles, plus
aigûe ou plus moderée, felon la quantité de liqueur venimeufe dont la playe a été mouillée; & peut-être encore
felon l'état de la playe, c'eft-à-dire, felon la grandeur des
vaiffeaux qui ont été ouverts, & felon le plus ou moins de
fenfibilité des filets nerveux qui ont été attaqués. Je répé-
tai un jour cette expérience fur un de nos Académiciens
qui doutoit de fon effet, ou au moins du degré de fon
effet. Pour le mieux convaincre, je n'épargnai pas la liqueur. Je fis entrer dans la piquûre une groffe goutte que
j'avois prife au bout de l'aiguillon d'un bourdon velu.
L'épreuve fut bientôt plus forte qu'il ne l'eût voulu;
quoique très-courageux, il ne put fentir la douleur cui-
fante de fa petite playe, fans beaucoup piétiner, & fans
pefter contre l'expérience.

Le refte d'ailleurs égal, il y a des temps où les piquûres
des abeilles font plus fenfibles que dans d'autres. Celles
qui font faites en hyver par des mouches prefque engourdies de froid, ne font pas à beaucoup près auffi douloureufes, ni douloureufes pendant un temps fi long, que
celles qui font faites dans des jours chauds d'été, & elles
ne font pas fuivies d'autant d'accidents. La liqueur peut

Tome V. .Y y

être plus exaltée, plus fpiritueufe en été qu'en hyver. D'ailleurs la mouche n'en a peut-être pas une auffi grande provifion en hyver, ou elle n'a pas affés de force pour en faire fortir autant. J'ai rapporté dans l'Hiftoire des Guêpes *, une expérience qui fait voir que plus la quantité de liqueur que la mouche a à verfer, eft grande, & plus la piquûre eft fenfible; & qui prouve en même temps que la quantité qui eft dans le refervoir, peut être bientôt épuifée. J'y ai dit, qu'ayant été piqué un jour par une guêpe, je crus qu'il valloit autant prendre fon mal de bonne grace, je la laiffai achever de me piquer tout à fon aife : en pareille circonftance, la mouche retire de la playe fon aiguillon fain & entier. Quand elle eut elle-même retiré le fien, je la pris, & en l'irritant, je la pofai fur la main d'un domeftique aguerri, qui n'étoit pas à une piquûre près. Celle qui lui fut faite, fut peu douloureufe. Je repris la guêpe, & je me fis piquer moi-même une feconde fois. A peine fentis-je cette derniére piquûre; la liqueur venimeufe avoit été prefque épuifée dans les deux premiéres. Enfin, j'eus beau irriter la guêpe, elle ne voulut pas piquer une quatriéme fois.

La quantité de liqueur venimeufe qu'on peut prendre avec la pointe d'une épingle au bout de l'aiguillon d'une abeille, eft fi peu confidérable, qu'on ne doit point croire qu'il y ait du rifque à l'appliquer fur fa langue, & on doit être curieux de fçavoir l'effet qu'elle y produit, d'en connoître le goût. C'eft une expérience que Swammerdam a faite avant moi, & que j'ai répétée plufieurs fois, & fait répéter à diverfes perfonnes. Sur l'endroit de la langue qui eft touché par ce peu de liqueur, on fent d'abord un goût douceâtre qui femble tenir un peu de celui du miel ; mais bientôt ce doux devient âcre & brûlant. On fent une impreffion de chaleur analogue à l'impreffion

* Mémoires de l'Académie 1719. page 226.

qu'y feroit le fuc laiteux du titimale. L'endroit de ma langue où la petite gouttelette avoit été appliquée, eft quelquefois refté pendant plufieurs heures, comme s'il eut été légérement brûlé. Quelquefois ma langue a été fimplement un peu échauffée. La liqueur que Swammerdam a goûtée, a produit plus d'effet, elle a mis fa bouche plus en feu. Mais l'effet doit être plus grand felon la quantité de liqueur qu'on aura prife, & peut-être encore, comme nous venons de le dire, felon le temps dans lequel on l'aura prife. Une liqueur qui femble brûler la langue, qui y fait naître au moins de la chaleur, eft très-capable de caufer des douleurs cuifantes dans des fibres qui viennent d'être brifées. Des liqueurs plus douces étant introduites dans des playes nouvellement faites, y peuvent produire des irritations douloureufes. Après m'être fait deux petites bleffures avec une épingle, j'ai quelquefois introduit dans l'une la pointe de la même épingle mouillée de miel; & fur le champ la piquûre eft devenue douloureufe, bien moins pourtant que fi la pointe de l'épingle y eut porté de la liqueur venimeufe. Il n'eft pas au refte, aifé de faire des expériences propres à nous découvrir la nature de cette liqueur. Quelquefois j'ai effuyé le bout d'un aiguillon où il y en avoit une goutte avec du papier bleu; l'endroit qui en a été mouillé n'a point rougi : ainfi cette liqueur n'eft point acide, ou elle n'a pas un acide actuellement développé.

Nous fçavons que l'œconomie animale demande qu'il fe faffe des fecrétions dans le corps des grands animaux. Et nous avons déja fait remarquer, que comme la fecrétion de la bile fe fait dans ceux-ci, de même il fe fait dans les abeilles celle de la liqueur qui remplit la veffie qui eft à la bafe de l'aiguillon. Cette liqueur devoit être feparée de celles qui circulent dans les vaiffeaux de l'infecte, & elle a apparemment, comme la bile, des ufages; peut-être aide-t-elle à faire faire dans les inteftins de la mouche, des digeftions dont nous parlerons dans la fuite.

Les animaux de toutes efpéces n'auroient pas à fe plaindre de la liqueur venimeufe que l'aiguillon des abeilles introduit quelquefois dans leurs chairs, s'il étoit vrai, comme Pline l'a raconté, que l'ours devenu trop gras, va à deffein irriter des abeilles logées dans un tronc d'arbre, & qu'il fe fait faire une infinité de piquûres, fur-tout à fon mufeau, qui lui font falutaires. Il feroit bien étrange que la nature eût appris à l'ours à avoir recours à un tel remede; que pour rétablir fa fanté, il fût obligé de fe faire faire un grand nombre de petites bleffures capables de faire périr dans des douleurs cuifantes tout autre animal.

Selon les apparences, il n'y en a aucun, fans en excepter l'ours, auquel un tel venin ne faffe quelque mal. Il peut pourtant y avoir du plus ou du moins. Peut-être agit-il plus foiblement fur les animaux de certaines efpéces, que fur ceux des autres. Entre les hommes il y en a pour qui ces fortes de piquûres ne font rien en comparaifon de ce qu'elles font pour d'autres hommes. J'ai eu un domeftique qui n'en tenoit prefque aucun compte. En quelque endroit qu'il eût été piqué, cet endroit ne s'élevoit prefque point, les environs de la piquûre ne s'enfloient pas, comme fe fuffent enflés les environs d'une femblable piquûre faite à d'autres. J'eus occafion de vérifier ce fait en éprouvant un remede que feu M. du Fay avoit foupçonné bon, & qu'il croyoit avoir expérimenté avec fuccès. Ayant été piqué par une abeille, il penfa à effayer l'effet de l'huile d'olive mife fur fa piquûre. Des expériences faites en Angleterre, l'avoient conduit à cet effai. Elles ont paru prouver que cette huile eft capable d'arrêter les effets funeftes d'un venin bien autrement puiffant que celui des abeilles. On

a prétendu qu'un homme bravoit les morſures des vipéres
au moyen de l'huile d'olive qu'il appliquoit ſur celles qui
lui avoient été faites. M. du Fay ayant été piqué au nez
par une abeille, voulut éprouver ce que pourroit l'huile
d'olive en pareil cas. Dès que l'huile eut été étendue ſur
ſa petite bleſſure, la douleur fut appaiſée, elle ne revint
point, & il ne parut aucune élevation. Il me raconta ce
fait, ſçachant que j'avois plus d'occaſions que perſonne
de répéter l'expérience du nouveau remede. Dans des cas
ſemblables, j'avois déja éprouvé l'effet de l'huile d'aman-
de douce, & le ſuccès que cette huile avoit eu, ne devoit
pas me diſpoſer à bien augurer de celui de l'huile d'olive.
Cependant je fus tenté au bout de quelques jours, de lui
donner plus de confiance. Un de mes domeſtiques fut
auſſi piqué au nez, j'étois préſent, & je ne tardai pas à
humecter ſa piquûre d'huile d'olive; il parut s'en trouver très-bien; il m'aſſûra qu'il ne ſentoit plus de douleur,
& ſon nez ne devint aucunement enflé. Dès le lendemain,
je fis une opération qui demandoit que j'euſſe pluſieurs
perſonnes à m'aider, & une de ces opérations, dont on
ne ſe tire guéres ſans être piqué. Elle me parut très-favo-
rable pour répéter les épreuves de l'huile d'olive. Après
avoir retiré l'aiguillon d'une piquûre qui fut faite à mon
cuiſinier, ſur le front & preſque entre les deux yeux, je la
frottai d'huile d'olive; il ſe crut ſoulagé, mais s'il reçut
un ſoulagement, il ne fut que paſſager. Au bout d'un
quart d'heure, à peine pouvoit-il entr'ouvrir les yeux. L'enflûre qui avoit gagné l'une & l'autre paupiére, les tenoit
toutes deux abbaiſſées. Je fus moi-même piqué cinq fois
tant aux doigts qu'aux bras. Je n'épargnai pas l'application de l'huile d'olive, & malgré l'huile, mes doigts, ma
main & mon bras s'enflérent & reſtérent douloureux.
L'huile n'eut pas un autre ſuccès par rapport aux piquûres

Y y iij

de quelques autres perfonnes fur lefquelles elle fut étendue. Pourquoi avoit-elle donc fi bien réuffi ou parû fi
bien réuffir fur le domeftique fur lequel je l'éprouvai
d'abord ? J'eus l'après-midi un très-bon éclairciffement à
cette difficulté. Dans l'après-midi, ce même domeftique
fut piqué par plus de douze abeilles différentes, aux doigts,
aux mains, aux bras, fans qu'il s'en plaignît, & fans qu'il
parût s'en embarraffer le moins du monde, & auffi fans
qu'aucune des piquûres produisît d'enflûre fenfible. J'ai
connu à la campagne, des gens qui ne daignoient pas couvrir d'un gand la main avec laquelle ils alloient couper des
gâteaux dans l'intérieur d'une ruche, quoiqu'ils fçuffent
qu'elle feroit piquée plus d'une fois. Ces piquûres extrêmement douloureufes pour les autres hommes, étoient
fi peu de chofe pour eux, qu'elles ne leur paroiffoient pas
valoir la peine qu'ils fe gênaffent la main, qu'ils la rendiffent moins libre par un gand.

Il n'y a peut-être que trop de remedes qui ne doivent
leur réputation qu'à quelque cas femblable au premier où
nous avons employé l'huile d'olive ; que parce qu'ils ont
été donnés dans des circonftances où ils étoient inutiles
pour guérir le mal. Outre l'huile, j'ai éprouvé contre le
venin des abeilles, beaucoup de jus de différentes plantes
qui nous ont été indiquées par différents Auteurs. J'ai
éprouvé l'urine, qui eft beaucoup vantée ; j'ai éprouvé le
vinaigre, &c. & je n'ai rien tenté qui ne m'ait paru avoir
dans quelques circonftances, des fuccès qui ont été dé-
mentis par la fuite. Ce qui même eft trop pour le remede
qu'on voudroit préférer, c'eft qu'il n'y en a aucun qui,
dans l'inftant où il a été appliqué, n'ait diminué ou ap-
paifé la douleur. L'eau feule a fouvent produit cet effet ;
la douleur revient après, & l'endroit piqué & les parties
qui en font voifines, s'enflent plus ou moins felon le

temperament de la perfonne, & peut-être felon les difpofitions actuelles de fon intérieur ; & enfin, felon les
fibres des nerfs ou des vaiffeaux qui ont été bleffés. Ce
qu'il y a de certain, c'eft qu'il ne faut jamais manquer
d'ôter l'aiguillon de la playe dans laquelle il a été laiffé.
Le perfil pilé m'a femblé avoir mieux réuffi que tout ce
que j'ai employé ; cependant j'ai fi peu d'opinion de ce
remede, que quoique je fois de ceux à qui les piquûres
font très-cuifantes, & quoique les miennes foient ordinairement fuivies d'enflûre, je ne daigne plus y avoir
recours.

Mais on demandera peut-être de quelle néceffité il étoit
que les abeilles fuffent pourvûes, pour nous piquer, d'un
aiguillon compofé avec tant d'art ! C'eft que cet aiguillon
qui nous pique quelquefois, ne leur a pas été donné précifément pour nous piquer. Elles ont des ennemis, contre
lefquels il faut qu'elles fe puiffent deffendre. Il y a plus,
des mouches plus groffes qu'elles ne font, & fur lefquelles
elles doivent cependant avoir la fupériorité, qu'elles doivent attaquer avec avantage ; de telles mouches, dis-je,
fe trouvent dans leur propre habitation. Ce font celles
qu'on appelle vulgairement les bourdons, que nous avons
nommées faux-bourdons, & que nous avons dit être les
mâles. Quand les mâles n'ont encore que la forme de ver,
les abeilles ordinaires ont précifément pour eux les mêmes
foins qu'elles ont pour les vers qui, après leur métamorphofe, feront des abeilles ordinaires. Lorfque les mâles font
devenus aîlés, elles fe comportent encore avec eux, comme
fe doivent comporter enfemble des enfants d'une même famille. Les unes & les autres doivent auffi, comme nous le
dirons dans la fuite, leur naiffance à une même mere. Enfin,
les abeilles vivent pendant quelque temps avec les mâles en
parfaite intelligence ; mais des jours arrivent où ces mêmes

abeilles font aux mâles, & où elles leur doivent faire la guerre la plus meurtriére; elles les tuent impitoyablement, elles en font un carnage affreux. Les mâles font pourtant beaucoup plus gros, & femblent plus forts que les abeilles ordinaires; mais celles-ci ont une arme qui leur donne bien de l'avantage fur les autres; elles ont un aiguillon, & les mâles n'en ont point. Parmi les loix de quelques Républiques bien policées, nous en trouvons d'étrangement barbares. Les Lacédémoniens pouvoient tuer les enfants qu'ils croyoient devoir être à charge à la République, parce qu'ils étoient nés contrefaits. Les loix des Chinois leur permettent des actions auffi inhumaines. Nous ne fçavons pas apparemment toutes les raifons qui demandent que les abeilles ouvriéres traitent avec tant de cruauté les mouches mâles; mais elles en ont au moins une auffi bonne que celle qui avoit déterminé les Lacé-démoniens à faire périr les enfants qu'ils jugeoient devoir être à charge à la République. Nous prouverons dans la fuite, qu'il vient un temps où les mâles font au moins inu-tiles dans les ruches; & ce n'eft que quand ce temps eft venu, que les abeilles ordinaires en font un maffacre général.

Les abeilles fe livrent auffi les unes aux autres des combats à mort. Dans des faifons, & dans des heures du jour où la chaleur les met en pleine vigueur, elles attaquent & tuent impitoyablement les étrangéres qui ofent entrer dans leur ruche. Mais il y a fouvent des combats à mort entre les mouches de la même ruche. S'il eft permis de vouloir deviner la politique des abeilles, & de croire à leur avantage que leurs querelles n'ont pas des motifs auffi frivoles que le font fouvent ceux des nôtres, on peut penfer qu'une raifon femblable à celle qui les détermine à tuer les mâles, les détermine à tuer d'autres abeilles. Si on leur refufe une charité pareille à celle de

ces

ces peuples fauvages, qui croient traiter favorablement
leurs vieillards, en retranchant de la durée de leur vie, des
jours qu'ils paſſeroient dans la peine & le mal-être, au
moins y a-t'il apparence que pour le bien de leur ſociété
qui ſemble ſeul les faire agir, les abeilles tuent celles
qu'elles ſçavent n'être plus en état d'y contribuer.

Dans de beaux jours, & des jours chauds, on a ſouvent occaſion d'obſerver de ces combats à mort entre les
mouches d'une même ruche. Quelquefois l'attaquante
& l'attaquée en ſortent en ſe tenant déja l'une l'autre;
quelquefois c'eſt en dehors qu'il y en a une qui tombe ſur
une autre qui vole, ou elle va ſe jetter ſur une autre qui
étoit en repos, ou qui marchoit doucement ſur la partie
extérieure de l'appui de la ruche. De quelque maniére que
le combat ait commencé, dès qu'elles ſe ſont jointes, elles
tombent bientôt à terre. Elles ne parviendroient pas à ſe
porter des coups ſûrs en l'air, & il ſeroit difficile qu'elles
puſſent s'y ſoûtenir pendant qu'elles chercheroient à ſe
faire des bleſſures mortelles. Il eſt aiſé de parvenir à en
obſerver qui ſeront ainſi aux priſes devant une ruche, pour
peu qu'on le cherche. On leur verra faire tout ce que feroient deux lutteurs couchés par terre, & dont chacun
voudroit arracher la vie à ſon ennemi. Chacune tâche de
prendre la poſition qui lui eſt le plus avantageuſe. Quelquefois elles ſont toutes deux couchées ſur un côté, ſe
tenant réciproquement ſaiſies avec leurs pattes, tête contre tête, derriére contre derriére, & contournées de façon
qu'elles forment enſemble un cercle ou un ovale. Quand
elles ſe tiennent ainſi, les mouvements de leurs aîles les
font pirouetter de temps en temps, & les portent quelquefois en avant à plus d'un pied de diſtance, mais toûjours
à fleur de terre. Une des deux parvient enſuite à prendre
quelque poſition plus favorable, à monter ſur l'autre, &

à approcher fon derriére du col de celle-ci. Elles font alors fi acharnées au combat, qu'on peut les obferver avec une loupe fans les déterminer à fe quitter. La loupe avec laquelle j'ai fouvent obfervé deux combattantes, m'a fait voir qu'elles dardoient continuellement leur aiguillon. Tous les mouvements de l'une & de l'autre, les flexions & les nouvelles pofitions que leur corps prenoit, ne fembloient tendre qu'à parvenir à trouver une partie molle de fon adverfaire, dans laquelle l'aiguillon pût être introduit. Ces combats ne dureroient apparemment qu'un inftant, fi les abeilles étoient moins bien cuiraffées; mais malgré les écailles dont leurs chairs font couvertes, ces chairs ne font pas inacceffibles. Si une abeille peut faire paffer fon aiguillon entre une écaille, & celle fur laquelle elle n'eft qu'en recouvrement, elle pourra enfuite l'enfoncer dans les chairs qui font l'attache de l'écaille inférieure. Pour peu que le col de l'abeille qui fe deffend, s'allonge, il devient à découvert, fi l'aiguillon de fon ennemie eft proche alors, il pourra le piquer. J'ai remarqué qu'elles cherchoient auffi mutuellement à fe piquer vers la bafe de leur aiguillon, peut-être à l'anus.

Il ne m'eft jamais arrivé qu'une fois de faire une obfervation qui prouve décifivement qu'une mouche peut parvenir à enfoncer fon aiguillon dans le corps d'une autre. J'en fuivis deux qui fe battoient en fortant de leur ruche. Le combat fe paffa fur la partie extérieure de l'appui, il ne fut pas long; bientôt j'en vis une vaincue & expirante. Je la pris, je l'examinai, & je trouvai que l'aiguillon de l'autre étoit refté engagé entre deux anneaux du ventre de celle-ci. Mais il eft rare apparemment que l'abeille qui pique une autre mouche de fon efpéce, lui laiffe fon aiguillon enfoncé dans le corps. Si ce cas étoit ordinaire, chaque combat coûteroit la vie aux deux mouches. La

victorieuse ne sçauroit survivre long-temps à la perte de
son aiguillon, auquel la vessie à venin, & généralement
tout ce qui est nécessaire pour le faire agir, reste attaché.
Tant de parties arrachées font une playe incurable & mortelle.

Ces combats sont quelquefois très-longs. J'en ai vû un
dans lequel ce ne fut qu'après une heure presque entiére,
qu'une des deux mouches laissa l'autre expirante sur la
poussiére. Quelquefois fatiguées l'une & l'autre, & deses-
perant toutes deux de remporter une victoire complette,
elles se séparent, chacune s'envole de son côté. Quand
elles ont sçu l'une & l'autre esquiver les coups d'aiguillon,
le combat se termine sans mort; mais il doit être bientôt
fatal à celle dont quelque partie charnue a été atteinte.
Quelque petite que soit la quantité de venin qui y est
déposée, elle est capable de produire un effet funeste
dans un aussi petit corps que celui d'une mouche; nous
pouvons en juger par celui qu'il produit sur nous. La
douleur de quelques piquûres qui ont été bien assaison-
nées, est quelquefois si violente, qu'elle porte à la tête,
que la tête en est étonnée. Chaque pays, chaque canton
presque a son histoire d'un cheval qui ayant été se frotter
contre une ruche d'abeilles, & l'ayant renversée, a été
assailli par les mouches irritées, & qui n'a pu résister aux
piquûres qu'elles lui ont faites; qui en est mort au bout
d'un temps très-court, en moins d'un quart d'heure ou
d'une demi-heure; j'ai ouï raconter une de ces histoi-
res par un homme digne de foi, & qui avoit été presque témoin du fait. Un semblable fait a été rapporté
par Aristote. Des Auteurs ont été jusqu'à déterminer le
nombre des piquûres qui peuvent faire périr un grand
animal; quelques-uns l'ont fixé à vingt. Je ne sçais pas si
la dose de venin contenue dans ce nombre de piquûres

peut quelquefois fuffire pour donner la mort; mais il eft certain au moins, qu'il y en a une dofe qui, diftribuée à différentes parties du corps, cauferoit des douleurs, des inflammations, des irritations, & enfin une forte de fiévre, fous laquelle l'homme le plus robufte fuccomberoit.

Les actions dont nous venons de parler, font des actions particuliéres; mais il y a quelquefois entre ces mouches, des actions qu'on peut appeller générales. Ce n'eft guéres que dans le temps des effaims, que celles-ci arrivent, que lorfqu'une colonie de mouches qui cherche une habitation, va mal habilement fe loger, foit dans une ruche dont d'autres abeilles font en poffeffion depuis long-temps, foit dans une où un autre effaim s'eft établi depuis peu de jours ou depuis peu d'heures. Lorfqu'il fait beau & chaud, les abeilles reçoivent mal les étrangéres qui veulent entrer en fociété avec elles. C'eft alors que fe livrent les batailles les plus meurtriéres. J'ai déja dit quelque chofe dans le cinquiéme Mémoire, d'une que je vis très-bien, qui dura prefque toute une après midi, qui ne finit qu'avec le jour, & peut-être que lorfque toutes les abeilles d'une petite troupe, qui avoient voulu fe joindre à celles d'un fort effaim, eurent été maffacrées. J'ai rapporté dans ce cinquiéme Mémoire, les aventures des premiéres mouches que je m'étois avifé de loger en petit nombre avec une mere, dans une très-petite ruche vitrée. J'ai raconté comment, & combien de fois elles quittérent cette ruche; & qu'enfin après leur derniére fortie, elles fe déterminérent peu après midi à entrer dans une ruche où j'avois logé depuis une ou deux heures un effaim très-nombreux. Dès que la petite troupe d'abeilles fut entrée dans la ruche de cet effaim, le combat commença. La ruche n'étoit pas conftruite de maniére à me laiffer voir ce qui fe paffoit dans l'intérieur, mais les dehors m'offroient un fpectacle meurtrier & très-varié. Je voyois sortir deux mouches, dont une étoit entraînée par l'autre, qui la saisissoit par où elle pouvoit, & qui tendoit à lui monter sur le corps ; quand elle y étoit parvenue, bientôt celle qui avoit du dessous, étoit égorgée ; je dis égorgée, & peut-être le puis-je dire dans le sens propre. La mouche supérieure saisissoit l'autre, & la serroit avec ses dents près de la tête, & je ne sçais si ce n'étoit pas au col ou au corcelet. Il m'a paru que quelquefois c'étoit auprès des premiers stigmates. Ce qui est certain, c'est que dès que la mouche vaincue avoit été serrée près de sa partie antérieure, elle étoit morte ou mourante. La victorieuse la laissoit sans vie sur la poussiére, ou prête d'y expirer ; elle l'abandonnoit alors, mais elle restoit posée auprès d'elle, comme pour jouir de sa victoire, ou pour se délasser de ses fatigues. Les mouches victorieuses faisoient constamment la même manœuvre. Dès que le combat étoit fini par la mort de leur ennemie, posées sur leurs quatre premiéres jambes, elles frottoient les deux postérieures l'une contre l'autre. Quelquefois l'affaire étoit décidée dès l'intérieur de la ruche, quelquefois c'étoit en dehors à quelque distance qu'elle se terminoit. Dans le premier cas, une mouche sortoit triomphante de la ruche tenant sous son ventre & entre ses jambes celle à laquelle elle avoit ôté la vie, & sortoit en volant. Elle prenoit tantôt un plus grand & tantôt un plus petit essor ; quelquefois ce n'étoit qu'à quelques pieds de la ruche qu'elle alloit s'appuyer à terre, & y déposer le cadavre dont elle étoit chargée ; quelquefois elle s'élevoit à perte de vûe. Souvent je remarquois l'endroit où alloient se poser celles que je pouvois suivre des yeux, & lorsque je me rendois où j'en avois vû une s'arrêter, si l'abeille pleine de vie & de vigueur en étoit partie, j'y trouvois au moins la morte.

Z z iij

Dans le fecond cas, dans celui où l'abeille n'avoit pas encore mis à mort l'abeille qu'elle tenoit faifie, & qu'elle portoit en volant hors de la ruche, elle ne la portoit pas loin, qu'à quelques pas; là elle achevoit de la tuer.

Nous ne viendrions pas auffi vîte à bout de tuer une mouche, fi nous ne voulions pas l'écrafer, que chaque abeille venoit à bout de tuer celle qu'elle avoit tranfportée hors de la ruche. Elles fçavent mieux que nous où les coups mortels doivent être portés. Je ne les voyois pas fe fervir alors de leur aiguillon; mais il y a apparence que des bleffures empoifonnées faites à la mouche vaincue, avoient valu la fupériorité à la victorieufe. Il ne reftoit plus à celle-ci qu'à donner, pour ainfi dire, le coup de grace, & elle le faifoit avec fes dents. Hors de la ruche, tous les combats à mort n'étoient que de feule à feule. Peut-être que tout ne fe paffoit pas auffi généreufement dans l'intérieur. Celles qui étoient maffacrées en dehors, avoient déja été mifes hors de combat dans la ruche même. Dans les temps où fe fait la grande tuerie des mâles, trois ou quatre abeilles n'ont point de honte pour- tant d'en attaquer enfemble un feul.

Au refte, j'ai déja dit ailleurs, que je ramaffai plus de 250 abeilles mortes, de celles qui furent tuées dans cette journée, ou plûtôt dans cette après midi, & je n'en ra- maffai que 250, parce que je n'avois pas befoin d'en avoir davantage pour l'expérience qui m'avoit engagé à les ramaffer.

J'ai vû fouvent, & le jour même du carnage que je viens de raconter, trois à quatre mouches après une feule, fans que la vie lui fut arrachée. Elles la prenoient par une jambe, chacune de fon côté; quelquefois elles lui mordoient le corps ou le corcelet. J'avois d'abord pitié de celle qu'on attaquoit avec tant de lâcheté &

de fupériorité ; mais après avoir obfervé que l'abeille attaquée par tant d'ennemies, parvenoit à s'en débar-raffer, j'appris qu'elle avoit un moyen aifé de fe tirer d'affaire, & je reconnus qu'on n'en vouloit pas à fa vie. Le combat ceffoit dès que celle qui avoit été tiraillée & mordue, allongeoit fa trompe. Une des attaquantes ve-noit fuccer cette trompe avec la fienne, & ainfi en faifoient les autres à leur tour. De forte que les autres abeilles ne fembloient lui avoir porté des coups que pour la forcer de leur dégorger du miel qu'elle leur refufoit. Dans tous les combats inégaux qui fe pafferent fous mes yeux ce même jour, & il s'en paffa plufieurs, jamais les attaquées ne furent mifes à mort, elles fe tirerent toutes d'affaire par le même expédient.

Ç'a été une queftion fur laquelle les Anciens ont été partagés, de fçavoir fi le roy des abeilles, notre mere abeille avoit un aiguillon. Ariftote lui en a donné un, & Columelle a prétendu qu'Ariftote s'étoit trompé, qu'il avoit pris pour un aiguillon un gros poil que le roy porte dans le ventre. Cette queftion n'étoit pas encore décidée du temps d'Aldrovande, qui s'en eft tenu à dire qu'elle ne le pouvoit être que par une *nouvelle & exacte obfer-vation.* Toute la difficulté qu'il y avoit à éclaircir un fait par rapport auquel on eft refté dans l'incertitude pendant tant de fiécles, étoit pourtant d'avoir une mere abeille, & de lui preffer le ventre. Car dès qu'on preffe celui d'une mere, on oblige à fortir de fon corps un aiguillon * qu'il n'eft pas poffible de méconnoître pour ce qu'il eft, il furpaffe beaucoup en grandeur celui des abeilles or-dinaires ; du refte, il n'en différe qu'en ce qu'il eft un peu courbé vers le ventre, au lieu que celui des autres mouches eft droit.

                                                             * Pl. 29. fig. 9.

Ceux qui ont affûré, & apparemment d'après Ariftote,

que la mere abeille avoit un aiguillon, ont voulu avec lui
qu'elle n'en fût armée que pour la dignité ; ils ont prétendu qu'elle n'en faifoit jamais' ufage ; ils l'ont regardée
comme un roy, qui tout petit qu'il eft, eft un modéle à
propofer aux rois auxquels un grand peuple eft foûmis ;
ils nous l'ont donné pour magnanime & pour incapable
de faire par lui-même des exécutions cruelles, quoique
juftes. Il eft au moins très-vrai que la mere abeille eft bien
plus pacifique, plus difficile à irriter que ne le font les
abeilles ordinaires ; elle n'eft pas auffi difpofée à fe fervir
de fon aiguillon, que les autres le font à fe fervir du
leur. J'ai eu cent & cent fois des meres abeilles fur une
de mes mains, je les y ai fouvent touchées & prifes de
l'autre main, fans qu'aucune m'ait jamais piqué. Je crois
pourtant qu'il n'a quelquefois tenu qu'à moi d'avoir la
gloire d'être piqué par une reine. Pendant que deux de
mes doigts en faififfoient une par le corps ou par le corcelet, & qu'ils la mettoient mal à l'aife affés long-temps
pour pouffer fa patience à bout, j'ai vû quelquefois qu'elle
faifoit fortir fon aiguillon, & qu'elle contournoit fon
corps autant qu'il lui étoit poffible, & fucceffivement de
différents côtés, pour parvenir à percer un de mes doigts.
La piquûre qu'elle m'eût faite, eût été apparemment plus
douloureufe que celles que font les autres mouches. La
veffie qui doit fournir fon aiguillon de venin, eft proportionnée à la grandeur de cet aiguillon, par conféquent
plus groffe que celle des abeilles ordinaires. J'ai d'ailleurs
goûté du venin tiré de la veffie d'une mere, il m'a paru
avoir un goût auffi brûlant, pour le moins, que celui des
abeilles ordinaires.

Si l'aiguillon ne devoit être d'aucun ufage aux meres,
elles en auroient été privées, comme les mâles le font,
elles n'en auroient pas été armées, & d'un qui eft plus

confidérable

confidérable que celui des abeilles communes. Mais apparemment qu'une mere ne s'en fert que dans des occafions
importantes, que dans des combats dignes d'elle, peut-
être feulement lorfqu'elle a à fe mefurer avec une autre
mere, comme il peut y en avoir des occafions, dont nous
parlerons dans la fuite. La vie de toutes les mouches d'une
ruche, dépend de celle de la mere, puifqu'elles périffent
bientôt toutes, quand cette derniére a perdu le jour. Or
nous fçavons que la vie d'une mouche qui pique, eft toûjours en grand danger; lorfqu'il lui arrive de laiffer fon
aiguillon dans la playe qu'elle a faite, elle fe fait à elle-
même une bleffure mortelle. Les fociétés d'abeilles auroient donc été trop fouvent expofées à être détruites,
fi la mere de chaque ruche étoit auffi colére, auffi difpofée à faire des piquûres, que le font les mouches ordinaires.

Dès que parmi les abeilles il y a des fémelles, des mâles
& des mouches qui ne font ni de l'un ni de l'autre fexe,
l'intérieur des unes a néceffairement été conformé différemment de celui des autres. Nous verrons auffi dans un
autre Mémoire, qu'on ne trouve dans le corps des ouvriéres aucun veftige des parties qui ont été accordées
aux fémelles pour contenir les œufs & les faire croître,
ni de celles qui ont été données aux mâles pour féconder
ces mêmes œufs. Mais nous n'en fommes encore qu'aux
parties extérieures de ces mouches, & nous devons nous
arrêter à comparer celles des unes avec celles des autres;
elles nous offrent des variétés dans leur conftruction, leur
pofition & leur grandeur, qui méritent d'être remarquées.
Au lieu que les abeilles ordinaires partent pour la campagne dans les beaux jours dès que le Soleil commence
à paroître fur l'horifon, & quelquefois plûtôt, on ne voit
prefque jamais les faux-bourdons fortir de leur ruche, que

Tome V.   .Aaa

depuis onze heures du matin jufques à cinq à fix de l'après midi. Ce qui eft plus conftant encore, c'eft qu'on ne parvient jamais à en obferver aucun qui y retourne avec une récolte de matiére à cire, à en obferver aucun qui revienne chargé des deux pelottes. On les a auffi toûjours traités de pareffeux, qui, fans rien faire, vivent du miel que les laborieufes abeilles ont ramaffé, & qui ne vont à la campagne que pour s'y promener. Quand on examine leurs parties extérieures, on ceffe de leur reprocher leur pareffe. On reconnoît que s'ils ne travaillent pas, c'eft qu'ils n'ont pas été faits pour travailler. Si on confidére * la partie de chacune de leurs jambes de la troifiéme paire, qui eft analogue à celle des jambes femblables des ouvriéres, que nous avons nommée la palette triangulaire *, on n'y verra pas cet enfoncement, cette petite cavité, qui avec les poils dont elle eft bordée, forme une efpéce de petite corbeille propre à recevoir & à contenir la petite pelotte compofée de pouffiéres d'étamines. Dès que la partie néceffaire aux abeilles ordinaires pour former & tranfporter à la ruche les deux petites boules de cire brute, a été refufée aux bourdons, ils ont été déchargés par la nature de l'un & de l'autre travail.

Nous avons vû que les dents des abeilles ordinaires leur font néceffaires pour faire la récolte de la cire brute, qu'elles s'en fervent pour ouvrir ces fommets, ces capfules dans lefquelles font renfermées les pouffiéres qu'elles veulent recueillir, & nous verrons dans la fuite combien ces mêmes dents leur font des inftruments effentiels, lorfqu'il s'agit de mettre la cire en œuvre. Quoique ces abeilles foient confidérablement plus petites que les mâles, quoiqu'un mâle pefe plus que deux abeilles ordinaires, les dents de celles-ci * furpaffent beaucoup en grandeur les dents de ceux-là *. Au lieu que celles des abeilles ordinaires faillent

en-devant de la tête, & qu'elles font toûjours très-visibles,
celles des mâles font appliquées contre la tête, & elles
font fi petites que les poils des environs fuffifent pour
les cacher entiérement ; elles ont d'ailleurs des dentelûres
que n'ont pas les dents des abeilles ordinaires.

La difproportion eft auffi grande entre la trompe des
faux-bourdons * & celle des abeilles ordinaires *, que celle   * Pl. 25. fig.
qui eft entre les dents des uns & celles des autres. Non-   12. *t.*
feulement la trompe des mâles eft plus d'une fois plus   * Fig. 2.
courte, elle eft de même beaucoup plus déliée. Ils n'ont
donc pas autant de facilité que les abeilles pour puifer le
miel dans les fleurs où il eft caché à une grande profondeur. La leur ne leur a été donnée que pour fuccer celui
qui eft néceffaire pour les faire vivre, & nullement pour
en faire des récoltes. Un fi petit inftrument ne pourroit
parvenir à recueillir la quantité de miel, qui eft recueillie
par un beaucoup plus grand, que dans un temps confidérablement plus long.

On peut remarquer d'autres différences entre d'autres
parties extérieures des faux-bourdons, & des parties analogues des abeilles ordinaires, dont il ne nous feroit pas
auffi aifé de rendre raifon, ou même dont il fera toûjours
impoffible de la rendre. Je ne m'arrêterai point à dire que
la partie antérieure de leurs antennes * a une articulation   * Fig. 13. *a c.*
de plus que celle des antennes des abeilles ordinaires *, &   * Fig. 4.
que la partie de l'antenne de l'abeille commune, que nous
avons nommée le fufeau *, eft plus longue que le fufeau   * *f.*
de l'antenne du bourdon * ; mais nous ne pouvons nous   * Fig. 13. *f.*
empêcher de faire faire attention à la grandeur des yeux
à rezeau * des mâles, qui couvrent tout le deffus de la   * Fig. 11. *y, y.*
partie fupérieure & poftérieure de la tête, pendant que les
yeux à rezeau des abeilles ordinaires *, forment fimple-   * Fig. 3. *y, y.*
ment chacun une efpéce d'ovale fur chaque côté. Auffi

A a a ij

c'eft fur le derriére de la tête que font placés les trois petits
yeux, ou les yeux liffes de celles-ci *, & les trois petits yeux
des mâles * font en devant affés près des antennes; il ne
leur eft pas refté de place fur le derriére. Nous n'apper-
cevons pas la liaifon qu'il peut y avoir entre des yeux à
rezeau très-grands, & ce qui conftitue le fexe du mâle,
quoique plufieurs obfervations confirment que la nature
a donné ces fortes d'yeux beaucoup plus grands aux mâles
des infectes de diverfes efpéces, qu'elle ne les a donnés à
leurs fémelles. Les mâles des mouches de Saint-Marc,
nous en fourniffent un exemple dans le fecond Mémoire
de ce volume.

Les faux-bourdons ont le corcelet très-velu, & plus velu
que celui des abeilles; mais les anneaux de leur corps font
plus liffes. Ils ont à leurs jambes, & fur-tout à leurs jambes
poftérieures, des broffes * dont les poils font plus ferrés &
plus courts que ceux des abeilles ordinaires. Elles ne font
faites que pour nettoyer le deffus de leur corps & de leur
corcelet, pour faire tomber la pouffiére qui s'y eft attachée, même celle des étamines; mais elles ne font pas
faites pour retenir les grains de celle-ci, & les raffembler
en petites maffes.

Les meres abeilles nous paroîtront mieux mériter d'être
nourries de provifions qu'elles n'ont pas ramaffées, que les
bourdons ne le méritent. Comme il n'y en a qu'une ordinairement dans chaque ruche, elle n'y augmente pas confidérablement la confommation. Enfin, elle eft affés chargée
d'ouvrage, dès qu'elle eft obligée de mettre au jour un nombre d'œufs auffi prodigieux que celui qu'elle y met chaque
année; elle eft donc uniquement deftinée à pondre. Auffi
ne doit-on pas trouver, & ne trouve-t-on pas fur fes jambes poftérieures non plus que fur celles des bourdons, les
deux cavités deftinées fur les jambes des abeilles ordinaires

* Pl. 25. fig. 3.

* Fig. 11.

* Pl. 33. fig. 2. b.

à recevoir deux pelottes de matiére à cire. Elle n'avoit pas
befoin d'une trompe auffi longue que celle des abeilles, &
de dents auffi grandes que les leurs. Ses dents * bien moins * Pl. 25. fig.
grandes que celles des abeilles, font pourtant plus grandes 18, 19 & 20.
que celles des bourdons. Chacune a deux dentelûres que
n'ont point celles des abeilles ordinaires. Quand les dents
font en repos, les dentelûres de l'une entrent dans celles
de l'autre *. La trompe de la mere eft auffi beaucoup plus * Fig. 20.
courte & plus déliée que celle des abeilles ordinaires, quoique plus longue & plus groffe que celle des mâles.

    Les meres * font fur-tout remarquables par leur lon- * Fig. 16 &
gueur. Quoique moins groffes que les mâles *, elles font 17.
ordinairement plus longues. Il y a pourtant des meres bien * Fig. 10.
plus longues & plus groffes que d'autres, ce qui dépend
peut-être de la quantité & de l'état des œufs qui font dans
leur corps; car c'eft la longueur du leur qui les rend plus
longues que les abeilles ordinaires ; leur corcelet n'eft
guéres plus long que celui d'une abeille ouvriére. Leur
corps, au refte, n'a pas une figure qui tienne autant de
l'ellipfoïde ou de celle d'une olive, que celui des abeilles
ordinaires en tient. Depuis le premier anneau jufques au
dernier, fon diametre va en diminuant. D'ailleurs le corps
de la mere femble plus détaché du corcelet, que ne l'eft
le corps des abeilles ordinaires : on a fouvent occafion de
voir que, comme le corps des mouches Ichneumons, il
n'eft uni au corcelet que par un fil. Mais rien n'aide plus à
faire reconnoître une mere abeille, rien ne frappe davantage, quand on l'apperçoit, que le peu de longueur de fes
aîles. Les bouts des fiennes fe terminent fouvent au troifiéme anneau, pendant que les bouts des aîles des abeilles
ordinaires, & fur-tout de celles des bourdons, vont par-delà
celui du corps. Les aîles forment une efpéce d'habillement
aux mouches, qui les portent fur leur corps. Les abeilles

* Pl. 25. fig. 1. ordinaires *, & les faux-bourdons, semblent avoir un habit long, pendant que la mere semble porter un juste, ou un de ces habits courts que les Dames ont nommé des *Pets-en-l'air*. Avec de si courtes aîles la mere abeille peut voler, mais moins bien & plus difficilement que les abeilles ordinaires ; elle doit se fatiguer davantage en volant. Aussi lui arrive-t-il peu de fois dans sa vie de faire usage de ses aîles. Il y a apparemment telle mere qui a donné naissance à bien des milliers de mouches, & qui dans sa vie n'a jamais volé qu'une fois. La mere doit se tenir constamment dans la ruche. Dès qu'elle en sort, tout son peuple est ordinairement déterminé à la suivre. Il ne convenoit donc pas qu'elle eût une facilité de voler qui l'eût engagé à prendre trop souvent l'essor ; il faut qu'elle ne s'y détermine que dans la nécessité.

En dessus, les anneaux du corps des meres sont lisses, on n'y voit point de poils comme sur ceux des abeilles ordinaires. Une loupe en fait pourtant découvrir quelques-uns sur le premier anneau. Leur corcelet n'est pas non plus aussi velu que celui des abeilles ordinaires ; le milieu de sa partie supérieure est lisse ; mais il y a des poils sur le côté du corcelet, & en dessous. Les meres en ont beaucoup sur la tête, & même sur les yeux à rezeau qui par leur position & leur contour, ressemblent à ceux des abeilles ordinaires. Les trois petits yeux sont aussi placés sur leur tête comme sur celle des abeilles ordinaires, dans une forêt de poils. On leur trouve des poils sous le ventre & sur les jambes. Mais il est à remarquer, que non-seulement les meres n'ont pas à la palette de chaque jambe de la derniére paire une * Pl. 26. fig. 6 & 7. brosse faite de poils longs, comme l'ont les abeilles ordinaires * ; elles n'en ont pas même une faite de poils courts, comme l'ont les bourdons ; à peine trouve-t-on quelques poils semés sur le côté intérieur de cette palette, sur celui où

devroit être la broffe ; auffi étoit-il inutile qu'elle en fût
pourvûe. Les mouches qui entourent la mere, ne font
continuellement occupées que du foin de la nettoyer, de
la broffer, de la lêcher, elles ne lui fouffrent pas la moindre ordure, & elles femblent chercher à lui épargner tout
ce qui a apparence de peine.

La couleur de toutes les meres n'eft pas la même; j'en
ai vû plufieurs qui avoient tous les anneaux du deffus de
leur corps d'un brun couleur de marron très-foncé, &
par-tout d'une teinte égale*; & j'en ai vû plufieurs dont
chaque anneau étoit de deux teintes*, & fouvent de deux
couleurs. La moitié antérieure, ou à peu près, étoit d'une
couleur plus claire que celle de la partie poftérieure. Celle-
ci étoit rougeâtre dans quelques-unes, & ce qui la précé-
doit étoit un blanc teinté de cette couleur; enfin, j'ai vû
plus ou moins de rougeâtre & de blancheâtre fur différentes meres. Je ne ferai point de procès à Virgile fur
ce que je ne leur ai jamais trouvé de taches qui appro-
chaffent de la couleur de l'or. L'or entre naturellement
dans la parure d'un Roy, & ce n'eft pas trop pour un
Poëte d'avoir changé du rougeâtre en or. Il n'eft guéres
même d'infecte qui ait des écailles liffes & des poils jaunâtres, qui regardé au foleil en certains fens, ne faffe paroître quelque brillant qui pourra paroître approcher de
celui de l'or. Le deffous du corps eft d'une couleur plus
blancheâtre que celle du deffus. Ce n'eft donc pas feulement par fa grandeur, & par fa forme, qu'une mere abeille
peut être diftinguée des autres abeilles & des bourdons,
elle le peut être par la couleur du corps, qui eft toûjours
différente de celle des unes & de celle des autres. Leur
corcelet eft brun.

* Pl. 25. fig. 17.
* Fig. 16.

EXPLICATION DES FIGURES DU SEPTIEME MEMOIRE.

PLANCHE XXIX.

TOUTES les Figures de cette Planche repréſentent des aiguillons de mouches & les parties qui y ont rapport, vûs à la loupe ou au microſcope.

La Figure 1 montre l'intérieur du bout du corps d'une abeille ordinaire, qu'on a mis à découvert en enlevant une portion d'anneau. *a a a,* la portion d'anneau qui a été détachée & tirée hors de ſa place naturelle. *b b,* le contour de l'ouverture, dont la piéce précédente a été enlevée. *f,* la partie qui eſt appellée l'aiguillon, & qui, comme les figures ſuivantes le feront voir, eſt un étui qui renferme deux aiguillons. *c, c,* deux parties blanches & charnues, qui enſemble font un fourreau, dans lequel l'aiguillon eſt logé en grande partie.

La Figure 2 moins groſſie que la précédente, fait voir du côté du ventre le bout poſtérieur d'une abeille, dans un inſtant où l'aiguillon *f,* eſt ſorti, comme il l'eſt lorſqu'elle veut s'en ſervir pour piquer. *c, c,* les demi-fourreaux charnus.

La Figure 3 repréſente un aiguillon vû de côté avec la plûpart de ſes dépendances. *f,* l'étui dans lequel les deux aiguillons ſont renfermés. La face *f,* eſt celle qui eſt en deſſous quand l'aiguillon eſt dans le corps de la mouche poſée horiſontalement. *t,* le talon de l'étui des aiguillons. *g,* & *e,* les deux aiguillons, dont on ne voit ici que les baſes. *m, n,* parties muſculeuſes & cartilagineuſes, qui poſent en *p,* & *q,* ſur la baſe de l'aiguillon *g.* Il y en a de pareilles ſur celles de l'aiguillon *e,* mais qui ne ſçauroient paroître dans cette figure. *c, c,* les demi-fourreaux charnus.

Dans

Dans la Figure 4., une épingle est paſſée entre le fourreau *f*, & un des aiguillons *g*. Elle a fait ſortir cet aiguillon
en partie du fourreau, & l'en tient dehors.

Dans la Figure 5, l'épingle a mis les deux aiguillons
e, g, entiérement hors du fourreau *f.* En ces deux figures
4 & 5, *p,* & *q,* montrent les appuis des parties *m, n, o.*

La Figure 6 fait voir une portion du fourreau des
aiguillons, du côté où l'on peut voir qu'il eſt un tuyau
ouvert dans toute ſa longueur ; on n'a laiſſé dans ſa
cavité qu'un des deux aiguillons qui y étoient. *e,* cet aiguillon. *d,* les dentelûres qui ſe trouvent ſur un des côtés
de l'aiguillon, près de ſa pointe.

La Figure 7 montre très en grand un aiguillon d'une
abeille avec toutes ſes dépendances, & elle montre cet
inſtrument par ſa face inférieure, qui eſt la même que
celle par laquelle eſt vûe la portion repréſentée, figure 6.
g d, e d, les deux aiguillons. *f,* l'étui dans lequel ils ſont
logés à côté l'un de l'autre. *d, d,* les pointes dentellées des
deux aiguillons, qui appliquées l'une contre l'autre, ne
forment qu'une ſeule pointe très-aigûe. Cette pointe *dd,*
qui eſt ici au-deſſus de *f,* eſt quelquefois entiérement dans
l'étui, & cela lorſque la baſe *g p,* d'un aiguillon, & celle
e p, de l'autre, ſont tirées vers *q, q. m, n, o,* les trois feuilles
membraneuſes & cartilagineuſes liées par deux eſpéces de
pédicules à la baſe d'un aiguillon, & qui ſervent à le faire
jouer. En *x, x,* ſont des muſcles qui mettent en mouvement les parties précédentes. *u,* la veſſie qui contient le
venin. *r,* le conduit par lequel cette liqueur eſt portée dans
l'étui des aiguillons. *ſſ,* vaiſſeau long & tortueux, par
lequel apparemment la liqueur venimeuſe ſe rend dans
la veſſie ; Swammerdam prétend avoir obſervé que ce
vaiſſeau ſe diviſe en deux branches ; mais je ne l'ai pû voir
que ſimple.

Tome V. . B b b

La Figure 8 fait voir la coupe tranſverſale des deux aiguillons logés dans l'étui. *e, g,* les deux aiguillons. *f f,* l'étui.

La Figure 9 eſt celle du derriére d'une mere abeille, hors duquel l'aiguillon eſt ſorti. *f,* l'aiguillon qui eſt concave du côté du ventre, au lieu que l'aiguillon des abeilles ordinaires eſt droit.

La Figure 10 a été deſſinée d'après une très-groſſe nymphe d'une mouche du genre des frêlons, qui m'eſt venue de Cayenne dans de l'eau-de-vie ; elle étoit renfermée dans une forte coque de ſoye. Les parties qui compoſoient ſon aiguillon, ont été plus aiſées à développer qu'elles ne l'euſſent été dans la mouche même. *c, c,* les deux demi-fourreaux analogues aux fourreaux charnus des abeilles, marqués par les mêmes lettres dans les figures précédentes. *e, e,* les deux aiguillons tirés hors de leur fourreau. *f,* le fourreau des aiguillons, qui peut lui-même être regardé comme un troiſiéme aiguillon, parce qu'il eſt dentellé de chaque côté, comme les aiguillons le ſont d'un côté ; mais ſes dentelûres ſont plus fortes, & plus groſſes que celles des aiguillons.

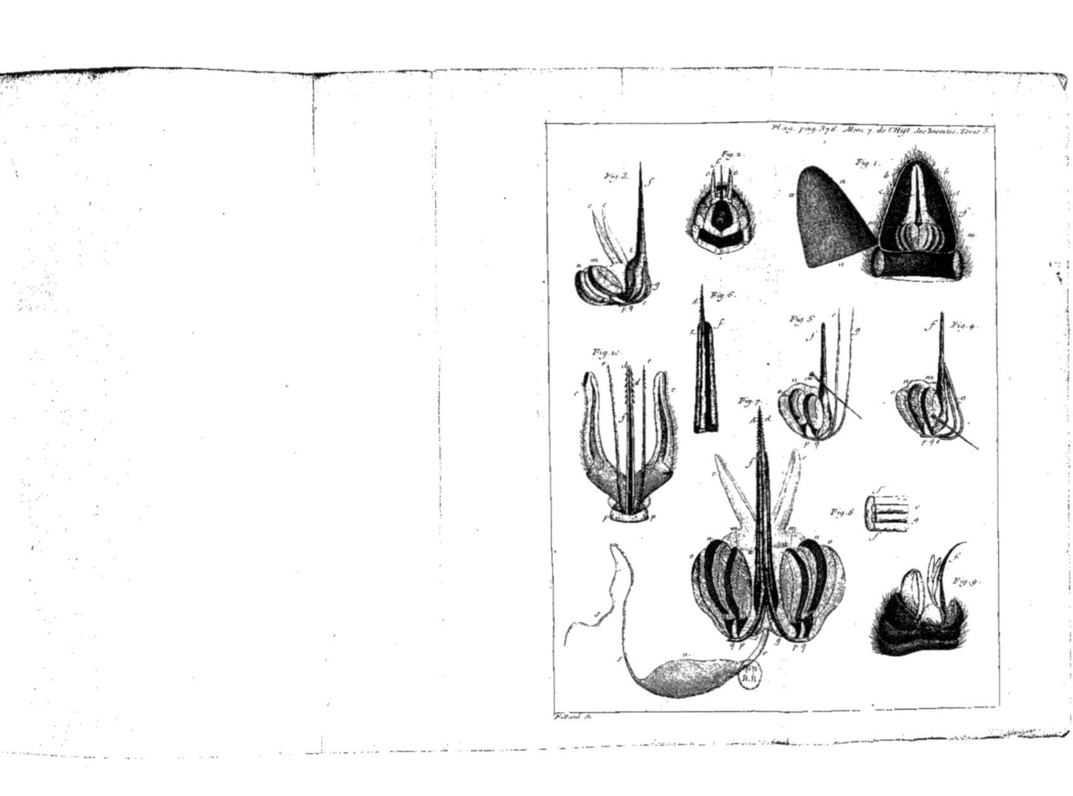

Pl. 29. pag. 376. Mem. 7. de l'Hist. des Insectes. Tome 5.
Fig. 1.
Fig. 2.
Fig. 3.
Fig. 4.
Fig. 5.
Fig. 6.
Fig. 7.
Fig. 8.
Fig. 9.
Fig. 10.
Tillard Sc.

HUITIEME MEMOIRE.

DES GASTEAUX DE CIRE;

Comment les Abeilles parviennent à les construire; comment elles changent en véritable cire les poufsiéres d'étamines. De la récolte & de l'emploi de la Propolis. Comment elles remplissent les alvéoles de miel, & comment elles l'y conservent.

IL est temps de considérer les ouvrages des abeilles plus attentivement que nous ne l'avons fait jusqu'ici, de les voir elles-mêmes en travail, de voir comment elles construisent ces gâteaux * composés de cellules de figure réguliére, appliquées les unes contre les autres. Ils ont leurs deux faces semblables; sur l'une & sur l'autre est un nombre à peu près égal d'ouvertures d'alvéoles. Tout y paroît disposé avec tant de symmétrie, & tout y paroît si bien fini, qu'à la premiére inspection on est tenté de les regarder comme le chef-d'œuvre de l'industrie des insectes : on les mettroit même volontiers en parallele avec ce que les plus adroits de nos ouvriers sçavent executer de plus difficile. C'est un ouvrage pour lequel l'admiration croît à mesure qu'on l'examine davantage. Quand on a bien vû la véritable figure de chaque alvéole, quand on a bien étudié leur arrangement, la géométrie semble avoir donné le dessein de tout l'ouvrage, & en avoir conduit l'execution. On reconnoît que tous les avantages qui pouvoient y être souhaités, s'y trouvent réunis. Les abeilles paroissent avoir eu à résoudre un probleme qui rassemble des conditions qui en eussent fait regarder la solution comme

* Pl. 30. fig. 1.

difficile à bien des géométres. Ce probleme peut être énoncé ainſi : une quantité de matiére, de cire étant donnée, en former des cellules égales & ſemblables, d'une capacité déterminée, mais la plus grande qu'il eſt poſſible par rapport à la quantité de matiére qui y eſt employée, & des cellules tellement diſpoſées qu'elles occupent dans la ruche le moins d'eſpace qu'il eſt poſſible. Pour ſatisfaire à cette derniére condition, les cellules doivent ſe toucher de maniére qu'il ne reſte entr'elles aucun eſpace angulaire, aucun vuide à remplir. Les abeilles y ont ſatisfait, & en même temps, elles ont ſatisfait aux premiéres conditions, en faiſant des cellules qui ſont des tuyaux à ſix pans égaux, des tuyaux exagones. Elles auroient pu faire des cellules qui n'auroient eu que trois côtés égaux, ou des cellules qui auroient eu quatre côtés égaux, faire des cellules dont la coupe tranſverſale eût été un triangle équilateral, ou des cellules dont la coupe eût été un quarré, ou même des cellules qui euſſent eu pour coupes d'autres triangles, & d'autres quadrilatéres ; mais ces cellules qui, comme les cellules exagones, auroient été à pans égaux, & qui n'auroient laiſſé aucun vuide entr'elles, ſi elles avoient eu chacune la même capacité qu'a chaque cellule exagone, n'auroient pu être faites avec une auſſi petite quantité de cire. C'eſt ce qui eſt connu depuis long-temps, & ce qui a fait admirer à Pappus, qui tient un rang parmi les géométres anciens, que les abeilles ſe fuſſent déterminées pour la figure exagone. D'ailleurs, la figure du corps d'une abeille approchant de la ſphérique, il peut entrer à l'aiſe, & ſe loger dans une cellule à ſix pans, ſans y laiſſer autant de vuide qu'il en laiſſeroit dans une cellule dont la coupe ſeroit triangulaire ou quarrée.

On voit encore que tout ce que les abeilles pouvoient

faire de mieux pour ménager le terrein & la matiére, étoit
de compofer leurs gâteaux de deux rangs d'alvéoles tour-
nés vers des côtés oppofés. Si elles euffent fait des gâteaux
comme les guêpes les font, qui n'euffent eu des ouvertures d'alvéoles que fur une de leurs faces, & qui fur
l'autre face n'euffent eu que les fonds de ces mêmes alvéoles, les cellules que les abeilles raffemblent dans un feul
gâteau, en euffent compofé deux; or il eft vifible que les
deux gâteaux à un feul rang de cellules, euffent tenu plus
de place dans la ruche, que n'y en tient un à double rang.
Enfin, il eft vifible encore que les deux gâteaux euffent
confommé plus de cire qu'il n'en entre dans le gâteau à
double rang de cellules. Toute la cire néceffaire pour
former les fonds des cellules d'un des deux gâteaux à un
fimple rang de cellules, eft épargnée dans le gâteau double.

S'il convenoit aux abeilles que le fond de chaque cellule fût plat, que chaque cellule fût exactement un tuyau
exagone ouvert à un de fes bouts, & fermé à l'autre *, rien * Pl. 31. fig.
ne feroit plus fimple que la difpofition des deux rangs de 10.
cellules. Le fond entier d'une cellule *, lui feroit commun * a e.
avec une autre cellule. Deux cellules correfpondantes,
dont l'une auroit fon ouverture fur une des faces du gâteau, & dont l'autre auroit la fienne fur l'autre face, feroient faites d'une feule & longue cellule divifée tranfverfalement par une cloifon; ou, fi l'on veut, une mince
feuille de cire qui diviferoit en deux parties égales toute
l'épaiffeur du gâteau, fourniroit les fonds de toutes les
cellules. Mais nous dirons bientôt qu'il eft prouvé que ces
fonds plats ne s'accordoient pas avec la plus grande épargne
de la cire que nous avons fait regarder comme une des conditions du probleme que les abeilles femblent avoir eu à
réfoudre. D'ailleurs les ufages auxquels les cellules font deftinées, demandoient qu'elles euffent chacune un fond plus

B b b iij

étroit que le reste, ils demandoient que chaque cellule se
terminât en pointe. C'est la plus difficile partie du problème
qui a été résolu pour elles par celui qui les a si bien inftruites. Chaque cellule est un tuyau exagone *, posé sur
une base pyramidale *. Le fond de chaque cellule est un
angle solide formé par la réunion de trois piéces, de trois
lames de cire * quadrilatéres.

  M.r Maraldi, qui a bien étudié la figure des cellules,
& la maniére dont elles sont disposées les unes par rapport
aux autres, veut que chacune des piéces * dont nous venons de parler, soit un rhombe, dont les deux grands
angles * ont chacun, à peu près, 110 degrés, & dont les
deux petits angles * en ont par conséquent chacun environ 70. Quand en regardant par l'ouverture d'une
cellule *, on en observe le fond, on y distingue très-aifé-
ment les trois piéces dont il s'agit. Celles de quelques
cellules paroissent quarrées, mais plus ordinairement elles
semblent des lozanges ou des rhombes plus ou moins
allongés, qui s'éloignent plus ou moins du quarré parfait.
Swammerdam a cru comme moi, trouver de ces sortes
de variétés dans les figures des trois piéces du fond. Mais
leurs figures sont néantmoins pour l'ordinaire des rhombes, tels que ceux dont M.r Maraldi a déterminé les angles. Les Sçavants qui ont besoin d'avoir des instruments
de figure réguliére, les grands Astronomes, du nombre
desquels a été M.r Maraldi, sçavent mieux que personne
combien il est difficile de mesurer des angles, & combien
il est difficile de les tracer avec une extrême précision sur
les matiéres les plus dures. Quand donc les abeilles ne
donneroient pas toûjours aux rhombes des alvéoles les
angles que leur théorie demanderoit qu'elles leur donnaf-
fent, il n'y auroit pas de quoi être étonné; on ne doit que
l'être de ce qu'elles s'écartent si peu des mesures précises.

Marginal notes:
* Pl. 31. fig. 1.
 * o q r p.
* a o e p, q p, r p.
* a o e p.
* o, p.
* a, e.
* Pl. 30. fig. 6.

Si nos ouvriers avoient à faire prendre les mêmes figures
à d'auffi petits morceaux de cire, il leur arriveroit bien
plus rarement d'y réuffir. Enfin, fi quelque imperfection
fe gliffe dans les piéces du fond d'une cellule, nous verrons que les abeilles fçavent la fauver, la rendre prefque
infenfible & incapable de produire aucun mauvais effet.

Nous devons donc nous repréfenter le fond de chaque
cellule *, comme une cavité renfermée par trois rhombes   * Pl. 31. fig.
égaux & femblables, comme une cavité pyramidale. Cha-   2 & 4.
cun des rhombes fournit un de fes angles obtus *, & par   * p.
conféquent, les deux côtés qui le renferment pour former
l'angle folide de cette cavité pyramidale, pour en former
le fommet. Mais le contour, la circonférence de cette
cavité, n'eft pas telle que la circonférence d'une vraye
pyramide; elle a trois angles que j'appellerai faillants ou
pleins *, & qui font les angles oppofés à ceux qui fe réu-   * o, o, o,
niffent au fommet *; & trois angles que j'appellerai ren-   * p.
trants ou vuides *, & qui font faits par la rencontre de   * a, a, e.
deux côtés *, dont un appartient à un rhombe, & l'autre   * o a, a o.
à un autre rhombe. Cette circonférence a donc fix côtés,
dont chaque rhombe fournit deux; les fix côtés enfemble
font employés à former les trois angles faillants ou pleins,
& les trois angles rentrants ou vuides. Ces fix côtés font les
appuis, les bafes des fix lames ou pans de cire *, qui par leur   * Pl. 31. fig.
affemblage compofent le corps de la cellule, ou la partie   3.
exagone. Chacune de ces lames * eft rectangle depuis   * Fig. 1 & 3.
l'ouverture de l'alvéole, jufques à ce qu'elle parvienne à   o c b f.
rencontrer le fommet * d'un des angles faillants ou pleins   * o.
de la circonférence de la bafe de la cavité pyramidale. Là
cette piéce prend la figure aiguë * qui lui convient pour   * o f h.
remplir une portion de l'angle rentrant ou vuide, formé
en partie par le côté du rhombe fur lequel elle pofe. Le
refte de cet angle, eft rempli * par la lame qui s'appuye   * Fig. 3.

fur le côté de l'autre rhombe qui fait l'angle en fe joignant au côté précédent.

Le fommet d'un angle faillant * de chaque rhombe, fe trouve toûjours dans la ligne droite où eft l'arête * faite par la jonction de deux des lames, de deux pans de l'exagone. Les deux pans laiffent entr'eux l'efpace angulaire qui peut être, & qui eft exactement rempli par le fommet de cet angle faillant. Cette difpofition eft conftante & auffi reguliére qu'il eft poffible phyfiquement qu'elle le foit. Ainfi des fix angles de l'exagone, il y en a trois qui font toûjours fymmétrifés très-reguliérement avec la bafe; les trois qui répondent aux angles faillants de la circonférence de celle-ci. Pour une regularité complette, il faudroit que chacun des trois autres angles faillants du tube exagone *, que chacune de fes trois autres arêtes allât précifement rencontrer le fommet d'un des angles rentrants *, que la moitié de chacun de ces derniers angles fût remplie par une partie angulaire femblable & égale, & par laquelle les pans de l'exagone fe termineroient; mais on peut ordinairement obferver une difpofition un peu différente. L'arête formée par la jonction de deux lames de l'exagone *, ne va pas rencontrer le fommet de l'angle rentrant *, elle rencontre un des côtés de cet angle à une petite diftance du fommet; un des pans prolongés fournit plus que l'autre pour remplir cet angle. J'ai remarqué auffi que la lame qui contribue le moins par fon prolongement à remplir l'angle, eft plus étroite que l'autre; j'ai affés conftamment obfervé deux lames plus larges, ou dont chacune paffe fur le fommet d'un angle rentrant; & quelquefois j'en ai vû trois lames plus larges que les trois autres. De-là il fuit que l'exagone n'eft pas parfait, qu'il n'a pas fes côtés égaux, qu'il en a de plus petits que les autres. Il en arrive auffi que les angles de l'exagone ne font pas

tous

* Pl. 31. fig. 1. o.
 * o c.
*Fig. 3. a, a, a.
* Fig. 2 & 4. e, a, a.
* Fig. 5. f b.
* a.

tous égaux entr'eux; mais la différence est moins grande
entre les angles & les pans auprès de l'ouverture, qu'elle
ne l'est auprès de la base. Les petits pans de l'exagone
m'ont paru s'élargir, & les grands m'ont paru s'étrécir à
mesure qu'ils s'éloignent de la base.

Je ne sçaurois croire qu'on doive attribuer les espéces
d'irrégularités que je viens de faire remarquer, à manque
d'adresse de la part des abeilles. Je penserois plus volontiers qu'il en résulte que le fond de la cellule en a des endroits mieux disposés à recevoir l'œuf, ou à contenir une
liqueur dont nous parlerons dans la suite, qui est l'aliment
nécessaire au ver qui doit sortir de cet œuf. Néantmoins
les abeilles ne construisent pas toûjours des ouvrages si dé-
licats, avec autant d'exactitude qu'elles semblent se le proposer; mais si les inégalités deviennent trop grandes dans
une cellule, elles sçavent les sauver en adjoûtant ou en
retranchant à la base de la cellule suivante; ainsi les irrégularités ne vont pas en augmentant. Si une base a été
un peu trop étendue, elles en laissent une petite portion
à la cellule qui suit, & si la base a été faite trop étroite,
avant que d'élever les pans, les abeilles prennent ce qui
lui manque sur la base destinée à soûtenir une autre
cellule.

Tout ceci deviendra plus aisé à entendre, quand on
sçaura mieux comment les cellules sont disposées les unes
par rapport aux autres. Leur disposition seroit assûrément
ce que les abeilles auroient imaginé de plus admirable, si
elles l'avoient imaginée. L'arrangement des cellules d'une
des deux couches, des cellules dont les ouvertures sont
sur une même face, n'a cependant rien de fort remarquable dès qu'on sçait qu'elles sont exagones; dès-là, on
voit assés comment elles peuvent être ajustées les unes
auprès des autres, sans laisser aucun vuide. Mais quand

Tome V. .C c c

on confidére la feconde couche, celle des cellules qui ont leur ouverture fur la face oppofée, que nous appellerons la feconde face du gâteau, il n'eft pas auffi aifé de voir comment elles peuvent être placées, fans que les bafes pyramidales des cellules de la première couche obligent à laiffer des vuides entre les bafes des cellules de la feconde couche. Pour qu'il n'y eut point de ces fortes de vuides, & pour épargner la cire qui doit être employée à former la bafe des cellules, il n'y avoit rien de mieux que de faire fervir les bafes mêmes des cellules de la première couche, de bafes aux cellules de la feconde couche; c'eft auffi ce que font les abeilles. Chaque cellule d'une cou-che * a un des rhombes de fa bafe appliqué contre un des rhombes d'une cellule * de l'autre couche. Trois cellules de la première couche, qui fe touchent *, fourniffent la bafe complette d'une cellule de la feconde couche; & de même reciproquement trois cellules de la feconde couche, qui fe touchent, fourniffent la bafe à une cellule de la première couche; car les bafes n'appartiennent pas plus aux cellules d'une couche, qu'elles appartiennent à celles de l'autre couche. Dès que nous nous repréfenterons trois cellules contigûes d'une même face, n'importe de laquelle, nous concevrons que leurs trois bafes fe touchent *; mais qu'é-tant pyramidales, elles laiffent entr'elles un vuide pyra-midal précifément femblable à celui de l'intérieur de la bafe d'une des cellules. Il eft de même renfermé par trois rhombes femblables & égaux. En un mot, par la réunion de ces trois bafes, il fe forme une cavité pyra-midale exactement femblable à celle qui fait le fond de chacune des cellules précédentes, mais tournée dans un fens directement contraire. Si on éleve fur les fix côtés des rhombes qui forment la circonférence de cette cavité, les fix lames qui doivent renfermer le tube exagone, on

* Pl. 31. fig. 6. b d.
　　* g h.
* Pl. 30. fig. 2, 3 & 4.

* Fig. 3.

aura une cellule femblable & égale aux trois autres, mais tournée vers un côté oppofé, une cellule de l'autre couche. Chacune des trois cellules de la premiére couche, fournit un des rhombes de fa bafe pour former la bafe complette de cette cellule.

Quoique tout ce que nous venons de dire puiffe paroître fimple à ceux qui ont accoûtumé leur imagination à faifir des figures géométriques, & fur-tout des figures de folides, nous devons avoir paru obfcurs à ceux qui ne fe font point fait une habitude de conferver les images de ces fortes de figures ; mais fi ces derniers veulent fe convaincre que la bafe de chaque cellule d'une couche, eft fournie par trois cellules de la couche oppofée, ils en auront un moyen facile. Ils n'ont qu'à prendre trois épingles, & les piquer toutes trois * dans la bafe d'une cellule, ayant attention de faire paffer chacune de ces épingles à peu près au milieu d'un des rhombes ; ils les y enfonceront même toutes trois jufques à ce qu'elles foient arrêtées par leur tête ; qu'ils retournent enfuite le gâteau, & qu'ils cherchent du côté oppofé les trois épingles, ils les trouveront en trois cellules différentes. * Pl. 30. fig. 2 & 4.

Outre l'épargne de cire qui réfulte de cette difpofition des cellules, outre qu'au moyen de cet arrangement les abeilles rempliffent le gâteau fans qu'il y refte aucun vuide, il en revient encore des avantages par rapport à la folidité de l'ouvrage. L'angle du fond de chaque cellule, le fommet de la cavité pyramidale, eft arc-bouté par l'arête que font enfemble deux pans de l'exagone d'une autre cellule. Les deux triangles ou prolongements des pans exagones *, qui rempliffent un des angles rentrants de la cavité renfermée par les trois rhombes, forment enfemble un angle plan par le côté * où ils fe touchent ; chacun de ces angles, qui eft concave en dedans de la cellule, * Pl. 31. fig. 3. *o a o ſ e.* * *a ſ.*

foûtient du côté de fa convexité une des lames employées à former l'exagone d'une autre cellule ; & cette lame qui s'appuye fur cet angle, tient contre la force qui tendroit à le pouffer en dehors. C'eft ainfi que les angles fe trouvent fortifiés. Tous les avantages que l'on pouvoit demander par rapport à la folidité de chaque cellule, lui font procurés par fa propre figure, & par la maniére dont elles font difpofées les unes par rapport aux autres.

Enfin, & nous l'avons déja dit, plus on étudie la conftruction de ces cellules, & plus on l'admire. Il faut même être auffi habile en géométrie qu'on l'eft devenu depuis que les nouvelles méthodes ont été découvertes pour connoître la perfection des regles que les abeilles fuivent dans leur travail. Nous allons le prouver. M. Maraldi, après avoir mefuré avec grand foin les angles de ces trois rhombes égaux, dont le fond de l'alvéole eft formé, a trouvé, comme il a déja été dit ci-deffus, que les abeilles donnent ou tendent à donner à chacun des deux grands * Pl. 31. fig. angles oppofés * de chaque rhombe, à peu près 110 de-
1. o, p. grés, & à peu près 70 degrés à chacun des deux petits
* a, e. angles *. Les figures des fonds pyramidaux, faits par trois rhombes femblables & égaux, & propres à être ajuftés à des cellules exagones, peuvent cependant varier à l'infini, il peut y avoir une infinité de variétés dans les angles des rhombes employés ; c'eft-à-dire, que les fonds peuvent être des pyramides plus écrafées, plus mouffes que celles pour lefquelles les abeilles fe font déterminées, & de plus
* Fig. 10. en plus mouffes ; le terme de celles-ci eft le fond plat * ; ou au contraire on peut employer des pyramides plus allon-
* Fig. 7. gées, plus pointues *, & le terme de l'allongement de ces derniéres eft l'épaiffeur du gâteau ; car l'angle du fond de chaque cellule eût pu fe trouver tout près de la furface

oppofée à celle où eft l'ouverture. Dans une fuite infinie
de pyramides, les abeilles avoient donc à en choifir une;
& il eft à préfumer, ou plûtôt il eft certain & inconteftable, qu'elles ont préféré celle qui raffemble le plus
d'avantages; car ce n'eft pas à elles à qui l'honneur du
choix eft dû, il a été fait par une intelligence, qui voit
l'immenfité des fuites infinies de tous genres, & toutes
leurs combinaifons, plus lumineufement & plus diftinctement que l'unité ne peut être vûe par nos Archimédes
modernes.

Convaincu que les abeilles employent le fond pyramidal qui mérite d'être préféré, j'ai foupçonné que la
raifon, ou une des raifons qui les avoit décidées, étoit
l'épargne de la cire; qu'entre les cellules de même capacité & à fond pyramidal, celle qui pouvoit être faite avec
moins de matiére ou de cire, étoit celle dont chaque
rhombe avoit deux angles, chacun d'environ 110 degrés,
& deux chacun d'environ 70. Sans parler de la grandeur
de ces angles, après avoir fait admirer la difpofition des
rhombes à M. Kœnig, digne éleve en Mathématique &
en Philofophie des Bernouilli & des Volf, je lui propofai
de réfoudre le probleme fuivant. Entre toutes les cellules
exagones à fond pyramidal, compofé de trois rhombes
femblables & égaux, déterminer celle qui peut être conftruite avec le moins de matiére. M. Kœnig qui a fait fes
preuves de la facilité qu'il a de réfoudre les plus grands
problemes, fut touché de la beauté de celui-ci, & fe fen-
tit un goût pour en chercher la folution, que n'avoient
pas eu d'autres géométres, à qui je l'avois propofé. Il la
trouva, & fut agréablement furpris après l'avoir trouvée,
lorfqu'il lut dans les Mémoires de l'Académie de 1712,
que je lui envoyai, que le rhombe que fa folution avoit
déterminé, avoit à deux minutes près les angles que

M. Maraldi avoit trouvés par des mesures actuelles, à chaque rhombe des cellules d'abeilles.

M. Kœnig est parti pour sa solution, d'un fort beau théoreme. Il a démontré que la capacité d'une cellule à *Pl. 31. fig. 1 & 7.* six pans & à fond pyramidal quelconque *, fait de trois rhombes semblables & égaux, étoit toûjours égale à la *Fig. 10.* capacité d'une cellule à fond plat *, dont les pans rectan- *Fig. 1. a b, & fig. 7. c o.* gles ont la même longueur que les pans en trapeze * de la cellule pyramidale, & cela quels que soient les angles des rhombes. Enfin, il a démontré qu'entre les cellules à fond pyramidal, celle dans laquelle il entroit le moins de ma- tiére, avoit son fond fait de trois rhombes, dont chaque grand angle étoit de 109 degrés 26 minutes, & chaque petit angle de 70 degrés 34 minutes. Quand M. Maraldi a donné les mesures les plus précises de ces angles, il a fixé les grands à 109 degrés 28 minutes, & les petits à 70 degrés 32 minutes. Un tel accord entre la solution & les mesures actuelles, a assûrément de quoi surprendre.

Lorsqu'on compare grossiérement une cellule à fond *Fig. 10.* plat *, avec une cellule à fond pyramidal *, on n'apperçoit *Fig. 1 & 7.* pas, & même on n'est pas porté à penser que la cellule à fond plat est de toutes, celle qui consomme le plus de cire. M. Kœnig a pourtant démontré que les abeilles œco- nomisent la cire, en préférant les fonds pyramidaux aux fonds plats, qu'elles ménagent en entier la quantité de cire qui seroit nécessaire pour un fond plat. Si je ne craignois qu'on se lassât de m'entendre parler géométrie, je rappor- terois volontiers les démonstrations de M. Kœnig; mais ceux qui sont curieux de les voir, n'y perdront rien pour ne les pas trouver ici. Le Mémoire qui les donne, a été lû à l'Académie en 1739, il en sera fait mention dans l'Histoire de cette même année; elles y seront exposées plus nettement, & mises dans un plus grand jour, par

notre célébre Hiftorien, que je ne le pourrois faire. M.
Kœnig, au refte, a très-bien remarqué que ce probleme
n'étoit pas de ceux qu'on pouvoit réfoudre du temps
de Pappus. Quelle idée cet ancien géométre n'eût-il
pas eu de la géométrie des abeilles, fi oûtre les avantages du tube exagone, il eût connu ceux du fond pyramidal ! Il falloit que les méthodes des nouveaux calculs
fuffent découvertes, que nous fuffions en état de réfoudre, par le moyen de l'analyfe des Infiniment petits,
les queftions de *Maximis* & *Minimis*, pour fçavoir à quel
point de perfection & d'œconomie l'architecture des abeilles eft portée.

Le probleme que j'avois propofé à M. Kœnig, & qu'il
a très-bien réfolu, ne renferme pourtant pas encore toutes
les conditions que les abeilles auroient pû y faire entrer;
car nous avons fuppofé que leurs cellules font des exagones parfaits; & des obfervations faites avec grande attention, nous ont appris, comme nous l'avons expliqué ci-
devant affés au long, qu'il y a au moins deux pans oppofés, plus larges que les quatre autres. Car fi trois des angles
de l'exagone rencontrent exactement les trois angles faillants de la bafe, il y a au moins deux angles rentrants,
dont chacun * n'eft pas rencontré par l'angle correfpon-   * Pl. 31. fig.
dant, formé par deux pans voifins, & prolongés pour   5. *a.*
remplir le vuide de cet angle rentrant. Je ne fçais fi cette
difpofition va encore à l'épargne de la cire, mais il eft in-
dubitable qu'elle tend à rendre l'ouvrage plus parfait,
qu'elle a quelque utilité qui fera admirée, dès qu'elle fera
connue.

Comme la récolte & la préparation de la cire coûtent
beaucoup aux abeilles, il leur importoit extrémement de
la bien œconomifer, & nous venons de voir avec quelle
fcience elles le font. Nous remarquerons de plus, que cette

raiſon d'œconomie les engage à tenir les parois de leurs alvéoles minces, à un point qui demandoit que la ſolidité de la conſtruction ſuppléât au peu de matiére. Il n'eſt point de papier auſſi fin que le ſont les piéces du fond, & les pans du tube. Cependant les cellules doivent être capables de réſiſter à tous les mouvements des mouches qui y entrent, & qui en ſortent en différents temps. Le bord de l'ouverture a plus à ſouffrir qu'aucun autre endroit, il eſt plus fréquemment & plus fortement attaqué. Les abeilles auſſi ne manquent pas de le fortifier ; elles adjoûtent tout autour de la circonférence de l'ouverture de la cellule, un cordon de cire qui rend le bord trois ou quatre fois plus épais qu'il ne le ſeroit s'il n'avoit que l'épaiſſeur des pans. On trouve même ce cordon aux cellules qui ne ſont qu'ébauchées, qui n'ont pas encore toute la profondeur qu'elles auront par la ſuite. Il eſt plus épais dans les angles que par-tout ailleurs, ce qui fait que l'ouverture de chaque cellule n'eſt pas un exagone parfait.

Ce n'eſt pas aſſés que d'avoir admiré la figure pyramidale des fonds des alvéoles, & le choix des rhombes qui y ſont employés ; ces mêmes fonds offrent quelquefois des irrégularités, qui ne ſont pas moins propres à donner idée du génie des abeilles. Ceux qui ne voudroient regarder l'emploi conſtant des trois rhombes égaux, que comme l'ouvrage d'une machine bien montée, doivent être embarraſſés & ſurpris, lorſqu'ils obſerveront, comme je l'ai obſervé bien des fois, que les fonds pyramidaux de certaines cellules, ſont conſtruits de quatre piéces * ; qu'entre ces piéces, il n'y en a quelquefois que deux quadrilatéres, que les autres ont plus ou moins de côtés ; enfin, que dans différents fonds, ces piéces varient différemment en figure & en grandeur. Nos mouches ſçavent donc ſe méprendre ; elles peuvent manquer de

donner

*Pl. 31. fig. 11 & 12.

donner au premier rhombe la grandeur & les angles qui
lui conviennent; mais aussi elles sçavent remédier à leurs
méprises. Elles ajustent alors plus de piéces les unes contre
les autres, afin que la pyramide prenne une figure qui s'é-
loigne le moins qu'il est possible de celle qu'elle auroit dû
avoir.

Mais comment les abeilles viennent-elles à bout de
construire ces cellules, d'en composer des gâteaux ou
rayons? C'est ce qu'il n'est pas aussi aisé de voir qu'on le
souhaiteroit. Elles se portent à l'ouvrage avec tant d'ardeur; il y en a tant à la fois qui veulent y avoir part; elles
cherchent tellement à s'entr'aider, que dans les endroits
où elles travaillent avec le plus de succès, soit à jetter les
fondements de quelque nouveau gâteau, soit à en allonger ou à en élargir un ancien, le spectateur ne voit presque que du trouble & de la confusion. Il voit continuellement arriver de nouvelles mouches, il en voit continuellement partir d'autres, & souvent il voit partir au bout d'un
instant, celles qu'il avoit vû arriver. Malgré nos ruches vitrées, il n'y a que des moments, & encore des moments
-très-courts, où on puisse observer celles qui établissent les
bases des cellules, & qui en élevent les pans. Si l'observateur parvient à voir une abeille qui édifie, bientôt il a le
regret de la voir partir, ou bientôt il est fâché de ce qu'elle
lui est cachée par d'autres qui se mettent devant elle. On
parvient néantmoins assés aisément à observer que leurs
deux dents sont les instruments avec lesquels elles modélent
& façonnent la cire. Au moyen d'un peu de patience, on
apperçoit des cellules, dont il n'y a encore qu'une partie
d'ébauchée; & on ne tarde pas à remarquer l'activité avec
laquelle une abeille fait mouvoir ses dents, contre une
petite portion de la cellule; cette portion est entre les
deux dents, qui par des coups alternatifs & réïtérés la

Tome V.   . D d d

battent de chaque côté, l'applaniffent, la rendent compacte, & la réduifent à n'avoir qu'une épaiffeur convenable.

Sans voir les abeilles occupées à leur travail, on peut s'affûrer de l'ordre dans lequel elles le conduifent, fi on détache des gâteaux, & fur-tout des gâteaux nouvellement faits *; leur contour montre la première ébauche, ou plû- tôt le plan de diverfes cellules, & en montre de plus ou de moins avancées. Le contour de chaque gâteau peut être comparé à ces bâtiments où on a laiffé des pierres d'at- tente. Ceux qui ont voulu attaquer l'efprit géométrique des abeilles, qui ont voulu qu'on n'admirât pas trop la figure exagone de leurs cellules, ont dit que les cellules prenoient néceffairement cette figure dès que les abeilles vouloient qu'elles fuffent toutes contigues; qu'il arrivoit dans la conftruction de ces cellules, ce qui arriveroit fi l'on preffoit à la fois un nombre de boules d'une cire molle, & de même diametre, arrangées fur une table qui auroit des rebords, & où elles fe toucheroient toutes. La preffion changeroit les boules en difques exagones. Mais on rend plus de juftice au génie des abeilles ou à l'inftinct qui leur en tient lieu, lorfqu'on a confidéré les bords des gâteaux dont nous venons de parler : ils prouvent que les abeilles fe conduifent comme les ou- vriers qui travaillent à élever un bâtiment conforme au deffein que l'architecte a donné. Elles commencent par établir la bafe de l'édifice, d'une cellule. Nous avons vû que cette bafe doit être compofée de trois petites lames de cire égales & femblables, faites en rhombe. Les abeilles façonnent d'abord un de ces rhombes. Rap- pellons-nous que deux des côtés de chaque rhombe fe trouvent à la circonférence de la bafe, & qu'ils fervent d'appuis à deux des faces, à deux des lames du tuyau exagone. Les abeilles bâtiffent, pour ainfi dire, fur chacun

* Pl. 30. fig. 1.

des côtés extérieurs du rhombe nouvellement conftruit, elles y attachent une petite lame qu'elles allongeront par la fuite, & qui formera une des faces de l'exagone; c'eft-à-dire, qu'après avoir fait un des trois murs de cire, en rhombe, qui doivent compofer la bafe, elles établiffent fur les deux côtés de ce mur, les fondements de deux des murs de l'exagone. Elles travaillent enfuite à faire un autre rhombe de la bafe, qu'elles affemblent avec le premier dans l'inclinaifon qu'il doit avoir. Sur les deux côtés extérieurs de celui-ci, elles ébauchent encore les fondements de deux des pans de l'exagone. Enfin, elles ferment & finiffent la bafe, en y adjoûtant le troifiéme rhombe femblable aux deux premiers, & achevent d'ébaucher les fondements de l'exagone, en mettant une lame de cire fur chacun des côtés extérieurs de ce dernier rhombe.

Pendant que des abeilles prolongent les pans d'un tuyau exagone, d'autres abeilles ébauchent les bafes de plufieurs nouvelles cellules; d'autres mettent à profit les bafes de celles d'une des faces du gâteau, pour conftruire des cellules fur l'autre face; car elles travaillent à la fois aux alvéoles des deux côtés. Dans des circonftances où elles font preffées par l'ouvrage, & nous dirons ailleurs quelles font ces circonftances, elles ne donnent aux nouvelles cellules qu'une partie de la profondeur qu'elles doivent avoir; elles les laiffent imparfaites, & différent de les finir jufques à ce qu'elles ayent ébauché le nombre de celles qui font néceffaires pour le temps préfent. Enfin, les bords de chaque gâteau ne font faits, pour ainfi dire, que des fondations de diverfes cellules.

De quelque adreffe que les abeilles foient douées, ce n'eft qu'avec le temps & bien de la peine qu'elles peuvent dreffer les parois des cellules, les rendre auffi minces

& auffi unies qu'elles doivent l'être. Elles ne les jettent pas
en moule. Si l'abeille qui dégroffit une partie de la cellule,
qui commence à lui faire prendre forme, vouloit d'abord
la rendre auffi mince qu'elle le doit devenir par la fuite,
elle n'y réuffiroit pas. Cette partie trop foible pour réfifter
au poids & aux mouvements de la mouche, fe briferoit.
Auffi l'abeille lui donne de la folidité, du maffif, beaucoup
au-delà de ce qu'il convient qu'il lui en refte. D'autres
mouches font chargées de limer, pour ainfi dire, de réparer
& de polir ce qui eft encore brut. Dans la plûpart des
efpéces d'ouvrages faits par main d'homme, le travail de
finir eft celui qui demande le plus de temps. Peu de Fon-
deurs peuvent fournir affés de befogne à un très-grand
nombre de Cifeleurs & de Répareurs. Le plus grand nombre de nos petites ouvriéres en cire, eft auffi occupé à travailler les dedans des cellules, à les perfectionner. La place
ne permet pourtant qu'à une abeille à la fois de dreffer &
d'applanir les parois intérieures d'une cellule. Mais comme le nombre des cellules eft confidérable, & que chaque
mouche ne refte pas long-temps dans celle où elle eft
entrée, c'eft de tous leurs travaux celui dans lequel l'on
a plus d'occafions de les obferver. On parvient aifément
à voir une abeille qui fait entrer fa tête dans un alvéole,
& quand elle ne l'y enfonce pas bien avant, on apperçoit
enfuite qu'elle en ratiffe les parois avec les bouts de fes
dents ; qu'elle les fait agir l'une contre l'autre avec une
activité admirable & fans interruption, pour détacher de
petits fragments de cire, des efpéces de coupeaux. Les
dents qui les ont détachés ne les laiffent pas tomber. La
mouche qui en a fait une petite boule, groffe comme la
tête d'une épingle, fort de la cellule, & va porter cette cire
ailleurs. Elle n'eft pas plûtôt fortie qu'une autre mouche
prend fa place pour continuer le même ouvrage. Celle-ci

entre comme la premiére avoit fait, la tête la premiére dans l'alvéole; elle y entre plus avant, si les endroits à polir sont plus proches du fond. Quand c'est sur le fond même qu'il faut travailler, la mouche est toute entiére dans la cellule; à peine son derriére excéde-t-il un peu les bords de l'ouverture.

Nous avons déja parlé des deux principaux usages des alvéoles. Nous avons dit qu'il y en a qui sont employés à conserver le miel, & qu'il y en a d'autres, dans chacun desquels doit naître un ver, y prendre son accroissement, & s'y transformer en mouche. Nous avons dit aussi que les mâles des abeilles, les faux-bourdons, sont beaucoup plus gros que les abeilles ordinaires. La cellule qui est destinée à loger un ver qui se transformera en faux-bourdon, doit donc être plus grande en toutes ses dimensions, que la cellule qui est destinée à loger un ver qui se transformera dans une abeille ouvriére. Les ouvriéres font aussi des cellules exagones de deux différents diametres. Le nombre de celles qui sont destinées pour des abeilles ordinaires, est grand par rapport au nombre de celles qui sont faites pour des mâles. J'ai trouvé que 20 des petites cellules posées sur une même ligne droite, remplissent ensemble une longueur de quatre pouces moins une demi-ligne. Si on néglige la demi-ligne, le diametre de chacune de ces cellules sera de 2 lignes $\frac{2}{5}$. Et un gâteau de 15 pouces de long, sur un peu plus de 10 pouces de large, sera composé d'environ 9000 alvéoles.

Après avoir mesuré avec soin la longueur qu'occupoient des cellules à vers, d'où doivent naître des faux-bourdons, j'ai trouvé que 10 de celles-ci avoient une longueur de 2 pouces 9 lignes, & $\frac{2}{5}$ de ligne. Ainsi le diametre de chaque cellule, étoit de 3 lignes & $\frac{17}{50}$, ou à peu près de 3 lignes & un tiers de ligne. Mais ayant mesuré ensuite de ces cellules alignées autrement que les premiéres, je trouvai qu'il n'en falloit que 9 pour remplir la même longueur de 2 pouces 9 lignes & $\frac{2}{5}$ de ligne; c'est-à-dire, que chacune de ces cellules avoit dans un sens, un diametre d'un neuviéme plus grand que celui qu'elle avoit dans l'autre. Quand les mesures me l'ont eu appris, j'ai été conduit à reconnoître que ces cellules n'étoient point des exagones parfaits, comme on a cru qu'elles en étoient: je distinguois fort aisément deux faces opposées, égales entr'elles, & plus petites que les quatre autres; & en répétant les mesures, je me suis assûré que selon que la ligne sur laquelle je les mesurois, passoit par les petites ou par les larges faces, il ne falloit que neuf, ou qu'il falloit dix cellules pour remplir à peu près la même longueur. J'ai cru aussi avoir observé de la différence entre les diametres des petites cellules, celles qui ont des vers qui donnent des abeilles ordinaires, mais des différences moins considérables; & ces différences sont prouvées par ce que nous avons dit ci-devant, que des trois angles rentrants de la base, il y en a au moins deux qui ne sont pas rencontrés par les angles formés par les prolongements des pans de l'exagone.

La longueur du pendule déterminée dans un pays dont la latitude est bien connue, donne une mesure fixe qui a été long-temps desirée des Sçavants, une mesure à laquelle toutes celles dont on veut avoir une connoissance précise & sûre, doivent être rapportées. Nous ne serions pas aussi embarrassés que nous le sommes souvent sur les mesures des Anciens, s'ils eussent connu cette mesure fixe. Nous en aurions une autre, qui, quoique moins exacte, nous suffiroit pour bien des cas, s'ils nous eussent donné les mesures des cellules des abeilles; car il est plus que probable, que les abeilles d'aujourd'hui des environs d'Athénes

& de Rome, font de la même efpéce que celles qui y
étoient autrefois; que celles d'aujourd'hui ne font pas
des alvéoles plus grands ou plus petits que ceux que faifoient les abeilles qui travailloient dans les temps où les
Grecs & ceux où les Romains ont été le plus célébres.
M. Thevenot avoit penfé auffi, comme nous le rapporte
Swammerdam, à prendre une mefure fixe d'après les cellules des abeilles.

Les profondeurs des différentes cellules des abeilles, ne
font pas auffi conftantes que les longueurs de leurs diametres. Communement les cellules à vers d'abeilles ouvriéres,
ont cinq lignes $\frac{1}{2}$ de profondeur; & le gâteau compofé de
deux rangs de cellules oppofées, eft épais d'environ dix
lignes. Les cellules des vers qui doivent devenir des faux-
bourdons, ont quelquefois plus de huit lignes de profondeur; mais il y en a de moins profondes. Nous verrons dans
la fuite, que les mêmes cellules qui fervent à élever les vers
jufqu'à leur transformation, ont fouvent fervi auparavant
à contenir du miel, & qu'elles y fervent fouvent après que
les mouches dans lefquelles les vers fe font transformés,
en font forties. Ainfi les cellules à vers de mouches ordinaires, & les cellules à vers de mouches mâles, font dans
différents temps des cellules à miel. Mais il y a des cellules
que les abeilles ne deftinent qu'à recevoir du miel, auxquelles elles donnent beaucoup plus de profondeur qu'aux
autres. J'ai mefuré des alvéoles qui n'avoient que le diametre des plus petits, & dont la profondeur étoit au moins
de dix lignes. Lorfque la récolte du miel eft fi abondante,
qu'il eft difficile d'avoir affés de vaiffeaux pour le loger,
lorfque les abeilles ont peine à conftruire un nombre fuffifant de cellules pour contenir tout celui qu'elles peuvent recueillir, elles allongent les anciennes, ou elles donnent aux nouvelles qu'elles bâtiffent, une longueur qui

furpaffe beaucoup celle des cellules ordinaires. Il eft vifible qu'elles épargnent ainfi les façons des bafes. Nous verrons encore bientôt qu'il y a pour elles une autre épargne dans les cellules plus profondes. Les abeilles fçavent s'accommoder au temps, elles fçavent auffi s'accommoder au lieu. Quoique l'axe des alvéoles foit communement perpendiculaire aux faces du gâteau, elles en conftruifent qui l'y ont incliné, & elles en conftruifent quelquefois qui font courbes, & cela lorfque le voifinage des parois de la ruche & leur figure, ou lorfque quelqu'autre circonftance ne permettroient pas d'y placer affés d'alvéoles droits.

La difpofition des gâteaux offre, comme celle des alvéoles de chaque gâteau, des faits qui font honneur à l'intelligence des abeilles. Des mouches nouvellement établies dans une ruche qui étoit vuide, & où elles fe trouvent bien, n'y reftent pas long-temps fans y jetter les fondements d'un gâteau qu'elles allongent & élargiffent avec une célérité furprenante ; mais avant que de lui avoir donné autant d'étendue qu'elles lui en veulent, elles fe partagent. Une partie des ouvriéres en commence un fecond, & quelquefois une autre partie des mouches entreprend d'en faire un troifiéme. Quand il y a deux ou trois atteliers, plus d'ouvriéres peuvent s'occuper à la fois fans s'embarraffer, elles font en état de faire plus de befogne. Les gâteaux font communement arrangés parallelement les uns aux autres, & parallelement à la plus grande des faces de la ruche, fi la ruche a des faces, c'eft-à-dire, fi fon contour n'eft pas courbe comme l'eft celui des ruches coniques. Il doit refter un intervalle entre deux gâteaux, une rue qui permette aux abeilles d'aller vifiter les alvéoles de l'un & de l'autre gâteau. Ces rues n'ont ordinairement que la largeur qui fuffit pour laiffer paffer deux abeilles à la fois. Chaque gâteau ne tient fouvent

au haut

au haut de la ruche, & même au haut de celles dont le deſſus eſt plat, que par une eſpéce de pied qui a peu d'étenduc. Quand les abeilles commencent un ſecond gâteau dans une de ces derniéres ruches, elles l'attachent ſouvent au bout oppoſé à celui où l'autre gâteau eſt aſſujetti. Il ſuit de ce que nous venons de dire, que ce ſecond gâteau doit être conſtruit parallele au premier, & qu'il ne doit reſter entr'eux qu'un certain intervalle. Les abeilles qui ont jetté les fondements du dernier, malgré la diſtance qu'il y a entre l'endroit où elles l'ont collé, & l'endroit où tient le premier, ont donc jugé que lorſqu'il ſeroit fini, il ſe trouveroit placé par rapport à l'autre, comme il convient qu'il le ſoit. Il leur arrive pourtant de ſe tromper, & c'eſt encore un de ces faits qui ſemblent prouver qu'elles jugent. Quelquefois l'attache du nouveau gâteau a été poſée ſur une ligne tellement éloignée de la ligne où eſt l'attache de l'autre, qu'il y auroit un trop grand intervalle entre le premier & le ſecond gâteau, ſi celui-ci étoit conſtruit parallele à l'autre. Pour regagner une partie du vuide qui naît de ſa mauvaiſe poſition, les abeilles le conduiſent obliquement. A meſure qu'elles l'étendent, elles lui donnent une inclinaiſon qui le rapproche de l'autre. La poſition du ſecond gâteau a été quelquefois ſi mal choiſie, que le vuide qui reſte d'un côté entre les deux gâteaux, ne paroît pas ſupportable aux abeilles. Alors elles en conſtruiſent un troiſiéme entre ceux-ci, mais qui a toûjours peu d'étendue, par rapport aux deux premiers : elles le terminent dans l'endroit où les deux autres ne laiſſent entr'eux qu'un intervalle qui y peut être ſans inconvenient. Elles font plus quelquefois, elles rempliſſent certains eſpaces de gâteaux tous paralleles entr'eux, mais inclinés ou même perpendiculaires aux premiers faits *.

Mais, comme nous l'avons dit, les gâteaux ſont pour

* Pl. 21. fig. 3 & 4.

Tome V. . E e e

l'ordinaire paralleles les uns aux autres. Ils laiffent entr'eux
des efpéces de rues. Les abeilles auroient fouvent trop de
chemin à faire, fi pour parvenir entre deux gâteaux jufque vers leur milieu, il falloit toûjours paffer par les bouts
des rues. Pour abréger le chemin, quand elles conftruifent un grand gâteau, elles fçavent y referver une ou plufieurs ouvertures à peu près rondes. Ce font de grandes
portes toûjours ouvertes, & qui leur permettent d'arriver
plûtôt entre les gâteaux, & d'en fortir. Des gâteaux fouvent longs de plus de 18 à 20 pouces, & larges de 12
ou 15, comme il y en a dans certaines ruches, contiennent un nombre de cellules bien confidérable. Leurs
contours font curvilignes; mais ne prenons d'un gâteau
qu'une portion rectangle longue d'environ 15 pouces,
& large de plus de 10. Il eft aifé de calculer qu'elle fera
compofée de plus de 9000 cellules, comme nous l'avons
déja dit.

Quoique les cellules foient formées de feuilles de cire
extrémement minces, les gâteaux deviennent des piéces
pefantes lorfqu'ils font bien pleins de miel. Leur propre
poids pourroit rompre les attaches qui les tiennent fuf-
pendus au haut de la ruche. Les abeilles fçavent auffi les
affûjettir en divers autres endroits contre fes parois ; &
elles multiplient les attaches autant qu'elles en trouvent
la facilité. Dans les ruches vitrées, les gâteaux extérieurs
font fouvent foûtenus par de petites maffes de cire
quelquefois cellulaires, collées par un de leurs bouts à
un des carreaux de verre, & par l'autre au gâteau. Les
gâteaux intérieurs font auffi quelquefois attachés les uns
aux autres. Celui qui fe trouve immédiatement après un
gâteau extérieur, eft attaché à celui-ci; ainfi les foûtiens
des gâteaux extérieurs fervent à maintenir les autres. La
prévoyance de ceux qui préparent des ruches pour y

loger des abeilles, les engage à y difpofer de petits bâtons en croix, qui par la fuite fervent de fupports aux gâteaux qui y font conftruits ; ces fupports les mettent hors de rifque de tomber, & épargnent du travail aux mouches.

Nous avons vû les abeilles occupées à conftruire & à polir des cellules, nous les avons vû en compofer de grands gâteaux, fans avoir rien dit encore de la matiére dont elles les conftruifent, fans avoir dit encore comment elles font la cire même ; c'eft-à-dire, fans avoir expliqué en quoi cette cire brute qu'elles ramaffent fur les fleurs différe de la vraye cire, & comment elles la convertiffent en véritable cire. Nous n'avons pas même dit où chaque abeille prend la cire dans l'inftant où elle veut la mettre en œuvre pour en faire une portion de cellule. Ce dernier fait me paroît avoir été ignoré par ceux qui ont traité des abeilles ; & ils ne nous ont aucunement appris à quoi il falloit s'en tenir fur la converfion de la cire brute en véritable cire, ce qui eft cependant une queftion curieufe & importante à éclaircir, non-feulement par rapport à l'Hiftoire des abeilles, mais même par rapport à la Phyfique.

Ces deux petites pelottes dont font fouvent chargées les deux derniéres jambes des abeilles qui reviennent de la campagne, ont été prifes fur les fleurs, ainfi que nous l'avons expliqué dans le fixiéme Mémoire. Elles ne font autre chofe que des amas de pouffiéres d'étamines. C'eft ce que nous avons appellé de la cire brute ou de la matiére à cire. On pourroit néantmoins douter fi ces pouffiéres d'étamines ne font pas actuellement de la cire proprement dite. Certaines parties des plantes & des arbres donnent de la réfine toute faite ; les mêmes parties ou d'autres parties de différents arbres, donnent de la gomme telle que nous l'employons. Enfin, nous connoiſſons à préſent un arbriſſeau commun au Miſſiſſipi, des grains duquel on retire une ſorte de cire au moyen de l'eau bouillante. Ne pourroit-il pas ſe faire que d'autres parties des plantes, que leurs fleurs donnaſſent de la cire telle que celle que nous brûlons journellement, que les abeilles ne fuſſent chargées que du ſoin de l'y ramaſſer? Il ſeroit aſſés naturel de penſer que cela eſt ainſi. Mais quand on vient à examiner ces petits grains que les abeilles ont enlevés aux étamines des fleurs, on reconnoît aiſément qu'ils ne ſont point du tout de la cire, ils ne ſont que la matiére dont elles la font.

En attendant que nous apprenions le moyen d'avoir aſſés de cette cire brute pour fournir à des eſſais un peu en grand, nous nous contenterons de faire remarquer qu'il eſt très-facile d'en avoir pour des eſſais en petit. Dans les jours où les abeilles vont à la campagne, on n'a qu'à ſe tenir le matin auprès d'une ruche, & prendre celles qu'on y voit arriver chargées. Si on n'eſt pas aſſés aguerri avec elles pour oſer les ſaiſir avec une pince, ſi on craint trop leurs piquûres, il y a un autre moyen de leur enlever leur récolte avec moins de riſque. On n'a qu'à tenir à la main un petit bâton frotté de glu. Dès qu'une abeille ſe ſera poſée ſur le devant de la ruche, ou qu'elle y marchera, on s'en rendra maître ſi on la touche avec le petit bâton. On lui ôtera ſes deux boulles ſi elle les a encore, & ſi elle les a laiſſé tomber ſur le devant de la ruche, ce qui arrive aſſés ſouvent en pareil cas, on les y ramaſſera. Quand on ſe ſera fourni ainſi d'un certain nombre de pelottes de cire brute, il ſera facile de faire les expériences propres à montrer qu'elles ne ſont point encore de la cire.

La plus ſimple de toutes, & celle qui s'offre la premiére, eſt de peſtrir entre le pouce & l'index une de ces petites boules, de lui faire changer de figure en la peſtriſſant, & ſur-tout de la réduire à une lame platte. En pareil cas, la cire ordinaire ſe ramollit, & devient flexible comme une pâte; quelque figure qu'on lui faſſe prendre, ſes parties reſtent continues; en un mot, la cire alors eſt ductile, & la petite boule ne l'eſt pas, elle ne ſe ramollit point entre les doigts, elle s'y briſe ſouvent: on reconnoît toûjours à la vûe ſimple, & encore mieux à la loupe, que la petite maſſe n'eſt qu'un aſſemblage de grains, dont chacun, malgré les preſſions réitérées par des doigts chauds, a conſervé ſa figure. S'ils tiennent les uns contre les autres, ce n'eſt que par un peu d'humidité reſtée ſur leur ſurface.

Pour ſçavoir ce que peut ſur cette matiére une chaleur plus forte que celle des doigts, on mettra une petite pelotte dans une cuillier d'argent qu'on poſera ſur de la cendre chaude, ou ſur un charbon peu ardent. Si la petite boule étoit de cire, dans un inſtant elle y deviendroit coulante, au lieu que la petite boule de cire brute conſerve ſa figure, elle jette de la fûmée, elle ſe deſſéche & ſe réduit en charbon.

On peut faire au feu une autre expérience, qui prouvera auſſi déciſivement que la cire brute n'a pas encore les propriétés de la véritable cire. On en formera un petit corps long, une eſpéce de filet, dont on préſentera un des bouts à la flamme d'une bougie. Ce fil de cire brute s'y allumera & brûlera comme feroit un brin de bois ſec, & plus chargé de matiére huileuſe que du bois ordinaire; mais il ne ſe fondra pas, comme ſe fondroit ſans brûler, un petit rouleau de cire.

Cette matiére éprouvée à l'eau, comme éprouvée au feu, paroîtra encore différente de la cire. Si on en jette dans l'eau, elle tombera & reſtera au fond, au lieu que de la cire remonteroit & reſteroit à la ſurface. Qu'on ne

E e e iij

foupçonne pas que, quoique cette matiére paroiffe plus péfante fpécifiquement que la cire, elle ne l'eft pas réellement. Qu'on ne s'imagine pas que fon excès de péfanteur doive être attribué à l'humidité dont elle étoit pénétrée lorfqu'elle tenoit à la plante, humidité qu'elle conferve encore lorfque l'abeille la-tranfporte. J'ai gardé de cette cire brute pendant plufieurs années, & j'en ai eu qui a paffé un hyver entier fur la cheminée d'un cabinet où il y avoit continuellement du feu; le temps & le lieu euffent dû fuffire à la deffécher parfaitement ; néantmoins quand j'ai jetté dans l'eau cette matiére fi bien defféchée, elle a été à fond.

Il s'enfuit donc que les abeilles donnent quelque préparation à la cire brute qui la rend de véritable cire. Mais en quoi confifte cette préparation ? Ne leur fuffit-il point de la peftrir, ou plûtôt de la broyer en quelque forte? On peut foupçonner que chacun de ces petits grains qui ont été enlevés à la plante, font des efpéces de petits facs membraneux, dont l'intérieur eft rempli de cire. On peut foupçonner qu'il n'y a qu'à brifer les enveloppes pour avoir la cire qu'elles couvrent. Mais j'ai eu beau peftrir, j'ai eu beau broyer même cette matiére, foit dans des cuilliers d'argent avec un manche de coûteau de porcelaine, foit fur du verre, je ne lui ai donné aucune des qualités qui lui manquoient pour être de la cire. Après des broyements réitérés, elle n'eft devenue ni plus duétile ni plus fufible qu'elle l'étoit auparavant.

Puifqu'il ne fuffit pas aux abeilles de peftrir la cire brute, on peut croire qu'elles y adjoûtent quelque matiére, ou plûtôt quelque liqueur. M.rs Maraldi & Swammerdam, l'ont penfé ainfi. Comme le miel eft ce que les abeilles ont le plus à leur difpofition, il étoit affés naturel de foupçonner qu'elles en mêloient avec la cire brute; mais ç'a été inutilement encore que j'ai broyé de cette cire imparfaite après l'avoir humectée de miel; son état n'en a pas paru changé.

Swammerdam a eu un autre soupçon qui est ingénieux. Il a pensé que la liqueur venimeuse dont les abeilles ont une assés grosse vessie toute pleine, ne leur avoit pas été simplement accordée pour empoisonner les blessûres qu'elles font; que peut-être les abeilles humectoient avec cette liqueur la matiére qu'elles avoient ramassée sur les plantes, & qu'elle pouvoit avoir une efficacité propre à changer cette matiére en véritable cire. Il a cru même avoir fait quelques expériences favorables à cette idée, & qui lui avoient fait naître le desir de ramasser plus de liqueur venimeuse pour répéter plus en grand les mêmes expériences. Celles que j'ai tentées ne me disposent pas à croire qu'il eût été content du succès. Après tout, les gros bourdons velus, & beaucoup d'espéces d'abeilles qui ne font pas de véritable cire, ont, commé les abeilles, des vessies pleines d'un semblable venin. Les guêpes & les frêlons font bien pourvûs de ce venin, quoiqu'ils ne fassent que du papier.

Ce seroit assûrément une découverte curieuse & peut-être même utile, que celle d'une manipulation ou d'un procédé simple qui transformeroit la cire brute en vraye cire. Celle que les abeilles nous ramassent ne nous coûte rien; elles font des ouvriéres que nous n'avons pas la peine de nourrir; mais nous n'avons pas à beaucoup près, assés de ces ouvriéres, & il s'en faut bien qu'elles nous procurent toute la cire que nous pourrions consumer. La quantité de poussiéres d'étamines qu'elles ramassent à la campagne, n'est rien en comparaison de la quantité qu'elles y laissent perdre. Si nous sçavions faire de la cire avec ces poussiéres, peut-être trouveroit-on des moyens d'en recueillir beaucoup à peu de frais; peut-être trouveroit-on les moyens de mettre les enfants de la campagne en état de faire cette forte de récolte. La culture du fafran eft chere, & on n'eft point effrayé par la peine de couper les filets de fes fleurs, de fon piftile. En l'ifle de Candie, on fait la récolte du ladanum avec des fouets de cuir *, des laniéres dont on fouette dans la faifon convenable & pendant la plus grande chaleur du jour, les arbriffeaux qui fourniffent cette gomme réfineufe. Il feroit peut-être moins long qu'on ne fe l'imagine, de ramaffer beaucoup de pouffiéres d'étamines, avec de gros pinceaux, ou même avec des peaux qu'on feroit paffer fur les fleurs dont une prairie eft émaillée, ou fur celles d'un champ de bled noir. Il y a des arbres & des arbuftes qui pourroient en fournir beaucoup. On entrevoit donc des moyens de parvenir à faire à peu de frais, des récoltes de pouffiéres d'étamines; au moins ne femble-t-il pas qu'on en dût defefpérer. Je voudrois bien qu'on pût autant fe promettre de trouver le moyen de convertir ces étamines en cire. Je n'ai pas fait à beaucoup près toutes les tentatives qui peuvent être faites pour y parvenir; j'en indiquerai quelques-unes qui peuvent inviter à en faire beaucoup d'autres.

Dans le Mémoire que M. Geoffroy a publié fur la figure de ces pouffiéres, & fur leurs ufages, par rapport à la fécondation des graines des plantes, il dit *: *que ces petits grains ne fe diffolvent ni dans l'eau, ni dans l'huile d'olive, ni dans l'efprit de térébenthine, ni dans l'efprit de vin, pas même à l'aide du feu; que les trois derniéres liqueurs en tirent bien quelque teinture, mais fans changer, ou très-peu, la figure des grains.* Il adjoûte un peu après, que quelques-uns ont prétendu que ces grains n'étoient que des particules de cire ou de réfine; que pour voir ce qui en étoit, il les a fait bouillir dans l'eau où ils ne fe font point fondus. M. Geoffroy croit que ces

pouffiéres

* Voyage de Mr Tournefort. Lettre 2.

* Mémoires de l'Académie 1711. Page 216.

poussiéres contiennent une matiére huileufe, que celles des lys la laiffent fur le papier dans lequel on les renferme.

Les teintures que l'eau, l'efprit de térébenthine & l'efprit de vin tirent des poussiéres des étamines, & fur-tout celle qu'en tire l'efprit de vin, quoique légéres, me parurent mériter d'être examinées; & M. Geoffroy l'eût jugé comme moi, s'il eût eu à confidérer ces poussiéres dans le point de vûe où je devois les regarder, comme étant la matiére premiére de la cire. Dans trois tubes de verre, dont chacun avoit intérieurement environ 9 lignes de diametre, & dont la hauteur étoit de près de 6 pouces, je mis une quantité à peu près égale de cire brute que je ne pefai pas; je me contentai de remarquer qu'elle s'élevoit environ fix lignes au-deffus du fond du vafe. Un des tubes fut rempli d'eau, l'autre d'efprit de térébenthine, & le troifiéme le fut d'efprit de vin. La cire brute a été tenue pendant plus de trois mois dans chacune de ces liqueurs; mais la liqueur de chaque tube a été renouvellée plufieurs fois. Dans les premiers jours pourtant, comme on l'imagine affés, l'efprit de vin & l'efprit de térébenthine ont plus extrait de la cire brute que dans tout le refte du temps. Il n'en a pas été tout-à-fait de même de l'eau.

Les poussiéres des étamines ont donné à l'eau une couleur brune affés foncée. Il s'eft bientôt formé fur toute fa furface un champignon de moififfûre d'une ligne ou deux d'épaiffeur. Le premier champignon ayant été ôté, il s'en eft fait un autre à fa place, & il y en a paru de même cinq de fuite. L'eau avoit auffi une odeur qui tenoit du moifi, & qui étoit plus defagréable, elle approchoit de celle des plantes pourries. Il femble que ces poussiéres qui étoient de petites parties de plantes, auroient dû fe pourrir dans l'eau en un temps moins long que celui pendant lequel elles y avoient été tenues. Cependant quand

j'ai obfervé au microfcope de celles que j'ai tirées de deffous l'eau qui les avoit couvertes pendant plus de trois
mois, je leur ai trouvé la figure qu'elles avoient quand
elles y avoient été mifes. Il n'eft pas auffi fingulier que
celles qui ont demeuré pendant un pareil temps dans l'efprit de vin & dans celui de térébenthine, ayent confervé
de même leur première figure.

La quantité que j'avois de chaque liqueur qui avoit agi
fur les pouffiéres des étamines, étoit petite; auffi ne devois-
je pas m'attendre que chacune de ces liqueurs après s'être
évaporée, me laifferoit une quantité de réfidence folide,
bien confidérable. Une cuillier d'argent me parut donc un
affés grand vaiffeau, & convenable pour faire l'évaporation.
D'abord j'en remplis une de l'eau la plus colorée, & je
mis la cuillier fur des charbons allumés. Afin pourtant
d'avoir plus de réfidence, je verfois de nouvelle eau colorée dans la cuillier avant que l'évaporation de celle qu'elle
avoit, fût toute faite. J'eus ainfi la réfidence d'environ trois
bonnes cuillerées d'eau. Cette réfidence étoit brune, &
avoit l'efpéce de ténacité propre à une gomme; en un
mot, elle me parut une véritable gomme. Après l'avoir
rendue dure & féche, il me fut aifé de la ramollir & de la
diffoudre entiérement dans l'eau que je verfai deffus.

J'effayai l'efprit de térébenthine, comme j'avois fait
l'eau, fans efpérer néantmoins d'en avoir une réfidence
auffi pure. Je m'attendois, comme il arriva, que la réfine
que cette liqueur pourroit laiffer, ne me permettroit pas
de diftinguer dans le compofé ce qui avoit appartenu à
la cire brute, de ce qui avoit été laiffé par la liqueur réfineufe. Au refte, l'efprit de térébenthine peut peu fur la
cire brute; celle que j'ai fait bouillir dans cette liqueur,
loin de s'y ramollir, a paru s'y durcir.

Je me promis davantage de l'effai qu'il me reftoit à

faire de l'efprit de vin, car par lui-même l'efprit de vin ne
pouvoit rien laiffer de folide fur la cuillier. Celle qui fut
mife fur les charbons, fut remplie trois fois de l'efprit qui
avoit pris le plus de teinture. Lorfqu'il fut évaporé en
grande partie, la liqueur qui refta dans la cuillier fut épaiffe, jaune & trouble, & répandoit une odeur qui me parut
être celle de la cire ; elle le parut de même à plufieurs
perfonnes à qui je la fis fentir. Enfin, lorfque j'eus pouffé
l'évaporation jufques à ficcité, la cuillier fe trouva enduite
d'une couche de matiére jaune qui avoit une odeur de
cire fi forte, qu'on ne pouvoit la méconnoître. Il paroiffoit donc que l'efprit de vin avoit extrait des poufiéres des
étamines, de la cire qu'il y avoit trouvée toute faite, ou au
moins, qu'il en avoit extrait la matiére à laquelle la cire
doit fon odeur.

Il me refta pourtant un fcrupule fur l'expérience dont
je viens de parler. La cire brute qui y avoit été employée,
avoit été prife dans des cellules d'abeilles ; peut-être n'en
avoit-elle pas été tirée avec affés de précaution ; quelques
parcelles de véritable cire avoient peut-être été détachées,
& l'odeur que donnoit la réfidence de la diffolution, pouvoit être dûe à ces parcelles. Pour faire une expérience
qui ne me laiffât pas une inquiétude pareille, je fis prendre à des abeilles les pelottes de cire brute qu'elles rapportoient à leur ruche. Après en avoir ramaffé un volume égal
à celui de quatre à cinq gros pois, je mis les pelottes dans
un tube avec de l'efprit de vin. En 24 heures elles lui donnerent une forte teinture, qui le devint encore davantage
lorfque j'eus échauffé le tube jufques à faire bouillir la liqueur. Je fis évaporer cette derniére diffolution, comme
j'avois fait évaporer la premiére, dans une cuillier d'argent ;
j'eus bientôt une liqueur jaunâtre & trouble qui fentoit la
cire. Quand l'évaporation eut été pouffée jufques à ficcité,

il resta au fond de la cuillier une assés bonne quantité d'une
matiére jaunâtre, qui, dès qu'elle fut réfroidie, eut la consistance de la cire, & qui, comme la cire, pouvoit reprendre de la liquidité lorsque je la chauffois. Ayant vû ensuite que cette matiére qui avoit l'odeur de cire, se laissoit
pestrir entre mes doigts, je la crus de véritable cire; mais
bientôt je reconnus qu'elle n'étoit pas de la cire pure &
parfaite. Je mis dans ma bouche la petite boule que j'en
avois faite en la pestrissant, elle s'y fondit, comme s'y seroit fondu un grain de cachou, ou comme s'y feroit fondu
un morceau de quelque tablette, dont le sucre auroit fait
la base : elle avoit aussi un goût sucré. L'odeur de cette
matiére ne me permettoit pourtant pas de douter qu'elle
ne contînt de la cire; mais cette cire étoit mêlée avec une
autre matiére, & l'esprit de vin les avoit extraites toutes
deux en même temps. Elle étoit mêlée avec des sels plus
aisés à humecter que le sucre, c'est de quoi j'eus bientôt
la preuve. Je fis durcir sur le feu celle qui étoit dans la
cuillier, au point de résister au frottement de l'ongle lorsqu'elle étoit froide. Cette matiére si dure ne fut pas une
heure à s'imbiber de l'humidité de l'air. En moins d'une
heure sa surface fut assés gluante pour s'attacher au doigt
qui la touchoit. Ne pourroit-on pas regarder cette matiére comme une espéce de savon de cire! Il paroît donc
que si l'esprit de vin tire des poussiéres des étamines, de la
cire, qu'il la tire en petite quantité & mêlée avec des sels
qui s'humectent aisément à l'air. L'odeur de la matiére
que l'esprit de vin avoit extraite de la cire brute, nous
prouve décisivement que cette matiére contenoit de la
cire, ou au moins le principe auquel la cire doit son
odeur, & par conséquent, qu'un des principes de la cire
est actuellement dans les poussiéres des étamines. Peut-
être la cire y est-elle toute faite, & qu'il ne nous manque

qu'un diffolvant pour l'en pouvoir extraire ; car nous ne
connoiffons point encore de véritable diffolvant de la
cire. L'efprit de vin avoit tiré de nos pouffiéres tout ce
qu'il eût tiré de la cire qui nous eft mieux connue pour
cire. J'ai cru autrefois que l'efprit de vin fe chargeoit de
toute la fubftance de la cire, de tout ce qui entre dans
fa compofition ; mais des expériences auxquelles les précédentes m'ont conduit, m'ont appris le contraire. J'ai
mis une chopine de vin fur une demi-livre de cire jaune
divifée en lames minces. Au bout de deux jours l'efprit
de vin a pris une belle teinture jaune. J'ai fait évaporer
de cet efprit de vin dans une cuillier tenue fur quelques
charbons allumés, comme j'avois fait évaporer l'efprit de
vin chargé de la teinture qu'il avoit prife fur les pouffiéres
des étamines. J'avois cru que l'efprit de vin qui avoit agi
fur de véritable cire, auroit laiffé de la cire au fond de la
cuillier, il n'y a laiffé qu'une matiére, qui avec l'odeur de
cire, n'avoit que la confiftance du beurre, & qui pouvoit
être diffoute par l'eau. J'ai fait depuis plufieurs expériences
plus en grand fur les diffolutions de cire par l'efprit de vin ;
mais je me referve à en parler dans un autre ouvrage, de
crainte d'allonger encore un article déja trop long. Je dirai
feulement qu'il paroît que la matiére que l'efprit de vin
extrait de la véritable cire, eft femblable à celle qu'il extrait
des pouffiéres des étamines.

Je rapporterai pourtant encore une expérience que j'ai
faite avec l'efprit de vin tenu fur de véritable cire, mais
fur de la cire qui n'avoit jamais été fondue. Je brifai un
gâteau de cire, nouvellement conftruit par les abeilles, &
dans les cellules duquel il n'y avoit jamais eu de miel.
Cette cire étoit très-blanche & très-féche. Je la fis entrer
par fragments dans un gros tube où je verfai de l'efprit de
vin ; & afin que cette liqueur en tirât plus vîte ce qu'il lui

étoit possible d'en tirer, je la fis chauffer & même bouillir
pendant plus d'un quart d'heure. L'esprit de vin fut ensuite versé dans une cuillier d'argent qui fut posée sur des
charbons allumés. Quand il se fut évaporé en grande partie, quand il ne resta plus au fond de la cuillier qu'une liqueur aussi épaisse qu'un sirop, je la sentis, & je ne lui
trouvai qu'une légére odeur de cire; je la goûtai ensuite,
& je lui trouvai précisément le goût d'un sirop de sucre.
Ce sirop fut remis sur le feu & épaissi à tel point, que
lorsqu'il étoit refroidi, il étoit dur & très-dur. Cependant
lorsqu'il eut été exposé à l'air, il s'humecta; mais au bout
de deux jours il devint grainé, & se rendurcit de nouveau.
Il avoit le goût & la dureté du plus beau sucre. On doit
être porté à regarder cette espéce de sucre comme du miel
qui étoit resté dans la cire.

Tout ce que nous voulons conclurre de cette expérience, c'est qu'il reste dans la cire vierge des abeilles,
dans celle qui n'a pas été fondue, une espéce de sel sucré
analogue à celui que l'esprit de vin tire des poussiéres des
étamines. Ce sera un miel si l'on veut. Quoi qu'il en soit,
cette observation a servi à m'expliquer un fait qui m'avoit
embarrassé. Il m'est arrivé quelquefois de tirer de l'eau
froide des gâteaux de cire qui s'y étoient sensiblement
ramollis; l'eau cependant ne peut que durcir la cire ordinaire. Mais je pense à present que la cire de ces gâteaux
contenoit de ce sel, ou ce miel que l'esprit de vin en peut
extraire; & que l'eau qui peut dissoudre ce sel ou ce miel,
peut par là amollir le gâteau.

Au reste, quoique les principes qui doivent composer
la cire soient certainement contenus dans les poussiéres des
étamines, ils peuvent n'y être pas actuellement réunis &
combinés, comme ils le font dans la cire parfaite. Une
observation de M. Bernard de Jussieu, semble prouver

qu'ils y font féparés. Il a étudié au microfcope les pouffiéres des étamines d'un grand nombre d'efpéces de fleurs
en croix, comme des moutardes, des roquettes, &c; il a
étudié, dis-je, ces poufliéres pendant qu'elles étoient dans
l'eau où il les avoit mifes. Il a obfervé que ces petits grains
s'y gonfloient de plus en plus, & cela jufques à fe créver.
Dans l'inftant où chaque grain fe crévoit, il en fortoit un
jet de liqueur qui nageoit fur l'eau fans fe mêler avec elle,
& qui par conféquent, devoit être une liqueur huileufe.
Il a répété la même expérience avec le même fuccès fur
les poufliéres de plantes de plufieurs claffes différentes.

Mais pour dire le vrai, j'ai été dégoûté de pourfuivre
les expériences propres à nous apprendre, s'il eft poffible, de parvenir à tirer de véritable cire de la cire brute,
ou de convertir la cire brute en vraye cire, dès que les
moyens auxquels les abeilles font obligées d'avoir recours
pour cette opération, m'ont été connus, & dès que des
calculs & des obfervations m'ont eu prouvé que les abeilles
même ne font que très-peu de vraye cire avec beaucoup
de cire brute. J'ai jugé alors que cette opération n'étoit pas
auffi fimple que Swammerdam & M. Maraldi fembloient
l'avoir penfé, & qu'il étoit affés naturel de la croire. J'ai
connu qu'il ne fuffiroit pas aux abeilles de peftrir la cire
brute entre leurs pattes après l'avoir humectée de quelque
liqueur. C'eft dans le corps même des abeilles que la cire
brute doit être travaillée; c'eft-là qu'eft le laboratoire où
fe fait la véritable converfion ou extraction. Quelques Auteurs qui ont parlé des abeilles, l'ont foupçonné, & je crois
être en état de le démontrer inconteftablement. C'eft dans
le fecond eftomach.*, & peut-être dans les inteftins * des
abeilles, que la cire brute eft altérée, digérée & convertie
en véritable cire, ou c'eft-là que la véritable cire en eft extraite. Or dès qu'on fçait le lieu où fe fait cette opération,

* Pl. 30. fig.
9, 10, 11 &
12. e.
* i.

on eft bien tenté de croire qu'il ne nous eft pas plus aifé de parvenir à faire de vraye cire avec les étamines des fleurs, qu'il nous l'eft de faire du chyle avec les différentes fub-ftances, foit animales, foit végétales, avec lefquelles notre eftomach & nos inteftins en font journellement.

Il y a long-temps qu'on a penfé que les abeilles ne vi-voient pas feulement de miel, qu'elles mangeoient la cire brute. Ce fentiment a été reçû prefque généralement par ceux qui ont eu beaucoup de ces mouches, dans la vûe de profiter des fruits de leurs travaux. Auffi dans divers pays, comme la Hollande, la Flandre, le Brabant, &c. la cire brute eft appellée le pain des abeilles. Ce mets même a paru digne d'un nom plus noble aux Auteurs de divers traités fur ces mouches; ils ont cru qu'il méritoit celui du mets que les Poëtes ont fait fervir fur la table de leurs Dieux. Ils ne l'appellent que l'ambroifie; & pour que les abeilles foient traitées en tout comme ces mêmes Dieux, ils veulent que le miel foit du neCtar. Les anciens ont donné d'autres noms à la cire brute, rapportés par Pline, quelques-uns, dit-il, l'appellent *erithacé*, d'autres lui ont donné le nom de *fandarac*, & d'autres celui de *cerinthé*. Il adjoûte enfuite que les abeilles s'en nourriffent pen-dant qu'elles travaillent. Le fentiment, au refte, qui veut que les abeilles prennent un aliment folide, pouvoit très-bien être du nombre de tant d'autres fur ces mêmes mouches, qui ont été reçûs, & qui fe font perpétués fans affés d'examen. Swammerdam après l'avoir difcuté, a prétendu qu'il étoit contre toute vraifemblance que les abeilles priffent une nourriture auffi folide que l'eft la cire brute. Il avoit reconnu par plufieurs obfervations qu'elle n'eft qu'un amas de petits grains, le plus fouvent de figure fphérique, & qu'il eft difficile de leur faire perdre. Quel-que petits que foient ces grains, leur diametre lui a paru

furpaffer

furpaffer beaucoup celui de l'ouverture du bout de la trompe. Il a penfé, ce qui paroît très-vrai, que cette ouverture, contre l'exiftence de laquelle nous avons rapporté de fortes preuves, ne pouvoit donner paffage qu'à une liqueur. Il a donc cru que des raifons auxquelles on ne pouvoit oppofer rien de vraifemblable, établiffoient qu'il étoit impoffible que les abeilles fe nourriffent de cire brute. Il eft certain auffi, qu'il feroit impoffible qu'elles la fiffent paffer par l'ouverture qu'il prétendoit être au bout de leur trompe. Mais il refte encore poffible que les abeilles prennent cet aliment folide, dès qu'il eft prouvé qu'elles ont une bouche. Nous avons fait connoître cette bou-che * dans le fixiéme Mémoire, & nous avons dit qu'il étoit très-important de la connoître, fi on vouloit fçavoir l'hiftoire des abeilles. Nous y avons fait voir que fon ouverture eft affés confidérable pour recevoir les fubftances folides qui doivent être conduites dans l'intérieur de l'abeille. Cette bouche eft placée au bout de la tête à la partie fupérieure de la trompe. Non-feulement nous avons déterminé fa pofition, & avons donné une idée de fa grandeur & de fa figure, nous avons appris de plus les moyens qui peuvent mettre en état de la voir quand on le veut; il fuffit donc à préfent qu'on fe rappelle qu'elle eft auffi bien placée qu'une bouche d'infecte peut l'être, qu'elle fe trouve immédiatement au-deffous des dents, & que fon ouverture eft affés confidérable.

* Pl. 28. fig.
4, 7 & 10.

Ce qui m'a conduit à chercher cette bouche & à la découvrir, c'eft qu'après avoir jugé qu'elle étoit abfolument néceffaire aux abeilles, je les ai vûes fouvent dans des opérations qui prouvoient inconteftablement qu'elles l'avoient. Pendant que j'en examinois qui rentroient & qui fortoient d'une ruche où je les avois nouvellement établies, j'en remarquai une qui arrivoit chargée de deux

Tome V.   Ggg

boules de cire brute; elle fe pofa un peu à l'écart fur l'appui
de la ruche; elle s'y tint tranquille, & fi tranquille qu'elle
ne fut point déterminée à changer de place lorfque, pour
l'obferver de plus près, je me mis à genoux, & que j'approchai d'elle une loupe, au travers de laquelle je croyois
mieux diftinguer à quoi aboutiffoient des mouvements de
tête qu'elle avoit réitérés plufieurs fois. Je vis très-diftincte-
ment qu'il y avoit des moments où elle fe contournoit autant qu'il étoit néceffaire, pour prendre avec fes deux dents
une petite portion d'une de fes boules de cire brute. Elle fe
redreffoit enfuite, & les dents agiffoient l'une contre l'autre
pour broyer la matiére qu'elles avoient emportée. D'inftant en inftant cette portion de matiére fembloit diminuer
de volume entre les dents qui la mâchoient, & bientôt elle
difparoiffoit totalement. Alors les dents ne tardoient pas
à aller détacher une autre petite portion de la même pelote, qu'elles mâchoient comme elles avoient fait la premiére. Ces opérations furent répétées pendant plus d'un
demi-quart d'heure, au bout duquel il ne refta rien de
la pelote de cire; elle avoit été entiérement mangée. A
mefure que les dents en avoient fuffifamment broyé une
partie, la langue * dont nous avons déterminé ailleurs la
figure & la pofition, étoit à portée de la faifir, & la faififfoit pour la conduire dans la bouche. Si j'avois ignoré
que cette bouche étoit au-deffous des dents, tout ce que
je viens de rapporter me l'auroit prouvé fuffifamment;
car que pouvoit devenir la matiére broyée par les dents,
fi elle n'entroit pas dans un trou deftiné à la recevoir!
D'ailleurs la trompe, comme trompe, ne contribuoit
en rien à faire difparoître la matiére qui avoit été broyée:
elle étoit dans l'inaction la plus parfaite, pliée & ramenée
contre la face poftérieure de la tête, comme elle l'eft dans
tous les temps où elle ne doit point agir.

* Pl. 28. fig.
4, 7, 8, 9, 10
& 11. L.

Ce que j'ai vû faire à la mouche dont je viens de parler, je l'ai vû faire à beaucoup d'autres mouches que d'autres circonstances favorables m'ont permis d'obferver à mon aife. Mais il eft plus ordinaire que l'abeille entre dans la ruche chargée de fes deux pelotes de cire brute. Elle marche fur les gâteaux en battant des aîles ; lorf-qu'elle s'arrête quelque part, lorfqu'elle fe fixe, elle ne ceffe pas pour cela d'agiter fes aîles. Elle femble par ces mouve-ments, & le bruit qu'ils produifent, inviter fes compagnes à la venir trouver. On en voit bientôt trois ou quatre qui s'arrangent autour d'elle, & qui travaillent officieufement à la décharger de fes fardeaux. Ce que nous venons de dire, apprend affés à quoi tendent les bons offices qu'elles lui rendent. Chacune prend entre fes dents fa petite por-tion d'une des pelotes. Après l'avoir prife, elle ne tarde guéres à en venir reprendre une feconde, & même une troifiéme fois, fi d'autres abeilles ne fe font pas préfen-tées pour en avoir leur part. En un mot, les deux pelotes qui chargent les jambes poftérieures de l'abeille, font fou-vent bientôt enlevées & mangées par fes compagnes, & cela, fur-tout dans les temps du fort du travail, dans les temps où les mouches font preffées de meubler de gâteaux, un logement où elles font nouvellement établies.

Enfin, fi on veut encore avoir une autre démonftration pour fe convaincre que les abeilles ne fe contentent pas de mâcher la cire brute, on la trouvera dans leur intérieur. Qu'on ouvre leur eftomach & leurs inteftins, on les verra fouvent remplis de cette matiére ; les grains y auront fou-vent leur première figure, & fi on les confidére au mi-crofcope, ils y paroîtront tels qu'y paroiffent les pouffiéres des étamines.

Dans les ruches bien fournies de gâteaux de cire, que les abeilles ne font pas preffées d'aggrandir, & lorfque la

récolte de cire brute, eſt ſi facile & ſi abondante qu'il en
vient plus à la ruche qu'il n'y en peut être conſumé, la
mouche qui arrive avec les deux pelotes de cette matiére,
attendroit long-temps avant que de trouver des compagnes qui vinſſent les lui ôter. Toutes en ſont gorgées:
celle qui en rapporte, s'en eſt auſſi apparemment raſſaſiée
à la campagne, mais elle n'a garde de laiſſer perdre le
fruit de ſon travail. Il vient des temps où il y a diſette de
pouſſiéres d'étamines; & même dans les ſaiſons les plus
favorables, il y a des jours fâcheux où les mouches ne
peuvent aller ramaſſer celles dont les fleurs ſont chargées. Il leur convient d'avoir pour de pareils temps, de
la cire brute en proviſion. Juſqu'ici nous n'avons parlé
que de deux uſages des alvéoles; nous avons ſeulement
dit, que les uns ſervent à loger les vers qui doivent devenir des mouches, & que les autres ſervent à contenir le
miel. Nous devons dire à préſent, que d'autres alvéoles
ſont employés à un troiſiéme uſage, à conſerver la cire
brute qui eſt miſe en reſerve. La mouche qui arrive chargée de deux lentilles de cette matiére, dont ſes compagnes
n'ont pas actuellement beſoin, s'accroche avec ſes deux
jambes antérieures contre le bord d'une cellule vuide, où,
plus exactement, d'une cellule dans laquelle il n'y a ni ver
ni miel. Elle y fait entrer enſuite ſes deux jambes poſtérieures, celles qui ſont chargées des deux petites boules; & c'eſt
pour aider ſes jambes à y entrer, qu'elle recourbe un peu
ſon corps en deſſous, qu'elle le rapproche de ſa tête. Alors
avec le bout de chacune de ſes jambes du milieu, elle pouſſe
vers le dedans de l'alvéole la lentille ou pelote de cire brute
de chacune de ſes grandes jambes. Les deux lentilles ſont
détachées dans l'inſtant, & tombent dans l'alvéole.

Souvent dès que l'abeille s'eſt défaite de ſes petits fardeaux, elle part, ſoit pour aller ſur le champ s'occuper d'un

nouveau travail, foit pour fe joindre aux mouches qui,
par un repos néceffaire & mérité, fe préparent des forces.
Mais à peine les deux lentillés font-elles tombées dans
une cellule, qu'une autre mouche entre dans cette même
cellule la tête la premiére ; elle y refte quelquefois pendant
un temps affés confidérable. On ne voit pas ce qu'elle y
fait ; mais quand elle en eft fortie, il eft aifé de juger de
ce qu'elle y a fait. Les deux lentilles font alors réunies dans
une même maffe qui a été pouffée jufqu'au fond de la
cellule, qui y a été preffée, & dont la furface a été appla-
nie de maniére à être rendue parallele à l'ouverture de
l'alvéole.

Dès qu'il y a une fois deux pelotes de cire brute dans
une cellule, il eft décidé qu'elle doit être un petit magafin
deftiné à être rempli de pareille matiére. Jufques à ce
qu'elle le foit, des abeilles viennent les unes après les autres s'y décharger de leur récolte de cire brute, que d'autres mouches peftriffent, preffent & arrangent. Quelquefois
la mouche même qui a apporté les deux pelotes, prend
elle-même tous ces foins.

Chaque mouche paroît employer plus de temps qu'on
ne croiroit qu'elle en devroit employer à arranger & à
empiler deux petites pelotes de cire brute ; car tout ce
travail femble fe réduire à étendre, à appliquer le peu de
matiére qu'elles contiennent, comme il convient qu'elle
le foit, fur celle qui eft déja pofée dans la cellule. Mais
c'eft que la mouche ne fe contente pas de les placer comme elles le doivent être ; avec fes dents elle les peftrit &
les humecte en même temps, elle les imbibe d'une liqueur
qui ne paroît être autre chofe que du miel. Si on tire
d'une cellule de la cire brute qui vient d'y être mife ;
elle eft vifiblement plus humide, plus liée, elle a plus de
corps que n'en a la cire brute qu'on a ôtée à une des

jambes d'une abeille ; & fi on la goûte, on lui trouve un goût de miel qui fait affés connoître la nature de la liqueur qui a été employée pour lui donner de la liaifon. On pourroit croire que la liqueur dont la cire brute eft imbibée, aide à la faire digérer, à la préparer à devenir de vraye cire; mais quand je fuis venu à examiner de celle qui avoit demeuré dans cette prétendue digeftion pendant plus de fix à fept mois, je ne lui ai pas plus trouvé les qualités de la vraye cire, que je les ai trouvées aux pelotes dont j'avois dépouillé les abeilles qui arrivoient à leur ruche. Je ne crois pourtant pas que ce foit fans aucune raifon d'utilité que les abeilles imbibent de miel celles qu'elles veulent garder. J'y en vois même une; le miel eft auffi propre qu'aucune matiére, à empêcher la corruption des corps qu'il couvre, je conçois donc que les pouffiéres d'étamines bien enduites de miel, en font moins expofées à fermenter, & moins en rifque de moifir, ou peut-être de fe trop deffécher.

Au refte, on trouve dans les ruches plufieurs gâteaux, dont d'affés grandes portions n'ont que des cellules remplies de cette cire brute. On trouve auffi des cellules ifolées qui en font pleines. On en voit quelques-unes difperfées entre des cellules pleines de miel, ou entre des cellules dont chacune contient un ver. Les abeilles aiment apparemment à en trouver à portée dans le befoin.

Il a été affés prouvé par tout ce que nous avons rapporté ci-devant, que les abeilles mangent la cire brute; mais il ne l'eft pas encore, que c'eft dans leur eftomach & dans leurs inteftins qu'elle devient de véritable cire. Elle pourroit n'y être portée que comme aliment, & n'en fortir que fous la forme d'un excrément inutile. Elles rejettent auffi par leur anus les fœces de celle dont les fucs ont été extraits pour leur nourriture, & apparemment auffi les fœces de celle qui a été convertie en vraye cire ; mais la même ouverture qui lui a donné entrée lorsqu'elle étoit brute, est celle par laquelle elle sort propre à être mise en œuvre. C'est ce que mes ruches vitrées m'ont mis en état de voir, & ce qui n'a pu être observé par Swammerdam, qui ne connoissoit pas ces sortes de ruches, ni par M. Maraldi qui n'en avoit point à sa disposition de construites aussi favorablement pour un observateur, que le sont les miennes. J'ai été attentif à saisir les temps où des abeilles travailloient à faire des alvéoles qui touchoient le verre de quelqu'un des carreaux, ou qui en construisoient de très-proches du verre. Muni alors d'une loupe, & cherchant à observer quelque abeille occupée au travail dans le temps où il se faisoit moins tumultuairement, dans des instants où le carreau de verre qui me permettoit de voir l'abeille, empêchoit qu'elle ne me fût cachée par d'autres mouches qui ne pouvoient pas se placer entr'elle & le carreau ; alors, dis-je, j'ai vû que l'abeille qui bâtissoit une portion, soit du fond, soit d'un des pans d'un alvéole, ne se contentoit pas de faire agir ses deux dents l'une contre l'autre, ou plûtôt contre la petite lame qui étoit entr'elles deux : elle me montroit au-dessous des dents une autre partie charnue & blancheâtre qui étoit dans un mouvement continuel & extrémement vif ; qui étoit dardée en avant & retirée en arriére, comme l'est souvent la langue d'un serpent ou celle d'un lezard. Cette partie étoit aussi la langue de la mouche. C'est pour l'avoir vûe ainsi en action, que j'ai cherché à la trouver, & que je l'ai trouvée aux mouches que j'ai prises ; & cela, toutes les fois que je l'ai voulu.

La figure de cette langue de l'abeille en travail, varioit continuellement. Elle étoit tantôt plus aigûe, tantôt plus large, & plus applatie, & tantôt concave & plus ou moins. Elle étoit quelquefois cachée en partie par une

liqueur mousseuse, & quelquefois par une espéce de bouillie. Cette bouillie étoit la cire que la langue aidoit par ses
divers mouvements, à sortir de la bouche, qu'elle conduisoit dans la place où elle devoit être mise pour que les dents
la façonnassent. Après que l'abeille avoit fourni ce qu'elle
pouvoit donner de cette matiére, ce qui étoit fait en peu
d'instants, elle partoit, & c'est à regret que je la voyois
partir, sur-tout lorsque celle qui venoit sur le champ prendre sa place ne se mettoit pas dans une position où il me
fût aussi aisé d'observer ce qui se passoit auprès des dents.
C'est donc avec une espéce de pâte humide que les abeilles
dégorgent, qu'elles composent leurs cellules; dès que cette
pâte est séche, & elle l'est dans un instant, elle est de la cire
telle que notre cire ordinaire.

Quand on n'auroit pas vû aussi distinctement que je
l'ai vû plusieurs fois, cette pâte sortir de la bouche de l'a-
beille, & poussée par sa langue, on auroit dû juger que la
matiére dont les cellules font faites, étoit fournie par la
bouche de la mouche. On a pu voir agir les dents de
différentes abeilles occupées à bâtir, & on a pu remarquer que ces dents n'alloient prendre de la cire sur aucune
partie du corps; que les jambes n'en avoient point alors.
A la vérité, M. Maraldi a pensé que chacune de ces abeilles
qui avoient part au travail successivement, arrivoit avec
une petite portion de cire qu'elle tenoit entre ses dents.
Mais M. Maraldi avoue de bonne foi que tout se passe avec
tant de mouvements variés & précipités dans la construc-
tion des cellules, qu'on croit que tout est en confusion. Il
y a donc apparence, qu'il n'a donné à chaque mouche un
grain de cire entre les dents, que parce qu'il a cru nécessaire
qu'elles l'eussent, ou parce qu'il a pris la cire qui étoit emportée par des mouches qui avoient été occupées à polir,
pour de la cire dont les mouches forment les cellules.

Les

Les raclures, les coupeaux de cire qui viennent d'être
détachés d'une cellule nouvellement conftruite, peuvent
probablement fervir à former une partie d'une autre cellule;
& j'ai cru voir des abeilles occupées à les mettre en œuvre.
Mais il me paroît certain qu'elles ne fçavent employer que
la cire nouvelle, que celle qui, depuis qu'elle eft cire, &
qu'elle a paru au jour, n'a pas eu le temps de fécher parfaitement. Voici les faits qui me femblent décififs fur cela.
Dans tous les temps de l'année, excepté celui où les abeilles
font engourdies par le froid, fi on leur offre du miel, elles
vont le fuccer avec avidité. Elles aiment mieux profiter
de celui qu'elles trouvent tout ramaffé, & en grande quantité, que d'aller en chercher qui eft difperfé dans les fleurs
par gouttes infiniment petites. Mais fi on leur offre des
gâteaux de cire, même dans les temps où elles ne trouvent pas à faire de récolte de poufliéres d'étamines, elles
n'en tiennent aucun compte. Elles les hachent quelquefois, mais ce n'eft qu'autant qu'ils font un peu humectés
d'un miel dont elles veulent profiter. Jamais elles ne s'avi-
fent de porter la cire de ces gâteaux dans leur ruche. J'ai
laiffé des gâteaux bien dépourvûs de miel pendant près de
cinq à fix mois tout auprès de mes ruches, fans que les
abeilles les ayent endommagés.

Nous ramolliffons par la chaleur la cire que nous
voulons mettre en œuvre : cette maniére de la rendre
propre à être façonnée, ne convenoit pas aux abeilles.
Elles pourroient néantmoins faire prendre à l'air des
environs de l'endroit où elles travaillent une chaleur
capable de rendre la cire extrémement molle; mais cette
chaleur favorable aux petites parties de cire qu'elles voudroient employer à former une nouvelle cellule, feroit
contraire aux cellules déja faites & voifines. Ces derniéres,
devenues trop flexibles, ne réfifteroient pas au poids & aux

Tome V.   . H h h mouvements des mouches qui paffent alors deffus en très-grand nombre. Les gâteaux pleins de miel chargeroient trop leurs attaches ramollies ; celles-ci fe briferoient. La cire que l'abeille met en œuvre, doit donc être renduë molle par un fecret à nous inconnu, par une liqueur qui la détrempe; être à peu près dans l'état de la foye qui eft prête à fortir du corps d'un infecte, qui alors n'eft qu'une efpéce de gomme diffoute, & qui expofée à l'air fe deffé-che bien vîte, & ne craint plus l'action des liqueurs ordi-naires.

Mais il faut prouver par des obfervations plus aifées à faire que les précédentes, que la cire brute eft convertie en vraye cire dans l'intérieur des abeilles, par des obfer-vations qui ne demandent pas qu'on ait des abeilles logées dans des ruches tranfparentes, telles que les miennes, ni qu'on faififfe des moments rares pour étudier avec fuccès ces mouches la loupe à la main. Dans la faifon des effaims, fi on fe trouve à portée d'en examiner un qui s'eft attaché contre quelque arbre, on pourra remarquer qu'entre les mouches dont il eft compofé, il y en a très-peu qui ayent à leurs deux jambes poftérieures, des pelotes de cire brute. Celles-là feules en ont qui revenoient char-gées de la campagne dans le temps qu'eft partie la troupe à laquelle elles fe font jointes. Cependant fi on a laiffé l'effaim pendant quelques heures en repos, lorfqu'on le fait paffer dans une ruche, on trouve fouvent un petit gâteau de cire attaché à l'arbre, & qui étoit caché par les mouches qui l'ont conftruit. Où auroient-elles pris la cire dont elles l'ont fait, fi elles ne l'avoient pas tirée de leur intérieur !

On verra des gâteaux qui ne peuvent avoir été faits que d'une cire fortie du corps des abeilles, fi on oblige celles d'une ruche à paffer dans une autre ruche, & fi on les y oblige dès le matin, avant qu'aucune ait encore fongé à aller à la campagne. Alors ayant toutes été forcées de démenager brufquement, elles n'emportent point de ciré brute à leurs jambes, ni fur aucune de leurs parties extérieures. Cependant fi elles fe trouvent bien de leur nouveau logement, quoiqu'on ne les en ait pas vû fortir, dès le foir même, on y trouvera des gâteaux de cire.

Avant que je fçuffe où eft le laboratoire où fe fait la cire, où eft le refervoir de celle que l'abeille employe, j'ai été quelquefois très-inquiet pour des mouches que j'avois fait changer de demeure, & que je voyois aller à la campagne, & en revenir fans apporter des pelotes de cire brute. J'étois enfuite étonné au bout d'un jour ou deux, de voir de très-grands gâteaux de cire faits par ces mouches, que je croyois dans une habitation qui leur déplaifoit. Ordinairement elles cachent elles-mêmes, elles couvrent de toutes parts les premiers gâteaux qu'elles conftruifent. Je croyois que des mouches auxquelles je n'avois vû rapporter aucune pelote, étoient dans une parfaite inaction. Je ne fçavois pas qu'elles pouvoient avoir fait paffer dans un de leurs eftomacs & leurs inteftins la cire brute avec laquelle elles revenoient à la ruche, ou y avoir eu une provifion de cette cire lorfque je les avois délogées.

On a une preuve encore de l'altération confidérable que les abeilles doivent produire dans la cire brute, & d'une altération qui ne peut guéres être l'ouvrage d'un inftant, lorfqu'on a examiné les petites boules qu'elles rapportent à leur ruche. Les boules des unes font d'une couleur très-pâle, prefque blanches; celles des autres font jaunâtres, & communément elles font d'un beau jaune; d'autres font d'une couleur orangée, d'autres rougeâtres, & d'autres prefque rouges; j'en ai vû de vertes. On trouve auffi des couches de cire brute de ces différentes couleurs, dans les

H h h ij

cellules où cette matiére eſt miſe en reſerve. Cependant
les gâteaux faits de ces cires brutes différemment colorées,
ont tous la même couleur. Tout gâteau nouvellement
fait, eſt blanc. Ils différent ſeulement entr'eux par plus ou
moins de blancheur. J'ai vû quelquefois que le blanc des
gâteaux nouvellement conſtruits, ne le cedoit en rien à
celui des plus belles bougies, auprès deſquelles je les
avois poſés. Entre les gâteaux nouvellement faits, ceux
qui m'ont paru les moins blancs, pouvoient être comparés à la mauvaiſe bougie blanche, ou à celle qui, pour
avoir été trop gardée, a jauni. Ces gâteaux qui ſont ſortis ſi blancs des mains des ouvriéres, perdent peu à peu
de leur éclat, en vieilliſſant ils jauniſſent; les plus vieux
deviennent d'un brun qui approche du noir de la ſuye.
Le miel qu'ils contiennent, qui lui-même jaunit avec le
temps, contribue à altérer leur couleur; mais elle peut
être encore plus altérée par les vers qui prennent leur accroiſſement dans les cellules de ces gâteaux. On peut s'aſſûrer par un moyen qu'il n'eſt pas temps de rapporter,
que les cellules qui ſont les plus noires ont ſervi de logement à pluſieurs vers, qui les uns après les autres, y ſont
nés, & y ont crû juſqu'à ce qu'ils ſe ſoient transformés
en mouches. Enfin, on imaginera aiſément que les vapeurs qui tranſpirent du corps des abeilles, peuvent altérer
la couleur de la cire, dès qu'on ſçait que l'air même d'une
chambre eſt capable de faire jaunir avec le temps la bougie
la plus blanche.

L'art de blanchir la cire ne paroît donc être que celui
de lui enlever la matiére étrangére qui l'a pénétrée & colorée depuis qu'elle a été faite par les abeilles. Mais toutes
les abeilles ne font pas de la cire également blanche. Je
n'héſiterois pas à croire que cette différence vient uniquement de ce que les unes n'ont pas employé des pouſſiéres

d'étamines auſſi propres à être dépouillées de leurs couleurs, que le ſont les pouſſiéres qui ont été ramaſſées par
d'autres, ſi je n'avois obſervé que dans le même temps &
le même lieu, les abeilles de certaines ruches ont fait des
gâteaux qui, comparés à ceux qui ont été faits par d'autres
abeilles dans d'autres ruches, n'étoient que ce qu'eſt la
bougie devenue jaune à l'air par rapport à la bougie la
plus blanche. On peut ſoupçonner que la matiére propre
à devenir cire, n'eſt pas également bien blanchie dans
l'intérieur des abeilles de toutes les ruches. Comme celles
d'une même ruche doivent toutes leur naiſſance à une
même mere, il ne ſeroit pas ſurprenant qu'elles euſſent
toutes la même imperfection dans la conformation de
leurs eſtomacs & de leurs inteſtins. On ſçait, & on ne ſçait
que trop dans les blanchiſſeries, qu'il y a des cires qu'on ne
peut rendre d'un beau blanc. C'eſt probablement qu'on ne
peut rendre la cire plus blanche qu'elle l'étoit, lorſqu'elle
eſt ſortie de deſſous les dents des abeilles; on ne fait que
lui ôter les matiéres qui l'ont teinte depuis, & tout notre
art ne peut aller plus loin.

Les abeilles ne paroiſſent pas recueillir par préférence
les pouſſiéres d'étamines d'une couleur à celles qui en ont
d'autres. Elles ramaſſent celles qu'elles trouvent plus aiſément. Il y a des temps où on leur voit à toutes des pelotes
jaunes, & d'autres où on ne leur en voit que de preſque
rouges; ce qui dépend des fleurs qui ſe trouvent dans les
endroits où elles vont faire leur récolte. Mais quelle que ſoit
la couleur de ces pelotes, elles la perdent pendant qu'elles
ſont macérées & digérées dans l'eſtomac de l'abeille. Si
on ouvre le ventre de quelques-unes de ces mouches dans
le temps où elles ſont dans le fort du travail, on trouve le
ſecond eſtomac & les inteſtins remplis de ces pouſſiéres,
qui y ſont aiſées à reconnoître, comme nous l'avons dit,

H h h iij

& qui, au moyen de la liqueur avec laquelle elles font mêlées, y compofent une bouillie jaune ou jaunâtre. Il eſt
aiſé de prendre de cette bouillie, de la fécher entre ſes
doigts, & d'en former une lentille aſſés ſemblable à celles
qu'on voit aux jambes poftérieures des mouches. Si on
approche de ſon nez la nouvelle lentille, ou encore mieux
la bouillie, on eſt faiſi par une odeur defagréable & pénétrante, qui apprend aſſés qu'elle eſt une matiére en fer-
mentation, & dont la digeſtion ſe fait.

Cette odeur qui, quoique plus defagréable que celle
des eſprits volatils, peut lui être comparée, m'a engagé à
éprouver quelle altération feroit produite dans la cire brute
que je laiſſerois en digeſtion dans une bouteille bien fermée, & où elle feroit mêlée avec un eſprit volatil qui la
ſurnageroit. La cire brute s'y eſt ramollie, & y eſt devenue
plus peftriſſable; mais elle n'eſt point devenue fuſible comme l'eſt la cire.

Il en eſt cependant des eſtomacs des abeilles, comme
du nôtre; ils ne digérent pas toûjours tout ce qui leur a
été donné à digérer. Lorſque l'abeille fait fortir par ſa
bouche la liqueur mouſſeuſe, qui eſt de la cire délayée,
pour ainſi dire, des grains d'étamines qui n'ont pas fouffert aſſés d'altération dans l'eſtomac, peuvent être portés
avec cette liqueur. Quand on examine à la loupe les
caſſures de la cire, telle que nous l'employons, de celle
qui a été fondue, on y peut fouvent découvrir de petits
grains qui ont conſervé leur figure arrondie, qui ne ſe
font pas fondus, & qui ne font pas fuſibles. Ces petits
grains ne font apparemment autre choſe que des grains
de pouſſiéres d'étamines, qui fans avoir été digérés,
font fortis avec la liqueur cireuſe par la bouche de l'a-
beille.

On feroit fur la voye de trouver un moyen ſimple de

convertir la cire brute en véritable, fi on n'attribuoit pas
à quelque hazard des produits qu'ont donné deux expériences rapportées dans les Ephémérides des curieux
de la Nature *. M. Daniel Major y apprend ce qui
lui eft arrivé pendant qu'il faifoit piler des rofes à cent
feuilles pour en compofer de la conferve. Après que les
feuilles eurent été pilées dans un mortier de pierre avec un
pilon de bois, on trouva un petit morceau de cire blanche
du poids de deux à trois grains, attaché au pilon ; il croit
qu'on ne peut foupçonner que la cire vînt d'ailleurs que
des rofes, parce que le mortier & le pilon avoient été bien
nettoyés. Il adjoûte que ce fait lui eft encore arrivé une
autre fois, & qu'il fut remarqué par un étudiant qui piloit
les rofes. S'il étoit bien certain que cette cire n'eût pas été
mife toute faite dans le mortier par quelque accident, s'il
étoit bien certain qu'elle fe fût formée fous les coups de
pilon, il paroîtroit que le fuc des feuilles de rofes auroit
transformé en cire les poulfiéres des étamines de ces
fleurs, pendant qu'elles étoient broyées par les coups de
pilon. Cette expérience eft fimple, je l'ai faite. J'ai pilé
huit à dix pelotes de cire brute avec des feuilles de rofes ;
mais les pelotes ne font point devenues pour cela de véritable cire.

Quoique quantité d'abeilles foient occupées dans l'intérieur de chaque ruche à mettre la cire en œuvre, & à
perfectionner les cellules qui en font faites, quoique beaucoup d'autres travaillent à divers autres ouvrages, & quoiqu'il y en ait beaucoup à la campagne pour y faire des récoltes, le nombre de celles qui font en repos, eft encore
très-grand dans chaque ruche, & beaucoup plus grand que
le nombre de toutes les autres prifes enfemble. On y voit
des maffes d'un volume confidérable, formées par plufieurs
milliers de mouches accrochées les unes aux autres. Celles

* Premier
Decennium
ann. 8. obf. 7 ;
pag. 7.

qui font fi tranquilles, pendant que d'autres fe donnent tant de peine & de foins, jouiffent apparemment d'un repos qu'elles ont mérité par le travail. Elles reprennent des forces pour être en état d'agir, lorfque les abeilles actuellement employées à des exercices fatiguants, auront befoin de fe repofer. Il eft plus naturel de penfer qu'elles partagent ainfi leur travail par des intervalles de repos, peut-être affés courts, que de croire, comme j'ai connu des gens qui le penfoient après les avoir obfervées, qu'elles avoient alternativement des jours ouvriers, pour ainfi dire, & des jours de fête; que celles qui avoient travaillé un jour, ne travailloient pas le jour fuivant; où au moins, que les mêmes abeilles ne fortoient pas tous les jours de la ruche.

Ce fentiment qui n'eft appuyé fur aucune preuve, ne feroit vraifemblable qu'en cas que le nombre des abeilles qui fortent chaque jour d'une ruche, ne fût pas égal à celui des abeilles qu'elle contient; car s'il lui eft égal, ou plus grand, il eft plus naturel de penfer que l'abeille qui eft revenue chargée de la campagne, fe repofe pendant un certain temps, que de croire qu'elle continue de fe donner les mêmes fatigues pendant tout le jour. Il m'a donc femblé que pour décider cette queftion, il falloit fçavoir quel eft à peu près le rapport du nombre des abeilles qui fortent de la ruche dans chaque jour propre au travail, avec le nombre des abeilles de la ruche. Au lieu de compter le nombre de celles qui en fortent, j'ai compté le nombre de celles qui y rentrent, ce qui revient au même, & qui eft plus facile. J'ai, dis-je, compté à différentes heures du jour les abeilles qui rentroient dans leur ruche pendant un certain nombre de minutes, & j'ai compté celles qui rentroient dans différentes ruches plus ou moins peuplées. Il y a eu des ruches où j'ai vû rentrer environ cent mouches par minute, tantôt
plus

plus cependant & tantôt moins, de forte que je crois pouvoir prendre ce nombre pour un nombre moyen. Il y avoit donc par heure fix mille abeilles qui rentroient dans la ruche dont je parle. Or on peut fuppofer que l'affluence avoit été la même depuis cinq heures du matin jufques à fept heures du foir, & en cela je ne crois pas qu'on fuppofe trop, parce que s'il y avoit des heures où elle avoit été moindre, elle avoit été plus grande dans d'autres. D'ailleurs, les abeilles fortent quelquefois dès quatre heures du matin, & ne ceffent de fortir que vers les huit heures du foir; mais au lieu de compter celles qui feroient rentrées pendant feize heures, nous nous contentons de compter celles qui feroient rentrées pendant quatorze heures; leur nombre eft quatorze fois 6000, ou 84000.

Le nombre exact des abeilles qui habitoient la ruche dont il s'agit, m'étoit inconnu; mais j'ai fait affés d'obfervations fur celui des abeilles de différentes ruches, pour avoir lieu de croire que je ne me tromperai pas beaucoup fur l'évaluation que j'ai faite du nombre de celles de cette ruche. J'ai eftimé qu'il pouvoit être d'environ 18000 mouches. Ainfi le nombre des 84000 qui étoient rentrées, n'avoit pu être rempli qu'en fuppofant que chaque abeille étoit au moins fortie quatre fois dans la journée pour aller faire des récoltes à la campagne, & que quelques-unes étoient forties cinq fois. J'ai compté les mouches qui rentroient dans des ruches fi peu peuplées que j'aurois cru être fûr de gagner, fi j'euffe parié qu'elles ne contenoient pas 6000 abeilles. Cependant j'ai eftimé à 50 le nombre de celles que j'y voyois rentrer par minute, ou à 3000 par heure. Chacune de celles-ci fortoit donc au moins deux fois par jour de plus que chacune des autres, environ fept fois. Enfin, nous venons de voir à combien d'autres

<table><tr><td>*Tome V.*</td><td>. I ii</td></tr></table>

ouvrages quantité d'abeilles font occupées pendant tout le
jour dans la ruche ; & nous en devons conclurre que fi
le nombre de celles qui font en repos, eft grand, il n'eft
pas compofé pendant long-temps des mêmes mouches;
qu'à mefure qu'il y en a quelques-unes qui fe joignent
au gros pour fe tenir tranquilles, il y en a d'autres qui en
partent pour reprendre le travail.

Le calcul que nous venons de rapporter, conduit à
en faire un autre, qui feul eût fuffi pour prouver que
les abeilles ne mettent pas en œuvre la cire brute telle
qu'elles la rapportent, qu'elles la mangent; & qui apprend
de plus, qu'il n'y a qu'une très-petite partie de celle qu'elles
ont digérée, qui foit convertie en cire propre à être employée à la conftruction des cellules. Dans le Printemps,
il y a des jours où du matin au foir on ne voit rentrer
que des abeilles chargées de deux pelotes de cire brute,
& où au moins le nombre de celles qui y reviennent chargées des deux pelotes, eft beaucoup plus confidérable que
le nombre de celles qui reviennent à vuide. Suppofons
néantmoins le nombre de ces derniéres égal à celui des
autres. Dans une ruche telle que la première des deux
dont nous avons parlé ci-deffus, dans celle où 84000
abeilles rentrent par jour, elles y apportent donc 84000
pelotes dans une journée, & cela, dans la fuppofition
qu'il n'y a que la moitié des abeilles qui y en rapportent.
Quelque petite & quelque légére que foit chaque pelote,
toutes enfemble doivent faire un poids affés confidérable
par rapport à la quantité des matiéres contenues dans une
ruche. Pour fçavoir à peu près à quoi il pouvoit aller,
j'ai pefé avec foin, & cela à différentes fois, les pelotes de
cire brute que j'avois enlevées à des abeilles avant qu'elles
euffent eu le temps de s'en décharger dans la ruche, &
j'ai trouvé que huit pelotes pefoient un grain. En divifant

84000. par huit, on a donc le poids des grains de cire
brute qui étoient apportés dans une journée dans l'intérieur de la ruche dont nous parlons. Ce poids eſt de 10500
grains, & la livre n'eſt compoſée que de 9216 grains. Ainſi
la récolte de cire brute faite dans une ſeule journée peſoit
plus d'une livre. Or il y a dans une année pluſieurs jours
d'une auſſi grande récolte. Il y en a ſouvent quinze à
ſeize de ſuite, ſoit vers la mi-May, ſoit vers le commencement de Juin ; enfin, dans les jours moins favorables,
les abeilles ne laiſſent pas de rapporter encore de la cire
brute dans la ruche. Pendant ſept à huit mois conſécutifs
que les abeilles ſortent, elles doivent ramaſſer plus de
cent livres de cette matiére, & peut-être beaucoup plus.
Cependant, ſi on tire au bout d'une année la cire d'une
ruche ſemblable à celle dont il eſt queſtion, on n'y en
trouvera peut-être pas deux livres. D'où il ſuit que les
abeilles n'extraient de la cire brute qu'une aſſés petite portion de véritable cire; que la plus grande partie de cette
matiére ſert à les nourrir, & que le reſte ſort de leur corps
ſous la forme d'excréments.

Dans quelques années j'ai vû les abeilles de pluſieurs
ruches en panier, revenir pour la plûpart chargées de cire
brute du matin au ſoir; & cela, pendant la fin d'Avril,
& une bonne partie du mois de Mai. Quand après pluſieurs
ſemaines d'une ſi grande récolte, je faiſois renverſer ces
ruches pour en examiner l'intérieur, je n'y pouvois découvrir ni gâteaux nouvellement conſtruits, ni des gâteaux
allongés ou élargis. Qu'avoient-elles donc fait de toute
la cire brute qu'elles avoient ramaſſée! Elles pouvoient en
avoir mis une portion en reſerve dans les cellules; mais
il eſt évident qu'elles en avoient mangé la plus grande
partie.

Il eſt à remarquer que les faux-bourdons, qui ne travaillent point aux ouvrages de cire, ne prennent pour toute nourriture que du miel, du moins dans bien des centaines de ces groſſes mouches que j'ai ouvertes, n'en ai-je jamais trouvé une qui eût dans le canal des aliments de la cire brute.

Outre les beſoins qui exigent que les abeilles faſſent des récoltes de cire brute, elles en ont d'autres qui les engagent à s'aller charger d'une autre matiére. Leur habitation ne doit avoir que les ouvertures qui y tiennent lieu de portes. Par-tout ailleurs elle doit être très-cloſe. Nos mouches ont à craindre que les inſectes qui en veulent à leur miel, que ceux qui en veulent à leur cire, & que ceux qui leur en veulent à elles-mêmes, ne trouvent en différents endroits du corps de la ruche, des ouvertures par où ils puiſſent s'y introduire. Il eſt plus facile aux abeilles de s'oppoſer aux incurſions de leurs ennemis, quand elles n'ont qu'une porte ou peu de portes à garder. Enfin, les entrées ne doivent pas être ſeulement bouchées aux inſectes, elles le doivent être à la pluye & à l'air. Il importe ſur-tout aux abeilles d'être logées bien chaudement, comme nous le prouverons dans le dernier Mémoire de ce volume. Auſſi, un de leurs premiers ſoins, lorſqu'elles ſont nouvellement établies dans une ruche, eſt de boucher toutes les ouvertures, toutes les fentes qui s'y peuvent trouver, & elles veulent qu'elles ſoient ſolidement bouchées. Celles que j'ai miſes dans des ruches vitrées, dont les bords des carreaux étoient, comme ceux des carreaux de nos fenêtres, recouverts de bandes de papier, & cela, du côté de l'intérieur de la ruche, ces abeilles, dis-je, n'ont pas manqué de ronger ce papier. En le rongeant, elles mettoient pourtant à découvert les ouvertures qui ſe trouvoient entre le bois & le verre; mais c'eſt qu'elles ſe propoſoient d'y appliquer une matiére moins pénétrable à l'eau, que celle qu'elles avoient ôtée.

Il semble que les abeilles pourroient faire usage de la cire pour rendre leurs ruches très-closes; mais il leur a été enseigné de se servir d'une autre matiére qui, sans doute, y est plus propre, qui s'étend & s'attache mieux, & qui a beaucoup plus de ténacité. La matiére dont nous voulons parler, n'a pas été inconnue aux Anciens. Pline même en distingue de trois sortes différentes, dont la première qu'il regarde comme le fondement de tout le travail des abeilles, est appellée *metys*, la seconde *pissoceron*, & la troisiéme *propolis*; mais le nom de propolis est celui auquel la plûpart des Auteurs se sont tenus, & les deux autres ne sont propres qu'à désigner de la propolis plus ou moins pure, plus ou moins mêlée avec de la cire, de laquelle, au reste, la propolis différe extrémement. Elle se laisse aisément dissoudre par l'esprit de vin, & par l'huile de térébenthine. En un mot, elle est une résine, qui avec le temps, se durcit beaucoup dans la ruche, mais qui peut toûjours être ramollie par la chaleur.

Celle qu'on trouve dans différentes ruches, & même dans différents endroits de la même ruche, offre non-seulement des variétés par rapport à la consistance, elle en offre aussi par rapport à la couleur & à l'odeur. Elle est une des matiéres auxquelles on a donné une place dans les boutiques des Apothicaires; & pourquoi n'y en auroit-elle pas eu une ! Communément elle répand une odeur agréable quand elle est échauffée. George Pictorius dans son Traité des abeilles, veut qu'on choisisse celle qui a une couleur jaune, qui a beaucoup d'odeur, qui ressemble au styrax, & qui, comme la résine appellée mastic, peut se laisser étendre. Pline dit que de son temps on la substi-tuoit au galbanum, & qu'elle a une odeur forte. Mais il est ordinaire d'en trouver qui a une odeur aromatique, qui ne sçauroit manquer de plaire, & il y en a qui sembleroit

mériter d'être mife au rang des parfums. La couleur
de la furface extérieure de la propolis, eft un brun rougeâtre, mais tantôt plus claire, & tantôt plus fonoée; elle
tire tantôt plus fur le brun, & tantôt plus fur le rouge.
La couleur de l'intérieur, celle des fragments qu'on détache, approche davantage de celle de la cire, elle eft plus
jaunâtre. Celle qu'on a diffoute, foit dans l'efprit de vin,
foit dans l'huile de térébenthine, pourroit être fubftituée
aux vernis qu'on employe pour donner une couleur d'or
à l'argent, ou à l'étain réduit en feuilles, qui ont été appliquées, foit fur du cuir, foit fur du bois. Elle pourroit
de même fervir pour dorer mieux qu'on ne fait les ouvrages de bimbloterie. Elle donne une belle couleur d'or
aux métaux blancs & polis, fur lefquels elle eft étendue.
Il ne peut lui manquer qu'un peu de brillant, qui lui
feroit ajoûté, fi on l'incorporoit avec le maftic ou le fandarac.

Dans le temps que les abeilles mettent en œuvre la
propolis, elle eft molle ; comme un bitume elle eft propre
à être étendue pour efpalmer la ruche ; mais elle prend
de jour en jour plus de confiftance, & devient bien plus
dure que la cire. Elle peut toûjours être ramollie par la
chaleur; lorfqu'on en tire un morceau ramolli, par deux
bouts oppofés, il fe laiffe étendre & ne fe caffe qu'après
avoir été allongé en fil; ce qui n'arrive pas à la cire dans
un femblable cas.

Il eft bien plus difficile de voir des abeilles chargées de
cette matiére qu'elles employent à boucher les fentes de la
ruche, & à en enduire les parois, qu'il ne l'eft de les voir
chargées de la matiére qu'elles convertiffent en cire. Elles
n'ont pas befoin d'apporter dans leur ruche autant de la
premiére matiére que de la feconde. Ce n'eft guéres que
dans les premiers temps où elles fe font établies dans une

ruche, qu'elles ont befoin de celle-là, ou lorfque dans la
fuite il fe fait quelque trou. Auffi malgré toutes mes ruches vitrées ai-je paffé plufieurs années fans parvenir à
appercevoir des abeilles chargées de propolis. Peut-être
eft-ce faute d'avoir connu les heures favorables. Je les
épiois indifféremment à toutes celles du jour, & plûtôt
même le matin que l'après midi; & je fuis à préfent fort
difpofé à croire que fi les abeilles choififfent par préférence les heures du matin pour ramaffer la cire brute,
elles prennent celles du foir pour faire la récolte de la matiére qu'elles employent à maftiquer. La premiére fois
que j'en vis des abeilles chargées, ce fut en Juillet fur
les cinq heures & demie du foir. J'avois toûjours eu
envie de fçavoir fi elles donnoient à la propolis quelque
préparation comme elles en donnent une à la cire brute,
fi elles étoient obligées de la manger, ou fi elles l'em-
ployoient telle qu'elles l'apportoient à la ruche. Mon
doute fut éclairci dès que j'eus obfervé des abeilles qui en
étoient chargées. J'en remarquai plufieurs qui avoient à
leurs jambes poftérieures deux plaques lenticulaires rougeâtres, affés femblables par leur figure aux pelotes de *cire*
brute, mais dont les bords étoient plus applatis. Comme
plufieurs de ces mouches étoient fi proches des carreaux
de verre, qu'elles les touchoient, il me fut aifé de reconnoître foit avec mes yeux feuls, foit avec mes yeux aidés
de la loupe, que cette matiére étoit précifément la même
que la propolis employée à lutter les jointures & les fentes,
qu'elle n'étoit point un affemblage de petits grains comme
l'eft la cire brute.

Un autre objet de ma curiofité, étoit de fçavoir comment l'abeille qui portoit à fes jambes les deux plaques
d'une matiére que je fçavois très-ténace, parvenoit à les
en détacher. C'eft fur quoi j'eus encore le plaifir d'être

bien-tôt inftruit. Je vis que des compagnes attentives épargnoient à la mouche la peine de fe débarraffer d'une matiére qui lui avoit affés coûté à ramaffer & à apporter. Je vis bien tôt une abeille qui alla prendre avec fes dents une petite portion de cette matiére, qui étoit fi bien collée contre une des jambes de l'autre. Elle faifoit des efforts pour arracher ce que les dents tenoient faifi, elle le tirailloit. Cette petite portion s'allongeoit comme s'allongeroit en pareil cas une gomme réfineufe qui n'auroit pas pris encore toute fa dureté, mais qui auroit beaucoup plus de confiftance qu'il n'en faut pour être en état de couler. Quand la mouche, après avoir tiré à plufieurs reprifes, étoit parvenue à féparer du refte de la maffe cette petite portion, la tenant entre fes ferres, elle la tranfportoit à quelqu'un des endroits où il y avoit une fente à boucher. Une autre mouche remplaçoit celle-ci fur le champ; & quelquefois deux mouches arrachoient en même temps à chacune des deux jambes poftérieures de l'abeille de la gomme réfineufe. Ainfi peu-à-peu les petites pelotes qu'elle avoit apportées, lui étoient enlevées par des mouches qui ne tardoient pas à les employer.

On croit que c'eft fur les peupliers, fur les bouleaux & fur les faules, que les abeilles vont prendre la propolis; le hazard n'a pas voulu que je leur y aye vû faire cette récolte. Je ne crois pourtant pas qu'elle leur foit fournie par ces feuls arbres. J'ai vû des abeilles dans des pays où il n'y avoit ni peupliers, ni bouleaux, ni faules; c'étoit donc fur d'autres arbres qu'elles s'étoient pourvûes de la réfine qui leur eft néceffaire. Mais quand j'aurois obfervé des abeilles fur les arbres où elles prennent la propolis, il n'y a pas apparence que j'euffe réuffi à voir auffi bien comment elles s'en chargent, que je l'ai vû dans une circonftance particuliére. Une opération qui avoit demandé

que

que j'ôtasse le bouchon du trou supérieur d'une de mes
ruches vitrées, demanda aussi que je n'y fisse pas rentrer
ce bouchon en entier. Il avoit été scellé par de la propolis, & la partie qui en étoit enduite, resta au-dessus du
bord du trou. Des abeilles de cette ruche qui s'apperçurent qu'il y avoit là une matiére qu'elles avoient été
obligées d'aller chercher au loin depuis peu de jours, &
qui ne s'étoit pas encore desséchée, en voulurent profiter. J'en vis trois à quatre attroupées dessus. Une y resta
seule par la suite, & travailla à la détacher dans un endroit
placé aussi favorablement qu'il eût pu être si je l'eusse
choisi moi-même. Cette gomme tenace, & qui s'étoit
desséchée depuis qu'elle avoit été apportée à la ruche,
ne cédoit qu'à des tiraillements redoublés, néantmoins
elle se laissoit encore étendre. L'abeille s'en chargea ; elle
s'en fit sur chaque jambe une pelote d'une grosseur énor-
me. Aussi y fut-elle occupée bien du temps. Une grande
demi-heure se passa avant qu'elle fut parvenue à se donner
sa charge. Cette matiére incomparablement plus difficile
à détacher que ne le sont les poussiéres des étamines, &
plus difficile à manier, ne permettoit pas à l'abeille d'aller
vîte, circonstance heureuse pour l'Observateur. Je l'examinai la loupe à la main pendant toute la demi-heure. Je
voyois avec plaisir combien elle étoit obligée de donner
de coups de dents, & de tirailler pour arracher un petit
grumeau de cette matiére ; elle le pestrissoit ensuite avec
ses dents. Les deux premiéres jambes aidoient à achever
de le façonner ; une de celles-ci s'en chargeoit ensuite, &
le donnoit à la seconde jambe du même côté, qui le
portoit à la troisiéme, qui l'y appliquoit sur le tas commencé : dès qu'elle l'y avoit appliqué, elle le tapoit avec sa
palette, elle lui donnoit trois à quatre coups. La mouche
choisissoit la propolis le moins desséchée, celle qui avoit

Tome V.   .Kkk

encore affés de vifcofité pour fe coller à la petite pelote,
Elle laiffoit tomber les fragments qui fembloient trop fecs,
& elle les négligea comme inutiles, comme n'étant plus
propres à être mis en œuvre.

Les abeilles ne fe contentent pas de boucher les trous
de la ruche avec la propolis, elles enduifent de cette matiére les bâtons en croix qui aident à foûtenir les gâteaux,
& fouvent elles en étendent fur une grande partie des parois
intérieures. C'eft apparemment ce qui a donné lieu aux
Anciens, & à Pline entr'autres, de dire qu'elles fe fervoient
de propolis comme de colle, pour attacher les gâteaux à
la ruche, parce qu'ils auront trouvé entre les parois de la
ruche & le gâteau une couche de cette réfine. Mais ce
n'eft pas précifément pour cela, qu'elles l'employent. J'ai
détaché un grand nombre de gâteaux qui avoient été faits
dans des ruches nouvellement habitées, j'ai examiné leurs
attaches, & je les ai toûjours trouvées de pure cire.

Les abeilles ne fouffrent que le moins qu'elles peuvent
des corps étrangers dans leur ruche. Quand il s'y en
trouve qui ne font pas d'un poids fupérieur à leurs forces,
elles les portent dehors. Mais il arrive quelquefois à des
infectes, & fur-tout à des limaces mal-avifées, & à des
limaçons peu inftruits, d'entrer dans une ruche, & de
s'y promener jufques fur les gâteaux de cire. On ne
fera pas étonné que les abeilles n'épargnent pas des ennemis fi lourds, qu'à force de piquûres elles les tuent.
Mais qu'en faire après qu'ils font morts! Les abeilles ne
peuvent pas fonger à tranfporter de fi lourds fardeaux;
elles craignent cependant les mauvaifes odeurs que ces
cadavres répandroient dans la ruche en fe corrompant.
Pour n'y être pas expofées, elles les embaument, elles les
couvrent de toutes parts de propolis. M. Maraldi a déja
rapporté qu'il avoit vû un limaçon qu'elles en avoient

enduit par-tout. J'ai vû des faits femblables plufieurs fois; j'ai vû des limaces, dont la peau s'étoit apparemment un peu defféchée, qu'elles avoient cachées fous une enveloppe de cette réfine. J'obfervai un jour qu'elles avoient employé la même matiére pour une femblable fin & avec plus d'œconomie, fur un limaçon. Il avoit appliqué les bords de l'ouverture de fa coquille contre un carreau de verre; au moyen de la liqueur vifqueufe, dont il étoit pourvû, il s'étoit attaché là fixement, comme il fe fût attaché dans la cavité d'un mur contre une pierre, pour y refter jufqu'à ce que la pluye l'eût invité à fe mettre en marche. Les abeilles jugerent à propos de l'y attacher plus folidement qu'il ne s'y étoit attaché lui-même, & plus folidement qu'il ne l'eût voulu. Elles appliquerent une épaiffe ceinture de propolis tout autour de l'ouverture de la coquille, & contre le carreau de verre. La coquille fe trouva donc arrêtée par une matiére bien autrement ténace que celle avec laquelle le limaçon l'avoit affujettie, & par une matiére qu'il n'étoit pas en fon pouvoir de ramollir en répandant de l'eau deffus, comme il peut ramollir celle qu'il employe.

J'ai offert à des abeilles de la térébenthine, & du bitume liquide. J'ai mis de ces matiéres auprès de leurs ruches, pour voir fi elles ne les fubftitueroient pas à la propolis, pour maftiquer les ouvertures de leur logement. Je n'ai pas obfervé qu'elles ayent tenté de s'en fervir. Le vrai eft que j'ai négligé de faire cette expérience dans les temps qui devoient être choifis par préférence. J'ai négligé de mettre ces matiéres à la difpofition des abeilles qui avoient été nouvellement établies dans une ruche.

Nous devons revenir à parler d'une récolte plus importante pour nos mouches, que celle de la propolis, de la récolte du miel. Nous avons prouvé qu'elles mangent la

cire brute, qu'elles s'en nourriffent; mais elle n'eft pas leur
feul aliment, & nous fommes difpenfés d'en donner des
preuves. On fçait affés que ce n'eft pas pour nous qu'elles
font des provifions de miel; qu'il y a des jours, & même
des faifons, qui ne leur permettent pas d'aller chercher
de quoi vivre à la campagne, & où elles y iroient inutilement ; qu'alors elles confument le miel qu'elles avoient
ramaffé dans des temps plus favorables; que fi leur récolte
a été trop petite, ou leur confommation trop grande &
trop prompte, elles font réduites à mourir de faim. Mais
nous n'avons encore confidéré les abeilles que dans l'inftant où elles enlevoient avec le bout de leur trompe, cette
liqueur de deffus les glandes nectariféres des fleurs. Il nous
refte à voir ce qu'elles font de celle qu'elles en ont tirée, &
des moyens auxquels elles ont recours pour la conferver.

La trompe de l'abeille eft une efpéce de langue cartilagineufe & velue, qui, après avoir ramaffé des gouttelettes de miel fur quelque fleur, les conduit à la bouche.
Là fe trouve une véritable langue plus courte & charnue,
qui pouffe vers l'œfophage le miel qui lui a été apporté.
Dans les abeilles, & généralement dans les mouches, on
peut laiffer le nom d'œfophage à toute la portion du canal des aliments, qui, du fond de la bouche, fe rend dans
le corps après avoir traverfé le corcelet. Mais la premiére
portion du canal qu'on peut obferver dans le corps, la
plus proche du corcelet, doit être regardée comme l'eftomac, ou, pour parler plus exactement quand il s'agit des
abeilles, comme leur premier eftomac. L'œfophage fait
donc paffer le miel qu'il a reçû, dans le premier eftomac.
Celui ci eft plus ou moins renflé, felon qu'il en contient
une plus grande ou une plus petite quantité. Quand il eft
vuide *, il a dans toute fon étendue un diametre égal; il ne
femble être qu'un fil blanc & délié: mais lorfqu'il eft bien

rempli de miel, il a la figure d'une veſſie oblongue *. Les
enfants qui vivent à la campagne, connoiſſent cette veſſie,
& ils la cherchent même dans le corps des abeilles, & ſur-
tout dans celui des bourdons velus, pour en boire le miel.
Ses parois ſont ſi minces & ſi tranſparentes, qu'elles laiſſent voir la couleur de la liqueur qu'elles renferment. M.
Maraldi paroît avoir pris cette partie pour une ſimple
veſſie ouverte par un bout, pour un ſac aveugle. Un auſſi
grand Anatomiſte que Swammerdam, ne pouvoit manquer de la reconnoître pour ce qu'elle eſt ; il lui a donné
le nom d'eſtomac comme nous le lui donnons.

Après l'étranglement où ce premier eſtomac finit,
commence le ſecond eſtomac *, qui eſt un tuyau cylindrique en grande partie, & contourné; il eſt entouré par
des cordons charnus poſés les uns auprès des autres, comme les cerceaux d'un tonneau; il reſſemble à un tonneau
couvert de cerceaux d'un bout à l'autre. Ce ſont autant
de muſcles circulaires. Un étranglement * fait encore la
ſéparation du ſecond eſtomac & des inteſtins. Ceux-ci
ſont tantôt flaſques *, & tantôt renflés *, ſelon qu'ils ſont
pleins ou vuides. On trouve la cire brute dans le ſecond
eſtomac & dans les inteſtins, mais on ne trouve jamais
que du miel dans le premier eſtomac.

Chaque fleur ne fournit à l'abeille qu'une bien petite
quantité de liqueur. Elle eſt obligée d'en parcourir pluſieurs les unes après les autres, avant que d'être parvenue
à remplir ſon premier eſtomac autant qu'il le peut être.
Ariſtote leur donne une conſtance dans le goût journalier,
qui n'eſt rien moins que certaine. Il dit que la même abeille
ne va pas d'une fleur ſur une fleur d'un autre genre;
qu'elle va d'une violette à une violette, & non d'une violette à une fleur de primever, par exemple. J'ai pourtant vû
bien des fois la même abeille aller ſucceſſivement ſuccer

Kkk iij

* Pl. 30. fig.
11. u ſ.

* Fig. 10,
11 & 12. e.

* Fig. 12. h.

* Fig. 11 &
12. i.

* Fig. 10. i.

plufieurs différentes fortes de fleurs qui ornoient une platte-
bande. Quoi qu'il en foit, quand l'abeille a fuffifamment
rempli fon eftomac de miel, elle retourne à fa ruche.
Dès qu'elle y eft entrée, elle va chercher une cellule dans
laquelle elle le puiffe dégorger.

C'eft ordinairement dans un certain ordre que les abeilles
rempliffent de miel les cellules. Elles commencent par les
fupérieures des gâteaux fupérieurs, lorfqu'il y a plufieurs
rangs de gâteaux. C'eft fur le bord d'une des cellules, dont
le tour eft d'être remplie, que la mouche qui arrive de la
campagne s'arrête; elle fait entrer fa tête dedans, & elle
y verfe bientôt tout ce qu'elle a apporté de liqueur. M.
Maraldi a très-bien remarqué, que l'endroit par lequel elle
fait fortir le miel de fon corps, eft au-deffus de la trompe,
& tout près des dents; c'eft-à-dire, que le miel fort par
cette ouverture que nous appellons la bouche. Swammerdam qui n'a pas connu cette ouverture, a penfé que les
abeilles le rejettoient par le petit trou qu'il croyoit au bout
de leur trompe; mais l'opération de fe vuider de miel,
feroit alors, pour les abeilles, auffi longue, & peut-être
plus longue que ne l'a été celle de s'en remplir. Car il y a
lieu de croire, que le miel ne fort pas du corps de l'abeille,
tel qu'il y eft entré, & Swammerdam l'a jugé ainfi; il y a
lieu de croire, qu'il y eft digéré, qu'il y reçoit une coction.
Il eft donc très-vraifemblable, que quand l'abeille le rend,
il eft plus épais que quand elle l'a pris, & qu'il ne feroit
plus auffi aifé à la mouche de le faire paffer par une ouverture exceffivement étroite.

Pour que le premier eftomac d'une abeille puiffe faire
fortir le miel qu'il contient, s'en vuider entiérement, il doit
être capable de fe contracter comme le premier eftomac
des ruminants: il l'eft auffi, & de fe contracter fucceffivement & alternativement dans différentes de fes portions.

On ne devroit avoir aucune peine à lui fuppofer cette
force; mais je n'ai pas befoin de la lui fuppofer, car j'ai
vû qu'il l'a. Je trouvai un matin deux abeilles languiffantes
dans un poudrier où je leur avois laiffé paffer la nuit, & où
je n'avois pas oublié de leur donner du miel. Je les con-
damnai à être les victimes de ma curiofité ; pour examiner leur intérieur, je leur ouvris le ventre ; leur premier
eftomac étoit bien rempli de miel ; il étoit très-diftendu
en forme de veffie. Mais ce que j'obfervai dans celui de
chacune de ces mouches de plus remarquable, très-dif-
tinctement & pendant long-temps, ce furent des mouvements de contraction & des mouvements de dilatation.
Une portion de parois de l'eftomac s'approchoit du centre, & s'en éloignoit enfuite, & ce n'étoit pas toûjours la
même portion qui me faifoit voir ces mouvements. Celle
que j'avois vû d'abord s'agiter, ceffoit de fe mouvoir. Une
autre, quelquefois antérieure, & quelquefois poftérieure,
fe mettoit en jeu à fon tour. La liqueur qui remplit un
canal, & qui y eft preffée, fortira par celui des bouts qui
fera ouvert. Ainfi quand la bouche de la mouche permet
au miel de fortir, il fort ; & quand cette ouverture eft
fermée, le miel eft pouffé vers la partie poftérieure.

Une cellule a une grande capacité par rapport à ce
qu'une abeille peut y dégorger de miel en une feule fois.
Auffi faut-il que plufieurs mouches viennent s'y vuider
de celui qu'elles ont recueilli & préparé, avant que d'en
remplir une entiérement. Il n'eft pas poffible de voir comment elles le dégorgent dans les cellules ordinaires. Ce
font de petits pots faits d'une matiére opaque, & dans
lefquels les abeilles qui les veulent remplir entrent les unes
après les autres la tête la première. Mais nos ruches vitrées
nous offrent fouvent des cellules moins réguliéres que les
ordinaires, & plus longues, dans chacune defquelles on

peut voir fucceffivement plufieurs mouches. Les longues cellules, & d'une figure irréguliére dont je veux parler, font appliquées immédiatement contre les carreaux de verre *. Elles font quelquefois partie d'un grand gâteau, dont un des côtés eft attaché contre un carreau de verre, & fouvent elles font partie d'un gâteau très-petit qui a été conftruit pour en foûtenir un plus grand auquel il eft uni par un de fes bords, pendant que par le bord oppofé, il l'eft contre le carreau. On peut donc voir fouvent contre les carreaux de verre des cellules tronquées, des cellules auxquelles il manque deux de leurs pans & plus, & dont chacune eft fermée par une portion convenable d'un carreau. Les abeilles y mettent du miel comme dans les autres cellules. Lorfqu'on en confidérera quelques-unes de celles qui ne font encore remplies qu'en partie, mais plus ou moins, on ne doit pas manquer de faire une remarque, c'eft que la derniére couche de miel eft aifée à diftinguer de celle qui précéde ; je veux dire, que depuis le fond de la cellule, jufqu'affés près de l'endroit qui eft encore vuide, tout paroît d'une même nuance, mais que la derniére couche fe fait diftinguer du refte. Elle femble être ce que la crême eft fur du lait. Cette crême ou croute de miel, pour ainfi dire, fe voit également, & eft également épaiffe dans les cellules où il n'y a encore que très-peu de miel, & dans celles qui en ont beaucoup. Comme on ne rifque guéres de fe tromper en fuppofant aux abeilles les induftries qui conviennent à leur travail, je fuis tenté de croire que cette couche eft faite d'un miel qui a plus de confiftance que le miel des autres couches, moins de difpofition à couler, & qui fert auffi à retenir celui qui eft par derriére. Au refte, cette derniére couche, n'eft pas un plan perpendiculaire à l'axe de la cellule, & n'eft pas même un plan, elle eft contournée ; les

abeilles

* Pl. 30. fig. 2.

abeilles lui font prendre à deſſein cette courbûre, & elles la lui conſervent. Il ne m'a pas été difficile de voir des abeilles apporter du miel dans ces ſortes de cellules. Lorſ- qu'elles y étoient entrées la tête la premiére, elles s'arrê- toient près de la croûte de miel : elles faiſoient paſſer ſous cette croûte les deux bouts de leurs premiéres jambes *. Dans le moment qu'elles y étoient paſſées, je voyois une groſſe goutte qui pénétroit ſous la croûte, & qui, en ſe mêlant avec le reſte, perdoit bientôt ſa figure arrondie. Les jambes en perçant la croûte, avoient apparemment ménagé une entrée à la goutte de miel. Dans environ deux minutes, la même mouche a ordinairement donné deux pareilles gouttes. Avant que de ſe retirer, elle façonne avec ſes jambes la croûte, elle lui donne la courbûre con- venable ; les filaments qu'elle en tire ſont viſibles.

* Pl. 30. fig. 8. a.

Au reſte, ce n'eſt pas toûjours en portant ſon miel dans une cellule, qu'une mouche s'en défait. Souvent elle en trouve le débit en chemin. Quand elle rencontre de ſes compagnes qui ont beſoin de nourriture, & qui n'ont pas eu le temps d'en aller chercher, elle s'arrête, elle redreſſe & étend ſa trompe, afin que l'ouverture par laquelle le miel peut ſortir, ſe trouve un peu par-delà les dents. Elle pouſſe du miel vers cette ouverture. Les autres mouches qui ſça- yent bien que c'eſt là qu'il faut le prendre, y portent le bout de leur trompe & le ſuccent. La mouche qui n'a pas été arrêtée en chemin, ſe rend ſouvent aux atteliers des travailleuſes, c'eſt-à-dire, aux endroits où d'autres abeilles ſont occupées, ſoit à conſtruire de nouvelles cel- lules, ſoit à polir & à border des cellules déja faites ; elle leur offre du miel, comme pour empêcher qu'elles ne ſoient dans la néceſſité de quitter leur travail pour en aller chercher.

Tome V. .LII

Entre les cellules qui ont été remplies de miel, les unes font deftinées à fournir celui qui eft néceffaire à la confommation journaliére des abeilles, & les autres doivent conferver celui qui fervira à les nourrir dans les temps où elles iroient inutilement en chercher fur les plantes. Dans les mois même où plus de plantes font en fleur, & où, ce qui revient au même, plus de plantes peuvent donner de la liqueur miellée, il y a des jours où des pluyes abondantes, d'autres où des froids trop rudes pour la faifon, retiennent les mouches dans leur ruche. C'eft alors qu'elles ont recours au miel deftiné à être confumé le premier. Celles que leur travail a empêchées de fortir, & auxquelles le miel qui leur étoit néceffaire n'a pas été offert à temps par celles qui en ont rapporté de la campagne, les travailleufes, dis-je, vont prendre dans des cellules celui dont elles ont befoin.

Mais ce n'eft que dans les temps de grande néceffité, qu'on touche au miel qui eft contenu dans un très-grand nombre de cellules très-aifées à diftinguer des autres. Celles dont le miel eft comme à l'abandon, font ouvertes, & les autres font fermées*. Elles font comme autant de petits pots de confiture ou de fyrop, qui ont chacun leur couvercle, & un couvercle bien folide, & qui le bouche hermétiquement, car il eft fait de même matiére que le pot. Je veux dire, que les abeilles donnent un couvercle de cire à chacune des cellules qui contiennent le miel qu'elles fe propofent de conferver pour leur provifion. Quand la faifon a été favorable à la récolte de cette épaiffe liqueur, on trouve dans chaque ruche plufieurs gâteaux, dont toutes les cellules font ainfi bouchées.

Dès qu'on a vû les abeilles bâtir des alvéoles, on ne doit pas être embarraffé de fçavoir comment elles peuvent faire

un tel couvercle, qui n'eſt qu'une lame platte, dont la
figure eſt déterminée par le contour de l'ouverture. Elles
commencent par mettre une ceinture de cire ſur le bord
d'un des côtés, & enſuite ſur tous les autres côtés. L'ouverture eſt rendue plus étroite. Une ſeconde ceinture appliquée contre la première, réduit l'ouverture à un trou
ſi petit qu'il peut être bouché par un ſeul grain de cire.
On voit pourtant que ce couvercle ne ſçauroit être fait
& appliqué ſans beaucoup d'adreſſe de la part de l'abeille.
La cellule eſt pleine de miel juſques aſſés près du bord,
& il faut non-ſeulement appliquer, mais conſtruire le couvercle ſur la ſurface de ce miel ſans toucher au miel, ſans
qu'il mouille la cire que l'abeille met en œuvre.

On pourroit croire que je fais cette difficulté plus grande
qu'elle n'eſt, que les abeilles n'ont garde de remplir chaque alvéole juſques au bord. Si même on ſe rappelle que
les gâteaux ſont poſés à peu près verticalement, & que la
poſition de chaque alvéole ne s'éloigne pas beaucoup de
l'horiſontale, il ſemblera que les abeilles ne doivent pas les
remplir entiérement; que ſi elles le faiſoient, le miel ne
manqueroit pas de couler hors d'un alvéole, qui reſteroit,
comme il reſte ſouvent, pluſieurs jours ſans être bouché.
Cette conſidération m'a fait douter ſi les cellules étoient
auſſi pleines qu'elles le paroiſſent quelquefois; & pour
m'aſſûrer de ce qui en eſt, j'ai détaché un morceau de
gâteau qui n'en avoit que de bouchées; j'ai enſuite enlevé
ſucceſſivement le couvercle à pluſieurs cellules : je les ai
trouvées auſſi pleines qu'il étoit poſſible qu'elles le fuſſent,
tout au plus près des bords. J'ai obſervé la même choſe
dans pluſieurs de ces cellules dont j'ai parlé ci-deſſus, qui
ſont bouchées d'un côté par le verre d'un carreau de la
ruche. Comment arrive-t-il donc que le miel ne découle

pas de ces cellules, pendant qu'elles font ouvertes & pofées
prefqu'horifontalement! Le fait eft que réellement le miel
n'en découle pas. J'ai pofé des morceaux de gâteaux, dont
j'avois ouvert les cellules, comme elles le font dans la ruche.
J'en ai pofé d'autres même plus defavantageufement; cependant en 24 heures aucune goutte de miel n'eft fortie de
fon petit vafe. Cette efpéce de crême ou de croûte de miel
que nous avons fait connoître ci-deffus, eft peu coulante,
& aide à retenir le refte du miel qui l'eft davantage. D'ailleurs, fi on fait attention que le miel eft toûjours une
liqueur épaiffe, que le vafe, le tube dans lequel il eft contenu, a peu de diametre, & que le miel s'attache bien contre la cire, on trouvera affés de dénouements de la difficulté. Si on divife par la penfée la longueur du tube de
cire, en une infinité de petites tranches paralleles à l'ouverture, on jugera que la derniére tranche de miel ne doit
pas être pouffée en dehors, & ainfi de tranche en tranche,
fi le poids de chaque particule de la tranche eft foûtenu
contre les particules voifines par fon adhéfion avec elles;
& fi la fomme des efforts que font en avant toutes les particules d'une tranche, peut être arrêtée par l'adhéfion des
particules qui en font l'enceinte, contre les parois du tube.
Enfin, on voit affés que cet effet dépend & du diametre
du tube, & de la ténacité du miel; que fi du miel étoit
contenu dans un vafe beaucoup plus grand & femblablement placé, qu'il en couleroit. Les abeilles, comme fi elles
le fçavoient, ne donnent pas à leurs alvéoles un diametre
qui mettroit le miel en état d'en dégoûter.

Si elles prennent la précaution de fermer les cellules
dans lefquelles elles veulent conferver du miel, ce n'eft
donc pas pour l'empêcher de couler dehors; ce n'eft pas
auffi parce qu'elles craignent de paffer fur des gâteaux

dont les cellules ouvertes font pleines de miel ; elles le font
journellement. Qu'on ne croye pas non plus que ce foit
pour le deffendre contre celles qui font gloutonnes & pareffeufes ; qui fe gorgeroient de miel s'il n'y avoit qu'à en
prendre, & pour qui la peine de défceller une cellule eft
quelque chofe. Une autre raifon les a engagées à tenir bien
clos le miel qu'elles fe propofent de garder ; elles lui veulent
une certaine liquidité, elles n'aiment pas celui qui a pris de
la confiftance jufques à devenir dur & grainé. Or tout celui
qui fe trouveroit dans des cellules ouvertes feroit du miel
dur & grainé avant la fin de l'hyver ; la chaleur confidérable qui regne dans une ruche, pourroit en peu de mois
faire évaporer la plus grande partie de la liqueur à laquelle
il doit fa fluidité.

EXPLICATION DES FIGURES DU HUITIE´ME ME´MOIRE.

PLANCHE XXX.

LA Figure 1 repréfente en entier un petit gâteau de cire.
Les plus grands gâteaux ont eu une figure approchante
de celle de celui-ci ; lorfque les abeilles ont commencé
à les conftruire, ils ont tous été des ovales plus ou moins
allongés. Les fondements d'un très-grand nombre de cellules, forment le bord de ce gâteau.

La Figure 2 fait voir une cellule *a,* pofée fur trois autres.
Le contour *a,* eft rebordé. *b t,* le tuyau exagone qui fait la
plus longue partie de chaque alvéole.

Dans la Figure 3, on n'a que les bafes de trois alvéoles
vûes du côté convexe. *b, c, d,* ces trois bafes, dont chacune

est formée par trois rhombes; entre ces trois bases, il y a celle d'une quatriéme cellule, *a,* qui est vûe du côté concave, & qui est faite de trois rhombes, dont chacun est fourni par une des bases *b, c, d.* Une épingle passe ici au travers de chacun des rhombes qui forment le fond d'une quatriéme cellule.

La Figure 4 montre le plan de trois cellules, & de la quatriéme; la base de celle-ci est faite par le concours de trois rhombes, dont chacun appartient à une base d'une différente cellule. Cette figure, en un mot, est la projection de trois cellules vûes de face par leur ouverture, au travers desquelles on voit la base d'une cellule appuyée sur celles-ci, & qui a son ouverture du côté opposé à celui où est la leur. *b, c, d,* les trois cellules vûes par leur ouverture. *a,* la cellule vûe seulement par la convexité de sa base, & dont la base est faite par le concours de trois rhombes, fournis par les trois cellules *b, c, d.* Chacune des trois épingles *p, p, p,* qui passent au travers des rhombes qui forment le fond de la cellule *a,* se trouve dans une cellule différente.

La Figure 5 représente en grand, comme les précédentes, une seule cellule, dont l'ouverture est embas. *e, f, g,* les trois rhombes qui, par leur rencontre mutuelle, composent la base de cette cellule.

Dans la Figure 6, une cellule *a,* dont l'ouverture est en *a,* est posée sur deux cellules *b, c;* un des rhombes de la base de chacune de celles-ci, fournit un support à un des rhombes de la cellule *a.*

La Figure 7 fait voir une coupe des trois cellules de la figure 6. Cette coupe montre comment deux des rhombes de l'avéole *a,* font appuyés fur deux des rhombes des alvéoles *b* & *c.* Les lignes *b d, c d,* font communes à deux alvéoles.

La Figure 8 repréfente de grandeur naturelle plufieurs cellules de forme irréguliére, qui d'un côté, & de celui qui eft ici en vûe, n'étoient point fermées par des lames de cire, elles l'étoient par le verre d'un carreau contre lequel elles étoient appliquées. Plufieurs de ces cellules font remplies de miel, & quelques-unes ne le font qu'en partie. *c, c, c,* &c. coupes des couvercles de quelques-unes des cellules pleines de miel. *a, a,* deux abeilles qui verfent du miel dans deux cellules qui en contiennent encore peu. *p,* marque auffi une cellule qui n'a du miel que jufqu'en *p;* & près de *p,* on peut remarquer la coupe de la pellicule, de l'efpéce de crême qui eft à la furface du miel. On peut auffi remarquer la pellicule dans la plûpart des autres cellules, comme *m, m,* & quelques-unes *c, c,* &c. où le miel ne va pas jufqu'au couvercle.

La Figure 9 montre très en grand, & à peu près dans fa pofition naturelle, tout le conduit dans lequel paffent les aliments de l'abeille, le miel & la cire brute. Pour mettre ce conduit à découvert, on a emporté la partie fupérieure des anneaux du corps. *a,* l'anneau où eft l'anus. *c,* le corcelet. *f,* partie du canal, qui peut être regardé comme un prolongement de l'œfophage. *u,* le premier eftomac, ou la veffie à miel. *e,* le fecond eftomac, qui ici eft à peu près contourné comme il l'eft naturellement. En *p,* font des fragments des poulmons de l'abeille, que nous ferons mieux connoître dans l'hiftoire des bourdons velus.

Les Figures 10, 11 & 12 repréfentent en grand comme la précédente, le canal des aliments de l'abeille, mais
elles le repréfentent dans fon entier, & dans des pofitions
& des états différents. *a*, dans ces trois figures eft le bout
du corps, l'endroit où eft l'anus. *f*, partie de l'œfophage
ou du canal, qui, après avoir traverfé le corcelet, fe rend
dans le corps. *u*, le premier eftomac ou la veffie à miel;
elle eft pleine, figure 11, & vuide, figure 10 & 12. *e*, le
fecond eftomac, qui, dans la figure 11, fait une partie
des plis qu'il fait naturellement, & qui, dans la figure 10,
eft très-allongé. *i*, les inteftins, pleins dans la figure 10,
vuides dans la figure 11, & qui ont été allongés beaucoup
plus qu'ils ne le font naturellement dans la figure 12: ils
deviennent néantmoins bien autrement longs qu'ils ne le
font dans cette derniére figure, pour peu qu'on les tire
pour les ôter de place. *r*, figure 10 & 11, lacis ou frange de
vaiffeaux jaunes qui fe trouvent à la jonction du premier
eftomac avec le fecond. Ces vaiffeaux n'ont point été
donnés à la figure 12.

PLANCHE XXXI.

Les Figures de cette Planche repréfentent en grand des
alvéoles d'abeilles, & quelques autres alvéoles propres à
aider à entendre ce qu'a d'admirable la ftructure de ceux
pour lefquels les abeilles fe font déterminées.

La Figure 1 eft celle d'un alvéole dont l'ouverture a
été mife en embas, afin que la pyramide qui en fait le fond,
fût en vûe. *a p e o*, un des trois rhombes dont eft principalement compofée la pyramide. *e*, & *a*, font les deux
angles aigus de ce rhombe. *o*, & *p*, fes deux angles obtus.
r, & *q*, les deux autres rhombes, qui, avec le premier,

forment

forment en *p*, l’angle de la pyramide ou du fond de la cellule. Les rhombes *r*, & *q*, font en tout femblables & égaux au
rhombe *a p e o*. C’eſt la perfpective feule qui produit les
différences qui fe trouvent dans cette figure entre les angles de ce dernier & ceux des autres. *o ſ b c, o c d z*, deux
pans de l’exagone, dont le premier eſt rectangle juſques en
o ſ, & dont l’autre l’eſt de même juſques en *o z*. Ces deux
pans pris en entier font des trapezes *a o b c, e d c o*, parce
que l’un fournit le triangle *a ſ o*, & l’autre le triangle *e z o*,
pour remplir la moitié d’un des angles rentrants de la pyramide formée par les trois rhombes. Les quatre autres
pans de l’exagone font femblables à un des deux qui font
ici en vûe.

La Figure 2 fait voir la pyramide compofée des trois
rhombes par fa face convexe, comme elle eſt vûe dans
la figure précédente, mais tirée de deſſus le tube exagone.

La Fig. 3 montre le tube exagone, duquel la pyramide
de la figure 2, a été féparée. Les angles faillants *o, o, o*, de
cette pyramide, figure 2, dont chacun eſt un angle obtus
d’un des rhombes, fe logent dans les angles rentrants *o, o, o*,
du tube exagone; & les fommets *e, a, a*, des angles rentrants de la pyramide, fig. 2, s’appuyent fur les fommets
a, a, a, des angles faillants du tube exagone, fig. 3. Les triangles *o a ſ, ſ o a*, rempliſſent cette même figure, ils rempliſ-
fent les cavités des angles rentrants de la pyramide.

Dans la Fig. 4, la pyramide compofée des trois rhombes,
montre fon intérieur, fa concavité, au lieu que c’eſt fon
extérieur, fa convexité qui eſt vûe dans les figures 1 & 2.

La Figure 5 eſt deſtinée à repréfenter une irrégularité

Tome V.   . M m m

que les abeilles mettent pour l'ordinaire dans la conſtruction de leurs cellules. L'arête *a b*, formée par deux pans de
l'exagone, ne va pas toûjours rencontrer l'angle rentrant
a, de la pyramide; quelquefois elle rencontre en *f*, un des
côtés qui forment ce dernier angle; d'où il ſuit, qu'un des
pans de l'exagone eſt plus grand que le pan auquel il eſt
joint, & qu'ainſi le tube n'eſt pas un exagone régulier.

La *Figure 6* fait voir deux cellules ajuſtées l'une contre
l'autre, comme ſe trouvent celles de l'aſſemblage deſquelles les gâteaux de cire ſont formés. *b d,* l'ouverture
d'une des cellules. *g h*, celle de l'autre. Un des rhombes
du fond pyramidal d'une de ces cellules, eſt appliqué contre un rhombe du fond pyramidal de l'autre cellule. On
ne voit que le rhombe *r*, de la cellule *g h*, & le rhombe *ſ*,
de la cellule *b d;* elles en ont chacune un troiſiéme qui
eſt caché par la diſpoſition des figures, comme il eſt aiſé
de l'imaginer. On imagine auſſi aiſément comment un
des rhombes d'une troiſiéme cellule, dont l'ouverture ſeroit tournée du côté de *b d,* pourroit être ajuſté ſur le
rhombe *r;* & comment un des rhombes d'une quatriéme
cellule dont l'ouverture ſeroit tournée vers *g h,* pourroit
s'appliquer ſur le rhombe *ſ.*

La *Figure 7* repréſente une cellule exagone à fond pyramidal beaucoup plus allongé, plus aigu que celui pour
lequel les abeilles ſe ſont déterminées. *p a o o, p e o o,* deux
des trois rhombes dont eſt fait en grande partie le fond
pyramidal. *o, o; o, o,* angles obtus de ces rhombes. *a, p; e, p,*
leurs angles aigus. Ici ce ſont des angles aigus qui ſe rencontrent au ſommet de la pyramide, au lieu que dans la
figure 1, ce ſont des angles obtus. *a b c ſ; ſ e d c,* deux parties rectangles des pans de l'exagone. *b a o c, c o e d,* pans

de l'exagone faits en trapeze, & qui fourniffent les triangles *a o f, e f o,* pour remplir les angles rentrants de la
pyramide formée par les trois rhombes.

La Figure 8 fait voir le tube exagone de deffus lequel
la pyramide compofée des trois rhombes a été tirée.
Cette pyramide a été repréfentée féparément, figure 9.
Les angles rentrants *o, o, o,* de la pyramide, figure 9, doivent recevoir les angles faillants *o o o,* du tube exagone,
figure 8, & les angles rentrants du tube, *a, a, e,* les angles
faillants *a, a, e,* de la pyramide, figure 9.

La Figure 10 repréfente un tube exagone à fond plat,
& dont le fond eft en-deffus. Si les pans de ce tube ont
une largeur égale à celle des pans des tubes des figures 1 &
7, & que la hauteur *a b,* de fes pans foit égale au plus long
côté *a b,* du trapeze *a b c o,* qui fait un des pans du tube
de la figure 1, ou au plus long côté *o c,* d'un des trapezes
o c b a, du tube de la figure 7, M. Kœnig a très-bien démontré que les capacités de ces trois cellules, figures 1,
7 & 10, font égales, mais qu'il y a plus de cire employée
pour la cellule de la figure 10, que pour toutes les autres
à fond pyramidal; & que celle de toutes les cellules où la
cire eft le plus épargnée, figure 1, a chaque angle obtus *o, p,*
de fes rhombes, de 109 degrés 26 minutes, & les angles
aigus *e, a,* chacun de 70 degrés 34 minutes; ce font auffi
ces derniers rhombes que les abeilles font le plus volontiers.

Les Figures 11 & 12 nous donnent les plans de fonds
pyramidaux, faits de quatre figures. Nous aurions pu faire
repréfenter un très-grand nombre d'exemples de ces fortes
de variétés, fi nous euffions fait repréfenter toutes celles
que nous avons obfervées. Car entre les cellules dont nous

M m m ij

avons vû les fonds, qui, au lieu d'être faits de trois rhombes égaux, l'étoient feulement de deux, & de deux autres piéces à plus de côtés, nous en avons trouvé dont les deux rhombes étoient tantôt plus petits & tantôt plus grands que les deux autres piéces, & cela, en bien des proportions différentes. Enfin, nous avons obfervé de grandes variétés entre les figures des piéces du fond, qui n'avoient pas celle de rhombe.

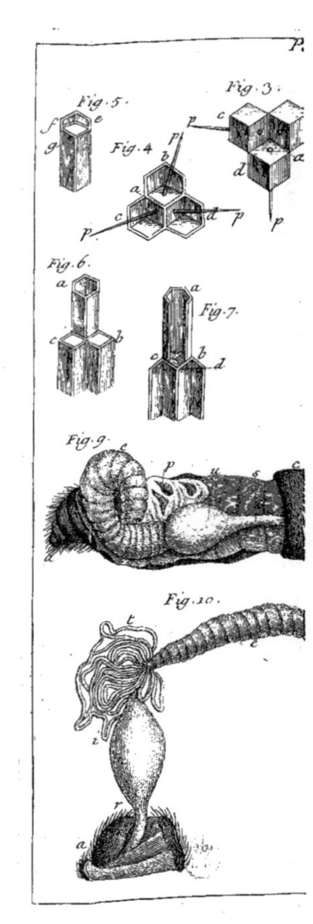

P.
Fig. 3.
Fig. 4.
Fig. 5.
Fig. 6.
Fig. 7.
Fig. 9.
Fig. 10.

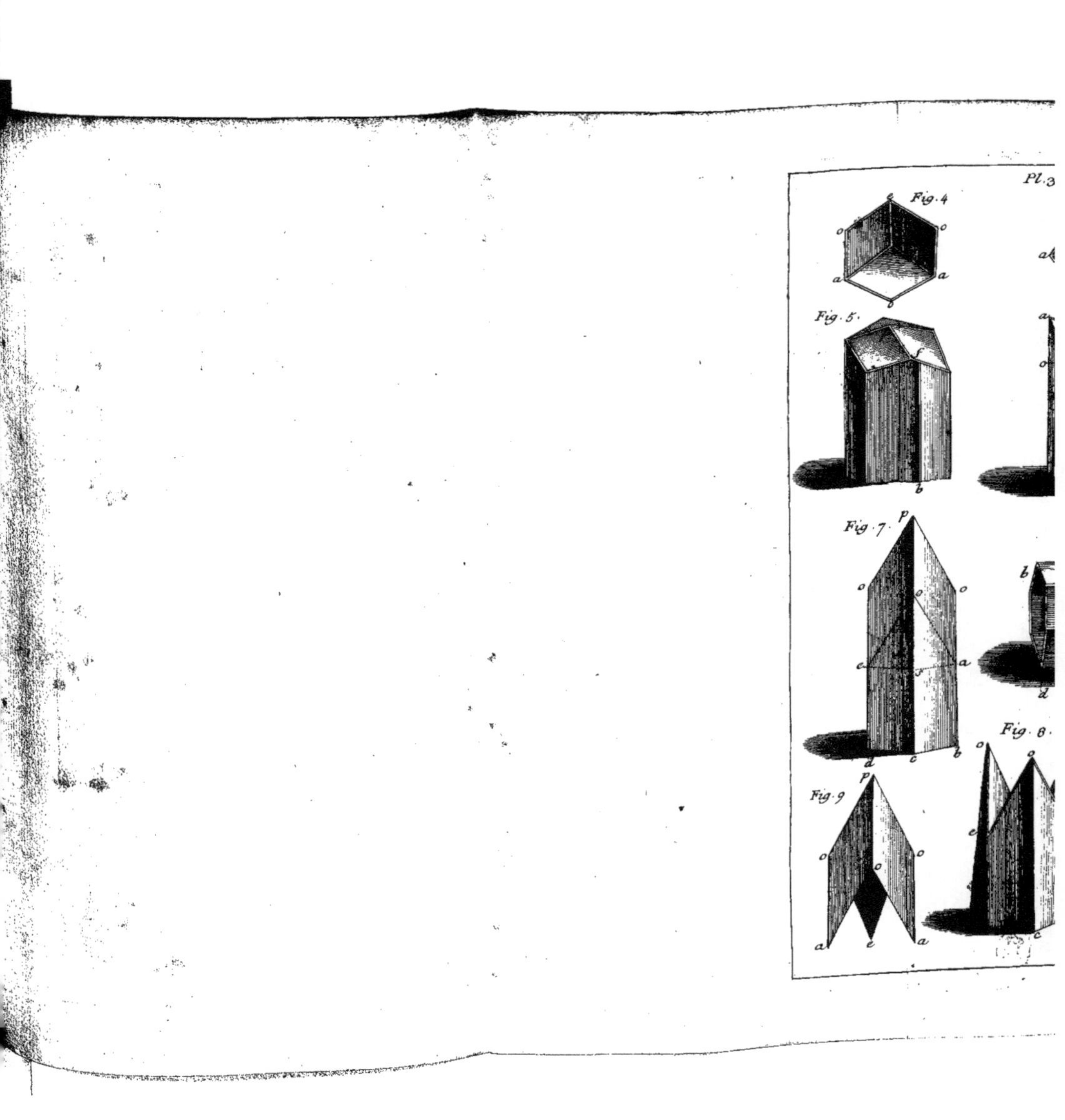

Pl. 3
Fig. 4
Fig. 5
Fig. 7
Fig. 8
Fig. 9

NEUVIE'ME MEMOIRE.

DE LA FE'CONDATION,
ET DE LA PONTE
DE LA MERE ABEILLE.

L'Automne & l'Hyver font ordinairement périr beaucoup d'abeilles : telle ruche qui, dans le milieu de l'Eté, fembloit contenir à peine toutes celles qui l'habitoient, paroît fouvent déferte vers la fin de l'Hyver ; elle eft alors un logement beaucoup trop vafte pour les mouches qui y font reftées. Mais vers la mi-May, ou vers le commencement de Juin, cette même ruche ne fuffit plus à toutes celles qui y font nées ; elle peut fournir un effaim, une colonie compofée de plufieurs milliers de mouches, & refter encore affés peuplée. Cette multiplication paroîtroit admirable, quand toutes les abeilles qui ont paffé l'Hyver, y auroient eu part ; elle le devient bien autrement, lorfqu'on fçait qu'elle eft dûe à une feule mere. Cette mere, que nous avons prouvé * être fi chere *Mémoire V.* aux autres abeilles, a été connue des Anciens ; mais ils n'ont pas connu fes véritables, ou plûtôt fa feule & unique fonction. Ils lui ont donné toutes les connoiffances, toute la prévoyance, toute la fageffe, en un mot, toutes les qualités, & même toutes les vertus néceffaires pour gouverner un peuple nombreux fur lequel ils lui ont accordé le pouvoir le plus defpotique. Ils ont penfé que tout ne fe faifoit dans la ruche que par fes ordres ; & ils lui ont mis la force en main pour faire executer ce qu'elle ordonne. Si des

Mmm iij

mouches vont recueillir à la campagne, soit la cire, soit le miel ; si d'autres construisent des alvéoles dans l'intérieur de la ruche ; si d'autres remplissent des alvéoles de miel, & si d'autres bouchent les alvéoles pleins avec un couvercle de cire ; si d'autres ont soin des vers qui doivent devenir des mouches ; si d'autres transportent hors de la ruche toutes les ordures ; si d'autres attaquent les insectes qui veulent s'y introduire ; enfin, tout ce que font les abeilles, soit dedans la ruche, soit dehors, on a voulu que ce fût en conséquence des ordres de la reine ou du roy. Une tête de mouche qui suffiroit à tant de vûes différentes, seroit une grande & forte tête, & bien respectable. Mais celle de la mere abeille est exempte apparemment de tous les soins dont on l'auroit dû croire surchargée. Si elle regne, c'est sur des sujets qui sçavent à chaque instant ce que le bien de leur société exige qu'ils fassent, & qui ne manquent pas de le faire ; ils n'ont jamais besoin de recevoir des ordres. La seule fonction de la mere, & une fonction dont l'importance semble connuë des autres abeilles, & qui leur rend cette mere si précieuse, est de mettre au jour une nombreuse postérité.

Quoique cette mouche se soit fait distinguer de tout temps des autres par sa grandeur & par sa figure, son sexe n'a pas été bien connu des Anciens. Swammerdam est même, je crois, le premier des Modernes qui l'ait déterminé sur des preuves incontestables. La plûpart des Anciens ont cru que cette longue abeille étoit un mâle, & le seul mâle de la ruche, & ils lui ont donné le nom de roy. Moufet a adopté ce sentiment, quoiqu'il sçût que Pline & d'autres Auteurs anciens avoient assûré, ou au moins soupçonné, qu'elle étoit femelle, & qu'elle donnoit naissance à d'autres mouches qui devoient regner après elle. Car les Anciens ne laissoient pas de croire que la génération des infectes, ou de la plûpart des infectes, fe faifoit d'une maniére analogue à celle dont fe fait la géné- ration des plus grands animaux, quoiqu'ils cruffent qu'ils naiffoient auffi de corruption. La Fable du Berger Ariftée, fi agréablement racontée par Virgile, n'a pas empêché ce Poëte célébre de parler des abeilles qui naiffoient par une autre voye, mais qui, dans le fond, n'étoit pas moins mi- raculeufe. Les Anciens, au refte, ne s'en font pas tenus à croire que la chair corrompue du taureau, pouvoit fe transformer en abeilles; mais ils ont penfé que c'étoit de cette chair que les meilleures devoient venir. Un lion cor- rompu en pouvoit fournir de plus courageufes, & même de trop courageufes; c'eft de la tête de ce noble animal que les rois & les princes de ces mouches devoient, felon eux, tirer leur origine. Des vaches pourries pouvoient donner des abeilles plus douces & plus traitables; un fim- ple veau n'en pouvoit faire naître que de foibles. Il nous doit paroître bien étrange, que des efprits d'ailleurs d'une bonne trempe, fe foient livrés à de pareilles fictions: fi nous euffions vécu dans leur fiécle, nous euffions revé comme eux, & ils raifonneroient comme nous, ou peut- être mieux que nous, s'ils vivoient dans le nôtre. Nous devons nous trouver heureux d'être nés dans un temps où la raifon eft venue à bout de détruire tant de préjugés, & où elle nous a montré les routes certaines que nous de- vons fuivre pour découvrir la vérité. Nous devons nous trouver heureux d'avoir été précédés par un Mâître tel que Defcartes, qui nous a appris à difcuter les idées les plus reçûes, & à n'adopter que celles qui n'ont rien pour nous que de clair & d'évident. Quels fervices un feul homme n'a-t'il pas rendus à tout le genre humain!

Dans des temps donc où l'on croyoit des faits, & où au moins on les débitoit fans avoir affés examiné les preuves qu'on avoit de leur réalité, les uns ont penſé, comme nous l'avons déja dit, que les rois étoient des mâles, & d'autres qu'ils étoient des fémelles qui ne donnoient naiſſance qu'à des fémelles qui leur devenoient ſemblables. Parmi les uns & les autres, il y en a eu qui ont regardé les abeilles ordinaires comme les mâles, & d'autres qui les ont regardées comme des fémelles qui produiſoient des abeilles de leur même ſexe. D'autres, & *Georgius Pictorius* eſt un de ceux-ci, ont prétendu qu'elles s'accouploient les unes avec les autres. Un Auteur Anglois qui a publié un Traité ſur ces mouches, auquel il a donné le titre de *Monarchia Fœminina,* eſt de ceux qui veulent que les reines mettent des reines au jour; & que les abeilles communes ſoient meres d'abeilles communes. Ces mouches plus groſſes & moins longues que les reines, que nous avons dit être les mâles, les faux-bourdons, il les fait les enfants des abeilles ordinaires. D'autres ont regardé ces faux-bourdons comme ne contribuant en rien à la génération des mouches d'une ruche, & d'autres, au contraire, ont voulu qu'ils fuſſent des fémelles. Quelques-uns même ont cru que les rois des abeilles devoient leur naiſſance aux faux-bourdons ; au lieu que Pline donne les faux-bourdons pour des mouches imparfaites produites par des abeilles ſurannées. *En un mot, toutes les combinaiſons* qui peuvent être faites par rapport au ſexe, & au non-ſexe des trois ſortes de mouches, l'ont été, & il y en a eu quelqu'une d'adoptée & de donnée pour la vraye par quelque Auteur.

   Enfin, il y a eu beaucoup d'Anciens, & il y a eu même des Modernes, qui ont nié que les abeilles, d'aucune des trois ſortes connues, miſſent au jour, ſoit des œufs, ſoit des-vers. Ils ont rendu la génération ordinaire des abeilles tout auſſi fabuleuſe que leur prétendue génération extraordinaire, que celle que l'on faiſoit dépendre des chairs

pourries.

pourries. Ariftote nous a appris qu'un fentiment affés fuivi de fon temps, étoit que les abeilles ne mettoient au jour ni œufs ni vers; & c'eft même le fentiment que Virgile a préféré : il affûre qu'elles dédaignent les plaifirs de l'amour, mais qu'auffi les douleurs de l'enfantement leur font inconnues ; que c'eft fur des plantes qu'elles recueillent leurs petits. On a prétendu qu'elles alloient chercher fur *les fleurs*, une matiére qu'elles portoient dans *leur ruche* après l'avoir rendue propre à être une femence, d'où fortiroient des vers qui, par la fuite, deviendroient des abeilles. On a été partagé fur l'efpéce de plante où les abeilles fçavoient trouver cette merveilleufe matiére. Les uns vouloient que ce fût fur les fleurs du cerinthé, d'autres fur celles de l'olivier, & d'autres fur celles du rofeau. L'Auteur du Printemps de l'abeille, Alexandre de Montfort, dit que le roy eft formé du fuc que les abeilles tirent des fleurs; que les abeilles ordinaires font tantôt procréées de miel, & tantôt de gomme; que les tyrans, c'eft-à-dire, que les fémelles qui ne parviennent pas à être fouveraines d'une ruche, & les faux-bourdons font formés de gomme feulement. Croiroit-on que de tels fentiments euffent pû fe perpetuer jufqu'à nous ! Néantmoins un Auteur qui a beaucoup étudié les abeilles, qui a donné de fort bons préceptes fur la maniére de les gouverner, a fait entrer dans fon petit Ouvrage * une Differtation fur leur génération, dans laquelle il prétend établir par des raifonnements & des obfervations, que cette cire brute que les abeilles apportent à leurs jambes, étoit vivifiée dans la ruche; que comme les vers de certaines mouches, c'eft fa comparaifon, naiffent de chair pourrie, de même les vers qui doivent devenir des abeilles naiffent de la cire brute que la chaleur de la ruche a fait corrompre.

Tome V. ,Nnn

* *Traité fur les Abeilles imprimé en 1720. A Paris, chés Jombert.*

Qu'on nous pardonne de nous être arrêté à rapporter tant de rêveries; elles font propres au moins à apprendre combien on eft en rifque de s'égarer, lorfqu'au lieu de confulter la nature, on choifit entre les idées que l'imagination fournit, & lorfqu'on prend pour vrayes celles qui plaifent le plus. Il faut pourtant avouer qu'il y avoit des difficultés confidérables à vaincre pour s'inftruire de la maniére dont fe fait la génération des abeilles; mais on devoit s'en tenir à dire qu'on l'ignoroit, jufques à ce qu'on eût des obfervations propres à inftruire. Quand on n'a pas des ruches vitrées, & même quand on n'a pas des ruches vitrées d'une certaine forme, on ne fçauroit parvenir à voir ce qui fe paffe dedans. Malgré les ruches de la conftruction la plus favorable, certaines opérations rares, & qui fe font trop avant dans l'intérieur, peuvent échapper à l'Obfervateur le plus attentif & le plus affidu. Il reftoit néantmoins un moyen fûr de déterminer au moins le fexe de chaque forte d'abeilles, & un moyen auquel Swammerdam n'a pas manqué d'avoir recours, la diffection; d'examiner les parties intérieures des différentes fortes de mouches d'une ruche.

Quoique les parties intérieures d'animaux, auffi petits que le font la plûpart des infectes, & que le font nos mouches, doivent être extrémement petites, celles que la nature leur a accordées pour perpetuer leur efpéce, font pour l'ordinaire aifées à reconnoître; elles tiennent beaucoup de place dans la capacité du corps, fouvent plus que tout le canal des aliments, & que toutes les autres parties enfemble. Auffi fi on ouvre le corps de cette abeille, qui furpaffe fi fort en longueur celui des abeilles ouvriéres, dans des temps favorables, on y trouve des grains oblongs, très-fenfibles à la vûe fimple, & qu'on ne fçauroit méconnoître pour des œufs, pour peu qu'on ait obſervé des œufs d'inſectes. On voit en même temps beaucoup d'autres grains de moins en moins gros que les premiers. Enfin, on en apperçoit un nombre prodigieux de plus petits, & qui, pour être mieux diſtingués, demandent à être cherchés avec la loupe. L'inſpection de l'intérieur de cette abeille, apprend donc qu'elle eſt une mere qui eſt en état de mettre au jour une très-nombreuſe poſtérité.

Mais, comme je viens de le dire, il faut choiſir des temps pour l'ouvrir, ſi on veut lui trouver des œufs bien formés, bien diſtincts, & d'une grandeur ſenſible à la vûe ſimple. Il faut prendre les temps où elle eſt en pleine ponte. Tel eſt celui où un nouvel eſſaim n'a été mis dans une ruche que depuis huit à dix jours, & tels ſont auſſi dans la plûpart des ruches, les mois d'Avril & de May. Si on ouvre des corps de différentes meres en Hyver, comme j'en ai ouvert pluſieurs fois, ordinairement on n'y trouve point d'œufs d'une grandeur ſenſible; ils y ſont tous ſi petits que la plus forte loupe peut à peine les faire appercevoir. Ce qu'il y a de deſagréable dans cette expérience, c'eſt qu'en la faiſant, on perd une ruche d'abeilles, on perd cette nombreuſe poſtérité qui eût été miſe au jour par la mere qu'on a fait périr ſi cruellement; cette poſtérité qui eût travaillé utilement pour nous.

On a moins de regret de faire périr les faux-bourdons, leur vie moins importante eſt fixée à une durée plus courte, ſouvent à quelques ſemaines. Quand on en tient un entre ſes doigts, il arrive quelquefois qu'on voit ſortir de ſa partie poſtérieure deux cornes charnues *, liſſes, polies, humides & jaunâtres, qui, par leur poſition & leur figure, ont aſſés l'air de parties deſtinées à accompagner celle qui doit opérer la fécondation. Si on ouvre leur corps on le trouve preſque rempli par de gros vaiſſeaux blancs

* Pl. 33. fig.
5 & 6. c, c.

N n n ij

tortueux, accompagnés d'appendices. Ces vaiffeaux ont de
la folidité, & contiennent une liqueur laiteufe. Toutes ces
parties que nous décrirons mieux dans la fuite, & la liqueur
laiteufe dont elles font pleines, portent à juger qu'elles font
deftinées à rendre les œufs féconds, & à regarder comme
mâles les mouches à qui elles font propres.

Enfin, en quelque temps de l'année que l'on ouvre le
corps des abeilles ordinaires, on n'y trouve aucune différence remarquable. Le canal des aliments eft plus ou
moins rempli ; il a tantôt plus & tantôt moins de miel,
tantôt plus & tantôt moins de cire brute, mais en dehors
de ce canal on ne découvre aucune partie analogue à des
ovaires ; on n'y obferve aucune partie qui contienne des
grains qu'on puiffe foupçonner être des œufs ; & on n'y
découvre aucune partie analogue aux parties mâles des autres infectes. Il paroît donc par l'infpection de l'intérieur
de ces abeilles, & par la comparaifon qu'on en fait avec
celui des meres, & avec celui des faux-bourdons, qu'elles
ne font ni mâles ni fémelles, qu'elles font abfolument dépourvûes de fexe. Ce que l'anatomie nous fait connoître
par rapport à l'état de chacune de ces trois fortes de mouches, peut encore être confirmé par des obfervations décifives faites fur des mouches en vie.

La mere abeille fe tient ordinairement dans l'intérieur
de la ruche, dans quelqu'une de ces efpéces de places ou
de rues que laiffent entr'eux deux gâteaux. Si elle en fort,
fi elle fe rend fur la furface extérieure d'un des gâteaux
qui font en vûe, ce n'eft que dans des cas rares, mais qui
font ceux où l'on doit être plus curieux de l'obferver.
Elle n'y vient que lorfque les cellules dont il eft compofé, ou au moins plufieurs de ces cellules font vuides. Elle y
vient pour pondre des œufs dans quelques-unes de celles-
ci. Dès que cela eft fait, elle retourne dans l'intérieur de

fon palais. Quoique ces temps foient rares & d'affés courte durée, ils font moins difficiles à faifir qu'on ne le croiroit. Quand on a des ruches vitrées & conftruites favorablement, qu'on en aille obferver une où un effaim n'eft logé que depuis peu de jours, & qu'on l'obferve à différentes reprifes depuis fept à huit heures du matin jufques à dix, on ne fera pas beaucoup de jours fans y voir la mere occupée à pondre; *du moins m'eft-il fouvent arrivé de l'y voir dans de pareilles circonftances.* L'ardeur avec laquelle les abeilles travaillent dans la ruche où elles font nouvellement logées, eft incroyable. Nous dirons ailleurs que des gâteaux de cire affés grands, longs de plus de huit à neuf pouces, font quelquefois l'ouvrage d'une feule journée. Ce n'eft pas principalement pour avoir des alvéoles où elles puiffent mettre du miel en provifion, qu'elles redoublent alors d'activité; un motif plus puiffant paroît les animer. Elles femblent fçavoir que leur reine eft preffée par le befoin de faire des œufs, & il faut une cellule à chacun de ceux qu'elle eft prête à pondre. Auffi fi on examine les cellules nouvellement faites, il y en aura plufieurs dans chacune defquelles on découvrira un petit corps blanc*, arrondi, mais oblong, & qui eft comme piqué par un de fes bouts dans l'angle folide de l'alvéole, ou au moins tout auprès dans une des couliffes formées par deux des rhombes qui concourent avec le troifiéme à former l'angle folide. Ce petit corps eft un œuf qui eft en l'air, & plus ou moins incliné à l'horifon, car ce n'eft précifément que par un de fes bouts qu'il eft arrêté au fond de l'alvéole. Les ouvriéres ont beau faire de la diligence dans ces premiers temps, elles ont quelquefois peine à fuffire à la fécondité de la mere. Auffi va-t-elle quelquefois dépofer fes œufs dans des cellules qui ne font encore qu'ébauchées, dans des cellules dont les pans

* Pl. 36. fig 1 & 2.

de l'exagone n'ont pas encore à beaucoup près la longueur
qu'ils doivent avoir, & qu'on ne manque pas de leur
donner dans la suite. Mais ordinairement le travail des
abeilles fournit à la mere plus de cellules qu'il ne lui en
faut. Auprès de chacune de celles où elle a laiffé un œuf,
on en remarquera fouvent un grand nombre qui font
parfaitement vuides; plufieurs de ces derniéres auront
des œufs à leur tour, & peut-être dès le lendemain. Si on
épie le moment favorable, on furprendra la mere dans le
temps où elle fera occupée à donner à chacune de celles-
ci, l'œuf qu'elle eft deftinée à recevoir.

  Mais fi l'on veut raffembler les circonftances les plus favorables pour faire voir la mere dans la plus importante
de fes opérations, on logera un effaim dans une de ces
ruches extrémement plattes *, que nous avons décrites dans
le cinquiéme Mémoire; dans une de ces ruches, dont l'é-
paiffeur ne permet aux abeilles que de placer deux gâteaux
l'un vis-à-vis l'autre, & où elles font obligées de compen-
fer par l'étendue de chaque gâteau, ce qu'elles ne peuvent
avoir par le nombre. Non-feulement les occafions d'obferver la mere abeille font par-là beaucoup multipliées, mais
on eft à portée de la voir de plus près, parce que les deux
gâteaux font néceffairement placés très-proche des carreaux de verre. C'eft auffi fur-tout dans des ruches de cette
efpéce, que j'ai vû, autant de fois que je l'ai voulu, la
mere dans le temps qu'elle faifoit fa ponte. Je l'ai vûe
auffi dans des ruches vitrées d'une autre forme, & il paroît qu'elle y a été très-bien vûe par M. Maraldi. Si j'ai
indiqué le matin, comme le temps le plus favorable, c'eft
que dans une année où je fuis parvenu bien des fois à
furprendre des meres dans cette importante opération, depuis le 29 Avril jufques au 31 May, ç'a toûjours été depuis fept à huit heures du matin jufques à dix. Je ne veux

pas pourtant faire penfer, & je ne penfe pas que ces heures foient les feules du jour qui y foient deftinées; beaucoup d'autres heures y font peut-être également bonnes, fans en excepter celles de la nuit.

Il ne fe paffe rien de bien fingulier pendant que la mere fait fa ponte; car ce n'eft plus une fingularité, après tout ce que nous avons rapporté ailleurs, de voir d'autres mouches lui faire cortege; *elles le lui font en tout temps.* Le cortege que je lui ai vû alors, a été quelquefois plus, quelquefois moins nombreux. Affés fouvent, il a été compofé d'une douzaine de mouches; mais quelquefois il a été fi mal fourni, qu'il étoit à peine compofé de quatre à cinq. Celles qui femblent faire alors leur cour à leur fouveraine, font à peu près difpofées en cercle autour d'elle, & toutes ont la tête tournée vers elle. Cette mouche fi cherie, quoique preffée alors par le befoin de faire fes œufs, marche affés lentement, ou, comme on l'a voulu, gravement. Elle regarde dans les cellules fur lefquelles elle paffe, elle fait entrer fucceffive-ment fa tête dans l'ouverture de plufieurs. Quand après avoir examiné l'intérieur d'une cellule, elle a reconnu qu'elle étoit vuide & nette, & qu'elle l'a trouvée à fon gré, elle fe retourne bout par bout; *elle y introduit fon* derriere, & l'y fait avancer jufques à ce qu'une partie con-fidérable de fon corps y foit logée; c'eft-à-dire, jufques à ce que fon derriére foit affés près du fond de la cellule, pour que l'œuf qui va fortir puiffe y être appliqué par un de fes bouts. Il fort enduit d'une matiére vifqueufe qui colle contre la cire la partie qui la touche.

Un œuf eft pondu & mis en place dans un inftant. A peine la mere s'eft-elle enfoncée autant qu'elle a voulu s'enfoncer dans une cellule, qu'elle en fort pour aller faire la même manœuvre dans une cellule voifine; & ainfi

de cellule en cellule : c'eft-à-dire, qu'après s'être affûrée
qu'une cellule eft vuide & propre, elle entre dedans par
fa partie poftérieure, & qu'elle y laiffe un œuf. Je n'ai
jamais vû aucune de ces mouches venir commencer fa
ponte devant moi. Les ruches vitrées ont des volets de
bois qu'il faut ouvrir pour voir les gâteaux de cire. Quand
on les ouvre, l'intérieur fe trouve plus éclairé, & cette
augmentation de lumiére qui peut par elle-même déplaire
à la mere mouche, lui fait découvrir un fpeétateur devant
lequel elle ne cherche pas à paroître. Je n'en fuis pourtant pas plus difpofé à croire que ce foit la pudeur qui la
retienne. Je ne fçais comment on s'eft prêté à accorder
une telle vertu à des infeétes, quelque riante qu'en foit
l'idée. On a même voulu nous faire penfer que les abeilles
ordinaires étoient très-inftruites de ce que leur reine auroit à fouffrir fi elle n'étoit pas cachée pendant une opération qui fe doit paffer dans les ténébres. Nous avons dit
ailleurs que les abeilles en s'accrochant les unes aux autres,
fçavent former des maffes de cent figures différentes. On
a prétendu que dans le temps dont nous parlons, elles fe
difpofoient devant la mere en efpéce de rideau. Mais à qui
veulent-elles cacher leur reine ! Par qui pourroit-elle être
vûe ordinairement que par des abeilles telles que celles
qui la cachent ! Enfin, s'il y avoit pour une mouche de
l'indécence à faire des œufs, toute indécence feroit fauvée
dès que la partie d'où ils fortent eft cachée dans la cellule,
& que la mere eft alors pofée comme le font en tant d'autres cas les abeilles ordinaires qui entrent dans des cellules
le derriére le premier. Il peut y avoir des mouches difpofées en rideau pendant que la mere pond ; mais ce
n'eft pas parce qu'elle pond qu'elles font difpofées de
la forte. Je n'ai jamais vû de pareils rideaux fe former,
pour me dérober la mere qui étoit occupée à pondre.

A la

A la vérité il eût été quelquefois difficile aux abeilles de prendre cet arrangement dans mes ruches plattes ; mais j'ai vû pondre des meres dans d'autres ruches. Il y a plus, j'en ai quelquefois vû pondre une dans des cellules qui étoient très-proches des carreaux de verre, pendant qu'elle négligeoit des cellules vuides qui en étoient affés éloignées. Ce n'étoit donc pas par néceffité que cette mere avoit renoncé à la pudeur.

On nous a donné auffi le temps où la reine fait fes œufs, pour un temps de fête & de réjouiffance ; fi cela étoit, ce petit peuple feroit trop heureux, il feroit prefque toûjours en joye, car la mere pond dans la plûpart des mois de l'année. A force de fe réjouir, il courroit pourtant rifque de périr de faim. Dans les plus grandes monarchies, pendant que la reine donne à l'état un héritier defiré, les artifans font occupés dans leurs boutiques à leurs travaux ordinaires ; le peuple ne fçait rien de ce qui fe paffe alors d'important au palais de fon roy, ou agit comme s'il n'en fçavoit rien. Il en eft de même dans chaque monarchie d'abeilles. De même les travaux de la ruche ne font point interrompus pendant la ponte de la mere ; on y apporte le miel & la matiére de la cire, on conftruit, on polit des cellules tout comme à l'ordinaire. Si pourtant on veut appuyer fur une comparaifon fort honorable à nos abeilles, on aimera peut-être à trouver une forte de parité entre les mouches qui font cortége à la mere dans des moments fi importants, avec les grands qui, par leur rang & leur place, doivent être inftruits les premiers du préfent que la reine va faire à l'état. Les mouches au moins qui font alors autour de la mere, cherchent à fe rendre agréables. On ne peut prendre que pour des efpéces d'hommages, ou que pour des careffes préférables aux hommages, les mouvements qu'elles font faire à leur trompe pour la lécher, la frotter doucement, la nettoyer, & pour lui offrir du miel très-pur, si elle en a besoin.

Après avoir vû une mere entrer successivement le derriére le premier dans deux ou trois cellules, & après avoir découvert avec ma loupe l'œuf qu'elle avoit laissé dans chacune, je l'ai vûe quelquefois se tenir tranquille pendant six à sept minutes; c'étoit alors que redoubloient les caresses des mouches de sa petite cour. C'étoit alors surtout qu'elles la léchoient avec leur trompe, & qu'elles léchoient principalement ses derniers anneaux, apparemment pour les nettoyer. Deux ou trois mouches y étoient occupées à la fois. Je n'ai guéres observé qu'elle ait pondu plus de cinq à six œufs de suite sans prendre du repos, & ordinairement elle en a pondu au plus huit à dix devant moi; soit que je n'aye jamais commencé à l'observer que quand sa ponte du jour étoit avancée, soit que le grand jour & ma présence la déterminassent à partir, elle rentroit alors entre les gâteaux, peut-être pour y chercher des alvéoles vuides qui fussent moins à découvert.

Il y a des temps où la mere passe des jours, & sans doute bien des jours de suite sans faire des œufs, mais ce n'est pas au *Printemps*; c'est alors qu'est le fort de sa ponte. Dans cette saison, elle ne fait pas apparemment sortir de son corps le même nombre d'œufs dans chaque journée, & il n'est pas possible de déterminer le nombre de ceux qu'elle en fait sortir dans la journée où elle en pond le plus; mais on peut juger combien elle en pond communément par jour dans cette saison, combien alors sa fécondité est grande, par le nombre des mouches qui composent un essaim qui prend l'essor vers le 20 ou le 25 de May. Lorsqu'il est sorti de la ruche, cette ruche est souvent aussi peuplée ou plus peuplée qu'elle l'étoit au commencement de Mars. L'effaim, fans être des forts, peut être compofé de plus de 12000 abeilles. La mere a donc pondu plus de 12000 œufs dans moins de deux mois, dans partie de celui de Mars, & dans celui d'Avril, car les 20 jours qui reftent du móis de May, ne doivent pas être comptés ; c'eft pendant ces 20 jours que les abeilles de l'effaim qui fe font transformées les derniéres, ont pris leur accroiffement ; elles ont dû naître d'œufs pondus vers la fin d'Avril ou le commencement de May. *Si* pour avoir un terme moyen, on divife par 60 les 12000 œufs qui ont été pondus en moins de deux mois, on trouve que la mere a dû pondre chaque jour de ces deux mois environ 200 œufs. Quelque confidérable pourtant que foit cette fécondité, nous avons donné un exemple d'une fécondité beaucoup plus grande * dans une mouche vivipare à deux aîles, puifque nous avons compté plus de 20000 vers vivants dans fon corps, dont chacun devoit par la fuite devenir une mouche femblable à celle dans le corps de laquelle il étoit contenu.

* *Tome IV.* *page 417.*

La fécondité de la mere abeille a cependant encore de quoi paroître merveilleufe ; & peut-être aura-t-on même peine à croire qu'elle aille jufqu'où nous venons de la porter. On fe preffe peut-être de nous faire une objection. On demande quelle certitude nous pouvons avoir que c'eft la mere abeille qui a fait tous les œufs qui ont fourni un effaim de mouches. On nous accordera volontiers que la mere pond ; mais on ne nous accordera pas qu'elle ponde feule. On demandera quelle certitude on peut avoir que les abeilles ordinaires ne font pas chacune au moins quelques œufs. On pourra ajoûter que celles-ci entrent quelquefois dans des cellules le derriére le premier, comme y entre la mere ; qu'on en trouve des centaines de mortes dans cette pofition dans les ruches dont

O o o ij

les mouches font péries de froid ou de faim. On peut
avoir du penchant à penfer que fi les grandes abeilles,
celles qu'on appelle des reines, mettent au jour des œufs,
ce ne font que de ceux qui donnent des reines, & que les
abeilles ordinaires doivent faire des œufs qui donnent des
abeilles ordinaires. Enfin, la preuve anatomique que nous
avons rapportée, peut n'avoir pas affés de force fur ceux
qui n'imaginent pas poffible de bien diftinguer les unes
des autres, les parties intérieures d'animaux fi petits. Ils pen-
feront volontiers que quatre à cinq œufs à peine vifibles,
& les parties qui les renfermeroient, pourroient très-bien
échapper à l'Obfervateur. Or il fuffiroit pour fournir à
un effaim, que chaque abeille ordinaire pondît quatre à
cinq œufs. Mais dans cette fuppofition, la mere ne mettroit au jour que des fémelles ; cette conféquence offre un
moyen de fe convaincre que la fuppofition, quoiqu'affés
vraifemblable, n'eft pas vraye ; on n'aura qu'à remarquer les
cellules dans lefquelles on aura vû pondre une mere. Des
œufs qu'elle aura laiffés dans les cellules d'une grandeur ordinaire, naîtront des vers qu'on verra dans la fuite fe transformer dans des abeilles ouvriéres, dans des abeilles de la
plus petite taille. La longue abeille, celle qui eft décorée
du nom de reine, eft donc la mere des abeilles communes.
Si ces derniéres abeilles en pouvoient produire de telles
qu'elles font, la nature n'eût pas mis la reine en état de
donner naiffance à ces fortes de mouches.

Enfin, nous avons parlé ailleurs de cellules plus grandes
que les cellules ordinaires, dont font compofés certains
gâteaux ou certaines portions de gâteaux, & nous avons
dit que ce font les cellules dans lefquelles croiffent les vers
qui fe transforment dans les groffes mouches, que nous
nommons les mâles. Il fera encore aifé de s'affûrer que
ces vers fortent d'œufs pondus par la reine, qui, en un

mot, & dans le fens naturel, eft la mere de tout fon petit peuple, ou au moins de toute la partie du peuple qui naît dans fa ruche.

Cette mouche femble avoir des connoiffances bien fin-guliéres, & des connoiffances que je lui ai entendu envier par des dames : elles étoient choquées & fe plaignoient de ce que la mere abeille femble fçavoir quelle forte de mou-che doit naître de l'œuf qu'elle va mettre au jour, puif-qu'elle fe donne bien de garde de pofer dans une cellule à mâle, dans une grande cellule, un œuf d'où il ne doit venir qu'une abeille ordinaire, & qu'elle ne laiffe jamais dans une petite cellule, dans une cellule ordinaire, un œuf qui doit donner un faux-bourdon. Les dames dont je parle, trouvoient mauvais que la nature eût fi bien inftruit de fimples mouches, pendant qu'elle leur laiffe ignorer de quel féxe eft l'enfant qu'elles doivent mettre au jour. Les œufs auxquels les plus groffes mouches doivent leur naiffance, font plus gros que ceux qui la donnent à des mouches plus petites. La mere eft apparemment douée d'un fentiment qui lui apprend quand l'œuf qu'elle va faire fortir eft plus gros que les œufs ordinaires, & qu'il doit être mis dans une grande cellule.

Outre les deux fortes d'œufs dont nous venons de par-ler, on doit penfer que la mere mouche a encore à en pondre d'une troifiéme forte. Ce ne feroit pas affés qu'elle donnât naiffance à plufieurs milliers de mouches ouvrié-res, à plufieurs centaines de mâles, elle doit la donner à d'autres mouches propres à devenir des meres, à d'autres mouches qui perpetuent l'efpéce. Il faut qu'elle ponde au moins un œuf, d'où naiffe l'abeille qui conduira hors de la ruche trop peuplée une colonie qui ne fubfifteroit pas fans cette mouche. La mere doit donc pondre, & pond des œufs d'où doivent fortir des mouches propres à

être meres à leur tour. Elle le fait, & nous allons voir
que les travailleufes paroiffent fçavoir qu'elle le doit faire.
Dans la rigueur, il fuffiroit qu'il naquit chaque année
dans chaque ruche autant de meres mouches qu'il en fort
d'effaims; mais le nombre des meres qui y naiffent, eft
fouvent beaucoup plus grand que celui des effaims qui
en fortent. La nature ne paroît pas s'être embarraffée de
l'œconomie par rapport à la multiplication des êtres organifés. Combien de millions de graines d'ormes font perdus chaque année, pour une qui donne un germe qui
parvient à être un grand arbre! Entre les milliers d'œufs
jettés dans l'eau par une carpe, combien y en a-t-il peu
dont les embryons deviennent de grandes carpes! Nous ne
trouverons pourtant pas d'exemple d'une pareille prodigalité dans le nombre des œufs de la mere abeille, propres à
donner d'autres meres abeilles. Elle n'a pour l'ordinaire à
en pondre que 15 à 20 par an; quelquefois elle n'en pond
que 3 ou 4, & quelquefois elle n'en pond point du tout; &
dans ce dernier cas, la ruche ne donne pas d'effaim.

Les abeilles ouvriéres à qui les meres font fi cheres,
paroiffent auffi s'intéreffer beaucoup pour les œufs qui en
doivent donner, & les regarder comme bien importants.
Elles conftruifent des alvéoles particuliers où ils doivent
être dépofés. Elles ne fe contentent pas comme pour les
œufs d'où fortent les mâles, de faire des alvéoles plus
grands que ceux des mouches ordinaires, mais d'ailleurs
conftruits fur le même modéle; elles abandonnent leur
architecture ordinaire, quand il s'agit de bâtir des logements dans lefquels doivent être élevés des vers qui deviendront des mouches reines. Elles ne font point alors
des alvéoles exagones; elles en conftruifent d'une forme
moins propre à nous plaire, mais qui paroît peut-être
plus belle aux abeilles. Elles leur donnent une figure

arrondie & oblongue * plus groffe près d'un de fes bouts ✳Pl. 32. fig.
qu'à l'autre, & dont la furface extérieure eft pleine de pe-²· ¹º·
tites cavités. Si les abeilles ne nous paroiffent pas avoir
été occupées de la beauté & de l'élégance de ces cellules,
elles doivent nous paroître avoir été très-attentives à leur
procurer de la folidité ; elles leur en donnent tant, qu'elles
en femblent mal faites, qu'elles en femblent lourdes &
maffives.

La cire qui eft employée avec une œconomie fi géo-
metrique dans la conftruction des cellules exagones, eft
employée avec profufion dans celle des logements où les
reines doivent être élevées; rien ne coûte alors aux abeilles.
J'ai pefé une de ces cellules qui méritent d'être diftinguées
des autres par l'épithete de royales, contre des cellules
exagones, & j'ai vû qu'il en falloit environ cent de ces
derniéres pour égaler le poids de l'autre. Cependant la
cellule royale n'étoit pas encore finie, elle n'avoit pas
toute fa longueur, & n'étoit pas de celles qui font les plus
grandes ; je crois qu'il y en a telle qui pefe autant que
150 cellules ordinaires. Après tout, ce n'eft pas trop que
la dépenfe faite pour bâtir une efpéce de louvre, ou au
moins une maifon royale, furpaffe 100 ou 150 fois celle
que demande la conftruction d'un fimple logement de
particulier.

Les abeilles ne paroiffent pas non plus chercher à ménager le terrein, quand il s'agit de placer une de ces cellules qui doit être le berceau d'une reine. C'eft quelquefois
fur le milieu même d'un gâteau qu'elles la pofent ✳, comme ✳ Fig. 3. *l'* o₁.
s'il lui convénoit d'avoir une place diftinguée. Plufieurs
cellules communes font facrifiées à lui fervir de bafe & de
fupport. Le plus fouvent les cellules royales pendent du
bord inférieur d'un gâteau ordinaire ✳, comme les ftalac- ✳ Fig. 1. *r* o₁.
tites pendent de la voute des cavernes. Il y en a quelquefois c o, d o.

* Pl. 32. fig.
2. r o, & fig.
3. g, g.
qui pendent de même le long d'un des côtés d'un gâteau, qui ne touche pas les parois de la ruche. Ce qui m'a paru très-conſtant, c'eſt que leur gros bout eſt en haut, & que leur longueur, leur axe eſt dans un plan vertical, de ſorte que leur longueur eſt preſque perpendiculaire à celle des cellules ordinaires. Les figures qu'a données Swammerdam des cellules royales, feroient prendre une toute autre idée de leur poſition. Cependant cette poſition n'eſt pas ſans doute indifférente, & il s'enſuit une ſingularité que nous aurons lieu de faire plus remarquer dans un autre Mémoire; c'eſt que la nymphe qui doit ſe transformer dans une fémelle, eſt tout autrement poſée que la nymphe qui doit ſe transformer dans une abeille ouvriére, & que celle qui ſe doit transformer dans un mâle. La premiére a préciſément la tête en embas, pendant que les autres l'ont poſée horiſontalement, & même un peu en enhaut.

Quand une cellule royale n'eſt encore que commencée, * Fig. 3. g, g,
& fig. 4. o. elle a aſſés la figure d'un gobelet *, ou plus préciſément celle d'un de ces calices deſtinés à contenir un gland, & d'où le gland eſt ſorti. Quelquefois ce calice, comme celui du gland, a un pédicule; mais à meſure que les mouches prolongent la cellule, elles lui font perdre cette figure. Loin de la tenir évaſée, elles la rétréciſſent de plus en plus, de ſorte que le bout inférieur eſt plus menu que le * Fig. 1. o,
o, o. ſupérieur. Elles laiſſent ce bout inférieur ouvert * juſques à ce que le temps de le fermer ſoit venu, ce qui n'eſt que lorſque le ver qui a cru dedans, eſt prêt à ſe métamorphoſer. Elles donnent à pluſieurs de ces cellules diſtinguées 15 à 16 lignes de longueur. La ſurface de celle qui n'eſt encore qu'ébauchée, qui a encore la * Fig. 4. o. figure d'une coupe, eſt aſſés ſouvent liſſe *; par la ſuite elle devient raboteuſe; il ſemble que les abeilles l'ayent ſculptée en eſpéce de guilochis. Ce pourroit être plûtôt

pour

pour la fortifier que pour l'orner, qu'elles y auroient attaché de petits cordons de cire. Mais ces cordons font faits
pour une autre fin, ce font les fondations groffiéres de
cellules ordinaires; c'eft de quoi quelques faits m'ont inftruit. J'avois été embarraffé pour les abeilles ouvriéres des
cellules royales qui pendoient au bas des gâteaux *; il me   * Pl. 32. fig.
paroiffoit que ces cellules devoient les incommoder par la   1.
fuite, lorfqu'il s'agiroit de prolonger la partie du gâteau
d'où elles pendoient. Mais j'ai obfervé que les ouvriéres
attendent à allonger ce gâteau jufqu'à ce que les fémelles
foient forties des alvéoles dans lefquels elles font nées.
Alors elles raccourciffent les cellules royales, & elles en
bâtiffent de communes deffus, pour étendre le gâteau;
celui-ci fe trouve feulement un peu plus épais qu'ailleurs,
avoir une efpéce de nœud dans chacun des endroits où il
y a eu une cellule royale. C'eft ce que j'ai vû pratiquer à
des abeilles dont j'ai parlé dans le cinquiéme Mémoire,
auxquelles j'avois donné des portions de gâteaux d'où
pendoient des alvéoles où il y avoit des vers ou des nymphes qui dévoient devenir des mouches fémelles. Ceci apprend qu'il y a telle faifon où on ne retrouvera plus dans
une ruche les cellules royales qui y étoient au Printemps.

C'eft donc dans chacune de ces cellules plus longues
& plus folides que les autres & d'une autre forme, que la
mere abeille pond un œuf dont l'embryon doit devenir
avec le temps une mouche capable de pondre à fon tour.
Il faudroit que les abeilles ordinaires fçuffent combien il
y a de ces œufs dans le corps de leur reine, fi elles faifoient un nombre de cellules qui fût exactement égal à
celui de ces œufs. Elles fçavent tant de chofes, qu'elles
pourroient bien encore fçavoir cela. Ce que je crois certain, c'eft qu'elles font au moins autant de ces fortes de
cellules que la mere a befoin d'en trouver de faites, &

peut-être en font-elles plus qu'il ne lui en faut. Je n'en
ai vû que deux ou trois dans quelques ruches, & j'en ai
compté jufques à 40 dans d'autres.

Quand on fe rappelle que *les abeilles ordinaires* bâtiffent des cellules de trois efpéces, & qu'elles femblent en
proportionner le nombre à la quantité de chaque forte
d'œufs qui doit être pondue par la mere, on eft tenté de
les croire douées de quelque fens qui les inftruit de la
quantité de chaque forte d'œufs, qui doit paroître au
jour. On a perfuadé, il y a quelques années, à ceux qui
font trop avides de prodiges, qu'une fille de Lifbonne
avoit une vûe qui perçoit au travers des objets les plus
opaques pour nous ; qui lui faifoit diftinguer fi le fœtus
contenu dans le ventre de la mere étoit mâle ou femelle ; ceux qui ont été affés crédules pour recevoir un
pareil fait comme vrai, n'héfiteroient pas apparemment
à penfer que *les abeilles ouvriéres* ont des yeux qui voyent
& diftinguent les uns des autres, les œufs renfermés dans
les ovaires de la mere.

Au refte, le nombre des cellules oblongues & arrondies
eft toûjours fi petit dans chaque ruche, & elles font placées dans des endroits fi frequentés, qu'on ne fçauroit fe
promettre de furprendre une mere pendant qu'elle eft occupée à pondre dans quelqu'une de ces cellules. Mais en
eft-il befoin ! Dès qu'on s'eft bien affûré qu'il n'y a dans
chaque ruche qu'une mouche qui donne naiffance à tant
d'ouvriéres & à tant de mâles, il n'eft pas permis de douter
qu'elle ne la donne à quelques abeilles qui, comme elles,
doivent être des meres. Ce que l'imagination ne nous permet d'accorder qu'avec plus de peine, c'eft que toutes ces
abeilles néceffaires pour compofer un nombreux effaim,
ayent pu être mifes au jour en fept à huit femaines par
une feule mouche: mais fi on ouvre le corps d'une mere

dans un temps convenable, on le trouvera rempli d'une
si prodigieuse quantité d'œufs, qu'on cessera d'être surpris
du nombre des abeilles qui naissent d'une seule reine, sur-
tout si on pense qu'outre les œufs actuellement visibles,
il y en a un nombre beaucoup plus grand de ceux qui n'ont
pas encore acquis la grosseur qui peut les rendre sensibles
à nos yeux.

Les œufs de la mere abeille, comme ceux de tant d'autres mouches dont nous avons parlé, & comme ceux des
papillons, sont distribués en deux ovaires, dont l'un est à
droite & l'autre à gauche. Swammerdam a donné très en
grand une figure de ces ovaires de la mere abeille, qui m'a
paru si bien entendue, que j'ai mieux aimé m'en tenir à
la faire paroître réduite *, que d'en faire dessiner une nou- *Pl 32. fig.
velle qui auroit pu n'être pas aussi parfaite que la sienne. 5.
J'ai adopté avec plaisir sa figure, comme j'ai adopté ailleurs celle de Malpighi qui représente les ovaires du papillon fémelle du ver à soye. D'ailleurs pour faire dessiner
une nouvelle figure des ovaires de la mere abeille, j'eusse
été obligé de faire périr plusieurs meres, & on ne se résoud
que dans une grande nécessité à en tuer même une seule,
quand on pense au nombre des mouches auxquelles elle
alloit donner la vie ; & quand on pense qu'en la faisant périr
on condamne à mourir bientôt tant de milliers de mouches qui habitoient avec elle.

Chaque ovaire * d'une mere abeille, ressemble dans   *Fig. 5.
l'essentiel à un de ceux de diverses autres mouches, &   *a o o t h,*
en particulier, à un de ceux des cigales qui a été repré-   *b c c c c t.*
senté dans ce volume, planche 19 figure 10. Je veux dire
que l'ovaire de la mouche à miel est un assemblage de
vaisseaux *, qui tous tirent leur origine du même en- *a o o t
droit *, qui tous vont aboutir à un canal commun *, & *a.
qui tous sont remplis d'œufs dans le temps de la ponte. *e e.

P p p ij

J'ai cru obferver une efpéce de refervoir charnu, un vaiſ-
feau extrémement gros en comparaiſon de chacun de ceux
qui compoſent l'ovaire, d'où tous ceux-ci partent. Quand
on ouvre une mere dans des temps où celui de ſa ponte
eſt encore éloigné, comme j'en ai ouvert pluſieurs en
Hyver, & dans d'autres faiſons, alors les vaiſſeaux de chaque ovaire ne forment qu'une eſpéce d'écheveau, ou plûtôt de paquet de fils poſés les uns contre les autres, &
parallelement les uns aux autres, & de fils plus déliés que
les cheveux, auſſi fins peut-être que des fils de vers à ſoye.
Au moyen d'une loupe très-forte, on y apperçoit pourtant de petites inégalités, on croit voir à chaque fil de
petits nœuds. Mais quand la mouche eſt en pleine ponte,
ſon corps ne ſemble être rempli que d'un nombre prodigieux de différentes files d'œufs, qui, de la partie antérieure
du corps, ſe rendent à la partie poſtérieure. Les œufs les
plus proches de celle-ci, ſont longs, & tels que ceux qu'on
peut obſerver dans les alvéoles de cire ; mais ceux qui ſont

* Pl. 32. fig.
5. a.

plus près de la partie antérieure*, ſont plus courts, ils ont
une figure plus approchante de celle des œufs qui nous

* b, c, c, c.

ſont les plus connus. Les premiers œufs *, ou, plus exactement, ceux qui paroiſſent être les premiers de chaque file,
ſont très-petits, on a beſoin de la loupe pour les voir,
pendant que les autres ſont beaucoup plus longs & plus
gros qu'il ne faut pour être très-ſenſibles à la vûe ſimple.
Ces derniers ſemblent être à découvert, parce que les parois
des vaiſſeaux qui les renferment, ſont extrémement minces.
C'eſt une remarque que d'autres inſectes nous ont déja
donné occaſion de faire pluſieurs fois. Enfin, tous les
vaiſſeaux d'un même ovaire aboutiſſent à un vaiſſeau beau-

* t e; t e.

coup plus grand *, dans lequel ils ſe déchargent ſucceſſivement de leurs œufs. Comme il y a deux ovaires, il y a
donc deux grands canaux ou conduits qui ſe rendent à

un canal commun *, qui a été regardé comme la matrice   * Pl. 32. fig.
par Swammerdam. Il ne reste pas beaucoup de chemin à   5. *m.*
faire à ceux qui sont dans cette derniére cavité pour sortir
hors du corps de la mouche. C’est dans ce court chemin
que Swammerdam veut qu’ils soient enduits de la liqueur
visqueuse propre à les tenir arrêtés par un de leurs bouts
contre le fond d’un alvéole. L’analogie conduit à le penser.
Nous avons vû ailleurs des reservoirs destinés à fournir de
la liqueur gluante, propre non-seulement à coller les œufs
des papillons contre les corps sur lesquels ils sont déposés,
mais qui, en se desséchant, peut même faire des loges à
ces œufs. L’analogie ne veut peut-être pas de même qu’un
petit corps sphérique * qui tient à la cavité dans laquelle   * g.
tous les œufs de la mere abeille se rendent, soit destiné à
fournir la liqueur visqueuse. Malpighi au moins a donné
un usage plus important à un semblable corps, & placé de
même dans les papillons. Mais l’incertitude où nous sommes encore sur l’usage de parties d’un volume considérable
qui se trouvent dans l’intérieur des grands animaux, telle
qu’est la ratte, &c. doit nous empêcher de prononcer affirmativement sur les usages des parties intérieures des insectes, lorsqu’ils ne sont pas très-évidents.

Ce que chaque ovaire des meres abeilles a de plus remarquable, c’est le nombre des vaisseaux à œufs dont il est
composé. Swammerdam après avoir desesperé de venir à
bout de les séparer les uns des autres à cause de la quantité prodigieuse des ramifications des trachées, qui les tiennent liés; & ayant tenté inutilement de les compter tous,
n’a pas cru courir risque de se tromper, en assûrant que
chaque ovaire avoit plus de 150 vaisseaux destinés à contenir des œufs. Si le nombre de ces vaisseaux est ici considérablement plus grand qu’il ne l’est dans les ovaires de
beaucoup d’autres insectes, les vaisseaux sont plus courts.

P p p iij

Swammerdam a pourtant compté dans chacun de ceux
d'une abeille 17 œufs. Chaque ovaire avoit donc 150 fois
17 œufs, ou 2550 œufs, & les deux ovaires en renfermoient
5100. On ne doit plus avoir de peine à accorder qu'une
abeille puisse mettre au jour en sept à huit semaines 10 à
12000 abeilles ou davantage, lorsqu'on lui peut compter
5100 œufs à la fois; car on imagine aisément que le nombre de ceux qui ne sont pas visibles, qui grossiront pendant
le temps que les autres seront pondus, & qui prendront
leur place dans les ovaires, que le nombre de ces œufs
qui échappent à nos yeux par leur petitesse, surpasse plusieurs fois le nombre des autres.

Si l'examen des parties intérieures de la mere abeille est
propre à nous faire voir qu'elle peut seule suffire à donner
la vie à tant de milliers d'abeilles qui naissent chaque année
dans une ruche, l'examen des parties intérieures des faux-
bourdons n'est pas moins propre à nous convaincre qu'ils
sont destinés à rendre les œufs féconds, qu'ils sont les
mâles. Dès qu'on a mis à découvert l'intérieur de leur
corps *, on reconnoît que sa cavité n'est presque occupée
que par des vaisseaux & des reservoirs, dont l'usage ne peut
être que de préparer & de contenir la liqueur propre à vivifier les œufs. Quelques parties d'un volume considérable
par rapport à celui du lieu où elles sont logées, sont plus
blanches que le lait, & elles doivent leur couleur à la liqueur qu'elles renferment. Enfin, on ne trouve aucune
partie qui ressemble à celles dont nous parlons dans le
corps des femelles, ni dans celui des abeilles ouvriéres.

On prend même en certains temps des faux-bourdons
qui ont fait sortir de leurs corps, & qui tiennent en dehors
des parties qui leur sont propres, & qui semblent ne pouvoir être que celles qui caractérisent le sexe des mâles;
en certains temps, on en trouve qui portent à leur derriére

* Pl. 34. fig.
8 & 9.

deux cornes charnues *, auffi longues que le tiers ou la   * Pl. 33. fig.
moitié de leur corps, qui s'écartent l'une de l'autre en   5 & 6. c, c.
s'éloignant de leur bafe commune. Cette bafe eft affés
maffive. Entre les deux cornes paroît quelquefois un corps
charnu * qui s'éleve au-deffus du derriére en fe contour-   * Fig. 5, 6 &
nant en arc. Si le faux-bourdon qu'on a pris ne montre   11. 16.
pas les parties dont nous venons de parler, s'il les tient
cachées dans fon corps, on peut le forcer de les faire voir
en preffant fon ventre entre deux doigts. En ménageant
la preffion, on oblige à paroître au jour différentes piéces
formées & difpofées avec beaucoup d'appareil & d'art, &
des piéces dont on ne trouve point de veftiges dans les
meres ni dans les ouvriéres. C'eft précifément au bout poftérieur du corps des abeilles ordinaires & des meres, que
le dernier de leurs anneaux s'entr'ouvre. C'eft-là qu'eft
l'anus, & c'eft de-là même que l'aiguillon fort; mais le bout
du corps des faux-bourdons n'eft point percé; le dernier
anneau eft recourbé vers le ventre, & c'eft fous le ventre,
& fort près du bout poftérieur, qu'on remarque un endroit * à peu près circulaire comme un petit bouton ap-   * Fig. 3 & 4.
plati, dont la couleur eft différente de celle du refte; elle   a.
eft cannelle. Ce qui paroît de couleur cannelle eft un arc
annulaire qu'on peut appeller intérieur; il part de deffous
l'anneau. De-là fortent auffi les bouts de deux lames *, qui   * Fig. 4. c, c.
enfemble forment une efpéce de pince. Quand elles s'é-
cartent l'une de l'autre, elles laiffent une ouverture par
laquelle la preffion peut faire fortir les parties qui font propres au mâle. C'eft auffi dans la même ouverture que fe
trouve celle de l'anus.

Pendant qu'on preffe entre deux doigts le ventre près
de l'endroit de couleur cannelle, & après qu'on a forcé
la fente à s'entr'ouvrir, on voit paroître une efpéce de
veffie toute pointillée de points roux *. La veffie groffit   * Fig. 7. m.

de plus en plus lorſqu'on continue la preſſion, de nouvelles portions membraneuſes ſortent. La partie qui eſt
ſortie alors a des inégalités ; elle eſt groſſe & oblongue;
ſon bout a une figure qui approche de celle d'un
maſque velu, il eſt couvert de poils roux ſerrés les uns
contre les autres, à peu près comme ceux de nos draps
de caſtor. Si on conſidére cette partie par-deſſus, on y
peut remarquer *deux enfoncements circulaires* * à côté
l'un de l'autre, *dans des membranes blanches*, & deux
autres plus petits & plus bruns * poſés ſur une ligne
dirigée ſelon la longueur du corps. Quand on continue
de preſſer, on voit ſortir de chacun des deux premiers
enfoncements une eſpéce de corne charnue *, qui de très-
mouſſe qu'elle étoit d'abord le deviendra de moins en
moins à meſure qu'elle s'allongera, & qui quand elle ſera
entiérement dehors, ſe terminera en pointe *. Aſſés ordinairement les pointes de ces deux cornes membraneuſes
ſont rougeâtres, & ce qui ſuit eſt jaunâtre dans une moitié de la longueur. Pendant que les cornes ſe montrent,
les deux autres enfoncements, ceux qui ſont ſur la ligne
qui paſſe entre les cornes, s'élévent. De celui qui eſt le
plus près des cornes, il ne ſort qu'une partie membraneuſe * couverte de poils, & qui forme un petit monticule
velu. Mais de l'enfoncement le plus éloigné ſort une partie * dont il n'a ſouvent paru qu'une portion, quand les
deux cornes ſe montrent déja dans leur entier. Si on ne
ceſſe pas de preſſer, la derniére partie que nous voulons
faire obſerver, s'éléve de plus en plus, & en s'élevant elle
ſe contourne en arc, en portion de cerceau dont la concavité eſt tournée vers le dos de l'inſecte *. Cet arc, car
c'eſt le nom que nous lui laiſſerons, paroît dans toute ſa
longueur, quand on peut compter ſur ſa ſurface convéxe,
cinq bandes d'un velu rouſſeâtre, ſéparées par des intervalles
blancs,

* Pl. 33. fig.
7. c, c.

* d, u.

* Fig. 9. c, c.

*Fig. 10. c, c.

* d.

* u.

* Fig. 11. u.
& pl. 34. fig.
2. u.

blancs & liſſes, plus larges que les bandes rouſſeâtres; il a
alors une longueur environ égale à celle de la moitié d'une
des cornes, & il n'eſt que de peu moins gros à ſon bout qu'à
ſon origine. Tout ce qui a à paroître n'a pas encore paru.
Si on redouble la preſſion, on fait ſortir du bout de l'arc
une partie blanche *, qui bientôt le ſurpaſſe en groſſeur.   * Pl. 34. fig.
Elle s'allonge & groſſit continuellement. Elle peut devenir 3. *y*^e.
beaucoup plus longue que les cornes. Elle ne ſe contourne
pas toujours de la même maniére; mais à meſure qu'elle
ſe montre, elle force l'arc à deſcendre vers la baſe velue.
Sur cette partie qui s'eſt montrée la derniére, & ſur la face
la plus proche du corps, on peut obſerver deux petites
piéces écailleuſes *, que leur couleur fait aſſés diſtinguer   * *e.*
du reſte.

On doit chercher à voir dans l'intérieur du corps de
la mouche, ces mêmes parties que nous venons d'en faire
ſortir. Elles n'y ſont pourtant pas auſſi ſenſibles qu'elles le
ſont lorſqu'elles en ſont dehors. A meſure qu'elles ſortent, elles ſe gonflent conſidérablement; elles n'y ſont pas
même celles dont on eſt le plus frappé. Lorſqu'on a ouvert le corps d'un faux-bourdon, ſoit par-deſſus *, ſoit par- * Fig. 8.
deſſous *, on remarque bien plûtôt une maſſe formée par   * Fig. 9.
l'aſſemblage de pluſieurs corps, ſouvent d'un blanc qui
ſurpaſſe celui du lait. Vient-on à développer cette maſſe *, * Fig. 7.
on la trouve compoſée principalement de quatre corps
oblongs *. Les deux plus longs & les deux plus gros de ces * *ſ, ſ; d, d.*
corps *, tiennent à une eſpéce de cordon tortueux * que   * *ſ, ſ.*
Swammerdam a appellé la racine de la partie du mâle, &   * *r.*
il a donné le nom de veſicules ſeminales aux deux corps
blancs & longs que nous venons de conſidérer. Deux autres corps oblongs * comme les précédents, mais qui ont   * *q d, q d.*
un diametre qui n'eſt guéres que la moitié de celui des
premiers, & qui ſont plus courts, ont été appellés par le

Tome V.   .Q q q

même Auteur, les vaiſſeaux déférents. Chacun d'eux communique avec une des veſicules ſeminales *, près de l'endroit où celles-ci s'uniſſent avec le cordon tortueux. De
l'autre bout de chacun de ces vaiſſeaux déférents, part un
vaiſſeau aſſés délié *, qui, après quelques plis & replis,
aboutit à un corps un peu plus gros *, mais difficile à dégager des trachées qui l'environnent. Swammerdam regarde
ces deux derniers corps comme les teſticules. Nous avons
donc deux corps d'un volume aſſés conſidérable *, qui
communiquent avec deux autres corps encore plus longs
& plus gros *. Ces quatre corps ont un tiſſu cellulaire
rempli d'une liqueur laiteuſe qu'on en peut tirer par expreſſion. Le cordon * long & tortueux auquel tiennent
les deux plus grands de ces corps, ceux qui ont été nommés les veſicules ſeminales ; ce cordon, dis-je, eſt ſans
doute le conduit par lequel la liqueur laiteuſe peut ſortir.
Après s'être plié & replié pluſieurs fois, il s'élargit, ou, ſi
l'on veut, il ſe termine à une eſpéce de veſſie ou de ſac
charnu *. On trouve cette derniére partie plus ou moins
allongée, & plus ou moins applatie dans différents mâles.
En l'appellant le corps lenticulaire ou la lentille, nous lui
donnons un nom qui préſente une image aſſés reſſem-
blante de la figure qu'il a conſtamment dans tous les faux-
bourdons dont les parties intérieures ont acquis de la
conſiſtance dans l'eſprit de vin. Ce corps eſt donc une
lentille aſſés renflée, dont une moitié ou à peu près de la
circonférence, eſt bordée par deux lames * écailleuſes, de
couleur de marron, qui ſuivent la courbûre de ſon contour. Un petit cordon blanc qui fait le vrai bord de la
lentille, eſt pourtant viſible, & les ſépare l'une de l'autre.
Cette lentille eſt un peu oblongue. Auſſi pour nous exprimer plus commodément, lui donnerons-nous deux
bouts que nous diſtinguerons l'un de l'autre par le nom

* Pl. 34. fig.
7. q, q.

* x.

* t.

* d, d.

* ſ, ſ.

* r.

* L

* e, e.

de poftérieur *, & par celui d'antérieur *. Le bout anté-   * Pl. 34. fig.
rieur, le plus proche de la tête, eft celui où s'infere le ca- 7. *i.*
nal qui part des veficules feminales ; le bout oppofé, le   * *e, e.*
plus proche de l'anus, eft le poftérieur. C'eft d'auprès de
ce dernier que partent les deux lames écailleufes, dont
chacune s'élargit pour venir couvrir une partie de la face
de la lentille. Au-deſſous de l'endroit où chaque lame s'eft
le plus élargie, elle a une efpéce d'échancrûre qui lui fait
deux pointes mouffes d'inégale longueur, & dont la plus
longue eft fur la circonférence de la lentille. Outre ces
deux lames écailleufes, il y en a deux autres * de la même   * *n.*
couleur, plus étroites & au moins plus courtes de la moitié,
dont chacune eft pofée tout proche d'une des précédentes, & dont l'origine eft auprès de l'origine de celle qu'elle
accompagne, c'eft-à-dire, au bout poftérieur de la lentille.
Le refte de cette lentille eft blanc & membraneux. De fon
bout poftérieur part un tuyau *, un canal de même blanc,   * *i.*
& de même membraneux, du diametre duquel il eft difficile de juger ; car les membranes qui le forment font vifiblement pliſſées. A un des côtés de ce tuyau eft attachée
une petite partie charnue qui a quelque chofe de la
figure d'une palette * dont une des faces feroit concave,   * *p.*
& auroit fes bords gaudronnés. L'autre face de cette palette eft convexe. En quelques circonftances les gaudrons
fe relevent, leurs bouts excédent le refte du contour,
ils forment des efpéces de rayons qui font paroître la
palette très-joliment ouvragée *. Elle eft couchée fur la   * *Fig.* 5 & 6.
lentille, elle s'y applique par fa partie concave ; mais elle
ne lui eft pas adhérente. Swammerdam a parù difpofé à
croire que cette palette eft la partie qui caractérife le
mâle.

Les parties dont nous venons de parler, & qui font les
plus vifibles dans le corps du faux-bourdon, ne font point

encore de celles qui en fortent les premiéres, ni de celles qui, hors du corps, fe font le plus remarquer. Si on confidére le canal ou l'efpéce de fac qui part du bout poftérieur de la lentille, fi on le confidére, dis-jé, du côté oppofé au bord de la lentille qui fait la féparation des deux grandes plaques écailleufes, on voit diftinctement ce corps que nous avons appellé l'arc * ; on peut compter fes cinq bandes velues difpofées tranfverfalement; elles font de couleur fauve, pendant que le refte eft blanc. Cet arc femble même hors du canal membraneux, parce qu'il n'eft couvert que par une membrane très-tranfparente : par un de fes bouts, il atteint prefque le corps lenticulaire, & par l'autre, il fe termine à l'endroit où le canal membraneux fe joint à des membranes pliffées & jaunâtres * qui font une efpéce de fac qui s'applique contre les bords de l'ouverture préparée pour laiffer fortir toutes les parties deftinées à la fécondation. Les membranes rouffeâtres dont nous parlons, font celles que la preffion oblige à fe montrer les premiéres en dehors *, celles qui forment cette maffe allongée, dont le bout eft une efpéce de mafque velu. Enfin, à ce fac, fait de membranes rouffeâtres, tiennent deux appendices * d'un jaune rougeâtre & rouges même à leur bout. Ce font ces appendices qui paroiffent en dehors fous la forme de cornes *.

Quand en preffant le ventre d'un faux-bourdon peu à peu, mais de plus en plus, & avec précaution, on fait fucceffivement fortir de nouvelles parties, ces parties fe montrent par la face oppofée à celle qu'elles prefentent lorfqu'elles font dans le corps. La furface de ces parties qui étoit alors l'intérieure, devient l'extérieure. Il leur arrive ce qui arrive à un bas qu'on retourne. Si l'entrée du bas qu'on veut retourner étoit fixée contre un cerceau, & qu'on commençât à renverfer le bas peu à peu, en

commençant par la bande la plus proche de l'ouverture,
& ainſi de ſuite, de façon qu'on fîſt ſortir le talon & le pied
les derniers, on auroit dans le retournement du bas une
image de la maniére dont ſe retournent les parties du
mâle des abeilles pour paroître en dehors. Quand on connoît leur diſpoſition dans l'intérieur, il eſt aiſé de juger de
l'ordre dans lequel elles doivent ſe montrer à l'extérieur.
Le ſac rouſſeâtre *, qui eſt le plus près de l'ouverture, doit
paroître le premier *, & comme une portion de ſa ſurface
intérieure eſt velue, elle fournit le maſque velu. Les baſes
des cornes * doivent enſuite commencer à ſe faire voir *.
L'arc doit paroître enſuite *. Quand l'arc eſt entiérement
ſorti, il faut redoubler la preſſion pour faire ſortir de nouvelles parties ; car c'eſt par le bout de cet arc que ſort le
corps lenticulaire qui prend alors une figure très-allon-
gée *. Malgré cette figure il eſt aiſé à reconnoître, & il
eſt évident qu'il a été renverſé, parce que ſur un de ſes
côtés, on trouve les plaques écailleuſes * que nous avons
décrites, & la face par laquelle on les voit, eſt concave,
au lieu que celle par laquelle on les voit dans le corps, eſt
convexe.

Swammerdam a parlé de la partie en palette *, & l'a
fait repréſenter comme une de celles que le retournement
des parties qui ſortent hors du corps du faux-bourdon ne
manque pas de faire paroître ; mais j'ai tout lieu de croire
qu'elle ne ſe montre que lorſqu'il arrive quelque déchirement conſidérable. J'ai obligé à ſortir du corps de plus de
cent faux-bourdons preſſés les uns après les autres, tout
ce que la preſſion en pouvoit faire ſortir, ſans parvenir à
voir une palette à découvert, & j'ai ainſi preſſé de ſuite des
centaines de faux-bourdons à bien des repriſes différentes.
Il ne m'eſt arrivé de voir la palette en dehors que dans des
cas rares, & lorſque j'apperceyois un déchirement dans les

* Pl. 33. fig.
7.

* Pl. 34. fig.
1, 2 & 3. *m.*

* Pl. 34. fig.
7. *c, c.*

* Pl. 33. fig.
9. *c, c.*

* Fig. 10 &
11. *u.*

* Pl. 34. fig.
3.

* *e.*

* Fig. 5, 6 &
7. *p.*

parties qui étoient proches du bout de l'arc. Un de ces cas rares aura été vû aussi par Swammerdam, & il l'aura pris pour un cas ordinaire. Ce célébre Auteur ne paroît pas avoir eu assés de faux-bourdons à sa disposition. Il parle de quelques-uns qui lui furent donnés, comme d'un présent qui mérite qu'il cite celui de qui il le reçut. Pour moi qui en ai eu autant que j'en ai voulu, j'ai examiné sur plus d'un millier peut-être, si la partie dont il est question, étoit de celles qui peuvent paroître en dehors à découvert.

Quand la pression est poussée loin, il arrive souvent qu'il sort du lait épais, & en assés grande quantité, du bout de la partie qui a paru la derniére. Mais il y a plus d'apparence qu'il sort en si grande quantité par une ouverture faite par déchirement, que par une ouverture destinée à le laisser échapper.

Un appareil de tant de parties, & de parties si singuliérement disposées, qui contiennent une liqueur laiteuse, & qu'on oblige à paroître hors du corps, & dont plusieurs viennent s'y montrer naturellement, forceroient de reconnoître les faux-bourdons pour les abeilles mâles, ceux qui auroient le plus d'envie de douter de leur sexe. Le retournement qui arrive dans ces parties, lorsqu'elles paroissent au jour, est admirable; & Swammerdam a bien sçu l'admirer. Il ne se lasse point d'en parler avec surprise. Ce retournement de tant de parties ne lui a paru ressembler à aucune des méchaniques que d'autres animaux font voir. Il ne lui a pas échappé de faire remarquer, que des parties qui avoient peu de volume pendant, qu'elles étoient dans le corps, en avoient un considérable, lorsqu'elles en étoient dehors; & il a très-bien observé que l'air est principalement employé à les enfler & à les distendre: des milliers de trachées qui se rendent aux parties de la génération, peuvent fournir tout l'air néceffaire à un jeu fi merveilleux.

Une mere abeille qui fe trouve feule de fon fexe dans fa ruche, comme elle s'y trouve en certains temps, avec fept à huit cens, & quelquefois avec plus de mille faux-bour-dons, paroît y être au milieu d'un très-nombreux ferail de mâles. On a prétendu cependant qu'elle n'en fouffroit aucun fe joindre à elle ; & il eft vrai que jufqu'ici perfonne ne l'a vû unie à un mâle, ou perfonne au moins n'a écrit qu'il l'y avoit vû unie : mais c'eft un des cas où la preuve néga-tive ne fçauroit avoir beaucoup de force, car fans vou-loir donner de la pudeur à cette mouche, il n'y a aucune raifon de penfer qu'elle quitte l'intérieur de la ruche où elle aime tant à fe tenir, lorfqu'elle veut permettre à un mâle de rendre fes œufs féconds. Il n'y a pas apparence qu'elle cherche alors à s'expofer aux yeux des fpectateurs. Nous ne fommes pas à portée de voir des actions qui doivent fe paffer dans les ténébres, & qui doivent nous être cachées par des voiles faits de gâteaux de cire, & de plufieurs couches d'abeilles ordinaires. Dès que cette fémelle a un fi grand nombre de mâles à fa difpofition, l'analogie femble vouloir qu'elle s'accouple comme s'ac-couplent les fémelles de tant d'autres infectes. Cette preu-ve tirée de l'analogie devient très-forte, lorfqu'on fçait ce que nous avons établi ailleurs *, que les républiques des guêpes, comme celles des abeilles, font compofées de trois fortes de mouches, de guêpes ouvriéres, de guêpes mâles & de guêpes fémelles ; que ce font les guêpes ou-vriéres qui font le gros de celles d'un guêpier ; que quoi-qu'on y trouve en certains temps plufieurs meres, leur nombre eft toûjours petit ; & que le nombre des mâles inférieur à celui des guêpes ouvriéres, furpaffe beau-coup celui des meres. Si de plus on a vû, comme j'ai

* *Mémoires de l'Acadé-mie 1719. Page 230.*

rapporté l'avoir vû, des mâles guêpes s'accoupler avec
des fémelles guêpes, il ne semblera pas qu'il y ait lieu
de douter que dans les républiques des abeilles qui ressemblent si fort à celles des guêpes, les meres abeilles ne
s'accouplent avec les mâles abeilles. Enfin, je rapporterai
dans un autre Mémoire que j'ai vû l'accouplement d'une
espéce de mouches du genre auquel appartiennent les
abeilles qui habitent des ruches, que j'ai vû l'accouplement de ces grosses abeilles qu'on appelle des bourdons,
& que nous nommerons des bourdons velus. Pourquoi
croiroit-on donc que la mere abeille ne se joint avec aucun mâle !

Le grand nombre des mâles est peut-être ce qu'on
peut alléguer de plus fort contre l'accouplement de la
mere abeille ; car, dira-t-on, falloit-il tant de mâles pour
une seule fémelle ! Ils lui ont été accordés sans doute
pour de bonnes raisons, mais que nous ne sommes pas
en état de deviner. D'ailleurs, nous verrons dans la suite
que ces mâles ne sont pas destinés à une seule mere, ils
sont faits pour toutes les meres qui doivent naître dans
la ruche. Enfin, comme nous venons de le dire, la nature
a de même donné un grand nombre de mâles à un petit
nombre de meres guêpes.

Un sentiment soûtenu dès le temps d'Aristote, veut
que les œufs des abeilles soient fécondés, comme on croit
communément que le font ceux des poissons ; qu'après
avoir été pondus, ils soient arrosés d'un lait qui a la vertu
de les vivifier. Les mâles des abeilles paroissent très-pro-
pres à fournir ce lait. Mais ceux qui auront observé des
œufs, & en grande quantité, d'où des vers naissent journellement, & cela, dans des temps où il ne paroît aucun
faux-bourdon dans la ruche, & dans des temps où nous
prouverons qu'il n'y en a aucun, ceux, dis-je, qui l'auront

observé

obſervé, croiront qu'il eſt bien démontré que les œufs de la mere abeille ne ſont pas fécondés par le lait des faux-bourdons qui a été répandu ſur eux. Charles Butler avoit peut-être connu la force de cette démonſtration; car après avoir dit dans un endroit de ſa république féminine, que les œufs des abeilles ſont fécondés comme ceux des poiſ-ſons, il dit plus loin que les abeilles ſont fécondées par une certaine vertu admirable.

Mais un Auteur dont l'autorité eſt bien d'un autre poids que celle de Butler, & que toutes celles des An-ciens par rapport à la queſtion que nous examinons, Swammerdam, en un mot, a penſé comme eux, que la mere abeille étoit fécondée ſans accouplement, & par une eſpéce de vertu ſemblable à celle au moyen de laquelle Butler a cru que les abeilles ordinaires l'étoient, & c'eſt ſur quoi il s'eſt expliqué beaucoup plus nettement. Son ſentiment ne ſçauroit manquer de paroître fort étrange. Obligés, comme nous le ſommes, de le rapporter, nous craignons qu'il ne paroiſſe trop ridicule à ceux qui n'ont pas aſſés médité les profonds myſtéres de la génération des animaux. Swammerdam a donc cru qu'il ſuffiſoit à la mere abeille de ſe trouver auprès des mâles, pour être fécondée; que les vapeurs, que les eſprits qui s'exhalent du corps des mâles, pouvoient vivifier les œufs qui ſont dans le corps de la fémelle. Enfin, il a dit, & il faut bien le redire après lui, que la fémelle peut être fécondée par l'odorat. Quand cela ſeroit, peut-être n'en devrions-nous pas être ſi étonnés. Aſſûrément nous ignorerons toûjours pourquoi cette Sageſſe qui ne manque jamais de choiſir les moyens les plus parfaits de parvenir à ſes fins, a voulu que les eſpéces des animaux ſe perpetuaſſent au moyen des mâles & des fémelles; pourquoi elle n'a pas voulu que les deux ſexes fuſſent toûjours réunis dans chaque animal.

Tome V. . R r r

Si nous y étions moins accoûtumés que nous le sommes,
nous ferions extrémement furpris de la néceffité du concours des deux fexes. Il s'en faut bien que nous fçachions
affés en quoi & comment chaque fexe contribue à l'œuvre de la génération. Les œufs des fémelles depuis qu'ils
font œufs renferment-ils des embryons qui n'ont befoin que de fe développer pour devenir des animaux
parfaits? ou ces œufs reftent-ils fans embryons jufqu'à ce
que le mâle leur en ait donné? font-ils uniquement deftinés à recevoir & à faire croître quelques-uns des embryons
qui ont paffé du corps du mâle dans celui de la fémelle?
Ce dernier fentiment, quoiqu'appuyé par les obfervations
qui ont fait voir à Leeuwenhoek de petits vers dans les
liqueurs laiteufes des mâles d'animaux de différentes efpéces, n'eft pas encore auffi prouvé qu'il feroit à fouhaiter.
Ç'a été inutilement que j'ai cherché à plufieurs reprifes de
ces vers dans le lait des mâles des abeilles, foit que cette liqueur n'en contienne pas réellement, foit que je ne les aye
pas cherchés dans les temps convenables, ou, foit enfin qu'ils
y foient fi petits que les plus forts microfcopes ne fçauroient
les rendre fenfibles. Mais je propoferai en paffant à ceux
qui aiment à faire des recherches avec les microfcopes à
liqueurs, de tâcher de découvrir de petits vers dans les
liqueurs laiteufes des mâles d'un grand nombre d'efpéces
d'infectes. Ce font des obfervations que je n'ai pas eu le
temps de faire autant que je l'euffe fouhaité, & qui peuvent répandre du jour fur la grande queftion dont il s'agit
actuellement.

Swammerdam a été pour le fentiment qui veut que
l'embryon ait toûjours été renfermé dans l'œuf de la fémelle; mais qu'il n'y peut croître qu'après avoir été vivi-
fié par le mâle. Ce grand Anatomifte, qui avoit beaucoup
étudié la ftructure admirable des parties de la génération,

fçavoit qu'il n'étoit guéres poſſible d'imaginer qu'une portion même très-petite, de la liqueur laiteuſe du mâle, pût
être portée juſques aux œufs d'une fémelle de quelque
eſpéce d'animaux que ce ſoit; d'où il lui ſembloit qu'on
devoit conclurre que les œufs ne pouvoient être fécondés
que par la vapeur, que par l'eſprit de cette liqueur : & c'eſt
ce qu'il a taché de prouver par des exemples qui lui ont été
fournis par les accouplements d'animaux de beaucoup
d'eſpéces différentes. Dès-lors, au moins, le ſentiment de
Swammerdam par rapport à la fécondation de la mere
abeille, n'a plus tout le ridicule qu'on a cru lui trouver
d'abord. Car après tout la vapeur vivifiante qui environ-
nera une mere abeille qui eſt entourée de mâles, cette
vapeur qu'elle reſpirera par les ſtigmates diſpoſés le long
de ſon corps, pourroit être auſſi bien portée à ſes œufs
par des conduits préparés à cette fin, que peut être portée
aux œufs d'une fémelle d'une autre eſpéce, la vapeur qui
s'exhale de la petite quantité de liqueur laiteuſe qu'un ſeul
mâle a laiſſée à l'entrée d'un canal, qui eſt aſſés éloignée
des œufs. Dans le ſyſteme de ceux qui veulent avec beaucoup de probabilité, que les embryons ſoient fournis par les
mâles; dans ce ſyſteme où on n'eſt point effrayé de ce
que de tant de millions de vers propres à devenir des animaux plus parfaits, il y en a ſi peu qui y parviennent ;
dans ce ſyſteme, dis-je, on pourroit ſuppoſer ces embryons
auſſi petits qu'on auroit beſoin qu'ils le fuſſent, auſſi petits
que les corpuſcules qui agiſſent ſur notre odorat, & ſuppoſer que des milliers de ces petits embryons s'exhalent du
corps des mâles.

Mais nous nous jettons bien avant dans le pays des
conjectures. Celles que nous venons de rapporter montrent ſeulement qu'il ne ſeroit pas impoſſible qu'une
mere abeille fût fécondée par des mâles dont elle ne ſeroit

qu'environnée; mais nous devons avouer que pour admettre que la fécondation de cette fémelle est opérée
d'une façon si différente de celle dont sont opérées les
fécondations des fémelles des autres insectes, il faudroit
y être forcé par des preuves auxquelles il n'y eût rien
à repliquer, & Swammerdam n'en a pas donné de telles.
C'en est une bien foible, si même c'en est une, que de
dire, comme il a fait, que si on renferme sept à huit
abeilles mâles dans une boîte, lorsqu'on l'ouvre dans la
fuite, on est frappé par l'odeur qui s'en exhale; odeur beaucoup plus forte que celle que répandroient en pareil cas des
abeilles ouvriéres, & à laquelle la première odeur ne reffemble point. Qui n'auroit jamais vû de bouc s'accoupler
avec une chevre, auroit donc une preuve encore meilleure
à alléguer contre l'accouplement de ces animaux. Le bouc
est bien autrement en état de faire impreffion fur fa fémelle, par la pénétrante odeur qu'il laiffe par-tout où il
paffe.

Les autres raifons par lefquelles Swammerdam a prétendu établir un fentiment fi fingulier, ne me paroiffent
guéres meilleures. Elles fe réduifent à deux principales,
dont l'une eft, qu'il n'a pu trouver aux parties du mâle
deftinées à la génération, à celles que la preffion fait fortir
de fon corps, aucune iffue à la liqueur laiteufe. Ce n'eft
pas affés pour croire qu'il n'y en a pas, de ne l'avoir pas
vûe. Elle peut être affés petite pour échapper à nos yeux.
D'ailleurs, il peut fe faire que dans les temps de l'accouplement, elle s'ouvre, quoiqu'elle foit tenue fermée contre la preffion des doigts.

La feconde raifon de Swammerdam eft tirée de la difproportion entre le volume des parties du mâle par lefquelles la jonction devroit fe faire, & celle de l'ouverture
dans laquelle elles devroient être introduites : mais cette

difproportion ne m'a pas paru auſſi grande qu'il l'a trouvée. Nous pouvons juger mal du volume des parties qui
caractérifent le mâle, quand nous en jugeons par celui
qu'elles ont lorſque nous les avons forcé de paroître en
preſſant le ventre. Il peut y avoir des inſtants où tout ſe
proportionne, foit de la part du mâle, foit de la part de la
fémelle.

Il y a donc tout lieu de croire que la fécondation de
la mere abeille n'eſt pas opérée de la façon extraordinaire
dont Swammerdam a cru qu'elle l'étoit. Il eſt plus naturel
de penfer qu'elle eſt, comme dans les autres animaux, une
fuite de la jonction de la fémelle avec le mâle. On ne
fçauroit ſe promettre de voir cette jonction dans les ruches, même les moins peuplées, la mere y étant preſque
toûjours cachée par des gros d'abeilles ordinaires. Mais
j'ai cru devoir chercher à faire accoupler un mâle avec
une mere dans un lieu où leur accouplement ne pourroit
m'échapper. J'eus vers la fin de May une mere qui avoit
donné naiſſance à un grand nombre de mouches, & qui
étoit prête à la donner à beaucoup d'autres. La ruche d'où
cette mere fut tirée, pouvoit à peine contenir toutes les
abeilles qui y habitoient avec elle. Son ventre étoit rempli d'œufs, parmi leſquels il y en avoit une grande quantité de prêts à être mis au jour. Il en ſortit pluſieurs de
ceux-ci par une bleſſure mortelle que je lui fis mal adroitement & malgré moi. Après l'avoir eue pluſieurs heures
en ma poſſeſſion, je lui crevai le ventre en la maniant, &
dès qu'il fut crevé, je n'héſitai plus à le lui ouvrir tout
du long, & j'y trouvai une quantité d'œufs difficile à
nombrer. Quand j'en vins à ouvrir cette mere, elle avoit
déja eu une aventure fâcheuſe, mais qui avoit été plus
volontaire de ma part, que celle de la playe du ventre.
Elle avoit été tirée de l'eau preſque noyée. Il n'eſt pas

temps d'expliquer pourquoi je l'avois prefque noyée, on en trouvera les raifons dans le Mémoire fuivant. Il fuffit actuellement de dire, qu'après l'avoir féchée & réchauffée, je lui redonnai fa premiére vigueur, & qu'alors je la mis dans un poudrier où je la renfermai avec fept à huit mâles. J'étois curieux de voir comment ils fe comporteroient avec elle. Ils avoient été pris dans fa propre ruche. Ils la traiterent cependant avec une indifférence à laquelle je ne m'attendois pas, avec l'indifférence la plus parfaite. Ils ne lui firent aucune des careffes que des abeilles ordinaires n'auroient pas manqué de lui faire. Pendant près de deux heures que je la laiffai avec eux, ils ne tinrent aucun compte d'elle.

Parmi la plûpart des animaux, les mâles ne cherchent les fémelles, & ne leur font des careffes, que lorfqu'elles ont befoin d'être fécondées. Notre mere abeille n'avoit pas befoin de l'être. Elle n'étoit pas une jeune mere. L'état de fes aîles prouvoit auffi bien fon âge que les rides de notre vifage prouvent notre vieilleffe. Les bafes des deux aîles fupérieures étoient déchiquetées, de petits morceaux en étoient tombés. Enfin, ce qui étoit plus décifif, fon ventre étoit plein d'œufs, & d'œufs à terme. D'ailleurs, revenue depuis peu de temps des portes de la mort, il n'étoit pas étonnant qu'elle ne fouhaitât pas les mâles, & que les mâles n'euffent pas pour elle les empreffemens qu'ils auroient pu avoir dans un autre temps.

Les obfervations que j'avois envie de faire, demandoient que je renfermaffe avec des mâles, une fémelle qui n'eût pas encore fouffert leurs approches, ou qui ne les eût pas fouffert affés de fois. Vers la mi-Juin, on m'en apporta une que j'eus lieu de croire être telle qu'il me la falloit. Elle avoit été trouvée le matin auprès d'une ruche dans laquelle un effaim avoit été mis la veille. Nous verrons dans la fuite qu'il y a quelquefois des reines furnuméraires dans les effaims; celle-ci en étoit une de l'effaim dont je viens de parler, & elle avoit fauvé fa vie par la fuite. Le bon état de fes aîles & fa couleur faifoient juger qu'elle étoit encore jeune ; & le volume de fon corps moins grand que celui d'une fémelle prête à pondre , fembloit prouver qu'elle n'avoit que des œufs extrémement petits. Je la renfermai dans un poudrier, où je mis bien-tôt avec elle un mâle que j'avois fait prendre dans une de mes anciennes ruches. Le caractére de la jeune reine me parut fe démentir dès que le mâle eut été introduit auprès d'elle. Je n'avois jamais vû que des reines abeilles accoûtumées à être fêtées à chaque inftant par les mouches ouvriéres, à en recevoir des préfents de miel, mille careffes, & mille petits foins de toute efpece. Auffi vis-je avec quelque furprife, que toutes les prévenances que les abeilles ordinaires ont pour une mere, la jeune reine les avoit pour le mâle que j'avois mis auprès d'elle. Non contente de s'être approchée de lui, elle ne tarda pas à allonger fa trompe , tantôt pour lécher fucceffivement différentes parties du corps de ce mâle, tantôt pour lui offrir du miel. Elle tourna tout autour de lui en le careffant toûjours, foit avec fa trompe, foit avec fes pattes. Le faux-bourdon, ainfi que le plus imbécille de tous les mâles, foûtenoit tant d'agaceries, comme fi elles lui euffent été dûes. Il n'en paroiffoit aucunement touché; il fembloit que ce fût par pure bonté qu'il fe laiffoit flater. Au bout d'un quart d'heure pourtant , il s'anima un peu; lorfque la fémelle placée vis-à-vis de lui en regard, broffoit avec fes jambes la tête de ce mâle , & qu'elle faifoit joüer doucement fes antennes, le mâle faifoit auffi joüer les fiennes. Les antennes de celui-ci, & les antennes de celle-la, fe frottoient mutuellement & doucement. L'une & l'autre courboient enfuite leur corps en deffous & le redreffoient,

& ils firent ce manége à bien des reprifes. La fémelle redou-
bla enfuite de vivacité, & fe mit dans des pofitions qui ne
s'accommodent pas avec les idées qu'on a voulu nous donner de fa pudeur; c'eft fe fervir de termes foibles, que de
n'appeller ces pofitions qu'immodeftes. Elle monta fur le
corps du mâle; & comme fi ç'eut été à elle à faire ce que font
les mâles des infectes des autres efpéces, elle recourboit fon
corps, & cherchoit à en appliquer le bout contre le bout de
celui du mâle. Après avoir obfervé ces manéges, & les avoir
vû répéter pendant plus de deux heures, je fus obligé de quitter mes deux mouches & la campagne pour me rendre à
Paris, où une de nos affemblées de l'Académie m'appelloit.
Mais plufieurs perfonnes que je laiffai chés moi, & une entr'autres, aux yeux de laquelle je me fie autant qu'aux miens
propres, ne cefférent d'obferver ce qui fe paffa pendant le
refte de l'après-midi, & me rendirent compte à mon retour,
de ce qu'elles avoient vû. Ils revirent une infinité de fois de
la part de la fémelle, les mêmes agaceries que j'avois vûes;
mais ils n'apperçurent rien d'abfolument complet.

Le mâle pourtant devint plus actif, il s'anima de plus
en plus. Il fit fortir de fon bout poftérieur les deux cornes
charnues *, & la partie courbée en arc qui eft entr'elles *,
cette partie que nous avons auffi nommée l'arc, & qui
paroît être celle au moyen de laquelle le mâle & la fémelle
s'uniffent, s'ils s'uniffent. Le fens dans lequel cette partie
eft contournée, femble auffi demander que pour l'accouplement la fémelle foit pofée fur le mâle, comme nous
avons vû qu'elle s'y pofoit. L'arc peut alors rencontrer
le derriére de la fémelle, & il ne le pourroit fi le mâle
au contraire étoit fur la fémelle; ou il faudroit, comme
le pratiquent en pareil cas les mâles de quelques autres infectes, qu'il ramenât le bout de fon corps fous le ventre
de la fémelle. Enfin, on obferva des temps de tranquillité,

& on

* Pl. 33. fig. 5, 6 & 11. c, c.

* u.

& on en obferva d'autres où les careffes recommence-
rent. Le mâle tômba enfuite dans un repos de trop longue durée. Pour le remettre en mouvement, la fémelle
faififfoit le corcelet de ce mâle avec fes dents, elle le foûlevoit un peu ; quelquefois pour le foûlever davantage,
elle faifoit paffer fa tête fous le corps de celui-ci. Mais
tous fes foins pour le ranimer furent inutiles ; il étoit mort.
Quand on eut reconnu qu'il l'étoit, on en donna un autre
plein de vigueur à la fémelle. On me raconta combien on
avoit été touché de voir que la préfence de ce dernier, n'a-
voit point détourné la fémelle des careffes qu'elle faifoit,
des bons offices qu'elle cherchoit à rendre à celui qui avoit
perdu la vie. Je le trouvai le foir à mon retour auprès de
la fémelle, ayant hors du corps les parties qui caractérifent
le fexe des mâles.

Pour tenir chaudement la jeune mere pendant la nuit,
après avoir ôté d'avec elle, & le mâle mort & le mâle vivant, je renfermai dans fon poudrier une centaine d'abeilles ordinaires. Le lendemain je voulus voir comment elle
fe comporteroit avec le nouveau mâle que je me propofois
de lui donner. Ce même jour, dès le matin, je me pro-
curai encore une autre mere, qui, comme la précédente,
me parut être une jeune mere. Il n'importe d'expliquer
ici comment je la pris, en faifant paffer les mouches d'une
ruche pleine dans une ruche vuide. Dans deux différents
poudriers j'eus donc deux fémelles. J'appellerai celle de
l'un, la premiére mere ; & celle de l'autre, la feconde mere.
Je leur donnai à chacune un mâle. J'obfervai ce qui fe
paffoit dans l'un & dans l'autre poudrier, pendant prefque toute la journée. Ils furent toute la matinée pofés fur
mon Bureau, & je les eus auprès de moi dans les endroits
où je me tins pendant la plus grande partie de l'après-midi.
Tout ce que je vis ne fut pourtant prefque que ce que

j'avois vû la veille; mêmes careffes de la part de l'une &
l'autre fémelle pour leur mâle; & pendant un temps affés
long, chaque mâle y répondit très-froidement. L'un &
l'autre eurent pourtant des moments où ils parurent s'a-
nimer; quelquefois même ils pafférent l'un & l'autre fur
le corps de leur fémelle. Mais je furpris plufieurs fois
chaque fémelle dans la plus indécente des poftures. Je
la furpris bien des fois fur le corps de fon mâle, recourbant le bout de fon derriére, & cherchant à l'appliquer
contre cet endroit qui eft en deffous, & près du bout
du corps du mâle, & d'où fortent les parties qui paroiffent faites pour la fécondation. Dans des moments même, je vis le derriére de la fémelle bien appliqué contre
cet endroit; mais il n'y refta appliqué qu'un inftant. La
jonction du mâle avec la fémelle fe réduiroit-elle à cela?
Cet inftant fuffiroit-il pour que ce qui eft néceffaire de
liqueur féminale pour féconder une partie des œufs, fût
introduit dans le corps de la fémelle! Et feroit-ce au moyen
de pareilles jonctions répétées un grand nombre de fois,
que tous les œufs recevroient fucceffivement des embryons
en état de fe développer! C'eft fur quoi je n'oferois prononcer. Au moins cet accouplement, quoique de courte
durée, reffembleroit-il à d'autres dont nous avons des
exemples dans la Nature; celui de la plûpart des oifeaux
ne dure qu'un inftant. Swammerdam veut même que celui
du coq avec la poule fe faffe fans qu'il introduife dans le
corps de celle-ci, aucune partie folide.

Au refte, il paroît hors de doute que dans la ruche
la mere fait les avances aux mâles qui lui plaifent, comme
je les lui ai vû faire dans les poudriers; c'eft à elle à les
tirer de leur état d'indolence & de froideur. Ce renverfement d'ordre femble même néceffaire; car dès qu'il a
été établi qu'une feule fémelle habiteroit avec un millier

de mâles, il devoit l'être que ces mâles n'auroient pas
trop d'ardeur pour elle. Elle n'auroit aucun repos si tous
la recherchoient; ils ne lui laifferoient pas le temps de
prendre des aliments, ni celui de pondre; au lieu qu'elle
vit tranquille au milieu de ces mâles indolents, parmi lefquels elle choifit ceux qui font les plus aifés à animer.

Quelque difficile, au refte, qu'il puiffe paroître, de
décider fi l'accouplement de la mere abeille fe réduit à ce
que j'ai vû, je crois qu'il n'eft pas impoffible de fe mettre
en état de pouvoir prononcer avec certitude fur cette
queftion; & peut-être le ferois-je actuellement fi j'euffe
penfé plûtôt au moyen d'y parvenir. Les éclairciffements
que ne pouvoient donner mes deux meres, pourroient
être donnés par une mere qu'on fçauroit n'avoir jamais
eu de communication avec des mâles, & à laquelle on
en accorderoit un ou deux avec lefquels on la laifferoit
pendant une journée. On mettroit enfuite cette mere
dans une ruche où il n'y auroit que des abeilles ouvriéres.
Si on voyoit naître des vers propres à devenir des abeilles dans les cellules de cette ruche, on feroit certain qu'il
n'auroit fallu pour féconder les œufs de cette mere, que
les accouplements qu'on auroit vû fe faire dans le poudrier. La feule difficulté qu'on peut trouver à faire cette
expérience, c'eft d'avoir une mere bien vierge, une mere
qui n'ait point habité avec des mâles; & c'eft à quoi on
peut parvenir, en ôtant d'une ruche une de ces cellules
de figure particuliére & très-reconnoiffable, dans lefquelles
les vers qui fe transforment en meres, prennent leur accroiffement. Lorfqu'on aura obfervé de ces cellules, &
qu'on en aura remarqué quelqu'une de bouchée, qu'on
la détache; alors la mouche y eft fous la forme de nymphe, ou le ver eft prêt à prendre cette forme. Il ne s'a-
gira que de tenir cette cellule à peu près auffi chaudement

hors de la ruche, qu'elle l'étoit dans la ruche; & pour
cela, il n'y a qu'à la renfermer dans un tube de verre
qu'on portera pendant le jour dans son gouffet, & qu'on
placera pendant la nuit sous le chevet du lit dans le pli
du drap. J'ai pris ces soins pendant huit à neuf jours,
pour une cellule qui ne les méritoit pas. Je la couvai,
pour ainsi dire, croyant qu'elle contenoit une fémelle,
& j'avois lieu de le croire, parce qu'elle étoit bouchée
de toutes parts: le hazard avoit voulu que la porte qui
avoit laiffé sortir la mouche fémelle, se fût si bien refer-
mée, après qu'elle en fut sortie, qu'il ne sembloit pas que
la cellule eût jamais été ouverte. Au reste, quand on sçait
qu'on peut faire naître dans les gâteaux de cire tirés hors
de la ruche, des abeilles ordinaires & des mâles, lorsque
les cellules de ces gâteaux sont pleines de nymphes, on
ne doutera pas qu'on n'y puisse faire naître de même des
fémelles. La plus grande difficulté confiste à avoir des cellules qui contiennent des nymphes prêtes à se transformer en mouches fémelles, parce que ces cellules sont très-
rares en comparaison des autres. Comme il n'y a pourtant guéres de ruches où on n'en puisse trouver plufieurs
chaque année, on peut réuffir à faire l'expérience que
nous propofons. Nous nous promettons bien de la tenter cette année; & nous prions ceux qui aiment l'Hiftoire
naturelle, de chercher à la faire. Elle doit éclaircir une
queftion très-curieufe.

Mais pour dire encore quelque chose des deux meres
dont chacune avoit été tenue dans un poudrier avec un
mâle, vers le midi je m'apperçus que le mâle que j'avois
donné à la première, étoit mort. Ce cadavre étoit pofé
tranfverfalement fur le corps de la fémelle, qui le foûlevoit,
comme si elle eût eu efpérance de le ranimer. Je lui ôtai
ce mâle, & je lui en donnai un autre qui mourut encore

auprès d'elle fur les trois à quatre heures. Il fembleroit que les careffes de la fémelle avoient été fatales aux mâles, qu'elles avoient opéré dans ces mâles, quelque indolents qu'ils femblent être, une diffipation d'efprits, un épuife-ment qui leur avoit été funefte ; mais ce qui doit m'em-pêcher de regarder cette caufe de leur mort, comme abfolument certaine, c'eft que j'en trouvai quelques-uns de morts le même jour, dans un poudrier où j'en avois renfermé un grand nombre, & où ils n'avoient point de fémelle avec eux.

La première fémelle mourut elle-même la nuit fuivante par un accident qu'il eft inutile de rapporter ici ; mais je dois dire que j'ouvris fon corps, & il étoit néceffaire que je l'ouvriffe. Je n'y trouvai aucun œuf de groffeur fenfi-ble à la vûe fimple. A peine la plus forte loupe me pou-voit-elle faire appercevoir des files de petits grains dans ces conduits où les œufs font vifibles fans le fecours d'au-cun verre, lorfque la mere eft en pleine ponte. Nous avons rapporté ci-devant, qu'une mere qui avoit le corps rempli de gros œufs, n'avoit tenu aucun compte des mâles. Il y a donc apparence que les meres qui careffent les mâles, font celles qui ont befoin d'être fécondées. La feconde de mes deux derniéres meres, n'avoit pas le ventre plus gros que la première. Je ne crus donc pas néceffaire de l'ouvrir pour m'affûrer qu'elle n'avoit pas des œufs plus avancés que ceux de l'autre. Je pris un parti plus doux. Après avoir peint fon corcelet avec un vernis jaune, je la mis dans une ruche où, outre la mere naturelle, j'en avois déja introduit une autre à laquelle j'avois donné une livrée rouge. Ce n'eft pas ici le lieu de parler de ce qui fe paffa dans la ruche où étoient ces trois reines, il fuffit de dire actuellement que celle à livrée jaune fut fort bien reçûe par les abeilles ordinaires.

S ſſ iij

La fécondation & la ponte de la mere abeille nous fourniffent encore des faits dignes d'être remarqués, & de la
certitude defquels il eft aifé de fe convaincre. Nous avons
déja dit que comme les poules d'une baffe-cour pondent
journellement, de même la mere abeille pond dans prefque tous les mois de l'année, fi on en excepte ceux d'une
trop rude faifon. Mais les poules ont befoin de vivre avec
le coq pendant toute l'année ; fi elles reftoient plufieurs
femaines de fuite fans fouffrir fes approches, leurs œufs
feroient ftériles, au lieu que ce n'eft que pendant quelques
femaines que la mere abeille a befoin de vivre avec des
mâles. Quand le temps eft venu où elle a pour eux une
indifférence dont nous avons rapporté un exemple, ou,
plus exactement, quand le temps eft venu où ils ne font
plus néceffaires aux fémelles nouvellement nées dans la ruche, les abeilles ordinaires déclarent la plus cruelle guerre
à ces mâles. Pendant trois à quatre jours elles en font une
tuerie effroyable. Malgré la fupériorité qu'ils fembleroient
avoir par leur taille, ils ne fçauroient tenir contre les ouvriéres qui font armées d'un poignard qui porte le venin
dans les playes qu'il fait. D'ailleurs, le nombre des abeilles
furpaffe confidérablement celui des mâles, & elles n'ont
point de honte de fe joindre trois ou quatre enfemble contre un feul. Tant que ces jours de carnage durent, on en
voit du matin au foir d'acharnées fur des mâles qu'elles
traînent morts ou mourants hors de la ruche. Ceux même
qui ne font pas encore parvenus à l'état de mouche, qui
font encore fous la forme de ver ou fous celle de nymphe,
ne font pas épargnés. Les abeilles arrachent ces vers de
ces mêmes cellules qu'elles avoient conftruites pour eux
en d'autres temps, & dans lefquelles elles avoient même
pris foin de les nourrir. Leur haine s'étend alors fur tout
ce qui eft mâle, ou qui peut le devenir. Elles font tout ce

qui eft en elles pour qu'il n'en refte, ni ne puiffe y en avoir
de long-temps dans la ruche. Il y a des ruches où ces car-
nages fe font plûtôt, & d'autres où ils fe font plus tard,
parce qu'il y en a où les mâles ont commencé à naître
ou plûtôt ou plus tard que dans les autres. Dans telle
ruche, la tuerie des mâles arrive dans le mois de Juin;
dans d'autres, c'eft dans le mois de Juillet; & ce n'a été
que dans le mois d'Août que j'ai vû maffacrer les mâles
de certaines ruches; mais elles étoient de celles où un
effaim avoit été mis au mois de May.

Qu'on fuppofe avec nous pour un moment, ce que
nous promettons de prouver dans la fuite, que les abeilles
parviennent à exterminer tous les mâles de leur ruche, foit
dans le mois de Juin, foit dans celui de Juillet, foit dans
celui d'Août; depuis le jour où le dernier d'une ruche a été
tué, la mere de cette ruche n'en reverra plus jufqu'au
Printemps de l'année fuivante; elle ne fçait ce que c'eft
que de fortir de chés elle pour aller en chercher dans d'autres ruches où il pourroit en être refté. Cependant, la
mere qui, dès le mois de Juin a été privée de tous fes
mâles, ne laiffera pas de faire beaucoup d'œufs féconds
dans le refte de l'Eté & au commencement de l'Automne.
Ce fera fur-tout au Printemps de l'année fuivante qu'elle
pondra affés d'œufs pour fournir un effaim de mouches,
& qu'entre ces œufs il y en aura qui donneront des abeilles
ordinaires, d'autres qui donneront des mâles, & d'autres
qui donneront des fémelles. Ces derniers œufs ont donc
été fécondés neuf à dix mois avant qu'ils ayent été pondus,
& cela lors qu'ils étoient d'une petiteffe que nous ne fçaurions imaginer. Après l'avoir été, ils font reftés auffi long-
temps dans le corps de la mere mouche, pour y prendre
tout l'accroiffement qu'ils doivent avoir pris lorfqu'ils en
fortent, que le fœtus humain refte dans le corps de fa mere,

avant qu'il foit devenu un enfant en état de voir le jour.
Mais les fœtus humains demandent pour naître bien conditionnés, de demeurer à peu près neuf mois dans le corps
de la mere ; & entre les œufs de la même abeille, quelques-uns contiennent des fœtus parfaits, quoiqu'ils foient
mis au jour quelques femaines feulement après qu'ils ont
été fécondés, & peut-être plûtôt. C'eft de quoi on a des
preuves dans les nouveaux effaims. Il eft fort fingulier que
pendant que des œufs ne fortent avec l'embryon qu'ils
renferment, que neuf à dix mois après qu'ils ont été fécondés, d'autres fortent aufli parfaits au bout de quelques
femaines, & que d'autres fortent dans tous les temps in-
termediaires.

Mais on demandera, & on doit demander s'il eft bien
fûr qu'il ne refte aucun mâle caché parmi tant de mouches? fi on peut être bien certain qu'il n'y en ait pas
quelques-uns qui ayent échappé à un carnage prefque
général? Le Mémoire fuivant apprendra les moyens qui
nous ont mis en état de parler affirmativement fur cet
article ; qu'ils étoient tels qu'il n'étoit pas poffible qu'un
feul mâle pût fe dérober à nos yeux, s'il avoit été dans
une des ruches où nous le cherchions.

EXPLICATION DES FIGURES DU NEUVIEME MEMOIRE.

PLANCHE XXXII.

LA Figure 1 repréfente une portion d'un gâteau de cire,
dont les alvéoles qui font en *m m m m m,* font remplis de
miel & fermés; ils ont chacun leur couvercle de cire. Les
alvéoles qui font en *b b,* ont aufli chacun un couvercle,
mais un peu plus relevé que celui des autres, parce que des
nymphes ou des vers prêts à fe transformer en nymphes,
font

font logés dans ces alvéoles. *r, o c, o d,* font trois cellules, de celles dans lefquelles croiffent les vers qui fe métamorphofent en meres abeilles, de celles que nous avons nommées des cellules royales; elles pendent du bord inférieur du gâteau. La cellule *o c,* eft encore très-courte, & devoit être allongée par les abeilles. Les cellules *r,* & *d,* font chacune en état de recevoir un œuf. *o,* leur ouverture.

La Figure 2 fait voir un morceau d'un gâteau de cire, à un des côtés duquel font attachées deux cellules royales. *o r, o r,* ces deux cellules. Leur bout inférieur *o,* eft actuellement fermé, comme l'eft le bout de chacune de celles dans lefquelles il y a une nymphe, ou un ver prêt à devenir nymphe.

Dans la Figure 3, une cellule royale eft pofée fur des cellules ordinaires qui ont été un peu élevées pour lui faire un appuy. *h,* cette cellule. *o,* fon ouverture. *g, g,* marquent deux cellules royales qui ne font que commencées, qui font faites encore en gobelet, ou en calice de gland.

Dans la Figure 4, une cellule royale a fon ouverture *o,* en enhaut, c'eft-à-dire, dans un fens contraire à celui où elle eft naturellement; auffi peut-on voir l'intérieur de fa cavité. Cette cellule qui n'eft que commencée, a la figure d'un gobelet; fa furface eft liffe; les abeilles n'y avoient pas fait encore une fculpture femblable à celle qu'a l'extérieur des cellules plus avancées.

La Figure 5 repréfente en grand les ovaires d'une mere abeille, & les conduits par lefquels paffent les œufs pour fortir du corps. Elle a été deffinée d'après celle de Swammerdam, qui eft ici beaucoup réduite. La grandeur qu'on lui a donnée, a femblé fuffifante pour faire paroître diftinctement toutes les parties dont elle eft compofée. *a h t o o o,* un des ovaires, qui eft compofé d'un grand nombre de vaiffeaux tels que celui qui eft marqué *a o o o t,* dans chacun

defquels des œufs font mis à la file. Si j'euffe voulu faire
quelque changement dans la figure de Swammerdam,
j'euffe fait ajoûter en *a*, un vaiffeau affés gros, à peu près
auffi gros que celui qui eft au-deffous de *t*, duquel tous
ceux qui compofent l'ovaire m'ont paru tirer leur origine.
b c c t c c c b, eft l'autre ovaire. On remarquera qu'il n'eft
pas auffi plein d'œufs que le premier; & c'eft à deffein
que Swammerdam ne l'a pas fait repréfenter parfaitement
femblable à l'autre. Il a voulu qu'un des ovaires donnât
idée de l'état d'une mere très-féconde, & l'autre de celui
d'une mere qui l'eft moins, ou dont la ponte eft avancée.
Quand on ouvre une mere qui n'eft pas en état de pondre, & qui n'y fera pas fi-tôt, comme j'en ai ouvert plufieurs
de celles ci en Hyver, alors chaque ovaire eft un affemblage de filets qui, dans toute leur longueur, font tels
que les portions les plus proches de *c, c, c*, &c. Il n'eft pas
néceffaire d'avertir que les vaiffeaux *c, c, c, c*, ont été écartés les uns des autres près de leur bout, pour les rendre
plus fenfibles, que tous les bouts font naturellement réunis comme ceux de l'autre ovaire le font en *a*. *t e, t e*, deux
conduits à l'un defquels aboutiffent tous les vaiffeaux d'un
des ovaires, & de même ceux de l'autre ovaire fe rendent à
l'autre conduit. *e*, œufs qui paroiffent dans chacun des conduits *t e, t e*. *m*, le grand canal dans lequel les conduits *t e, t e*,
portent les œufs. *g*, petit corps fphérique que Swammer-
dam croit deftiné à fournir la liqueur vifqueufe dont les
œufs doivent être enduits. *q*, deux vaiffeaux aveugles qui
partent d'un même tronc implanté fur le grand canal.
Swammerdam foupçonne qu'ils font deftinés à faire la fécretion de la liqueur vifqueufe. *n, n*, mufcles qui fervent au
jeu de l'aiguillon. *u*, la veffie à venin. *f*, le vaiffeau qui lui
porte le venin, que Swammerdam affûre avoir vû divifé en
deux branches *z z*. *f*, l'aiguillon. *d d*, les deux piéces qui

font un étui à l'aiguillon. Une infinité de trachées lient les vaisseaux des deux ovaires, & leur fournissent de l'air. Entre les deux ovaires, il y a une vessie *x,* que Swammerdam regarde comme une vessie pulmonaire.

PLANCHE XXXIII.

Les Figures 1 & 2 représentent en grand une jambe de la derniére paire d'une abeille mâle. La figure 1 la montre par la face extérieure, & la figure 2 en fait voir la face intérieure. Si on compare cette jambe avec une de celles de la même paire d'une abeille ouvriére *, & une * Pl. 26. de celles d'une mere abeille, on remarquera, figure 1, que la partie *p,* que nous avons nommée la palette triangulaire, n'a point un enfoncement tel que l'a la jambe de l'abeille ouvriére; cette cavité est nécessaire à la jambe de celle-ci, pour recevoir & conserver la cire brute. Elle eût été inutile à la jambe du mâle qui ne ramasse pas cette matiére. La même cavité n'a pas aussi été donnée à la jambe de la mere abeille, parce que cette mouche n'a pas été faite pour travailler. La jambe de la figure 2, a deux brosses de poils très-fins, & très-pressés les uns contre les autres. L'une de ces brosses *p,* est attachée à la face intérieure de la palette triangulaire, & l'autre *b,* l'est à la face de la partie suivante. La jambe de la mere abeille n'a point de pareilles brosses. Comme elle ne va jamais sur les fleurs, elle n'est pas sujette à se poudrer des poussiéres de leurs étamines. D'ailleurs, elle n'a pas besoin de se brosser elle-même pour ôter de ses poils les poussiéres ou autres ordures qui peuvent s'y attacher; elle a à son service un grand nombre de mouches qui prennent volontiers ce soin. Il falloit que le mâle qui va quelquefois sur les fleurs, pût lui-même se nettoyer, c'est un office que les abeilles ordinaires ne lui rendroient pas. Mais les brosses des jambes du mâle n'avoient pas befoin d'être faites de poils auffi longs & auffi roides que font ceux des jambes des abeilles ouvriéres. Il fuffit que les broffes de ceux-là puiffent faire tomber les pouffiéres attachées à quelques-unes de leurs parties; au lieu que les broffes des ouvriéres, doivent retenir les pouffiéres qu'elles ôtent à quelqu'autre partie; elles fervent à en faire des amas néceffaires.

La Figure 3 fait voir un mâle abeille par-deffous, de grandeur naturelle. En *a* eft l'anus, & l'ouverture par laquelle fortent les parties qui caractérifent le fexe de cette mouche.

La Figure 4 eft le bout poftérieur du corps du mâle de la figure précédente, extrémement groffi & vû du même côté. *a,* l'anus. *c, c,* deux plaques analogues aux crochets qu'on trouve ordinairement au derriére des mâles des infectes de différentes claffes & de différents genres. *e,* cartilage, fous lequel les crochets *c, c,* font fouvent cachés, au moins en partie.

Les Figures 5 & 6 font voir l'une par-deffus, & l'autre par-deffous, un mâle de grandeur naturelle, qui a fait fortir de fon corps les deux cornes charnues, & l'arc qui eft entr'elles. *c, c,* les deux cornes charnues. *u,* l'arc.

La Figure 7 repréfente le bout poftérieur du corps du mâle vû avec une forte loupe, & par-deffus, dans l'inftant où la preffion a commencé à faire paroître en dehors les parties qui conftituent fon fexe. *ff,* le dernier anneau. *ffcc,* membrane blanche très-diftendue. *c, c,* deux enfoncements, de chacun defquels la preffion continuée fera fortir une corne charnue. *d,* autre enfoncement qui a quelques poils. *u,* quatriéme enfoncement, duquel doit s'élever par la fuite la partie faite en arc. *m,* le bout de la partie qui s'eft montrée; il eft extrémement velu, & a une reffemblance groffiére avec un mafque.

Dans la Figure 8, on voit le deſſous de ce dont on voit le deſſus dans la figure 7. *m,* le maſque velu. *u,* marque l'arc qui eſt apperçû au travers des membranes qui le couvrent.

La Figure 9 montre les deux cornes charnues qui ont commencé à s'élever au-deſſus des enfoncements *c, c,* de la figure 7. *c, c,* ſont dans la figure 9 ces deux cornes.

Dans la Figure 10, les cornes *c, c,* qui ne commen-çoient qu'à s'élever dans la figure 9, paroiſſent dans toute leur longueur. La petite cavité *d,* de la figure 7, eſt ici remplie; en ſa place eſt un petit monticule velu. *u,* l'arc qui eſt ſorti en partie. *m,* le maſque.

La Figure 11 fait voir par-deſſous, les parties qui ſont vûes par-deſſus dans la figure précédente, & dans un inſtant où la preſſion a forcé l'arc à ſortir. *u,* l'arc. *c, c,* les cornes. *m,* le maſque.

Ces cornes avec le maſque, ont paru à un Auteur avoir de la reſſemblance avec la tête d'un bœuf ou d'un taureau; c'eſt même une merveille ſur laquelle il s'eſt fort récrié. Peut-être qu'il n'en a pas fallu davantage dans des temps où on ſe contentoit des raiſons les plus frivoles, pour faire penſer que les abeilles pouvoient venir d'un taureau pourri.

PLANCHE XXXIV.

Les premiéres Figures de cette Planche ſont encore deſtinées à repréſenter les parties propres aux mâles des abeilles, que la preſſion continuée fait ſortir de leur corps; & les autres figures repréſentent ces parties dans l'état où elles ſont dans le corps même: toutes les par-ties qu'elles nous font voir ſont extrémement groſſies, mais elles ne le ſont pas toutes également.

La Figure 1 ne repréſente qu'une portion de la figure

2, mais plus groſſie. *c, c,* les cornes. La portion *c e,* de chacune eſt ordinairement d'un jaune rougeâtre. *u,* l'arc, ſur lequel on compte aiſément cinq bandes de poils tranſverſales. *m,* le maſque, dont les poils ſont ici plus ſenſibles que dans les figures de la planche précédente.

La Figure 2 fait voir de côté, des parties qui ne ſont vûes que par-deſſus & par-deſſous dans les figures de la planche précédente. *a,* partie ſupérieure d'un annéau. *c, c,* les cornes. *m,* le maſque. *u,* l'arc.

La Figure 3 nous montre les parties qui ont été forcées de ſortir du corps du mâle, par une preſſion plus longue & plus forte que celle qui a fait paroître les parties qui paroiſſent dans les autres figures. En *u,* eſt l'arc qui n'eſt plus reconnoiſſable, tant il eſt gonflé & allongé. Tout ce qu'on voit de charnu, depuis *u,* juſques en *y,* eſt ſorti par le bout de l'arc des figures 1 & 2. *n,* eſt un cartilage brun, le même qui eſt marqué par la même lettre, figure 7. Au lieu qu'il eſt vû par ſon côté convexe dans cette derniére figure, il eſt vû dans la figure 3, par ſon côté concave.

Dans la Figure 4, nous trouvons les effets d'une preſſion encore plus grande que celle qui donne les parties de la figure 3. *c, c,* les cornes. *u,* l'arc, qui a été contraint de deſcendre en bas par les parties qui ſont ſorties de ſon bout. Alors pourtant cet arc eſt plus défiguré qu'il ne l'eſt ici; mais pour marquer ſa poſition, on lui a conſervé une forme qu'il a preſque perdue. *p,* la partie que nous avons nommée la palette, & que je n'ai jamais vû paroître que lorſqu'il s'eſt fait un déchirement en *b,* ou aux environs.

Nous aurions pû faire deſſiner beaucoup de figures moyennes entre les figures 3 & 4. mais nous n'avons pas cru le devoir faire, parce que ces deux derniéres figures & toutes les intermédiaires, n'ont rien d'aſſés conſtant. Lorſque la preſſion devient aſſés forte pour obliger des parties à ſortir du bout de l'arc, figure 1 & 2, elle produit des dérangements qui ne ſont pas toûjours les mêmes.

Dans la Figure 5, les gaudrons de la palette ſont plus nets que ceux de la palette *p*, figure 4 ; & cela, parce qu'ils n'ont pas été dérangés par une preſſion outrée.

Dans la Figure 6, les gaudrons de la palette paroiſſent plus détachés les uns des autres que dans la figure 5, & il eſt aſſés ordinaire de les trouver diſpoſés comme ils le ſont dans cette figure 6.

La Figure 7 repréſente les parties propres au mâle des abeilles, telles qu'elles ſont lorſqu'après avoir ouvert ſon corps on les en a tirées, & qu'on les a étendues afin que les unes ne cachaſſent pas les autres. *a*, le bout poſtérieur du corps, le deſſus du dernier anneau. *ſ, ſ*, les véſicules ſéminales. *d, d*, les vaiſſeaux déférents. *q, q*, étranglements par lequel les vaiſſeaux déférents communiquent avec les véſicules ſéminales. *x, x*, vaiſſeaux tortueux, qui ont plus de longueur qu'ils n'en ont ici, & qui ſe rendent aux teſticules. *t, t*, les teſticules. *r*, canal dans lequel les véſicules ſéminales peuvent porter leur liqueur laiteuſe, & que Swammerdam appelle la racine de la partie du mâle. *l*, l'endroit où le canal précédent ſe joint au corps que nous avons nommé la lentille. *l i*, la lentille. *i e, i e*, deux plaques brunes & écailleuſes ou cartilagineuſes, qui fortifient la lentille près d'un de ſes bords. *n*, autre plaque cartilagineuſe. Sur la face de la lentille qui ne ſçauroit paroître dans cette figure, il y a deux plaques ſemblables à celles qui ſont marquées *i e*, & *n*, elles y ſont ſemblablement placées. *k*, canal fait de membranes pliſſées, qui part du bout poſtérieur de la lentille. *p*, la palette gaudronnée. *u*, l'arc ; il paroît au travers des membranes qui le couvrent.

m, les membranes qui forment cette efpéce de fac charnu, qui, lorſqu'il eſt hors du corps, a à ſon bout un maſque velu. *c, c,* les deux cornes, dont l'une eſt étendue, l'autre eſt pliée ; elles le ſont toutes deux naturellement, & plus pliées que celle qui l'eſt ici.

La Figure 8 montre les parties du mâle arrangées comme elles le ſont dans ſon corps, & comme elles paroiſſent lorſqu'on a emporté la partie ſupérieure de chaque anneau. Le trait $z\,z\,y\,y\,a$, marque le contour du ventre. *ſ, ſ,* les véſicules féminales. *d, d,* les vaiſſeaux déférents. *x, x,* vaiſſeaux tortueux qui doivent aboutir aux teſticules, leſquels ne paroiſſent pas dans cette figure, & ne ſont pas aiſés à dégager des trachées qui les enveloppent. *l,* la lentille à laquelle ſe rend le canal *r l.*

La Figure 9 fait voir les parties du mâle dans l'état où elles paroiſſent lorſqu'on a emporté les parties d'anneaux qui recouvrent le ventre. Le trait $z\,z\,y\,y\,a$, marque le contour du dos ſur lequel ſont poſées les parties qui ſont actuellement viſibles. *ſ, ſ,* les véſicules féminales. *l,* la lentille. *e,* une des plaques écailleuſes qui fortifie un des côtés de la lentille.

DIXIEME

Pl. 3e pag. 52
Fig. I.
Fig. 5.

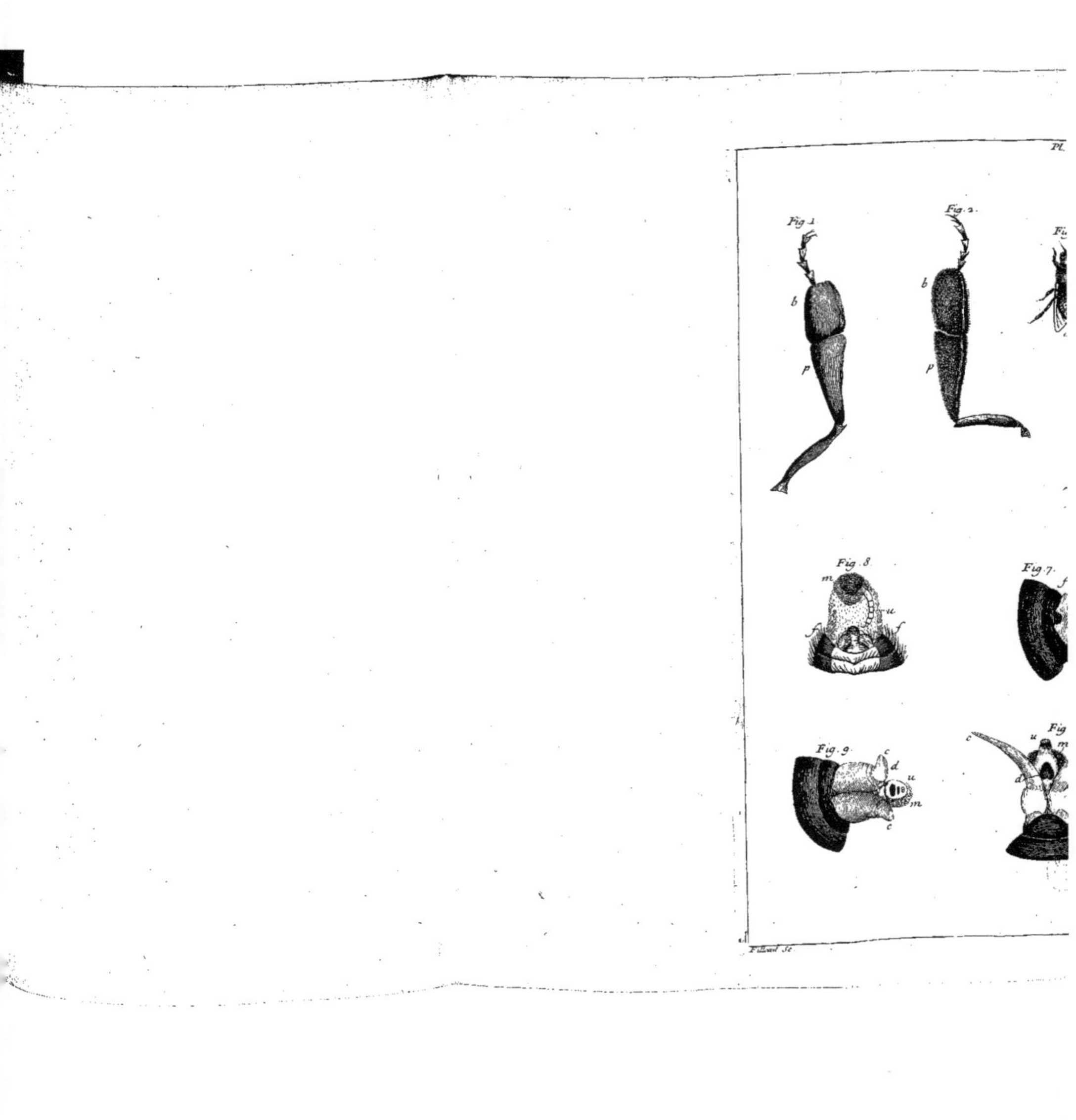
Pl.
Fig. 1.
Fig. 2.
Fig. 8.
Fig. 7.
Fig. 9.
b
p
b
p
m
u
f
c
d
u
m
c
c
u
m
d
Villard Sc.

Pl.
Fig. 1.
Fig. 2.
Fig. 7.
Fig. 5.
Fig. 8.
Pillard Sc.

DIXIEME MEMOIRE.

DES MOYENS DE FAIRE PASSER
LES ABEILLES D'UNE RUCHE
DANS UNE AUTRE;

Et comment on peut examiner une à une toutes celles d'une ruche.

IL importe également à ceux qui élevent des abeilles dans la vûe de profiter de leurs travaux, & à ceux qui cherchent principalement à s'inftruire de leur Hiftoire, de fçavoir les moyens de forcer celles d'une ruche de paffer dans une autre. On fe met par-là en poffeffion de toute la cire & de tout le miel de la ruche dont elles ont été chaffées. Si ce procédé femble avoir quelque chofe d'injufte, au moins la cruauté n'y eft-elle pas jointe à l'injuftice, comme elle l'eft dans la pratique ufitée en beaucoup de pays, où, pour s'emparer de tout ce que ces mouches ont ramaffé, on a la barbarie de les faire périr elles-mêmes, où on les étouffe toutes dans leur propre habitation. Il y a même des circonftances où c'eft leur rendre un bon office que de leur faire quitter un logement qui eft rempli de gâteaux de cire, quoique ce foit pour les établir dans un autre qui eft dénué de tout. Lorfque ces fauffes teignes dont nous avons parlé dans le troifiéme volume, fe font trop multipliées dans une ruche, les abeilles n'ont rien de mieux à faire que de la leur abandonner. Elles ne fçauroient fuffire à y conftruire autant de cellules que ces fauffes teignes en détruifent. On fert donc alors les mouches, en les forçant de prendre un parti qu'elles auroient dû prendre d'elles-mêmes.

Ce n'eft auffi qu'en mettant toutes les abeilles hors de la ruche dans laquelle elles font établies, qu'on peut parvenir à s'affûrer de plufieurs faits effentiels à leur Hiftoire; de plufieurs faits que nous avons avancés dans les Mémoires précédents, fans en avoir encore prouvé la réalité; comme de s'affûrer que pendant prefque toute l'année, il n'y a dans chaque ruche qu'une mere; de fçavoir le temps d'une affés courte durée pendant lequel il peut y en avoir plufieurs; de fe convaincre que les ruches font ordinairement dépourvûes de mâles pendant au moins huit à neuf mois confécutifs. Mais avant que d'expliquer les moyens nouveaux que nous avons employés pour certifier ces faits, nous devons parler des moyens qui ne font pas ignorés, & auxquels on fçait avoir recours pour faire paffer les abeilles d'une ruche dans une autre.

Nous fuppoferons d'abord que la ruche dónt on veut déloger les mouches, & celle où on les veut faire entrer, font en panier d'ozier ou d'autre bois propre à être entrelacé, & que leur figure tient de la conique. Ce que nous aurons dit de celles-ci pourra être aifément appliqué aux ruches de toute autre figure, de toute autre matiére, & de toute autre ftructure. La maniére la plus ufitée & une des plus fimples de faire paffer les mouches d'un panier dans un autre, eft celle que nous allons décrire la première.

Les ruches en panier, comme tous les vafes coniques, n'ont qu'une feule & très-grande ouverture, celle de leur bafe, mais qui eft bouchée par l'appuy plat fur lequel elles font pofées. On commence par renverfer fans deffus deffous, la ruche peuplée * qu'on veut rendre déferte, par mettre fon ouverture en enhaut. Comme on a befoin de

* Pl. 35. fig. 6.

la maintenir pendant du temps dans cette pofition, avant
que de la renverfer on a eu foin de creufer en terre un
trou fur le fond duquel on pofe fon fommet & dans
lequel elle entre de cinq à fix pouces. La terre qui a été
ôtée pour faire le trou étant rapprochée de la ruche, aide
encore à la foûtenir. Sans creufer même la terre, on peut
fuppléer à l'appuy qui manque à la ruche renverfée,
par quelques groffes pierres. Il n'eft gueres néceffaire
d'avoir pour cette opération, comme quelques-uns l'ont,
une efpéce de trepied fait de trois piéces de bois difpofées
triangulairement & affujetties avec trois autres piéces qui
foûtiennent le triangle parallelement à l'horifon.

On imagine bien qu'il eft très-fimple de renverfer une
ruche fans deffus deffous, & de la retenir en cet état;
mais de le faire, peut paroître une mauvaife commiffion
pour celui qui s'en charge; il femble devoir être expofé à
bien des piquûres. Il le feroit auffi, s'il choififfoit pour
cette opération, les heures d'un jour chaud, où le foleil eft
le plus ardent; mais le foir, lorfque le foleil eft couché,
& le matin, lorfqu'il ne paroît pas encore fur l'horifon,
ou qu'il s'y eft peu élevé, on peut fouvent renverfer la
ruche & la tenir renverfée, fans qu'il en forte une feule
mouche. Cependant, comme d'un moment à l'autre,
elles peuvent ceffer d'être tranquilles, qu'il faudra même
bien-tôt les faire mouvoir, la prudence veut que celui
qui les doit inquieter, fe précautionne contre leurs atta-
ques; il faut même le fçavoir faire de façon qu'à quelque
heure du jour qu'on veuille les tourmenter, on le puiffe
fans rifque.

C'eft fur-tout pour le vifage qu'on a à craindre : pour
le deffendre & pour deffendre le col, on a un camail * de   * Pl. 35. fig.
toile forte, dont le devant eft fermé par une efpéce de maf-   1.
que de toile de crin *, de toile à tamis très-claire, & au   * m.

V u u ij

travers de laquelle on voit comme au travers d'un verre. Je fais donner de larges manches à ce camail, qu'on lie avec un ruban *, auprès des poignets. Le bas du camail doit auſſi être tenu bien appliqué contre le corps par une ceinture *. Des bas ordinaires ne ſuffiſent pas pour deffendre les jambes ; des bottines de cuir mol, de celles qui ſont faites en bottes & qui ſe laiſſent appliquer contre la jambe par une jarretiére miſe au-deſſous du genou, ſeroient admirables. Au défaut de pareilles bottines, on s'en peut faire une très-bonne à chaque jambe en la couvrant d'une ſerviette qui y fait pluſieurs tours, & qui eſt retenue par une ficelle tortillée deſſus depuis le bas juſques au haut de la jambe. Des gants ordinaires ne mettent pas les mains en ſûreté ; l'aiguillon peut paſſer au travers de ceux d'un chamois épais. Quelques Auteurs recommandent des gants de laine ; ils prétendent que les abeilles ne piquent pas dans la laine ; il n'y a rien de moins vrai. Ce qui l'eſt, c'eſt que des gants faits d'une groſſe laine ſont meilleurs que des gants d'un cuir mince. Une eſpéce de bourre qui ſe trouve deſſus, fait qu'il y a plus loin juſques à la main pour faire pénétrer l'aiguillon ; mais les abeilles ſçavent très-bien le diriger entre des floccons de cette bourre ; dans beaucoup de circonſtances, j'ai vû les mains de celui à qui j'avois donné de ces gants, & des plus épais, remplies de piquûres. Pour que les mains ſoient hors de riſque, c'en eſt à peine aſſés de donner deux gants à chacune, un de peau ſous celui de laine.

Il n'eſt point de temps où on ne puiſſe affronter les abeilles quand on s'eſt muni contre leur aiguillon, comme nous venons de le preſcrire ; mais ceux qui ſont aguerris avec elles, négligent une partie de ces précautions ; ils ne redoutent que médiocrement leurs piquûres. On peut donc être en état d'agir ſans riſque ſur la ruche qui

a été mife le haut en bas & arrêtée dans cette pofition.
Elle peut alors fervir d'appuy à une ruche vuide dont on
la couvre *. Si les diametres des deux ruches font égaux,   * Pl. 35. fig.
elles s'ajuftent l'une fur l'autre; & fi le diametre de la bafe 7.
de l'une furpaffe un peu le diametre de la bafe de l'autre,
une des deux entre un peu dans l'autre. Il n'eft prefque
pas poffible que les deux ruches foient appliquées l'une
contre l'autre fans laiffer des vuides qui font autant de
portes par lefquelles les abeilles pourroient fortir; mais on
peut boucher ces vuides fur le champ avec quelque terre
graffe ramolie par l'eau, ou avec de la bouze de vache.
Pour les boucher plus folidement, je fais volontiers entourer les deux ruches à leur jonction, par une bande de
toile *, faite d'une longue ferviette ou d'une petite nappe   * Fig. 8.
rendue étroite par des plis redoublés. Plufieurs tours d'une
petite corde arrêtent cette bande de toile contre l'une &
contre l'autre ruche.

Pendant qu'on a fait les difpofitions dont nous venons
de parler, on a commencé à mettre le trouble parmi les
abeilles, on cherche à l'y augmenter pour les déterminer
à quitter la ruche inférieure où elles font, & à monter
dans la fupérieure. On prend deux baguettes de bois,
une de chaque main, avec lefquelles on frappe alternativement contre deux côtés oppofés de la ruche inférieure.
Les ébranlements que caufent les coups réiterés, & le bruit
qui les accompagne, inquietent les mouches. Bien-tôt
on les entend bourdonner, & leurs bourdonnements vont
en augmentant. Elles fe mettent en mouvement. Quelques-unes fe déterminent à abandonner une habitation
qui eft fans deffus deffous, & où on ne les laiffe pas tranquilles, pour paffer dans une autre qui n'eft pas ébranlée
comme la premiére par des coups continuels; d'autres
fuivent celles-çi. Quand la mere eft de celles qui fe font

déterminées à partir, le plus grand nombre des mouches se trouve bien-tôt dans la ruche supérieure : mais lorsque la mere est plus paresseuse ou plus affectionnée à tout ce qui est dans son ancien logement, on battroit quelquefois pendant des heures entiéres sans que les coups déterminassent les abeilles à déménager. On reconnoît l'effet qu'ils ont produit, en appliquant l'oreille contre la ruche supérieure. Quand on entend bien du bruit dans celle-ci, c'est un signe certain que beaucoup de mouches s'y sont rendues, & on peut séparer alors les deux ruches l'une de l'autre.

Lorsque les coups de baguette ne produisent pas un effet assés prompt, sans séparer les deux ruches je fais mettre en embas la supérieure que je fais bien-tôt remettre en enhaut. Et enfin, je les fais agiter à bras autant qu'il est possible. Ainsi, on ne manque pas de déterminer un nombre d'abeilles à passer dans la ruche vuide ; & quelque petit qu'il soit, il suffit pour la faire devenir le logement de toutes les autres, sur-tout si on porte sur le champ la ruche qu'on veut remplir dans la place où étoit celle qu'on veut vuider. C'est une circonstance très-essentielle & de laquelle je ne trouve pas qu'on ait assés songé à avertir. Dès qu'elle y aura été mise *, on étendra un drap * par terre auprès de la nouvelle ruche, & l'on secouera rudement sur le drap l'ancienne ruche dont l'ouverture sera en embas. On donnera même des coups de cette ruche contre le terrain que le drap couvre. L'effet de ces secousses & de ces coups, sera de faire tomber sur le drap, des gros de mouches qui s'étoient obstinées à rester dans leur ancien logement. Le drap n'est ici nécessaire que pour recevoir les gâteaux pleins de miel qui pourroient tomber eux-mêmes, & qui deviendroient mal propres s'ils tomboient sur la terre. Les mouches qui sont en tas sur le drap, & qui se

* Pl. 35. fig. 9.
* Fig. 10. nn.

trouvent tout près de l'endroit où elles avoient coûtume
de fe rendre, dirigent leur marche vers ce même endroit.
On en voit de larges files & bien continuës qui tendent
à y arriver. A mefure que les mouches de ces files parviennent à une ruche où il y a déja plufieurs de leurs
compagnes, elles entrent dedans en foule. Afin même
qu'elles trouvent un chemin plus facile & plus court,
on placera une planche *, de maniére qu'un de fes bouts   * Pl. 35. fig.
porte fur le drap, & l'autre fur l'appuy de la ruche.   9. p.

   La circonftance de pofer la nouvelle ruche auprès de
l'ancienne, contribue fi fort à la réuffite du déménagement qu'on veut faire, qu'elle pourroit difpenfer de toutes
les premiéres pratiques que nous avons enfeignées, qu'il
fuffiroit de fecouer fur le drap la ruche habitée, d'obliger
ainfi les abeilles à la quitter, pour les déterminer à aller
s'établir dans l'autre. On peut pourtant réuffir à faire entrer les mouches dans une ruche qui n'eft pas placée fi favorablement.

   Il y a toûjours un certain nombre d'abeilles qui, malgré les fecouffes qu'on a données à leur ancienne ruche,
quoiqu'on l'ait frappée rudement contre terre un grand
nombre de fois, s'opiniâtrent à y demeurer; mais bientôt on les met dans la néceffité d'aller rejoindre le gros:
car on ôte les uns après les autres les gâteaux de la ruche.
On coupe avec un couteau le plus près qu'il eft poffible
des parois, celui qu'on veut détacher. Quand on tire ce
gâteau hors de la ruche, plufieurs abeilles y font cramponnées ou courent deffus. On les balaye avec les barbes d'une
plume, & on les fait tomber fur le drap. Tous les gâteaux
ayant été ainfi retirés les uns après les autres, ce qui refte
d'abeilles dans l'ancienne ruche eft peu confidérable; en
la frappant contre terre deux ou trois fois, on les fait tomber; & enfin, on tranfporte au loin la ruche que l'on vient

de vuider de mouches & de gâteaux, afin que l'autre se
peuple plus paisiblement & plus promptement.

Lorsqu'on veut déloger des mouches d'une ruche où
elles ne sont pas établies depuis long-temps, & où elles
n'ont pas encore fait beaucoup de gâteaux, l'opération
de les faire passer dans une autre est extrémement simple.
Le soir ou le matin on frappe la ruche dans laquelle elles
sont, contre une *terre unie ou contre le dessus d'une table*
posée à terre. Les mouches qui ne sont pas entre des gâteaux, ne peuvent pas résister aux secousses qui ont passé
jusques à elles; elles tombent en masse. Le peu de gâteaux qu'il y a dans la ruche tombe quelquefois en même temps. Comme ils sont petits, ils n'ont que de foibles attaches, & ils ne tiennent encore qu'au haut de la
ruche. On couvre de la nouvelle ruche le gros des abeilles
qui est par terre; elles montent dedans & s'accommodent
de l'échange qu'on les a obligé de faire. Nous dirons ailleurs qu'on réunit quelquefois ensemble deux essaims foibles, ou qu'on joint un essaim foible à un essaim plus
fort, ce qu'on appelle marier ensemble deux essaims. Une
des plus commodes façons de faire ces mariages, de faire
passer *les abeilles d'une ruche dans une autre déja habitée*,
est celle que *nous venons d'expliquer*; sur les abeilles qu'on
a fait tomber de leur ruche, on met la seconde ruche dans
laquelle sont les abeilles auxquelles on veut les associer.

Mais ces moyens de faire passer les abeilles d'une ruche
dans une autre, ne sont pas de ceux qui peuvent convenir,
à un Observateur qui veut sçavoir s'il y a pluralité de
meres dans une ruche, s'il y a des mâles, ou s'il n'y en a
pas. Tout se passe trop tumultuairement alors pour qu'il
puisse faire de bonnes observations. On peut tirer un peu
plus de parti d'une autre maniére d'obliger les abeilles à
déménager, & très-anciennement connue. Les premiers
Auteurs

Auteurs qui ont parlé des abeilles, ont fçu que toute fumée leur déplaît, & qu'on pouvoit l'employer pour les rendre plus traitables. On a fçu il y a long-temps qu'on pouvoit s'en fervir avec fuccès, lorfqu'on vouloit leur ôter une partie de leur cire & de leur miel, ce qu'on appelle *châtrer* une ruche. Quand on a conduit la fumée fur l'endroit où elles font le plus entaffées, elles l'abandonnent. Un gâteau qu'elles cachoient entiérement à nos yeux, eft entiérement à découvert au bout de quelques inftants ; il n'y refte pas une feule mouche. La fumée les incommode, elle les étourdit, elle les enyvre ; elle peut même les enyvrer au point de les rendre incapables de fe mouvoir, au point de les faire paroître mortes, & même de les faire mourir. Toute fumée, comme celle des herbes féches, ou à demi-féches, eft capable de produire cet effet fur elles ; mais il n'y en a point dont il foit plus commode de fe fervir, que celle d'un linge tortillé auquel on a mis le feu & dont on a éteint la flamme, ou celle d'un papier tortillé. J'éviterois de me fervir de fumée des mêches où on peut avoir introduit du fouffre. L'odeur en peut être trop promptement funefte aux abeilles. Dans bien des circonftances où l'on veut s'approcher de près des gâteaux de ces mouches, on fe met à l'abri de leurs piquûres, en tenant à la main un linge qui répand beaucoup de fumée, furtout fi on a foin de s'entourer d'une efpéce d'athmofphére de cette fumée.

Ce n'eft pas feulement pour manœuvrer plus à fon aife aux environs des ruches, que l'on peut fe fervir de la fumée, on peut l'employer pour faire paffer les abeilles d'une ruche dans une autre, & voici de quelle maniére. Nous continuons de fuppofer que la ruche dont on veut les faire fortir, & celles où on veut les faire entrer, font des

ruches en panier. On coupera plufieurs des brins de bois
du fommet de la premiére, on y fera un trou de deux
ou trois pouces de diametré : plus le trou fera grand
& plus le fuccès de l'opération fera prompt. On fera entrer le haut de cette ruche dans une autre qu'on pofera
deffus, & qui y fera naturellement foûtenuë & fixée. Tout
étant ainfi difpofé, on introduira fur l'appuy de la ruche
peuplée, des linges ou des papiers qui répandront de la
fumée. Pour la mieux déterminer à monter j'ai quelquefois fait un trou au fommet de la ruche vuide & fupérieure. La fumée porte le trouble dans la ruche habitée; on y entend bientôt du murmure, & enfuite un bourdonnement confidérable. Les mouches abandonnent les
endroits les plus enfumés; elles montent vers le haut de
la ruche, & celles qui trouvent le trou qu'on y a fait, en
profitent pour entrer dans un lieu où la vapeur qui les
tourmente n'a pas encore pénétré. Il m'eft arrivé quelquefois de déterminer affés vîte celles que je fumois à
paffer dans la ruche où je les voulois; mais quelquefois
auffi il a fallu les fumer long-temps, mettre fous leurs
ruches, & à bien des reprifes, des réchauds où il n'y avoit
qu'autant de feu qu'il en falloit pour faire répandre beaucoup de fumée aux matiéres qui le couvroient.

Un des inconvéniens de cette opération, c'eft que
quand les abeilles ne fe déterminent pas affés tôt à quitter
leur ruche, quand elles donnent le temps à la fumée de
les étourdir, il y en a beaucoup qui volant ou marchant
au hazard, ou qui cherchant à fortir par le bas de la ruche,
fe jettent dans l'endroit où elle eft le plus épaiffe, & dans le
feu même qui l'entretient. Alors il en périt un bon nombre, non-feulement de celles qui font tombées dans le
feu, mais même de celles qui ont été trop attaquées par
la vapeur. Ordinairement néantmoins on ne les force

à sortir qu'après avoir renouvellé plufieurs fois les matiéres
qui répandent la fumée; pour cela, on eft obligé de tirer
de dedans la ruche le rechaud ou le fupport plus plat où
font les matiéres qui font trop brûlées, ou qui fe font trop
éteintes; ce qui ne fe peut faire fans foûlever le bas de la
ruche, & fans y ouvrir, pour ainfi dire, une large porte
dont une partie des abeilles peut profiter pour fortir.
D'ailleurs, en renouvellant fouvent le feu, on les expofe
davantage au rifque de fe brûler.

Pour faire entrer la fumée plus commodément, j'ai
quelquefois pofé la ruche dont je voulois chaffer les mouches, fur un rondeau percé de plufieurs trous qui avoient
un pouce ou un pouce & demi de diametre. Le fond d'un
bacquet fait d'un tonneau fcié en deux inégalement, m'a
fourni le fond que je faifois percer, & fur lequel je pofois
la ruche. Mais avant que de l'y pofer, je faifois faire une
efpéce de petit édifice qui foûtenoit en l'air à quatre à
cinq pieds de terre le bacquet percé. Deux planches, par
exemple, paralleles l'une à l'autre dont chacune avoit un
de fes bouts appuyé fur le bord d'un mur de terraffe affés
bas, & dont l'autre bout étoit foûtenu en dehors de
la terraffe par un montant de bois; deux planches, dis-
je, ainfi difpofées, faifoient mon édifice. Elles étoient
écartées de maniére que le vuide qui étoit entr'elles étoit
moins grand que le diametre du bacquet qu'elles devoient
porter. Ce bacquet étant donc placé fur ces deux planches,
& la ruche habitée étant pofée fur le bacquet, rien n'étoit
plus fimple que de fumer les abeilles; il n'y avoit qu'à
ténir le rechaud hors de la ruche, mais fous le fond fur
lequel je l'avois établie. On renouvelloit dans le rechaud
tout autant de fois qu'on le vouloit, les matiéres propres
à donner beaucoup de fumée, & les abeilles étoient peu
en rifque de fe venir jetter dans le feu; elles ne cherchoient

pas à fortir par des trous où il y avoit une fumée trop épaiffe. Cette maniére de fumer les abeilles m'a paru bonne. Quand on les a forcées pour la plûpart à monter dans la ruche fupérieure, on acheve le refte comme nous avons dit qu'on l'achevoit dans le cas de la ruche qu'on a battuë pour en chaffer les mouches; c'eft-à-dire, qu'on fépare les deux ruches l'une de l'autre; qu'on ôte un à un les gâteaux de l'ancienne ruche, & qu'on fait tomber les abeilles qui font deffus auprès de la nouvelle ruche en balayant ces gâteaux avec les barbes d'une plume.

Je me fuis fouvent fervi de flacons d'un verre très-tranfparent pour un ufage fort différent de celui auquel on les employe ordinairement. Au lieu de les remplir de liqueur, je les ai fouvent remplis de mouches à miel. Souvent j'ai eu en bouteilles toutes les mouches d'une ruche; & un des moyens & le premier dont je me fuis fervi pour y réuffir, a été de les fumer. C'eft fur-tout pour parvenir plus aifément à faire fortir de la ruche les mouches, & à les recevoir quand elles fortiroient, dans tel vafe que je voudrois, que j'ai fait faire des ruches vitrées en cone tron-
qué *, & qui à leur partie fupérieure ont un trou rond. Ces mêmes ruches ont un fond qui les ferme. Après avoir bouché les petits trous qui fervent de portes aux abeilles, avec de petits bouchons de papier, j'ouvrois pour un inftant un des chaffis vitrés du bas, & je faifois entrer dans la ruche des linges qui répandoient beaucoup de fumée. Sur le champ je débouchois le trou du haut de
la ruche, & je mettois fur ce trou * & dans une pofition renverfée, la bouteille ou le poudrier dans lequel je voulois faire entrer les abeilles, & dans lequel entroient bientôt celles qui cherchoient à fuir la fumée qui les incommodoit. Quand ce poudrier avoit affés d'abeilles, je le

* Pl. 22. fig. 6. & Pl. 24. fig. 1, 2, 3 & 5.

* Pl. 24. fig. 5.

retirois, je le couvrois pour y retenir celles qui y étoient, & je mettois un autre poudrier en sa place, qui à son tour se remplissoit d'abeilles au point où je le souhaitois.

On pourroit croire que chaque fois qu'on retire un poudrier de dessus la ruche, qu'il s'en échappe bien des abeilles, quelque chose qu'on fasse, avant qu'il soit bouché, & qu'il s'en échappe de même par le trou de la ruche, avant qu'il soit couvert par le nouveau poudrier, si nous ne rappellions une manœuvre très-simple & dont nous avons déja parlé, qui met en état de faire tout cela sans qu'aucune abeille puisse s'envoler. Cette petite manœuvre demande seulement qu'on soit pourvû de deux quarrés de papier égaux & plus grands qu'ils n'ont besoin de l'être pour boucher le poudrier. Quand on est content du nombre des abeilles qui sont entrées dans le poudrier, on fait glisser les deux quarrés de papier posés l'un sur l'autre sur le dessus de la ruche, pour les faire passer entre ce dessus & le poudrier. Les deux feuilles de papier glissées sous le poudrier, n'occasionnent jamais un vuide assés grand pour donner passage à des abeilles. Enfin, quand on a fait glisser ces deux quarrés jusques à ce que leur milieu soit vis-à-vis celui du trou, toute communication est ôtée aux abeilles de la ruche avec celles du poudrier. Ce qui reste alors à faire est bien facile, mais demande quatre mains. Quelqu'un retient avec les deux siennes le quarré de papier qui est immédiatement appliqué sur la ruche, pendant qu'une autre personne enleve l'autre quarré de papier & le poudrier contre les bords de l'ouverture duquel il est appliqué, & fait sur le champ de ce papier un couvercle qu'on ne sera plus obligé de tenir, parce qu'après avoir plié le papier tout autour des bords, comme il convient qu'il le soit, on l'arrête avec une ficelle au-dessous des rebords de l'ouverture. Alors

on n'a plus qu'à placer l'ouverture d'un nouveau poudrier
fur le quarré de papier qu'on tient fur le trou de la
ruche, & de maniére que les centres des deux ouvertures foient à peu près vis-à-vis l'un de l'autre. On retire
auffi-tôt le papier en le faifant glifler, & les abeilles de la
ruche entrent dans ce fecond poudrier, comme d'autres
étoient entrées dans le premier.

On peut donc faire pafler ainfi toutes ou prefque toutes
les abeilles de la ruche, dans autant de bouteilles ou de poudriers qu'on veut; & par conféquent on eft maître de ne
remplir chaque poudrier qu'autant qu'il le doit être pour
qu'on puiffe efpérer de voir les unes après les autres les
abeilles qu'il contient, & y diftinguer les unes des autres
celles qui font de différent fexe. On a même le temps
d'examiner ces abeilles, lorfqu'elles fe rendent de la ruche dans la bouteille, fur-tout fi cette bouteille eft de
celles qui ont un col long & étroit.

Au lieu de la fumée, on peut fe fervir de l'eau pour
faire pafler les abeilles dans autant de poudriers qu'on
voudra, & pour les faire fimplement pafler d'une ruche
dans une autre. C'eft peut-être même la maniére la plus
commode de faire ces fortes d'opérations, & avec la moindre perte de mouches, & avec moins de rifque d'être
piqué. Elle n'eft pas abfolument ignorée, mais elle n'eft
pas affés connuë; je ne l'ai trouvé décrite nulle part,
& je ne fçais point d'endroit où on s'en ferve pour obliger les abeilles à changer de ruche. Tout ce qu'elle demande de plus difficile à avoir, & dont on eft affés ordinairement pourvû à la campagne, c'eft un bacquet, une
efpéce de cuvier qui ait autant de profondeur que la
ruche dont on veut faire fortir les abeilles, a de hauteur. Un tonneau défoncé par un bout, peut dans le
befoin fournir un tel bacquet; il a toûjours plus de

profondeur qu'il n'en faut, & affés de diametre pour recevoir une ruche ordinaire. On fera le foir une ouverture
d'un pouce & demi, ou de deux pouces de diametre, à la
partie fupérieure de celle dont on veut faire fortir les abeilles: On pofera enfuite cette ruche dans fa fituation ordinaire dans un bacquet; & lorfqu'elle y fera, & que les
abeilles que le tranfport peut avoir mifes en mouvement,
fe feront tranquillifées, on ajuftera la ruche dans laquelle
on les veut faire entrer, fur celle où elles font. On bouchera tous les vuides qui fe trouveront entre les bords de
la ruche fupérieure & la ruche inférieure, avec de la glaife.
Dès qu'on fait tout cela le foir, on le fait aifément, &
avec peu de rifque d'être piqué. Si on veut fe ménager
toutes fes commodités, on aura attention de placer le
bacquet où eft la ruche, auprès du puits ou du refervoir
qui fournira l'eau dont on aura befoin. Le lendemain dès
le matin, avant que les abeilles ayent encore fongé à aller
à la campagne, on jettera quelques fceaux d'eau dans le
bacquet. On y en jettera jufques à ce que l'eau ôte aux
mouches toutes les forties qu'elles auroient pû trouver
dans les endroits où les bords de la ruche & le fond du
baquet ne fe touchent pas affés exactement. On achevera
enfuite le refte à fon aife; il ne s'agira que de verfer fucceffivement des fceaux d'eau. A mefure que l'eau s'élevera fur
le fond du bacquet, elle entrera & s'élevera dans la ruche.
Les abeilles qui craignent d'être fubmergées, gagnent des
endroits plus élevés quand elles voyent que l'eau atteint
leurs gâteaux; à mefure qu'elles voyent l'eau monter plus
haut dans leur ruche, elles font contraintes de s'approcher de fon fommet; elles profitent de l'ouverture
qu'elles y trouvent, pour fortir & pour paffer dans l'autre
ruche qu'on leur a préparée. Lorfque cette derniére eft
vitrée, comme l'ont été fouvent celles qui m'ont fervi à

cette expérience, & qu'on a laiſſé les volets de bois ouverts, on voit dans certains moments les abeilles s'y
rendre en foule pour ſe ſauver de l'inondation. Quelquefois pourtant on ne les force toutes à quitter une
habitation qui leur étoit chere, qu'après l'avoir entiérement remplie d'eau. Alors il ne reſte plus qu'à ſéparer la
nouvelle ruche de l'ancienne, & à la poſer proche du
bacquet ſur un appuy ſolide, au moins juſques à ce que
les grands mouvements ſoient calmés; & pour le mieux,
on la porte enſuite dans la place où étoit l'ancienne ruche; cette circonſtance n'eſt pourtant pas abſolument
néceſſaire.

On imagine bien qu'entre les mouches qu'on a voulu
chaſſer, il y en a eu de pareſſeuſes, qui ne ſe ſont pas aſſés
preſſées de fuir l'eau qui les venoit chercher; que d'autres
ont volé trop étourdiment vers l'eau; que d'autres dans
l'agitation générale y ſont tombées. Auſſi quand on a
retiré l'ancienne ruche du bacquet, la ſurface de l'eau
paroît quelquefois couverte de mouches noyées ou de
mouches qui ſe noyent. Malgré ce déſaſtre apparent, il
reſte encore vrai, que de tous les moyens de faire paſſer
les mouches d'une ruche dans une autre, il n'y en a aucun qui mette en état d'y parvenir avec une auſſi petite
perte de mouches. On doit avoir ſoin de pêcher ſur le
champ, toutes celles qui flottent ſur l'eau. Il n'eſt point
d'inſtrument plus commode pour cela, qu'une écumoire
ordinaire. Qu'on étende enſuite les mouches qu'on a
pêchées, ſur une ſerviette poſée par terre auprès de la
nouvelle ruche; ſi l'air eſt doux, & ſur-tout ſi le Soleil
ſe montre de temps en temps, on verra toutes les abeilles
languiſſantes reprendre vigueur: on verra même retourner à la vie celles qu'on croyoit noyées, devenir
vigoureuſes comme les autres, & toutes ſe rendront
à la

à la ruche où leurs compagnes font établies. Enfin, on ne fçauroit croire combien il en périt peu. J'ai fait plufieurs fois de ces opérations, dont chacune ne m'a pas coûté une douzaine de mouches. Il en périt bien autrement même dans les ruches qu'on bat pour obliger les abeilles à déloger, parce que, comme nous l'avons dit, elles ne paffent pas toutes de-bonne grace, dans celle qu'on leur a deftinée; il y en a un grand nombre qu'on ôte de deffus les gâteaux, en les balayant avec une plume; plufieurs de celles-ci fe trouvent emmiellées. Les gâteaux coupés ou brifés laiffent couler du miel qui en enduit d'autres; & le miel qui bouche leurs ftigmates, les fait périr. Enfin, beaucoup d'autres abeilles trop irritées, piquent les gants, les bas, les habits de celui qui les inquiete; elles laiffent leur aiguillon dans les piquûres, & il leur en coûte la vie.

Les gâteaux qu'on retire de la ruche dont l'eau a chaffé les abeilles, ont fouvent bien des cellules dans chacune defquelles une mouche étoit nichée dans le moment de l'inondation; l'eau les y a furprifes. Ce font celles qui font le plus en danger de périr; fouvent elles n'ont pas la force de fe retirer de leur loge qui eft pleine d'eau en partie; mais on les fauve, fi on fe donne la peine de les en tirer avec attention; c'eft-à-dire, fi on les manie affés légérement pour ne les point bleffer.

Le feul inconvénient que l'on peut trouver dans cette pratique, c'eft que tous les gâteaux font mouillés. Ceux dont les cellules font vuides, & ceux dont les cellules ont du couvain, c'eft-à-dire, des œufs, des vers, ou des nymphes, n'en fçauroient être endommagés; la cire ne fçauroit être alterée par l'eau qui la mouille : mais les gâteaux qui contiennent du miel en peuvent fouffrir. Le miel qu'on tire enfuite de ces gâteaux, reffemble au vin qui vient de raifins cueillis dans des jours de pluye;

il eſt mêlé avec un peu d'eau. Cet inconvénient n'eſt pourtant pas grand; car on eſt même obligé d'avoir recours à beaucoup plus d'eau, lorſqu'on ne veut point laiſſer de miel aux gâteaux de cire. D'ailleurs cet inconvénient ne tombe que ſur le miel d'une partie des cellules; car tout celui qui eſt dans des cellules fermées par un couvercle de cire, n'eſt point mouillé.

Swammerdam a eu recours à l'eau lorſqu'il a voulu examiner les abeilles d'une ruche; il les a noyées, & il a remarqué ce que les expériences dont je viens de parler, m'ont donné occaſion de voir bien des fois, que beaucoup d'abeilles qui paroiſſoient noyées revenoient à la vie, & reprenoient leur premiére vigueur. On ſçait depuis long-temps que les mouches de pluſieurs eſpéces, que les mouches les plus communes dans nos appartements, après avoir été tirées de l'eau comme parfaitement mortes, redeviennent ſouvent en état de marcher & de voler, ſi on les réchauffe peu à peu. Ce retour à la vie a été regardé comme une eſpéce de réſurrection. Ce prétendu miracle ſe réduit à ce que certains inſectes perdent pour du temps tout mouvement ſans ceſſer de vivre. Il m'a paru que je pouvois faire uſage de ce fait anciennement connu, pour m'inſtruire ſur l'hiſtoire des abeilles, ſans être obligé de faire périr trop de milliers de mouches ſi induſtrieuſes, & pour la vie deſquelles on ne peut manquer de s'intéreſſer. Il me paroiſſoit dur d'être obligé de faire mourir toutes celles d'une ruche chaque fois qu'une circonſtance particuliére demandoit que je puſſe examiner une mere ou un mâle; toutes les fois que j'avois à m'aſſûrer s'il y avoit des unes ou des autres dans une ruche, & combien il y en avoit. Nous ne ſommes pas aſſés convaincus intérieurement, du droit que nous croyons avoir ſur la vie des animaux, nous ne le ſommes pas aſſés qu'ils ſont privés de fentiment, pour n'avoir pas quelque peine à en facrifier dans un inftant, un très-grand nombre à notre curiofité.

Je penfai donc que je pouvois au moyen de l'eau, rendre en toute faifon les abeilles d'une ruche auffi traitables que fi elles euffent été mortes, & me donner un moyen fûr de les examiner une à une tout autrement que je ne l'avois pû, en les faifant fimplement paffer dans des poudriers ou dans des flacons de verre; que je n'avois qu'à mettre toutes celles d'une ruche dans le même état où j'avois mis une partie de celles que j'avois fait changer de domicile par le moyen de l'eau; les mettre dans un état où elles paroîtroient noyées, & duquel je pourrois enfuite les tirer avec le fecours de la chaleur. Néantmoins avant que d'en faire l'expérience, je crus devoir m'affûrer du temps pendant lequel une abeille pouvoit refter fous l'eau dans une forte de létargie; m'inftruire s'il feroit d'affés longue durée pour me donner celui de faire toutes les obfervations que j'aurois à faire fur ces mouches. Je commençai donc par chercher à connoître la longueur du temps pendant lequel on pouvoit tenir des abeilles fous l'eau, comme mortes, fans qu'elles le fuffent réellement. J'y en tins d'abord quelques-unes pendant quelques minutes, & je les y tenois bien réellement. Leur légereté tend à les ramener à la furface, mais je les forçois de refter fubmergées au moyen d'un tampon de papier affés gros pour être arrêté lui-même fous l'eau par fon frottement contre les parois du vafe qui étoit un poudrier de verre. Les abeilles fur lefquelles je faifois l'expérience, étoient fous ce tampon de papier. Après avoir ramené à la vie celles qui n'étoient reftées fous l'eau que pendant quelques minutes, je tentai d'y en ramener qui avoient été fubmergées pendant un quart d'heure. Les fuccès me conduifirent à éprouver ce qui arriveroit à celles qui feroient tenues dans l'eau pendant une demie-heure , & pendant deux heures. Enfin, j'y en laiffai d'autres pendant plus de neuf heures de fuite, & je vis que les abeilles qui avoient refté dans l'eau pendant ce temps , & qui au bout d'une minute ou deux y avoient paru mortes, ne l'étoient pas réellement. Quoique neuf heures doivent paroître un temps bien long pour un animal dans un tel état, je ne fçai pas fi c'eft le terme de celui où nos mouches y peuvent refter vivantes. J'en ai eu que j'ai retirées de l'eau mortes au bout de 21 heures, & on pourroit même en retirer de mortes au bout de trois à quatre heures. Le plus ou le moins de vigueur des mouches qu'on met à une telle épreuve, peut faire qu'elles la foûtiennent plus ou moins long-temps. La température de l'air ou plûtôt celle de l'eau , doit auffi entrer pour beaucoup dans le fuccès. Mes expériences ont femblé prouver le contraire de ce qu'on auroit peut-être attendu, que les abeilles vivent plus long-temps dans de l'eau froide que dans de l'eau chaude. Il y a pourtant eu ceci des limites qui peuvent être déterminées par des expériences que je n'ai point tentées, parce que le principal objet que j'avois en vûe, ne demandoit pas que je les fiffe. Celles que j'ai rapportées ont été faites dans un lieu où la température de l'air étoit marquée par fept à huit degrés au-deffus de la congélation, & où celle de l'eau étoit apparemment à peu près la même. Mais j'ai remarqué affés conftamment ce qu'on devoit attendre, que les abeilles qui avoient été plus long-temps couvertes d'eau, étoient auffi plus long-temps à fe ranimer. Quand on les en tire, elles ne différent en rien des abeilles mortes ; elles ont alors pour la plûpart, leur trompe allongée ; j'en ai pourtant vû quelques-unes, mais très-peu, qui l'avoient pliée.

Après que je les avois retirées de l'eau, je commençois

par les effuyer, & je les mettois enfuite fur un papier
près du feu, mais pourtant à une diftance telle que ma
main y eût pû refter fans fouffrir. Quelquefois auffi je
les tenois dans un poudrier. Attentif alors à leur état
pour lequel j'étois inquiet, j'examinois fi elles donnoient
quelques fignes de vie. C'eft ordinairement par le bout
de leur trompe qu'elles commencent à en donner ; il
eft la première de leurs parties extérieures où l'on apperçoit un petit mouvement ; *il fe courbe un peu*, & quelquefois *il fe redreffe enfuite* : on revoit fouvent trois ou
quatre de ces mouvements dans le bout de la trompe
avant que d'en découvrir dans aucune partie du corps. Le
bout de quelqu'une des jambes en fait voir enfuite de
femblables. La trompe recommence à fe mouvoir ; les
bouts de quelques autres jambes fe meuvent à leur tour.
Les mouvements fe font enfuite dans une plus grande
portion de chaque jambe ; quelqu'une d'elles paroît avoir
repris toutes fes forces, & les autres reprennent les leurs fucceffivement : la trompe fe plie, & enfin la mouche devient
en état de marcher & de voler. Celles qui n'ont pas été
tenues long-temps dans l'eau, font voir du mouvement
au bout de leur trompe dans la minute même où on les
a approchées du feu. Celles qui ont été plus long-temps
fous l'eau, reftent quelquefois fept à huit minutes ou plus
auprès du feu avant que de faire aucun mouvement. Mais
quand elles ont une fois donné un figne de vie, elles font
en état de marcher en moins de trois à quatre minutes.

Des lettres imprimées en différentes années du Mercure
Suiffe *, & qui ont été dictées par un vrai amour pour le
genre humain, nous ont confirmé une vérité de l'efpéce
de celle dont nous venons de parler, mais bien autrement
importante, & qui ne devroit être ignorée en aucun pays.
C'eft que les hommes mêmes ne perdent pas la vie fous

* 1733,
1734 &
1735.

l'eau auffi vîte qu'on le croit communément. Qu'entre ceux qu'on retire de l'eau fous laquelle ils ont été retenus pendant plufieurs heures, il y en a qui, quoiqu'ils paroiffent parfaitement morts, pourroient être fauvés fi on tentoit pour leur redonner la vie, tout ce que l'amour que nous nous devons mutuellement voudroit qu'on tentât ; c'eft-à-dire, fi on les foignoit, fi on les chauffoit, fi on les agitoit, fi on leur faifoit prendre des liqueurs fpiritueufes, fi on introduifoit dans leurs inteftins, foit de l'air, foit de la fumée de tabac, foit certaines liqueurs chaudes, &c. & c'eft ce qui eft prouvé par des faits qu'on doit lire avec plaifir, & dont on devroit chercher à inftruire les habitants de tous les lieux fitués fur les bords des riviéres, des lacs, & de la mer.

Mais pour revenir à nos abeilles, dès que j'ai été affés certain par le fuccès des expériences que j'ai rapportées, du temps pendant lequel elles peuvent être tenues fous l'eau fans y périr, je n'héfitai point à profiter du moyen que ces expériences me fourniffoient d'examiner toutes les mouches d'une ruche, l'une après l'autre. Ce fut vers la fin de Décembre que j'en fis ufage pour la première fois. Je voulois fçavoir s'il étoit bien vrai qu'il n'y eût alors qu'une mere dans chaque ruche, & qu'il n'y eût pas un feul mâle. Ma premiére épreuve fut faite fur une ruche peu peuplée ; il me fut aifé de fçavoir précifément le nombre de fes mouches, il n'alloit qu'à environ 2500. Le froid du jour, & le befoin que j'avois, d'avoir du feu dans la fuite de l'opération, me déterminerent à la faire dans mon cabinet. J'y fis apporter un bacquet qu'on remplit d'eau. La ruche dont je voulois avoir toutes les abeilles à ma difpofition, étoit vitrée, & une de celles que j'ai fait compofer de plufieurs boîtes * Pl. 24. fig. pofées les unes fur les autres *. Les trois boîtes fupérieures
6.

étoient les feules qui euffent des gâteaux de cire & des abeilles. On fépara ces trois boîtes des autres, & dès qu'on les en eut féparées, on les plongea dans l'eau; on les y enfonça même, jufques à ce qu'elle s'élevât de quelques pouces au-deffus de la boîte fupérieure : elles ne tarderent pas à en être remplies; & bientôt toutes les abeilles furent plus baignées qu'elles ne l'euffent voulu ; bientôt la dofe du bain devint trop forte pour la plûpart des mouches; il leur ôta toute faculté de fe mouvoir. Je continuerai pourtant à me fervir de l'expreffion de baigner les abeilles, plûtôt que de celle de les noyer, parce que réellement on ne les noye pas dans cette opération, quoiqu'on les baigne outre mefure. La boîte inférieure étoit ouverte par deffous; les fluctuations de l'eau en faifoient fortir des mouches que leur légereté portoit à la furface. Le plus grand nombre de celles-ci ne paroiffoit plus animé ; il y en avoit pourtant quelques unes plus vigoureufes que les autres, ou fur lefquelles l'eau avoit moins opéré, qui battoient des aîles, mais fur un liquide contre lequel elles ne pouvoient agir avec fuccès. C'étoit leur épargner des tourments, & les mettre plûtôt dans l'état où je les voulois, que de leur faire perdre leur refte de forces; pour cela, on les enfonçoit dans l'eau avec le premier inftrument qu'on trouvoit fous fa main. Enfin, on retourna fans deffus deffous les boîtes qui formoient la ruche. Une partie des mouches qui y étoient reftées comme plus légeres que l'eau, s'éleverent bientôt à fa furface ; on détacha enfuite tous les gâteaux de cire les uns après les autres, & à mefure qu'on en avoit retiré un de la ruche & de l'eau, on le balayoit fucceffivement des deux côtés avec une plume, pour faire tomber dans le bacquet les mouches qui s'étoient cramponnées contre ce gâteau, & qui ne l'avoient point abandonné depuis qu'elles s'en étoient faifies, comme les malheureux fe faififfent dans un naufrage de la première planche qu'ils trouvent. Aucun naufrage, aucune inondation, fût-elle plus confidérable que celle du Gange qui arriva il y a quelques années, ne fait voir fur les eaux à la fois autant de corps humains qu'il y avoit d'abeilles fur la furface de l'eau du bacquet.

Quand le bain eut mis tant de mouches dans un état parfaitement femblable à celui de mort, on s'occupa à les pêcher: c'eft ce qui peut être fait dans un temps affés court; & la cuifine fournit pour le faire deux fort bons inftruments, une écumoire & une paffoire à pois. On laiffoit égouter pendant un inftant celles qu'on avoit en-levées avec l'un ou avec l'autre. J'avois eu foin de faire difpofer une très-grande table affés près du bacquet, dont plus d'une moitié étoit couverte de ferviettes qui y étoient étendues, & dont l'autre l'étoit de feuilles de papier gris. Dès que les abeilles dont l'écumoire étoit remplie, étoient un peu égoutées, on la renverfoit fur une des ferviettes; en peu de temps, toutes les mouches furent ainfi tranfpor-tées fur la table. L'eau fut bientôt écumée de toutes celles qui flottoient à fa furface. C'étoit un fpectacle affés fingu-lier, & qui avoit cependant quelque chofe de trifte, de voir tant d'abeilles fi actives & même fi redoutables quelques inftants auparavant, en tas, ou étalées fur la table, fans aucune apparence de vie. Des gens qui ne font pas ordi-nairement fort compatiffants pour les animaux, plufieurs domeftiques qui étoient autour de moi, pour m'aider dans les différentes manœuvres, paroiffoient touchés de ce fpectacle; ils ne pouvoient s'empêcher de foûrire, lorf-que je difois qu'on verroit peut-être encore ces mêmes abeilles apporter de la cire, & du miel à la ruche; ils fe difoient entr'eux, & tout bas, qu'ils voleroient eux-mê-mes, fi jamais ces mouches fe fervoient de leurs aîles.

Elles

Elles étoient dans l'état où je les voulois, auſſi traitables aſſûrément qu'on pouvoit les deſirer; & mes expériences précédentes me raſſûroient contre toutes les apparences, & me promettoient qu'elles retourneroient à la
vie dès que je voudrois les faire vivre. Mais avant que de
le vouloir, il falloit remplir l'objet de mon expérience,
les examiner une à une pendant qu'elles me permettoient
de le faire à l'aiſe. J'avois avec moi une perſonne qui aime
l'Hiſtoire naturelle, & qui m'a fourni des obſervations qui
ſont entrées dans les volumes précédents, & plus que des
obſervations, des deſſeins très-parfaits; qui ſe connoiſſoit
comme moi en abeilles de différent ſexe; elle les avoit deſſinées. Elle & moi, nous nous mîmes à les examiner, à
les trier, pour ainſi dire, une à une, avec plus de ſoin qu'on
n'en apporte à trier les grains de caffé. Ce que je voulois
ſçavoir, c'étoit principalement ſi nous trouverions une
mere, & ſi nous n'en trouverions qu'une, & ſi nous ne
trouverions aucun mâle, parce que c'étoit le temps où il
n'y en devoit pas avoir. Car ſuppoſé qu'il n'y eût qu'une
mere & point de mâle, ſi par la ſuite après avoir rendu
la vie à cette mere, elle pondoit des œufs féconds, il étoit
prouvé inconteſtablement que les meres n'ont pas beſoin
d'avoir des mâles dans le temps qu'elles pondent; & qu'elles
ont été privées de tout commerce avec eux pendant pluſieurs mois qui ont précédé celui où elles recommencent
leur ponte.

Nous mettions à l'écart d'un plus gros tas, un tas d'a-
beilles gros comme un petit œuf; nous eſſuiyons bien
avec la ſerviette celles dont il étoit compoſé; & pour les
mieux ſécher, nous les faiſions paſſer ſur un papier gris
où nous les examinions les unes après les autres. Toutes
celles qui avoient paſſé par l'examen, & qui étoient ſéches
déja en partie, étoient jettées dans un poudrier; & quand

on jugeoit y en avoir fait entrer affés, on le fermoit avec un couvercle quelquefois de papier gris , & quelquefois de gaze. Enfin on portoit ce poudrier auprès du feu, qui devoit achever de fécher les abeilles.

A peine le poudrier avoit refté quelques inftants auprès du feu, qu'on voyoit plufieurs de fes mouches fe ranimer. Diverfes circonftances avoient fait & feront néceffairement en toute opération pareille, que toutes les mouches ne feront pas tenues fous l'eau pendant un temps également long ; auffi y en avoit-il quelques-unes fur la table même qui commençoient déja à fe mouvoir ; & parmi celles qui fembloient les plus mortes, il y en eut qui me donnerent des fignes de vie qui me déplurent, & qui leur furent plus funeftes que le bain. Je prenois avec ma main des poignées de celles qui fembloient les plus privées de vie, & je les y étendois pour les examiner plus vîte & de plus près ; je ne me defiois aucunement d'elles ; je ne penfois pas que la chaleur que je leur communiquois leur redonneroit bientôt des forces ; que quelques - unes qui n'en avoient pas repris affés pour marcher, en avoient affés pour me piquer. Comme fi le defir de la vengeance ne les eut point quittées, comme s'il eut été ce qui les ranimoit, avant que d'avoir pû mouvoir ni aîles ni jambes, elles faifoient fortir leur aiguillon, & l'enfonçoient dans ma chair. Je fouffris plus de dix à douze piquûres pareilles, & cela, parce que je croyois que j'avois été piqué les premiéres fois pour avoir pris avec les mouches qui fembloient parfaitement mortes, de celles qui étoient revenues de leur état léthargique. Ce ne fut qu'après avoir éprouvé que les premiéres même étoient à redouter, que je ceffai d'en prendre dans ma main. Le vrai eft que les piquûres que je reçus furent bien moins douloureufes que ne le font les piquûres ordinaires de ces mouches. La force renaiſſante de l'abeille ſuffiſoit pour faire pénétrer l'aiguillon dans ma chair; mais elle ne ſuffiſoit pas pour comprimer aſſés la veſſie à venin, pour faire paſſer aſſés de liqueur cauſtique dans la bleſſûre. Si pourtant on tient les abeilles ſous l'eau plus long-temps que je ne l'avois fait, on n'aura rien à en craindre; & ce ſera pour elles-mêmes un bien, puiſqu'on ſçait que celles qui ont piqué, & laiſſé comme elles laiſ-ſent ordinairement leur aiguillon dans la playe, périſſent bientôt.

Nous avions examiné plus des deux tiers des abeilles, lorſque nous parvinmes à trouver une mere; elle fut la ſeule que nous trouvâmes, & la ſeule auſſi qui fut dans la ruche: S'il y en eût eu une autre, il n'étoit pas poſſible qu'elle nous eût échappée. Nous n'étions pas moins atten-tifs à chercher des mâles; mais malgré toutes nos atten-tions, qui furent pouſſées juſques au ſcrupule, nous ne pûmes en trouver un ſeul. Aſſés de ſignes extérieurs les rendent aiſés à reconnoître: de crainte pourtant que ces ſignes ne nous trompaſſent, dès que quelque mouche nous paroiſſoit un peu plus groſſe que les autres, pour nous aſſûrer qu'elle n'étoit pas un faux-bourdon, nous ne manquions pas de lui preſſer le ventre; l'aiguillon que nous faiſions ſortir ne nous permettoit plus d'avoir aucune incer-titude. Nous venons de faire entendre qu'entre les abeilles ordinaires d'une ruche, il y en a de plus groſſes les unes que les autres; mon Jardinier qui les remarquoit bien, les nom-moit les ſuiſſes de la reine. Ces mouches peuvent pour-tant ne paroître plus groſſes, que parce qu'elles ont le ven-tre plus plein de miel ou de cire brute.

Enfin, toutes les mouches furent miſes dans neuf à dix poudriers, dont il y en avoit un extrémement grand; tous furent portés auprès du feu. On ne donna que peu de mouches à celui où la mere fut renfermée, peut-être une cinquantaine. Nous étions plus inquiets pour le fort de cette feule mere, que pour celui de toutes les autres abeilles enfemble; leur vie dépendoit de la fienne; fi elle périffoit, toutes devoient périr, la ruche devoit être détruite. Il n'y en avoit point qui parût plus morte. Nous la tinmes affés long-temps fur nos mains; nous la maniâmes, mais doucement, à bien des reprifes, car tout le monde en pareil cas veut voir & manier une mere abeille. Nous ne pûmes appercevoir le plus leger mouvement dans aucune de fes parties; elle fe ranima pourtant, mais un peu plus tard que plufieurs de celles qui étoient dans fon poudrier.

Si le fpectacle des mouches étalées fur une table où elles paroiffent toutes fans vie & bien noyées, avoit eu quelque chofe de trifte, la fcene étoit changée; on les voyoit avec plaifir reffufciter, en quelque façon, dans tous les poudriers qui étoient autour de la chemmée. Après leur avoir vû remuer le bout de leur trompe, & les bouts de leurs jambes, leurs jambes achevoient de fe dégourdir, elles fe pofoient deffus, elles marchoient; & à mefure qu'elles achevoient de fécher, elles prenoient plus de vigueur. Quoiqu'on les eût effuyées, elles n'étoient pas parfaitement féches; afin que l'eau qui s'en évaporoit, ne fe raffemblât pas en trop grande quantité fur le fond du poudrier, chaque poudrier étoit renverfé, l'eau s'en écouloit au travers du papier gris, ou des mailles de la gaze qui faifoit le couvercle. Quand les abeilles font mouillées, elles font brunes, même noirâtres; en féchant, elles devenoient rouffes. On les voyoit monter à la partie fupérieure du poudrier, s'y accrocher, & s'accrocher les unes aux autres, former, foit des grouppes, foit des guirlandes, foit d'autres figures, comme elles en forment dans les ruches ordinaires

en se cramponnant les unes aux autres. Dès que quelques-
unes de celles qui étoient dans le poudrier où étoit la
mere, furent en état de marcher, elles parurent oublier
l'état languissant où elles étoient elles-mêmes, pour se
placer autour d'elle, pour en prendre soin. Le premier
usage qu'elles firent de leur trompe, fut de s'en servir à
la lecher.

Pendant que toutes les mouches retournoient à la vie,
on faisoit sécher leur ancienne habitation, & quelques-uns
des gâteaux de miel qu'on en avoit tirés, qu'on arrêta ensuite avec de petits bâtons au haut de la ruche. Toutes
les parties dont elle étoit composée, furent remises en
place, & elle se trouva préparée pour recevoir ses anciennes
habitantes, qui étoient en état elles-mêmes d'y retourner,
& d'y faire leurs manœuvres ordinaires. On la renversa
pourtant le haut en bas, parce qu'il parut commode d'ouvrir une des fenêtres qui étoient proche du fond, & qu'on
vouloit faire tomber les abeilles sur les gâteaux de miel.
Par cette fenêtre ouverte, on vuida les poudriers les uns
après les autres. Celui où étoit la mere fut vuidé le troisiéme; ainsi, quand elle entra dans la ruche, il y avoit déja
assés de mouches pour lui composer une nombreuse cour,
& quand les abeilles des autres poudriers furent mises dans
la même ruche, elles se trouvérent réunies à leur reine.
Avec un petit balai composé de quelques plumes, on
faisoit rentrer dans la ruche, celles qui en vouloient sortir.
Enfin, quand toutes y furent logées, on ferma la fenêtre,
& la ruche fut portée auprès du feu, qui devoit achever
de la sécher & les mouches qui pouvoient être humides,
& leur donner de la vigueur. Cette ruche peuplée de mouches très-vives, qui toutes avoient été comme noyées &
étendues sur une table à trois heures & demi après midi,
se trouva vers les six heures repeuplée par les mêmes

mouches qui avoient repris toute leur activité. La plûpart reftérent auprès du feu dans des poudriers, pendant plus de deux heures; il en périt très-peu, moins que dans les opérations les plus ufitées pour faire paffer les mouches d'une ruche dans une autre; il n'en coûta la vie qu'à quelques-unes de celles qui étoient dans des cellules, & qui furent difficiles à en ôter, & à celles qui s'aviférent de fe fervir de leur aiguillon.

Je me fuis arrêté volontiers à détailler cette premiére expérience, non-feulement parce qu'elle eft curieufe par elle-même, & qu'elle a été le modéle de plufieurs autres que j'ai répétées dans la fuite, mais encore parce qu'elle eft une fource féconde de beaucoup d'expériences finguliéres & même utiles, qui peuvent être faites fur les abeilles. Elle ne me donna pourtant pas toutes les connoiffances que je m'en étois promis ; car j'efpérois qu'elle m'apprendroit inconteftablement fi une mere qui fe trouvoit en Décembre dans une ruche où il n'y avoit aucun mâle, feroit au printemps des œufs féconds; & cette mere ne vêcut pas jufques à ce temps-là; elle périt avec toutes fes compagnes vers le 20 Janvier. L'opération qu'avoient foufferte ces mouches, ne fut pourtant pas la caufe de leur mort. Je ne les laiffai pas manquer de miel. Avant que de quitter la campagne, j'eus de plus l'attention de les mettre dans une chambre; mais elles n'y furent pas encore affés chaudement; j'ai tout lieu de croire qu'un froid affés confidérable qui furvint vers la mi-Janvier, les fit périr: elles étoient toutes mortes le 20. Les mouches d'une autre ruche auffi peuplée, périrent toutes dans la même chambre huit à dix jours plûtôt. Des mouches de plufieurs autres ruches que j'ai baignées dans la fuite, m'ont affés prouvé qu'elles peuvent très-bien foûtenir cette opération, qui peut nous procurer dans la fuite beaucoup de connoiſſances par rapport à l'hiſtoire de ces mouches, parce qu'elle donne la facilité de faire une infinité d'expériences qu'on n'eût pas oſé ſe promettre de tenter; nous allons en indiquer quelques-unes, tant de celles que nous avons faites, que de celles que nous nous propoſons de faire, & que des curieux pourront faire comme nous.

Le temps qu'une ruche ſubſiſte ne conclut rien pour la durée de la vie des mouches qui l'habitent. Une ruche pourroit durer dix ans, quoique les abeilles ordinaires y vêcuſſent à peine une année, & quoique la durée de la vie d'une mere ne fût que de douze à treize mois, & cela, parce que tout ſe rénouvelle dans une ruche comme dans une grande ville. Les mouches qui naiſſent remplacent celles qui périſſent. On peut ſe mettre en état de ſçavoir ſi la vie de la mére eſt de pluſieurs années, & ſi celle des abeilles ordinaires n'eſt que d'un an. Après avoir baigné les abeilles d'une ruche & les avoir bien eſſuyées, rien ne ſera plus aiſé que de leur faire à chacune une tache de quelle couleur on voudra avec un pinceau. Elles n'en ſeront point incommodées, ſi on met la tache ſur leur corcelet. Pour cette expérience, on ſe ſervira d'un vernis qui puiſſe ſécher aſſés vîte. Je me ſuis ſervi pour l'ordinaire de celui à lacque fait avec de l'eſprit de vin. Tantôt je les ai colorées de rouge, tantôt de jaune & quelquefois de bleu, lorſque je ne voulois pas que les abeilles portaſſent la même livrée. Je n'ai pas eu cependant encore la patience de vernir toutes les abeilles d'une ruche, quoique celle qu'il eût fallu n'eût pas été bien grande; mais j'en ai au moins verni cinq cens d'une même ruche, qui, malgré leur nouvel habit, ne furent pas plus mal reçuës de celles avec leſquelles elles étoient en ſocieté. De ces cinq cens abeilles marquées de rouge en Avril, & que je reconnoiſſois dans les mois ſuivants lorſqu'elles alloient à la campagne, je n'en vis pas une en vie dans le mois de Novembre. Pendant ceux de Septembre & d'Octobre j'avois été éloigné de mes ruches.

C'eft un moyen fûr de réunir dans une même ruche, fans guerre & fans combats, les abeilles de plufieurs ruches différentes, que de les y mettre enfemble après les avoir tirées du bain. On les accoûtume à vivre enfemble, lorf-qu'après les avoir féchées, on a eu attention de renfermer dans le même poudrier, de celles des différentes ruches. Etre revenues à la vie dans le même lieu, équivaut à être nées dans la même habitation.

C'eft auffi par ce moyen qu'on peut donner & que j'ai donné en différents temps de l'année, tout autant de meres que j'ai voulu à une même ruche peuplée. On peut dif-tinguer ces meres les unes des autres, par des marques de différentes couleurs fur le corcelet. On peut faire porter la livrée de chaque mere aux abeilles qui étoient dans fa ruche ; & on verra fi ces abeilles lui feront plus dévouées qu'aux autres meres.

On peut par ce moyen faire des échanges de meres, donner à une ruche la mere d'une autre ruche, & réci-proquement.

Quelle maniére plus aifée peut-on avoir de s'affûrer, fans faire périr les abeilles, s'il n'y a pas des temps où il y a plufieurs meres dans une ruche, combien il y en a dans la ruche qui eft prête à donner un effaim ! C'eft auffi le moyen auquel j'ai eu recours pour m'en inftruire.

Dès qu'on aura marqué une mere dans la faifon con-venable, on pourra fçavoir fûrement fi le nouvel effaim eft conduit par une jeune mere, comme il y a grande apparence qu'il l'eft, ou s'il eft conduit par la vieille mere. Mais pour revenir à l'ufage que j'ai fait de ce moyen, pour m'affûrer par le plus exact examen, que jufques à ce que

le temps

le temps des effaims approche, il n'y a dans chaque ruche qu'une feule mere, & qu'elle y multiplie alors fans mâle, je dois dire que je baignai les abeilles de trois ruches les premiers jours d'Avril; l'une le 5, l'autre le 9, & l'autre le 11, & que j'en baignai deux autres à la fin du même mois, le 25. Dans chacune de ces cinq ruches, je ne trouvai qu'une mere, & je ne pus y trouver un feul mâle. Dans celle qui fut baignée le 11, & de même dans celles qui le furent le 25, il y avoit du couvain dans tous les états, & des œufs récemment mis au jour. Ces meres avoient donc pondu, & leurs œufs avoient réuffi quoiqu'elles fuffent privées de mâles. Quand on voudroit pouffer la fuppofition jufques à imaginer que les mâles étoient péris hors de chacune des ruches quelques jours avant l'opération que j'avois fait foûtenir aux mouches, on feroit au moins obligé d'avouer, que les meres peuvent continuer leur ponte long-temps après que leurs mâles font morts; car ces meres pondirent bientôt, & donnérent naiffance à des abeilles dans les nouvelles ruches où je les fis paffer. Mais il n'y avoit ni couvain ni œufs dans les gâteaux de la ruche que je baignai le 5 Avril, & la mere que j'en retirai ne fut pas long-temps dans le nouveau logement que je lui donnai, fans m'apprendre qu'elle étoit féconde.

Au lieu de m'arrêter à prouver davantage un fait qui n'a plus befoin de l'être, je dois apprendre à ceux qui feront curieux de baigner des abeilles, que les bains que j'ai répétés ne m'ont pas tous auffi bien réuffi que le premier; qu'il m'eft arrivé plus d'une fois de perdre plus des trois quarts des abeilles, & quelquefois plus des fept huitiémes. Ce n'eft qu'après avoir fait & refait plufieurs fois les opérations, même les plus fimples, qu'on parvient à fçavoir éviter tous les accidents qui peuvent en

empêcher la réuſſite, qu'on parvient à les faire auſſi parfaitement qu'il eſt poſſible. Les inconvénients à éviter
pour faire réuſſir le bain des abeilles, peuvent être di-
viſés en ceux de deux temps différents, en ceux qui arrivent depuis qu'on baigne les mouches juſques à ce qu'on
les ait tirées hors de l'eau, comme noyées; & en ceux
qui arrivent depuis qu'elles ont été tirées de l'eau juſques
à ce qu'elles ſoient remiſes en ruche.

Plus on les baignera en grande eau & moins on aura
à craindre du bain, comme bain. Pour avoir baigné deux
ruches de ſuite dans l'eau d'un même tonneau qui n'avoit
gueres plus de diametre que les ruches que j'y fis entrer
ſucceſſivement, je perdis preſque toutes leurs abeilles.
Lorſque la quantité d'eau qui lave les gâteaux de miel
eſt petite, cette eau ſe trouve bien-tôt trop emmiellée par
les abeilles mêmes qu'on fait entrer dedans. L'état violent où elles ſe trouvent, les oblige à ſe vuider par les deux
bouts; elles jettent alors du miel par leur trompe, &
rendent des excrements mielleux. L'eau dans laquelle trop
de miel & trop d'excrements gluants ont été délayés,
devient elle-même trop gluante. Les abeilles mouillées
de cette eau, ſont dans un état ſemblable à l'état de
celles qui ont été enduites d'huile. La matiére viſqueuſe
qui s'introduit dans leurs ſtigmates, s'y fixe pour n'en
plus ſortir; elle arrête la reſpiration, ou elle la rend
trop difficile. On voit l'effet de cette eau, même ſur le
corps des abeilles; celles qui n'ont été mouillées que
par une eau ordinaire, ſe ſéchent vîte, & en ſéchant
reprennent une couleur rouſſe; au lieu que les autres ont
beau ſécher, jamais elles ne redeviennent rouſſes, elles
reſtent d'un brun luiſant.

Pour éviter le mauvais effet d'une pareille eau, on aura
deux grands bacquets l'un auprès de l'autre. Dans l'un de

ces bacquets, on se contentera de plonger la base de la ruche jusques à environ un pouce ou deux de haut; pendant qu'un homme la soûtiendra en cet état, un autre battra dessus avec une baguette. Les mouches inquietées par les coups & le bruit de cette baguette, sont déterminées à voler: plusieurs tombent dans l'eau; le nombre de celles qui y tombent est plus grand que celui des autres; en changeant un peu la ruche de place & en produisant des agitations dans l'eau, ces abeilles sont conduites à sa surface; on les prend à mesure avec une écumoire ou avec une passoire à pois, & on les porte dans le second bacquet, dans l'eau duquel celles qui avoient encore une apparence de vie, achevent de la perdre. Enfin, on ne vient à plonger entiérement la ruche dans l'eau, que quand les mouches qui y restent sont obstinées à se tenir sur les gâteaux. Au bout de quelques instants, on retire la ruche de l'eau, on détache ses gâteaux, & on balaye avec une plume, les mouches qui sont restées dessus; on les fait tomber dans le premier bacquet. Dans quelques-unes des opérations qui ont mal réussi, je faisois détacher les gâteaux pendant que la ruche étoit sous l'eau & renversée sans dessus dessous; je ne pensois pas combien ce procedé étoit mauvais. Les gâteaux brisés laissoient couler beaucoup de miel, & donnoient prise à l'eau sur celui qu'ils contenoient; l'eau en devenoit trop chargée. Un avantage encore qu'il y a à battre la ruche avant que de la plonger entiérement dans l'eau, c'est qu'il reste très-peu de mouches dans les cellules; les coups de baguette les déterminent à en sortir: outre qu'il y a toûjours du risque à les en tirer lorsqu'elles ont perdu tout mouvement, cela est long.

Après avoir fait passer les mouches dans le second bacquet, quand elles y paroîtront toutes mortes, on les portera fur des ferviettes étendues fur une grande table, foit dans une chambre, foit à l'air, felon la faifon. Avec les ferviettes on effuyera les mouches, & on les rendra le plus féches qu'il fera poffible. Je perdis une grande partie des abeilles d'une ruche, pour m'être contenté de les laiffer un peu égouter fur une table de bois fur laquelle elles étoient immédiatement pofées, & pour les avoir mifes trop mouillées dans des poudriers.

J'en perdis encore beaucoup de celles d'une autre ruche, qui cependant avoient été affés bien effuyées, parce que j'en mis une trop grande quantité dans chaque poudrier. A peine avois-je laiffé le quart ou le tiers du poudrier vuide; & c'en eft trop que le quart foit plein. En pofant les premiéres immédiatement fur le bois, j'avois voulu mettre hors de rifque de périr, celles qui reprendroient trop tôt des forces, hors de rifque de piquer, comme elles le font fouvent, les ferviettes, & d'y laiffer leurs aiguillons. Mais quand on les a tenues affés de temps dans l'eau, on a celui de les effuyer avant qu'elles deviennent en état de piquer. Pour ne pas courir le rifque foi-même de fentir l'aiguillon de quelques-unes, il faut prendre avec une cuillier d'argent, le tas qu'on vient d'effuyer & qu'on veut faire entrer dans le poudrier.

Les poudriers de verre dont je me fuis fervi pour plufieurs operations de cette efpéce, & pour plufieurs même qui ont très-bien réuffi, font cependant des vafes des moins propres pour achever de faire fécher les abeilles. La plus grande partie de l'eau que la chaleur fait évaporer du corps des mouches, s'attache contre le verre, elle remouille les abeilles. Or, & c'eft une remarque que j'ai eu occafion de faire plus de fois que je ne l'euffe fouhaité, la chaleur qui ne feroit propre qu'à ranimer les abeilles dans toute autre circonftance, fait promptement périr

telles qui font mouillées. Plufieurs fois après avoir vû
toutes les abeilles d'un poudrier ranimées & en mouvement, je les ai vû périr toutes en moins d'un quart d'heure,
fans que je puffe attribuer leur mort à d'autre caufe qu'à
la chaleur qui avoit fait pénétrer l'eau dans leurs ftigmates, quoique cette chaleur n'eût pu être qu'agréable à des
mouches plus féches ou tenues dans un lieu moins humide.

J'ai penfé à un moyen de leur faire foûtenir la même
chaleur fans danger; j'ai fubftitué aux poudriers de verre,
d'autres vafes, que je nomme des féchoirs, & qui en font;
ils ont tous les avantages qu'on peut leur fouhaiter. Ce
font des efpéces de paniers * en forme de bouteilles, dont   * Pl. 35. fig.
les parois font de toile à tamis la plus groffiére & par confé-   2.
quent la plus claire. Quatre montants * du même bois dont   * Fig. 3.
on fait les paniers, font attachés par chacun de leurs bouts
à un cercle, à un anneau de même matiére. Un des anneaux plus grand que l'autre, fait le fond du féchoir, &
le plus petit en fait le collet. C'eft fur ce bâtis qu'on coud
une toile à tamis qui l'environne de toutes parts. On fe
contente pourtant de la coudre autour de l'anneau du
collet * au-deffus duquel elle s'éleve, & au-deffus duquel   * Fig. 2. g
on la lie avec un ruban *, comme on lie la gueule d'un fac;   * c c.
& cela, lorfqu'on a mis dans le féchoir les abeilles qu'on
y veut. Il feroit inutile de faire remarquer combien ces
féchoirs ont d'avantage fur les poudriers de verre; mais
je dois dire que ces mêmes féchoirs m'ont fait penfer
qu'après avoir effuyé groffiérement les abeilles, il n'y
avoit rien de mieux pour les reffuyer plus à fond, &
fans les expofer à perdre leur aiguillon, que de les étendre fur de grands tamis, d'où on les tire enfuite avec une
cuillier d'argent pour les mettre dans les féchoirs. On voit
affés que la grandeur des féchoirs eft arbitraire.

A a a a iij

. Ce qui eſt très-important, c'eſt de ne ſonger à faire rentrer les abeilles dans une ruche, qu'après qu'elles ont repris toute leur vigueur, qu'après qu'elles ſont devenues bien rouſſes, qu'après les avoir vûes en grouppe ou en guirlandes dans les ſéchoirs. Pour m'être trop-preſſé d'en remettre dans une ruche, il m'eſt arrivé une fois de perdre preſque toutes celles que j'avois baignées; elles tombé-rent les unes ſur les autres au fond de la ruche; elles s'y trouvérent raſſemblées dans une maſſe trop épaiſſe, & dont l'humidité ne pouvoit s'échapper. Celles qui étoient au-deſſous des premiéres couches, & à plus forte raiſon celles qui étoient dans les derniéres couches, étoient accablées par le poids des mouches des couches ſupé-rieures, & elles étoient trop foibles pour s'en tirer. Les excrements qu'elles rendoient, humectés par l'eau qui ſe trouvoit entr'elles, s'étendirent ſur leurs ſtigmates & les mirent dans un état où les ſecours que je voulus leur donner trop tard, leur furent inutiles; car ce ne fut que le lendemain, c'eſt-à-dire, au bout de douze heures, que je les vis en ſi mauvais état, & que je voulus les chauffer.

Mais on aura un ſuccès plus heureux, on perdra à peine quelques mouches de chaque ruche, ſi on les baigne & ſéche avec les précautions qui viennent d'être indiquées. Les temps les plus chauds ne ſont peut-être pas les plus favorables à cette opération: outre les pre-miéres abeilles que je baignai à la fin de Décembre, je baignai celles d'une ruche le 10 de Novembre au milieu d'un jardin, à des heures du matin où le thermometre n'étoit qu'à deux degrés $\frac{1}{2}$ au-deſſus de la congélation; je perdis cependant auſſi peu de ces abeilles qu'il eſt poſ-ſible d'en perdre dans le changement de ruche le plus heureux. J'ajoûterai en paſſant, que parmi ces abeilles qui

furent baignées en Novembre, il n'y avoit qu'une seule
mere, & aucun mâle.

Quand on voudra baigner des abeilles dans les belles
saisons de l'année, ce sera toûjours le matin qu'il faudra
le faire. On doit même être attentif à choisir une journée
où le Soleil se leve brillant, & où on peut se promettre
de le voir tel plusieurs heures de suite ; car alors tout
s'exécute avec une grande facilité dans le milieu d'un
jardin. Le Soleil même séche les abeilles qu'on vient
d'essuyer sur la table, & il acheve de les sécher & de les
ranimer quand il agit sur les séchoirs où on les a renfermées. On aura soin sur-tout de celui où est la mere, &
de faire reprendre vigueur à celle-ci, & aux mouches
qu'on lui a données pour compagnes, le plûtôt qu'il sera
possible. Quand cette mere reparoîtra pleine de forces,
on la fera entrer dans la ruche avec quelques centaines d'abeilles ; en voilà assés pour faire entrer ensuite
aisément dans la même ruche toutes les autres abeilles,
sur-tout, & cette circonstance est essentielle, si la ruche est placée où étoit auparavant celle dont les mouches ont été baignées. Pour ne les y faire entrer que
lorsqu'elles seront en bon état, on étendra une nappe
ou plusieurs serviettes devant cette ruche, c'est-à-dire,
du côté où sont les entrées. A mesure que les mouches
d'un séchoir paroîtront avoir repris leurs forces, on le
vuidera sur une des serviettes. Là les mouches acheve-
ront de se sécher ; & on verra bientôt celles qui seront
en état de marcher, diriger leur route vers la ruche. On
vuidera ainsi tous les séchoirs les uns après les autres,
& leurs mouches rentreront dans la ruche ; il ne restera
sur les serviettes que celles qui auront perdu leur aiguillon, & que celles à qui quelque autre accident aura ôté
la vie.

Les opérations qui m'ont le plus mal réussi, celles qui m'ont fait perdre le plus d'abeilles, m'ont fourni une remarque qui ne doit pas être oubliée, & qui a été confirmée par ce qui est arrivé en d'autres circonstances; c'est qu'il semble que la vie de la mere peut résister à ce qui est capable de faire périr les abeilles ordinaires. Cela devoit être ainsi, puisque la vie de toutes les autres dépend de la sienne; & ce qui devoit être, est. Les différentes opérations qui m'ont fait perdre tant de mouches ordinaires, n'ont jamais fait périr une seule mere, ou, plus exactement, je n'en ai eu qu'une qui ait péri; mais ce fut par un accident contre lequel la nature n'a pas eu besoin de prendre des précautions. Elle ne fut repêchée au fond d'un tonneau, qu'au bout de trois heures; elle y avoit été entraînée par une croute de terre qui avoit été détachée de dessus la ruche, & qui l'y avoit recouverte. L'écumoire avec laquelle on la tira de-là lui cassa une jambe. Toutes ou presque toutes les abeilles qui étoient auprès d'elle, ne revinrent point à la vie. La mere quoiqu'estropiée reprit des forces, & je la conservai vivante pendant plusieurs jours. Après une nuit très-froide, j'ai trouvé quelquefois toutes les abeilles mortes ou mourantes sur le fond d'une ruche. Quand parmi ces abeilles, il y en a eu en état d'être ranimées par la chaleur, la mere a toûjours été une de celles-ci. Il est vrai aussi qu'elle est de celles qui sont le moins exposées au froid, qu'elle est couverte par les autres; & il est vrai que toutes les autres la soignent autant qu'il est en elles. Ses stigmates, par exemple, ne seront pas aussi poissés de miel, ou n'en resteront pas aussi long-temps poissés, que ceux des abeilles ordinaires; elle ne courra pas autant de risque d'être étouffée par le miel; car ces derniéres léchent la mere avec leur trompe, avec beaucoup plus de soin qu'elles ne léchent une abeille commune.

Indépendamment

Indépendamment de ce que font les abeilles ordinaires pour conferver la vie de leur reine, il m'a paru que cette vie précieufe peut fe foûtenir contre des accidents qui feroient funeftes aux autres mouches, comme cela devoit être.

N'ayant trouvé conftamment qu'une feule mere dans chacune des différentes ruches que j'ai examinées dans les mois de l'année où il n'en devoit pas fortir d'effaims, j'ai cherché à en voir plufieurs à la fois dans celles où j'avois lieu de préfumer qu'il y avoit un effaim prêt à partir. Les pluyes & les froids du printemps, ont rendu l'année 1739 tardive en effaims. Aucune de mes ruches, ni aucune de celles de mes voifins, n'en avoient encore donné, lorfque je me déterminai le 23 Mai, à en baigner une qui étoit fi peuplée, que lorfque les nuits étoient chaudes, il y avoit des pelottons d'abeilles qui les paffoient en dehors de la ruche. Pendant le jour, j'en avois vû fortir des mâles. Quoique ces fignes ne foient pas certains, ils font pourtant de ceux qui annoncent la fortie prochaine d'un effaim. Les mouches de cette ruche ayant été tenues fous l'eau pendant le temps néceffaire pour les mettre dans un état femblable à celui des mouches mortes, elles en furent tirées & étallées fur une table. Trois perfonnes qui fe connoiffoient bien en meres, s'occupérent à les examiner une à une : afin même qu'on les épluchât avec plus d'attention, & pour fatisfaire encore un autre objet de curiofité, j'exigeai qu'on les comptât. Je voulois fçavoir le nombre de mouches que pouvoit contenir un panier de grandeur ordinaire, lorfqu'il étoit bien rempli d'abeilles. La hauteur de celui-ci étoit environ de 19 pouces, & le diametre de fa bafe de 17. J'avois l'œil fur mes ouvriers, qui avoient autant d'envie de trouver des meres, que j'en pouvois avoir qu'ils en trouvaffent; en découvrir une en pareil cas, c'eft avoir le gros lot. On compta vingt-fix mille quatre cens vingt-fix abeilles communes qui avoient été baignées; je dis qui avoient été baignées, parce que toutes ne le furent pas. La ruche fut plongée dans l'eau à huit heures du matin; c'est-à-dire, à une heure où il y en avoit déja plusieurs à la campagne. On compta sept cens mâles.

Malgré le grand nombre des mouches communes de la ruche en question; & quoiqu'il y eût déja sept cens mâles transformés, on ne put parvenir qu'à trouver une seule mere. La ruche n'étoit pas aussi prête à donner un essaim que je l'avois cru. J'examinai tous les gâteaux avec soin; j'y trouvai dix cellules à fémelles, mais dont quelques-unes n'étoient encore qu'ébauchées, & dont les plus avan-cées n'avoient pas à beaucoup près, toute la longueur qu'elles auroient eue par la suite. Une seule & qui étoit la plus longue de toutes, avoit un ver encore assés petit, & qui n'auroit pû être en état de sortir hors de sa loge sous la forme d'une mouche mere, de plus de 12 à 15 jours. Ce n'étoit donc qu'après un pareil nombre de jours, qu'un essaim auroit pû prendre l'essor. Cette expérience prouve que dans les temps qui précédent de peu celui de la sortie d'un essaim, les ruches les plus peuplées n'ont encore qu'une mere.

La même expérience nous apprend de plus, qu'une ruche est fournie de mâles avant que les vers qui doivent devenir des meres, soient en état de se transformer. Dès que les mouches fémelles sortent de leurs cellules, il y a dans la ruche plus de mâles qu'il n'en faut pour les féconder.

La ruche dont je viens de parler avoit en tout cinq gâteaux de cire posés parallelement les uns aux autres. Je fus curieux de compter, mais grossiérement, le nombre de leurs cellules; c'est-à-dire, qu'en prenant des termes moyens de longueur & de largeur, je réduisois chacun de ces gâteaux de forme irréguliére, à un gâteau de figure rectangle. Suivant ce calcul grossier dans lequel je ne crois

pas m'être trompé par excès, le nombre des cellules alloit
à plus de cinquante mille. De ces cinquante mille cellules,
il y en avoit plus de vingt mille pleines de couvain; c'eft-à-
dire, pleines, foit d'œufs, foit de vers, foit de nymphes.
La mere avoit cependant le ventre rempli de plufieurs
milliers d'œufs, d'autant de milliers qu'il pouvoit en contenir, & de beaucoup d'œufs prêts à être pondus. C'eft
de quoi je fus inftruit malgré moi; en la pouffant mal
adroitement pour la faire entrer dans une ruche vitrée,
je lui crevai le ventre; des œufs auffi gros que ceux qui
font dépofés dans les cellules, fortirent par la bleffure. Il
n'y avoit pas d'efpérance qu'une pareille playe pût être
guérie, auffi n'héfitai-je point à la faire périr fur le champ:
je lui ouvris le corps; & ce fut alors que je vis qu'il étoit
plein d'œufs en tous états. Une partie confidérable, & probablement la plus confidérable partie des mouches de la
ruche, c'eft-à-dire, de plus de vingt-huit à vingt-neuf
mille, devoit fa naiffance à cette mere; elle l'avoit donnée
à plus de vingt mille autres mouches qui étoient encore
dans les cellules fous la forme de couvain; & cependant,
elle avoit le corps plein de plufieurs milliers d'œufs. Voilà
une fécondité bien étonnante.

Parmi les cellules, il y en avoit environ deux mille cinq
cens vingt de celles où les vers qui deviennent des mâles
prennent leur accroiffement; & plus de la moitié de ces
cellules étoit occupée, foit par des vers, foit par des nymphes dans lefquelles ils s'étoient transformés. Nous avons
dit ci-devant qu'on avoit trouvé fept cens mâles dans cette
ruche; il auroit donc dû y en avoir plus de deux mille. Il
eft bien furprenant que tant de mâles foient deftinés à fi
peu de fémelles, & naiffent pour être tous tués au bout
de quelques femaines.

Des ruches, quoique peu peuplées d'abeilles ordinaires,
ne laiffent pas d'avoir un affés grand nombre de mâles.

Après avoir compté les abeilles ordinaires d'une ruche que j'avois baignée, je ne lui en trouvai que deux mille neuf cens, & je lui trouvai quatre cens cinquante mâles.

Ces mâles vivroient bien plus long-temps qu'ils ne font, ils passeroient l'hiver comme le passent la mere & les abeilles ouvriéres, si celles-ci ne les condamnoient pas & ne les mettoient pas à mort. Car quoique nous ayons dit que nous n'avions pas trouvé un seul mâle dans les ruches que nous avions baignées, soit dans l'automne, soit en hiver, soit au commencement du printemps, il y a quelquefois des ruches où il en reste dans toutes ces saisons, & on n'a pas besoin d'en baigner les mouches pour les y trouver. On les en voit sortir & on les y voit rentrer. Ce que nous avons voulu établir & ce que nous avons bien prouvé, c'est que les meres peuvent être extrêmement fécondes, quoiqu'elles soient huit à neuf mois sans avoir de communication avec des mâles ; il semble même que de vivre avec eux pendant ces huit à neuf mois, ne puisse que nuire à leur fécondité. Il arrive, quoique très-rarement, que les abeilles ouvriéres ne parviennent pas à les tuer tous dans le temps, qu'elles désespérent peut-être d'y pouvoir réussir ; & qu'elles se resolvent à les laisser tranquilles. Alors elles passent avec eux l'automne & au moins une partie de l'hiver. Ce fait, quoique rare, est connu de ceux qui font commerce de mouches à miel ; mais loin qu'ils augurent bien par rapport à la multiplication, des ruches où des mâles sont restés dans un temps où il ne devroit pas y en avoir, ce sont des ruches sur lesquelles ils ne comptent plus & qu'ils regardent comme perdues. Ils croyent que les mâles mangent tout le miel des abeilles ; ils en mangent assurément ; mais une ruche bien pleine de miel, auroit de quoi en fournir pendant l'hiver & le commencement du printemps, aux abeilles & aux faux-bourdons. Il y a donc lieu de croire qu'ils nuisent à la ruche de quelqu'autre façon. Il se pourroit faire qu'ils empêchassent que l'ancienne mere & les nouvelles meres qui y naissent, ne fussent fécondées au printemps & au commencement de l'été; en un mot, dans le temps où elles ont besoin de l'être. S'ils n'étoient pas aussi indifférents qu'ils nous l'ont paru dans le dernier Mémoire, on pourroit croire, que trop vieux pour contribuer à la génération, ils empêchent les jeunes mâles de s'approcher des reines. Peut-être y a-t-il plus que cela; peut-être que les œufs sont alterés dans le corps des meres qui vivent trop long-temps avec des mâles, que les embryons de ces œufs périssent.

Ce ne sont là que des conjectures, & qui probablement resteront toûjours conjectures; mais ce que je sçais de certain, c'est que j'ai eu trois ruches, & chacune des trois dans une année différente, où des mâles en grand nombre restérent en vie pendant l'automne & pendant partie de l'hiver, & que je les perdis toutes trois de la même maniére. Une de ces ruches m'avoit donné au commencement de Juin, le plus fort essaim que j'aye vû. Après qu'il fut parti, lorsque j'examinai les mouches qui avoient demeuré dans l'ancienne habitation, j'y crus voir autant de faux-bourdons que d'autres abeilles. Le nombre de ceux-ci, au moins, étoit peu inférieur au nombre de celles-là. Inutilement entrepris-je d'aider aux ouvriéres à les détruire. J'en tuai plus de cinq cens, & ce ne fut pas assés; ils vécurent encore en grand nombre avec elles. Dans les beaux jours d'hiver & les premiers du printemps, les mouches de cette ruche alloient à la campagne comme celles des autres, & les mâles y alloient quelquefois avec elles. Mais le printemps n'étoit encore gueres avancé, quand il m'arriva un matin de trouver la ruche déserte; ses mouches l'avoient abandonnée. Tout se passa de même par rapport aux deux autres des trois ruches dans lesquelles beaucoup de bourdons s'étoient conservés pendant l'hiver, elles furent même abandonnées de meilleure heure; l'une le fut dès le commencement de Février, & l'autre à la fin du même mois. Ce n'étoit pourtant pas parce que les provisions manquoient, que les abeilles se déterminérent à quitter la derniére. Elles y laissérent plus de douze livres de très-bon miel. Le nombre des ouvriéres que j'y trouvai mortes, n'alloit pas à trente ou quarante; les autres étoient parties avec la mere. Le nombre des mâles morts surpassoit quatre à cinq fois celui des ouvriéres mortes.

M. de Moralec Lieutenant d'artillerie à Saumur, & du génie inventif duquel on a des preuves dans le Recueil des machines approuvées par l'Académie, a imaginé une maniére simple & sûre de détruire tous les mâles d'une ruche dans le temps où ils ne peuvent plus que nuire. Il a imaginé de mettre devant les trous qui permettent aux mouches d'entrer dans leurs ruches, des espéces de portes *. Chacune est faite d'une petite lame de fer blanc coupée quarrément, & dont un des bouts est roulé pour laisser passer un fil de fer sur lequel la porte peut se mouvoir. Le même fil de fer peut porter plusieurs portes pareilles *, autant qu'il y a de trous allignés par lesquels les abeilles peuvent entrer. On arrête le fil de fer qui est chargé de toutes les portes, à une hauteur telle qu'une abeille ordinaire puisse passer librement sous la porte; mais de maniére aussi que cette distance soit trop petite pour le volume du faux-bourdon : celui-ci pourtant ne laisse pas de sortir aisément quand il le veut; il soûleve la porte; legére comme elle l'est, elle lui fait peu de résistance. Mais s'il est aisé au faux-bourdon de la soûlever pour sortir, il n'en est pas de même pour rentrer. C'est une soûpape qui peut être poussée vers le dehors de la ruche, & qui ne peut l'être vers le dedans, elle est arrêtée par le bois. Tous les mâles qui sont une fois sortis de leur ruche, ne peuvent donc plus espérer de rentrer; & on est maître de les tuer

pendant qu'ils font des efforts inutiles pour y parvenir,
ou de les laiffer tuer par les abeilles ordinaires.   -

EXPLICATION DES FIGURES
DU DIXIEME MEMOIRE.
PLANCHE XXXV.

LA Figure 1 eft celle d'un camail propre à mettre à
couvert contre les piquûres des abeilles, le vifage, la tête
& le col de celui qui eft obligé de les inquieter, & même
de les irriter. *m,* mafque de crin, c'eft-à-dire, de toile à
tamis. *c, c,* cordons qui fervent à attacher une des manches fur un des bras. *d, d,* cordons propres à tenir le camail
appliqué bien exactement fur la poitrine.

La Figure 2 repréfente un de ces féchoirs, au moyen
defquels l'on reffuye & l'on ranime les abeilles qui ont été
tirées du bain comme mortes. Les parois de ce féchoir
font faites d'une toile à tamis, étendue & affujettie fur
un bâtis d'ofier. En *g,* finit le bâtis d'ofier. *g o,* peut être
appellé le col du féchoir. Ce col pourroit être plus long
qu'il ne l'eft ici, & il n'en feroit que plus commode. Il
eft à propos de mettre un anneau de fil de fer auprès de
fon ouverture *o o ;* il la tient ronde dans les temps où l'on
veut faire entrer les abeilles, & ce qui importe plus, dans
celui où on veut les faire fortir du féchoir. Le cordon
c c, fert à lier le col du féchoir, afin que les abeilles qui ont
repris vigueur, n'en puiffent fortir que lorfqu'on le leur
permet. *p, p,* poignées qui mettent en état de manier le
féchoir fans rifque, lors même que les abeilles font devenues très-vives.

La Figure 3 montre le bâtis du féchoir fur lequel la
toile à tamis peut être appliquée & arrêtée comme elle
l'eft dans la figure 2.

Les Figures 4 & 5 font voir de ces portes ou foûpapes que M. de Moralec a imaginé de mettre aux ruches dont on veut détruire les mâles. La figure 4 a quatre trous ouverts, & un feul couvert en partie par une foûpape. Les quatre trous de la figure 5, ont chacun leur foûpape. L'ouverture qui eft entre le bord inférieur du trou, & celui de la porte, fuffit pour laiffer paffer librement une abeille. Mais le faux-bourdon ne peut fortir qu'en foûlevant la foûpape, & il ne lui eft plus poffible de la foûlever quand il veut rentrer.

La Figure 6 fait voir une ruche qu'on a renverfée fans deffus deffous pour faire paffer fes abeilles dans une autre ruche; on l'a fait entrer en terre jufqu'en *r r*, pour la maintenir ainfi renverfée.

Dans la Figure 7, une ruche *f f*, dans laquelle on veut loger les abeilles, a été pofée fur la ruche de la figure 6.

La Figure 8 repréfente les ruches *r r*, & *f f*, de la figure précédente, entourées à leur jonction d'une grande ferviette liée autour d'elles avec de la ficelle; & cela pour fermer tous les paffages que les abeilles pourroient trouver.

La Fig. 9 fait voir la ruche *f f*, des figures précédentes, pofée fur l'ancien appuy de la ruche *r r*; beaucoup de mouches y font déja entrées, & d'autres continuent à s'y rendre.

La Figure 10 eft celle de la ruche *r r*, des figures 6, 7 & 8, dont la plûpart des mouches ont été chaffées, & dont celles qui reftent fortent pour s'acheminer vers la ruche *f f. nn*, eft une nappe fur laquelle la ruche *r*, a été fecouée. *p*, planche difpofée en maniére de pont pour abbréger le chemin aux mouches qui font en route pour fe rendre à la ruche *f f.*

La Figure 11 repréfente un cuvier plein d'eau, dans lequel une ruche a été baignée. Les abeilles flottent fur l'eau de ce cuvier.

ONZIEME

Pl. 35.
Fig. 1.
m
Fig. 7.
Fig. 6.
Fig. 9.
Fig. 10.

ONZIÉME MEMOIRE.

DE CE QUI SE PASSE
DANS CHAQUE ALVEOLE
D'UNE RUCHE

Depuis qu'un œuf y a été dépofé, jufques à ce que le
ver forti de cet œuf parvienne à être une abeille.

NOus devons retourner à ces alvéoles dans le fond de chacun defquels nous avons vû * que la mere avoit laiffé, ou, pour ainfi dire, planté un œuf; car nous avons fait remarquer que cet œuf, qui a cinq à fix fois plus de longueur que de diametre, n'a d'appuy que par un de fes bouts; il eft en l'air, il s'en faut même peu qu'il ne foit parallele à l'horifon *. C'eft une pofition dans laquelle il ne refteroit pas, s'il n'y étoit retenu par quelque efpéce de colle; mais il eft fi leger que la colle la plus foible, un peu de miel épais, fuffiroit pour l'affujettir. Pour peu que l'épingle avec lequel on en détache un, foit mouillée, il s'y tient dans la pofition où on l'y a mis *: à la vérité, il n'y eft pas auffi folidement arrêté qu'il l'eft au fond de fa cellule. Ses deux bouts font arrondis; l'un des deux * eft plus gros que l'autre *. C'eft le fupérieur, le plus éloigné * du fond de la cellule, qui eft conftamment le plus gros; preuve encore que la mere abeille n'a pas eu befoin d'être attentive à lui donner des appuis. Sa figure n'eft pas droite, il a un peu de courbûre. Ces œufs font d'un blanc un peu bleuâtre qui tire fur le girafol. Ils n'ont pour enveloppe, comme ceux de tant d'autres efpéces d'infectes, qu'une

* *Mémoire.*
IX.

* Pl. 36. fig.
1. o.

* Fig. 2.

* o.

* b.

membrane flexible; l'œuf lui-même l'eſt; on peut le plier
preſque en deux, & lui faire reprendre enſuite ſa premiére
figure. A la vûe ſimple, & même avec une loupe de trois
à quatre lignes de foyer, il paroît extrémement liſſe; mais
ſi on le conſidére avec un microſcope qui groſſiſſe extrémement, on apperçoit un travail qu'on croit ſur ſa ſurface, & qui eſt peut-être dans ſon intérieur. Swammerdam a dit qu'il paroît alors comme s'il étoit couvert
d'écailles. Ce que j'ai vû, c'eſt que près de ſes bouts, il
y a des traits droits qui forment des eſpéces de lozanges
très-allongés.

Juſques ici nous avons fait entendre que la mere ne
laiſſoit qu'un œuf en chaque cellule. C'eſt pourtant une
regle qui ſouffre des exceptions, & le cas où elle en ſouffre
eſt aiſé à prévoir. Si la mere preſſée par le beſoin de pondre,
ne trouve pas autant de cellules vuides qu'elle a d'œufs
dans le corps qu'elle n'y peut plus retenir, il ne lui reſte
d'autre parti à prendre, que d'en dépoſer pluſieurs dans
chaque cellule. J'ai vû auſſi quelquefois des cellules qui en
avoient deux, quelques-unes qui en avoient trois, & d'autres qui en avoient juſques à quatre. La premiére fois que
j'obſervai des cellules dont chacune contenoit plus d'un
œuf, ce fut dans une petite ruche où j'avois mis une mere
avec trop peu d'ouvriéres; à peine en avoit-elle ſix cens
à ſon ſervice; & elle eût eu beſoin d'y en avoir autant de
milliers qu'elle y en avoit de centaines. Le petit nombre
de mouches ne put fournir à conſtruire autant de cellules
que la mere avoit beſoin d'en avoir à ſa diſpoſition. Pluſieurs de celles qui furent conſtruites furent même remplies du miel néceſſaire pour vivre au jour le jour. Dans
le peu de cellules dont la mere put diſpoſer, elle mit preſque par-tout les œufs deux à deux. Je ne pus ſuivre ce
qui arriva à ces œufs, car la mere & ſa petite troupe

abandonnérent la ruche, & peut-être la mere ne l'abandonna - t - elle que pour tâcher de se faire recevoir dans
une autre mieux peuplée, & où elle pût pondre à son
aise.

Avant que j'aye été bien instruit de toutes les attentions qu'il falloit avoir en baignant les abeilles, j'ai perdu
un grand nombre de celles à qui je faisois soûtenir cette
opération : dans une ruche que j'avois assés mal peuplée,
des abeilles qui m'étoient restées d'un bain mal fait, & où
pourtant je mis bien le double des mouches qu'il y avoit
dans l'autre ruche dont je viens de parler, celles que j'y
établis ne purent encore construire le nombre de cellules
que la fécondité de la mere demandoit. Aussi en vis-je
un matin plusieurs qui avoient deux œufs, & quelques-
unes qui en avoient jusques à trois. La mere qui sçavoit
apparemment ce qu'elle devoit se promettre de mieux
pour l'avenir de ses ouvriéres, n'abandonna pas sa ruche.
C'est de quoi je fus fort content, parce que j'étois curieux
de sçavoir ce qui arriveroit aux œufs surnumeraires. Une
cellule ne peut servir qu'à élever un ver, deux, & à plus
forte raison, trois vers y seroient mal à leur aise. Il vient
un temps où l'insecte sous sa premiére forme, ou sous celle
de nymphe, remplit la cellule en entier. Les abeilles qui
sçavent cela, comme elles sçavent tout ce qu'elles ont
besoin de sçavoir, & qui, comme nous le verrons dans
l'instant, prennent un grand interêt à la vie des vers, re-
marquerent apparemment les cellules où trop d'œufs
avoient été déposés; elles n'en laisserent qu'un dans chacune. Au bout de 24 heures je ne vis plus qu'un œuf
dans plusieurs des cellules où j'en avois vû deux ou même
trois; & au bout de deux jours toutes n'en avoient qu'un
seul. Dans ces deux jours beaucoup de cellules nouvelles
avoient été construites; mais je ne sçais si les abeilles

avoient porté dans quelques-unes de ces nouvelles cellules les œufs qu'elles avoient ôtés aux anciennes. Se fuffent-
elles contentées de tirer les œufs furnumeraires de chaque
cellule, les euffent-elles abandonnés à leur mauvais fort,
elles euffent toûjours fait une action utile. Si au lieu de
facrifier les vers qui devoient fortir de ces œufs, elles les
euffent épargnés, tout ce qui en feroit arrivé, c'eft qu'ils
feroient péris plus tard, & qu'ils auroient fait languir, &
peut-être périr des vers qui ne pouvoient manquer de
venir à bien dès qu'ils refteroient feuls.

Il arrive quelquefois dans des ruches dont les mouches
n'ont pas été auffi mal traitées que celles dont je viens
de parler, dans des ruches très-peuplées & très-fournies de
gâteaux, qu'il y a quelques cellules qui ont deux œufs;
& cela arrive, quand la mere n'en trouve pas de vuides & de
nettes, lorfque trop de cellules font remplies de miel ou
de couvain, c'eft-à-dire, felon la définition que nous
avons déja donnée de ce dernier terme, d'œufs, de vers
ou de nymphes.

La plûpart des Auteurs qui ont écrit fur les abeilles
fans les avoir examinées avec des yeux affés éclairés &
affés attentifs, ont prétendu qu'elles couvoient les œufs
dépofés dans les cellules, comme les oifeaux couvent les
leurs. Plufieurs ont chargé les mâles de cette fonction;
quelques-uns même ne les défignent que par le nom
de mouches *couveufes*. Ce fentiment eft affés commun
aux Auteurs qui ont donné des préceptes pour bien
gouverner les abeilles. Vandergroen, par exemple, dans
l'ouvrage qu'il a intitulé, le Jardinier des Pays-Bas *,
veut que dès qu'un effaim eft forti d'une ruche, on
la renverfe, on vifite tous les gâteaux, & il prefcrit *de
couper la tête avec un couteau bien affilé à toutes les mouches qui couvent, & même à celles de ces mouches qui ne*

font pas encore forties des cellules. D'autres qui ont fait attention qu'on trouve pendant prefque tous les mois de l'année, foit des œufs, foit des vers naiffants, dans la plûpart des ruches, quoique ces ruches foient dépourvûes de faux-bourdons pendant plus de huit ou neuf mois entiers, ont chargé les abeilles ordinaires du foin de couver.

M. Maraldi n'a pas cru que les abeilles couvaffent les œufs à la maniére des oifeaux ; il fçavoit très-bien que l'on ne voit point une abeille fe tenir conftamment dans une cellule où il y a un œuf. Mais il a cru qu'elles avoient une façon de couver qui leur eft particuliére, que des abeilles alloient fe pofer fur les bords des ouvertures des cellules à œufs, & qu'en agitant leurs aîles avec vîteffe, elles produifoient une chaleur propre à fair éclorre les vers. Quoiqu'il foit certain, comme nous le prouverons dans la fuite, que les mouvements que fe donnent à la fois les abeilles d'une ruche, peuvent faire naître affés fubitement un grand degré de chaleur, on ne doit pas attendre que celle d'une ruche foit fenfiblement augmentée par l'agitation des aîles d'un petit nombre de mouches. L'œuf qui eft au fond d'une cellule ne peut gueres être échauffé par la mouche qui meut avec vîteffe fes aîles au-deffus de l'ouverture de cette cellule. Mais ce qui doit parfaitement défabufer de l'idée qu'on a eûe de faire couver les abeilles de quelque maniére que ce foit, c'eft qu'on peut obferver que les cellules à œufs font fouvent les plus abandonnées ; elles font fouvent plus à découvert que les autres ; les mouches ne paffent deffus que quand la route qu'elles ont prife l'exige. Les œufs ne demandent pour être couvés, que la chaleur qui eft répandue dans la ruche, chaleur qui fouvent approche fort de celle qu'une poule peut donner aux œufs fur lefquels elle refte conftamment pofée, & qui quelquefois la furpaffe.

C c c c iij

Le moment où un ver fort de fon œuf n'eft pas aifé à faifir, & il m'a échappé. Je l'euffe mieux épié que je n'ai fait, fi j'euffe foupçonné qu'il dût avoir quelque chofe de particulier à m'offrir. Ce qui eft certain, & ce que je me fuis contenté de fçavoir, c'eft qu'au bout de deux ou de trois jours, felon qu'il fait plus ou moins chaud, on peut trouver le ver dans le fond de la cellule. Si on attend à l'y chercher quatre ou cinq jours après que l'œuf a été pondu, on l'y trouve plus grand qu'on n'auroit cru qu'il devoit être. Son accroiffement & toutes fes métamorphofes fe font affés vîte dans les faifons favorables.

Qu'on remarque, comme je l'ai fait plufieurs fois, une cellule dans laquelle un œuf vient d'être dépofé, fi on ne vient la revoir qu'au bout de vingt à vingt-un jours, on pourra arriver dans le moment où la mouche à laquelle cet œuf a donné naiffance, travaille à fortir de fa cellule, & eft prête à prendre l'effor. Je mis des mouches en ruche le 25 du mois de Mai; le lendemain elles travaillerent avec ardeur à faire des gâteaux; le 27, j'obfervai quantité de cellules dans chacune defquelles il y avoit un œuf; le 17 Juin, chacune de ces cellules donna à la ruche une nouvelle mouche. J'ai fait des obfervations femblables bien des fois, & dans des faifons favorables quoique plus ou moins avancées.

Depuis que le ver eft né jufques à ce que le temps de fa première métamorphofe approche, il eft toûjours dans la même attitude; il eft long *, & il fe tient roulé en anneau, de maniére que fa tête touche fon derriére *. L'anneau qu'il forme eft plein ou prefque plein; le milieu en eft rempli par les parties charnues du ventre. On diftingue différentes lignes blanches, qui des côtés fe dirigent à peu près vers un centre commun. Le ver eft ainfi appliqué prefque contre le fond de fa cellule. Ce fond ne femble pas trop propre à le recevoir à caufe de fa figure angulaire;

* Pl. 36. fig. 3 & 4.
* Fig. 5 & 6.

mais fi on fe rappelle la pofition de la cellule, que fa coupe tranfverfale eft prefque perpendiculaire à l'horifon, on jugera que le ver en doit peu preffer le fond par fon poids. Si on en retire un & qu'on examine le fond de la cellule, on verra même que le ver y étoit pofé plus mollement qu'on ne l'avoit penfé : on y appercevra une couche affés épaiffe d'une efpéce de gelée ou de bouillie qui a une couleur blancheâtre; elle fait, pour ainfi dire, le lit fur lequel le ver eft couché, ou, plus exactement, le doffier de fon fiége.

Cette même matiére fur laquelle le ver eft mollement appuyé, eft auffi celle dont il fe nourrit. Il feroit incapable de l'aller chercher; il ne feroit pas même en fon pouvoir de fe traîner hors de fa loge. Mais il peut y être tranquille; il y fera toûjours pourvû abondamment de tout le néceffaire. Les abeilles ordinaires font les nourrices que la nature a accordées aux vers; elle leur a donné pour eux une affection fur laquelle on peut plus compter qu'on ne peut compter parmi les hommes fur celle des nourrices que les meres choififfent à leurs enfants. A plufieurs heures du jour, on voit une abeille entrer la tête la premiére dans la cellule où il y a un ver, y refter quelque temps. Ce qu'elle y fait ne peut être obfervé, mais on eft fûr au moins qu'elle fournit au ver la matiére dont il doit fe nourrir, & qu'elle en renouvelle la provifion. Après que cette abeille eft fortie, on en voit quelquefois une ou plufieurs autres fucceffivement & en différents temps qui mettent leur tête à l'entrée de la même cellule, comme pour reconnoître fi le ver qui y eft logé, a tout ce qu'il lui faut : un coup d'œil fuffit pour le leur apprendre ; fouvent elles paffent outre dans l'inftant; & ce n'eft quelquefois qu'après avoir examiné beaucoup de cellules les unes après les autres, qu'elles entrent dans une qu'elles ont reconnuë n'avoir pas été pourvûe fuffifamment.

Quand une abeille refte pendant quelques inftants dans la cellule d'un ver, c'eft fans doute pour y dégorger de cette efpéce de bouillie ou de gelée contre laquelle le corps du ver eft appliqué & dont il eft entouré. On pourroit douter fi cette matiére que nous regardons comme celle dont il fe nourrit, n'eft pas plûtôt celle dont il fe vuide; mais ce doute ne paroîtra pas affés fondé, lorfqu'on fe rappellera que tous les vers auxquels ceux-ci font analogues, rejettent très-peu ou ne rejettent prefque point d'excréments; & fur-tout lorfqu'on fçaura que les plus jeunes vers ont autant de cette matiére dans leurs cellules, que ceux d'un âge plus avancé en ont dans les leurs. Loin même qu'elle aille en s'y accumulant, comme elle le devroit fi elle étoit compofée des excréments, elle va en diminuant, on n'en trouve plus dans les cellules habitées par des vers prêts à fe métamorphofer. D'ailleurs, elle a fi peu de reffemblance avec des excréments, qu'il paroît inconteftable qu'elle eft la matiére qui doit fournir à l'accroiffement du ver.

Il y a affés de cette bouillie dans chaque cellule pour en pouvoir prendre avec la tête d'une épingle à trois ou quatre reprifes différentes, de petites maffes de la groffeur de la tête de l'épingle, fans ce qui refte trop étendu fur le fond de la cellule pour pouvoir être enlevé d'une façon fi groffiére. On peut donc goûter de cette matiére. Si on l'a prife dans la cellule d'un jeune ver, on la trouve abfolument infipide telle qu'une efpéce de colle de farine. Swammerdam qui a obfervé cette efpéce de gelée, paroît embarraffé comme on doit l'être, fur l'endroit où les abeilles la prennent. Il s'échappe à la vérité de certains arbres, une feve qui s'épaiffit & s'accumule fur l'ouverture qui l'a laiffé fortir, & qui, autant que les yeux & le goût en peuvent juger, a beaucoup de reffemblance avec la gelée en queftion; mais Swammerdam a très-bien remarqué que les

abeilles.

abeilles ne trouveroient pas de cette feve épaiffie en hiver,
au milieu duquel elles ont quelquefois des vers à nourrir.
Il y a donc plus d'apparence, comme il paroît difpofé
à le croire, que le miel, j'y ajoûterois la cire brute que
les abeilles ont fait paffer dans leur corps, y reçoivent
une préparation qui les fait devenir l'efpéce de bouillie
qui eft l'aliment des vers.

Quelques obfervations qui ont échappé à Swammerdam, car à qui n'en échappe-t-il pas! me confirment dans
cette idée; & ces obfervations m'ont paru curieufes par
elles-mêmes; elles nous apprennent que les abeilles pro-
portionnent la nourriture à l'état des vers; qu'elles leur
en donnent de différentes felon leur âge & leurs forces.
Quand j'ai goûté de la bouillie qui étoit dans les cellules
des vers dont la grandeur étoit au-deffus de la moyenne,
je ne l'ai plus trouvée fi infipide que celle que j'avois tirée
des cellules de vers plus jeunes; je lui ai trouvé une lé-
gere pointe de fucre ou de miel. La matiére tirée de
cellules de vers plus âgés, avoit un goût de miel plus
marqué, très-fenfible. Enfin, dans les cellules des vers
prefque à terme, la gelée avoit un goût très-fucré. Je dis
fucré, car fa douceur n'avoit pas le fade du miel, une petite
acidité y étoit pourtant jointe. Les différences que le goût
fait appercevoir, ne font pas les feules qui fe trouvent
entre la matiére du fond des cellules des jeunes vers &
celle des cellules des vers plus âgés; des yeux attentifs y
en peuvent appercevoir d'autres. La matiére des premiéres
cellules reffemble plus à de la bouillie, elle eft plus blancheâtre; & celle des derniéres reffemble plus à de la gelée,
le blanc en a difparu, elle eft plus tranfparente; & elle tire
tantôt fur le jaunâtre & tantôt fur le verdâtre. Enfin, la
matiére des cellules des vers d'un âge moyen, entre les
âges de ceux dont nous venons de parler, eft d'une couleur

Tome V. .Dddd

moyenne entre les couleurs des matiéres des autres cellules.
Il semble que ce soit par degrés que les abeilles conduisent
les vers à être en état de se nourrir de miel dont ils doivent
vivre en grande partie sous la forme de mouches.

Ces vers sont de ceux qui sont dépourvûs de jambes,
elles leur euffent été bien inutiles, puisqu'ils devoient
paffer leur vie de ver roulés dans une cellule. Outre la
différence que la grandeur met entre les plus jeunes & ceux
qui sont à terme, il n'y en a gueres d'autre si ce n'est que les
premiers ont leurs anneaux mieux marqués; & que regardés
de quelque diftance, ils paroiffent d'un blanc bleuâtre, prefqu'ardoifés. Le fond de leur blanc eft alteré par un bleu
foncé tirant sur le brun, qui eft répandu dans quelques-
unes de leurs parties intérieures ; mais en croiffant, ils deviennent prefque par-tout d'un blanc de lait. Il faut apporter quelqu'attention pour parvenir à les tirer hors de leurs
cellules fans les bleffer. Lorfqu'ils en font dehors, on
reconnoît qu'ils font incapables de fe traîner sur la place
où on les a mis ; ils allongent un peu leur partie antérieure *; ils la contractent enfuite, & fe donnent quelques
légers mouvements qui prouvent à la vérité qu'ils font en
vie, mais qui les font regarder comme très-engourdis &
comme très-foibles.

* Pl. 36. fig.
3. t.

*Fig. 9 & 10.

Leur tête * demande qu'on les place dans la claffe des
vers qui en ont une de figure conftante. Leur mufeau
confidéré à la loupe, paroît auffi décider que leur genre
ou leur claffe fubordonnée eft celle des vers qui ont une
bouche qui a de la reffemblance avec celle des chenilles ;
car la partie antérieure de la tête ou le bout du crane, a
une lévre fupérieure, & on lui trouve en deffous, une
lévre inférieure compofée de trois parties *, comme l'eft
celle des chenilles, & comme l'eft celle de beaucoup de
vers. Il ne refte qu'à trouver à leur tête, deux dents ou

* 1 f l.

crochets qui répondent aux deux dents des chenilles, &
à celles des vers de la claſſe où nous voulóns mettre ces
vers des abeilles. Ceux-ci, qui n'ont qu'à avaler une ſorte
de bouillie, n'ont pas beſoin d'avoir de fortes dents; ils
n'en ont auſſi que deux foibles & difficiles à appercevoir.
On commence à s'aſſûrer que les environs de la bouche
ont des parties dures, comme écailleuſes, ſi l'on conduit
ſon doigt ſur la tête de derriére en avant. On ſent des
parties qui frottent plus rudement que des chairs. Mais
ſi on conſidére le deſſus de la tête dans un jour favorable,
on trouve les deux crochets analogues à ceux des vers dans
la claſſe deſquels nous voulons les laiſſer. Ces deux
crochets * ſuivent le contour du bout ſupérieur de la tête;   * Pl. 36. fig.
ils ſe terminent près de la lévre ſupérieure par une petite   9. *c*, *c*.
pointe écailleuſe & jaunâtre. Ils ſont ſi exactement appliqués contre le contour de la tête, qu'il ne ſeroit pas poſſible de les y diſtinguer, ſi on n'avoit les deux mains libres
pendant qu'on les regarde à la loupe; c'eſt-à-dire, ſi on
n'avoit ſur le nez une de ces lunettes à loupe dont nous
avons enſeigné ailleurs à ſe ſervir, qui donnent l'uſage
d'une main de plus. Swammerdam à qui ce ſecours manquoit, avouë naturellement qu'il n'a pû bien voir *les par-*
ties de la tête de ce ver; & cela, ajoûte-t-il, *faute d'une*
main qui pût les écarter les unes des autres; car l'une de
ſes mains étoit occupée à tenir le ver, & l'autre à tenir la
loupe. Mon nez étant chargé de la loupe, j'ai eu la main
néceſſaire pour éloigner avec la pointe d'une épingle, un
des crochets du contour de la tête contre lequel il étoit
appliqué.

    En deſſous de la tête * on trouve la levre inférieure;   * Fig. 10,
la partie * qui en fait le milieu s'éleve juſques à la levre   * f.
ſupérieure & même par-deſſus, comme s'éleve la levre
d'une bouche humaine dont la mâchoire inférieure ſe

Dddd ij

porte trop en devant. Le bout de cette partie eſt comme taillé quarrément ; il a quelquefois lui-même l'air d'une eſpéce de bouche ; je veux dire qu'en certains temps, on y voit une cavité oblongue formée par des chairs pliſſées ; mais quelquefois il ſort de cette cavité, une petite lame charnue qui eſt taillée quarrément. Nous prouverons bientôt que ces ſortes de vers ſçavent filer, & c'eſt dans cette lame charnue que la filiére eſt placée. Les deux

* Pl. 36. fig. 10. *l, l.* autres parties * de la levre inférieure, celles qui en font les côtés, diminuent inſenſiblement de groſſeur en s'éloignant de leur baſe ; elles ſe terminent par des pointes fines, rouſſeâtres, dures & comme écailleuſes. Ces pointes ſont peut-être des inſtruments utiles au ver, lorſqu'il place les fils de ſoye qu'il tire de ſa filiére. Elles ont auſſi à leur face intérieure au-deſſous de la pointe, comme deux à trois petites dentelûres jaunâtres & écailleuſes. La

* *f* partie * qui eſt entre celles-ci & la plus conſidérable de la levre inférieure, eſt appellée la langue par Swammerdam ; ce ſeroit une langue qui ſe trouveroit en entier hors de la bouche. Les conformations des inſectes ont des choſes plus biſarres ; mais on peut trouver une vraye langue dans la cavité de la bouche, à des inſectes qui ont une partie ſemblable à celle dont nous parlons. De-là il ſuit qu'elle ne doit encore être priſe que pour la plus conſidérable partie de la levre de nos vers d'abeilles, dont nous ne ſçaurions gueres nous promettre de voir la vraye langue. Celle-ci eſt apparemment dans la cavité qui ſe trouve entre la levre ſupérieure & l'inférieure, cavité que Swammerdam ne ſemble pas avoir connue ; & cela encore, faute d'avoir eu la facilité de ſéparer les unes des autres, les parties de la tête pendant qu'il les obſervoit.

Avant que de quitter cette tête, nous y devons faire
* Fig. 10. *i, i.* remarquer deux petits globes * dont il y en a un de chaque

côté , environ à diftance égale du bout antérieur & du bout poftérieur. Ils font auffi blancs que le refte , mais plus luifants , & on ne peut les prendre que pour deux yeux ; ils font l'un & l'autre dans un enfoncement qui leur fait une efpéce d'orbite.

Les vers les plus gros & les plus blancs , ont tout du long du dos *, depuis la tête jufques à l'anus , une raye jaunâtre : quoiqu'elle femble être fur la peau , elle n'y eft pas réellement ; la peau ne paroît colorée que parce qu'elle laiffe voir le conduit des aliments qui eft étendu en ligne droite , & rempli d'une matiére d'un jaune fauve. C'eft apparemment la blancheur du refte du corps , & fon air douillet & dodu qui ont tenté Swammerdam , & qui lui ont donné envie de fçavoir quels goûts avoient ces vers. Je m'en fuis d'autant plus volontiers rapporté à fon expérience , qu'il dit leur avoir trouvé un goût très-défagréable , femblable à celui du fuc pancréatique des poiffons , & qui , ce qui en donnera une idée à plus de gens , laiffe au gofier une impreffion femblable à celle du lard rance.

Sous le ventre *, on croit voir de diftance en diftance , des plis plus blancs que le refte , difpofés parallelement les uns aux autres , & tranfverfalement. On eft porté à croire , que ce font ceux qui fe font dans les endroits où le ver fe courbe. Quand on examine ces prétendus plis de plus près , on reconnoît que ce font des vaiffeaux , qui pour être d'un blanc argenté , ont plus d'éclat que le blanc de tout le refte du corps & que celui de la peau au travers de laquelle ils paroiffent ; en un mot , que ces vaiffeaux font des trachées. On peut s'en convaincre aifément ; on paffera fous l'un d'eux la pointe d'une épingle , & on le forcera de s'élever au-deffus de la peau déchirée ; alors on verra que le vaiffeau qu'on a enlevé , a confervé fa rondeur , quoiqu'il foit ouvert , & qu'il a une blancheur

** Pl. 36. fig. 11.*

** Fig. 12. t, t, t.*

D d d d iij

argentée ; deux caractéres qui diftinguent les trachées des autres vaiffeaux. Si même on tire de fuite deux ou trois de ces vaiffeaux hors du corps du ver, quelqu'un d'eux & peut-être tous les trois, feront voir que leur ftructure eft telle que nous avons trouvé celle des trachées *des vers aquatiques qui donnent les mouches à corcelet armé, & telle que nous avons dit alors qu'il y avoit apparence qu'étoit la ftructure de toutes les trachées des infectes. Nous avons prouvé que les trachées de ces vers aquatiques étoient faites d'un fil cartilagineux d'une prodigieufe fineffe, roulé en fpirale, comme le fil d'argent dont on fait ces ornements appellés cannetilles ou bouillons ; on voit que la ftructure des trachées des vers des abeilles, eft la même. Le tuyau qu'on a brifé pour l'élever au-deffus de la peau, laiffe paroître à un de fes bouts, un fil qui s'eft dévidé & qui fe dévide davantage fi on parvient à le prendre entre fes doigts, & qu'on le tire enfuite.

*Tome IV. Mem. 7. Pl. 22. fig. 12.

Les ftigmates *de ces vers, quoique très-petits, & quoique dépourvûs d'un rebord jaunâtre qui aide à faire diftinguer ceux de divers infectes, ne font pas difficiles à trouver; on n'a qu'à fuivre une trachée tranfverfale *, elle aboutit de chaque côté tout auprès d'un ftigmate. On trouve de la forte la fuite des ftigmates de chaque côté ; la ligne fur laquelle ils font rangés, eft marquée par une trachée qui va de la tête à la partie poftérieure. C'eft fur ces deux longues trachées que font pofés immédiatement les ftigmates ; d'auprès de chacun de ceux-ci part un tronc de trachée très-court, mais auffi gros que les trachées tranfverfales du ventre ; il s'éleve vers le dos & jette deux branches déliées, qui elles-mêmes fourniffent des ramifications.

* Pl. 36. fig. 12. f, f, f, &c.

* t.

En deffous du ver, près de fa tête, on voit des trachées

qui forment diverſes ondes ; on diſtingue de plus d'autres
ondes blancheâtres formées par des parties intérieures vûes
au travers de la peau.

L'anus du ver eſt à ſon dernier anneau, & n'eſt deſtiné
qu'à rendre peu d'excréments ; jamais il n'en rejette lorſqu'on tient le ver entre ſes doigts ; c'eſt pourtant un temps
où les vers qui ont à ſe vuider, ne manquent guéres de
le faire.

Dans les ſaiſons favorables à l'accroiſſement des inſectes, j'ai remarqué des cellules où la mere abeille venoit
pondre. J'ai enſuite obſervé au bout de huit jours, que
chacune de ces cellules étoit remplie par un ver qui n'avoit
plus beſoin de prendre d'aliment, c'eſt-à-dire, qui n'avoit
plus à croître : d'où il ſuit que tout le croît de chacun de
ces vers avoit été fait en moins de ſix jours, puiſque nous
avons vû que ce n'eſt guéres que deux jours après que
l'œuf a été pondu que le ver en ſort. Dès qu'il naît il ſe
roule, mais le rouleau qu'il forme alors eſt ſi petit qu'il
laiſſe bien du vuide entre ſa circonférence & les parois
de la cellule. Bientôt, c'eſt - à - dire , au bout de deux
jours ou environ, ce vuide eſt rempli : ce même rouleau formé par le ver s'applique contre le contour de
la portion de la cellule, à laquelle il répond. D'ailleurs le
ver étant devenu plus long, un ſeul tour ne ſuffit plus
pour la longueur de ſon corps. La tête ſe trouve poſée
au-deſſus du penultiéme anneau. Ses autres dimenſions
doivent augmenter, & augmentent en même temps. Or
puiſque dès les premiers jours le rouleau étoit un rouleau
plein, le corps que ſa poſition empêche de s'étendre du
dos vers le ventre, ne peut s'étendre que vers les côtés ;
il eſt forcé de prendre une figure applatie *. La coupe * Pl. 36. fig.
d'un anneau qui, dans les premiers temps étoit circulaire, 7 & 8.
eſt alors ovale. J'ai ſouvent ouvert des cellules qui avoient

été détachées des autres, & elles me fembloient contenir deux vers pofés l'un fur l'autre, parce que je n'imaginois pas qu'un feul ver roulé pût occuper une auffi longue portion d'une cellule que celle qu'il occupe quand il eft applati au point où le roulement demande qu'il le foit; mais dès que j'avois ôté ce ver de place, & que je l'avois mis en quelque forte en liberté, fon corps reprenoit de la rondeur.

Il vient donc un temps où le ver doit fe trouver mal à fon aife d'être roulé, & où il doit chercher à fe mettre dans une autre pofition, à s'allonger. Ce temps arrive quand celui où il doit fe métamorphofer pour la premiére fois, eft proche. C'eft auffi alors que les abeilles qui jufques-là lui avoient apporté des aliments convenables, ceffent de lui en donner qui lui feroient inutiles. Elles connoiffent qu'il n'a plus befoin de manger ; & elles fongent à le mettre hors de rifque d'être inquieté dans fon alvéole, où il ne doit plus même avoir de communication avec l'air extérieur. Le dernier des foins qu'elles prennent pour lui, eft celui de le renfermer dans fa petite loge, d'en murer, pour ainfi dire, l'ouverture avec de la cire. Plufieurs abeilles travaillent à la fois, ou les unes après les autres, à faire un couvercle de cire * à la cellule, & à l'appliquer exactement fur les bords, ceux-ci lui fervent d'appuis. Ainfi le ver fe trouve renfermé dans une efpéce de boîte de cire fcellée hermétiquement. La maniére dont les abeilles s'y prennent pour faire le couvercle de cire, ne fuppofe rien que nous ayons befoin d'expliquer; la façon en eft plus fimple que celle des cellules exago-nes, & la même que celle des couvercles des cellules à miel.

C'eft après que le ver a été ainfi renfermé dans fa cel-lule, qu'il fe déroule, fe redreffe & s'allonge. Jufques-là, il n'avoit eu d'autre peine que celle de manger. Son corps

avoit

* Pl. 36. fig. 16 & 17. c, c, c, &c.

avoit été dans le plus parfait repos ; mais les befoins de fon état futur demandent qu'il commence à travailler. La peau qui le couvrira lorfqu'il fera nymphe, eft apparemment plus délicate que celle qui le couvre pendant qu'il eft ver ; elle ne doit pas être expofée lorfqu'elle eft nouvelle & exceffivement tendre, à toucher immédiatement les parois de la cellule ; le ver fonge à les tapiffer de foye; il fçait filer comme le fçavent les chenilles. C'eft un fait qui a échappé à M. Maraldi, & qui pouvoit très-bien échapper à un bon obfervateur, mais que Swammerdam n'a pas ignoré. Je crois feulement que ce dernier a fait filer le ver de trop bonne heure; il l'a mis à l'ouvrage avant que l'alvéole eût fon couvercle de cire; & il m'a toûjours paru que le ver ne commençoit à filer qu'après qu'il avoit été renfermé de toutes parts. La portion de la toile qu'il ourdit, qui fe trouve à l'ouverture de la cellule, pourroit être gâtée par les abeilles qui mettent le couvercle de cire, fi elle étoit déja faite alors, comme Swammerdam l'a voulu. Malgré toute l'adreffe que nous fçavons aux abeilles, il ne paroît nullement poffible qu'elles puffent parvenir à appliquer la cire auffi parfaitement qu'elle eft appliquée fur toute cette portion de la toile; au lieu que le ver ne fait là que ce qu'il fait ailleurs quand il couche & colle exactement fur le couvercle, des fils de foye très-proches les uns des autres, & qui fe croifent.

La toile de foye que file notre ver, eft extrémement fine & extrémement ferrée; elle fuit exactement toutes les faces & les angles de la cellule à laquelle elle fert, pour ainfi dire, de chemife. On pourroit très-bien ne pas s'appercevoir qu'une cellule eft tapiffée de cette toile, fi on fe contentoit de lui ôter fon couvercle & d'en confidérer le dedans avec des yeux qui ne feroient aidés du fecours d'aucun verre. Mais fi on vient à brifer une cellule dans

Tome V. Eeee

toute fa longueur, ou plûtôt à en brifer plufieurs à la fois, & cela, en rompant un gâteau rempli de celles dont chacune a un ver ou une nymphe, & qui font toutes fermées par leur couvercle de cire; les caffures du gâteau font voir alors plufieurs cellules ouvertes longitudinalement; & on remarque que le ver ou la nymphe de chaque cellule, ne paroît qu'au travers d'une pellicule rouffeâtre *. Cette pellicule n'a rien de commun avec les parois de cire qui ont été rompues; plus flexible & d'ailleurs forte, elle s'eft décollée de deffus la portion de la cellule qui a été emportée par le déchirement.

En rompant ainfi des cellules, on fe convainc donc aifément que chaque ver a foin de tapiffer la fienne d'une toile de foye; mais on en pourroit rompre, & c'eft même ce qui arrivera le plus fouvent, qui feroient juger que le ver file une enveloppe qui eft beaucoup plus épaiffe que nous ne l'avons laiffé imaginer, & qui eft réellement cinq à fix, peut-être huit à dix, & peut-être vingt fois plus épaiffe. Auffi n'eft-elle pas l'ouvrage d'un feul ver; elle n'eft pas une enveloppe fimple; elle eft compofée de plufieurs toiles qui ont été mifes les unes fur les autres. Nous avons déja dit que moins de trois femaines après que le ver eft né, il eft en état de fortir de fa loge fous la forme de mouche. L'habitation qu'il laiffe vuide eft nettoyée fur le champ par les abeilles, & eft rendue auffi propre qu'elle l'étoit d'abord, à fervir à élever un autre ver; la mere abeille y peut venir & y vient pondre. Le fecond ver qui habite cette cellule, y file comme le premier y a filé, avant que de fe métamorphofer. La même cellule peut donc être tapiffée d'une nouvelle toile de foye plufieurs fois dans une année; & lorfqu'une ruche a fubfifté pendant plufieurs années, il y a telle cellule qui a fervi fucceffivement d'habitation à bien des vers, & qui par conféquent,

a reçû fucceffivement bien des toiles de foye. Elles font
fi minces qu'il en faut un grand nombre d'appliquées les
unes fur les autres avant que le logement en foit rendu
fenfiblement plus étroit. On pourroit s'affûrer du nombre
des vers qui fe font transformés en mouches dans chaque
cellule, fi on fe donnoit la patience de féparer les unes
des autres les pellicules qui s'y trouvent, car elles font
féparables. La cellule qui en a plufieurs, loin d'en valoir
moins, eft plus forte & plus folide que les autres; elle eft
moins en rifque d'être brifée que celles qui ne font que
de cire; la tapifferie eft ici capable de foûtenir les murs.

Pour féparer d'une cellule l'enveloppe, foit fimple, foit
compofée, dans fon entier, Swammerdam a eu recours à
un moyen un peu long, mais commode; c'eft de tenir
pendant quelques jours la cellule dans l'efprit de vin; il
agit fur la cire, & fait qu'elle eft bien moins adhérente à
la toile de foye qu'elle n'y eft naturellement. M. Maraldi
qui avoit obfervé la pellicule ou l'affemblage de pellicules
qui recouvre une cellule, ne s'en étoit pas fait une jufte
idée; il a cru que chaque pellicule fimple étoit la dépouille
que le ver avoit laiffée lorfqu'il s'étoit transformé: il n'avoit
pas affés penfé combien il eût été difficile que cette peau
fe fût moulée exactement dans les angles que forment les
pans de l'exagone; car il n'y a que le fond de la cellule
qui prenne un peu de rondeur, où les arrêtes des angles
foient effacées par les toiles. Au refte, s'il eût ouvert plufieurs cellules bouchées récemment, il feroit parvenu à en
obferver dont l'intérieur auroit été tapiffé, quoique le ver
eût encore fa première forme; ainfi, il fe fût convaincu que
ce n'eft pas de fa dépouille qu'il la tapiffe; il auroit pû auffi
furprendre le ver occupé à filer. Enfin, fi on examine au
microfcope ou feulement avec une forte loupe cette pellicule, malgré fon tiffu ferré on reconnoît qu'elle eft

faite de fils très-déliés, appliqués les uns contre les autres, & que fa ftructure eft toute autre que celle d'une peau.

Ce n'eft pas feulement par la forme de leurs cellules que les vers qui fe doivent transformer en fémelles, font traités avec diftinction ; nous venons de dire que plufieurs œufs de ceux d'où doivent naître des abeilles ordinaires, font fucceffivement pondus dans la même cellule; mais on donne une cellule neuve à chacun de ces œufs plus précieux d'où doivent éclorre des vers qui deviendront des meres. Les obfervations que j'ai faites le prouvent. Je n'ai jamais trouvé une cellule royale tapiffée que d'une feule toile de foye ; & j'ai vû les abeilles détruire les cellules royales dans lefquelles des fémelles étoient nées, ou n'en laiffer que les fondements fur lefquels elles élevoient des cellules exagones. Enfin, ce qu'elles avoient confervé de chaque cellule royale fe trouvoit dans la fuite entiérement renfermé dans l'intérieur d'un gâteau. Ce que nous avons dit ailleurs * de la pofition la plus ordinaire à ces cellules, fait voir que les abeilles font dans la néceffité de les détruire, fi elles veulent prolonger les gâteaux de cire du bord defquels elles pendent. Je rapporterai une feule obfervation, qui prouve inconteftablement cette deftruction des cellules royales. Je baignai une ruche qui m'avoit donné l'année précédente deux effaims, & de laquelle il n'en étoit point encore forti le 6 de Juillet de l'année où elle fut baignée. Après avoir examiné fes gâteaux les uns après les autres, je n'y pû trouver aucune cellule royale ; elle en avoit pourtant eu au moins deux l'année précédente. Plufieurs couches de fils de foye appliquées fucceffivement fur les parois de la même cellule exagone, la rendent moins fragile; mais les cellules royales font fi folidement conftruites, que la multiplication des couches de foye leur feroit très-inutile.

* *Mém. IX.*

Je dois faire remarquer que les abeilles se donnent bien de garde de porter au ver plus d'aliments qu'il n'en peut consommer. Avant que de filer sa coque, il acheve de manger toute sa provision de gelée ; ainsi, il rend le fond de sa cellule net & sec : on ne voit pas même qu'il y soit resté d'excréments. Après avoir rendu son logement propre, après l'avoir tapissé de soye, il continue de se tenir allongé ; le temps où il devoit être roulé est fini. Il passe un jour ou plus tout étendu ; & enfin, le moment arrive où il va changer d'état, où il se défait de la peau sous laquelle il paroissoit ver, pour devenir nymphe *. Nous avons parlé si au long en différents endroits, de la maniére dont s'accomplit la métamorphose des chenilles en crisalides, & celle des vers de divers genres qui doivent devenir des mouches à quatre aîles, en nymphes incapables de véritable mouvement progressif, qu'il seroit très-inutile que nous nous arrêtassions à décrire comme se fait le changement d'état du ver d'abeille. On sçait assés que sa peau doit se fendre sur le dos, que la nymphe sort peu à peu par la fente qui s'y est faite, qu'elle force cette peau à aller en arriére, que la nymphe s'en tire toute entiére ; & que dès qu'elle s'est défaite de cette enveloppe, on lui peut trouver toutes les parties extérieures d'une abeille, les antennes, les jambes & la trompe qui sont ramenées en devant du côté du ventre ; & que ces parties n'ont plus besoin que de prendre de la consistance pour être en état de fournir à tous les usages auxquels elles sont destinées.

    * Pl. 36. fig. 14.

Ces faux-bourdons, ces mâles que les abeilles massacrent impitoyablement dans le mois de Juillet, quelquefois un peu plûtôt & quelquefois un peu plus tard, ont été l'objet de leurs soins pendant qu'ils prenoient leur accroissement sous la forme de vers qui ne différoient que par leur grandeur, de ceux qui deviennent des abeilles fans fexe. Ces dernières leur portent les mêmes aliments qu'elles portent aux autres vers, & avec la même affiduité; & enfin, quand il y en a quelqu'un de prêt à fe métamorphofer, elles ont auffi l'attention de mettre un couvercle de cire à fa cellule. Quand les cellules où ils font ne fe feroient pas diftinguer des autres par leur grandeur, on les reconnoîtroit par la forme du couvercle *. Ce couvercle eft une calotte fenfiblement plus relevée en dehors que n'eft celle d'une cellule de ver qui doit devenir une abeille ordinaire. On voit dans certains temps des gâteaux entiers ou des portions de gâteaux dont toutes les cellules ont de ces couvercles relevés.

 Les vers qui doivent devenir des faux-bourdons, naiffent d'œufs femblables à ceux d'où fortent les vers qui doivent devenir des abeilles communes, mais peut-être un peu plus gros. Ces premiers vers avoient befoin de cellules plus grandes que celles des autres, parce qu'ils fe transforment en des mouches dont la grandeur furpaffe confidérablement celle des abeilles ouvriéres. Quoique ces mouches mâles foient confidérablement plus grandes que les autres, M. Maraldi rapporte qu'il trouva dans une ruche dont on avoit fait périr toutes les mouches, un grand nombre de faux-bourdons qui n'étoient guéres plus gros que des abeilles ordinaires. Il m'eft arrivé une feule fois de voir de ces petits mâles, & j'en ai même confervé un dans mon recueil d'infectes fecs. Dès qu'on n'en trouve pas ordinairement de ceux-ci dans les ruches, en quelque faifon qu'on les y cherche, il y a plus d'apparence que quelquefois des mâles reftent petits par quelque circonftance qui s'eft trouvée contraire à leur accroiffement, qu'il n'y en a qu'ils foient une efpéce particuliére de faux-bourdons. Nous avons parlé des cas de néceffité où la mere abeille dépofe deux & même trois œufs dans le même alvéole, ne peut-il pas auffi arriver que les abeilles ouvriéres ne faffent pas à temps les grands alvéoles dans lefquels les vers mâles peuvent croître à leur aife, ou que ceux qui font faits fe trouvent tous remplis de miel! Alors la mere abeille feroit obligée de dépofer dans des cellules ordinaires les œufs qui donnent naiffance à des vers qui fe transforment en mâles; le corps de chaque ver étant trop & trop tôt ferré par les parois de fa cellule, ne pourroit parvenir à prendre le volume qu'il auroit pris dans une plus grande cellule.

L'amour des abeilles ordinaires pour les vers nés dans leur ruche, eft affés marqué par les foins & les attentions qu'elles ont pour eux; mais il m'a paru curieux de fçavoir fi cet amour s'étendroit jufques à des vers qui auroient pris naiffance dans une autre ruche; & nous verrons dans la fuite que j'avois même raifon de fouhaiter que cela fût. J'ai donné aux abeilles de plufieurs ruches, des portions de gâteaux que j'avois tirées d'autres ruches, & dont les cellules étoient remplies de couvain en tous états. Les unes l'étoient d'œufs, d'autres de vers naiffants, d'autres de vers très-gros, de vers dont les cellules étoient bouchées de cire. D'autres cellules de ces mêmes portions de gâteaux contenoient des nymphes de différents âges, c'eft-à-dire, de celles qui n'étoient nymphes que depuis peu de temps, & de prêtes à devenir mouches; & enfin on y en pouvoit trouver de tous les âges moyens. Les nymphes n'ont plus befoin du fecours des abeilles ordinaires; elles font devenues des mouches dans la nouvelle ruche où elles ont été tranfportées, & ont augmenté le nombre de celles qui l'habitoient. Mais je n'ai point vû les abeilles de cette ruche prendre foin des œufs & des vers nés dans une autre ruche; elles ont même traité ces derniers avec la plus

grande barbarie; elles les ont arrachés de leurs cellules, &
les ont jettés hors de la ruche; elles les ont fait périr impitoyablement.

Dans bien des circonftances, je les ai vû traiter avec
la même cruauté des vers nés parmi elles-mêmes. Lorfque quelque accident fait tomber un gâteau ou quelque
portion de gâteau remplie de couvain, fur le fond d'une
ruche qui n'eft pas bien pleine, on voit les abeilles s'at-
trouper deffus; elles ne font grace à aucun des vers qui
fe trouvent dans des cellules ouvertes, elles les en tirent,
les tuent & les vont jetter au loin. Elles peuvent être excu-
fables alors, peut-être même méritent-elles d'être louées.
C'eft un ouvrage au-deffus de leurs forces que celui de remettre le gâteau dans fon ancienne place; & dès qu'il refte
où il eft tombé, il n'eft peut-être pas poffible d'entretenir
autour des vers le degré de chaleur qui leur eft néceffaire;
ils périroient à la longue de froid; les abeilles aiment mieux
leur donner une mort prompte, que de les laiffer languir
trop long-temps.

Elles agiffent pourtant de la même maniére dans un
autre cas, où loin de me paroître dignes des éloges que
M. Maraldi leur a donnés, elles me femblent plus difficiles
à juftifier. J'ai vû tomber des gâteaux pleins de couvain en
tous états fur le fond d'une ruche extrémement pleine de
gâteaux & d'abeilles; elles s'affembloient, comme l'a dit
M. Maraldi, fur la portion qui étoit tombée; mais loin d'en
foigner les vers, comme il a penfé qu'elles le faifoient,
elles n'épargnoient que ceux des cellules fermées : elles
pouvoient pourtant entretenir autour d'eux une chaleur
fuffifante; mais une autre raifon apparemment ne leur permettoit pas d'efpérer qu'ils vinffent à bien. Les cellules qui,
quand elles étoient dans leur premiére pofition, avoient
leur axe prefque horifontal, l'avoient alors vertical; les

vers

vers se trouvoient donc dans une position fort différente
de celle où ils avoient été, & dans laquelle il n'étoit peut-
être pas possible qu'ils achevassent de prendre leur accroif-
sement, & qu'ils se transformassent.

Enfin, il arrive quelquefois que les abeilles de certaines
ruches, arrachent les vers des alvéoles, qu'elles les tuent
& qu'elles en transportent les cadavres au loin, quoiqu'il
ne soit arrivé aucun dérangement aux gâteaux, quoiqu'ils
soient tous restés dans leur place. Un tel procedé est assurément bien étrange, & s'accorde mal avec l'affection tendre que les abeilles montrent généralement pour les vers de
leur habitation. Néantmoins il est apparemment fondé sur
des raisons que nous trouverions bonnes, si les abeilles
pouvoient plaider leur cause devant nous. Entre celles que
j'en imagine, la trop grande fécondité de la mere en peut
être une ; lorsqu'elle va à un tel point que presque tous
les gâteaux de la ruche sont remplis de couvain, dans un
temps qui invite à faire une abondante recolte de miel ;
alors pour trouver où mettre le miel dont il est nécessaire
que les abeilles de cette ruche se fournissent, elles sont
contraintes de vuider les cellules remplies par les vers, il
faut qu'elles se résolvent à les tuer. Car après tout, la
première chose est de songer à donner de quoi vivre à
tout le peuple de la république. Ç'a été aussi dans un temps
où des abeilles pouvoient faire facilement, & en peu de
jours, de grandes récoltes de miel, que je leur ai vû tuer
des vers qui eux-mêmes devoient être bientôt des abeilles
ouvriéres. Elles peuvent encore faire un carnage de ces
vers, dans une autre circonstance, sans mériter qu'on leur
en reproche la cruauté, sçavoir, lorsqu'elles sont en si
grand nombre dans leur ruche, qu'elles trouvent à peine
à s'y loger, & que leur mere ne met point au jour des
œufs d'où des fémelles doivent sortir, ou que ceux de

Tome V. .Ffff

cette efpéce qu'elle a pondus ont mal réuffi. Des mouches qui raifonneroient & prévoiroient, & nous avons affés de preuves que nos abeilles agiffent comme fi elles raifonnoient & prévoyoient, voyant qu'il n'y a pas lieu d'attendre qu'une colonie pût être conduite hors de la ruche, concluroient à empêcher le nombre des mouches de s'y multiplier trop ; elles verroient la néceffité de facrifier au moins une partie des vers qui doivent devenir des mouches, aux mouches qui ont toute leur vigueur. Enfin, des raifons peut-être encore meilleures que nous ne fçavons pas deviner, les forcent à cette cruauté. Nous ne fçavons pas fi des vers qui nous paroiffent bien conditionnés, ne font pas attaqués de quelque maladie ; fi les abeilles dans lefquelles ils fe métamorphoferoient, ne feroient pas trop foibles, &c.

J'ai penfé qu'il pourroit y avoir une circonftance où les abeilles prendroient foin des vers nés dans une ruche étrangére, fçavoir, lorfqu'après leur avoir ôté tous ceux qu'elles avoient vû naître, on ne leur donneroit à foigner que des vers qui devroient leur naiffance à une reine ou mere à elles inconnuë. Ce feroit un étrange projet, & qui ne pourroit tomber que dans l'efprit d'un tyran exécrable, que celui de fe donner le fpectacle de faire paffer réciproquement tous les habitants d'une grande ville dans une autre, en les obligeant de laiffer chacun dans leurs maifons, toutes leurs provifions, tous leurs meubles, & jufques aux enfants à la mammelle ; d'obliger, par exemple, tous les habitants de Roüen, de laiffer leurs maifons dans l'état où elles font, pour aller s'établir dans celles d'Orléans dont les habitants auroient été chaffés, pour aller occuper à leur tour les maifons abandonnées à Roüen. Sans être trop barbare, on peut imaginer de fe donner un fpectacle du même genre avec des ruches. Il peut

paroître curieux de voir ce qui fe paſſeroit ſi lorſqu'après
avoir chaſſé toutes les abeilles d'une ruche, après les avoir
forcé d'abandonner leurs gâteaux de cire pleins de miel
& de couvain en tous états, on obligeoit les abeilles d'une
autre ruche de fortir de leur habitation pour aller s'établir
dans la premiére ruche dont les mouches auroient été chaſ-
fées, & qui fe trouveroit bien pourvûe de tout; & enfin, ſi
en échange on donnoit aux premiéres mouches la feconde
ruche garnie de gâteaux faits par les mouches qu'on auroit
établies dans la premiére ruche. J'ai tenté de faire cet
échange entre des mouches qui étoient dans des ruches en
panier. Je fis paſſer de la maniére dont je l'ai expliqué * ail- * *Mem.* X.
leurs & fans avoir recours à l'eau, les abeilles d'une ruche
aſſés fournie de gâteaux, dans une ruche vuide. Pour faire
cette expérience, je m'y pris dès le matin dans le mois de
Mars. Quand toutes ou prefque toutes les abeilles furent
forties de la premiére ruche, je forçai les abeilles d'une autre
ruche bien pourvûe elle-même de gâteaux, à aller s'établir
dans le logement qui venoit d'être abandonné, & où elles
devoient trouver tout ce qui leur étoit néceſſaire. Dès
qu'elles y furent entrées, dès que la ruche qu'elles habitoient auparavant fut vuide, je fis faire un fecond déménagement aux abeilles que j'avois forcé d'abandonner la
premiére ruche, à celles qui avoient été mifes dans la ruche dépourvûe de tout; je les fis paſſer dans la ruche des
mouches qui étoient en poſſeſſion de la leur. Ainfi fut fait
l'échange de ruches toutes meublées & auxquelles rien d'effentiel ne manquoit, & il fut fait plus vîte qu'on ne fe l'imagineroit. Les manœuvres qu'il demanda furent finies en
moins de cinq quarts d'heure. La faifon dans laquelle je le
fis, n'étoit pas favorable à un déménagement de mouches.
Les fecouſſes qu'on donna aux ruches pour déterminer les
abeilles à en fortir plus vîte, détachérent quelques gâteaux;

Ffff ij

le vuide en devint plus grand dans les ruches ; auſſi y en
eut il une dont les mouches ne purent réſiſter aux froids
qui ſurvinrent au bout de douze à quinze jours, elles périrent. Les autres qui étoient en plus grand nombre & dans
une ruche mieux fournie de gâteaux, ſoûtinrent ces mêmes
froids. Au reſte, les parois opaques de ces ruches, ne me
permirent pas de voir à mon gré comment les abeilles ſe
comportoient dans l'intérieur ; mais j'eus tout lieu de croire
qu'elles prirent en affection les vers qu'elles y trouvérent ;
j'en ai une très-forte preuve. Si elles n'euſſent pas voulu
avoir ſoin de ces vers, elles les euſſent laiſſé périr ; & ſans
attendre même qu'ils fuſſent morts, elles n'euſſent pas
manqué de les arracher de leurs cellules & de les jetter
hors de la ruche, ou au moins ſur ſon appui ; mais je ne
pus trouver ſur l'appui aucun ver, & je ne pus voir de
mouches occupées à en tranſporter ; ce qui prouve que
les vers furent bien traités par les abeilles. Je me promets
de répéter la même expérience ſur des ruches vitrées, ſur
leſquelles j'euſſe commencé à la faire, ſi, lorſque je la fis,
j'en euſſe eu deux dont j'euſſe pû diſpoſer.

Si les abeilles ordinaires prennent non-ſeulement tant
de ſoins pour élever les vers qui doivent leur devenir
ſemblables, ſi elles en prennent de pareils pour ceux qui
doivent ſe transformer en faux-bourdons, on penſe bien
qu'elles ſont au moins auſſi attentives aux vers qui ſe
doivent métamorphoſer en fémelles ou reines ; que lorſque ces derniers vers n'ont plus à croître, elles n'oublient pas de fermer leurs cellules avec un épais couvercle de cire. Nous devons même rapporter une obſervation qui prouve qu'elles font tout avec profuſion,
lorſqu'il s'agit de ces vers. Nous avons déja vû qu'elles
dépenſent plus en cire pour conſtruire une cellule à chacun de ceux-ci, qu'elles n'en dépenſent pour en conſtruire

cent, ou cent cinquante, à des vers communs. Elles leur
donnent aussi la nourriture avec plus de prodigalité. J'ai
dit que lorsque les vers qui deviennent des abeilles communes étoient prêts de se transformer en nymphes, ou qu'ils
s'y étoient transformés, on ne trouvoit plus au fond de leur
cellule, de cette bouillie qui y est portée pour les nourrir.
J'ai ouvert plusieurs cellules de vers qui deviennent des fémelles, après que le ver y avoit été renfermé, & j'y ai vû un
volume de bouillie égal à celui du ver. Cette bouillie sembloit une espéce de ragoût assaisonné; je lui ai trouvé un
goût legérement sucré, mêlé avec de l'aigre & du poivré.
Dans les cellules royales dont les vers s'étoient transformés
en nymphes, j'ai remarqué une plaque de cette bouillie
assés épaisse, & qui avoit plus ou moins de consistance,
selon qu'il y avoit plus ou moins de temps que la nymphe
s'étoit tirée de la peau du ver.

Ce reste d'aliment semble pourtant aussi superflu aux
nymphes qui doivent devenir meres, qu'à celles qui deviennent des abeilles ouvriéres; elles n'ont pas plus besoin
& ne sont pas plus en état de manger les unes que les autres;
il sembleroit même n'être propre qu'à les incommoder.
Mais quand on ouvre avec précaution une cellule * où   * Pl. 36. fig.
est une de ces nymphes royales renfermée *, on voit que   15. *u u.*
son logement a plus de capacité proportionnellement que   * *n.*
celui des autres nymphes, qu'elle ne le remplit pas à beaucoup près. C'est contre le fond, c'est-à-dire, contre le bout
supérieur de la cellule qu'est appliquée la couche de bouillie
qui n'a pas été mangée; & entre cette couche & le derriére
de la nymphe, il reste un grand vuide. Sa tête est à l'autre
bout tout près du couvercle.

Nous devons encore remarquer ici combien la nature
a voulu que dès leur naissance les fémelles fussent distin-
guées des autres abeilles. Au lieu que les nymphes de

F fff iij

celles-ci font pofées prefque horifontalement, & ont même
la tête un peu plus élevée que le derriére, les nymphes
royales font pofées verticalement ayant la tête en embas.
Le plan de l'anneau que forme un ver ordinaire, roulé dans
fa cellule, eft vertical; & le plan de l'anneau du ver qui
doit devenir mere, eft horifontal. Tout cela fuit de la différente difpofition des cellules des uns & de celles des
autres.

Entre des cellules d'où des meres étoient forties, j'en
ai trouvé qui avoient été ouvertes par le côté, mais plus
ordinairement elles le font par le bout. L'ancienne mere
n'attend pas à pondre un œuf dans une cellule royale,
jufques à ce que les mouches ordinaires ayent donné à
cette cellule toute la longueur qu'elle doit avoir. J'ai vû
des vers dans quelques-unes qui avoient encore la figure
*Pl. 32. fig. d'un calice de gland *.
1.
Nous avons déja dit que lorfque le couvercle de cire
a été une fois mis à une cellule, le ver qui y eft renfermé,
de quelque efpéce qu'il foit, n'a plus befoin de fecours
étrangers; il file, il fe transforme enfuite en nymphe qui
d'abord eft extrémement blanche. Par la fuite, fes yeux
prennent une teinte de rouge qui devient de plus en plus
forte, & des poils grifâtres paroiffent fur le corps & fur
le corcelet. Quand toutes les parties de la nymphe ont acquis la confiftance qui convient aux parties d'une mouche, alors l'abeille eft en état de paroître au jour. Elle
commence par fe défaire de l'enveloppe mince, d'une
efpéce de voile blanc qui tenoit toutes fes parties extérieures emmaillotées; enfuite elle fait ufage de fes dents
pour s'ouvrir une fortie qui lui permette de quitter un
logement qui eft devenu pour elle une prifon. Avec une
de fes dents elle perce le couvercle de cire de la cellule
environ vers le milieu; elle faifit enfuite entre cette même

dent & l'autre une petite portion de cire ; elle la hache ; elle la fait tomber ; elle a prife alors pour continuer de hacher peu à peu le couvercle, d'aggrandir l'ouverture commencée. À mefure que cette ouverture devient plus grande, on voit paroître une plus grande portion de la tête. Enfin, au bout de deux à trois heures, lorfque la mouche naiffante eft vigoureufe, & lorfque la faifon eft favorable, elle parvient à rendre l'ouverture fuffifante pour lui permettre de fortir. Des mouches moins fortes, & dans des jours peu chauds, font quelquefois plus d'une demi-journée à y parvenir. Cet ouvrage même eft au-deffus des forces de quelques-unes; il y en a qui périffent dans leur cellule après y avoir fait une ouverture par laquelle leur tête feule ou une partie de leur tête peut paffer; c'eft ce qui n'arriveroit pas fi, comme Swammerdam l'a cru, les abeilles qui ont mis les couvercles venoient les ôter dans des temps où loin d'être néceffaires, ils ne font plus qu'incommodes. Mais Swammerdam n'avoit pu que deviner fur cet article, n'ayant point eu de ruches vitrées, les feules qui peuvent donner la facilité de voir les abeilles en travail.

Quand donc la jeune mouche eft parvenue à avoir affés ouvert fa cellule, elle en fait fortir fa tête & enfuite fes premiéres jambes qu'elle cramponne fur les bords du trou, & fur lefquelles elle fe tire en avant. Bientôt les autres jambes font à portée de fortir à leur tour; & alors elle n'eft pas long-temps à dégager le refte de fon corps. Elle paroît toute entiére à découvert; elle fe pofe fur fes fix jambes fur le gâteau de cire, affés près de la cellule qu'elle vient de quitter. Ses aîles achevent de fe déplier & de s'affermir : fon corps & toutes fes parties extérieures font encore mouillées ; mais quand l'air chaud de l'intérieur de la ruche ne fuffiroit pas pour les fécher vîte, elles ne refteroient pas long-temps humides. Les abeilles qui apperçoivent celle qui vient de naître, se rendent autour d'elle, & semblent lui marquer la joye qu'elles ont de la voir, par de bons offices; deux ou trois se placent autour d'elle, la léchent & l'essuyent successivement de toutes parts avec leur trompe; quelques-unes même la lui présentent pleine de miel qu'elles ont dégorgé.

Presque dans le même temps d'autres abeilles qui voyent la cellule qui vient d'être abandonnée, cherchent à la remettre en état de recevoir un nouvel œuf, en état de servir à élever une autre abeille, ou à la rendre un vase propre & net, & dans lequel du miel puisse être déposé. M. Maraldi assûre avoir observé une cellule dans laquelle cinq œufs furent pondus successivement, & desquels sortirent cinq abeilles en moins de trois mois. La mouche nouvellement née a laissé dans la cellule deux dépouilles, celle qui lui donnoit d'abord la forme de ver, & celle qui la faisoit paroître une nymphe. Cette cellule est bientôt apperçûe par une ancienne abeille qui ne tarde pas à y entrer la tête la premiére; elle saisit avec ses dents une des dépouilles; elle sort aussi-tôt, & va la transporter hors de la ruche. Une autre abeille entre sur le champ dans la même cellule, & retire la seconde dépouille pour la transporter au loin. Enfin, plusieurs abeilles qui entrent les unes après les autres dans cette même cellule, ôtent toutes les petites ordures qui peuvent y avoir été laissées; tels sont les fragments de cire qui y sont tombés, lorsque le couvercle a été percé. Mais elles ne donnent aucune atteinte à la tenture de soye dont le ver en a tapissé les parois avant que de se métamorphoser; elle ne nuit en rien à l'intérieur, & rend la cellule plus solide. D'autres abeilles achevent en même temps d'ôter tout ce qui peut rester du couvercle, de bien dresser, de bien unir tous les bords du contour de la cellule; en un mot, elles la mettent dans l'état d'une

cellule

cellule nouvellement conftruite, tant elles la réparent avec foin.

Mais retournons à l'abeille que nous avons vû naître; elle eft aifée alors à diftinguer des autres par fa couleur; celle des vicilles abeilles eft plus rouffe, la fienne eft plus grifâtre ; les anneaux de cette derniére font plus bruns; les poils qui font couchés deffus, & ceux des autres parties font blancs : le blanc des poils joint au brun noir des anneaux forme la couleur grifâtre. A mefure que les abcilles vicilliffent, leurs poils deviennent de plus en plus roux, & le brun des anneaux s'éclaircit ; de forte que les différences de nuances, mettent en état quelqu'un qui a occafion de voir fouvent des abeilles, de diftinguer les jeunes de celles d'un âge moyen, & de diftinguer même celles-ci des vieilles. L'abeille qui vient de naître, a le ventre gros ; fi on l'ouvre, on le trouve très plein de miel ; elle a donc encore celui qu'elle avoit pris lorfqu'elle avoit la forme de ver ; auffi avons-nous remarqué que le miel femble entrer dans la compofition de la derniére bouillie qui eft donnée au ver. Peut-être même que les abeilles, outre la bouillie, lui donnent du miel avec leur trompe; peut-être que comme les abeilles fe nourriffent de cire brute & de miel, le ver eft nourri de miel & de bouillie.

A peine toutes les parties de la jeune abeille font affés defféchées, à peine fes aîles font-elles en état d'être agitées, qu'elle fçait tout ce qu'elle aura à faire dans le refte de fa vie. Qu'on ne s'étonne pas qu'elle foit fi bien inftruite, & de fi bonne heure ; elle l'a été par celui même qui l'a formée. Elle femble fçavoir qu'elle eft née pour fa focieté, & qu'elle doit travailler à s'acquitter des foins qu'on a pris pour elle ; elle marche fur les gâteaux, & cherche à aller jouir du grand air. D'autres abeilles qui fortent continuellement de la ruche, lui apprennent où font les portes ; elle ne manque pas de guides qui lui montrent le chemin. Comme les autres elle fort de l'habitation commune, & va comme elles chercher des fleurs ; elle y va feule, & n'eft point embarraffée enfuite de retrouver la route de la ruche, même quand elle y veut retourner pour la première fois. Ce ne font pas fes feuls befoins qui la déterminent à voler fur les plantes. Nous avons déja vû fes compagnes lui offrir du miel ; fi elle va donc en puifer dans le fond des fleurs ouvertes, c'eft moins pour s'en nourrir que pour commencer à travailler pour le bien commun, pour en ramaffer qu'elle puiffe porter dans les endroits où il eft mis en dépôt. Ce qui prouve bien que ce n'eft pas pour fon interêt particulier qu'elle recueille du miel, c'eft que dès fa première fortie, elle fait quelquefois une récolte de cire brute. M. Maraldi affûre qu'il a vû revenir à la ruche des abeilles chargées de deux groffes boules de cette matière, le jour même qu'elles étoient nées.

Quand des abeilles ont commencé à naître dans une ruche, il n'en naît pas pour une chaque jour ; il y a tel jour où plus de cent fortent de leurs cellules. Des gâteaux, ou de très-grandes portions de gâteaux qui ne montroient que dès cellules fermées, au bout de quatre à cinq jours n'ont plus que des cellules ouvertes, parce que les mouches qui y étoient renfermées en font forties. Alors la ruche fe peuple journellement, & en quelques femaines le nombre de fes habitants devient fi grand, qu'elle peut à peine les contenir ; c'eft ce qui donne lieu aux effaims qui fourniront la matière du Mémoire fuivant.

EXPLICATION DES FIGURES
DU ONZIEME MEMOIRE.
PLANCHE XXXVI.

LA Figure 1 repréfente un alvéole de cire, groffi & ouvert tout du long, pour faire voir un œuf d'abeille attaché par un de fes bouts contre le fond. *c c,* l'alvéole ouvert. *o,* l'œuf.

Dans la Figure 2, un œuf d'abeille *o b,* eft vû plus groffi que dans la figure 1. *b,* fon petit bout, qui ici eft collé contre l'épingle, & qui eft celui que l'abeille colle contre le fond de la cellule.

Les Figures 3 & 4 font celles d'un des vers qui fe transforment en abeilles ouvriéres, à peu près de la grandeur à laquelle il parvient quand il a pris tout fon accroiffement. Il eft vû de côté & par-deffus, figure 3, & par-deffous, figure 4. *t,* fa tête.

La Figure 5 eft une projection d'une cellule vûe par le bout ouvert. Un ver roulé eft placé au fond de cette cellule.

La Figure 6 nous montre auffi un ver roulé dans une cellule qui a été à moitié ouverte tout du long; mais le rouleau compofé du ver, n'eft pas ici parallele au fond de la cellule, comme il l'eft naturellement.

Les Figures 7 & 8 repréfentent encore deux portions de cellules ouvertes & groffies, dans chacune defquelles eft un ver. Dans l'une & dans l'autre le ver eft vû par le dos. On peut remarquer que celui de la figure 8, forme un anneau plus large que n'eft l'anneau fait par le ver de la figure 7, & par celui de la figure 5. Ce dernier qui a été fuppofé pris dans un état où il avoit beaucoup à croître, rempliffoit déja prefque toute la circonférence de la cellule dans l'endroit où il étoit pofé. Dès que ce ver a crû en reftant toûjours roulé, fon corps a donc été forcé de s'élargir vers les côtés, de former un anneau plus large tel qu'eſt célui du ver de la figure 8.

La Figure 9 fait voir par-deſſus, la tête d'un ver d'abeille extrémement groſſie. *i, i,* ſes yeux. *c, c,* deux crochets qui s'appliquent contre la lévre ſupérieure. *f, l, l,* les trois piéces, qui enſemble compoſent la lévre inférieure. Les piéces *l, l,* ſont terminées par des pointes brunes & écailleuſes. *f,* la partie la plus conſidérable de la lévre inférieure, dans le bout de laquelle eſt la filiére.

La Figure 10 montre par-deſſous, la tête qui eſt vûe par-deſſus dans la figure précédente. *l, l, f,* les trois piéces dont eſt compoſée la lévre inférieure. Il ſort actuellement du bout de la partie *f,* une piéce coupée quarrément que le ver ne fait ſortir que dans certains inſtants.

Les Figures 11 & 12 ſont en très-grand, celles du ver qui n'a que ſa grandeur naturelle dans les figures 3 & 4. Il eſt vû de côté & par-deſſus, figure 11, & par-deſſous, figure 12. *a,* ſa tête. *f, f, f,* figure 12, marquent trois des ſtigmates; dans cette figure *t f, t f, t f,* ſont trois trachées qui aboutiſſent aux trois ſtigmates précédents.

La Figure 13 repréſente un alvéole ouvert tout du long. *c d c,* bords de l'ouverture. *d f,* eſt une toile de ſoye d'un brun clair qui renferme une nymphe.

La Figure 14 eſt celle d'une nymphe d'abeille vûe du côté du ventre, & à peu près de grandeur naturelle.

La Figure 15 montre de face un morceau de gâteau, dont la plûpart des cellules ſont vuides; des abeilles ordinaires qui y ont pris leur accroiſſement, en ſont ſorties. *c, c,* quelques cellules qui ont encore leurs couvercles, & dans leſquelles des nymphes qui doivent devenir des abeilles ouvriéres, ſont encore renfermées. *m,* abeille qui vient de ſe dépouiller des enveloppes de nymphe, & qui a rongé le couvercle de ſa cellule dont elle ſe prépare à ſortir.

r f, eſt une cellule royale. *u u,* portion de cire qui a été emportée pour mettre à découvert l'intérieur de cette cellule. *n,* la nymphe, qui doit devenir une abeille fémelle. On voit qu'elle n'occupe qu'une partie affés petite de la capacité de ſon logement, où elle eſt la tête en embas.

La Figure 16 eſt celle d'un morceau de gâteau qui n'eſt compoſé que de ces cellules dans leſquelles des vers qui doivent devenir des abeilles ordinaires croiſſent ſous la forme de ver. Pluſieurs de ces cellules *c, c, c,* ſont actuellement fermées. *m,* abeille, qui après s'être transformée, & avoir rongé le couvercle de ſa cellule, travaille à en ſortir, & en eſt déja ſortie en partie. *h, h,* ſont des cellules, dont les ouvertures ſe trouvent ſur la face du gâteau oppoſée à celle qui eſt ici en vûe.

La Figure 17 repréſente un morceau de gâteau compoſé de cellules, dans leſquelles croiſſent les vers qui doivent devenir des abeilles mâles. La plûpart des cellules qui paroiſſent ici, ont un couvercle. En comparant ces cellules avec celles de la figure 15, on remarque non-ſeulement qu'elles ſont plus grandes que les autres, mais on voit de plus, que leurs couvercles ont une convexité que n'ont pas les couvercles des autres cellules. Les couvercles des cellules à mâles, s'élevent au-deſſus des bords de l'ouverture. *o, o,* quelques cellules ouvertes. En *k k,* étoit un bord du gâteau. On doit faire attention, que pluſieurs des cellules qui s'y trouvent, ont des figures irréguliéres. Quelques-unes qui ont ſix côtés, les ont très-inégaux; d'autres ne ſemblent avoir que quatre ou cinq côtés, parce qu'un ou deux de leurs côtés ſont ſi petits, qu'à peine peut-on les diſtinguer des autres. L'endroit de la ruche où ces cellules étoient placées, n'étoit pas un de ceux où les abeilles cherchent à mettre à profit tout

l'efpace; elles avoient négligé, comme elles négligent quelquefois en pareils cas, la régularité de leur architecture,
dans la conftruction de quelques cellules qui n'étoient
deftinées qu'à recevoir du miel. J'ai obfervé fouvent de
ces fortes de cellules, placées hors des plans des gâteaux,
qui avoient fix pans, dont deux des oppofés étoient égaux,
& qui, enfemble, étoient à peu près auffi grands que les
quatre autres pans pris auffi enfemble.

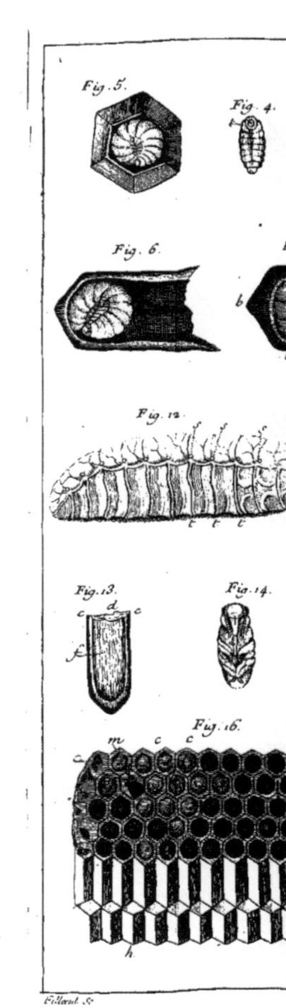

Fig. 5.
Fig. 4.
Fig. 6.
Fig. 12.
Fig. 13.
Fig. 14.
Fig. 16.

)(❀)(❀)(❀)(❀)(❀)(❀)(❀)(❀)(❀)(❀)(❀)(❀)(❀)(

DOUZIE'ME MEMOIRE.

DES ESSAIMS.

LORSQUE la faifon devenuë plus douce a permis à une mere abeille de recommencer fa ponte qui avoit été interrompuë pendant les froids de l'hiver, elle fait chaque jour un grand nombre d'œufs dont chacun vaut à la ruche une nouvelle abeille, qui y paroît au bout de trois femaines ou environ, & qui y eft en état de s'occuper aux différents travaux. Alors les pertes que la ruche avoit faites pendant l'automne & pendant l'hiver fe reparent; elle acquiert journellement de nouveaux habitants, elle fe repeuple. Mais ce n'eft qu'après qu'elle s'eft repeuplée de mouches ouvriéres, que la mere pond des œufs qui doivent donner de ces mouches qui paffent dans l'oifiveté une vie affés courte, & qui ne font deftinées qu'à rendre féconds les œufs que la même mere pondra par la fuite, & ceux qui doivent être pondus par des meres qui naîtront bientôt. Enfin, on revoit donc paroître des faux-bourdons ou mâles dans cette ruche qui avoit été huit ou neuf mois fans en avoir aucun. Quand les mâles s'y font multipliés, quelques nouvelles fémelles, ou une nouvelle fémelle au moins, n'eft pas éloignée du temps où elle doit fortir de la cellule dans laquelle elle a pris fon accroiffement fous la forme de ver, & où elle eft encore fous celle de nymphe. De nouvelles mouches ouvriéres fortent auffi chaque jour des leurs. La ruche fe trouve fournie de mouches des trois fortes, & fe trouve quelquefois fi remplie d'abeilles ordinaires, que fa capacité ne fuffit pas pour les loger à l'aife.

Quand l'habitation eſt devenuë trop petite pour contenir tout ſon peuple, il convient qu'il en ſorte une colonie
qu'on appelle un eſſaim, qui aille chercher ailleurs un établiſſement. Il faut qu'une partie des abeilles ſe réſolve à
ſe ſéparer des autres, qu'il y en ait qui ſe déterminent à
quitter pour toûjours leurs compagnes & le lieu de leur
naiſſance. C'eſt un parti pourtant qu'elles ne prendroient
jamais ſi elles n'y étoient déterminées par un chef, ou ſi
elles ne pouvoient ſe promettre d'en avoir un; c'eſt-à-
dire, ſi elles n'avoient à leur tête une reine propre à perpétuer l'empire qu'elles vont fonder. Nous avons vû que
lorſqu'elles ſont privées d'une reine capable de donner
une grande poſtérité, elles n'ont plus le courage d'entreprendre aucun travail, qu'elles ſongent à peine à ſe
nourrir. Mais pendant que le nombre des abeilles ordinaires ſe multiplioit dans la ruche, une ou même pluſieurs
fémelles y ſont nées; & une ſeule ſuffit pour conduire
l'eſſaim.

Quoique la trop grande quantité des abeilles d'une
ruche puiſſe être une des cauſes qui déterminent une
colonie à ſe ſéparer du reſte, ce n'eſt donc pas une cauſe
qui y ſuffiſe ſeule. J'ai eu pluſieurs fois des ruches qui
étoient très-pleines de mouches, & plus pleines qu'elles
ne pouvoient l'être, dont une partie des leurs étoient obligées de ſe tenir dehors, ramaſſées en peloton, ſans que
ces ruches ayent donné d'eſſaim. D'autres ruches, au
contraire, dans leſquelles il y avoit beaucoup de vuide,
m'ont ſouvent donné des eſſaims. Pour m'aſſûrer même
de ce fait, que ce n'eſt pas préciſément parce que les
mouches ſe trouvent trop à l'étroit dans leur ruche qu'elles ſe partagent, j'en ai logé dans des ruches d'une très-
grande capacité, telle qu'eſt celle en tour quarrée *; j'ai
vû ſortir un eſſaim de cette derniére ruche quoiqu'avant

* Pl. 22. fig.
5.

ſa ſortie

f, fortie plus des trois quarts de la ruche fuffent vuides. S'il
n'y a pas dans la ruche une jeune mere propre à mettre au
jour une nombreufe poftérité, quelque grande qu'y foit la
quantité des mouches, elles y refteront toutes. Impatient de
ce que des ruches exceffivement peuplées, ne m'avoient pas
donné les effaims que j'en attendois, & curieux de fçavoir
fi la caufe n'en devoit pas être attribuée à ce que dans chaque fociété compofée de tant d'autres mouches il n'y avoit
qu'une feule mere, je baignai quelques-unes de ces ruches;
après avoir examiné à l'aife & une à une, toutes leurs mouches, je ne trouvai effectivement qu'une feule mere dans
chacune de celles qui n'avoient pas donné d'effaim.

Mais lorfqu'une nouvelle mere a quitté la dépouille de
nymphe, en peu de jours elle eft fécondée & elle eft prête
à pondre, & eft par conféquent en état de fe mettre à la
tête d'une troupe difpofée à la fuivre. Divers contre-temps,
dont plufieurs peuvent venir de la température de l'air,
comme du froid, de la pluye & du vent, font capables
de retarder la fortie de l'effaim. Je ne fçais fi la jeune mere
ne feroit pas prête à le conduire dès le jour même de fa
naiffance ou le lendemain. Au moins ai-je fait une expérience qui ne permet pas de douter qu'elle n'y foit propre au bout de quatre à cinq jours.

Une expérience curieufe rapportée dans le cinquiéme
Mémoire, m'a appris ce fait, dont il ne fembleroit pas facile
de s'affûrer, parce qu'il n'eft guéres poffible, même dans
les ruches dont la conftruction eft la plus favorable, de
parvenir à voir naître une mere, & qu'elle y pourroit vivre pendant plufieurs mois fans qu'on l'y apperçût. L'expérience dont je veux parler, & d'une partie de laquelle
feulement j'ai rendu compte, eft celle que je fis pour
fçavoir fi la feule efpérance de voir bientôt naître une
mere parmi elles, fuffiroit pour déterminer des abeilles

Tome V. .Hhhh

au travail. Je mis dans une ruche platte quelques cellules
où étoient renfermées des nymphes qui devoient devenir
des meres ; & je fis entrer dans cette ruche environ mille
à quinze cens abeilles ordinaires , & à peu près une
vingtaine de mâles. J'ai dit que ces mouches qui n'euſſent fait aucun ouvrage ſi, n'ayant point de mere, elles
euſſent été privées de l'eſpérance d'en avoir une, avoient
été détérminées à travailler, parce qu'elles pouvoient ſe
la promettre. Elles travaillérent néantmoins un peu mollement pendant deux ou trois jours, après leſquels elles
parurent s'occuper avec ardeur à des ouvrages de toutes
eſpéces, comme à faire de nouvelles cellules, & à en
remplir de miel. Je ne doutai pas alors qu'il n'y eût
parmi elles, une fémelle nouvellement née; je ne parvins
pourtant pas à la voir; mais elle fut vûe par une perſonne
qui en étoit auſſi curieuſe que moi, & qui ſe connoiſſoit
auſſi-bien en meres : j'examinois chaque jour les cellules,
& je ne pouvois cependant y appercevoir des œufs.

Ces abeilles avoient été miſes dans la ruche avec les
cellules d'où des meres devoient ſortir le 18 Juin. Lorſque j'allai les obſerver le 27 au matin, comme j'avois fait
dans tous les jours précédents, je remarquai qu'elles ſortoient en petit nombre de leur ruche, que celles qui y
revenoient de la campagne, n'étoient point chargées.
J'ouvris un des volets, & je vis au travers d'un carreau
de verre, que tout y étoit dans un parfait repos. Je ſoup-
çonnai qu'il s'agiſſoit de quelqu'entrepriſe conſidérable,
qu'elles vouloient tenter la grande aventure du changement d'habitation. Je fus encore plus confirmé dans ce
ſoupçon, lorſque ſur les onze heures je ne pus voir aucune
mouche ſortir de la ruche ni y entrer, pendant plus d'un
quart d'heure. Je devois prévoir ce qu'annonçoit cette
inaction ſi générale. Les abeilles que je me ſuis obſtiné à

loger tant de fois dans une très-petite ruche, & qu'elles fe font de leur côté obftinées à quitter, m'avoient appris qu'elles fe préparoient par la ceffation de tout travail, à aller chercher un autre logement. Ce fait eft un de ceux qui appartiennent à la fortie des effaims dont nous trai-tons actuellement. Il n'y a point de figne qui indique auffi fûrement qu'il y en a un qui fe difpofe à prendre l'effor, que lorfque le matin à des heures où le Soleil brille & où le temps eft favorable au travail, les abeilles fortent en petit nombre d'une ruche dont elles fortoient en grande quantité les jours précédents, & qu'elles y rapportent peu de cire brute. Une telle façon de fe comporter femble forcer d'accorder à ces mouches plus d'efprit, & de prévoyance qu'on ne voudroit ; elle embarraffe extrémement celui qui veut expliquer toutes leurs ac-tions par un pur méchanifme. Ne paroît-il pas prou-ver que dès le matin toutes les habitantes d'une ruche, ou prefque toutes, font inftruites d'un projet qui ne fera exécuté que vers midi ou quelques heures après ! Car on demandera pourquoi ces mouches qui travailloient la veille avec activité, ceffent-elles dès le matin de faire de l'ouvrage dans une habitation qu'elles abandonneront vers midi, fi ce n'eft parce qu'elles fçavent qu'elles la doivent abandonner ! C'eft une hiftoire très-connuë que celle de ce vieux grenadier, qui étant dans un repos parfait pen-dant que fes camarades étoient occupés à établir leurs tentes, répondit à fon Général, M. de Turenne, qui le queftionna fur fa tranquillité, qu'il fçavoit bien que l'ar-mée ne devoit pas refter dans le camp où elle étoit. Toutes nos mouches ou prefque toutes nos mouches, femblent avoir prévû la marche que leur reine veut leur faire faire, comme ce vieux foldat avoit prévû celle que le Général devoit faire faire à l'armée.

H h h h ij

Pour revenir aux abeilles qui ont donné lieu à la dernière remarque, je les fis veiller pendant le reste de la matinée du 27. A une heure & demie après midi on m'annonça qu'elles étoient toutes en l'air. On ne m'apprit que ce que j'avois compté qu'on m'apprendroit même plûtôt. Je me rendis dans le jardin où elles formoient un tourbillon que je vis s'approcher d'un poirier en buisson, fur une branche duquel elles ne tardérent pas à fe raffembler. Là, elles effuyérent fur les trois heures, une groffe ondée de pluye, & fur les fix heures, on les remit dans la même ruche qu'elles avoient abandonnée. Je n'efpérois pas trop de les y voir refter, quoique le fuccès de l'aventure du jour eût dû dégoûter la mere d'en tenter une nouvelle. Le lendemain, elles ne parurent pas difpofées à demeurer dans un logement qu'elles avoient déja quitté une fois; je ne les vis point aller à la campagne, ou très-peu y allérent, & n'en rapportérent point de cire brute. Je les fis donc veiller encore; & ce fut à midi & demi qu'elles prirent l'effor une feconde fois, & qu'on m'en avertit : j'arrivai dans le jardin pendant qu'elles étoient encore toutes en l'air. Le gros s'approcha d'un pommier en buiffon, au pied duquel je me rendis; je ne tardai pas à en voir qui s'arrêtérent autour d'une de fes branches; je cherchai à y découvrir la mere; & je défefpérois déja de l'appercevoir par l'épaiffeur de la couche de mouches qui s'y étoit formée, lorfque j'en remarquai une plus groffe que les autres qui arrivoit, & qui fe pofa fur une feuille diftante d'environ un pied de l'endroit où le gros fe réuniffoit. Une douzaine d'abeilles vinrent fe placer autour d'elle. Cette mere étoit une des plus longues & des plus groffes meres que j'aye vûes; bientôt elle quitta la feuille, elle fe rendit fur la branche, & toute la troupe des mouches s'y réunit.

Je fongeai à les placer dans une autre ruche ; mais je fus impatient d'examiner les gâteaux de celle qu'elles avoient abandonnée. Le nombre des cellules pleines de miel étoit grand par rapport à celui des cellules qui n'en avoient pas ; mais ces derniéres avoient des œufs ; j'en trouvai même jufques à quatre dans une feule cellule, & deux ou trois dans la plûpart des autres : d'où il femble que ce qui avoit déterminé la mere à partir, n'étoit pas précifément un dégoût pour la ruche où elle étoit née & à laquelle rien ne manquoit, mais qu'elle avoit voulu tenter fortune pour trouver des ouvriéres qui puffent fuffire à lui faire affés de cellules pour loger les œufs qu'elle étoit prête à mettre au jour. Je fongeai à lui préparer un logement qui pût fuppléer à ce que fes ouvriéres n'avoient pû lui procurer ; je fis difpofer dans une autre ruche plufieurs grands gâteaux de cire dont les cellules étoient vuides. Mais avant que la mere pût reconnoître l'état de cette ruche, avant que je l'y puffe faire entrer avec fes mouches, je les vis toutes partir au bout d'une demie-heure, de l'endroit où elles s'étoient pofées : elles s'élevérent trop à mon gré ; une partie paffa fur le mur du jardin ; elles prirent l'effor au-deffus du toit de la maifon ; je ne pus les fuivre des yeux ; & elles furent pour toûjours perdues pour moi.

Le regret que j'eus de les perdre ne fut pas grand ; elles m'avoient appris une grande partie de ce que je fouhaitois fçavoir d'elles ; que l'efpérance de voir naître une mere fuffit feule pour empêcher les abeilles ordinaires de s'abandonner à l'oifiveté. Elles m'avoient appris de plus, qu'une mere eft en état de pondre cinq à fix jours après qu'elle s'eft tirée de fa dépouille de nymphe ; car depuis que les abeilles dont il s'agit, furent mifes dans la ruche, jufques à leur premiére fortie, jufques à celle du 27 Juin,

Hhhh iij

il ne fe paffa que neuf jours. Il y en avoit au moins deux ou trois qu'elles y étoient quand la mere fut en état d'y paroître, de fortir de l'état de nymphe. Elle avoit fans doute déja pondu des œufs le jour où elle fe détermina à aller chercher un autre établiffement ; ces œufs pouvoient avoir été pondus dès la veille. Ainfi, nous avons au moins trois à quatre jours à déduire des neuf, pour déterminer le nombre de ceux au bout defquels la mere commença fa ponte. Au refte, c'eft-là un de ces faits qu'on n'a pas befoin de fçavoir dans une plus grande précifion.

Un autre fait dont j'aurois fouhaité être inftruit, c'eft fi les œufs qui avoient été pondus étoient féconds; fi les vingt mâles, ou à peu près, que je m'étois contenté d'accorder à cette mere, avoient autant opéré que l'euffent fait plufieurs centaines de mâles, plus d'un millier qui euffent vêcu avec elle, fi elle fût née dans la ruche où elle devoit naître naturellement. Mais c'eft un fait dont je ne pus être inftruit, parce que je ne trouvai dans les cellules aucun ver éclos.

Quoi qu'il en foit, il eft au moins vrai que la jeune reine eft en état de conduire un effaim hors de la ruche où elle eft née, quatre à cinq jours après qu'elle y a paru avec des aîles ; & quand elle s'y détermine, fes œufs ont déja été fécondés. C'eft ce que beaucoup de preuves concourent à établir. Le plus grand nombre des mâles refte dans l'ancienne ruche; quelquefois on a peine à en trouver quelques-uns dans l'effaim, & quelquefois on ne peut parvenir à y en voir un feul. Enfin, dans une ruche où un effaim n'étoit établi que depuis 24 heures, j'ai fouvent obfervé des gâteaux dans les cellules defquels j'ai vû des œufs, & des œufs d'où des vers n'étoient pas long-temps à éclore.

Dans différents pays les essaims sortent en différents temps; & dans le même pays, ils sortent tantôt plus tard & tantôt plûtôt, selon que la saison a été plus ou moins favorable. Ceux des ruches qui étoient bien peuplées à la fin de l'hiver, paroissent ordinairement plûtôt que ceux des ruches qui étoient alors mal fournies de mouches. Dans ce pays, les ruches ne donnent guéres d'essaims, ou, comme on les appelle encore, de jettons, que vers la mi-Mai pour le plûtôt, & pour le plus tard, par de-là la mi-Juin.

Plusieurs signes annoncent la sortie prochaine d'un essaim, ou en termes de l'art, qu'une ruche jettera ou essaimera bientôt. Les faux-bourdons qu'on voit paroître dans la ruche, apprennent qu'elle devient en état de jetter; & il ne faut pas s'attendre que celle où on ne peut découvrir aucune de ces mouches mâles, jette. Un autre signe, mais qui, comme nous l'avons déja dit, n'est nullement infaillible, c'est lorsque la quantité des mouches paroît très-grande, & trop grande dans une ruche; lorsqu'elles semblent s'y trouver si mal à leur aise, qu'une partie en sort & se tient en dehors, soit contre le support de la ruche, soit contre la ruche même; lorsqu'il y en a ainsi en dehors des tas d'ammoncelées à milliers les unes sur les autres. Mais le moins équivoque de tous les signes, & qui annonce l'événement pour le jour même, c'est lorsque les abeilles d'une ruche ne vont pas à la campagne en aussi grande quantité qu'elles avoient coûtume d'y aller, quoique le temps semble les y inviter.

Dans les ruches qui essaimeront bientôt, on entend le soir, & même pendant la nuit, un bourdonnement qu'on n'entend point dans les autres ruches. Tout semble y être dans l'agitation. Il arrive au contraire quelquefois que pour y entendre du bruit, il faut en approcher très-près l'oreille, & qu'elle n'eſt frappée que par des ſons clairs & aigus qui paroiſſent n'être produits que par l'agitation des aîles d'une ſeule mouche. Ceux qui ſçavent mieux que moi le langage des abeilles, ont dit des merveilles de ces ſons; ils prétendent que c'eſt la nouvelle reine qui fait ce bruit; qui harangue peut-être la troupe qu'elle veut engager à ſortir, ou qui, avec une eſpéce de trompette, les anime pour leur donner le courage de tenter une grande aventure. Charles *Butler*, l'Auteur de la Monar-chie féminine, donne une toute autre ſignification au bruit aigu & varié dont nous parlons. Il dit qu'il ſemblé que l'abeille qui aſpire à devenir reine, ſupplie la reine mere par des lamentations & par des gémiſſements de lui accorder la permiſſion de conduire une colonie hors de la ruche; que la reine ne ſe rend quelquefois à de ſi tou-chantes priéres, qu'au bout de deux jours; que quand elle y acquieſce, elle répond à la ſuppliante d'une voix plus pleine & plus forte; que lorſqu'on a entendu la mere accorder cette permiſſion, on peut eſpérer dès le lendemain d'avoir un eſſaim, ſi le temps n'eſt pas contraire à ſa ſortie. Enfin, les Auteurs qui ont traité des abeilles, pourroient fournir de quoi étendre beaucoup l'eſſay du Dictionnaire ſur le langage des bêtes, qu'un ingénieux Auteur s'eſt diverti à nous donner. Le même *Butler*, dont nous venons de parler, a déterminé toutes les modulations du chant de l'abeille ſuppliante; les différentes clefs ſur leſ-quelles elles ſe font, & les ſons dont elles ſont compoſées; & de même celles des chants de la reine mere. Il prétend qu'il n'eſt pas permis à celle qui veut s'élever au rang ſu-prême, d'imiter les chants de la ſouveraine; malheur à la jeune fémelle ſi cela lui arrive; elle ne le fait que par un eſprit de révolte; elle en eſt punie ſur le champ par la perte de ſa tête. L'ancienne reine fait plus, dans

le même

le même moment elle fait ôter la vie à plufieurs des abeilles qui avoient été féduites.

Mais pour parler de faits plus certains, ces divers chants, ou ces fons plus ou moins graves, & plus ou moins aigus, que les abeilles font entendre, font produits par des coups plus ou moins prompts de leurs aîles contre l'air, & peut-être auffi par des coups donnés à l'air par leurs aîles dif-féremment inclinées; car leurs aîles font les feuls organes de leur voix; elles trouvent toûjours de l'air prêt à être frappé. Auffi me paroît-il peu néceffaire d'avoir recours, comme l'a fait Swammerdam, à l'air que les ftigmates peuvent fournir, & il eft aifé de prouver qu'il ne produit ici aucun effet. Il n'eft pas fûr que les ftigmates laiffent fortir dans les temps ordinaires, même quelques bulles d'air, & il faudroit que des jets continus en fortiffent, & que ces jets fuffent modifiés par le trou même par lequel ils fortent. Les aîles ne ferviroient par leur mouvement, qu'à lui donner plus de modifications : or, fi cela étoit, une abeille dont les aîles auroient été coupées, nous fe-roit encore entendre des fons, qui, à la vérité, pourroient être différents de ceux de l'abeille pourvûe d'aîles; mais au moins l'abeille qui auroit perdu les fiennes, ne feroit pas rendue parfaitement muette, comme elle l'eft.

Ce n'eft guéres que lorfque le Soleil a échauffé l'air, que fur les dix à onze heures du matin, & jufques vers les trois heures après midi, que les effaims fortent des ru-che, & cela felon l'endroit où elles font pofées. Les mou-ches qui font dedans, & qui y font en trop grand nombre, y font naître une chaleur déja confidérable. Lorfque cette chaleur eft augmentée par l'action du Soleil fur une ruche, ou fur fes environs, elles ne la peuvent plus foûtenir. Celles qui étoient encore irréfolues, font alors déterminées à partir. Quelques heures d'un temps chaud & couvert,

produifent auffi l'effet qu'un coup de Soleil produit fur
le champ. Ceux pour qui les ruches font un objet digne
d'attention, les doivent veiller dans les jours & aux heures
que nous venons d'indiquer ; car il eft important d'être
préfent à la fortie de l'effaim pour ne le pas perdre.

Dans le moment qui précéde celui où il va partir, il
fe fait un bourdonnement dans la ruche plus fort que les
bourdonnements ordinaires ; plufieurs mouches marchent
avec vîteffe vers les ouvertures qui permettent d'en fortir ;
elles fortent & prennent l'effor. Si la nouvelle reine eft
à la tête des premiéres qui font parties, ou fi elle les fuit
de près, dans l'inftant même d'autres abeilles marchent en
foule après elle, & s'élevent en l'air ; dans l'inftant l'air des
environs eft plus rempli d'abeilles, qu'il ne l'eft en certains
jours d'hiver de gros flocons de neige. Enfin, dans bien
moins d'une minute, dans quelques fecondes, toutes celles
qui doivent compofer l'effaim abandonnent la ruche, & fe
difperfent en l'air.

Toutes ne femblent voltiger que pour examiner en
quel endroit il leur convient de fe raffembler. Il ne paroît pas que ce foit la reine qui faffe le choix du lieu.
Plufieurs mouches auxquelles une branche d'arbre a plû,
fe déterminent à venir fe pofer deffus ; elles y font fuivies
de beaucoup d'autres. Les différentes forties des petites
troupes d'abeilles de diverfes ruches où je les avois mifes,
& fur-tout de la petite ruche vitrée où je les avois voulu
faire refter contre leur gré, ces différentes forties, dis-je,
ne devoient pas différer de celles des effaims ; & il nous a
été plus aifé d'obferver ce qui fe paffoit parmi ces petites
troupes d'abeilles, que dans des efpéces d'armées de ces
mouches. Ces petites troupes nous ont appris que la mere
fe pofe auprès de la branche fur laquelle les abeilles fe raffemblent ; & que ce n'eft que quand la couche qu'elles

forment autour de cette branche s'eſt épaiſſie, que la mere
va ſe joindre au gros: dès qu'elle s'y eſt réunie, le peloton
déja formé groſſit d'inſtant en inſtant; les abeilles qui ſont
encore répandues en l'air, ſe preſſent de ſe rendre où ſont
les autres; toutes enſemble forment bientôt un maſſif compoſé de mouches cramponnées les unes aux autres par
les jambes, & plus ou moins gros proportionnellement
à la quantité de celles qui ſont ſorties de la ruche. Quoiqu'elles ſoient à découvert, elles s'y tiennent tranquilles;
ſouvent en moins d'un quart d'heure tout devient calme;
& on ne voit guéres voltiger plus de mouches autour de
l'eſſaim raſſemblé, qu'on en voit autour d'une ruche ordinaire dans un temps chaud & favorable au travail.

C'eſt ordinairement dans des jardins qu'on place les
abeilles, afin qu'elles y trouvent au moins quelques
fleurs à portée, qu'elles ne ſoient pas toûjours obligées
d'aller en chercher au loin. On court moins de riſque
de perdre les eſſaims, lorſque ces jardins ſont plantés d'arbres peu élevés, tels que ſont ceux en buiſſon, que lorſqu'ils ne ſont remplis que de très-hauts arbres. Il y a toûjours à craindre pour l'eſſaim quand les mouches qui le
compoſent s'élevent beaucoup en l'air en ſortant de la
ruche; le haut vol qu'elles ont pris, les engage à un vol
plus long. Alors elles paſſent les limites du jardin où ſont
les ruches, & ſouvent elles vont plus loin que ne les peuvent ſuivre les yeux qui les ont vû partir. Quelquefois
elles vont ſi loin, que les recherches qu'on fait pour retrouver l'eſſaim, deviennent inutiles. Un moyen généralement connu, & qui réuſſit aſſés ſouvent, de faire deſcendre celles qui prennent un eſſor trop haut, & qui ſe tiennent trop élevées en l'air, c'eſt de jetter vers elles à pleincs
mains du ſable ou de la terre en poudre. Les grains dont
elles ſont frappées, les déterminent à s'abbaiſſer; elles les

prennent peut-être pour des gouttes de pluye; l'abri le plus proche leur paroît alors le meilleur.

Une autre pratique auffi généralement & auffi anciennement connue, mais de la valeur de laquelle je ne fuis pas auffi convaincu, c'eft celle de frapper fur des chauderons, ou fur des poëles dans l'inftant où l'effaim vient de partir. On prétend que cette efpéce de charivari détermine les abeilles à prendre plûtôt le parti de fe fixer & de fe raffembler. Le bruit du tonnerre fait retourner à leur ruche celles qui font à la campagne; & on a penfé apparemment que le bruit dont nous venons de parler, pouvoit de même engager celles qui font difperfées en l'air, à chercher un afyle. Mais elles peuvent plûtôt fe méprendre en confondant une pluye de fable avec une pluye d'eau, qu'en confondant le bruit d'un chauderon avec celui du tonnerre. Il y a apparence qu'elles fe connoiffent mieux en tonnerre; car quelque tintamarre qu'on faffe avec de pareils inftruments, on ne voit pas que celles qui font fur les fleurs en foient effrayées, & qu'elles s'en preffent davantage de retourner à leur habitation.

Lorfqu'on attend des effaims, on doit avoir eu foin de préparer d'avance, des ruches pour les loger. Si celui qui vient de fortir s'eft placé fur la tige ou fur quelque branche d'un arbre peu élevé, tels que ceux en buiffon, de prendre cet effaim, de le faire paffer dans la ruche qu'on lui a deftinée, eft une operation plus facile qu'on ne fe l'imagineroit, & qu'on peut entreprendre une demi-heure après que les grands mouvements ont été calmés; fur-tout, fi le Soleil n'eft pas trop brillant & trop ardent. On peut pourtant différer de plufieurs heures, jufques à une heure ou deux avant que le Soleil fe couche. Si le Soleil donnoit fur l'effaim, il y auroit du rifque à attendre; l'effaim pourroit partir & aller dans un autre endroit

où il feroit difficile de le trouver. La caufe la plus capable de l'y déterminer, fera ôtée, fi avec une grande nappe
on lui fait une efpéce de tente, ou fi on lui en fait une
avec des branches bien chargées de feuilles.

Ceux qui fe font plû à nous raconter des merveilles de
ces mouches, ont prétendu fçavoir qu'avant que l'effaim
s'expofe à fortir de la ruche, quelques-unes de celles qui
doivent le compofer, vont reconnoître l'endroit où il leur
*conviendra de s'établir; ils ont donné à la nouvelle reine,
des marêchaux-des-logis, qui, à la vérité, font affés mal-
habiles:* car en fuppofant ce qui fera, je crois fuppofer le
vrai, que ce n'eft que quand l'effaim eft forti de la ruche,
que quelques-unes des mouches qui le compofent, fe
décident à l'infpection des objets des environs pour le
lieu où elles fe doivent établir; le choix de ce lieu ne
fait pas honneur au génie de ces mouches; c'eft ordinairement autour d'une branche d'arbre qu'elles fe fixent, où
expofées à toutes les injures de l'air, elles ne pourroient
fubfifter. Qu'on ne dife pas que ce lieu n'a été pris que
comme un entrepôt; il y a une preuve forte qu'il eft regardé comme un établiffement à demeure, en ce que,
lorfqu'on n'en retire les abeilles qu'au bout de cinq à fix
heures, on y trouve déja quelque petit gâteau de cire
qu'elles y ont fait. Il eft vrai qu'elles n'attendroient pas
peut-être plufieurs jours à quitter ce lieu d'elles-mêmes;
mais ce ne feroit qu'après avoir appris qu'il n'étoit pas
convenable, parce qu'elles y auroient fouffert, foit trop
de chaud, foit trop de froid, ou qu'elles y auroient été
trop tourmentées par le vent & la pluye.

Auffi, quand on les a fait entrer dans une ruche, ne
font-elles pas long-temps à reconnoître qu'elles y font
mieux qu'où elles s'étoient placées elles-mêmes; elles y
reftent pour l'ordinaire. Si l'effaim, comme je l'ai déja

I i i i iij

dit, s'eſt poſé ſur quelque branche d'un arbre en buiſſon, ou quelqu'autre branche peu élevée, rien n'eſt plus
facile que de le faire paſſer dans la ruche; les mouches y
iroient ſouvent d'elles-mêmes ſi on la ſoûtenoit pendant
quelque temps au - deſſus de leur branche. Le plus ſûr
pourtant & le plus court, eſt de tenir la ruche renverſée;
c'eſt-à-dire, ſa grande ouverture en enhaut, & tout auprès
des abeilles. Si elle n'eſt point trop lourde ou d'une figure
incommode, l'homme qui la ſoûtient avec le bras & la
main gauche *, peut avec la main droite faire tomber les
abeilles dedans. La prudence veut que celui qui ſe charge
de cette opération, ſe mette hors de riſque d'être piqué
par celles qui peuvent s'irriter, c'eſt-à-dire, qu'il ait ſon
camail ſur la tête & ſes mains couvertes de gands. Il y a
pourtant des payſans, qui, en chemiſe, à viſage découvert & les mains nûes, ne ſe font point une affaire de faire
tomber les abeilles dans la ruche. L'opération s'exécute
encore plus commodément quand deux hommes s'entr'aident, quand l'un tient la ruche, & que l'autre, ſoit avec
ſa main, ſoit avec une eſpéce de petit balay, ou quelque
petit rameau, fait tomber les mouches.

    On ne doit pas être inquiet ſi elles ne tombent pas tou-
tes dans la ruche, s'il y en a des pelotons qui tombent à
côté, & ſi beaucoup d'autres s'envolent. C'en eſt aſſés,
ſi une partie conſidérable de l'eſſaim y a été jettée. Sur
le champ, on n'a qu'à poſer la ruche à terre tout près de
l'arbre, dans la ſituation où elle doit être naturellement;
c'eſt-à-dire, qu'à la poſer ſur ſa baſe. On aura pourtant
attention de laiſſer des ouvertures entre les bords de la
baſe & le terrain ſur lequel elle eſt. Les abeilles qui ſont
tombées à terre, vont bientôt rejoindre leurs compagnes;
mais il faut qu'elles trouvent des paſſages libres pour arriver. Celles qui ſe ſont diſperſées en l'air, ſe rendent auſſi

pour la plûpart, à la ruche. Il y en a pourtant, & quelquefois en affés grand nombre, qui s'obftinent à retourner fur la branche où elles étoient auparavant; pour leur en faire perdre l'envie, on frotte cette branche avec des feuilles dont l'odeur leur déplaît, comme des feuilles de fureau & de ruë, & on y arrête de petits paquets de ces mêmes plantes. Enfin, fi cela ne fuffit pas, on fume avec la fumée d'un linge, celles qui perfiftent à y vouloir refter.

Au lieu qu'on cherche à rendre défagréable aux abeilles l'endroit d'où on les a retirées, avant que de leur offrir une autre habitation, on a cherché à la mettre en état de leur plaire; on a eu foin de la bien nettoyer; on en a frotté les parois avec des herbes ou des fleurs dont elles aiment l'odeur, comme avec des feuilles de melifle, avec des fleurs de féves, &c. ou ce qui vaut autant que de flatter leur odorat, on enduit legérement quelques endroits des parois de ce qui peut le plus flatter leur goût, de miel; quelques-uns y étendent de la creme. Ces petites précautions ne fçauroient faire de mal, mais je ne les crois pas néceffaires; tout a fort bien réuffi en diverfes circonftances où je n'y point eu recours.

Si on fait l'emménagement des abeilles vers midi ou peu après, on doit avoir attention de pofer la nouvelle ruche de maniére que le Soleil ne la puiffe pas trop échauffer. Si l'arbre auprès duquel elle eft, ne lui donne pas affés d'ombre, on peut lui faire une tente avec une nappe, ou tout fimplement une efpéce de feuillée, en la couvrant de divers branchages chargés de feuilles. On la laiffera où on l'a mife, jufques à ce que le Soleil foit couché ou prêt de fe coucher; & alors, on la tranfportera doucement fur le fupport qu'on lui a deftiné & fur lequel on veut qu'elle refte.

L'effaim que nous venons de faire prendre, étoit placé

le plus favorablement qu'il eſt poſſible, & ils ne ſe placent
pas toûjours ſi bien. Il y en a tel qui va ſe percher ſur
d'aſſés petites branches de très-hauts arbres, & ils ne peuvent pas ſe mettre plus mal. Selon la figure de l'arbre,
ſelon la diſpoſition de ſes branches & ſelon ſa hauteur,
il faut avoir recours à des expédients différents. Le génie
de celui qui ne veut pas laiſſer perdre cet eſſaim, doit lui
faire choiſir les manœuvres qui conviennent. Si la hauteur à laquelle il eſt, n'eſt pas exceſſive, un homme monté
ſur une échelle appuyée contre la tige de l'arbre, peut
quelquefois tenir la ruche renverſée au-deſſous de l'eſſaim,
pendant qu'un autre homme qui a grimpé ſur l'arbre, fait
tomber les abeilles dans cette ruche avec un balay qui a
un manche d'une longueur ſuffiſante. Si l'eſſaim eſt trop
près du bout des branches pour que l'homme monté ſur
une échelle appuyée contre la tige de l'arbre, puiſſe pré-
ſenter la ruche deſſous cet eſſaim, on peut attacher la
ruche à une longue & forte perche, & la poſer enſuite
de maniére qu'elle puiſſe recevoir les abeilles lorſqu'on
les fera tomber. Si tout cela n'eſt pas exécutable & qu'on
trouve des branches au-deſſous de celle où eſt l'eſſaim,
on peut étendre une nappe ſur ces branches, faire tomber les mouches ſur la nappe, les envelopper promptement, & deſcendre, ou jetter enſuite en bas la nappe pleine
de mouches. Enfin, on étendra par terre la nappe, & on
poſera la ruche ſur l'endroit où eſt le gros des abeilles;
ordinairement les autres ne tarderont pas à s'y rendre:
mais ſi elles n'y paroiſſoient pas aſſés diſpoſées, on les y
détermineroit en dirigeant la fumée d'un linge ſur celles
qui ſont trop écartées de la ruche. Il y a encore un autre
moyen d'avoir l'eſſaim qui eſt ſur une branche, c'eſt de
couper ou ſcier cette branche en l'agitant le moins qu'il
eſt poſſible; ſi on n'y travaille qu'après que le Soleil ſera
couché,

couché, les abeilles ne l'abandonneront point; elles se laisse-
ront descendre au bas de l'arbre avec la branche coupée; &
il sera alors aisé de les faire entrer dans une ruche.

Un grand trou de mur, ou un grand trou de tronc d'arbre vaut pour un essaim une ruche; celui qui en trouve
un & qui s'y niche, a bien mieux sçû choisir le lieu où il
devoit s'établir, que ne le sçavent choisir les essaims qui
se contentent des dehors d'une branche d'arbre. Mais
l'essaim qui a eu l'habileté de se loger si bien, s'est placé
au plus mal pour celui qui a droit dessus, & qui veut le
faire passer dans une ruche: il y en a pourtant des moyens,
mais différents selon la position du trou. Souvent il faut
commencer par en aggrandir l'ouverture, & le pis aller
est alors de puiser les abeilles dedans avec quelqu'espéce
de cuillier, comme celles à pot, & de les verser à mesure
dans la ruche. Cela peut s'exécuter avec succès le soir,
sur-tout si l'air est froid.

Pour expliquer tout de suite comment on établit un
essaim dans une ruche, nous avons laissé beaucoup de
quêstions à éclaircir auxquelles il nous faut revenir. Une
de celles qu'on n'aura pas manqué de nous faire, c'est si
un essaim n'a pas quelquefois deux meres, ou même s'il
n'en a pas quelquefois un plus grand nombre! Nous
avons prouvé dans le neuviéme Mémoire, que dans la
même année il naît dans beaucoup de ruches, bien plus
d'une fémelle. S'il n'y en devoit naître qu'une, il n'auroit
pas été assés pourvû à la multiplication des abeilles; les
surnuméraires d'une ruche manqueroient souvent de la
conductrice qui leur est essentielle. Mille accidents peuvent faire périr le petit ver contenu dans un œuf, avant
que ce ver soit parvenu à se métamorphoser en mouche.
Ce ne seroit donc pas assés que la mere ne pondît chaque
année, qu'un de ces œufs qui doivent donner des fémelles.

Tome V. .Kkkk

Nous avons rapporté auſſi, que dans la même ruche nous avions trouvé juſques à quarante cellules, de celles qui ſont deſtinées à recevoir de ces œufs diſtingués; que vingt-deux de ces cellules royales n'étoient pas encore finies, mais que de dix des autres, dix fémelles étoient déja ſorties, & que dans les huit autres cellules il y avoit huit fémelles, ſoit ſous la forme de ver, ſoit ſous celle de nymphe qu'elles devoient quitter, pour paroître ſucceſſivement dans la ruche avec des aîles, dans un intervalle de peu de jours. Comme il eſt certain que le froid, la pluye & le vent, peuvent retarder de pluſieurs jours la ſortie de la troupe qui veut abandonner la ruche, il eſt évident que dans le moment où l'eſſaim va partir, il peut y avoir pluſieurs jeunes fémelles. La ſeule queſtion eſt donc ſi alors il y en a pluſieurs qui ſortent avec l'eſſaim.

Cette queſtion a été décidée uniformement par tous ceux qui ont traité des abeilles, à commencer par Ariſtote. Tous aſſûrent, & nous prouverons qu'ils ont eu raiſon de l'aſſûrer, qu'il arrive quelquefois qu'un eſſaim a deux rois ou deux reines. Ils nous ont raconté ce qui ſe paſſe dans ce cas, qui n'eſt pas rare. Ils veulent qu'alors l'eſſaim ſe partage conſtamment en deux; & il eſt réel que quelquefois les mouches qui le compoſent, ſe diviſent en deux troupes. On voit alors ſur le même arbre ou ſur deux arbres aſſés proches l'un de l'autre, deux tas d'abeilles. Un des deux eſt ordinairement bien moins conſidérable que l'autre; l'un ne ſera quelquefois qu'un peloton pas plus gros que le poing, pendant que l'autre aura plus de volume qu'une tête humaine. Chacune de ces portions de l'eſſaim, a ſa reine. Quelle que ſoit la circonſtance qui a fait que la reine du petit peloton a entraîné ſi peu de mouches à ſa ſuite, ordinairement ſa troupe ne lui eſt pas fidelle. Les expériences que nous avons rapportées ailleurs ſur des abeilles miſes

en petit nombre dans de petites ruches, ont appris qu'elles
n'aiment pas à vivre en des focietés peu nombreufes, & que
la reine elle-même n'eft pas contente quand elle a peu de
mouches à fon fervice; elle femble en fçavoir les inconvénients: peu à peu auffi, il y a des mouches qui fe détachent
du peloton, & qui vont rejoindre le gros. Le peloton diminuë d'inftant en inftant; & quand il eft réduit à un petit
nombre de mouches, celles-ci enfemble & la mere même,
vont fe réunir aux autres. L'effaim alors a deux meres.

Il pourroit *bien* n'y avoir eu que du malheur dans le
fort de la mere qui a été abàndonnée par fa troupe; peut-
être que fi le hazard lui eût été auffi favorable qu'à l'autre, elle eût été la plus fuivie. Mais dans des temps où
on cherchoit plus à raconter des faits agréables que des
faits vrais, où l'on donnoit ce qu'on imaginoit devoir
être, pour ce qu'on avoit vû, & dans des temps où l'on
regardoit le gouvernement des abeilles comme le modéle
du plus parfait gouvernement monarchique, on nous a
parlé de la mere heureufe comme du véritable roy, & qui
avoit toutes les qualités qui la rendoient digne de l'être;
qui avoit même un extérieur propre à fe faire refpecter.
Au lieu que la fémelle infortunée a été traitée comme
une miférable mouche, indigne de la puiffance fouveraine qu'elle avoit voulu ufurper; on lui a prodigué les
noms *d'ufurpateur & de tyran;* on a voulu que fa figure
fût hideufe & eût quelque chofe de méprifable. C'eft
d'après Ariftote que Virgile a dépeint l'une & l'autre;
qu'il nous a dit que les extérieurs de ces deux rois étoient
fort différents; que l'un avoit des écailles rougeâtres, qui
brilloient de taches d'or, que fa figure étoit noble; au lieu
que l'autre étoit défagréable à voir, qu'il fembloit couvert
de pouffiére, qu'il avoit un large ventre; enfin, qu'il ne
méritoit que la mort.

Kkkk ij

On peut lire avec plaifir tout le mal qui a été dit de cette pauvre mouche par Alexandre de Montfort, dans l'ouvrage auquel il a donné le titre du *Printemps de la mouche à miel,* qu'il affûre être le fruit de plufieurs années d'obfervations, & qu'il a rempli de moralités. Il nomme cette mouche malheureufe, *le tyran ou le prince brouillé;* il dit que *fa couleur trifte, fon ventre gros, fes jambes fcabreufes & fes geftes languiffants, font fignes d'envie, d'avarice, d'ambition, de gourmandife, de lâcheté & de pareffe,* &c. *Que ce prince brouillé a un accent rude qui retentit dans tout le quartier* (lorfqu'il eft encore dans la ruche) *careffant la nouvelle gendarmerie, qu'il tâche d'enyvrer & d'attirer à la révolte contre fon fouverain.*

Le prince brouillé fort (de la ruche) *avec l'effaim, s'éloigne du roy comme un traître ou comme une piéce de mauvais alloy qui ne s'ofe produire. Auffi-tôt que le Soleil lui luit fur la tête, fes mauvaifes humeurs s'éveillent, & font révolter une partie de ce petit peuple, qui fe va brancher avec lui, où elles fe perdroient fous ce mauvais chef, ne fût que reconnoiffant leur faute, elles l'effacent s'allant incontinent remettre auprès du roi légitime,* &c. *De forte que ce prince brouillé fe voyant abandonné, fe va rejoindre au gros de l'effaim.*

Ces vertueufes beftioles qui fe picquent pour ce qui touche l'honneur de leur chef, conjurent la ruine de ce brouillon, &c. *elles lui courent fus, le déchirent, le foulent aux pieds; de forte que dès le lendemain on le trouve mort, étranglé fous la ruche avec dix ou douze abeilles, comme victimes très-malheureufes.*

Tous les Auteurs qui ont traité cette mouche comme un ufurpateur, lui donnent la trifte fin que nous venons de raconter dans les termes d'Alexandre de Montfort. Ils affûrent qu'on la trouve morte le lendemain au bas de la ruche. Charles Butler veut que, lorfque la premiére reine

a pris poffeffion de fon *capitole,* qu'après que l'empire lui
a été accordé, la feconde en rang foit condamnée à mort
par arrêt du peuple, & que fur le champ l'arrêt foit exécuté.
Il ne nous raconte pas qu'il ait vû faire cette exécution ;
mais il nous parle des combats terribles qui durérent pendant deux jours dans une ruche où deux forts effaims
étoient entrés, & qui ne finirent que lorfqu'une des meres
eut été tuée.

Mais pour fubftituer des faits plus fimples & plus vrais,
à ceux qu'on a chargés de circonftances que l'imagination
s'eft plû au moins à embellir, il eft très-certain que l'effaim qui fort d'une ruche, a quelquefois deux meres. J'en
ai même eu deux l'année derniére, dont chacun en avoit
trois ; & il peut y avoir des cas où un effaim en aura un
plus grand nombre. Il paroît certain encore, & c'eft un
fait bien fingulier, que toutes les meres furnuméraires font
tuées dans la ruche où l'effaim a été logé ; qu'on n'y conferve la vie qu'à une feule ; que jufques à ce que cette
grande & cruelle exécution ait été faite , les abeilles ne fe
mettent pas férieufement au travail. La premiére preuve
que j'en rapporterai, me fera fournie par un des effaims que
je viens de citer, qui avoit trois meres. Il fortit de la ruche
le 12 Juin ; les mouches dont il étoit compofé fe parta-
gérent en deux bandes ; le gros s'arrêta autour d'une branche d'un pommier en buiffon , & la cinquiéme ou fixiéme
partie environ fe pofa fur la branche d'un poirier auffi
en buiffon, du même quarré que le pommier, & qui en
étoit éloigné d'une vingtaine de pas. La petite troupe
refta conftamment pendant plus d'une heure dans la place
qu'elle avoit choifie, mais elle fe débanda enfuite ; quelques mouches commencérent à s'en détacher pour aller
rejoindre le gros ; d'inftant en inftant elles furent fuivies
de quelques autres ; enfin, le refte du peloton s'envola

à la fois, fe difperfa en l'air, & ces mouches difperfées vinrent bientôt fe réunir à leurs compagnes; toutes les mouches de l'effaim fe trouvérent ne faire plus qu'une feule maffe. Le partage qui s'y étoit fait d'abord, me fit juger qu'il devoit avoir deux meres; la fuite m'apprit qu'il en avoit même trois. Ainfi, le nombre des divifions qui fe font dans un effaim, n'eft pas toûjours égal à celui des meres. D'autres obfervations m'ont appris qu'il n'arrive pas même toûjours qu'un effaim qui a deux meres, fe divife.

Je fus attentif à fuivre l'effaim dont je viens de parler; je le fis mettre le foir dans une de ces ruches plattes *, où il eft plus aifé de voir ce qui fe paffe. Il y entra paifiblement, & le lendemain tout m'y parut très-calme; je ne vis point dans la ruche de ces combats qu'on dit qui s'y livrent tant que la pluralité des meres y fubfifte. Les mouches ne me femblerent qu'y avoir été trop tranquilles; l'ouvrage de leur journée fut fort peu de chofe. Le jour fuivant, fur les trois heures après midi, il me parut y avoir plus de mouches en l'air en dehors de cette ruche, & fur-tout auprès de fes portes, qu'il n'auroit dû y en avoir. J'ouvris un des volets pour obferver ce qui fe paffoit dans l'intérieur; & je fus bientôt certain que le trouble y avoit regné. Les mouches avoient abandonné le haut de la ruche où elles s'étoient tenues le premier jour, & deux petits gâteaux qu'elles y avoient conftruits; la partie la plus élevée du maffif qu'elles formoient, étoit vers le milieu du logement. J'eus lieu de croire qu'il s'étoit fait quelque expédition fanglante; j'examinai le terrain du devant de la ruche, j'y trouvai quelques mouches mortes, parmi lefquelles il y avoit une mere.

Pendant le jour où fe fit cette expédition, les abeilles ne travaillerent point; elles pafferent même la nuit entiére

* Pl. 24. fig. 1 & 2.

près du fond de leur ruche, sans regagner le haut; je les
revis dans cette position lorsque j'allai les visiter sur les
sept heures du matin. Lórsque j'y retournai vers les dix
heures, je trouvai une seconde mere morte assés près de
l'endroit où j'avois trouvé la premiére. C'étoit la derniére
de celles qui devoient périr; aussi l'ordre avoit-il été remis
dans la ruche; les abeilles en occupoient la partie supérieure; elles s'étoient placées comme elles l'avoient été
d'abord, & comme elles le devoient être; & elles se livre-
rent au travail avec ardeur.

L'essaim dont je viens de parler, n'est pas le seul de
ceux que j'ai eu dont deux meres ont été tuées. Une des
meres d'un autre que j'avois aussi logé le soir dans une
ruche vitrée, fut trouvée morte le matin tout près de la
ruche, & une seconde fémelle fut trouvée morte à peu près
dans le même endroit vers les deux heures après midi du
même jour. Malgré le nombre des meres, ce dernier essaim
ne s'étoit point divisé; mais le nombre de ces meres l'em-
pêcha peut-être de rester paisiblement sur l'arbre où il s'é-
toit établi. Après qu'il y eut demeuré deux heures, quoiqu'il y fût à l'abri des rayons du Soleil, il se détermina à
le quitter; il prit même un long vol; il traversa un bras
de la Marne qui sépare le jardin où il étoit, d'une isle,
sur un des arbres de laquelle il alla se fixer; on parvint à
l'y trouver, & on l'y prit le soir. J'ai eu aussi quelques
autres essaims de chacun desquels une seule mere a été
mise à mort le jour d'après celui où les abeilles étoient
entrées dans une ruche, & quelquefois un jour plus tard.

Quand des reines surnumeraires sont nées dans une
ruche, ce ne sont pas uniquement celles qui partent avec
un essaim, qui sont sacrifiées. Le sort de celles qui restent
dans leur ruche natale n'est pas plus heureux; elles y sont
mises à mort; & quelquefois on y en tue un bon nombre.

On m'apporta un matin fix meres qu'on avoit trouvées mortes fur l'appuy d'une même ruche qui avoit donné un effaim la veille.

Il eft donc inconteftable, qu'il y a des temps où les abeilles ne fouffrent pas plufieurs fémelles, & qu'il n'en faut qu'une feule aux abeilles d'un effaim. Mais quels font les motifs qui déterminent ces mouches à en prendre une pour reine à l'exclufion des autres ! Il y a grande apparence que celle qui parvient à ce haut rang, en eft la plus digne. Ce n'eft pourtant pas, & il n'eft pas befoin de le dire férieufement, parce qu'elle eft douée de toutes les vertus morales qu'on lui a cru néceffaires. Nous ne devons pas craindre non plus qu'on croye que les meres qui ont été mifes à mort, méritoient une fi trifte fin, parce qu'elles avoient la noirceur d'ame propre aux ufurpateurs & aux tyrans, & de plus, tous les vices auxquels Alexandre de Montfort a affûré qu'elles étoient fujettes. Probablement, la reine qui eft confervée, a dans le plus haut degré la vertu qui intéreffe les abeilles, mais une vertu phyfique, celle de mettre beaucoup d'œufs au jour, d'y en mettre plus que n'y en euffent mis les fémelles qui ont été immolées au bien public. Lorfqu'il y en a plufieurs de nées dans une ruche, il n'eft pas néceffaire que les mouches qui doivent compofer l'effaim prêt à fortir, en viennent à une élection pour fe donner une fouveraine. Souvent fans doute elles acceptent pour reine celle qui s'eft offerte à l'être; un moment peut-être en décide. Je veux dire, qu'entre les fémelles nouvellement nées, celle qui eft affés active, affés inquiette pour fortir la premiére de la ruche, peut déterminer les abeilles qui fe trouvoient mal de leur ancienne habitation, à fe mettre à fa fuite pour chercher un nouveau logement. Si encore un rayon de Soleil fait partir brufquement une troupe de

mouches

mouches de la ruche, & qu'une fémelle parte avec elles, beaucoup d'autres mouches font déterminées à fortir en même temps; toutes de concert doivent accepter pour reine la fémelle qui eft parmi elles, fans l'avoir choifie autrement. Malgré l'efpéce de hazard qui décide alors de la fouveraineté, peut-être eft-elle accordée comme dans les plus fameufes monarchies, à la mouche qui y a le plus de droit par fa naiffance. La premiére née eft probablement celle qui a acquis le plus de vigueur, qui a été plûtôt fécondée, qui eft la plus prête à pondre des œufs, & celle qui a eu le plus d'impatience de prendre l'effor. S'il eft arrivé qu'elle ait été plus pareffeufe, fi une de fes cadettes eft fortie la premiére, alors au moins c'eft la plus digne qui a été prife pour reine.

Le feul cas qui puiffe mettre dans une fituation embarraffante les mouches qui compofent un effaim, & qui femble les obliger à faire des actions barbares, c'eft quand il y a parmi elles plufieurs meres. Ce cas femble les mettre dans la néceffité de choifir. Si entre ces meres, il y en avoit une d'une forme majeftueufe & toute brillante d'or, & que l'or parût auffi beau aux abeilles qu'à nous, & fi les autres fémelles avoient une figure ignoble & même hideufe, & qui fût telle pour les abeilles, leur choix feroit facile à faire. Je crois qu'il l'eft auffi. Quoiqu'on ne trouve pas entre l'extérieur de l'abeille qui refte fouveraine, & l'extérieur de celles qui font condamnées à mort, les grandes différences dont nous venons de parler, on y en trouve quelques-unes. La premiére m'a toûjours paru d'une couleur plus rougeâtre que les autres; & c'en étoit affés pour mettre en droit, lorfqu'on en a parlé poëtiquement, de faire entrer l'or dans fa parure. Les autres font plus brunes, & elles m'ont toûjours femblé moins groffes. Ariftote a dit auffi que le vrai roi eft roux

& que l'autre eft noir, ce qui fe réduit à être plus brun. Les meres, comme les autres abeilles, deviennent plus rougeâtres en vieilliffant; le moment où elles fe font transformées eft celui où elles font le plus brunes: enfin, à mefure que les œufs qu'elles ont dans le corps, groffiffent, leur corps groffit. De-là il paroît, comme nous l'avons dit, que celle qui eft confervée pour reine, eft la premiére née & la plus prête à pondre.

Mais d'être la plus prête à pondre., doit être par rapport aux abeilles, la circonftance effentielle & décifive; & j'ai des preuves que la mere qui avoit été choifie, s'étoit trouvée dans cette circonftance favorable. J'ai ouvert le corps de neuf à dix jeunes fémelles auxquelles la vie avoit été ôtée dans différentes ruches, & il n'y en a eu aucune à laquelle j'aye pû trouver un feul œuf d'une groffeur fenfible. La plus forte loupe n'a pû même me faire appercevoir dans le corps de quelques-unes, de ces petits grains qui font des œufs qui ont beaucoup à croître. Si j'euffe ouvert le corps de la fémelle qui avoit été confervée dans chacune des ruches hors defquelles les autres fémelles avoient été jettées mortes, je l'euffe trouvé rempli d'œufs dont plufieurs auroient été très-fenfibles. Je puis donner ce dernier fait pour auffi certain que fi je l'euffe vû, puifque j'ai trouvé des œufs dans quelques-unes de ces ruches, au bout de 24 heures, & dans d'autres au plus tard, au bout de deux ou trois jours.

Quelquefois entre les fémelles qui naiffent la même année dans une même ruche, il y en a trois ou quatre d'heureufes. Il y en avoit eu trois de celles-ci dans la ruche où j'ai dit que j'avois trouvé quarante cellules royales, de dix defquelles dix fémelles étoient forties; de ces dix fémelles il y en avoit eu trois qui établirent trois petits empires, trois dont chacune refta fouveraine d'une nouvelle ruche. Lorſque je baignai l'ancienne ruche d'où ces trois eſſaims étoient ſortis en moins de 15 jours, j'y trouvai une jeune fémelle avec une autre qui étoit pro-bablement ſa mere. Trois à quatre eſſaims ſortent donc quelquefois de la même ruche les uns après les autres, dans des intervalles de cinq à ſix, & tantôt dans des in-tervalles de dix à douze jours. Des meres nées les unes après les autres, deviennent propres à être les conductrices de colonies qu'elles ſont en état de faire multiplier. Dans ces mêmes ruches où il y a eu trois à quatre fémelles for-tunées, il y en a eu ordinairement un plus grand nombre de malheureuſes.

Mais eſt-ce par les abeilles même nouvellement établies dans une ruche, que la mere ou les meres ſurnuméraires ſont miſes à mort! Comment cela s'accorde-t-il avec cet amour ſi vif pour toutes les meres en général dont les abeilles nous ont donné tant de preuves dans le cinquiéme Mé-moire! Ne ſeroit-ce point plûtôt que deux meres jalouſes l'une de l'autre, ſe livrent un combat dont la plus foible eſt la victime! C'eſt ce que je n'ai pû parvenir à voir. Ce qui pourroit faire penſer que les deux meres, quoique très-pacifiques naturellement, s'attaquent l'une l'autre, c'eſt qu'elles ſont armées d'aiguillons dont elles n'ont gueres d'autre occaſion de faire uſage, car elles ne s'en ſervent pas contre les abeilles de leur ruche. Malgré pourtant le reſpect qu'ont ces derniéres pour les meres, malgré l'a-mour qu'elles leur témoignent, il pourroit bien y avoir des temps où elles ne balanceroient pas à leur ôter la vie. Nous avons vû qu'après avoir pris des ſoins infinis des vers qui deviennent des abeilles mâles, qu'après avoir bien vêcu avec ces mâles, il vient un temps où elles en font un furieux carnage. Elles ſont capables des meilleures actions & de celles qui nous ſemblent les plus barbares,

felon que le bien de leur fociété le demande ; elles ont
été inftruites à faire tout ce qui y convenoit le mieux.
Des abeilles nouvellement mifes dans une ruche, ont affés
à travailler pour conftruire la quantité des rayons de cire
néceffaire pour fournir à loger les vers qui naîtront des
œufs que la jeune & féconde reine va pondre, à ramaffer tout le miel qui doit être mis en referve dans la ruche.
Leur inftinct leur apprend que pendant plufieurs femaines
ou plufieurs jours au moins, il faudroit qu'elles fuffent capables de faire une fois plus d'ouvrage qu'elles n'en peuvent
faire, pour fuffire à deux reines ; elles ne pourroient loger
& foigner les vers qui naîtroient de leurs œufs. Le meilleur
parti à prendre eft donc dè facrifier une de ces reines.

Quand les abeilles fe trouvent fupérieures à leur travail,
quand elles ont rempli leurs ruches de beaucoup de gâteaux bien fournis de miel & de cire brute, elles peuvent
n'avoir plus de raifons de craindre la pluralité des meres;
telle étoit la fituation des abeilles que nous avons vû être
empreffées à rendre de bons offices à la reine étrangére
que nous leur avions offerte. Alors elles font le plus grand
accueil à une fémelle qu'elles euffent immolée fi elle eût
été introduite parmi elles dans les temps où elles fe trouvoient dans une nouvelle habitation dénuée de tout. Où
fi l'on veut, qu'une mere ne foit jamais tuée que par une
autre mere, ce qui eft bien auffi probable, la mere qui a
à fa difpofition tous les gâteaux d'une ruche, n'eft point
jaloufe qu'une autre les partage, quand il lui paroît qu'il y
en a affés pour elles deux. Mais je puis être fort mal inftruit
de la politique des abeilles & de la façon équitable de penfer que je viens de leur accorder. La fuite des faits que j'ai
à rapporter, fera au moins voir encore bien du fingulier
dans les différentes maniéres dont les mêmes fémelles font
traitées en différents temps dans la même ruche.

Par le moyen du bain j'eus le 15 Juin à ma difpofition, une mere que je tirai d'une ruche ancienne, mal
fournie de mouches & de couvain. Cette mere qui jufques-là avoit fait peu d'œufs, paroiſſoit en état d'en pondre beaucoup par la fuite ; elle avoit le corps long &
renflé. Après lui avoir peint le corcelet avec un vernis
rouge, qui, étant très-ficcatif, fut bientôt fec, je l'introduifis dans une ruche quarrée & platte où un fort effaim
n'avoit été logé que le 10 du même mois ; mais où il
avoit travaillé avec beaucoup d'activité ; il y avoit déja
fait deux gâteaux, dont chacun étoit auffi grand qu'une
des moitiés d'une des faces de la ruche, & qui avoient
beaucoup de cellules pleines de miel. Je fis entrer la
mere à laquelle j'avois donné une livrée rouge, par un
trou percé au milieu de la piéce fupérieure de la ruche,
& cela, à cinq heures & demie du foir. Dès qu'elle
y fut entrée, elle difparut, elle fe cacha entre les deux
gâteaux ; mais fon arrivée n'occafionna aucun tumulte
fenfible ; il parut qu'elle avoit été bien reçûe. Au bout
d'une heure, je la vis appliquée contre un des carreaux
de verre, & entourée de plufieurs abeilles qui fembloient
occupées à la nettoyer, & qui peut-être vouloient lui
ôter fa tache rouge. Le jour fuivant fur les huit heures du
matin, mon jardinier que mon exemple a rendu curieux
d'obferver les abeilles, vint m'avertir qu'il avoit vû la mere
rouge, qu'il l'avoit fuivie des yeux, qu'il avoit remarqué
qu'elle avoit fait entrer fa tête dans une cellule vuide, &
qu'enfuite s'étant retournée bout par bout, elle y avoit
introduit fon derriére, & qu'elle devoit être occupée à
pondre. Lorfque j'arrivai, je la trouvai fur le même gâteau
où il l'avoit vûe, mais elle n'étoit plus dans une cellule.
Des mouches qui l'entouroient, s'ouvroient pour lui
laiffer le paffage libre à mefure qu'elle alloit en avant ;

L l l iij

quelques-unes de celles qui lui faifoient cortége, lui léchoient le derriére, comme elles ont coûtume de le
lécher à une mere qui vient de dépofer un œuf. Je vis
enfuite qu'elle fit entrer fa tête fucceffivement dans plufieurs cellules; mais dans chacune defquelles il y avoit
déja un peu de miel; ne les ayant pas trouvées telles
qu'elle les vouloit, elle quitta la furface extérieure du gâteau où elle étoit, pour aller peut-être en chercher qui
fuffent à fon gré dans l'intérieur de la ruche. Ceci fe paffa
dans un temps où plufieurs meres furnuméraires des nouveaux effaims furent tuées; & on croit bien que je fus
attentif à examiner chaque jour, fi je ne trouverois pas
l'une des deux meres dont il s'agit, morte auprès de la
ruche. Je n'y trouvai ni l'une ni l'autre. Dix à douze
jours après, je donnai une troifiéme mere à la même ruche, à laquelle je fis porter une livrée jaune. Je ne pus
depuis parvenir à en voir aucune des trois; elles fe tinrent
trop conftamment dans l'intérieur de la ruche & dans les
gros de mouches, au moins aux heures où je cherchois
à les voir. Mais jufques au mois de Septembre, je ne pus
parvenir à en trouver une morte, quelqu'attention que
j'euffe apportée à la chercher.

Les vacances qui m'éloignerent de Paris, me mirent
pendant deux mois hors d'état de pouvoir obferver les
dehors & l'intérieur de cette ruche. A mon retour, c'eft-
à-dire, après la Touffaints, je me déterminai à la baigner,
pour fçavoir fi les trois meres lui étoient reftées. Lorfque
fes mouches parurent bien noyées, lorfqu'elles furent
toutes dans un état femblable à celui de mort, je les
examinai à mon aife, & avec foin une à une. Je les
comptai même, & j'en trouvai plus de fept mille, ce qui,
dans une pareille faifon, eft un nombre de mouches
affés confidérable pour une ruche. Parmi elles il n'y avoit

aucun mâle, aussi n'étoit-ce pas le temps où il y en devoit avoir. Enfin, ce qui étoit l'objet essentiel, c'étoit de
retrouver les meres, & des trois qui y avoient été quelques
mois auparavant, je n'en trouvai qu'une seule, & probablement la mere naturelle; au moins son corcelet n'étoit-
il coloré ni de jaune, ni de rouge. Quand on supposé-
roit que le verni de son corcelet avoit été emporté, on
ne sçauroit guéres supposer qu'il n'en fût pas resté la
moindre tache. La mere marquée de rouge, & la mere
marquée de jaune avoient donc péri, &, selon toute apparence, de mort violente. Si ce sont les abeilles qui immo-
lent les meres étrangéres après leur avoir fait tant d'accueil, on seroit tenté de croire qu'elles les prennent à
l'essai; qu'elles ne les gardent que jusqu'à ce qu'elles se
foient assûrées que leur fécondité ne surpasse pas celle de
leur reine naturelle ; que peut-être celle-ci est la sacrifiée
quand il s'en est présenté une plus féconde. On n'auroit
pas besoin d'accorder tant de politique aux abeilles, si on
étoit sûr qu'une mere est sacrée pour elles, que toute mere
ne peut être tuée que par une autre mere. Alors la plus
courageuse & la plus forte se rendroit la seule souveraine
en arrachant la vie à ses rivales. Les expériences qui peuvent instruire sur-tout ceci, ne sont pas impossibles, quoique je ne sois pas encore parvenu à les faire.

J'eus dans le mois de Décembre une mere tirée d'une
ruche, dont presque toutes les autres mouches avoient
péri ; de languissante qu'elle étoit, je parvins à la rendre
forte & vigoureuse en la chauffant avec précaution. Pour
lui conserver la vie, & pour faire en même temps une des
expériences qui m'étoit nécessaire, je la logeai dans une
ruche vitrée & conique. Cette ruche étoit bien remplie
de cire & de miel ; depuis la Toussaints je la tenois dans
mon cabinet, à Paris, bien fermée de toutes parts ; j'avois

eu peur que le nombre des abeilles n'y fût pas suffisant pour qu'elles pussent résister au froid de l'hiver; je l'y tenois encore par rapport à d'autres vûes. Dès que la mere étrangére fut entrée dans la ruche, je cessai de la voir; elle gagna le gros des abeilles qui se trouvoit assés près du fond de la ruche. Il ne me fut donc pas possible d'observer comment elle fut traitée. Mais bientôt j'entendis un grand murmure; le bourdonnement alla toûjours en augmentant; & les abeilles, de tranquilles qu'elles étoient, devinrent agitées. S'il nous est permis d'interpréter la cause de ce bruit & de cette agitation, nous ne l'attribuerons qu'à l'espéce de joye que les abeilles témoignoient d'avoir une seconde reine; celles qui avoient été les premiéres instruites du grand évenement, l'apprenoient aux autres : ce qui est sûr, c'est que ce bruit ne fut point un bruit de guerre; l'arrivée de la seconde reine ne causa aucun combat dans la ruche. J'eus beau observer pendant plusieurs jours de suite, je ne vis point augmenter le petit nombre des mouches mortes qui y étoit, lorsque la nouvelle mere fut introduite : elle ne parut point parmi les mortes; elle eût été aisée à distinguer par sa grandeur; mais ce qui l'auroit rendue encore beaucoup plus reconnoissable, c'est que j'avois eu soin de peindre en rouge avec du vernis, presque toute la partie supérieure de son corcelet. Avant que je l'eusse introduite dans la ruche, les abeilles y sembloient être dans un engourdissement dont sa présence les fit sortir, & dans lequel elles ne retomberent plus. Tous les jours suivants, elles me firent entendre des bourdonnements tantôt plus forts tantôt plus foibles, que je n'entendois pas dans les jours qui avoient précédé; elles furent beaucoup plus en mouvement, elles mangerent beaucoup davantage. Dès les premiers jours de Février je portai cette ruche à la campagne;

campagne. Lorsqu'au bout de deux semaines, ou environ, je retournai la voir, je la trouvai presque dépeuplée; ce n'étoit point parce que la faim, ou le froid avoit fait périr une grande partie de ses mouches; on ne les avoit pas laissé manquer de miel; & si elles n'eussent pu soûtenir le froid, on eût trouvé les mortes sur le fond de la ruche où il n'y en avoit que quelques-unes de celles-ci. Il y a donc grande apparence qu'une des meres abandonna la ruche pour aller s'établir en quelqu'autre endroit avec les mouches qui la voulurent suivre. Il resta cependant une des deux meres dans l'ancien logement, je ne sçais laquelle : la seule preuve que j'en ai, car je ne la vis pas, est une preuve suffisante, c'est qu'au commencement du mois de Mars les abeilles de cette ruche allérent faire des recoltes à la campagne, elles revenoient chargées. La ruche ne fut pourtant pas long-temps sans être entiérement deserte. Cette mere accompagnée de trop peu d'ouvriéres, prit apparemment un parti semblable à celui que nous avons vû prendre à toutes les meres qui ont été mises dans la petite ruche vitrée avec trop peu de mouches ordinaires; elle alla chercher ailleurs une meilleure fortune.

L'expérience d'introduire une seconde mere dans une ruche, me parut devoir être faite dans une circonstance différente de celles où j'en ai ci-devant donné de surnuméraires. J'avois une ruche en panier, si peuplée depuis plusieurs semaines, qu'une partie de ses abeilles étoit obligée de se tenir dehors en grouppe, soit pendant le jour, soit pendant la nuit. Cependant cette ruche n'avoit pas encore donné d'essaim le 25 Juin. Il me sembloit que je n'en pouvois attribuer la cause qu'à ce qu'il n'y étoit point né de fémelle. Je fus curieux de voir ce qui arriveroit si j'y en faisois entrer une très en état de pondre.

Tome V.   . Mmmm

La mere d'une ruche dont j'avois déja eu trois effaims, fut deftinée à cette expérience. Depuis quelques jours je l'avois fait paffer dans une nouvelle ruche avec fes ouvriéres, qui y avoient déja commencé quelques gâteaux de cire, & dans lefquels la mere avoit dépofé des œufs. Après l'avoir tirée du bain qui me mit en état de la démêler des mouches de fa troupe, après lui avoir rougi le deffus du corcelet, & enfin, après lui avoir fait reprendre toute fa vigueur, je la pofai fur les fept heures & demie du matin fous cette ruche en panier, qui ne pouvoit contenir toutes fes abeilles, & de laquelle cependant aucun effaim n'étoit forti. Bientôt elle me fut cachée par tant de mouches, qu'il ne me fut plus poffible de la voir. Il eft à préfumer qu'elle fut bien reçûe par les abeilles ordinaires; elle n'occafionna aucun tumulte fenfible. Le foir je fis pancher le panier pour fçavoir fi je ne parviendrois pas à voir la mere que j'y avois introduite. Je l'y vis; elle y étoit dans une guirlande d'autres mouches. Quelle que fut la caufe pour laquelle elle étoit refté-là, & qui l'avoit empêché de pénétrer dans l'intérieur du palais, avec un brin de paille je la détachai de fa guirlande, je la fis tomber fur l'appui de la ruche; mais bientôt elle le quitta, elle fe mêla avec d'autres abeilles, je ceffai de la voir, & je fis remettre la ruche dans fa pofition naturelle.

Je ne m'attendois pas que le fuccès de cette expérience feroit tel qu'il fut. Lorfque le lendemain 26 j'allai dès le matin pour voir la ruche dont il s'agit, je trouvai la mere marquée de rouge morte; je la trouvai dans une allée qui eft au long d'une terraffe fur laquelle la ruche étoit placée, & vis-à-vis cette ruche. Pourquoi cette mere féconde n'avoit-elle pas été épargnée, & cela dans une circonftance où elle fembloit précieufe aux mouches,

qui devoient attendre avec impatience une reine qui les
conduisît hors d'un logement où elles ne pouvoient pas
toutes se tenir à la fois? Ne ressemblons point à ces His-
toriens qui paroissent avoir été présents aux conversations
les plus secrettes qui ont été tenues dans les cabinets
des Rois & des Ministres. Avouons sans peine que les
principes sur lesquels les abeilles agissent, ne nous sont
pas assés connus. La mort de la mere étrangére pourroit
pourtant, avec assés de vraisemblance, être mise sur le
compte de la mere regnante; elle pouvoit avoir des raisons de vouloir la perte de cette reine étrangére, dont ses
ouvriéres devoient être fort contentes. Quoi qu'il en soit,
cette ruche n'étoit pas favorable aux nouvelles reines.
Le 5 Juillet j'en trouvai une tout auprès de cette ruche,
qui sans doute y étoit née, & y avoit été mise à mort.
La reine rouge ne passa qu'une journée dans la ruche,
pendant l'après - midi de laquelle il fit de l'orage & une
grande pluye. Peut-être que sans cette pluye, & sans cet
orage, elle eût eu un sort plus heureux, qu'elle se fût
déterminée à sortir, & qu'elle eût été suivie d'autant de
mouches qu'il y en a dans les meilleurs essaims.

Il est constant au moins, qu'un jour de grande pluye, ou
qu'un orage, retient dans la ruche, l'essaim qui n'attend
pour en sortir, qu'à y être déterminé par un beau temps.
Un Soleil brillant, sur-tout s'il donne sur la ruche, hâte
les mouches de prendre leur parti; il augmente la chaleur qui les environne, que leur nombre rendoit déja
trop grande. On peut se rappeller une des aventures * des *Mémoire V.*
mouches mises dans une de nos petites ruches vitrées,
celle où les mouches la quittérent pendant que je les observois, parce que je les avois exposées aux rayons du Soleil,
qui, après avoir traversé les carreaux de verre, tomboient
sur elles. Par une raison contraire, des jours trop froids

pour la faifon, empêchent la fortie des effaims. Mais des jours d'un chaud pefant, des jours où, quoique le Soleil ne fe montre pas, on trouve la chaleur incommode, font encore de ceux où les ruches jettent.

Diverfes autres circonftances peuvent déterminer la jeune mere à prendre l'effor. Il arrive dans les ruches des événements dont nous ne fommes pas en état de fçavoir les caufes, qui y mettent fubitement toutes les mouches en agitation, qui jettent le trouble par-tout. Qu'on foit auprès d'une ruche, on y reftera fouvent pendant un temps confidérable fans entendre qu'un leger murmure ; mais tout d'un coup on entendra enfuite un bourdonnement confidérable ; les abeilles fembleront être toutes faifies en même temps d'une terreur panique : on les verra toutes quitter leur ouvrage pour courir de différents côtés. Que dans un de ces moments de trouble, une jeune mere fe trouve près des ouvertures de la ruche, qu'elle forte, elle fera fur le champ fuivie par une nombreufe troupe de mouches avec laquelle elle partira.

Quelquefois les abeilles après être forties de la ruche dans la quantité néceffaire pour compofer un effaim, après s'être difperfées en l'air, & même après s'être raffemblées fur un arbre, retournent à leur domicile natal. On prévoit que cela doit arriver, fi elles n'ont pas été fuivies par une jeune reine, qui, quoiqu'elle eût paru aux portes de la ruche & prête à les accompagner, n'a pas eu le courage de faire ufage de fes aîles. Si la jeune mere eft fortie avant que d'avoir été fécondée, avant que le temps de fa ponte fut affés prochain, ce peut-être pour elle une raifon de rentrer dans la ruche qu'elle s'étoit trop preffée de quitter ; & fes ouvriéres ne manquent pas d'y retourner avec elle.

Ceux qui paffent pour les plus entendus dans l'œconomie

des abeilles, croyent qu'il convient d'empêcher de jetter
les ruches qui font foibles en mouches. Il y auroit à craindre de perdre l'ancienne ruche & la nouvelle où l'essaim
auroit été mis, parce que l'une & l'autre ne feroient pas
fuffifamment peuplées ; auffi a-t-on enfeigné des moyens
d'empêcher de jetter celles qui font peu fournies d'abeilles.
Un de ces moyens quand la ruche n'eft qu'un panier, eft
fimple; c'eft de retourner le panier, de mettre le devant
derriére. C'eft fur-tout fur le devant du panier que les
mouches travaillent, c'eft le devant qu'elles rempliffent
d'abord de gâteaux. Quand le derriére eft devenu le devant, les abeilles fe trouvent plus au large qu'elles n'y
croyoient être; elles ont encore de l'ouvrage à faire, &
pour lequel elles ne font pas en trop grand nombre.

Un autre expédient auquel on a recours, c'eft de donner une hauffe à la ruche; c'eft-à-dire, quelle que foit fa
figure, de lui donner une bafe creufe qui augmente fa
capacité; de mettre, par exemple, fous un panier d'ofier
ou de paille, une efpéce d'anneau d'ofier ou de paille dont
le diametre de la partie fupérieure eft égal à celui du bas
de la ruche, & qui, à fa partie inférieure, en a un plus grand.
A l'égard de la hauteur de la hauffe, on lui en donne plus
ou moins, felon qu'on veut augmenter plus ou moins
la capacité de la ruche. Mais l'effet de l'un & de l'autre
de ces expédients, n'eft rien moins que certain, puifque
nous avons rapporté dès le commencement de ce Mémoire, que nous avions vû fortir un effaim d'une ruche
dont plus des deux tiers de la capacité étoient vuides.

Les ruches qui ont déja donné un ou deux forts effaims,
quelque fortes qu'elles fuffent, deviennent des ruches mal
peuplées; & s'il en fort un troifiéme ou un quatriéme
effaim, ces derniers font ordinairement trop foibles. Le
moyen le plus fûr de conferver ces effaims, eft d'en réunir

deux enfemble, ce qu'on appelle marier des effaims. Nous avons expliqué d'avance dans le dixiéme Mémoire, comment on peut parvenir à faire de ces fortes de mariages.

Quand on a beaucoup de ruches placées dans le même alignement, & par conféquent dans la même expofition, il arrive quelquefois que le même jour, à la même heure, & prefque dans le même moment, deux effaims partent de deux ruches différentes, qu'ils fe mêlent dans l'air, & qu'ils fe réuniffent enfemble. Quoique ces deux effaims réunis ayent deux meres, ils font dans un cas différent de celui de l'effaim forti d'une feule ruche avec deux meres; car chacun des deux premiers étoit accompagné des mouches néceffaires pour le nouvel établiffement. Il pourroit fe faire que ces deux meres vécuffent dans la même ruche. Cependant fi les deux effaims font forts, on trouve qu'il convient mieux de les féparer dans deux ruches différentes; lorfqu'on les loge on fait tomber à peu près la moitié de la maffe dans une des ruches, & l'autre moitié dans l'autre. On s'y prend encore d'une maniére un peu différente; on fait entrer dans une même ruche toutes les mouches, & lorfqu'elles y font devenues tranquilles, vers le foir on fecouë cette ruche pour en faire tomber à peu près la moitié des mouches, foit fur la terre, foit fur une nappe, & on couvre les mouches qui font tombées, d'une ruche qu'on tient préparée. Afin que ce partage foit bien fait, il faut qu'il fe trouve une mere dans chaque ruche. Si une des deux en étoit privée, on le reconnoîtroit le lendemain par la maniére dont fes abeilles fe comporteroient. Il faudroit encore en venir à les réunir, pour tenter enfuite un partage plus heureux.

Lorfqu'une ruche donne plufieurs effaims dans l'année, celui qui eft forti le premier eft toûjours le meilleur de tous. Outre qu'il eft le plus nombreux, il fe met au travail dans une faifon plus favorable, dans une faifon où la campagne fournit le plus aux récoltes de cire & de miel; & enfin, il a plus de temps pour travailler avant l'hiver. Ces avantages des premiers effaims fur les autres, fuffifent affûrément pour expliquer pourquoi ils réuffiffent mieux. M. de la Ferriere qui nous a donné un Traité fur les mouches à miel, prétend pourtant que les nouveaux effaims l'emporteroient fur les feconds, ceux-ci fuffent-ils auffi nombreux ou plus nombreux, par une autre raifon, parce qu'ils font compofés de mouches plus exercées. Mais cette propofition auroit demandé à être appuyée par des preuves qu'on n'a pas données. Il y a grande apparence que l'abeille née depuis deux jours eft auffi habile & auffi laborieufe que celle qui a vécu plufieurs femaines, ou même plufieurs mois.

Cette propofition de M. de la Ferriere, nous conduit au moins à éclaircir une queftion qui nous a dû déja être faite, & à laquelle on a dû s'attendre que nous fatisferions. De quelles mouches l'effaim eft-il compofé! La nouvelle reine n'eft-elle fuivie que par de jeunes abeilles, par des abeilles nouvellement nées! Il ne paroît point du tout que ce foit la conformité de l'âge qui lui ait affectionné une partie de celles de la ruche. Nous avons dit ailleurs qu'on connoiffoit à peu près celui de ces mouches à leur couleur, que les jeunes étoient plus brunes & avoient des poils blancs, & que les plus vieilles avoient des poils roux & des anneaux moins bruns. Parmi celles qui fe font mifes à la fuite de la nouvelle reine, on en obferve de ces deux couleurs, & de toutes les nuances moyennes qui font entre deux. Enfin, fi on examine celles qui font reftées dans l'ancienne ruche, on y en remarquera de même de jeunes, de vieilles & de celles d'un âge moyen. L'effaim eft donc compofé d'abeilles de tous âges, & il refte

des abeilles de tous âges dans la ruche. Celles qui fe font
trouvées auprès des ouvertures quand la nouvelle reine
eſt fortie, font forties avec elle ; & celles qui étoient occupées dans l'intérieur & dans des endroits élevés, n'ont
point été entraînées par l'efpéce de tumulte qui s'eſt fait
au bas de la ruche.

Mais eſt-il bien certain, comme nous l'avons fuppofé
juſqu'ici avec tous ceux qui ont parlé des abeilles, que ce
foit toûjours une jeune mere qui fe mette à la tête de la
colonie? La vieille reine ne pourroit-elle point prendre
du dégoût pour fon ancienne habitation? Enfin, ne pourroit-elle pas être déterminée par quelque circonſtance
particuliére, à abandonner toutes fes poffeffions à la jeune
mere? Je ferois en état de fatisfaire à cette queſtion autrement que par des vraifemblances, fans des contre-temps
qui ont fait périr les mouches des ruches à la mere de
chacune defquelles j'avois mis une tache rouge fur le
corcelet, ou qui ont empêché ces ruches de jetter; mais
j'efpére être dans la fuite en état de parler plus affirmativement. Il eſt pourtant très-probable que c'eſt toûjours,
ou prefque toûjours une jeune mere qui fe met à la tête
de l'effaim. J'ai vû beaucoup de meres qui étoient forties
avec des effaims, & je n'en ai jamais vû aucune qui n'eût
les aîles bien faines; au lieu que j'ai obfervé dans plufieurs
ruches anciennes, des meres dont la bafe de l'aîle étoit
déchiquetée, & de laquelle de petits lambeaux étoient
tombés.

La couleur de celles qui avoient conduit des effaims
m'a paru moins rougeâtre que la couleur des vieilles meres.
Quand celle d'une ruche périt, fi elle y périt dans un
temps où de jeunes fémelles font prêtes à fe transformer,
il eſt tout naturel qu'elle foit remplacée par une de celles-
ci. On pourroit être tenté de croire que la vieille mere
eſt du

est du nombre des fémelles qui sont souvent sacrifiées au bien public dans la ruche même. Cependant toutes les fémelles mortes dans ce temps, qu'il m'a été permis d'observer, m'ont paru être des fémelles nouvellement métamorphosées.

La mere qui a plus de mouches dans sa ruche, y est tenuë plus chaudement pendant tout l'hiver. Le printemps vient pour elle plûtôt que pour les autres ; elle peut recommencer *sa ponte de meilleure heure.* Nous sçavons que la ponte des poules est retardée ou même arrêtée par le froid, & qu'on fait pondre pendant l'hiver celles qu'on tient dans des caves ou dans d'autres lieux chauds. Il en doit être de même des insectes. Il y a quelquefois des meres abeilles qui pondent en hiver. J'ai quelquefois trouvé dans le mois de Janvier, du couvain en tous états dans une ruche. Quelle que soit la cause pour laquelle les abeilles se multiplient si fort dans certaines ruches en comparaison de ce qu'elles se multiplient dans d'autres, je crois devoir dire combien il peut y avoir de mouches dans certains essaims. Je crois devoir raconter comment je parvins à connoître à peu près le nombre de celles qui compofoient le plus considérable essaim que j'aye vû.

Dans un de mes jardins de Charenton, il y a une butte assés élevée sur laquelle j'avois placé une ruche vitrée d'une grande capacité *. Cette ruche quoique très-peuplée de mouches, passa une année sans donner d'essaim ; mais l'année suivante elle en donna un, qui seul valoit plusieurs essaims ordinaires. En montant à la butte dont je viens de parler, on trouve diverses terrasses. Une allée de figuiers est plantée tout du long du pied de la première ; leurs branches tombent sur cette même terrasse. Le neuviéme Juin sur les 10 heures du matin, une

* Pl. 22. fig. 5.

Tome V. .Nnnn

nuée d'abeilles fortit de la ruche de la butte. Ces mouches loin de s'élever en fortant, s'abaiſſérent, & vinrent ſe placer à ſouhait ; elles commencérent à ſe poſer ſur deux menues branches de figuier, ſur deux de celles qui pendoient au-deſſus de la terraſſe. Ces branches étoient peu diſtantes l'une de l'autre, & à peu près paralleles l'une à l'autre; les mouches s'y attroupérent, & en ſi grand nombre, que les branches qu'elles avoient choiſies, qui n'étoient pas plus groſſes que le pouce, n'étoient pas aſſés fortes pour réſiſter au poids dont elles étoient chargées ; elles furent contraintes de ceder. La derniére portion de chaque branche fut amenée à être perpendiculaire à l'horiſon ſur une longueur de plus de deux pieds : bientôt même une de ces deux branches ſe trouva chargée d'un poids preſque double; les abeilles de l'autre vinrent ſe réunir aux ſiennes. Je craignis, non ſans fondement, qu'elle ne pût réſiſter à un ſi grand fardeau, je fis paſſer deſſous une fourche de bois * dont le bout fut piqué en terre; je la fis ſoûtenir comme on ſoûtient les branches trop chargées de fruit. Toutes, ou preſque toutes les abeilles ſe rendirent ſur cette branche ; & malgré le ſupport, elles amenérent ſon bout très-près de la terre de la terraſſe; il en étoit au plus éloigné d'un ou de deux pouces. La maſſe que forment les mouches attroupées eſt de différente figure dans différents eſſaims, ſa figure même eſt différente dans le même eſſaim en différents temps. Celui dont nous parlons, étoit plus gros que partout ailleurs à ſon bout inférieur *. Sa figure étoit celle d'un parallelepipede dont deux des côtés avoient chacun environ ſix à ſept pouces de largeur ſur ſept à huit de hauteur. Sur ce parallelepipede de mouches s'élevoit une pyramide, qui, inſenſiblement s'arrondiſſoit. Le parallelepipede & la pyramide avoient enſemble plus de deux pieds de hauteur.

* Pl. 37. fig. 2. p.

* e, e.

Dans un tel maffif de mouches, il devoit y en avoir
un nombre bien confidérable. Je fus curieux de connoître ce nombre. La maniére d'y parvenir étoit de commencer par connoître le poids de l'effaim. Il étoit placé
fi commodément, qu'il fembloit s'être mis exprès pour
m'inviter à le pefer; quand je l'euffe placé moi-même,
je n'euffe pu le mettre mieux. Il me parut donc qu'il me
feroit affés facile de parvenir à le pefer avec une balance
Romaine; & voici comment je m'y pris. On entoura d'une
ficelle *, la branche qui portoit l'effaim, affés près de la   * Pl. 37. fig.
partie fupérieure de cet effaim, & on l'y arrêta bien par   2. c, d.
un nœud *. Au-deffus de l'endroit où cette ficelle étoit   * n.
arrêtée, on avoit eu foin de former une boucle deftinée à
laiffer paffer le crochet * de la romaine, & au moyen de   * c.
laquelle l'effaim pourroit être fufpendu en l'air.

Après cette petite préparation, on paffa une perche de
bois * dans cet anneau de fer * de la romaine qui eft au-   * Fig. 1. l l.
deffus du fléau, & qui fert à la fufpendre. Deux hom-   * a.
mes entre lefquels étoit l'effaim, furent chargés de foûtenir la perche qui portoit la romaine; un de fes bouts fut
mis fur l'épaule de l'un, & l'autre bout fur l'épaule de
l'autre; enfin, on paffa le crochet * de la romaine qui eft   * c.
deftiné à porter le poids dans la boucle de la ficelle qui fe
trouvoit au-deffus de l'effaim. Il ne refta plus alors qu'à
couper la branche du figuier, & à la couper fans l'agiter
trop, fans inquieter l'effaim qui y étoit attaché; c'eft ce
qui fut exécuté aifément & promptement. Dès que la
branche eût été coupée, elle ne fut plus foûtenuë que
par la corde dans laquelle le crochet de la romaine étoit
paffé; il fut donc facile de la pefer avec l'effaim dont elle
étoit chargée; on eut le temps de pefer & repefer à loifir.
Pendant tout celui qui fut néceffaire à cette opération, les
mouches ne fe troublérent point, elles reftérent tranquilles.

Nnnn ij

Il y eut pourtant un inftant qui donna quelqu'inquiétude à un des domeftiques qui foûtenoit la perche. Un
gros de mouches fe détacha, prit fa route vers une
de fes jambes & monta deffus : il craignit, & il eut
quelque lieu de le craindre, que tout l'effaim ne fe dé-
terminât à préférer fa jambe à la branche de figuier;
mais il en fut quitte pour un peu d'inquiétude. Les
mouches qui s'étoient affemblées fur fa jambe, ne furent
pas long-temps à retourner vers leurs compagnes qui
ne s'étoient pas déterminées à les fuivre. On fit durer
l'opération au-delà de ce qu'il étoit néceffaire, parce
qu'il y avoit des plaques d'abeilles fur la terraffe qu'on
eût voulu voir réunies au gros ; mais enfin, on s'en tint
à pefer celles qui étoient attachées à la branche, & la
branche elle-même. On trouva que le tout pefoit huit
livres, & on arbitra qu'il eût pefé huit livres & demie, fi
les abeilles qui étoient en plaques par terre, & celles qui
étoient en l'air, euffent été réunies aux autres. Sur le
champ on préfenta à cet effaim une ruche dans laquelle
on força une partie des mouches d'entrer, & dans laquelle
les autres fe rendirent de bonne grace. On eut alors la
branche fur laquelle elles avoient été jufques-là, on la
pefa, fon poids n'étoit que de fix onces. Celui des mouches peut donc être mis à huit livres, fans rifque de le
mettre trop fort.

Mais combien faut-il de mouches pour faire un poids
de huit livres! Affurément, il doit en falloir un grand
nombre. Pour connoître à peu près ce nombre, je mis
l'après-midi dans un des baffins d'une balance, une demi-
once, & dans l'autre baffin, autant de mouches qu'il en fallut
pour faire équilibre. Ces mouches étoient de celles qui
avoient été tuées dans des combats acharnés qui fe livré-
rent dans la ruche, à l'occafion d'une troupe d'étrangéres

qui s'y introduifit, & dont j'ai parlé ailleurs*. Cent foixante-   * *Mem. V.*
huit de ces mouches mortes, ne peférent que la demi-once.
Dans une once, il y a donc trois cens trente-fix mouches;
& dans feize onces ou une livre, il y en a cinq mille trois
cens foixante-feize. Par conféquent, l'effaim qui pefoit
huit livres, étoit compofé de quarante-trois mille huit
mouches. A la vérité, les mouches vivantes de l'effaim
pouvoient être plus pefantes que celles qui avoient été
tuées. Celles-ci pouvoient s'être vuidées. Plufieurs des
autres pouvoient être chargées de cire. J'ai auffi trouvé
quelquefois des mouches mortes qui étoient plus pefantes; j'en ai pefé dont il ne falloit que deux cens quatre-
vingt pour faire une once. Par ces confidérations, rédui-
fons fi l'on veut le nombre de nos mouches, à quarante
mille. Il eft encore plus confidérable que celui des habitants de plufieurs grandes villes. Je ne crois pas qu'il fût
refté dans l'ancienne ruche, à beaucoup près, autant d'a-
beilles qu'il en étoit forti. Elle avoit un nombre de faux-
bourdons fi confidérable, qu'ils ne purent être détruits
pendant l'été; auffi cette ruche fut abandonnée au printemps.

Charles Butler, qui apparemment avoit pris la peine de
pefer des abeilles, dit que 4480 mouches font à peu près le
poids d'une livre, ce qu'on trouvera ne s'éloigner pas beaucoup de ce que nous avons déterminé, fi on compare la
forte livre Angloife à la nôtre de feize onces. Par ce poids, il
apprécie le mérite des effaims. Il dit qu'un excellent effaim
pefe fix livres Angloifes; un bon, cinq livres; un médiocre,
quatre. Il n'a point dit la maniére dont il a pefé les effaims,
mais il eft tout fimple de l'imaginer pour les cas où ils ne
font pas auffi favorablement placés que l'étoit celui dont
nous venons de déterminer le poids; car il ne s'agit que de
pefer la ruche dans laquelle l'on en veut loger un, & d'avoir

N n n n iij

eu foin d'attacher à cette ruche un crochet ou une corde,
au moyen de laquelle on la pourra pefer une feconde fois,
dès que les mouches y feront toutes entrées,& avant qu'elles
ayent eu le temps d'y travailler, c'eft-à-dire, dès le jour
même où elles y auront été établies. L'excès du fecond
poids fur celui qu'on avoit trouvé à la ruche, fera le poids
de l'effaim, & mettra en état de calculer à peu près le
nombre des mouches dont il eft compofé. J'ai affés ordinairement la curiofité de faire pefer ainfi les effaims que
mes ruches me donnent. J'en ai eu quelquefois de fi legers
qu'ils ne pefoient pas une livre.

Si l'effaim qui a été mis dans une ruche, s'y trouve bien,
il n'y eft pas long-temps dans l'inaction; quoique toutes
les mouches y paroiffent en repos, quoiqu'il n'en forte
aucune pour aller à la campagne, foit qu'elles n'y foient pas
difpofées, foit que le temps ne le permette pas, il y en
a pourtant qui travaillent à faire des gâteaux; & ce n'eft
fouvent que quand elles ont fait des morceaux longs de
plus d'un demi-pied ou d'un pied, & larges de plufieurs
pouces, qu'on s'apperçoit que parmi ces mouches qu'on
croyoit parfaitement oifives, il y en a eu plufieurs de très-
occupées, ou plûtôt que toutes ont été occupées tour
à tour.

Une des marques que les mouches aiment la ruche
qu'on leur a donnée, c'eft quand elles y montent auffi
haut qu'elles peuvent monter, & que c'eft-là qu'elles fe
mettent en groupe. C'eft auffi au haut de la ruche qu'elles
attachent ordinairement les premiéres cellules du premier
gâteau. Le maffif qu'elles forment n'eft pas alors maffif jufqu'au centre; les abeilles y confervent un vuide dans lequel
elles fe propofent de travailler; elles y conftruifent fucceffivement un grand nombre d'alvéoles de cire. Ce n'eft que
quand l'affemblage de ces cellules compofe déja un affés

long & large gâteau, qu'elles le laiffent à découvert.

La pluye ne difcontinua pas pendant deux jours qui fuivirent celui où il m'étoit arrivé d'établir un effaim dans une ruche. Il ne fut pas poffible pendant ces deux jours à aucune des abeilles de fortir, & toutes les fois que je les regardois au travers des carreaux de verre, elles me paroiffoient dans une efpéce d'engourdiffement, tant elles fe mouvoient peu. Cependant au bout de ces deux jours, je vis un gâteau qui avoit plus de quinze à feize pouces de long, & quatre à cinq de large. La formation de ce gâteau auroit été difficile, ou plûtôt impoffible à expliquer à ceux qui ont cru que la cire n'étoit que de la cire brute que l'abeille peftrit, & qu'elle humecte de quelque liqueur pendant qu'elle la peftrit. Où les abeilles qui n'étoient point forties de leur ruche, auroient-elles pris la cire brute qui y avoit été néceffaire? Quelques douzaines d'abeilles au plus, qui pouvoient en avoir des pelotes à leurs jambes, lorfque toutes avoient été logées dans la ruche, n'auroient pas eu de quoi fournir même à quelques cellules. Mais on n'eft plus embarraffé à trouver de quoi former un grand gâteau, dès qu'on fçait, ce que nous avons prouvé ailleurs, que les abeilles en font fortir la matiére de leur intérieur, de leur eftomac & de leurs inteftins. Quelque peu qu'il y en ait dans le corps d'une abeille, dès qu'il y en a dans les corps de prefque toutes celles d'un effaim, il y en a de quoi fournir à bien de l'ouvrage. Enfin, les gâteaux qui font faits dans la circonftance dont nous venons de parler, prouvent inconteftablement que les abeilles digérent la cire brute pour la convertir en véritable cire.

Lorfque le temps eft favorable à l'effaim mis en ruche, lorfqu'un air doux & un beau Soleil invitent dès le lendemain les mouches à fortir de leur nouvelle habitation, elles vont à la campagne. Quelques-unes, mais c'eſt le plus petit nombre, reviennent avec des pelotes de cire brute. Celles qui ne paroiſſent pas rapporter de cette matiére, en apportent peut-être de plus prête à être miſe en œuvre; elles l'ont fait paſſer dans leurs eſtomacs pour l'en faire ſortir toute préparée. C'eſt une choſe admirable que l'activité avec laquelle elles travaillent dans la nouvelle ruche. Quelquefois en moins de 24 heures, elles font des gâteaux de plus de vingt pouces de long ſur ſept à huit de large. J'ai vû quelquefois des ruches plus d'à moitié remplies de cire en quatre à cinq jours. Auſſi un eſſaim fait-il ſouvent plus de cire dans les premiers quinze jours, qu'il n'en fait dans tout le reſte de l'année. Pour tirer des abeilles grand parti en cire, il ſembleroit donc qu'il n'y auroit qu'à les faire déloger tous les quinze jours. Mais il faut que le nombre des ouvriéres qui périſſent journellement, ſoit remplacé par d'autres auxquelles la mere donne naiſſance; & ſi on ôtoit ſi fréquemment à une ruche tous les gâteaux de cire, on ôteroit en même temps les œufs & le couvain qui doivent l'entretenir auſſi peuplée qu'elle l'eſt, & même la rendre plus peuplée.

La conſtruction des gâteaux de cire n'eſt pas le ſeul ouvrage qui occupe les abeilles nouvellement établies dans une ruche; elles en viſitent tous les coins & recoins, elles en ôtent toutes les ordures ou tout ce qui eſt pour elles des ordures. Quand les carreaux de verre ſont retenus par des bandes de papier collé, & que ces bandes ſont en-dedans de la ruche, ces bandes, comme nous l'avons déja dit, déplaiſent aux abeilles, elles les regardent comme une malpropreté; elles les rongent & en emportent les fragments hors de la ruche. En ôtant ce papier, elles rendent pourtant leur habitation moins cloſe, elles y font des ouvertures qu'elles n'y aiment pas : auſſi ne tardent-elles guéres à les

boucher,

boucher, comme nous l'avons dit ailleurs, avec un maſtic plus ſolide que celui que nous employons à un uſage ſemblable, avec cette eſpéce de réſine rougeâtre, & d'une agréable odeur, qui a été nommée propolis. Elles bouchent avec la même matiére toutes les autres ouvertures qu'on peut avoir laiſſées à la ruche. Enfin, lorſque l'eſſaim étoit conſidérable, & lorſqu'il a paru de bonne heure, il donne quelquefois lui-même un autre eſſaim dès la même année; il eſt pourtant plus ordinaire aux environs de Paris, de ne les voir jetter que l'année ſuivante.

EXPLICATION DES FIGURES
DU DOUZIEME MEMOIRE.
PLANCHE XXXVII.

LA Figure 1 fait voir un petit eſſaim d'abeilles attaché à une branche d'arbre, qui a une figure qu'ils ont aſſés ordinairement. *e e,* cet eſſaim.

La Figure 2 repréſente un eſſaim beaucoup plus conſidérable que le précédent, le plus conſidérable que j'aye vû, & les diſpoſitions au moyen deſquelles je parvins à le peſer avant que de le faire entrer dans une ruche. *f,* tige ou groſſe branche du figuier, ſur une des petites branches duquel les mouches ſe raſſemblerent. Le pied de ce figuier étoit planté au bas d'une terraſſe, dont *t, t,* eſt le deſſus. *r, r, r,* &c. branches qui ont été coupées pour empêcher la figure d'être trop confuſe. *e e, h h, i i,* l'eſſaim qui par ſon poids forçoit la petite branche à laquelle il s'étoit attaché à être dans une poſition verticale. La portion inférieure de l'eſſaim *e e h h,* eut d'abord la figure d'un parallelepipede, mais les angles de ce parallelepipede s'effacerent par la ſuite. *p,* perche qui fut miſe comme on la voit

Tome V. .Oooo

ici pour foûtenir avec fa fourche la branche trop chargée par les mouches. *d,* corde que je fis attacher autour de la branche de l'effaim lorfque je me fus propofé de le pe-fer. *n,* nœud de la corde autour de la branche. *c,* le cro-chet d'une romaine qui eft engagé dans une boucle de la corde. *l l,* levier qui paffoit dans l'anneau de fer *a,* auquel la romaine étoit fufpendue.

Fig. 1.

TREIZIE'ME ME'MOIRE,

DES SOINS QU'ON DOIT PRENDRE
DES ABEILLES
POUR LES CONSERVER,
LES FAIRE MULTIPLIER,
ET POUR PROFITER DE LEURS TRAVAUX.

CES sociétés de mouches si industrieuses, pour lesquelles les Mémoires précédents ont dû nous remplir d'admiration, travaillent pour nous: nous ne sommes pourtant pas obligés de leur sçavoir grand gré de leurs ouvrages, que nous nous approprions contre leur intention; mais celui qui les a si bien instruites, sçavoit que nous profiterions de leurs travaux; & c'est à lui que notre reconnoissance est dûe. Notre intérêt nous porte à souhaiter la multiplication de ces mouches, & à y contribuer autant qu'il est en nous. On ne sçauroit avoir trop de ces ouvriéres qui ne vivent point à nos dépens, & qui, sans que nous soyons obligés de labourer, de planter, de semer & de cultiver pour elles, font des récoltes qui nous sont extrémement utiles. Quoique le miel ne soit pas aussi recherché qu'il l'étoit dans les temps où l'on ne connoissoit point ou presque point le sucre, il a encore une valeur; il est au rang des aliments sains & des remedes doux. Mais si le miel a un peu perdu, la cire a beaucoup gagné; la consommation en est considérablement augmentée dans tous les pays policés, & plus peut-être en France, & sur-tout à

Paris, qu'en aucun pays & aucun lieu du monde. Il feroit
à fouhaiter qu'elle pût feule fuffire à nous éclairer, qu'on
pût fe paffer pour cet ufage, de toutes les autres matiéres
combuftibles.

Il n'y a plus de pays barbare fi le commerce y conduit,
où la valeur de la cire foit ignorée, comme elle l'étoit autrefois chés les Livoniens, qui prenoient pour un marc
inutile, & rejettoient les gâteaux dont le miel avoit été exprimé. On va la chercher dans toutes les contrées où on en
peut faire des récoltes, qui font le produit du travail, foit des
abeilles qu'on tient en ruche, foit de celles qui habitent
des creux de troncs d'arbres dans des forêts. Il faut fournir à la confommation que tant d'arts en font. La Médecine & la Chirurgie fçavent s'en fervir pour nous donner
des fecours; mais la quantité que nous en brûlons furpaffe
beaucoup la quantité de celle qui eft employée à tous les
autres ufages enfemble. On épargneroit chaque année des
fommes confidérables au Royaume, fi on n'étoit plus
obligé de tirer de là cire des pays étrangers. Ce n'eft pas
ici la matiére premiére qui nous manque, ce ne font que
les ouvriéres néceffaires pour la mettre en œuvre. Quels
regrets n'auroit-on pas, fi, dans un pays rempli de côteaux
les mieux expofés, couverts de vignes chargées de raifins à
maturité, & propres à donner le meilleur vin, on étoit obligé, faute de vendangeurs, de laiffer pourrir ou fécher tant
de raifins fur les ceps! fi on n'avoit des ouvriers que pour
faire la récolte de ceux de quelques petits clos voifins des
maifons! Nous n'y faifons point d'attention, nous ne nous
avifons pas d'en avoir des regrets, quoique nous foyons
tous les ans dans un cas femblable par rapport aux récoltes de cire & de miel. Le nombre des fleurs qui rempliffent la campagne, eft immenfe en comparaifon de celui des fleurs des jardins, des champs & des prairies qui

environnent chaque village; c'est-à-dire, que la quantité des fleurs qui ont de la cire & du miel qui y sont en pure perte, est immense, en comparaison de la quantité des fleurs sur lesquelles les abeilles en vont recueillir. Enfin, il est évident qu'une quantité de cire & de miel qui surpasse prodigieusement celle que nous fournit le Royaume chaque année, est perduë, parce que nous manquons d'abeilles qui aillent la ramasser.

On ne doit pas mettre néantmoins au nombre des *choses possibles*, le projet de faire recueillir chaque année, toute la cire & tout le miel, ni même la plus grande partie de la cire & du miel que les plantes du Royaume fournissent; mais il n'est pas hors de vraisemblance, il est même très-probable qu'on y pourroit augmenter considérablement ces deux sortes de récoltes, puisqu'il n'y a qu'à y multiplier les abeilles. Il est étonnant combien il y en a peu dans divers cantons du Royaume où elles se trouvent très-bien. Je connois en Poitou un grand nombre de paroisses, situées auprès des bois, environnées de prairies, & qui ont des champs où l'on seme du bled noir; c'est-à-dire, des paroisses situées au mieux pour les abeilles, & où il y en a cependant très-peu. La plûpart des métairies n'ont point de ruches; & il ne devroit pas y avoir un jardin de paysan qui n'en eût. Ceux cependant qui ont commencé d'en avoir, y font un profit qui les engage à les conserver. Le Gouvernement si attentif aujourd'hui au bien public, pourroit tirer les gens de la campagne de l'indolence où ils sont sur cet article, en leur donnant des assûrances, que non-seulement leur taille ne seroit point augmentée à cause des produits qui leur pourroient venir des abeilles; mais en accordant même chaque année une petite diminution de taxe à celui qui auroit un certain nombre de ruches. On pourroit, par exemple, fixer à cinq fois

ou environ de diminution par ruche, ou fimplement accorder cette diminution ou une plus grande par chaque
ruche au-deffus d'un certain nombre; par exemple, dix
fols pour chacune des ruches qu'on auroit par de-là le
nombre de dix ou de vingt.

Mais eût-on affés éclairé les payfans fur leurs anciens
intérêts, & par l'objet d'un intérêt nouveau; leur eût-on
fait défirer à tous, d'avoir des ruches d'abeilles, & d'en
avoir beaucoup, tout ce qui en arriveroit, c'eft qu'elles
feroient une marchandife plus fouhaitée, & qui par-là deviendroit plus chere; mais de cela précifément le nombre des ruches n'en deviendroit pas plus grand dans le
Royaume. Il n'en eft pas des abeilles comme des vers à
foye, qu'on eft maître de multiplier autant que l'on veut
quand on a de quoi les nourrir & qu'on en prend foin.
On n'eft pas maître de faire éclorre des abeilles, comme
on l'eft de faire éclorre des vers à foye. Il n'eft pas même temps de fonger à en faire venir des pays étrangers.
Peut-être que par la fuite on pourra établir un commerce
de ruches d'abeilles avec ceux qui ramaffent une grande
quantité de leur cire dans de vaftes forêts; qu'on pourra
leur apprendre à vendre les abeilles mêmes après les avoir
mifes dans des logements convenables. Mais c'eft là une
de ces vûes, qui, quand elles réuffiroient, ne réuffiroient
de long-temps. Il faut que bien des circonftances fe foient
réunies, avant que nous voyions des vaiffeaux revenir
d'Afrique chargés de ruches d'abeilles, comme ils le font
de Négres; ou, avant que nous faffions paffer en France les
abeilles des forêts du Nord, qui font peut-être celles qui
s'accommoderoient le mieux de notre climat.

Il ne nous refte donc actuellement qu'à fonger aux
moyens de faire multiplier dans le Royaume, les abeilles
qui y font; & ces moyens fe réduifent à empêcher qu'il

n'y périffe autant de ruches qu'il en périt chaque année.
Tous les Auteurs, tant anciens que modernes, qui ont
écrit de la vie ruftique, ont donné des préceptes par rapport aux foins qu'on doit prendre des abeilles dans le
cours de l'année. Ces préceptes font auffi rapportés, &
quelquefois avec plus d'étenduë, dans des traités particuliers dont les Auteurs fe font bornés à parler des mouches
à miel : nous tâcherons de ne rien obmettre dans ce Mémoire, de ce qui a été dit d'utile pour conferver ces mouches & pour en tirer plus de profit. Mais ce qui nous a
paru le plus effentiel, c'eft de difcuter les moyens qu'on
peut employer plus fûrement pour les empêcher de périr
pendant l'hiver & au commencement du printemps; car
c'eft alors qu'arrive chaque année la grande mortalité des
abeilles.

On perd tous les ans dans plufieurs provinces du
Royaume, & même aux environs de Paris, un grand
nombre de ruches, parce qu'on veut les perdre. Il s'y eft
établi une pratique auffi mal entenduë que barbare, car
elle eft contraire aux intérêts de ceux qui y ont recours.
Pour avoir le miel & la cire, on n'y fçait autre chofe que
de faire périr toutes les mouches par qui les récoltes en
ont été faites avec tant d'adreffe & de foins. Quand une
ruche eft devenuë bien pefante, quand elle eft bien remplie de gâteaux de cire qui ont beaucoup de miel, on fait
un trou en terre capable de recevoir le bas de la ruche;
dans le fond de ce trou, on jette quelques linges fouffrés
& tout allumés, on pofe auffi-tôt la ruche deffus la vapeur,
& on ramene tout autour affés de terre pour empêcher
les mouches & la fumée même de s'échapper. L'odeur
forte de fouffre dont la ruche fe trouve bientôt remplie,
étouffe dans peu de temps toutes les miférables abeilles.

On a même enfeigné différents moyens pour cette

belle opération. Vandergroen que nous avons déja cité, ou le Jardinier des Pays-Bas, prefcrit d'allumer cinq à fix tourbes dans un trou creufé en terre, & de mettre la ruche dans ce trou quand les tourbes commencent à fumer. Il nous apprend que d'autres fe fervent de fumée de veffes de loup : qu'on fait tomber dans un bacquet les mouches étouffées & celles qui ne font qu'étourdies, où on les pile avec les gâteaux de miel & de cire. Voilà un beau procedé ! *Butler* donne de même des moyens de les faire périr par la fumée du fouffre & par celle des veffes de loup. Il veut prouver de plus que cette voye eft la feule de tirer du profit des abeilles en Angleterre. Qu'il n'y a que dans des pays plus abondants en fleurs, comme la Grece, la Sicile & l'Italie, où il convienne de les châtrer; c'eft-à-dire, de partager avec elles la cire & le miel.

Dans les endroits où ce procedé auffi mal-habile que cruel, eft en ufage, on cherche à le juftifier, en difant que l'on ne fait périr de la forte que de vieilles mouches de qui il n'y a plus rien à attendre, qui ne donneroient pas d'effaim l'année fuivante, & qui mangeroient pendant l'hiver, une grande partie du miel qu'elles ont amaffé. Le vrai eft auffi, que c'eft à l'envie d'avoir quelques livres de miel de plus, qu'on facrifie tant d'ouvriéres capables par elles-mêmes d'en ramaffer d'autre, & de contribuer à élever de nouvelles ouvriéres par lefquelles elles feroient remplacées quand elles viendroient à périr : car par rapport à la cire, il n'y a à craindre aucune diminution pour celle qu'on laiffe pendant l'hiver dans la ruche. Mais ceux qui allèguent de fi mauvaifes raifons pour mettre à mort tant de mouches laborieufes, fçavent-ils auffi fûrement qu'ils le difent, qu'elles n'euffent pas fubfifté encore plufieurs années, pendant lefquelles elles euffent donné des effaims dont chacun eût lui-même produit

d'autres

d'autres eſſaims! S'il y a telle ruche dont les mouches périſſent par quelque accident au bout de quatre à cinq ans,
ou plûtôt, il y en a d'autres qui durent huit à dix ans; & un
de mes payſans en a conſervé une pendant plus de trente
années. Combien d'eſſaims euſſent été perdus, ſi on eût
fait périr les mouches de cette derniére ruche lorſqu'elles
ne l'avoient habitée que pendant trois ou quatre ans!

C'eſt même entendre mieux ſes intérêts par rapport
à la quantité de miel & de cire qu'on retire d'une ruche,
de lui retrancher en différentes années & en différentes
ſaiſons de l'année, une partie de ce qu'elle en a , comme
on le pratique en divers pays, que de vouloir tout lui ôter
à la fois. La ſomme des quantités que l'on en tire à pluſieurs repriſes, excéde probablement la quantité que l'on
en retire en prenant à la fois tout ce qu'elle a; & en con-
ſervant les mouches, on conſerve les eſſaims qu'elles donnent, & les eſſaims de ces eſſaims.

Enfin , ſi on veut enlever aux mouches d'une ruche
tout le produit de leur travail, faut-il vouloir en même
temps leur ôter la vie! Ne devroit-on pas plûtôt chercher à la leur prolonger! Ne doit-on pas tout tenter
pour elles! Pourquoi ne les pas faire paſſer dans une autre ruche! Si la ſaiſon n'eſt pas trop avancée, la néceſſité
où elles ſe trouveront de travailler, les mettra en état de
pourvoir leur nouvelle habitation pour y paſſer l'hiver.
Si on a pour elles les mêmes attentions qu'on a pour les
abeilles des ruches foibles, on parviendra peut-être à les
faire vivre juſques à la ſaiſon où la campagne fournira à
tous leurs beſoins. Enfin, nous allons voir dans le moment, que quantité de ruches qu'on appelle des ruches
foibles, ne périſſent pendant l'hiver, que parce qu'elles
ne ſont pas aſſés peuplées. Pourquoi ne pas réunir aux
mouches d'une ruche foible, celles auxquelles on veut

Tome V. .Pppp

ôter tout ce qu'elles ont de cire & de miel! Ces mouches réunies vivroient pendant l'hiver, & on auroit au printemps une ruche bien peuplée d'abeilles, qui dédommageroient avec ufure du peu de miel qu'il auroit fallu leur donner pour fubfifter, s'il avoit fallu leur en donner.

Alexandre de Montfort dans fon Printemps des abeilles, dont nous avons déja parlé, cite une loi faite par un Grand-Duc de Tofcane, qui défend de faire ainfi mourir les abeilles, fous peine de punition arbitraire. Une pareille loi devroit être établie dans tous les pays policés; & fi elle l'eût été en France, nous y aurions apparemment beaucoup d'abeilles qu'une avidité mal entenduë nous a fait perdre.

Mais dans les pays où l'on ne fait pas périr de gayeté de cœur des mouches fi utiles, on perd beaucoup de ruches chaque année, depuis le mois de Novembre jufques à la fin d'Avril. Il y a telle année où l'on en perd plus de la moitié, & il n'y en a gueres où l'on n'en perde quelques-unes. Nous n'entrerons point actuellement dans le détail des maladies auxquelles les abeilles font fujettes, ni des remédes par lefquels on prétend les guérir, car ces mouches ont depuis long-temps leurs médecins. Nous ne voulons d'abord parler que des deux grands fleaux qui détruifent les ruches entiéres, ce font le froid & la faim. Si l'on défendoit les abeilles contre l'un & l'autre, on fe trouveroit prefque toûjours au mois de Mai, le même nombre de ruches qu'on avoit à l'entrée de l'hiver.

Eft-il fi difficile de défendre les abeilles contre le froid & la faim! Il l'eft plus qu'on ne le croiroit. Les précautions prifes contre le froid peuvent elles-mêmes faire mourir les abeilles de faim. Il a été établi avec une fageffe que nous ne pouvons nous empêcher d'admirer, c'eft-à-dire, avec cette fageffe avec laquelle tout a été fait &

compaſſé dans la nature, que dans la plûpart du temps
où la campagne ne peut rien fournir aux abeilles, elles
n'ont plus beſoin de manger. Le froid qui arrête la végétation des plantes, qui fait perdre à nos prairies & à
nos champs leurs fleurs, met les abeilles dans un état où
la nourriture ceſſe de leur être néceſſaire; il les tient dans
une eſpéce d'engourdiſſement pendant lequel il ne ſe fait
chés elles aucune tranſpiration, ou au moins, pendant
lequel la quantité de ce qu'elles tranſpirent eſt ſi peu
conſidérable, qu'elle peut n'être pas reparée par des aliments, ſans que leur vie courre riſque. En hiver pendant
qu'il gele, on peut conſidérer ſans crainte l'intérieur des
ruches qui n'ont pas des parois tranſparentes; car on peut
les coucher ſur le côté, & même les renverſer ſans deſſus
deſſous, ſans mettre aucune abeille en mouvement. On
les voit entaſſées & très-preſſées les unes contre les autres;
peu de place auſſi leur ſuffit alors : elles ſont ordinairement entre les gâteaux vers leur partie inférieure, ou au
plus, vers le milieu de la hauteur de la ruche.

Si le dégel ſurvient, ſi l'air ſe radoucit, & ſur-tout ſi
les rayons du Soleil tombent ſur la ruche & l'échauffent,
les mouches à miel ſortent de leur eſpéce de léthargie;
elles agitent leurs aîles, elles ſe mettent en mouvement,
l'activité leur eſt renduë. Mais les beſoins de prendre des
aliments reviennent alors, & la campagne ne pouvant leur
en fournir, elles ont recours au miel & à la cire brute
qu'elles ont mis en proviſion dans leur ruche. Elles ôtent
les couvercles qui bouchent les alvéoles où eſt contenu
le miel qu'elles veulent manger le premier : elles commencent par conſumer celui des gâteaux inférieurs, &
réſervent pour le dernier, celui des cellules les plus élevées. Elles ont une bonne raiſon apparemment de manger d'abord le miel qui a été ramaſſé le dernier, mais qui

peut ne nous être pas connuë. Celui des cellules inférieures eſt celui d'Eté ou d'Automne, qui ne leur paroît pas auſſi propre à être conſervé, qui peut-être s'épaiſſit plus vîte que celui du Printemps.

Mais ce à quoi nous voulons faire faire attention, c'eſt que plus l'air doux continuë pendant l'hiver, plus les abeilles conſument de miel, plus elles diminuent journellement la proviſion qu'elles en avoient faite, & plus elles courent riſque de l'avoir entiérement conſumée avant que la chaleur du Soleil échauffe ſuffiſamment & aſſés conſtamment la terre pour faire paroître des fleurs. Les abeilles qui ont été miſes tard en ruche, qui n'ont pu parvenir à faire une récolte de miel aſſés conſidérable, ſont les premiéres réduites à jeûner, & enſuite à mourir de faim.

J'ai à rapporter une obſervation propre à montrer combien un air aſſés doux pour laiſſer aux abeilles leur vigueur, eſt à craindre pour elles pendant l'hiver. Un eſſaim que j'avois mis dans une ruche vitrée au commencement de Juin, y travailla beaucoup par rapport au nombre des mouches dont il étoit compoſé. Les parties ſupérieures des gâteaux furent remplies de miel. Cependant comme le nombre des mouches ne me paroiſſoit pas grand dans cette ruche, je craignis pour elles le froid de l'hiver. D'ailleurs, j'étois bien aiſe d'obſerver des abeilles qui pendant l'hiver même ſe trouveroient dans un air tempéré. Après avoir bien bouché toutes les ouvertures de la ruche où étoient celles dont je viens de parler, je la fis porter à Paris & placer dans le cabinet même où je me tiens ordinairement. Pendant la plus grande partie du jour, la température de l'air y étoit marquée par dix à douze, & aſſés ſouvent par quinze degrés au-deſſus de la congélation; ce qui indique un chaud à peu près

tel que celui des beaux jours du printemps. Là ces abeilles, qui étoient très-bien pourvûes de miel par rapport à
leur nombre, à qui il en fût refté beaucoup au mois d'A-
vril, fi elles euffent été tenues dans un jardin, mangérent
prefque tout le leur avant la fin de Février; & elles feroient péries de faim, fi je n'euffe pris le parti de les mettre dans un lieu plus froid, ou de leur donner d'autre
miel.

Un certain degré de froid eft donc favorable aux abeilles; celui qui ne fait que les engourdir, les met hors de
danger de manquer trop tôt de vivres : mais un degré de
froid trop grand, un degré qui fait plus que les engourdir, leur eft funefte. Ainfi dans les rudes hivers les abeilles
courent rifque de mourir de froid, & dans les hivers doux,
elles font expofées à mourir de faim. Des Auteurs qui
ont affés bien traité de la maniére de gouverner les abeilles,
prétendent même qu'il en périt plus dans les hivers doux
que dans les grands hivers; on en voit affés la caufe.
Ceci pourtant ne peut être vrai qu'avec certaines reftric-
tions ; qu'en fuppofant que quoique l'hiver ait été long,
le degré de froid n'a pas été exceffif. Celles de mes ruches
qui étoient fuffifamment peuplées, ont très-bien foûtenu
le dernier hiver, quoiqu'il puiffe tenir rang parmi les plus
longs & les plus rudes hivers.

Cependant chaque abeille par elle-même n'eft pas en
état de foûtenir long-temps un grand degré de froid, un
degré de froid bien moins confidérable que celui qui fuffit pour congeler l'eau. Je ne connois aucun infecte à qui
la chaleur foit auffi néceffaire. Elles périffent de froid dans
un air dont la température paroîtroit affés douce à tous les
infectes de notre climat. Comment peuvent-elles donc
vivre, lorfqu'on laiffe les ruches qu'elles habitent dans des
jardins pendant des hivers où le froid fait defcendre la

liqueur du thermometre de plufieurs degrés au-deffous de celui de la congélation, de dix à douze degrés. C'eft que l'air qui les environne immédiatement, eft bien éloigné d'avoir le degré de froid qu'a l'air du refte du jardin; elles l'échauffent. On ne feroit pas étonné qu'un homme qui fe feroit endormi pendant une forte gelée au milieu d'un jardin, y fût mort de froid, pendant que des hommes euffent pu avoir affés & même trop chaud dans un petit cabinet bâti au milieu de ce jardin, où ils fe feroient trouvés en fi grand nombre & fi preffés les uns contre les autres, qu'ils n'auroient pu s'y remuer. Les abeilles ferrées les unes contre les autres, échauffent l'air de leur ruche, comme des hommes échaufferoient celui du cabinet où nous venons de les entaffer.

On aura peut-être peine à croire que des mouches, qui, lorfque nous les touchons, ne font pas fur nos doigts une impreffion fenfible de chaleur, foient capables de répandre dans l'air qui les environne, une chaleur telle que nous la voulons faire imaginer. On ne pourra pourtant s'empêcher de fe rendre aux expériences qui le prouvent inconteftablement. Dans le mois de Janvier, j'obfervai un jour fur les deux heures après midi, que la liqueur d'un thermometre que j'avois placé en dehors d'une ruche vitrée, mais tout auprès de cette ruche, étoit à trois degrés au-deffous de la congélation. Un carreau de verre qui étoit caffé près d'un coin, me donna la facilité d'y faire entrer la boule & partie du tube du thermometre dont je viens de parler. Après que j'eus ôté le thermometre de deffus fon cadre, je retirai le bois mince qui rempliffoit la place du morceau de verre qui étoit tombé; & par cette ouverture, je fis paffer la boule du thermometre dans la ruche. Je ne pus pourtant l'y faire pénétrer bien avant; les gâteaux de cire l'arrêtérent; & les gâteaux fur

lefquels elle fut arrêtée, étoient affés éloignés de ceux
entre lefquels étoient les abeilles. La liqueur cependant
ne tarda pas à s'élever dans le tube; elle monta à dix degrés au-deffus de la congélation; elle eût monté beaucoup plus haut, fi la boule eût pu être pofée plus près
des mouches; & fi cette boule eût pu être mife au milieu
du maffif qu'elles formoient, la liqueur fe fût peut-être
autant & plus élevée qu'elle ne s'éleve dans plufieurs de
nos jours chauds d'Eté.

Dans le mois de Mai, je fis paffer par le trou * de la * Pl. 24. fig.
traverfe fupérieure d'une ruche platte & vitrée, la boule 1 & 2.
d'un thermometre; & après l'avoir fait defcendre dans la
ruche de cinq à fix pouces, j'arrêtai en dehors le tube
de ce thermometre. Quelques heures auparavant j'avois
logé dans celle dont je parle, un effaim peu nombreux. Ses mouches n'étoient point encore montées au
haut de la ruche, & elles y monterent par la fuite. La
boule du thermometre fe trouva prefque au centre du
maffif qu'elles formérent. Je marquai la hauteur où, au
bout de quelques heures, elles avoient fait élever la liqueur dans le tube. Alors je retirai le thermometre, & le
remis fur fa planche; & je vis que les abeilles avoient fait
prendre à fa liqueur une chaleur exprimée par 31 degrés,
c'eft à-dire, une chaleur plus grande que celle de nos plus
chauds jours d'été; & qui eft à peu près celle que prennent
les œufs fous la poule qui les couve.

Les abeilles dont je viens de parler, étoient tranquilles;
mais quand elles marchent, ou que fans voler, & fans même
changer de place, elles agitent leurs aîles, comme cela leur
arrive fouvent, elles font bien naître un autre degré de
chaleur. J'ai confervé pendant l'hiver des abeilles dans une
ruche conique & vitrée, où je les avois fait paffer fans leur
avoir donné aucun gâteau de cire. Il m'eft fouvent arrivé

de les obferver, ou de leur donner du miel, pendant que je les tenois dans un endroit où l'air n'avoit que peu de degrés de chaleur au-deffus de la congélation. Les carreaux de verre de la ruche paroiffoient froids à mes doigts. Quand il m'arrivoit d'inquiéter ces mouches, foit à deffein, foit fans l'avoir voulu; quand le grouppe qu'elles formoient fe rompoit, & que tumultuairement elles fe déterminoient à marcher de divers côtés, & à faire un grand bourdonnement, dans peu d'inftants une chaleur fi confidérable étoit produite dans la ruche, que lorfque je touchois avec mes doigts ces mêmes carreaux de verre qui m'avoient paru froids, je les trouvois auffi chauds qu'ils euffent été fi je les euffe tenus près du feu, & expofés à un degré de chaleur qu'on a peine à foûtenir.

Après avoir tourmenté des abeilles pour les déterminer à quitter leur panier, & à paffer dans un autre, lorfque j'en fuis venu à tirer les gâteaux, j'ai obfervé que leur cire étoit très-ramollie. Il arrive auffi quelquefois que les gâteaux chargés de miel tombent au fond de la ruche, lorfque la chaleur qui y regne a rendu leurs attaches trop molles.

D'autres que moi, & M. Maraldi entr'autres, ont remarqué que les abeilles échauffent l'air de leur ruche lorfqu'elles agitent leurs aîles; mais ils ne me paroiffent pas avoir affigné la véritable caufe de cette augmentation de chaleur. Ils femblent avoir cru que les battements des aîles échauffoient l'air contre lequel ils agiffoient, qu'alors l'air étoit échauffé, comme l'eft un corps folide frotté avec vîteffe contre un autre corps folide. Je ne fçais fi un fluide tel que l'air, peut être échauffé de la forte; & il y a grande apparence que non. Le corps folide eft échauffé parce qu'après un intervalle très-court, les mêmes parties qui avoient été frappées ou choquées, le font encore, &

cela

cela à un très-grand nombre de reprifes différentes; mais la petite maffe d'air fur laquelle eft tombé le premier coup d'aîle, n'eft pas celle fur laquelle tombe le fecond coup; de nouvel air prend la place de celui qui a été frappé & chaffé. Ce font les abeilles elles-mêmes qui s'échauffent en agitant leurs aîles & en marchant, comme nous nous mettons en fueur pendant qu'il gele très-fort en courant ou en faifant des efforts redoublés. Les abeilles qui ont acquis un plus grand degré de chaleur par les mouvements qu'elles fe font donnés, communiquent de cette chaleur à l'air qui les touche, comme cet air communique enfuite de la fienne aux carreaux de verre.

De tout ce que nous venons de dire, il fuit que plus le nombre des mouches à miel qui habitent une ruche, eft grand, & moins il eft à craindre que l'air ne devienne affés froid pour les faire périr. Auffi, pendant que des mouches ont vêcu dans des ruches expofées dans mon jardin à des degrés de froid de fix à fept degrés au deffous de la congélation, & même de dix à douze, j'ai eu d'autres mouches qui font péries, quoique leurs ruches fuffent dans des chambres dont l'air n'avoit pris que le degré de froid de l'eau qui fe gele. Ces derniéres ruches entourées d'un air plus tempéré que celui qui entouroit les autres, en avoient intérieurement un plus froid. Les mouches qui y étoient en petit nombre, n'avoient pas pu entretenir dans l'intérieur de la ruche, un air auffi chaud que celui qui étoit répandu dans l'intérieur des autres. On fouffre du froid au fpectacle dans des jours où l'air extérieur n'eft pas extrémement froid, fi la falle eft mal remplie de fpectateurs, & dans des jours où il gele dehors, mais où le parterre eft agité de flots, on y a trop chaud.

J'ai vû plufieurs ruches périr au printemps, c'eft-à-dire, dans les mois d'Avril & de Mai, qui n'étoient expofées qu'à un même froid, ou à des froids moindres que ceux qu'elles avoient foutenus pendant l'hiver. Il ne fera pas difficile de rendre raifon de ce fait, quand on fçaura qu'à la fortie de l'hiver, beaucoup de mouches qui prennent trop-tôt l'effor, meurent avant que de pouvoir rentrer dans leur ruche; que journellement il y en a qui font faifies dehors par le froid, & qui n'ont pas la force de regagner leur habitation. Or, fi au milieu d'Avril une ruche eft fenfiblement moins peuplée qu'elle ne l'étoit en Janvier ou en Février, fes mouches ne feront pas en état de fe défendre contre un froid égal à celui auquel elles ont réfifté.

Après tout, on ne devroit pas craindre de voir périr des abeilles de froid pendant l'hiver, fi on pouvoit les reffufciter par un moyen auffi fimple que celui que nous ont appris Varron & Columelle. Ils difent que pour les faire revivre il n'y a qu'à les mettre fur la cendre chaude, fur celle de figuier fur-tout. Il n'y auroit même rien de plus commode, que de tenir pendant tout l'hiver fes abeilles dans une efpéce d'état de mort, pour leur rendre la vie quand la belle faifon feroit revenue. Malheureufement, il y a beaucoup à rabattre de l'idée qu'on a voulu nous donner de cette réfurrection; nous allons examiner à quoi elle doit être réduite; il nous en reftera quelques faits curieux & même utiles pour la confervation de ces mouches.

Nous avons affés dit que lorfqu'il n'y a plus qu'un certain degré de chaleur dans leur ruche, elles fe tiennent amoncelées & très-preffées les unes contre les autres, qu'elles font comme engourdies, qu'elles n'ont plus alors befoin de prendre de nourriture; c'eft dans cet état qu'elles paffent une grande partie de l'hiver. Mais pour peu qu'on les échauffe, ou fi on les prend avec la main, on leur

voit faire des mouvements qui prouvent de reste qu'elles
font en vie. Si le degré de chaleur de l'air qui les environne, diminuë julques à un certain point, en un mot,
fi elles font faifies de froid, au lieu qu'elles ne paroiffoient
auparavant qu'engourdies, elles paroiffent véritablement
mortes. Des milliers d'entr'elles n'ont plus la force de
conferver les mufcles de leurs jambes dans la contraction
néceffaire pour les tenir cramponnées dans les jambes
des autres; le maffif de mouches fe défait alors peu à peu;
il s'en détache des pelotons qui tombent fur le fond de
la ruche. Si on va donc vifiter une ruche après une nuit
pendant laquelle le froid a attaqué les mouches trop rudement, on les trouve empilées fur le fond; elles y femblent véritablement mortes; on peut les prendre à poignée
fans rien craindre de leurs aiguillons; il femble qu'elles ne
feront jamais en état de s'en fervir, ni d'aucune de leurs
parties extérieures. Quelquefois les abeilles quoique dans
un état auffi fâcheux que l'état de celles qui font tombées fur le fond de la ruche, ne tombent pas, ou il n'en
tombe que quelques petits pelotons; le frottement des
gâteaux qui aide à les arrêter, fupplée à ce qui peut manquer de force pour tenir les jambes des unes accrochées
aux jambes des autres : quelquefois même les crochets des
pieds de la mouche inférieure font cramponnés fi à propos dans les jambes de la fupérieure, qu'ils ne s'en déga-
gent pas lorfqu'elles meurent l'une & l'autre; quelquefois
on trouve des guirlandes de mouches parfaitement mortes, auffi bien faites & plus folides que celles des mouches
vivantes.

Si les abeilles tombées fur le fond de la ruche, ou celles,
qui, quoique reftées plus haut entre les gâteaux, n'en paroiffent pas moins mortes, ne font pas dans cet état depuis
trop long-temps, on les rappelle à la vie en les mettant

fur la cendre chaude, comme l'a rapporté Columelle; ou, ce qui eſt plus commode, & qui ne les rend pas ſi poudreuſes, on n'a qu'à les mettre dans des poudriers de verre ou dans des ſéchoirs, comme nous y avons mis celles qui avoient été baignées, & les approcher d'un feu doux. Dès qu'il les a réchauffées, on en voit quelques-unes qui ſe donnent de petits mouvements; peu à peu toutes ſe raniment; & en moins d'un quart d'heure, elles ont repris la vigueur qui *leur eſt naturelle*, elles ſont en état d'être remiſes dans leur ancienne habitation. Quand un Soleil brillant ſuccéde au froid de la nuit, & que ſes rayons tombent ſur la ruche dans laquelle on a fait rentrer les abeilles ranimées, on peut la laiſſer dans ſa premiére place; mais ſi le froid continuë, on bouchera toutes les ouvertures de cette ruche, & on la portera dans un lieu tempéré.

J'ai eu quelquefois des ruches dont toutes les abeilles paroiſſoient ſans vie, quoiqu'elles fuſſent reſtées entre les gâteaux. Alors pour les ranimer ſans cauſer aucun dérangement dans les gâteaux, j'ai fait entrer ſous la ruche & j'ai poſé ſur ſon fond, un petit pot de terre qui contenoit un peu de braiſe couverte de beaucoup de cendre chaude. La chaleur qui ſe répandoit dans la ruche, étoit bientôt aſſés conſidérable pour donner aux abeilles la force de ſe mouvoir; quelquefois au bout d'une heure ou deux, lorſque l'air extérieur étoit devenu moins froid, elles ſortoient pour aller à la campagne, à leur ordinaire.

Quelqu'un qui ſera attentif à viſiter le matin ſes ruches, lorſque le froid de la nuit aura été plus conſidérable que celui des nuits précédentes, & qui y ſera attentif, non-ſeulement pendant l'hiver, mais ſur-tout après les nuits froides du printemps, en pourra ſauver chaque année qui ſeroient péries par ce manque d'attention. En

chauffant les abeilles, il les tirera d'un état trop semblable
à celui de la mort où le froid les avoit mises; mais il ne
faut pas trop tarder à les en tirer; si on les y laissoit pendant plusieurs jours, ce seroit sans succès qu'on auroit
recours au reméde; au moins si elles avoient été saisies
par un grand froid.

Je l'ai déja avancé, un froid qui seroit assés leger pour
nous & pour le commun des insectes, en est un trop grand
pour les abeilles. Il y a plus: un air assés doux pour nous,
est un air trop froid pour elles. Je vais le prouver par des
expériences qui apprendront combien la chaleur est nécessaire à ces mouches. Vers la fin de Novembre, je renfermai deux douzaines d'abeilles dans un poudrier de grandeur médiocre, c'est-à-dire, dans un poudrier d'environ
quatre pouces de hauteur, & de deux & demi de diametre. Je le plaçai dans un cabinet dont la température de
l'air fut pendant un jour entier, entre quatre à cinq degrés au-dessus de la congélation. En moins d'une heure
toutes les mouches y parurent mortes, & elles parurent
telles pendant tout le jour. Le soir je les fis chauffer seulement autant qu'il falloit pour sçavoir si elles n'étoient
point mortes réellement, pour les mettre en état de donner
quelques signes de vie. Toutes en donnérent, & sur le
champ je les remis dans le cabinet où elles devoient re-
devenir comme mortes. Le lendemain je les chauffai dès
le matin, je les trouvai encore en vie. Je les laissai ainsi
dans un état de mort, où elles étoient mises par un degré de température d'air exprimé par quatre à cinq degrés
au-dessus de la congélation; je les laissai, dis-je, dans cet
état pendant trois jours, examinant chaque soir & chaque
matin, si elles pouvoient être ranimées; mais au bout du
troisiéme jour, je les trouvai véritablement mortes. Douze
mouches mises dans un autre poudrier de même grandeur

à peu près que le précédent, auprès duquel il fut placé, ne furent réchauffées que de 24 heures en 24 heures. Au bout du troisiéme jour, ce fut inutilement que je les approchai du feu, toutes étoient privées de vie.

Le premier de Decembre, je mis une douzaine & demie d'abeilles très-vives dans un autre poudrier, & qui fut tenu dans un air bien plus doux que celui où avoient été les poudriers précédents. Il resta dans le cabinet où je travaille; la liqueur du thermometre s'y éleva pendant le jour, à plus de quinze degrés; & pendant la nuit, elle ne descendit pas à plus de onze degrés. Dans un air aussi doux que celui du printemps, les abeilles ne parurent plus en état de se mouvoir au bout de trois heures; & les tentatives que je fis au bout de trois jours pour leur en rendre la puissance, furent inutiles; toutes étoient péries sans ressource.

Je n'ai point averti que j'avois mis un peu de miel contre le couvercle de chacûn de ces poudriers. C'étoit une précaution assés inutile pour les abeilles dès qu'elles étoient tombées en léthargie; mais c'étoit afin qu'elles mangeassent autant qu'elles voudroient avant que d'y tomber. C'est donc de froid & non de faim qu'étoient péries des mouches dans un endroit dont l'air étoit doux. Elles ont besoin d'être environnées d'un air plus chaud; réunies ensemble elles font prendre un grand degré de chaleur à l'air de leur ruche. Pour sçavoir quel est ce degré de chaleur dans lequel une abeille ou un petit nombre d'abeilles peut vivre, j'en renfermai une seule dans un tube de verre long d'un peu plus de trois pouces, dont le diametre intérieur étoit de neuf lignes. Un des bouts de ce tube étoit scellé hermetiquement, & l'autre bout étoit bouché par un bouchon de liege. Pendant le jour je portai ce tube dans mon gousset avec la seule mouche qui y étoit renfermée, & je le tenois pendant la nuit sous le chevet de mon lit, tout près de moi. La mouche eut assés chaud, elle conserva aussi toute son activité dans un tube tenu toûjours dans des lieux où l'air avoit autant de chaleur qu'il en a dans nos jours d'été qui nous paroissent trop chauds, dans des lieux où la liqueur du thermometre monte à près de 28 à 29 degrés. Chaque fois que j'examinois cette mouche, je la voyois marcher le long des parois du tube. Celle-ci étoit dans le cas des abeilles qui ont besoin de prendre de la nourriture. J'avois eu soin d'enduire de miel le bout intérieur du bouchon, mais peut-être avec trop peu d'œconomie; elle venoit le succer de temps en temps, & probablement trop souvent. Elle ne vécut que six jours, au bout desquels elle périt, non de froid ni de faim, mais peut-être d'avoir trop mangé de miel, ou au moins pour s'être trop frottée contre celui du bouchon. Un jour avant qu'elle mourut, son corps parut plus brun qu'à l'ordinaire, plus luisant & comme mouillé; il l'avoit été de miel & encore des excréments qu'elle avoit rendus trop liquides & en trop grande quantité pour avoir trop mangé. La liqueur visqueuse dont le corps étoit enduit, s'étoit insinuée dans les stigmates, & les avoit bouchés. La mouche avoit péri par une cause semblable à celle qui fait périr tous les insectes dont on a huilé les stigmates.

Quand j'ai mis dans un tube pareil à celui dont je viens de parler, huit à dix mouches, elles n'y sont pas restées si long-temps en vie; quelquefois elles y sont mortes en moins de vingt-quatre heures; aussi leur corps a-t-il paru mouillé au bout de quelques heures; il l'a été par les excréments qu'elles ont rendus; ceux des unes sont nécessairement tombés sur les autres; & celles qui ont frotté leurs corps contre les parois du verre, l'ont chargé d'une humidité nuifible. Les abeilles qui font en grouppe dans une ruche, fe feroient périr mutuellement fi elles rendoient leurs excréments pendant qu'elles font ainfi réunies; quand elles veulent les faire fortir de leurs corps, elles fe détachent du gros, & elles les font tomber fur le fond de la ruche. On dit que les abeilles font fujettes au dévoyement, qu'a-lors elles rendent des excréments très-liquides. En tout temps leurs excréments n'ont pas beaucoup de confiftance. Lorfque celles d'une ruche qu'on tient en chambre, s'en échappent, qu'elles fe rendent fur les vitres, elles ne man-quent guéres d'y faire des jets d'une matiére jaunâtre, qui n'eft qu'une bouillie peu épaiffe; quelquefois leurs excré-ments font encore plus liquides. Quand l'abeille qui les doit rendre fe trouve affoiblie, & que par pareffe ou man-que de force, elle les rend où elle fe trouve, fa maladie eft plus funefte à fes compagnes qu'à elle-même. J'ai eu en ruche des mouches auxquelles j'avois ôté tous leurs gâteaux & auxquelles pour dédommagement je donnois du miel. Je leur en donnai d'abord fobrement, & je les confervai en vie pendant plus de trois femaines; mais je le leur don-nai enfuite avec trop d'abondance, elles en mangérent trop, bientôt elles eurent le dévoyement, elles fe mouil-lérent les unes les autres; au bout de quelques jours, elles tombérent mortes fur le fond de la ruche, & auffi mouillées qu'elles l'euffent été fi on les eût plongées dans une eau bien chargée de miel.

Malgré tout ce que nous avons dit de la chaleur né-ceffaire pour entretenir la vie des abeilles, on peut, fans trop de furprife, en voir qui paffent l'hiver dans les forêts du Nord. Nous n'avons pas befoin de les fuppofer d'une efpéce différente de l'efpéce de celles que nous avons dans le Royaume. On pourroit croire que le climat où elles font nées les rend moins fenfibles au froid; mais dès qu'elles

qu’elles fe trouvent répandues en grande quantité dans
les forêts, c’eft une preuve que le pays eft favorable à leur
multiplication, qu’il leur fournit de quoi faire d’amples
récoltes de cire & de miel. Or, dès que des abeilles fe
trouveront logées en très-grand nombre dans un tronc
d’arbre & bien pourvûes de miel, il n’y a point de froid
qu’elles ne puiffent braver. D’ailleurs un tronc d’arbre,
non habité par les abeilles, ne doit pas renfermer un air
auffi froid que l’eft l’air extérieur. Il eft probable que les
corps organifés pour végéter, ont, comme les animaux,
un degré de chaleur qui les deffend contre le froid de
l’air extérieur, tant que leur organifation n’eft pas détruite.
Il eft pourtant fingulier que dans des pays extrémement
chauds & dans des pays extrémement froids, il y ait des
abeilles qui nous fourniffent de la cire. On peut lire dans
Aldrovande, l’énumération de ces pays incommodes, foit
par la chaleur exceffive, foit par le froid exceffif, où elles
réuffiffent.

Ceux qui ont obfervé des mouches dans différentes
faifons de l’année, demanderont comment il fe peut faire
qu’elles fortent fouvent de leurs ruches pendant que l’air
extérieur ne tient la liqueur du thermometre élevée qu’à
quatre à cinq degrés au-deffus de la congélation! comment
celles qui prennent alors l’effor ne périffent pas toutes! La
réponfe eft premiérement qu’il en périt de celles-ci, fçavoir,
celles qui étoient trop foibles, ou qui ont trop refté à la campagne. Mais en fecond lieu, les autres, celles qui retournent
à leur domicile, doivent être comparées à un homme qui
s’eft chauffé auprès d’un bon feu, & qui, lorfqu’il le quitte
pour s’expofer à un air froid, marche très-vîte, ou s’occupe de quelque exercice violent. Les abeilles ont chaud
quand elles fortent de leur ruche, l’exercice d’agiter leurs
aîles entretient une partie de leur chaleur; elle eft de même

Tome V. Rrrr

entretenuë par les mouvements qu'elles se donnent en
succçant les fleurs, & en dépouillant les étamines de leurs
poussiéres.

Nous venons d'établir la théorie d'où doivent être tirés
les meilleurs préceptes sur lesquels se puissent conduire
ceux qui ne veulent rien négliger pour empêcher leurs
abeilles de périr pendant l'hiver & au commencement du
printemps : mais le passage de la théorie à la pratique, a
ici, comme dans tous les cas, ses difficultés. Il est certain que si au lieu de laisser les ruches pendant l'hiver dans
des jardins exposées à toute la rigueur du froid, on le leur
fait passer dans des serres ou dans quelqu'autre lieu couvert & fermé de toutes parts, dans une chambre; il est
certain, dis-je, qu'elles n'y seront pas aussi en danger de
périr de froid. C'est aussi une pratique très-ancienne &
en usage encore dans beaucoup de pays, de boucher toutes les ouvertures des ruches vers le commencement de
Novembre, & de les transporter ensuite dans une serre,
dans un cellier, ou dans quelque endroit équivalent.
Comme ce lieu n'est pas ordinairement un de ceux qu'on
habite & où l'on fait du feu, quoique l'air y soit plus tempéré que l'air extérieur pendant la plus grande partie de
l'hiver, il est assés froid pour tenir les abeilles dans cette
espéce d'engourdissement qui leur ôte le besoin de manger; ce qui les met hors de risque de mourir de faim,
pourvû qu'elles ne soient pas entiérement dépourvues
de miel.

Le lieu qui sera assés chaud pour conserver la vie à des
ruches très-peuplées ou passablement peuplées, ne le sera
pas assés pour des ruches qui ont très-peu de mouches.
Plus le nombre des mouches y sera petit, & plus elles
demanderont à être dans un air doux. Ces derniéres pé-
riront dans une serre, dans un cellier, où les autres seront

bien. Les inftruments qui ne femblent faits que pour les
Phyficiens, ne feroient pas inutiles à ceux qui ont de
grandes ménageries de ruches, fi on pouvoit les engager
à y avoir recours. En tenant des thermometres dans les
lieux où ils feroient paffer l'hiver aux ruches, ils feroient
en état de connoître la température de l'air de ce lieu, de
juger fi l'air ne s'y refroidit point trop pour les ruches foibles. Ils pourroient même juger plus fûrement & immédiatement de l'état de celui de chaque ruche. Je voudrois
une ouverture à un de leurs côtés environ vers le milieu
de leur hauteur ou plus bas, de diametre convenable;
c'eft-à-dire, une ouverture capable de laiffer entrer dans
la ruche la boule d'un thermometre. Dans les temps ordinaires, cette ouverture feroit bouchée par un bondon
femblable à ceux des tonneaux; on ôteroit ce bondon,
& on introduiroit la boule du thermometre dans la ruche, dans les temps où le froid de l'air extérieur feroit fenfiblement augmenté. Le thermometre apprendroit le degré
de chaleur de la ruche, & en même temps fi cette ruche
peut être laiffée où elle eft, ou fi elle demande à être
tranfportée dans un lieu plus chaud, ou, ce qui revient
au même, s'il eft néceffaire de lui donner des couvertures
qui confervent fa chaleur & qui même peuvent contribuer
à la faire devenir plus grande.

Toute fimple qu'eft cette pratique, il ne faut gueres
efpérer qu'on y ait recours; on veut encore des chofes
plus fimples; & c'eft beaucoup qu'on fe donne le foin de
mettre des abeilles dans des ferres pendant l'hiver. Quand
le froid ou la faim les font périr dans une ruche, il n'y
en réchappe pas une. D'autres caufes produifent dans
diverfes ruches des mortalités qui ne font pas fi générales;
mais qui fouvent changent une ruche forte en une ruche
foible. Lorfqu'on vient à la renverfer un peu, on voit fur

ſon fond, une couche épaiſſe de mouches mortes, & cette
couche s'épaiſſit journellement. Il peut y avoir de ces mouches qui meurent, parce qu'elles ont atteint le terme qui
eſt preſcrit à la plus longue durée de la vie des abeilles. Le
plus grand nombre alors eſt pourtant de celles qui meurent
avant que d'être arrivées à ce terme; quelque maladie les
attaque & termine leurs jours. Les mouches qu'on tient à
couvert dans des ruches qui ſont fermées de toutes parts,
ſont beaucoup plus ſujettes à des maladies, que les mouches dont les ruches ont été laiſſées dans des jardins, &
qui ont une ouverture par laquelle l'air ſe peut renouveller, & par laquelle elles peuvent ſortir lorſqu'il vient
quelque beau jour. L'air trop renfermé dans les autres
ruches, s'y corrompt de jour en jour; il eſt infecté de l'o-
deur des abeilles qui périſſent & ſe pourriſſent dans la ruche
même. Enfin, il devient exceſſivement humide, il ſe charge
de tout ce qui tranſpire du corps des mouches; auſſi les
gâteaux ſur leſquels elles ne ſe tiennent pas, ſe couvrent-
ils de moiſiſſures. Si nous reſpirions un air auſſi mal ſain,
nous n'y réſiſterions pas; & pourquoi les abeilles ſeroient-
elles en état de le ſoûtenir? C'eſt ce qui fait que malgré
les riſques qu'on fait courir aux ruches qu'on laiſſe pendant tout l'hiver en plein air, pluſieurs croyent que le
meilleur parti encore, eſt de les y laiſſer, qu'elles ne s'af-
foibliſſent pas autant que dans les maiſons.

M. l'Abbé de la Ferriere, après avoir peſé les inconvénients qu'il y a de part & d'autre, ſe détermine ſagement,
ce me ſemble, pour un parti moyen. Il veut qu'on laiſſe
toutes les ruches fortes expoſées à l'air extérieur, & qu'on
tranſporte dans les ſerres les ruches foibles. Les ruches
bien peuplées ſont en état de ſe deffendre contre les plus
grands froids; mais la difficulté eſt de ſauver les ruches
foibles, & même les ruches médiocrement peuplées.

Comme il m'a toûjours paru à fouhaiter qu'on pût laiffer pendant l'hiver les ruches dans les mêmes endroits où elles ont été pendant les autres faifons, j'ai fait des tentatives pour voir, fi, quoiqu'en plein air on ne pourroit pas mettre les ruches foibles en état de réfifter au froid; fi on ne pourroit pas l'empêcher de pénétrer trop dans leur intérieur. Le premier moyen que j'ai tenté, a été de les bien empailler, de mettre autour de chaque ruche, une couche de paille épaiffe de plus de quinze à feize pouces. On peut imaginer diverfes maniéres d'arrêter la paille fur la ruche, & choifir entre ces maniéres. Celle dont je me fuis fervi, & fur-tout, pour les ruches vitrées, & entre celles-ci, pour les ruches qui étant minces donnoient plus de prife au froid, a été de planter des picquets autour de chaque ruche, qui la furpaffoient en hauteur, & d'empiler bien la paille entre elle & les picquets. Malgré cette robe de paille, dans plufieurs années différentes, toutes les mouches de quelques-unes de mes ruches font péries; mais il eft plus que probable que ce n'a jamais été de froid; car quand je fuis venu à examiner les gâteaux de cire, je n'y ai pas trouvé une goutte de miel; il eft donc à croire que c'étoit de faim qu'elles étoient mortes, & que je n'avois pas été affés attentif à fuppléer à la trop petite provifion de miel qu'elles avoient faite pendant l'été.

Les Anciens ont enfeigné une maniére de deffendre les abeilles contre le froid, à laquelle on ne croira pas à propos d'avoir recours. C'eft de remplir en partie la ruche d'oifeaux qu'on a fait deffécher, après leur avoir vuidé le corps.

J'ai tenté un autre moyen de deffendre les abeilles contre le froid; & pour pouvoir compter plus fûrement 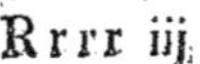 fur fon fuccès, s'il en avoit, je m'en fuis fervi dans les

R r r r iij

circonftances les plus décifives, c'eft-à-dire, que je m'en fuis fervi pour tacher de conferver des ruches qu'on ne devoit pas efpérer de voir paffer l'hiver. J'achetai trois de ces ruches au commencement de Novembre 1738. Je demandai à un Marchand d'abeilles les trois plus mauvaifes de fon rucher; je n'avois pas à craindre qu'il ne me les donnât meilleures que je ne les voulois. Je ne les lui payai que la moitié du prix que j'avois coûtume de lui payer les ruches médiocres, & il fut très-content du marché. Dans une de ces ruches il n'y avoit que deux ou trois poignées d'abeilles placées entre des gâteaux très-fecs. Je joignis à ces trois ruches une des miennes qui n'étoit pas bien forte, quoique meilleure que les autres. Mon deffein

*Pl. 38. fig. étoit de les placer chacune dans un tonneau mis debout *, 11. & défoncé par enhaut, & de remplir l'efpace qui refteroit entre les parois du tonneau & la ruche, d'une matiére capable de la deffendre. Je les plaçai donc dans quatre tonneaux. Je fis remplir de terre féche & bien preffée tout le vuide qui fe trouvoit dans deux tonneaux, & je fis remplir le vuide des deux autres avec du foin fin & court que les balayeures de mon grenier avoient fourni. On empila ce foin le mieux qu'il fut poffible. La terre & le foin furent mis en comble au-deffus du bord du tonneau. Les ruches ne furent pourtant pas pofées im-médiatement fur le fond de chaque tonneau ; elles en

*Fig. 10. furent mifes à une diftance de quatre à cinq pouces *. Sur le fond de deux des tonneaux on étendit une cou-

*d d ff. che de terre *, & fur celui des deux autres, on en mit une de foin. Sur cette couche, foit de terre, foit de foin,

*f f. on mit un fecond fond de bois *. Les piéces de bois qui avoient auparavant fermé le tonneau par le bout où il étoit ouvert, fervirent à faire ce fecond fond.

Je ne m'étois pas fimplement propofé de bien couvrir

mes ruches, ce qui peut être fait de différentes maniéres;
& ce que font quelques gens de la campagne plus induftrieux que les autres, en mettant les leurs dans des
tas de bled. Je voulois que les abeilles qui habitoient des
ruches très-bien couvertes puffent fortir quand le beau
temps les y inviteroit; que l'air de la ruche pût être renouvellé : enfin, qu'elles ne fuffent pas fujettes aux inconvenients auxquels font expofées celles qu'on tient dans
des chambres. Auffi avant que de les mettre chacune dans
leur tonneau, avois-je eu foin de faire faire un trou au
tonneau tout près du fecond fond, tout près de celui fur
lequel la ruche étoit pofée, capable de laiffer paffer un
tuyau de bois de forme quarrée *. Quatre étroits mor-   * Pl. 38. fig.
ceaux d'une planche mince, arrêtés les uns contre les autres   10 & 11. &c.
par des clous d'épingle, formoient ce tuyau, dont la façon
n'avoit pas été chére; deux de fes côtés, le fupérieur &
l'inférieur, avoient chacun près de deux pouces de large,
& chacun des deux autres n'avoit que fix à fept lignes de
largeur. On voit d'avance que ce tuyau étoit le chemin
que j'avois préparé aux abeilles. J'en fis entrer un des
bouts dans chaque tonneau, affés avant pour que la ruche pût pofer deffus; & l'autre bout failloit en dehors du
tonneau de quelques pouces. Enfin il falloit fonger à empêcher les mouches de ces ruches fi mal fournies de miel,
de mourir de faim. Sur le fond de chaque tonneau, je
mis une terrine qui contenoit environ trois quarterons
de miel, & qui étoit couverte par-deffus d'un papier piqué d'une infinité de petits trous, & cela afin que les mouches puffent aller fuccer le miel fans s'en empâter. Le
tuyau étant ajufté à chaque tonneau, & la terrine pleine
de miel étant pofée fur le milieu de fon fond, je fis entrer
dans chacun de ces tonneaux la ruche que je lui voulois
donner; & je fis remplir comme je l'ai dit, tout le vuide

qui fe trouvoit entre les parois intérieures du tonneau, & la furface extérieure de la ruche.

Des deux ruches qui furent couvertes de terre, l'une étoit celle qui avoit été prife parmi les miennes, & l'autre étoit la plus foible de celles que j'avois achetées. C'eft fur-tout pour le fort de cette derniére que j'étois inquiet. Ses mouches fe tinrent tranquilles pendant les mois de Novembre, de Décembre & de Janvier. Pour fçavoir fi au lieu d'être fimplement tranquilles, elles n'étoient pas mortes, à la fin de Décembre je fis découvrir la ruche, & je lui donnai quelques petits coups; de pareils coups déterminent les mouches qui ne font qu'engourdies, à fe mouvoir. Ceux que je donnai firent naître un bourdonnement parmi les mouches, de la vie defquelles j'avois lieu de douter. C'étoit tout ce que je voulois. Je les fis recouvrir fur le champ. J'eus de même le plaifir de les entendre bourdonner vers la fin de Janvier, dans une circonftance femblable à la précédente. Enfin, dans des jours doux du mois de Février, & dans beaucoup plus de jours du mois de Mars, je les vis fortir de leur tonneau par le chemin que je leur avois préparé; je les vis revenir de la campagne chargées de cire brute. Auffi le commencement de ce mois fut-il beau; mais la fin du même mois & le commencement d'Avril ayant été rudes, elles cefférent de fortir, & ne fortirent plus du tout dans des jours devenus un peu plus doux. Je les jugeai mortes, & quand j'eus fait découvrir leur ruche, je trouvai qu'elles l'étoient; mais c'étoit faute d'avoir eu de quoi manger. Dès que je les renfermai, elles n'avoient point de miel dans leurs gâteaux; & je leur en avois donné une trop petite provifion dans leur terrine, elles l'avoient entiérement confumée; il eût fallu la renouveller. Mais il n'en réfulte pas moins de l'expérience précédente, que les abeilles feront

bien

bien défendues contre le froid dans des ruches couvertes
de terre féche, & je dois ajoûter, de terre qui n'eft pas
expofée à être mouillée par la pluye ; car il y avoit un
toit de paille au-deffus de mes ruches. Mais il ne faut
pas laiffer manquer d'aliments les abeilles qu'on met en
état de réfifter à l'hiver.

Les mouches de l'autre ruche que j'avois couverte de
terre, outre le miel que je leur avois donné, en avoient
dans leurs gâteaux. Auffi celles-ci reftérent-elles vigoureufes. Qu'on ne craigne pas que la terre conferve trop d'humidité dans l'habitation ; fi la terre dont elle eft entourée eft
féche, elle s'imbibera de tout ce qui tranfpire d'humide
de la ruche, & elle le laiffera enfuite évaporer. En voici
la preuve. Lorfque je couvris mes deux ruches de terre,
celle que j'y employai n'étoit pas affés féche à mon gré ;
je ne m'étois pas préparé d'affés loin à cette expérience ;
la couleur de cette terre étoit encore brune ; & fi je l'euffe
fait affés fécher, elle eût dû être grife, couleur de cendre.
Quand au printemps je la tirai du tonneau, je vis qu'une
couche d'un pouce d'épaiffeur, ou plus, qui entouroit
immédiatement la ruche, étoit très-grife, c'eft-à-dire, très-
féche, pendant que le refte étoit encore brun. La chaleur
de la ruche avoit féché parfaitement la terre qui la touchoit.

Les mouches de deux ruches foibles qui avoient été
mifes chacune dans un tonneau où elles étoient entourées
de foin empilé, ne foûtinrent pas moins bien l'hiver & les
commencements du printemps, que celles de la ruche
précédente. Ces deux ruches devinrent très-fortes, très-
fournies de mouches ; & une remarque qui ne doit pas
être obmife, c'eft que je ne trouvai pas une douzaine de
mouches mortes fur le fond de l'une & de l'autre ; elles
n'avoient point péri dans celles-ci, comme elles périffent
fouvent dans les ruches qu'on tient dans des ferres.

De quinze ruches que j'avois achetées en Décembre, & auxquelles j'avois fait paſſer l'hiver dans une chambre cloſe, quatre me parurent très-foibles à la fin de Février; je les fis porter alors dans le jardin, & je les mis dans quatre tonneaux qui avoient des tuyaux de bois propres à laiſſer ſortir & rentrer les mouches. Après avoir bien bouché les vuides qui pouvoient reſter entre le contour de la ruche & le fond du tonneau, avec de la bouze de vache, je fis remplir de paille courte & bien empilée les eſpaces qui étoient entre les parois du tonneau & ſa ruche. Les abeilles de chacune de ces quatre ruches, ſe ſont bien trouvées d'être ainſi couvertes; elles ont été à la campagne toutes les fois que le temps le leur a permis; non-ſeulement elles ont ſoûtenu un printemps aſſés rude, mais elles ſe ſont multipliées; par la ſuite leurs ruches ſont devenues très-peuplées.

Mais l'hiver dont nous venons de ſortir, celui de 1740. a été extrémement propre à m'apprendre combien on pouvoit compter ſur l'expédient dont il s'agit pour défendre les abeilles contre le froid. Je mis quatre ruches très-peu fournies d'abeilles, de la maniére dont il a été expliqué, en quatre tonneaux, dans chacun deſquels on fit entrer de la terre bien ſéche, qui rempliſſoit les vuides qui ſe trouvoient entre les parois du tonneau & ceux de la ruche, & au-deſſus de laquelle elle étoit élevée en dome. Je donnai à chaque ruche un vaſe qui contenoit environ une livre de miel. Quoique ces ruches fuſſent peu peuplées, elles ont été très-bien deffendues contre le long & rude froid de cet hiver. Inſtruit par une de mes ruches de la première expérience, je ne voulus pas laiſſer les abeilles de celles-ci en riſque de périr de faim. Je viſitai leur intérieur au commencement d'Avril. Je trouvai vuides les vaſes dans leſquels je leur avois donné du miel.

J'en fis remettre une livre dans chacun; au moyen de quoi, les abeilles de ces ruches fe font trouvées en état de faire des récoltes de cire brute dès que les fleurs ont commencé à s'épanouir, & fe portent fi bien aujourd'hui quinziéme de Mai, qu'elles font de celles dont j'attends des effaims.

De mes quatre derniéres ruches, il y en a pourtant eu une dont j'ai perdu les abeilles; mais elles ne m'ont été enlevées ni par le froid, ni par la faim, ni par aucune maladie. Elles ont abandonné leur habitation quoique bien fournie de miel, comme je m'y étois attendu, & je ne fçais où elles ont été loger. Un très-grand nombre de mâles s'étoit confervé dans cette ruche, & j'ai dit ailleurs que les abeilles avec lefquelles il y en avoit eu pendant l'hiver, abandonnoient leur ruche au plûtard au commencement du printemps; qu'au moins cela eft arrivé à toutes celles de mes ruches dont les mâles n'avoient pas été tous tués pendant l'été.

Les expériences précédentes me perfuadent que c'eft un très-bon moyen de conferver fes ruches, que de les mettre dans des tonneaux où on les couvrira de quelque matiére propre à empêcher le froid d'agir contre elles autant qu'il eût fait. Je ne décide pas encore fur le choix de la matiére; fi on doit prendre par préférence de la terre, du fable, du foin ou de la paille. Toute matiére qui arrêtera l'action de l'air froid, & qui ne fera pas trop humide, peut être employée avec fuccès; d'ailleurs l'opération eft extrémement facile. Il eft peu de payfans à la campagne qui n'ayent de vieux tonneaux; & ce ne feroit pas un objet de dépenfe même pour des gens de leur état, que de fe fournir d'autant de tonneaux qui ne font plus bons pour mettre du vin, qu'ils auroient de ruches. Les mêmes tonneaux leur ferviroient pendant une longue fuite d'années. De grands paniers d'ofier, comme on en fait en plufieurs endroits, pourroient fervir au même ufage.

Mais ceux qui ont une très-grande quantité de ruches, & à qui il faudroit autant de tonneaux que s'ils avoient à faire une grande récolte de vin, peuvent fe paffer abfolument de tonneaux, & défendre très-bien leurs ruches d'une façon au moins équivalente. Ils les arrangeront les unes auprès des autres fur des planches qui formeront une efpéce de table très-longue & étroite, ou une très-longue tablette. Des planches mifes de chan de chaque côté & tout du long de cette tablette, feront propres à foûtenir la terre, le fable, le foin ou la paille dont on voudra couvrir les ruches; c'eft-à-dire, que les ruches fe trouveront renfermées entre deux longues cloifons de planches qui s'éleveront plus haut qu'elles. Ces cloifons ne feront pas cheres à faire pourvû qu'on ait des planches; elles pourront être faites fans ménuifier; on maintiendra les planches les unes au-deffus des autres avec des picquets, comme les jardiniers maintiennent celles dont ils entourent quelquefois leurs couches.

Dans bien des campagnes, on fait volontiers & à peu de frais des clayes; les clayes pourront être fubftituées aux planches, elles feront moins cheres & d'un auffi bon ufage. Enfin, il ne s'agit que de contenir la matiére qu'on veut employer pour couvrir les ruches, & on voit affés qu'il y a à choifir entre les maniéres de le faire fans grande dépenfe. On voit auffi que plus la couverture qu'on leur donnera fera épaiffe, & mieux elles feront deffendûes. Enfin, on ne doit pas oublier de laiffer à chaque ruche, une ouverture par laquelle les mouches en puiffent fortir; car l'avantage de la pratique que nous propofons fur celle de mettre les ruches dans les ferres, c'eft de ce qu'elle permet aux mouches de profiter des beaux jours, de prendre de temps en temps l'effor; ce qui peut contribuer à les défendre contre les maladies auxquelles élles font expofées quand elles demeurent trop long-temps renfermées dans un air qui ne fe renouvelle pas.

Les mulots font mis au rang des ennemis des abeilles. Je doute pourtant qu'il y en ait d'affés hardis pour ofer entrer dans une ruche dont les mouches ont leur activité ordinaire. Ils fe tireroient mal d'une pareille expédition ; ils ne réfifteroient pas au nombre des piquûres qu'ils auroient à effuyer. Mais ils peuvent avec très-peu de rifque, faire de grands ravages parmi des abeilles engourdies de froid. Il faut faire en forte que les ruches qu'on laiffe en plein air, foient placées de maniére qu'il ne leur foit pas aifé d'y entrer. C'eft une des raifons pour lefquelles on ne doit leur laiffer à chacune, qu'une très-petite ouverture ; & que la bafe qui les fupporte, doit être élevée de terre, & avoir des pieds le long defquels il ne foit pas aifé au mulot de monter, & difpofés de maniére fous la bafe qu'ils foûtiennent, que le mulot foit dans l'impoffibilité de venir fur cette bafe, parce que pour y arriver, il faudroit qu'il pût marcher contre le deffous étant à la renverfe. Dans une nuit un mulot pourroit détruire la ruche la mieux peuplée. Après en avoir vifité une placée dans le jardin un jour où il geloit très-fort, je ne retournai la vifiter qu'au bout de deux jours ; je trouvai toutes fes mouches mortes & mangées en partie, & d'une façon finguliére : il n'y avoit que le corcelet & la tête de chacune qui euffent été mangés ; on ne trouvoit que des corps. Les crottes de mulot qui étoient parmi ces reftes d'abeilles, déceloient l'animal qui avoit fait tant de carnage. Dans le mois de Mai même, lorfqu'après des nuits froides j'ai renverfé des ruches qui n'avoient pas été affés bien placées, il m'eft arrivé plufieurs fois d'en voir fortir des mulots,

& de trouver les débris de leur repas, c'est-à-dire, les corps des abeilles dont ils avoient mangé la tête & le corcelet. Aussi des gens attentifs ne manquent-ils pas de tendre des souriciéres auprès des ruches, ou des quatres de chiffre.

Ce ne seroit pourtant pas assés que d'avoir songé efficacement à défendre les mouches contre le froid, il ne faut pas leur laisser souffrir la faim. On doit de temps en temps aller visiter les ruches, sur-tout quand des jours doux sont suivis de jours froids ou pluvieux qui empêchent les abeilles de sortir. C'est alors qu'il est à craindre qu'elles ne manquent de miel, que n'ayant pas la ressource d'aller en ramasser à la campagne, elles ne périssent de faim chés elles, si tout celui qu'elles y avoient, a été consumé.

Si l'on veut bien avoir les attentions que nous venons de prescrire, on sauvera chaque année un grand nombre de ruches; & on parviendra à les multiplier beaucoup dans le Royaume, où il ne sçauroit y en avoir trop. Car de les sauver pendant l'hiver & le commencement du printemps, est le point le plus essentiel pour leur multiplication. Elles demandent pourtant encore quelques attentions dans le cours de l'année. Les Auteurs qui ont publié des traités sur la maniére de les gouverner, ont donné divers préceptes dont nous allons rappeller les plus importants, & ceux qui ne se trouvent pas déja dans nos Mémoires précédents ou qui n'y sont pas assés développés.

Chaque pays a des espéces de ruches qu'on y prend par préférence. Aux environs de Paris, on ne connoît que ces paniers de figure à peu près conique, faits d'osier, ou de bois noir, ou bois punais, ou de bois rouge. Dans d'autres pays, on donne la même figure aux ruches, mais *Pl. 38. fig. 7.* on les fait de cordons de paille de seigle *, qui font le nombre de tours necessaire pour fournir à la hauteur & à la capacité de la ruche. Vandergroen dit que l'usage du

Brabant eſt de ſe ſervir de ces ſortes de ruches. Ce ſont
auſſi celles qui ſont en uſage en Beauce. Ce ſont peut-être
celles qui doivent être préférées, ce ſont peut-être les plus
propres à défendre les abeilles contre le froid, & celles qui
en été s'échauffent plus lentement; deux raiſons pour leſquelles les ruches de terre cuite employées en quelques
endroits, ſont les plus mauvaiſes de toutes. Des troncs d'arbres * creux font des ruches durables, & où les abeilles ſe   * Pl. 38. fig.
trouvent bien; les payſans qui en peuvent avoir de cette   9.
eſpéce s'en ſervent volontiers. Les ruches faites de planches,
ſont encore fort bonnes *. Je crois que celles qu'on fait d'é-   * Fig. 8.
corce de liége, dans les pays où les liéges ſont communs,
ſont des meilleures, Palladius les donne auſſi pour telles.

De quelque matiére que ſoient les ruches dont on ſe
ſert, les curieux & même ceux qui penſent à l'utilité, devroient écrire deſſus chacune ce qu'elle peſe, y attacher une
petite piéce de plomb où leur poids fût marqué, comme
les Fleuriſtes en mettent dans leurs pots où ils ſement des
graines. Avec cette petite attention, on pourroit porter
un jugement aſſés ſûr de l'état de chaque ruche à l'entrée
de l'hiver, & on jugeroit de celles qui demanderoient à
être tenues plus chaudement. L'Auteur de la Monarchie
feminine prétend, qu'on ne peut eſpérer de conſerver les
mouches qui, à la fin de l'automne, ne peſent avec la cire
& le miel, que dix à douze livres Angloiſes de net, le poids
de la ruche déduit; qu'en nourriſſant celles qui en peſent
environ quinze, on peut eſpérer de les ſauver; que celles
qui peſent entre quinze à vingt livres, n'ont pas beſoin,
ou ont peu beſoin, qu'on ſonge à les nourrir; mais qu'il
n'y a rien à craindre pour celles qui peſent entre vingt &
trente livres. Ces régles ne ſont pourtant pas abſolument
certaines. Les gâteaux pleins de miel pourroient faire une
trop grande partie du poids, & les abeilles en pourroient

faire une trop petite partie, ou au contraire, fi les gâteaux étoient vuides de miel. Un curieux qui a pefé fes ruches avant l'hiver, peut encore les repefer avec plaifir lorfqu'il eft paffé, pour voir ce qu'elles ont perdu de leur poids pendant cette rude faifon.

On étend un enduit fur l'extérieur de celles qui font en panier. Dans quelques pays on les revétit de plâtre; dans d'autres de mortier fait de chaux & de fable; & dans d'autres pays on fe contente de les lutter avec une efpéce de lut fait de cendre mêlée avec de la bouze de vache. On veut au moyen de ces enduits mettre l'intérieur de la ruche à l'abri de la pluye. D'ailleurs ces ruches qui font, pour ainfi dire, tiffues, ont une infinité de trous par où l'air pourroit entrer. Les abeilles ne pourroient parvenir de long-temps à les boucher tous avec de la propolis, à efpalmer toutes les parois intérieures.

Le rucher, c'eft-à-dire, l'endroit où font toutes les ruches, doit toûjours être dans une expofition telle que les rayons du Soleil l'échauffent pendant une grande partie de la journée. Il ne doit jamais être expofé au nord; le mieux eft qu'il le foit au midi, & de maniére qu'il profite de bonne heure du Soleil levant, & que le Soleil foit prêt de fe coucher lorfqu'il le quitte. Mais comme on n'a pas toûjours des terrains difpofés à fouhait, on eft quelquefois obligé de placer des ruches au levant, & d'autres au couchant. Quoique le Soleil leur foit favorable, il y a des jours où il pourroit leur être contraire, parce qu'il a trop de force. Lorfque l'intérieur des ruches eft très-échauffé, les mouches en fouffrent & leur cire fe fond. Si on a attention de conftruire un petit toit *, & de placer les ruches deffous, elles n'ont plus à craindre la trop grande ardeur du Soleil; & ce qui eft encore une fort bonne chofe, elles font à couvert de la pluye. Ceux qui n'ont que peu de
ruches,

* *Voyês la Vignette.*

ruches, négligent affés ordinairement de leur donner le toit dont nous venons de parler, quoiqu'il foit un ouvrage très-fimple, & dont la matiére n'eft pas chere; car il peut être fait de quelques paillaffons foûtenus en l'air par de petites perches plantées en terre.

Ceux qui fe difpenfent de donner un toit commun à toutes leurs ruches, leur donnent affés ordinairement à chacune une couverture, une chappe de paille *. Avec un brin d'ofier on lie le bout d'une botte de longue paille; on ouvre enfuite cette botte en cone creux, & on la met fur la ruche qu'elle deffend contre la pluie & contre le Soleil trop ardent. Il y a beaucoup de gens à la campagne qui pouffent la négligence jufques à refufer à leurs ruches des couvertures fi fimples.

* Pl. 38. fig.
5. & 6.

L'eau eft peut-être au rang des chofes néceffaires aux abeilles; Columelle affûre que fi l'eau leur manque, elles ne peuvent faire ni miel ni cire, ni élever leurs petits: mais elles ne font pas auffi délicates fur fes qualités, que quelques-uns l'ont prétendu. Je leur ai vû fouvent préférer l'eau qui croupiffoit dans mon jardin dans des bacquets où étoient des infectes aquatiques, à celle du bras de riviére qui coule le long du même jardin.

Après que la rude faifon eft paffée, vient le temps où les abeilles font d'abondantes récoltes, & où leur nombre croît journellement. Les ruches fe trouvent abondamment fournies de cire & de miel, & trop fournies de mouches; il faut qu'il en forte des effaims. Tout ce que nous avons dit dans le Mémoire précédent de la fortie de ces effaims & de la maniére dont on les doit prendre, nous exempte d'en parler à préfent.

Des pays qui peuvent être mis au nombre de ceux qui nous fourniffent le plus de bled de toutes efpéces, des pays qui n'ont prefque que de grandes plaines dont

Tome V. .Tttt

la terre eſt fertile, mais qui ont peu de prairies arroſées
par des ruiſſeaux, ces pays, dis-je, ceſſent dans bien
des années de fournir aux abeilles de quoi faire des récoltes, long-temps avant que les ſaiſons qui les retiennent
chés elles ſoient proches; ſur-tout lorſque, comme aux
environs de Paris, on eſt dans l'uſage d'arracher des
champs tout le chaume, & en même temps les herbes
qui s'y trouvent. Dans les pays dont nous venons de
parler, lorſque l'été eſt ſec, après que les foins ont été
coupés, & au moins dès que les bleds ſont mûrs, tout
eſt aride dans la campagne; les abeilles ont beau la parcourir, elles n'y trouvent point ou y trouvent ſi peu de
fleurs, qu'à peine celles que la fortune favoriſe le plus,
parviennent à ramaſſer quelques pelotes de cire brute,
qu'à peine recueillent-elles de quoi ſe nourrir hors de leur
ruche; mais elles ne trouvent pas de miel à y apporter.
Quelle différence alors entre la ſituation de ces abeilles
& la ſituation de celles qui ſont dans des pays remplis de
prairies arroſées d'eau, qui y fait éclore continuellement
de nouvelles fleurs, & des pays où l'ombre des bois entretient une humidité & une fraîcheur, qui font végéter
vigoureuſement beaucoup de plantes pendant les étés les
plus chauds!

Il a paru en 1735 une deſcription de l'Egypte, faite par
M. l'Abbé le Maſcrier, ſur les Mémoires de M. Maillet,
qui a été Conſul au Caire pendant pluſieurs années, où
on nous raconte les ſoins qu'on a pris de tout temps, &
qu'on prend encore dans ce pays, où ſont nés la plûpart
des Arts & des Sciences, pour mettre les abeilles en état
de faire les plus grandes récoltes de cire & de miel. L'article dont je veux parler eſt ſi curieux, & il peut être ſi
utile, que je crois le devoir tranſcrire en entier. Le voici.

« Je ne dois pas oublier de vous parler des abeilles ou

mouches à miel. Il y en a une très-grande quantité dans «
ce pays, & on y conserve encore aujourd'hui un usage «
introduit par les anciens Egyptiens, de les nourrir «
d'une maniére très-singuliére. Vers la fin d'Octobre, «
lorsque le Nil en baissant a laissé aux laboureurs le temps «
d'ensemencer les terres, la graine de sainfoin est une «
de celles qu'on seme des premiéres, & qui rapporte le «
plus de profit. Comme la haute Egypte est plus chaude «
que la basse, & que les terres y font de même plûtôt «
découvertes de l'inondation, le sainfoin y croît aussi «
plûtôt. La connoissance que l'on en a, fait qu'on y en- «
voye de toutes les parties de l'Egypte, les ruches à miel «
qui s'y trouvent, afin que les abeilles jouissent de meil- «
leure heure de la richesse des fleurs qui naissent dans «
ces contrées plûtôt qu'en aucun autre endroit du «
Royaume. Ces ruches parvenues à cette extrémité de «
l'Egypte, y sont entassées en pyramides sur des bateaux «
préparés pour les recevoir, après avoir été toutes nume- «
rotées par les particuliers qui les y déposent. Là ces «
mouches à miel paissent dans les campagnes pendant «
quelques jours; ensuite, lorsqu'on juge qu'elles ont à «
peu près moissonné le miel & la cire qui se trouvent «
dans les environs à deux ou trois lieuës à la ronde, on «
fait descendre les bateaux, qui les portent deux ou trois «
autres lieuës plus bas, & on les y laisse de même à pro- «
portion autant de temps qu'il est nécessaire pour mois- «
sonner les richesses de ce canton. Enfin, vers le commen- «
cement de Février, après avoir parcouru toute l'Egypte, «
elles arrivent à la mer, d'où l'on repart pour les conduire «
chacune dans le lieu de leur domicile ordinaire; car on «
a soin de marquer exactement sur un regître, chaque «
quartier d'où partent les ruches au commencement de «
la saison, leur nombre, & les noms des particuliers qui «

T t t t ij

» les envoyent; auffi-bien que les numeros des bateaux
» où elles ont été arrangées, relativement à leur habi-
» tation.

Ne feroit-ce point la pratique que nous venons de rapporter, qui auroit donné lieu à divers paffages, qui femblent prouver qu'en Orient les abeilles avoient autrefois
des conducteurs qui les menoient à la campagne, comme
nos bergers y menent les troupeaux de moutons; que les
mouches à miel, plus dociles encore que ces derniers animaux, étoient déterminées par un feul coup de fifflet à fortir de leur ruche, à y rentrer, à paffer d'une prairie à une
autre, à fe rendre au bord d'un ruiffeau; qu'enfin, toutes
celles d'un village fe rendoient auprès de leur gouverneur,
qui les conduifoit par-tout où il le jugeoit à propos! Quelque pofitif que foit fur cela le paffage de Saint Cyrille, rapporté dans l'agréable ouvrage, & fi connu fous le titre du
Spectacle de la nature *, on eft bien tenté de croire, que
les coups de fifflet donnés peut-être pour le départ ou pour
les mouvements qu'on vouloit faire faire fur le Nil aux bateaux chargés de ruches, ont occafionné tout ce qui a été
dit de l'obéiffance des abeilles. Ce qui eft certain, c'eft que fi
celles d'Égypte ou de quelques autres cantons de l'Orient,
étoient capables d'être ainfi dreffées, elles avoient une do-
cilité que les notres n'ont point. Toutes celles que nous
connoiffons rentrent quand elles veulent dans leurs ruches;
celles qui ont fait leurs provifions ne manquent point de
s'y rendre pendant que d'autres en fortent; & cette efpéce
de circulation ne finit qu'avec le coucher du Soleil, fi le
jour n'eft point trop froid ou pluvieux.

Ce que nous devons plûtôt chercher qu'à donner de
l'éducation aux abeilles, à quoi nous travaillerions fans
fuccès, c'eft fi nous n'avons point de riviére en France
fur laquelle nous puiffions les faire voyager utilement,

*Tom. III.
pag. 37.

comme on le fait fur le Nil. C'eſt ce qui mérite d'être
examiné. Alexandre de Montfort nous dit que les Ita-
liens voiſins des rivages du Pô, ont un ſoin de leurs abeilles pareil à celui qu'en ont les Egyptiens, qu'ils rempliſſent de ruches des barques qu'ils conduiſent au voiſinage
des montagnes de Piedmont; qu'à meſure que le produit
des récoltes des mouches augmente, les barques qui deviennent plus chargées s'enfoncent davantage dans l'eau,
& que les bateliers ne ramenent les barques que quand
ils les jugent aſſés chargées. J'ignore ſi cette pratique s'eſt
conſervée en Italie.

Ce n'eſt pas ſeulement par eau qu'on peut voiturer les
abeilles avec avantage. Columelle nous a appris que les
Grecs ne manquoient pas chaque année de tranſporter les
abeilles de l'Achaïe dans l'Attique, & cela parce que dans
un temps où les fleurs de l'Achaïe étoient paſſées, celles
de l'Attique s'épanouiſſoient. Alexandre de Montfort nous
dit auſſi qu'on en uſoit de même dans le pays de Juliers;
qu'en certain temps on y tranſportoit les abeilles au pied
de montagnes chargées de thim & de ſerpolet.

Qu'on ne croye pas, au reſte, qu'il n'a été accordé
qu'aux Grecs & à d'autres Etrangers, & qu'il ne l'eſt aujour-
d'hui qu'aux Egyptiens, de prendre des ſoins pour mettre
leurs abeilles à portée de faire d'abondantes récoltes. Un
de ces Particuliers, dont le Royaume n'a pas aſſés, nommé
M. Proutaut, établit une Blanchiſſerie de cire en 1710 à
Yevre-la-Ville, Diocèſe & Généralité d'Orléans, & à une
lieuë de Petiviers. Pour la fournir en partie de cire, qu'il
ne fût pas obligé d'acheter, il ſongea habilement à raſſem-
bler autant de ruches d'abeilles qu'il en pourroit nourrir.
Il s'eſt appliqué à les ſoigner comme elles méritoient de
l'être, pendant toute ſa vie, c'eſt-à-dire, juſqu'en 1737.
Son fils a continué de ſoûtenir un établiſſement qui lui

Tttt iij

avoit été laiffé en bon état. J'ai fouhaité avoir des Mémoires fur la maniére dont on y gouverne les abeilles,
& j'ai pu me promettre d'en avoir des meilleurs & des
plus fûrs, puifque M. du Hamel eft voifin de campagne,
d'Yevre-la-Ville. Ce n'eft auffi que d'après ceux qu'il m'a
fournis, que je vais parler. C'eft fur les fainfoins des environs d'Yevre-la-Ville que les abeilles vont faire leurs principales récoltes, & l'expérience a appris que fon territoire
peut, année commune, nourrir cinq à fix cens ruches
pendant les mois de May & de Juin ; mais il y a des
années où deux cens cinquante paniers auroient peine à
y fubfifter. En toute année, quand les fleurs font paffées,
on fonge à retirer les abeilles d'un pays où les campagnes
ne fourniffent plus rien, pour les conduire dans des pays
où elles puiffent mieux employer leur temps. Lorfque la
féchereffe a été caufe que les fainfoins ont donné peu de
fleurs, ou des fleurs qui ont paffé trop vîte, on tranfporte
les ruches dans des lieux qui étant naturellement couverts,
ont en grand nombre des plantes fleuries ou prêtes à fleurir.
Dans les années très-pluvieufes, & même dans celles qui ne
le font que médiocrement, les abeilles trouvent de quoi dans
les plaines de Beauce, & on les y mene. Les fleurs de melilot,
de cheneviére bâtarde, & celles de diverfes autres plantes,
y offrent aux mouches de quoi faire des récoltes. Dans les
années où les fleurs de fainfoin ont été abondantes & ont
duré, ce n'eft qu'à la fin de Juin, qu'on fait quitter aux
ruches les environs d'Yevre, pour mettre de nouvelles campagnes à la difpofition de leurs mouches. Le voyage qu'on
leur fait faire, foit du côté de la Beauce, foit du côté du
Gâtinois, felon le canton pour lequel on a cru devoir fe
déterminer, ce voyage, dis-je, n'eft ordinairement que de
fix à fept lieuës. Mais lorfqu'on croit que les abeilles ne
trouveroient ni dans l'un ni dans l'autre de ces pays, de quoi

s'occuper utilement, on les mene en Sologne vers le commencement d'Août. On fçait qu'elles y auront à leur diſpoſition quantité de champs de farraſins fleuris, & qui le feront juſque vers la fin de Septembre.

Mais de quelque façon que l'année ſe ſoit comportée, on eſt en uſage d'envoyer en Sologne au mois d'Août, les eſſaims tardifs & ceux qui ont peu travaillé, & d'y envoyer auſſi les mouches qui ſe trouvent dans un état ſemblable à celui des eſſaims, celles qu'on a fait paſſer depuis peu de temps d'un panier dans un autre. Quoiqu'après la fin de Septembre, ces mouches ne puiſſent guéres trouver de quoi ramaſſer même en Sologne, parce qu'il ne reſte plus guéres alors de fleurs de bled noir, M. Prouteau les y laiſſoit paſſer l'hiver. Il a quelquefois eſſayé de les faire revenir en Septembre avant que les chemins fuſſent gâtés, mais cela ne lui a pas réuſſi. Quelle qu'en ſoit la cauſe, l'expérience lui a appris qu'il valoit mieux ne faire revenir ſes ruches de Sologne, qu'en May, c'eſt-à-dire, dans un temps où elles ne ſont pas retenues chés elles par les rigueurs de la ſaiſon, & où les fleurs de la campagne fourniſſent à celles qui ſortent, de quoi ſe remettre de la fatigue du voyage.

Car de pareils voyages doivent réellement fatiguer les abeilles; on ne les tranſporte pas auſſi doucement que celles qui navigent ſur le Nil ou ſur le Pô. C'eſt en charrette qu'on les voiture, & ſi on ne les conduiſoit avec des attentions & des précautions que nous croyons devoir détailler, on courroit riſque d'en faire périr beaucoup en route. Entre les ruches qu'on a à tranſporter, les unes ont pluſieurs gâteaux de cire, & les autres n'en ont point ou preſque point. Les premiéres demandent qu'on prenne des ſoins qui ſeroient inutiles aux autres. Les gâteaux ſeroient en danger d'être détachés par les ébranlemens de la voiture,

fi on ne les mettoit en état d'y réfifter ; ils ne font pas affés
folidement affujettis : on les affujettit mieux qu'ils ne le
font, au moyen d'une ou de plufieurs petites baguettes de
bois qu'on fait entrer à force dans la ruche, & qu'on pofe
horifontalement, & perpendiculairement au plan des gâteaux ; elles en preffent les bords inférieurs fans les brifer.
On a encore une petite attention, c'eft d'appuyer les
bouts de ces baguettes contre deux endroits où font deux
des montants du bâtis de la ruche. Souvent les mouches
elles-mêmes travaillent pendant la *route* à attacher les gâteaux contre ces petits bâtons ; & elles le feroient avant le
départ, fi on leur en donnoit le temps.

Les abeilles peu au fait du bien qu'on leur veut faire,
ne foûtiendroient pas patiemment l'opération dont nous
parlons ; auffi pour les empêcher d'être inquiettes, com-
mence-t-on par les fumer. On les étourdit & les enyvre
avec de la fumée ; alors on couche fans rifque la ruche fur
le côté, & on y difpofe les bâtons deftinés à maintenir les
gâteaux.

Dès que cela eft fait, on pofe la ruche fur une ferpilliére, c'eft-à-dire, fur une toile très-groffiére & très-
claire. Cette derniére circonftance importe, parce qu'il
eft néceffaire par la fuite que l'air de la ruche puiffe fe
renouveller. On releve les bords de cette ferpilliére fur
le corps de la ruche contre lequel *on les* tient bien appliqués au moyen d'une ficelle qui fait plufieurs tours. L'on
arrange enfuite dans la charrette les ruches dont les gâteaux
font affujettis, & où les abeilles font renfermées de maniére
à n'en pouvoir fortir. Les charrettes dont on fe fert à cet
ufage dans la Manufacture de Yevre, font faites exprès.
Leurs ridelles ont quatorze à feize pieds de long, fur trois
pieds & demi de hauteur. La diftance entre les deux ridelles, ou, ce qui eft la même chofe, la largeur de la charrette
eft telle

eſt telle que deux ruches y peuvent être placées, de ſorte qu'on peut les arranger ſur le fond de la charrette en deux files paralleles l'une à l'autre. Nous ne devons pas oublier de faire obſerver que les ruches y doivent être poſées le haut en bas. C'eſt encore par rapport aux gâteaux, qu'on eſt obligé de leur donner une poſition qui eſt celle que les abeilles aiment le moins. Les gâteaux ne ſe trouvent pas pendants comme ils le feroient, ſi les ruches étoient placées comme elles le font naturellement ; leur propre poids ne tend plus à les détacher. Toutes les ruches en panier ſont terminées par une poignée de bois. La poignée de chaque ruche paſſe au-deſſous du fond de la charrette. On a eu ſoin de laiſſer de chaque côté un vuide entre deux planches, & c'eſt dans ce vuide qu'on fait entrer les poignées des ruches de chaque file. Ces deux files compoſent une premiére couche, un premier lit de ruches ſur lequel on en met un ſecond. Enfin, après avoir calé les ruches, on les arrête le plus fixement qu'on peut avec des cordes. L'attention eſſentielle par rapport à celles du ſecond lit, c'eſt de les placer de maniére qu'elles ne couvrent que le moins qu'il eſt poſſible les ruches inférieures, qu'elles n'empêchent pas l'air d'y entrer.

Nous n'avons parlé juſques ici que des ruches qui ont beaucoup de gâteaux. On ſe contente de boucher avec une ſerpilliére, l'ouverture de celles qui n'en ont point ou qui n'en ont que de très-petits. Enfin, comme il n'y a pas de raiſon qui demande que ces derniéres ſoient poſées le haut en bas, on les met dans leur poſition ordinaire, ayant ſeulement attention de les placer de maniére que l'air puiſſe s'introduire au travers de la ſerpilliére.

Chaque charrette peut contenir depuis trente juſques à quarante-huit ruches. On ne doit faire marcher que la nuit

Tome V. .Vuuu

celle qui en eſt chargée, pour peu qu'il faſſe chaud. Ce n'eſt que dans des journées fraîches qu'on peut voiturer les ruches pendant le jour. Quoiqu'on doive ſouhaiter de les conduire promptement au terme, on doit éviter de faire trotter les chevaux, & être attentif à choiſir les chemins les plus unis; en un mot, cahotter les abeilles le moins qu'il eſt poſſible: quelques attentions même qu'on apporte, il en coûte toûjours la vie à bien des mouches. Ce n'eſt pas que les cahots, préciſément comme cahots, leur ſoient extrémement contraires; ils le ſont principalement, parce qu'ils mettent les abeilles en riſque d'être étouffées par la chaleur. Ce que nous avons dit de celle qu'elles entretiennent dans leur ruche par leur ſeule préſence, doit faire imaginer qu'il fait très-chaud dans les ruches où l'air ne peut s'introduire qu'au travers d'une toile lâche. Mais ſi on ſe rappelle que nous avons fait obſerver que lorſqu'elles s'y agitent, elles y augmentent la chaleur au-delà de ce qu'on auroit pu penſer; que par leur agitation, elles rendent au milieu de l'hiver les carreaux de verre ſi chauds, qu'ils ſemblent avoir été tenus auprès du feu; ſi, dis-je, on ſe rappelle ce fait, on jugera que les cahots qui déterminent en été, les abeilles à être dans un mouvement continuel, peuvent être cauſe qu'elles feront monter la chaleur de leur ruche à un degré qu'elles ne pourront ſoûtenir.

On a remarqué que les mouches qui étoient dans des ruches vuides de cire, ne pouvoient gueres être tranſportées à plus de ſept à huit lieuës de ſuite. Elles n'ont point de miel, & cependant elles auroient beſoin de prendre des aliments, pour réparer les pertes qu'elles ont faites par une tranſpiration plus grande que l'ordinaire, & qui a été néceſſairement produite par l'agitation dans laquelle on les a tenues. Si à la fin de la nuit elles ne ſont pas

rendues à leur terme, on les fait féjourner où elles fe
trouvent. On ôte les ruches de deffus la charrette, on
les pofe à terre; & après avoir délié la corde qui tient la
ferpilliére, on ménage au bas de chaque ruche, une ouverture par laquelle les mouches fortent pour aller prendre
leurs repas à la campagne. Le foir, quand elles font toutes rentrées, on referme les ruches, & on les remet dans
la charrette pour leur faire continuer le voyage. Quand
elles font arrivées au terme, on les diftribue dans les jardins ou dans les champs qui font auprès des maifons de
différents payfans; elles ne coûtent rien à ceux qui veulent
bien les fouffrir auprès de chés eux; auffi, pour une très-
petite fomme pour chacune, confentent-ils de veiller même
à ce qui peut leur être néceffaire.

Combien chaque province du Royaume n'a-t-elle pas
d'endroits au moins auffi favorablement fitués pour les
abeilles, qu'Yevre-la-Ville! Quel feroit par an le produit
de la cire & du miel dans le Royaume, s'il avoit autant
d'habitants auffi éclairés & auffi entendus que M. Proutaut,
qu'il y a de ces lieux heureufement fitués pour les abeilles,
& dans chacun defquels on pourroit les faire multiplier!
Combien y a-t-il d'endroits qui, comme Yevre-la-Ville,
pourroient entretenir cinq à fix cens ruches! L'exemple de
M. Proutaut a déja ouvert les yeux à fes voifins. Plufieurs
fe font déterminés à foigner les abeilles, quoique moins en
grand. Il eft à défirer qu'un fi bon exemple gagne de province en province. Le Miniftére, dont le zele pour le bien
public eft fi connu, peut beaucoup contribuer à y faire entreprendre de pareils établiffements. Il jugera fans doute
que ceux qui y donneront leurs foins, mériteront d'être pro-
tegés, d'être diftingués par des graces, de ceux qui vivent
dans l'indolence; il peut déterminer à faire des entreprifes
de cette efpéce, beaucoup de particuliers qui reftent dans

l'oifiveté, en les y invitant par des graces offertes, comme des exemptions de taille, ou par d'autres priviléges.

Nous avons avoué dans un autre Mémoire, que nous ignorions encore fi la durée de la vie de chaque mouche à miel n'étoit que d'une, ou fi elle étoit de plufieurs années, comme beaucoup d'Auteurs l'ont crû fur une affés mauvaife raifon, fur le temps qu'une ruche refte peuplée. C'eft juger que la vie des habitants d'une ville, eft d'autant d'années qu'il y en a que cette ville fubfifte. Des expériences que nous avons indiquées pourront apprendre dans la fuite combien de temps une abeille peut vivre. Mais outre celles qui périffent tous les ans de mort naturelle, il en périt beaucoup de mort violente. Elles ont hors de leurs ruches des ennemis redoutables, malgré leur aiguillon, des oifeaux de différentes efpéces les avalent toutes vivantes; & parmi les infectes, parmi les mouches mêmes, il y en a qui leur font fupérieures en force, qui les attaquent & qui les tuent pour les manger. J'ai vû fouvent des frêlons & même des guêpes de l'efpéce la plus commune, de celles qui ne font gueres plus groffes que les abeilles, roder en voltigeant autour d'une ruche, y épier le moment favorable pour tomber fur une mouche laborieufe & qui revenoit de la campagne fatiguée & chargée de cire; celle-ci faifoit des efforts inutiles pour fe défendre, dans l'inftant elle étoit mife à mort. Quelquefois la guêpe s'envoloit au loin en emportant fa proye; quelquefois elle fe pofoit affés près, & ouvroit à belles dents le ventre de l'abeille pour fuccer tout ce qui y étoit contenu. J'ai vû de même quelquefois des abeilles occupées fur les fleurs à faire leur récolte, ou qui s'y rendoient pour la faire, qui étoient enlevées par des guêpes ou par des frêlons. On prétend qu'il a été impoffible d'établir des abeilles dans quelques-unes de nos Ifles de l'Amérique, parce que les guêpes qui y font en trop grand nombre, les détruifent toutes. Le mal qu'elles font dans ce pays-ci à nos ruches, n'eft pas grand, & ne vaut pas la peine qu'on tente tous les moyens de les faire périr que nous ont indiqués des Auteurs bien intentionnés pour les abeilles.

Les araignées qui font la guerre à tous les infectes auxquels elles font fupérieures en force, quoi qu'on en ait dit, ne font pas fort redoutables aux abeilles. On a mis auffi les fourmis au nombre des infectes qu'il faut éloigner des ruches; elles ne font pas à craindre aux abeilles mêmes; elles feroient très-capables d'en vouloir à leur miel; mais elles paroiffent fçavoir à quoi elles s'expoferoient, fi elles alloient piller celui d'une ruche bien peuplée. J'ai admiré fouvent le choix que certaines fourmis avoient fait du lieu où elles s'étoient établies, de ce qu'elles avoient fçu en trouver un qui raffembloit des avantages que tout autre n'eût pu leur offrir. En ouvrant les volets de mes ruches vitrées, j'ai vû fouvent des milliers de fourmis qui étoient entre ces volets & les carreaux de verre; elles y avoient tranfporté leurs œufs, leurs vers & leurs nymphes, dont le nombre égaloit & furpaffoit quelquefois celui des fourmis mêmes. Où auroient-elles pu trouver un endroit dans le jardin qui eût un pareil degré de chaleur & auffi conftant! Mais on n'appercevoit aucune fourmi en dedans de ces mêmes ruches qui en avoient tant en dehors; elles auroient trouvé de refte des ouvertures pour y entrer, dont fans doute elles avoient grande envie, & ce qu'elles n'euffent pas manqué de faire, fi le miel eût été moins bien gardé. Quand j'ai laiffé pendant quelques heures dans le jardin, des ruches dont les mouches étoient péries, alors les fourmis qui n'avoient rien à craindre, n'ont pas manqué d'aller fe régaler du miel

Vuuu iij

qui y étoit refté; mais je ne les ai point vû aller inquieter les abeilles dans des ruches bien vives.

Les préceptes donnés par les Anciens, ne veulent pas
qu'on fouffre les lézards, les grenouilles, les crapauds,
auprès des ruches. Quand ces animaux peuvent attraper
des abeilles, ils les mangent affurément, comme ils mangent tant d'autres infeſtes; mais ils en attrapent fi peu
dans le cours d'une année, qu'ils ne diminueront jamais
fenfiblement le nombre de celles d'une ruche.

Les oifeaux font bien autrement rédoutables aux abeilles. J'ai vû fouvent à regret les moineaux attroupés autour
de mes ruches, & qui, fous mes yeux, prenoient leurs
mouches & les avaloient comme des grains de bled. C'eſt
auffi l'efpéce d'oifeaux qui en détruit le plus, & qui feule
en détruit plus que toutes les autres enfemble; car, quoi
qu'on ait dit contre les hirondelles, je ne crois pas qu'elles
faffent de grandes captures d'abeilles.

Elles ont des ennemis qui ne leur en veulent pas à elles-
mêmes, & qui cependant font les plus à craindre pour
leurs républiques. Je veux parler de ces fauffes teignes,
dont nous avons donné ailleurs une hiſtoire * qui nous
difpenfe de dire à préfent comment elles fe conduifent
pour être en fûreté pendant qu'elles hachent les gâteaux
de cire; comment elles percent de longues fuites de cellules pour fe nourrir de cire, à laquelle feule elles en veulent. Nous avons fait connoître les différentes efpéces de
papillons dans lefquels les différentes efpéces de ces fauffes
teignes fe métamorphofent. Quand on peut tuer de ces
papillons, on ne leur doit pas faire grace; les abeilles ne
femblent pas affés inftruites de ce qu'elles en ont à craindre; elles les laiffent quelquefois dans leur ruche fans les
pourfuivre; elles paroiffent ignorer que ce font ces papillons qui donnent naiffance aux fauffes teignes qui font

*Tom. III.
Mem. VIII.
pag. 245.

tant de ravages dans leurs gâteaux. L'état où font certaines portions des gâteaux, des toiles, des tuyaux de foye qu'on y voit, des fragments de cire hachée menu qui font fur le fond d'une ruche, apprennent à celui qui la vifite, fi elle eft infectée de ces fauffes teignes. Il doit fans héfiter, couper les portions de gâteaux où elles fe font établies. Enfin, fi elles ont attaqué un trop grand nombre de gâteaux, il faut faire paffer les abeilles dans une autre ruche; elles pourroient être forcées, mais trop tard, à quitter la leur. Il y a pourtant des temps où les abeilles fçavent faire la guerre aux fauffes teignes. Après avoir vû partir une mouche chargée d'un long corps blanc, j'ai été examiner le fardeau dont elle s'étoit déchargée à dix ou douze pas de la ruche; & j'ai quelquefois trouvé qu'il étoit une fauffe teigne de la plus grande efpéce, & prête à fe transformer en nymphe.

C'eft aux abeilles mêmes que s'attaque un petit infecte *, qui les fucce pour fe nourrir. Elles ont été accordées à une efpéce de poux qu'on ne trouve point fur les autres mouches. Les jeunes abeilles n'en ont point; ce ne font que les vieilles, & les vieilles de certaines ruches qui font fujettes à cette vermine. Ordinairement on n'en peut découvrir qu'un fur chaque abeille; & pour le voir, il ne faut pas beaucoup le chercher. Il eft rougeâtre, à peu près de la groffeur de la tête d'une très-petite épingle; il fe tient prefque toûjours fur le corcelet; on feroit porté à le prendre pour un petit grain de cire brute qui y feroit refté attaché: mais quand on l'examine avec une loupe même foible, on ne peut s'y méprendre; on diftingue très-bien la plûpart de fes parties; fon corps paroît luifant & écailleux, comme le font les fix jambes qui le foûtiennent. Si on a recours à une forte loupe, on voit fur fon enveloppe écailleufe, une grande quantité de

* Pl. 38. fig. 1, 2, & 3.

poils. On ne trouve point une forme de tête à sa partie antérieure ; le bout en semble coupé quarrément *, & cela, parce qu'il se recourbe en dessous ; & cette portion recourbée va en diminuant de grosseur, se terminer par une pointe fine, qui est sans doute le bout de la trompe *. En dessus, la partie qui se recourbe, a de chaque côté un tubercule assés élevé ; on peut soupçonner que ces deux tubercules sont les yeux de l'insecte. Après la partie antérieure, sont trois anneaux bien marqués, de chacun desquels part une paire de jambes. Il faut bien chercher sur le corps les séparations des autres anneaux pour les appercevoir ; mais elles sont plus sensibles du côté du ventre. Le pied qui termine chaque jambe forme une espéce de palette bordée au moins de trois à quatre crochets. On voit avec plaisir comment les crochets de chaque pied se cramponnent sur les poils de l'abeille, qui soûtiennent le petit animal sans se courber sous le poids. Souvent je l'ai trouvé près du col de la mouche, près de l'origine de ses aîles, & quelquefois près de celle de quelque jambe. Je ne crois pas sa trompe capable de percer les écailles qui recouvrent le corcelet de l'abeille ; mais elle peut s'introduire dans les articulations où la flexibilité étant nécessaire, il a fallu que l'écaille manquât.

On n'a pas bonne idée des ruches dont la plûpart des mouches ont de ces poux, & peut-être a-t-on raison, parce qu'il est plus ordinaire de les trouver aux mouches des vieilles qu'à celles des nouvelles ruches ; ils ont eu plus le temps de se multiplier ; mais font-ils réellement beaucoup de mal aux mouches ! c'est ce qu'on ne sçait pas trop, au moins paroît-il sûr qu'ils ne leur causent pas beaucoup de douleur, ni même qu'ils ne les inquietent pas ; car quoiqu'il ne soit peut-être pas aussi aisé à la

mouche

* Pl. 38. fig. 2. c c.

* Fig. 1, & 3. c.

mouche de faire paffer quelqu'une de fes jambes fur fon corcelet, que fur quelqu'autre partie de fon corps; & que ce foit peut-être ce qui détermine le pou à s'y placer, il eft fouvent dans des endroits où une jambe de la mouche peut être portée, & d'où elle pourroit le faire tomber, & où cependant il lui eft permis de refter tranquille. On a néantmoins regardé ces petits infectes comme très-nui-fibles aux abeilles. On a enfeigné des moyens de les faire périr; que je ne crois pas bien certains. Un des remédes des plus vantés pour en délivrer les abeilles, eft de les arrofer d'urine, d'en jetter fur elles dans la ruche avec une efpéce de goupillon; mais l'urine ne m'a pas paru auffi funefte à ces poux qu'on l'a penfé; & il y en au-roit bien peu qui s'en trouveroient mouillés. Un autre reméde, car il y a pour les maladies des abeilles, comme pour les nôtres, des remédes à choifir, c'eft de les arrofer d'eau-de-vie; & un autre, c'eft de les fumer.

Une maladie des abeilles plus confidérable que la pé-diculaire, & dont nous avons déja parlé, c'eft le dévoye-ment; quelques-uns de leurs Médecins l'attribuent au miel nouveau dont elles fe nourriffent au printemps & dans des jours froids. Pour me mettre auffi au rang de ceux qui ont difcouru fur les caufes de leurs maladies, je dirai que je crois que celle-ci ne vient pas précifément de la qualité du miel; mais de ce que les abeilles l'ont pris pour toute nourriture, de ce qu'elles n'ont pû fe nourrir en partie de cire brute. J'ai dit ailleurs que j'avois donné le flux de ventre aux abeilles que je n'a-vois nourries que de miel; & j'ai dit en même temps combien cette maladie leur eft funefte, parce qu'elles fe mouillent réciproquement de leurs excréments. Auffi des Auteurs tels que Vandergroen, qui ont donné de bons préceptes pour foigner les abeilles, affûrent que le flux de

Tome V. .Xxxx

ventre vient à celles qui manquent de pain, c'est-à-dire, à celles qui manquent de cire brute. La recette prescrite par un Auteur intelligent * contre cette maladie, & à laquelle beaucoup d'autres reviennent, est d'une demi-livre de sucre, autant de bon miel, une chopine de vin rouge, & environ un quarteron de fine farine de féve, le tout mêlé ensemble, qu'on présentera aux abeilles sur une assiette. Si je voulois faire le réformateur, je diminuerois la dose du miel. Mais j'aime mieux proposer mon reméde; celui qui me paroît le plus sûr, est de tirer de quelque autre ruche, si on y en peut trouver, un gâteau dont les cellules soient remplies de cire brute, & de le donner aux abeilles malades. On voit quelquefois les abeilles ronger par embas, leurs propres gâteaux de cire. Je croirois volontiers qu'elles n'en viennent là que quand la cire brute leur manque; & qu'à son défaut, elles mangent un peu de cire; qu'elles en choisissent les fragments où il est resté de la cire imparfaite.

* M. l'Abbé de la Ferriere.

Quoique M. l'Abbé de la Ferriere nous ait donné beaucoup des avis utiles par rapport aux abeilles, j'appréhende qu'il n'ait mis au rang de ce qui est à craindre pour elles, un aliment qui leur est nécessaire. Il dit que la rougeole leur est fatale. Ce qu'il appelle la rougeole, est *une espéce de miel sauvage. C'est une matiére rouge, épaisse, qui n'emplit jamais que la moitié des trous des rayons. Cette matiére est plus amére que douce; elle devient jaunâtre, & engendre des vers ou grillots qui font périr les mouches, &c.* Il veut qu'on ait grand soin d'ôter tout ce vilain miel. On voit qu'il a été déterminé à le vouloir par une très-mauvaise physique, parce qu'il a cru que des vers pouvoient naître d'une matiére corrompuë. Mais ce miel sauvage n'est point du miel, c'est de la cire brute très-nécessaire pour la nourriture & pour les ouvrages des abeilles.

J'ai lû avec plus de plaifir ce que M. l'Abbé de la Ferriere a écrit dans le chapitre xvi. de fa feconde Partie,
fur la mortalité des abeilles, ce qu'il y rapporte me paroît
très-vrai. Il remarque qu'il y a deux faifons qui épuifent
les ruches de mouches; fçavoir, l'automne, & cela lorfque les feuilles commencent à tomber, & le commencement du printemps. Il ne croit pas dire trop quand il
affûre qu'il meurt plus du tiers des mouches de chaque
ruche en automne, & qu'il n'en meurt pas moins au printemps; & c'eft ce qui l'empêche de croire avec certains
Auteurs, qu'elles vivent fept ans, & avec d'autres, qu'elles
en vivent dix. Les grandes mortalités dont nous venons
de parler lui paroiffent prouver que les mouches ordinaires ne vivent gueres qu'un an. Il penfe avec beaucoup
de fondement, que les mouches fe renouvellent dans
chaque ruche tous les ans, ou au moins tous les deux
ans. Il ne veut pas que ce foit le froid qui faffe périr
celles qui meurent en automne; fouvent pourtant il y a
beaucoup de part; il furprend celles qui ont hazardé de
fortir pendant que l'air étoit encore doux, mais qui eft
devenu trop froid avant leur retour. Il veut que celles
qui meurent alors, meurent de vieilleffe & épuifées des
fatigues de l'été, & que les jeunes mouches alors tuent les
vieilles qui mourroient bientôt de langueur. Enfin, pour
confirmer fa premiére affertion, il affûre que lorfqu'on fait
périr deux ruches qui femblent également fortes, c'eft-à-
dire, qui font également pefantes, l'une au mois de Juin
ou de Juillet, & l'autre, au mois d'Avril ou de Mars, on
ne trouve pas dans la derniére, la moitié au plus, ou le
tiers des mouches de l'autre.

Lorfqu'on a été attentif à prendre pour les abeilles,
tous les foins qui peuvent contribuer à les conferver, à
les multiplier, & à leur faire faire de grandes récoltes, on

X xxx ij

a acquis le droit de partager avec elles, les fruits de leurs tra vaux. Néantmoins je trouverai toûjours trop dur de leur enlever, non-feulement tout ce qu'elles ont ramaffé, mais de les faire périr elles-mêmes pour l'avoir. On le trouve de même dans la plûpart des pays du Monde ; dans le plus grand nombre des provinces du Royaume, on fe contente de prendre une portion des gâteaux de chaque ruche, ce qu'on appelle la châtrer ou la tailler. Dans différents pays, on les châtre en différentes faifons ; dans quelques-uns, c'eft à la fin de Février ou dans le mois de Mars. On peut alors, fans faire tort aux mouches, leur ôter une grande partie du miel qui leur eft refté de leur provifion d'hiver. Elles n'ont befoin qu'on leur laiffe que ce qu'il leur en faut pour paffer les jours rudes qu'il peut y avoir jufqu'au commencement de Mai. On peut auffi leur ôter alors, plufieurs de leurs gâteaux de cire qui font vuides de miel, fur-tout ceux dont la cire eft devenuë trop noire. On peut raffraîchir par embas la plûpart des gâteaux. Pendant qu'on enleve ainfi aux abeilles, ce qu'elles pourront remplacer bien vîte, on leur rend de bons offices fi on eft attentif à ôter les fauffes teignes qui ont crû dans la ruche.

Le petit ouvrage qui a pour titre, Traité des mouches à miel, & dont la feconde E'dition a été imprimée à Paris en 1697. nous rapporte les différents temps dans lefquels on dépouille les abeilles d'une partie de leur cire & de leur miel dans différentes provinces du Royaume. Il dit qu'en Champagne, c'eft vers la fin de Juin ; aux environs de Paris, au commencement de Juillet ; en Normandie, au commencement d'Août ; en Provence, à la fin de Septembre ; & qu'en Poitou & en Limofin, on ôte les hauffes qu'on a données aux ruches au commencement d'Octobre, & qu'on coupe tous les gâteaux qui fe trouvent dans ces hauffes. Le temps de cette opération doit non-feulement varier dans différentes provinces, il doit varier dans différents cantons de la même province, & même y varier dans différentes années; car il en eft de cette récolte comme de toutes les autres fur lefquelles les faifons in-fluent tant. Nous ne pouvons faire la nôtre qu'après que les abeilles ont eu fait la leur; & elles la font plûtôt ou plus tard, felon que le pays où elles font & felon que l'an-née ont donné plûtôt ou plus tard des fleurs. Il ne faut donc pas prendre à la rigueur ce qu'a rapporté l'Auteur du Traité des abeilles. Je connois des cantons du Poitou, par exemple, où l'on ne fçait ce que c'eft que de donner des hauffes aux ruches, & où on les châtre dès la fin de Février; & d'autres où ce n'eft qu'en Juillet ou en Août.

C'eft une efpéce d'expédition militaire d'enlever de l'intérieur d'une ruche, des gâteaux que des milliers de mouches bien armées font très-difpofées à défendre. Auffi celui qui l'entreprend doit-il avoir mis fon vifage à l'abri au moyen du camail *, & avoir fes mains dans de bons gants. Il y a pourtant des gens à la campagne qui bravent affés les piquûres des mouches pour aller faire le ravage chés elles fans s'être cuiraffés; mais auffi com-mence-t-on toûjours par endormir, ou du moins par étourdir l'ennemi. Les uns veulent que pour châtrer une ruche, on prenne l'heure de midi, parce que plus d'a-beilles font alors à la campagne: mais celles qui reftent dans la ruche font alors plus actives, plus difficiles à étour-dir; & celles qui reviennent de la campagne continuelle-ment, incommodent fort pendant l'opération. D'autres penfent, & je penfe comme eux, qu'il vaut mieux choi-fir le matin, temps où elles font encore engourdies. Pour les engourdir davantage, à quelque heure du jour qu'on veuille opérer fur leur ruche, on commencera par

* Pl. 35. fig.
1.

X xxx iij

les fumer. On foûleve un peu la ruche, & l'on y fait entrer la fumée d'un tampon de linge qu'on tient à la main.
La fumée qui les incommode & qui les étourdit, les oblige
à monter le plus haut qu'il leur eft poffible. Un coup d'œil
jetté dans cette ruche, apprend quels font les gâteaux qu'il
convient de couper; & c'eft de deffus ceux-ci qu'il faut
chaffer les mouches, c'eft-à-dire, que ce font ceux fur lefquels il faut faire aller la fumée. Une fumée qui a duré
quelques minutes, a ordinairement conduit les mouches
où on les veut, & leur a fait perdre une partie de leur
activité. Alors on prend la ruche, on la couche fur une
chaife, fur une fellette de bois, fur un banc; tout appuy
qui la foûtient à une hauteur commode pour couper où
l'on veut, eft bon. Si le châtreur eft bien outillé, il a un
couteau dont la lame eft un peu courbe, comme celle des
ferpettes; mais il peut fe fervir d'un couteau ordinaire;
les gâteaux les plus pleins de miel, n'oppofent pas une
réfiftance bien difficile à vaincre. Pendant tout le temps
que l'opération dure, il eft à propos de conferver un tampon de toile qui répande de la fumée pour chaffer les
mouches de deffus les gâteaux qu'on veut avoir, quand
elles y font en trop grand nombre. La pofition des
gâteaux pleins de miel, & la pofition de ceux qui font
très-vieux, déterminent à détacher ceux d'un côté plûtôt que ceux d'un autre, à les détacher en entier, ou à
les couper à quelque diftance du haut. Enfin, on eft
convenu, & il y a une forte d'équité & même de néceffité, de laiffer aux abeilles à peu près la moitié de leur
miel.

Celui qui opére eft ordinairement un homme qui
connoît les ruches, qui fçait que les cellules bouchées
par des couvercles qui ne font pas fi plats que ceux qui
ferment les cellules à miel, font remplies par du couvain,

c’eſt-à-dire, par des nymphes ou par des vers prêts à ſe transformer en nymphes. Il ſe donne bien de garde de couper les gâteaux qui doivent dans la ſuite peupler la ruche & fournir même aux eſſaims. Mais ſouvent il n’eſt pas aſſés attentif à ne pas couper les gâteaux dont les alvéoles ne ſont remplis que de couvain moins apparent, que de très-jeunes vers. Il faudroit pourtant porter l’attention juſques à épargner tous les gâteaux qui ſont pleins d’œufs, & ordinairement on ne s’aviſe pas ſeulement d’y regarder. Avant que de couper un gâteau dont les alvéoles ſemblent vuides, on devroit en rompre un petit morceau, & examiner ſi dans le fond de chacun de ces alvéoles qui paroiſſent vuides, il n’y a pas un œuf. Si on y en découvre, le reſte du gâteau mérite d’être conſervé, puiſqu’en moins de trois ſemaines il donnera autant de mouches qu’il a de loges.

Quelques Auteurs preſcrivent de ne couper que les gâteaux qui ſont vers le derriére de la ruche; mais on doit s’aſſujettir à cette regle, ou ſe diſpenſer de la ſuivre, ſelon que les gâteaux les plus pleins de miel ſe trouvent placés. Après qu’on a ôté à une ruche tout ce qu’on veut lui ôter, on la remet en place. Le côté auquel on a le plus ôté, doit être mis en devant, c’eſt-à-dire, être le plus expoſé au Soleil, parce que c’eſt de ce côté là que les abeilles travaillent plus volontiers.

M. l’Abbé de la Ferriere conſeille de coucher le ſoir les ruches qu’on veut tailler dans le mois de Mars. Le matin ſuivant on trouve beaucoup de facilité à faire l’opération. Les mouches ſont alors ſi engourdies par le froid de la nuit, qu’il n’eſt preſque pas néceſſaire de les fumer. D’ailleurs, ſi on a eu attention de mettre en haut le côté où ſont les gâteaux auxquels on ne veut point toucher, on trouvera ceux qu’on veut couper abſolument dégarnis de mouches, parce que c'eſt vers le haut qu'elles ſe ſont attroupées pendant la nuit.

On peut non-ſeulement partager avec les abeilles leur cire & leur miel, on peut ne leur en rien laiſſer. Cette pratique eſt même celle qu'on préfére à la Manufacture d'Yevre-la-Ville, dont nous avons parlé ci-devant. Ordinairement on n'y châtre point les ruches, on oblige les abeilles à paſſer de celle dans laquelle elles ont bien travaillé, dans une vuide de tout. Mais on a attention de le faire dans un temps où la campagne fournit abondamment aux mouches laborieuſes de quoi réparer ce qui leur a été enlevé. Si les environs d'Yevre-la-Ville ne ſont pas alors aſſés fournis de fleurs, on les voiture dans un pays où l'on ſçait qu'elles ne leur manqueront pas, c'eſt-à-dire, tantôt dans les plaines de Beauce, tantôt dans des endroits couverts du Gâtinois, & tantôt en Sologne; & cela ſelon que l'année & la ſaiſon le demandent. Il n'y auroit rien à dire contre la pratique de faire paſſer les abeilles d'une ruche dans une autre, ſi on pouvoit ſauver le couvain de la première. Les meilleures pratiques ont des inconveniens; celui de faire périr le couvain ſera rendu moindre, ſi on choiſit pour faire le démenagement des abeilles, le temps où il y a peu de couvain dans l'ancienne ruche.

Je ne dirois que tout ce que le monde ſçait, & ce qui a été dit & redit dans mille ouvrages, ſi je m'arrêtois à expliquer comment on tire le miel des gâteaux, & comment on reduit enſuite les gâteaux en pains de cire. On a dû entendre, ſans que nous en ayons averti, qu'à meſure que les gâteaux ſont coupés, on les met dans des plats qui reçoivent le miel qui en découle. Perſonne n'ignore que les gâteaux les plus blancs donnent le plus beau miel; que le miel que l'on en laiſſe dégoutter, en les mettant, ſoit dans des chauſſes, ſoit dans des tamis, &c. eſt plus beau que

celui

celui qu'on en tire par expreſſion ; qu'il faut pourtant mettre les gâteaux ſous une preſſe, ſi l'on veut en faire ſortir tout le miel qui y eſt. Que lorſqu'on ſe contente de les preſſer dans une ſerviette dont on roule les deux bouts dans des ſens oppoſés, on ne parvient pas à en tirer autant de miel, que lorſqu'on les comprime ſous des eſpéces de Preſſoirs.

Enfin, qui ne ſçait pas qu'il n'y a plus qu'à mettre dans un chauderon qui contient un peu d'eau, les gâteaux dont le miel a été exprimé ; que l'eau empêche que la cire ne ſe brûle ou noirciſſe pendant qu'elle fond ; & qu'après qu'elle eſt fonduë, on la verſe ſur une ſerviette que deux hommes tiennent étenduë au-deſſus d'un plat creux qui contient de l'eau ! La cire qui paſſe au travers de cette eſpéce de filtre groſſier, tombe dans le plat. On roule la ſerviette, on la ſerre pour contraindre toute la cire à ſortir. Il reſte dans la ſerviette une quantité de marc aſſés conſidérable, fournie par tout ce que les gâteaux avoient qui n'étoit ni cire ni miel. La cire qui a coulé dans le vaſe qui contenoit un peu d'eau froide, s'y fige & forme un pain. Il ſeroit plus curieux d'apprendre comment au moyen de pluſieurs manipulations, on fait perdre à cette cire ſa couleur jaune, comment on la rend de la cire très-blanche ; mais ceci appartient à l'Hiſtoire des Arts ; & nous ne déſeſpérons pas de l'expliquer dans un autre temps.

On ſçait qu'il y a des miels qui différent en qualité, qu'il y en a qui ſont bien ſupérieurs aux autres ; ils doivent tenir des plantes dont ils ont été tirés. Le miel de Narbonne a à Paris une réputation que les miels des autres cantons du Royaume n'y ont pas. Les abeilles trouvent autour de Narbonne des plantes qu'elles ne trouvent pas en Sologne : peut-être auſſi que dans différents climats, les mêmes plantes fourniſſent un ſuc miellé, plus

Tome V. .Yyyy

ou moins parfait. Ce fuc, comme le vin, doit fe fentir du terroir. J'ai voulu tenter s'il n'y auroit pas moyen de faire faire aux abeilles un miel d'un goût plus relevé que celui des meilleurs miels qui nous font connus, un miel qui eût un goût qui approchât plus de celui du fucre. Pour y parvenir, je mis des abeilles à même de porter dans leurs alvéoles, du fucre au lieu de miel. Dans une faifon où elles pouvoient à peine trouver à la campagne de quoi vivre, j'en fis paffer une petite république dans une ruche vitrée qui n'étoit gueres plus grande que la plus petite de celles dont j'ai parlé dans le cinquiéme Mémoire. Je portai cette ruche dans mon jardin de Paris, & je fis mettre auprès une affiette où il y avoit toûjours du fucre délayé avec de l'eau à confiftance de firop. Les mouches qui auroient été obligées de faire au loin des courfes qui leur auroient peu produit, s'accommodoient de la liqueur qui étoit fi fort à leur portée, & qui ne leur manquoit pas. Ces abeilles firent de petits gâteaux de cire ; & au bout de quelques jours les cellules d'un de ces gâteaux, furent pour la plûpart, remplies de miel. On n'a pas befoin de fçavoir quel fut le fort de ces mouches ; je dois feulement dire que je leur ôtai bientôt ce gâteau qui contenoit du miel que je croyois devoir être tout fucre. Je lui trouvai effectivement un goût plus relevé que celui du miel ordinaire ; mais d'ailleurs, il étoit de véritable miel. J'aurois cru qu'il fe feroit grainé plus vîte que ne fe graine le miel ordinaire ; mais depuis près de quatre ans que je le garde, il eft refté clair, tranfparent, & coulant comme il l'étoit d'abord, & n'eft nullement en grain. Cette expérience eft très-propre à confirmer ce que nous avons dit ailleurs, que le miel eft travaillé dans le corps des abeilles ; s'il ne l'étoit pas, les cellules de mon petit gâteau n'euffent dû être remplies que d'un firop de fucre. Peut-être auffi ce firop a-t-il été mêlé avec un peu de miel ordinaire que les abeilles avoient été recueillir à la campagne; mais il a dû y entrer peu de celui-ci : le nombre des abeilles qui s'en tenoient au fucre, furpaffoit de beaucoup celui des abeilles qui alloient à la campagne.

Au refte, dans des temps où les abeilles trouvoient affés de miel à la campagne, je les ai vû méprifer le fucre en poudre dont j'avois rempli des affiettes que j'avois pofées auprès de ruches très-peuplées.

Les miels différent encore plus entr'eux par la couleur, que par le goût. Le plus blanc eft le plus eftimé; il y en a de plus ou de moins jaune. La couleur du plus blanc s'altére lorfqu'il vieillit. Le vieux miel des ruches eft ordinairement jaune ; mais il y en a qui l'eft dès qu'il vient d'être dépofé dans les alvéoles. J'en ai obfervé d'une couleur qu'il eft beaucoup plus rare de lui trouver; & je n'en ai obfervé qu'une feule fois de cette couleur. Il paroiffoit fi vert dans les cellules, qu'elles fembloient remplies du jus d'herbe le plus vert. D'ailleurs, fon goût fut trouvé plus agréable que celui des miels ordinaires. Dans la même ruche, il y avoit pourtant quelques gâteaux de cire nouvelle pleins de miel jaunâtre. Pourquoi la plûpart des vieux gâteaux de cette ruche avoient-ils du miel vert pendant que celui de toutes mes autres ruches étoit blanc ou jaune! Eft-ce que les abeilles de cette ruche avoient été le puifer dans des endroits où n'alloient pas les abeilles des autres ruches! N'y a-t-il pas plus d'apparence que la difpofition de l'intérieur des mouches de cette ruche avoit été caufe de ce que la couleur de fon miel différoit de la couleur du miel des autres ruches! J'en ai mis dans des pots d'un verre blanc & tranfparent, il ne paroiffoit plus alors auffi vert qu'il le paroiffoit lorfqu'il étoit dans

Yyyy ij

des cellules d'une cire un peu brune; il y avoit à peine une legére nuance de vert.

Ce n'eſt pas ſeulement en couleur & en goût que les miels peuvent différer entr'eux, ils peuvent différer par des qualités qu'il nous importeroit fort de pouvoir connoître. Quoique le miel ſoit communément très-ſain, il peut y en avoir dont l'uſage ſeroit funeſte. C'eſt de quoi la derniére des aventures de cette fameuſe retraite des dix mille nous a donné une preuve bien authentique. Xenophon rapporte que ceux des Grecs, qui, après avoir traverſé avec tant de peine & de courage, une ſi grande étenduë de pays ennemi, eurent le bonheur d'arriver auprès de Trebiſonde, y trouvérent *pluſieurs ruches d'abeilles; les ſoldats,* dit cet Auteur, *n'en épargnérent pas le miel; il leur prit un dévoyement par haut & par bas ſuivi de rêveries; en ſorte que les moins malades reſſembloient à des yvrognes, & les autres, à des perſonnes furieuſes ou moribondes. On voyoit la terre jonchée de corps comme après une bataille; perſonne néanmoins n'en mourut, & le mal ceſſa le lendemain, environ à la même heure qu'il avoit commencé; de ſorte que les ſoldats ſe levérent le troiſiéme & le quatriéme jour, mais en l'état où on eſt après avoir pris une forte médecine.* M. de Tournefort, qui a rapporté ce paſſage dans la dixſeptiéme lettre de ſon voyage du Levant, où il parle de Trebiſonde, étoit plus en état que perſonne de nous inftruire de la plante de laquelle les abeilles pouvoient avoir tiré un miel ſi à craindre; il penſe que c'eſt quelqu'une des eſpéces de *Chamærhododendros* *, qu'il a trouvées auprès de Trebiſonde. Pluſieurs Auteurs anciens, & quelques modernes, ont parlé du miel qui cauſoit des vertiges. C'eſt ſur quoi on peut conſulter encore la lettre de M. de Tournefort que nous venons de citer.

Comme il y a des différences entre les miels, il y en a

* *III. Vol. pag. 76.*

entre les cires faites par différentes abeilles, dont celle qui a été le plus remarquée, eſt que les unes ſont plus difficiles à blanchir que les autres. On ne peut parvenir à donner un beau blanc à la cire de certains pays; & dans le même pays, la cire qu'on tire de quelques ruches ne peut jamais prendre toute la blancheur qu'on parvient à donner à celle des autres ruches. A la Blanchiſſerie d'Yevre-la-Ville, on préfére les cires de Sologne à celles du Gâtinois; mais on y regarde les cires de la forêt de Fontainebleau, comme bien inférieures même à ces derniéres; on aſſûre qu'elles ne deviennent jamais bien blanches. Nous avons dit ailleurs que les abeilles ne font que de la cire blanche dont la couleur s'altére, qui jaunit & noircit même par la ſuite; & nous avons dit dans le même endroit, que la cire qui ne vient que de ſortir des mains, pour ainſi dire, ou plus exactement, des pattes de certaines abeilles, a la blancheur de la plus belle bougie, pendant que la cire qui vient d'être faite par d'autres abeilles, reſſemble à de la bougie qui a jauni à l'air. La derniére cire doit être plus difficile à blanchir que l'autre.

Nous ne devons pas finir l'hiſtoire des abeilles ſans parler du produit qu'on peut eſpérer chaque année de chaque ruche. C'eſt le point eſſentiel, & c'eſt ce qui peut engager à prendre des ſoins pour elles dans les temps où elles en demandent. Tout ce que nous avons rapporté juſques ici, a aſſés fait entendre que ce produit doit extrémement varier ſelon les pays; que dans le même pays, il ne ſçauroit être le même tous les ans; que toutes les ruches n'ayant pas des meres également fécondes, elles ne ſont pas également pourvûes d'ouvriéres; que par conſéquent, il y a bien plus d'ouvrage fait dans la même année dans certaines ruches, que dans d'autres. Mais pour donner quelque idée de ce qu'on en peut attendre dans des endroits du Royaume dont la ſituation n'eſt pas des

Yyyy iij

plus favorables aux mouches, nous dirons qu'à la Blanchifferie d'Yevre près de Petiviers, où la pratique n'eft
point de châtrer les abeilles, mais de les changer de panier,
& de profiter ainfi de tout ce qu'elles ont fait jufques alors;
qu'à Yevre, dis-je, fuivant les Mémoires que j'en ai eûs de
M. du Hamel, un bon effaim de deux ans peut donner deux
livres & demie de cire, & vingt-cinq à trente livres de miel;
& que valeur moyenne, on arbitre la dépouille de chaque
ruche à deux livres de cire, & à vingt livres de miel. Si l'on
joint à ce produit celui de l'effaim, on conclurra qu'un
grand nombre de ruches qui ne coûtent prefque rien dans
le cours de l'année, peuvent être à la campagne un objet
digne d'attention. A Charenton mes ruches ne m'ont jamais donné plus de deux livres de cire, & fouvent qu'une
livre & demie ou cinq quarterons; mais les abeilles donnent bien d'autres produits dans les pays où elles trouvent
pendant la plus grande partie de l'année des fleurs en abondance. On nous parle de contrées où on les taille tous les
quinze jours & même plus fouvent. Je ne crois pas cela
impoffible; car aux environs de Paris, les abeilles d'un
bon effaim font fouvent en moins de quinze jours plus
de cire qu'elles n'en font dans tout le refte de l'année.
Elles travaillent par-tout, d'autant plus qu'elles font plus
dans la néceffité de travailler, fi la campagne peut fournir
à leurs récoltes.

EXPLICATION DES FIGURES
DU TREIZIEME MEMOIRE.
PLANCHE XXXVIII.

LEs Figures 1, 2 & 3 repréfentent un pou d'abeille
groffi au microfcope. La figure 1 le montre vû de côté.
t, fa trompe qui fe recourbe en-deffous.

La Figure 2 fait voir le pou par-deſſus, & par le bout poſtérieur. Alors ſa tête ſemble coupée quarrément en *e e;* & cela parce qu'elle ſe recourbe vers le ventre.

La Figure 3 eſt celle de l'inſecte vû du côté du ventre. *t,* ſa trompe.

La Figure 4 repréſente une jambe du pou plus groſſie qu'elle ne l'eſt dans les figures précédentes. Le pied par lequel elle ſe termine eſt armé de crochets en *c.*

On n'a pas donné d'échelle des figures qui ſuivent, qui ſont celles de différentes ruches, parce qu'outre que les grandeurs des ruches ont quelque choſe d'arbitraire, on a déterminé en différents endroits des Mémoires les proportions qu'on leur veut communement. Les figures 10 & 11 ſont faites ſur une échelle plus petite que celle des autres figures. Cela eſt indifférent en ſoy, & ne l'étoit pas par rapport à la place qui leur reſtoit.

La Figure 5 eſt celle d'une ruche en panier qui eſt couverte d'une chappe de paille *n p p.* En *n,* eſt la poignée de la ruche, elle y eſt cachée par la paille. *a a,* appui de la ruche, qui eſt une eſpéce de rondeau de plâtre. *e,* entrée de la ruche.

Dans la Figure 6, la ruche en panier eſt comme dans la figure 5, couverte d'une chappe de paille, mais qui y eſt aſſujettie par deux cerceaux. *c c, d d,* les deux cerceaux.

La Figure 7 repréſente une ruche faite de cordons de paille. *n,* la poignée de la ruche.

La Figure 8 montre une ruche compoſée de quatre planches. *o p r ſ,* une des planches du côté. *o ſ u x,* la planche du derriére de la ruche. *t t h o,* toit de cette ruche, qui eſt fait de tuiles creuſes. Les trous par où les mouches entrent dans la ruche ſont percés dans la face oppoſée à celle qui eſt en vûe.

La Figure 9 eft celle d'une ruche faite d'un tronc d'arbre creux. *c c,* planche qui en couvre l'ouverture fupérieure. *o o,* trous qui permettent aux abeilles d'entrer & de fortir.

La Figure 10 repréfente la coupe d'un tonneau dans lequel une ruche a été logée & entourée de terre de toutes parts, afin que fes mouches fuffent défendues contre le froid. *c c d d,* coupe du tonneau, dont le fond eft en *d d,* & porte une couche de terre. *f f,* fecond fond pofé fur la couche de terre précédente, & qui fert d'appui immédiat à la ruche. *t,* tuyau de bois, dont un bout eft en dehors du tonneau; c'eft le conduit par lequel les abeilles peuvent fortir quand elles y font invitées par un air affés chaud. *l,* languette fur laquelle fe pofe l'abeille qui retourne à la ruche. *o,* entrée du tuyau. *r,* la ruche. Le vuide qui refte entr'elle & les parois du tonneau, eft rempli de terre féche, qui s'éleve en *u u,* au-deffus des bords fupérieurs du tonneau.

La Figure 11 fait voir un tonneau dans lequel une ruche eft logée, entourée & couverte de terre, un tonneau tel que celui dont la figure 10 donne la coupe. *u u,* terre qui s'éleve au-deffus des bords fupérieurs de l'ouverture du tonneau. *t o l,* le conduit par lequel les abeilles fortent de la ruche, & y rentrent quand il leur plaît.

Fin du cinquiéme Volume.

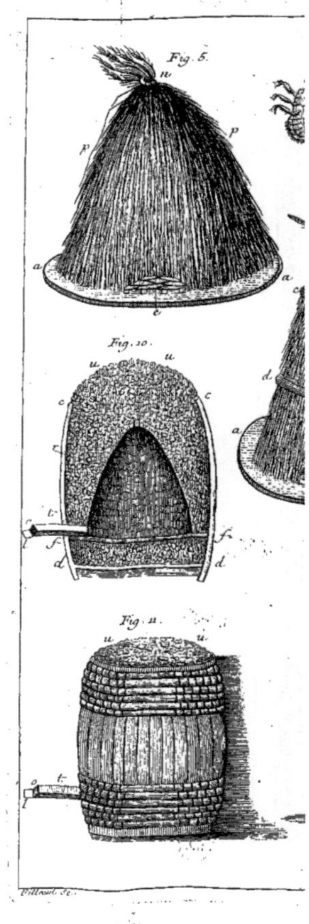

Fig. 5.
Fig. 10.
Fig. 11.
Villeneuve Sc.